Molekülphysik

Theoretische Grundlagen und experimentelle Methoden

von

Prof. Dr. Wolfgang Demtröder

2., überarbeitete und erweiterte Auflage

Oldenbourg Verlag München

Prof. Dr. Wolfgang Demtröder war von 1970 bis zu seiner Emeritierung 1999 Professor im Fachbereich Physik an der Universität Kaiserslautern.

Bibliografische Information der Deutschen Nationalbibliothek

Die Deutsche Nationalbibliothek verzeichnet diese Publikation in der Deutschen Nationalbibliografie; detaillierte bibliografische Daten sind im Internet über http://dnb.d-nb.de abrufbar.

Rosenheimer Straße 145, D-81671 München
Telefon: (089) 45051-0
www.oldenbourg-verlag.de

Lektorat: Kristin Berber-Nerlinger
Herstellung: Tina Bonertz
Titelbild: Mit freundlicher Genehmigung des Springer-Verlags GmbH & Co KG aus:
Demtröder, W.: Experimentalphysik 3, Springer: Heidelberg, 2000, Abb. 9.54
(ISBN 3-540-66790-3)
Einbandgestaltung: hauser lacour
Gesamtherstellung: Grafik & Druck GmbH, München

Dieses Papier ist alterungsbeständig nach DIN/ISO 9706.

ISBN 978-3-486-70678-9
eISBN 978-3-486-71489-0

Inhalt

Vorwort zur 2. Auflage

Sowohl die experimentelle Molekülphysik als auch die genauere Berechnung der Struktur und Dynamik von Molekülen hat in den letzten Jahren eine beeindruckende Weiterentwicklung erfahren. In dieser 2. Auflage werden im experimentellen Teil einige dieser neuen Techniken der Molekülspektroskopie aufgenommen, die bei der Drucklegung der 1. Auflage noch nicht bekannt waren. Außerdem wurden Fehler der 1. Auflage korrigiert, manche Textpassagen zur leichteren Verständlichkeit umgeschrieben und eine Reihe von Abbildungen neu gezeichnet. Ich danke allen Lesern, die durch ihre Zuschriften zur Verbesserung der Darstellung beigetragen haben. Der Autor hofft, dass auch diese 2. Auflage viele interessierte Leser findet.

Kaiserslautern im November 2012 Wolfgang Demtröder

Vorwort zur 1. Auflage

Die Molekülphysik hat in den letzten Jahren einen zunehmenden Stellenwert in Physik, Chemie und Biologie erhalten. Dies hat mehrere Ursachen: Eine Reihe neuer experimenteller Techniken mit wesentlich gesteigerter Empfindlichkeit und spektraler Auflösung erlaubt die genaue Messung der Struktur auch grosser Moleküle selbst in kleinen Konzentrationen. Mit ultrakurzen Laserpulsen lassen sich sehr schnelle Vorgänge in angeregten Molekülen mit einer Zeitauflösung von wenigen Femtosekunden verfolgen. Beispiele sind die Dissoziation eines angeregten Moleküls oder die Umverteilung der Energie, die durch Photonenabsorption in selektiv bevölkerten Niveaus des Moleküls gespeichert wurde, auf andere Zustände im energetisch angeregten Molekül. Dieser Vorgang ist häufig mit einer Änderung der Molekülstruktur verbunden (Isomerisierung). Man kann daher zum ersten Mal in der Geschichte der Molekülphysik solche dynamischen Vorgänge in Echtzeit verfolgen.

Ein zweiter wichtiger Grund ist die Entwicklung von Computerprogrammen, mit denen die geometrische Struktur von Molekülen im Grundzustand und die entsprechenden Potentialflächen mit einer erstaunlichen Genauigkeit berechnet werden können. Auch die Dynamik angeregter Moleküle lässt sich heute auf dem Computerbildschirm im gedehnten Zeitmaßstab anschaulich illustrieren und gibt einen Einblick in Vorgänge, die nicht nur für die Chemie, sondern auch für die Biologie von großer Bedeutung sind. Die Quantenchemie, zu deren Forschungsgebiet solche Molekülberechnungen gehören, hat deshalb ein grösseres Gewicht bekommen.

Die Erfolge der Molekularbiologie basieren sowohl auf solchen neuen experimentellen Techniken als auch auf diesen modernen Berechnungsverfahren. Es lohnt sich deshalb auch für Biologen, sich mit der Struktur und Dynamik von Molekülen zu befassen.

In diesem Buch sollen die Grundlagen der Molekülphysik am Beispiel zweiatomiger Moleküle illustriert werden, um dann die hier gewonnenen Erkenntnisse auf mehratomige Moleküle zu übertragen. Das Buch stellt eine Weiterentwicklung von Skripten dar, die für die Studenten meiner Vorlesungen geschrieben wurden. Der Autor hat sich bemüht, diese Grundlagen so genau wie möglich darzustellen, um dem Leser zu zeigen, auf welchen Näherungsmodellen die theoretische Behandlung fußt, und wann diese Näherungen gültig sind. Zum genaueren Studium von Detailfragen wird an den entsprechenden Stellen auf die weiterführende Literatur verwiesen. Dies wird vor allem im experimentellen Teil ausgenutzt, um die Seitenzahl dieses Buches nicht über ein vernünftiges Maß auszudehnen.

Mehreren Leuten, die bei der Herstellung des Buches geholfen haben, möchte ich herzlich danken. Dazu gehört zuerst Herr Martin Radke, der als Lektor den säumigen Autor mit großer Geduld begleitet hat und durch seine kritischen Anmerkungen zur

Verbesserung der Darstellung beigetragen hat. Frau Wollscheid hat dankenswerterweise die vielen Abbildungen gezeichnet und Herr Schmidt und Herr Hoffmann von der Firma LE-TeX haben den Computersatz angefertigt und das Layout gestaltet.

Der Autor hofft, dass dieses Buch zum besseren Verständnis der Molekülphysik beiträgt und Studenten für dieses interessante Gebiet begeistern kann. Er würde sich freuen, wenn die Leser ihm Verbesserungsvorschläge oder Hinweise auf mögliche Fehler mitteilen, damit das Buch bei späteren Auflagen weiter optimiert werden kann.

Kaiserslautern, Juli 2003 Wolfgang Demtröder

1 Einleitung

Molekülphysik ist die Grundlagenwissenschaft für Chemie und Biologie. Ein wirkliches Verständnis chemischer und biologischer Prozesse wurde erst möglich, nachdem die Struktur und Dynamik der an diesen Prozessen beteiligten Moleküle erforscht werden konnte. So wird z. B. in der Molekülphysik die Frage nach der Stärke chemischer Bindungen, die für den Ablauf chemischer Reaktionen von entscheidender Bedeutung ist, zurückgeführt auf die geometrische Struktur des Kerngerüstes und die räumliche Verteilung der Elektronendichte in den Molekülen. Die Ursache für die chemische Inaktivität der Edelgase oder die „Reaktionsfreudigkeit" der Alkalimetalle konnte erst nach Kenntnis der Schalenstruktur atomarer Elektronenhüllen völlig geklärt werden.

Da die Elektronenverteilung in einem Molekül quantitativ nur mit Hilfe der Quantentheorie berechnet werden kann, hat im Grunde erst die Anwendung der Quantentheorie auf die Molekülphysik ein in sich konsistentes Modell der Moleküle geschaffen und damit die theoretische Chemie (Quantenchemie) und ihre Erfolge möglich gemacht.

Unsere heutige Kenntnis über den Aufbau der Moleküle aus Atomkernen und Elektronen, über die geometrische Anordnung der Atome auch bei großen Molekülen sowie über die räumliche und energetische Struktur der Elektronenhüllen basiert auf einer mehr als 200-jährigen Forschung auf diesem Gebiet. Der Anfang dieser Forschung im heutigen Sinne war gekennzeichnet durch die Anwendung einer rational begründeten naturwissenschaftlichen Methode, die durch Experimente versuchte, quantitative Ergebnisse reproduzierbar zu erhalten. Hierdurch unterschied sich diese „moderne" Chemie von der oft von mystischen Elementen durchsetzten „Alchemie". Die im Laufe dieser zwei Jahrhunderte erworbenen Kenntnisse haben nicht nur unser Wissen über die Moleküle erweitert, sondern auch unsere Denkweise geformt. Einen ähnlichen „Lernprozess" erleben wir selbst zur Zeit bei der Anwendung physikalisch-chemischer Methoden auf die Bereiche der Biologie, wo die zu untersuchenden Molekülstrukturen wesentlich komplexer sind und deshalb auch die experimentellen Techniken „raffinierter" sein müssen.

Es ist daher ganz interessant, sich die historische Entwicklung der Molekülphysik vor Augen zu führen, was hier in einem kurzen Überblick versucht wird. Für detailliertere Darstellungen der geschichtlichen Aspekte wird auf die entsprechende Literatur verwiesen [1.1–1.4]. Oft ist es sehr aufschlussreich, auch einmal die Originalliteratur zu lesen, in der neue Ideen, Modelle und Vorstellungen erstmals publiziert wurden, manchmal noch ungenau, ab und zu auch mit Fehlern behaftet. Man bekommt dadurch ein wenig mehr Hochachtung vor der Leistung früherer Generationen, die mit wesentlich weniger Hilfsmitteln arbeiten mussten und trotzdem bereits zu Ergebnissen kamen, die heutzutage in Unkenntnis früherer Arbeiten oft irrtümlich als neue Erkenntnisse unserer Zeit angesehen werden. Deshalb wird in diesem Lehrbuch an mehreren Stellen die Originalliteratur angegeben, obwohl man die entsprechenden Gebiete heute, vielleicht sogar didaktisch besser aufbereitet, in Lehrbüchern der Molekülphysik finden kann.

1.1 Kurzer historischer Überblick

Der Begriff des Moleküls als Verbindung von Atomen ist erst relativ spät, etwa in der 1. Hälfte des 19. Jahrhunderts, in der wissenschaftlichen Literatur aufgetaucht. Dies liegt daran, dass es einer großen Zahl experimenteller Untersuchungen bedurfte, bis die antiken Vorstellungen von den vier Elementen Wasser, Luft, Erde und Feuer, bzw. die alchimistischen „Elemente“ Schwefel, Quecksilber und Salz (Paracelsus, 1493–1541) durch ein atomistisches Modell der Materie ersetzt wurden. Dieses Modell basiert auf den ersten, wirklich kritisch durchgeführten quantitativen Versuchen zur Massenänderung von Stoffen bei ihrer Verbrennung, die 1772 von Lavoisier (1743–94), den man als den ersten modernen Chemiker bezeichnen kann, publiziert wurden. Der Name *Molekül* stammt aus dem Lateinischen (*moles* = kleine Masseneinheit)

Nach der Entdeckung von *Scheele* (1724–86), dass Luft ein Gemisch aus Stickstoff und Sauerstoff ist, konnte *Lavoisier* die Hypothese entwickeln, dass sich ein Stoff bei seiner Verbrennung mit Sauerstoff verbindet. Aus dem Ergebnis von Versuchen englischer Physiker um *Cavendish*, denen es gelang, aus Sauerstoff und Wasserstoff Wasser herzustellen, erkannte *Lavoisier*, dass Wasser kein Element sein konnte, wie früher angenommen wurde, sondern eine chemische Verbindung sein musste. Er definierte ein chemisches Element als „die tatsächliche Grenze, bis zu der die chemische Analyse gelangen kann“. Mit der Veröffentlichung von Lavoisiers Lehrbuch: „Traité elementaire de Chimie“ (1772), welches dem Gedankengut der modernen Chemie zum Durchbruch verhalf, wurden die Vorstellungen der Alchemie wohl endgültig überwunden.

Aus Lavoisiers neuer quantitativer Betrachtung chemischer Reaktionen entstanden eine Reihe empirischer Gesetze, wie z. B. das von *Proust* 1797 aufgestellte Gesetz der konstanten Proportionen, welches besagt, dass unabhängig von der Art und Weise, wie eine bestimmte chemische Verbindung hergestellt wurde, das Gewichtsverhältnis der in ihr enthaltenen Elemente konstant ist. Der englische Chemiker *Dalton* (1766–1844) konnte dann 1808 dieses Gesetz mit Hilfe seiner „Atomtheorie“ erklären, die postulierte, dass alle Stoffe aus Atomen bestehen und dass sich bei einer Verbindung zweier Elemente immer ein oder wenige Atome des einen Elementes mit einem oder wenigen Atomen des anderen Elementes verbinden (*Beispiele:* NaCl, H_2O, CO_2, CH_4, Al_2O_3). Manchmal können sich verschiedene Anzahlen der gleichen Atome zu (dann natürlich auch verschiedenen) Molekülen verbinden. Beispiele sind die Stickstoff-Sauerstoff-Verbindungen N_2O (Di-Stickoxyd = Lachgas), NO (Stickstoff-Monoxyd), N_2O_3 (Stickstoff-Trioxyd) NO_2 (Stickstoff-Dioxyd), bei denen das Atomzahlverhältnis $N : O = 2 : 1, 1 : 1, 2 : 3$, und $1 : 2$ ist. Damit war im Prinzip der Molekülbegriff geboren.

Dalton erkannte auch, dass die relativen Atomgewichte eine charakteristische Eigenschaft der verschiedenen chemischen Elemente war. Diese Vorstellung wurde von Avogadro unterstützt, der 1811 die Hypothese aufstellte, dass bei gleichem Druck und gleicher Temperatur gleiche Volumina verschiedener Gase immer die gleiche Anzahl von elementaren Teilchen enthalten. Aus dem experimentellen Befund, dass bei der Verbindung *einer* Volumeneinheit Wasserstoff mit *einer* Volumeneinheit Chlorgas *zwei* Volumeneinheiten Chlorwasserstoff entstanden, schloss *Avogadro* völlig richtig, dass Chlorgas und Wasserstoff nicht atomar, sondern molekular, also als Cl_2 und H_2 vorliegen, so dass die Reaktion $H_2 + Cl_2 \rightarrow 2HCl$ abläuft.

Obwohl die Erfolge der Atomtheorie nicht zu leugnen waren und diese deshalb auch von den meisten Chemikern als Arbeitshypothese akzeptiert waren, wurde die wirkliche Existenz von Atomen bis zum Ende des 19. Jahrhunderts von vielen, auch ernst zu nehmenden Wissenschaftlern angezweifelt. Dies lag zum Teil daran, dass nur durch indirekte Hinweise vom makroskopischen Verhalten der Materie bei chemischen Reaktionen (z. B. Gewichtsverhältnisse) auf die Existenz der Atome und Moleküle geschlossen wurde, während man die Atome selbst nicht direkt beobachten konnte.

Die Frage nach der Größe der Atome ist bis zur Mitte des 19. Jahrhunderts nie ernsthaft untersucht worden. Dies änderte sich durch die Entwicklung der kinetischen Gastheorie durch *Clausius* (1822–88), der feststellte, dass die Summe der Volumina aller Moleküle in einem Gas wesentlich kleiner sein muss als das Volumen, welches das Gas unter Normalbedingungen einnimmt. Er schloss dies aus der Tatsache, dass die Dichte in einem Gas etwa um drei Größenordnungen kleiner ist als im festen Zustand und dass die Moleküle sich im Wesentlichen frei bewegen können, d. h. dass die Stoßzeit beim Stoß zwischen zwei Molekülen klein sein muss gegen die freie Flugzeit zwischen zwei Stößen, sonst könnte man das Gas nicht wie ein ideales Gas mit verschwindend kleiner Wechselwirkung der Stoßpartner beschreiben (Billard-Kugel-Modell) [1.5].

Die Untersuchung der spezifischen Wärme von Gasen gab lange Zeit Rätsel auf, weil sich zeigte, dass molekulare Gase eine größere spezifische Wärme hatten als atomare Gase. Nachdem gezeigt wurde (*Boltzmann, Maxwell, Rayleigh*), dass sich die Energie eines Gases im thermischen Gleichgewicht gleichmäßig auf alle Freiheitsgrade der Gasteilchen verteilt und $kT/2$ pro Teilchen und Freiheitsgrad beträgt, wurde nach langen Irrwegen klar, dass Moleküle mehr Freiheitsgrade der Bewegung haben mussten als Atome, d. h. die Moleküle konnten nicht starr sein, sondern es mussten noch innere Bewegungen der Atome, aus denen das Molekül besteht, angenommen werden, d. h. die Atome des Moleküls können gegeneinander schwingen. Außerdem können Moleküle um freie Achsen durch ihren Schwerpunkt rotieren. Hier erhielt man zum ersten Mal Hinweise darauf, dass Moleküle eine innere Dynamik besitzen. Es hat allerdings bis zum Ende des 19. Jahrhunderts gedauert, bis sich diese Erkenntnis durchsetzte.

Zur Lösung dieses Problems hat die Spektroskopie wesentlich beigetragen [1.6], obwohl auch hier anfangs die irrige Meinung herrschte, dass die Spektren durch Vibration der Atome bzw. Moleküle gegen den „Äther“ entständen, wobei die Wellenlängen durch die Frequenz dieser Schwingung bestimmt seien.

Die Anfänge der Molekülspektroskopie reichen bis in die erste Hälfte des 19. Jahrhunderts zurück. So beobachtete z. B. *D. Brewster* (1781–1868) bereits 1834 beim Durchgang von Sonnenlicht durch dichten NO_2-Dampf über einem Gefäß mit Salpetersäure nach spektraler Zerlegung mit Hilfe eines Prismas hunderte von Absorptionslinien, die sich ähnlich wie die Fraunhoferlinien im kontinuierlichen Emissionsspektrum der Sonne über das ganze sichtbare Spektralgebiet erstreckten [1.7]. Sir Brewster war über diese Entdeckung sehr erstaunt, da er nicht verstand, warum das gelblich-braun aussehende NO_2-Gas auch Absorptionslinien im Blauen haben konnte. Er sagte voraus, dass die vollständige Erklärung dieses Phänomens noch viele Forschergenerationen beschäftigen würde, womit er, wie wir heute wissen, durchaus Recht hatte.

Die Bedeutung der quantitativen Untersuchung von Spektren zur Identifizierung von Atomen und Molekülen wurde erst richtig erkannt nach der methodischen Entwicklung der Spektralanalyse 1859 durch *Kirchhoff* (1824–87) und *Bunsen* (1811–99) [1.8]. Nachdem es *Rowland* 1887 gelungen war, optische Beugungsgitter mit genügender Präzision herzustellen [1.9], konnten große Gitterspektrographen gebaut werden, die eine höhere spektrale Auflösung erlaubten und, zumindest für kleine Moleküle, einzelne Linien trennen konnten. Damit war es möglich, eine Reihe einfacher Moleküle aufgrund ihrer charakteristischen Spektren eindeutig zu identifizieren. Die Einführung des Lasers in die Molekülspektroskopie hat einen weiteren enormen Fortschritt gebracht. Mit Doppler-freien Methoden (siehe Abschn. 12.4) können nun Rotationslinien auch größerer Moleküle und feinere Details in den Molekülspektren, wie z.B.die Hyperfeinstruktur oder andere Linienaufspaltungen durch Spin-Effekte aufgelöst werden. Dies gibt Informationen über die Elektronenverteilung an den Orten der Atomkerne und über elektrische oder magnetische Wechselwirkungen zwischen den Elektronen. Eine besonders eindrucksvolle Möglichkeit zur Untersuchung ultraschneller Vorgänge in angeregten Molekülen bietet der Einsatz von Femtosekundenlasern, mit denen dynamische Prozesse auf der Femtosekundenskala untersucht werden können. Beispiele sind die zeitliche Auflösung der Dissoziation von Molekülen, oder die detaillierte Untersuchung der Primärprozesse beim Sehvorgang oder bei der Photosynthese. So konnte die zeitliche Abfolge der Primärprozesse von der Absorption eines Photons durch Rhodopsin-Moleküle in der Augennetzhaut bis zur Signalübertragung im Sehnerv weitgehend geklärt werden.

1.2 Molekülspektren

Bei Absorption oder Emission von Photonen $h \cdot \nu$ durch Atome oder Moleküle gehen diese von einem Zustand mit der Energie E_1 über in einen anderen Zustand der Energie E_2. Der Energiesatz verlangt, dass gilt:

$$h \cdot \nu = |E_1 - E_2|$$

Die Energiezustände können diskrete gebundene Zustände sein, dann ist ihre Energie relativ scharf definiert und der Übergang findet bei einer bestimmten Frequenz ν statt. Im Spektrum erscheint eine Linie bei der Wellenlänge $\lambda = c/\nu$. Instabile Zustände, aus denen das Molekül dissoziieren kann, oder Zustände oberhalb der

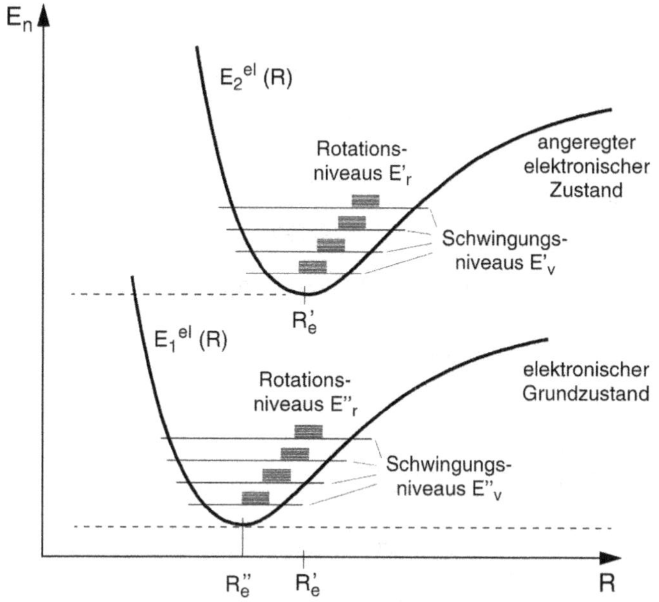

Abb. 1.1: Schematische Darstellung von Energieniveaus eines zweiatomigen Moleküls.

Ionisationsgrenze des Moleküls haben im Allgemeinen ein mehr oder weniger breites Energiekontinuum und Übergänge in solche instabilen Zustände führen zu einer kontinuierlichen Verteilung der absorbierten oder emittierten Leistung im Spektrum.

Während bei Atomen die möglichen Energiezustände im Wesentlichen durch die Anordnung der Elektronenhülle bestimmt werden (elektronische Zustände) und dadurch jeder Linie im Spektrum ein elektronischer Übergang entspricht, haben Moleküle wesentlich mehr Energiezustände, die nicht nur von der Elektronenhülle, sondern auch von der geometrischen Anordnung der Atomkerne und deren Bewegung abhängen. Dadurch werden die Spektren viel komplizierter.

Zuerst einmal gibt es weit mehr elektronische Zustände als bei Atomen und zum anderen können die Atomkerne des Moleküls gegeneinander schwingen und das ganze Molekül kann um Achsen durch seinen Schwerpunkt rotieren. Dadurch gibt es für jeden elektronischen Molekülzustand eine große Zahl von Schwingungs- und Rotations-Energieniveaus (Abb. 1.1).

Die Molekülspektren lassen sich in folgende Kategorien einteilen (Abb. 1.2):

- Übergänge zwischen benachbarten Rotationsniveaus im selben Schwingungszustand führen zu Rotationsspektren mit Wellenlängen im Mikrowellenbereich ($\lambda \approx 1$ mm bis 1 m).
- Übergänge zwischen Rotationsniveaus in verschiedenen Schwingungszuständen desselben elektronischen Zustands ergeben das Schwingungs-Rotations-Spektrum im mittleren Infrarot mit Wellenlängen $\lambda \approx 2 - 20\,\mu$m (Abb. 1.3).

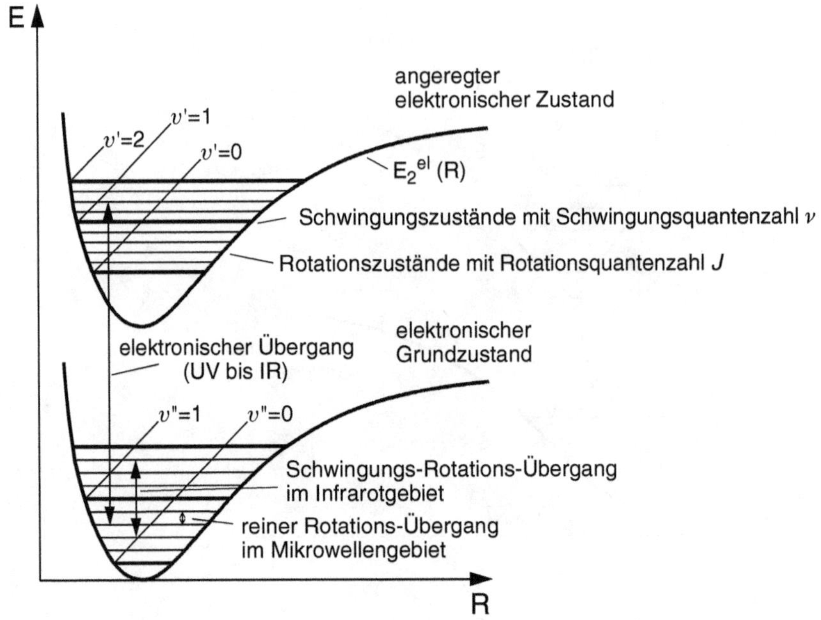

Abb. 1.2: Schematische Darstellung der möglichen Übergänge in zweiatomigen Molekülen in den verschiedenen Spektralbereichen.

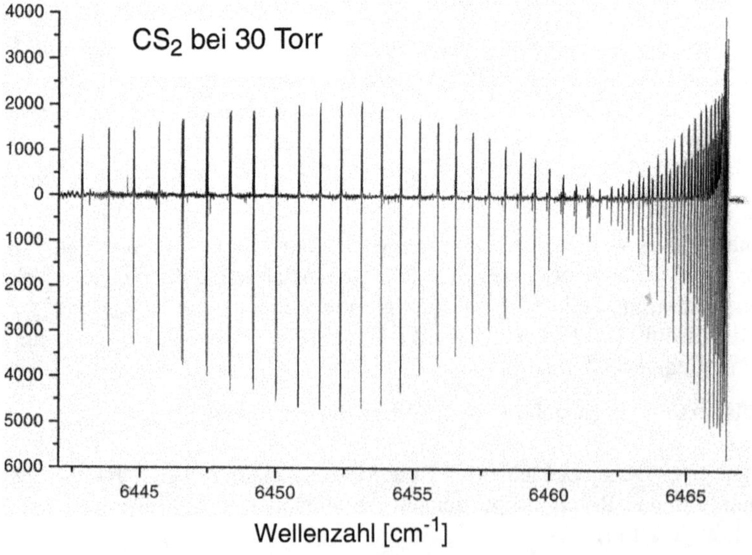

Abb. 1.3: Rotationslinien des CS_2-Moleküls auf einem Oberton-Schwingungsübergang mit $\Delta\nu_1 = 2$. (H. Wenz, Kaiserslautern)

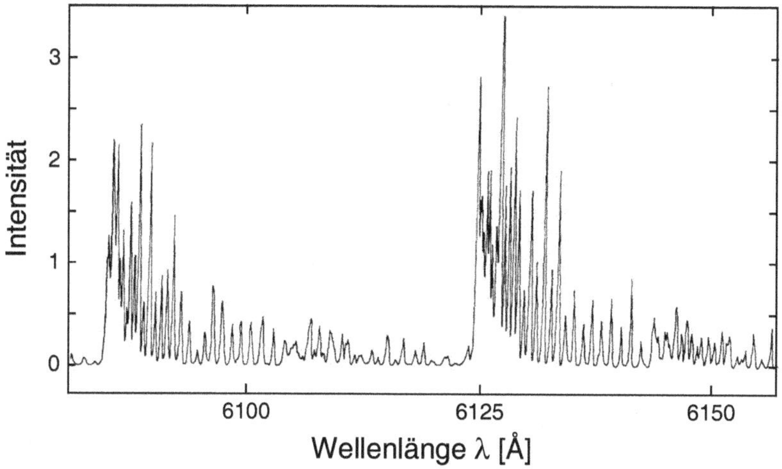

Abb. 1.4: Zwei Schwingungsbanden eines elektronischen Überganges im Na_2-Molekül.

- Übergänge zwischen zwei verschiedenen elektronischen Zuständen haben Wellenlängen vom UV bis zum nahen Infrarot ($\lambda = 0{,}1 - 2\ \mu$m). Jeder elektronische Übergang besteht aus vielen „Schwingungsbanden", welche Übergängen zwischen den verschiedenen Schwingungsniveaus in den beiden beteiligten elektronischen Zuständen entsprechen. Jede dieser Banden enthält viele Rotationslinien, deren Wellenlängen λ, bzw. Frequenzen $\nu = c/\lambda$, durch die Energiebilanz

$$h\nu = \left(E_2^{\text{el}} + E_2^{\text{vib}} + E_2^{\text{rot}}\right) - \left(E_1^{\text{el}} + E_1^{\text{vib}} + E_1^{\text{rot}}\right)$$

bestimmt wird (Abb. 1.2). Als Beispiel wird in Abb. 1.4 ein Ausschnitt aus dem Bandensystem des Na_2-Moleküls gezeigt, das 2 Banden des $A\,^1\Sigma_u \leftarrow X\,^1\Sigma_g$ elektronischen Überganges wiedergibt.

Die Analyse eines solchen Molekülspektrums ist im Allgemeinen nicht einfach. Sie bringt jedoch eine Fülle von Informationen: Aus den Rotationsspektren erhält man die geometrische Struktur des Moleküls, aus den Schwingungsspektren die Kräfte zwischen den schwingenden Atomen des Moleküls, aus den elektronischen Übergängen die möglichen elektronischen Zustände, ihre Stabilität und die Elektronenverteilung. Aus den Linienbreiten kann man bei geeigneten experimentellen Bedingungen die Lebensdauern angeregter Zustände bestimmen oder auch Dissoziationsenergien ermitteln. Die vollständige Analyse eines Spektrums gibt bei genügend hoher spektraler Auflösung alle gewünschten Informationen über das Molekül. Es lohnt sich daher, die notwendige Mühe zur Entschlüsselung eines Spektrums aufzuwenden.

Ein wirkliches Verständnis der Molekülspektren und ihres Zusammenhangs mit der Struktur der Moleküle wurde allerdings erst in den zwanziger und dreißiger Jahren des 20. Jahrhunderts mit Hilfe der Quantentheorie erreicht. Schon bald nach der mathematischen Formulierung dieser Theorie durch Schrödinger und Heisenberg [1.10, 1.11] befasste sich eine große Zahl von Theoretikern mit der Anwendung quantenmechanischer Rechenverfahren auf die quantitative Erklärung von Molekülspektren und in den Jahren vor 1930 erschien eine Fülle von Veröffentlichungen über molekülphysikalische Probleme. Wenn man diese frühen Arbeiten der Molekülphysik liest, ist man immer wieder erstaunt über die Intuition und physikalische Einsicht genialer Molekülphysiker, die es ihnen ermöglichte, ohne Computer und mit sehr beschränkten experimentellen Hilfsmitteln eine ganze Reihe relevanter Probleme in der Molekülphysik zu lösen (siehe z. B. [1.12, 1.13]). Es ist sehr empfehlenswert, sich die Originalarbeiten aus dieser frühen Epoche der Quantentheorie anzuschauen, die deshalb in den entsprechenden Abschnitten dieses Buches zitiert werden.

1.3 Neuere Entwicklungen

Es zeigte sich jedoch bald, dass mit den damals bekannten experimentellen Methoden der „klassischen" Absorptions- oder Emissions-Spektroskopie mit Hilfe von Spektrographen und inkohärenten Lichtquellen die Spektren vieler Moleküle nicht auflösbar waren. Auch theoretische Anstrengungen, durch Ab-initio-Rechnungen die Struktur kleinerer Moleküle zuverlässig zu bestimmen, waren nur für die einfachsten Systeme H_2^+ und H_2 einigermaßen erfolgreich. Man musste Näherungen entwickeln und umfangreiche numerische Rechnungen durchführen, für die die damaligen Computer zu langsam waren. Das Interesse der Theoretiker wandte sich daher wieder mehr der Atomphysik zu, weil dort inzwischen eine Fülle experimenteller Resultate vorlag, mit der die Ergebnisse theoretischer Näherungsverfahren verglichen werden konnten.

In den letzten 50 Jahren hat jedoch die Molekülphysik eine sehr aktive Wiederbelebung erfahren. Dies ist einmal zurückzuführen auf die Entwicklung neuer experimenteller Techniken, wie z. B. der Mikrowellenspektroskopie, der Fourierspektroskopie, der Photoelektronenspektroskopie, der Verwendung der Synchrotronstrahlung und der Laserspektroskopie. Auf der theoretischen Seite haben schnelle Computer mit großen Speicherkapazitäten quantitative Rechnungen ermöglicht, die in ihrer Zuverlässigkeit in manchen Fällen die experimentelle Genauigkeit erreichen. Die wechselseitige Stimulation von theoretischen Vorhersagen und experimenteller Bestätigung bzw. Widerlegung oder der theoretischen Erklärung bisher nicht verstandener experimenteller Ergebnisse hat sehr zum Fortschritt der Molekülphysik beigetragen. Man kann heute sagen, dass, zumindest für kleine Moleküle, Bindungsenergie, geometrische Struktur und Elektronenverteilung der Moleküle im elektronischen Grundzustand im Wesentlichen verstanden sind.

Bedeutend schwieriger ist die Situation in elektronisch angeregten Molekülzuständen. Sie sind weniger gut erforscht als die Grundzustände, weil erst in den letzten Jahren experimentelle Verfahren entwickelt wurden, die es gestatten, Moleküle in angeregten Zuständen mit derselben Genauigkeit und Empfindlichkeit zu vermessen wie im Grundzustand. Ihre theoretische Berechnung ist jedoch wesentlich aufwändiger als die von Grundzuständen, weswegen auf der theoretischen Seite viel weniger Arbeiten über die Struktur von angeregten Molekülen vorliegen. Andererseits sind angeregte Molekülzustände von besonderem Interesse, weil viele chemische Reaktionen erst nach Zufuhr von Anregungsenergie ablaufen. Beispiele sind alle photochemischen Prozesse, die durch Absorption von Licht initiiert werden. Ein wirkliches Verständnis photobiologischer Prozesse, wie z. B. des Sehvorganges oder der Photosynthese, erfordert ein detailliertes Studium elektronisch angeregter Molekülzustände und ihrer Dynamik.

Solche Untersuchungen molekularer Dynamik basieren auf der Tatsache, dass Moleküle keine geometrisch starren Gebilde sind, sondern ihre Gestalt ändern können. Energie, die selektiv durch Absorption von Licht in ein Molekül „gepumpt" wird, kann die Elektronenverteilung in der Elektronenhülle ändern und dadurch zu einer Änderung der geometrischen Gestalt des Moleküls führen (Isomerisierung). Die Energiezufuhr kann sich aber auch auf die verschiedenen Freiheitsgrade des Moleküls verteilen, wenn diese miteinander gekoppelt sind. Dann entspricht dies einem „Aufheizen" des gesamten Moleküls, was zu anderen Resultaten führt, als die selektive Anregung spezifischer Energiezustände.

Wechselwirkungen zwischen verschiedenen Molekülzuständen, die zu „Störungen" der Molekülspektren führen, treten in elektronisch angeregten Zuständen viel häufiger auf als im Grundzustand. Ihr Studium trägt sehr zum Verständnis der Struktur angeregter Moleküle bei, die im Allgemeinen nicht mehr durch ein geometrisch wohl definiertes „statisches" Molekülmodell beschrieben werden können, weil sich die Geometrie des Kerngerüstes dauernd ändern kann, wenn die Elektronenhülle des Moleküls bei fester Gesamtenergie ihre räumliche Verteilung ändert („strahlungslose Übergänge"). Gerade für große Biomoleküle ist eine solche variable geometrische Form von entscheidender Bedeutung für ihre biologische Funktion [1.14].

In der letzten Zeit ist die Frage intensiv diskutiert worden, welche Vorhersagen man über die Eigenschaften chemischer Substanzen machen kann, wenn man die Topologie der entsprechenden Moleküle kennt. Es scheint so, als ob für eine solche topologische Analyse die eigentliche dreidimensionale Gestalt der Moleküle, wie Bindungsabstände und Winkel nicht so wichtig sind wie man bisher angenommen hatte. Es kommt hauptsächlich darauf an, wie viele Atome ein Molekül hat, mit wie vielen Atomen diese jeweils verbunden sind, ob die Verbindungen gerade Ketten, Ringe, Verzweigungen oder Kombinationen aus ihnen bilden. Charakterisiert man die Zahl der Atome und die Zahl und Art der Verbindungen jedes Atoms mit anderen Atomen des Moleküls durch Indexzahlen, so lässt sich die topologische Struktur eines Moleküls durch eine solche, geeignet gewählte Indexzahl charakterisieren. Es ist in vielen Fällen möglich, aufgrund solcher topologischer Analysen richtige und nützliche Vorhersagen über wichtige chemische Eigenschaften neuer synthetischer Moleküle zu machen, bevor diese synthetisiert werden [1.15].

Durch die Entwicklung empfindlicher Nachweistechniken sind inzwischen auch instabile Molekülradikale, die als Zwischenprodukte bei chemischen Reaktionen auftreten, der experimentellen Untersuchung zugänglich geworden. Da sie häufig nur in kleinen Konzentrationen in Gegenwart vieler anderer Moleküle auftreten, ist die Suche nach ihren Spektren oft schwierig, besonders wenn man noch gar nichts über die ungefähren Wellenlängen weiß. Hier ist deshalb die Unterstützung durch theoretische Vorhersagen besonders notwendig und viele Spektren solcher, auch in der

Astrophysik wichtigen Radikale, sind erst durch diese Zusammenarbeit von Quantenchemikern und Spektroskopikern eindeutig identifiziert worden.

Zunehmendes Interesse findet in jüngster Zeit die Untersuchung molekularer Ionen [1.16] sowie das Studium schwach gebundener Moleküle M_n (Van-der-Waals-Moleküle) [1.17] und größerer Systeme aus n gleichen Atomen bzw. Molekülen (so genannten *Clustern*) [1.18]. Solche Cluster stellen ein interessantes Übergangsgebiet dar vom freien Molekül zum Flüssigkeitstropfen und von ihrer Untersuchung erhofft man sich detaillierte Informationen über die Prozesse der Kondensation und der Verdampfung sowie der Dynamik eines größeren, lose gebundenen Molekülverbandes, der unter entsprechenden Bedingungen für sehr große n in einen geordneten Festkörper (Kristall) übergehen kann.

Erst die genauere Kenntnis der Molekülstruktur hat die Aufsehen erregenden Fortschritte der Biophysik und Gentechnologie ermöglicht. Diese neuen Forschungsgebiete werden zu einer Revolution unseres täglichen Lebens führen, mit Folgen, die noch einschneidender sein können als die Entwicklung integrierter Schaltungen aufgrund der Festkörperforschung. Insofern ist die Molekülphysik ein sehr aktuelles und wichtiges Gebiet. Hinzu kommt, dass auf solchen Grenzgebieten der Molekülphysik noch viele Fragen offen sind. Dies macht die Beschäftigung mit ihnen besonders reizvoll. Bevor man sich jedoch an die „Front der Forschung“ wagen kann, muss man sich mit elementaren Grundlagen der Molekülphysik vertraut machen. Dazu soll dieses Buch helfen, das sich mit einfachen theoretischen Grundlagen der Molekülphysik befasst und moderne experimentelle Methoden zur Untersuchung der Molekülstruktur vorstellt.

1.4 Übersicht über das Konzept dieses Buches

Wie der Titel schon andeutet, sollen in diesem Lehrbuch sowohl die theoretischen Grundlagen der Molekülphysik dargestellt werden, deren Kenntnis für die quantitative Beschreibung der Moleküle notwendig ist, als auch moderne Messmethoden, die erst die detaillierte Untersuchung vieler Moleküle ermöglicht haben. Theoretischer und experimenteller Teil wurden bewusst nicht vermischt, weil durch die getrennte Darstellung in den zwei Teilen A und B eine straffere Systematik vor allem des theoretischen Teils erreicht werden kann und im experimentellen Teil Gemeinsamkeiten experimenteller Methoden, wie z. B. der Mikrowellen- und der Laser-Spektroskopie besser verdeutlicht werden können.

Im theoretischen Teil werden Kenntnisse in der Atomphysik vorausgesetzt und der Leser sollte vertraut sein mit den Grundlagen der Quantenmechanik. Die theoretische Darstellung beginnt mit der Born-Oppenheimer-Näherung, einem fundamentalen Konzept, das die Separation von Elektronenbewegung und Kernbewegung ermöglicht und das jedem Modell eines molekularen „Kerngerüstes“, um das die Elektronenhülle angeordnet ist, zugrunde liegt. Im Rahmen der Born-Oppenheimer-Näherung lässt sich die Gesamtenergie eines Moleküls aufteilen in elektronische, Schwingungs- und Rotationsenergie. Dies wird durch die spektroskopischen Befunde bestätigt und soll hier in einer kurzen Übersicht über die verschiedenen Wellenlängenbereiche der Molekülspektren und ihre Zuordnung zu Rotations-, Schwingungs- und elektronischen Übergängen verdeutlicht werden.

Der Hauptteil des Kapitel 2 behandelt elektronische Zustände *starrer* Moleküle, die weder schwingen noch rotieren. Die grundlegenden Begriffe, wie Drehimpulse und ihre Kopplungen, Symmetrien und Molekülorbitale werden zunächst für elektronische Zustände zweiatomiger Moleküle phänomenologisch eingeführt. Dann werden Näherungsverfahren zur Berechnung elektronischer Wellenfunktionen, Energiezustände und Potentiale vorgestellt. Das Kapitel beginnt mit „Einelektronensystemen“, um dann die Probleme und Lösungsverfahren bei realen Molekülen mit mehr als einem Elektron zu behandeln. Im Abschnitt 2.8 werden anhand einiger Beispiele die Möglichkeiten moderner „*ab-initio*“-Verfahren der Quantenchemie illustriert.

In Kapitel 3 werden Schwingung und Rotation zweiatomiger Moleküle behandelt. Es gibt inzwischen eine Reihe von Methoden zur genauen Potentialberechnung aus *experimentell gewonnenen Termwerten* von Schwingungs-Rotationsniveaus sowie zur Bestimmung der Dissoziationsenergie, die im 2. Teil dieses Kapitels ausführlich besprochen werden. Das Kapitel schließt ab mit einer Übersicht über klassische und quantenmechanische Berechnungsverfahren für den langreichweitigen Teil des Wechselwirkungspotentials zweiatomiger Moleküle bei großem Kernabstand, dessen Kenntnis besonders für Streuexperimente von großer Bedeutung ist.

Das 4. Kapitel befasst sich mit dem zentralen Thema der Molekülphysik: Den Spektren der Moleküle. Man kann die wesentlichen Aspekte bereits am Beispiel zweiatomiger Moleküle erkennen. Deshalb beschränkt sich dieses Kapitel auf die einfach zu verstehenden Spektren zweiatomiger Moleküle, während die im Allgemeinen komplexeren Spektren der mehratomigen Moleküle in Kap. 8 behandelt werden. Dabei sollen folgende Fragen beantwortet werden: Zwischen welchen Molekülzuständen können Übergänge stattfinden unter Emission oder Absorption elektromagnetischer Strahlung? Wie wahrscheinlich sind solche Übergänge und was lernen wir aus Intensität, Linienprofil und Polarisation der molekularen Spektrallinien über die Struktur des Moleküls?

Bei mehratomigen Molekülen spielen Symmetrieeigenschaften eine wesentliche Rolle für die Vereinfachung und Verallgemeinerung ihrer Darstellung. Deshalb werden in Kapitel 5 zuerst Molekülsymmetrien und ihre Darstellung mit Hilfe der Gruppentheorie behandelt, ehe dann im 6. Kapitel Rotation und Schwingung mehratomiger Moleküle diskutiert werden. Die Rotation wird für das Modell des symmetrischen und asymmetrischen Kreisels dargestellt. Danach wird das Konzept der Normalschwingungen ausführlich erläutert und auch kurz mit dem Modell lokaler Schwingungen verglichen, das bei hoher Schwingungsanregung oft die reale Situation besser beschreibt. Auch der Einfluss von nichtlinearen Kopplungen auf das Schwingungsspektrum und die Frage nach chaotischen Bewegungen wird gestreift.

Die elektronischen Zustände mehratomiger Moleküle werden mehr vom prinzipiellen Verständnis der wichtigsten Begriffe her behandelt, ohne zu sehr ins Detail zu gehen. Das Kapitel 7 kann als eine Anwendung vieler bereits in Kapitel 2 dargestellter Grundlagen angesehen werden. Insbesondere wird der Aufbau elektronischer Zustände aus Molekülorbitalen an einigen Beispielen illustriert und die daraus resultierenden Gesetzmäßigkeiten für die Symmetrie und die Struktur der Moleküle in elektronisch angeregten Zuständen verdeutlicht. Auch Kapitel 8 über die Spektren mehratomiger Moleküle greift oft auf Kapitel 4 zurück.

Zunehmende Bedeutung in der Molekülphysik erhalten Moleküle, die sich *nicht* durch das Modell der Born-Oppenheimer-Näherung beschreiben lassen. Vor allem in elektronisch angeregten Molekülzuständen kommt es häufig vor, dass das Molekül keine feste geometrische Gestalt mehr hat, sondern „von selbst“ von einer Konfiguration in eine andere übergehen kann. Solche Abweichungen von der Born-Oppenheimer-Näherung machen sich als „Störungen“ im Spektrum des Moleküls bemerkbar, bei denen Linienpositionen gegenüber den erwarteten Werten verschoben sind, Intensitäten und Linienprofile verändert sind oder auch Linien im Spektrum ganz fehlen, bzw. neue unerwartete Linien auftauchen. Diese Störungen erschweren die Analyse der Spektren, geben aber andererseits wichtige Hinweise auf die verschiedenen Kopplungen zwischen Born-Oppenheimer-Zuständen. Sie sind für elektronisch angeregte Zustände mehr die Regel als die Ausnahme und ihre Behandlung, die in Kapitel 9 kurz erläutert wird, ist wichtig für ein vollständiges und richtiges Modell angeregter Moleküle. Da die Funktion vieler biologisch wichtiger Moleküle oft durch solche „Gestaltänderungen“ erst ermöglicht wird, ist die Erweiterung unseres Molekülmodells essentiell für Anwendungen in der Biologie.

Ein kurzer Exkurs in den Themenkreis der Moleküle in äußeren Feldern erfolgt in Kapitel 10. Da Moleküle permanente oder induzierte elektrische oder magnetische Momente (Dipol, Quadrupol, ...) haben können, bewirken äußere elektrische oder magnetische Felder eine Verschiebung und oft auch eine Vermischung molekularer Energieniveaus. Durch moderne Messverfahren lassen sich diese Effekte heute im Detail untersuchen und haben zu sehr interessanten Anwendungsmöglichkeiten, wie der magnetischen Resonanzspektroskopie und der Kernspin-Tomographie geführt.

Den Schluss des theoretischen Teils bildet ein Exkurs in das interessante Gebiet der Van-der-Waals-Moleküle und -Cluster, das in den letzten Jahren intensiv untersucht wurde.

Die moderne Molekülphysik hat ganz wesentliche Impulse erhalten durch neue experimentelle Untersuchungsmethoden, von denen die verschiedenen spektroskopischen Techniken den größten Beitrag geliefert haben. Deshalb ist Kapitel 12 den modernen Verfahren der Molekülspektroskopie gewidmet.

Nach einem Überblick über Techniken der Mikrowellenspektroskopie zur Messung von Rotationsspektren, elektrischen und magnetischen Momenten und Hyperfeinstrukturen werden neuere Methoden der Infrarot-Spektroskopie behandelt, insbesondere die Fourier-Spektroskopie, die die klassische Absorptionsspektroskopie weitgehend verdrängt hat. Immer breitere Anwendung findet die Infrarot-Laserspektroskopie, die in vielen Fällen der Fourierspektroskopie hinsichtlich Auflösungsvermögen und Signal-zu-Rausch-Verhältnis überlegen ist.

Für die Untersuchung von Radikalen und instabilen Molekülen hat sich die „Matrix-Isolations-Spektroskopie“ sehr bewährt, bei der die Moleküle in einer Edelgas-Matrix bei Temperaturen von wenigen Kelvin „eingefroren“ wurden. Diese Technik erlaubt daher die Messung rotationsfreier Spektren von Molekülen im tiefsten Schwingungszustand.

Im Abschnitt 12.4 werden klassische Methoden und Verfahren der Doppler-begrenzten Laserspektroskopie im Sichtbaren und UV diskutiert sowie verschiedene Techniken der Doppler-freien Laserspektroskopie, die auch bei großen Molekülen noch eine selektive Anregung einzelner Rotations-Schwingungsniveaus ermöglichen und dadurch neue detaillierte Einsichten in die Struktur angeregter Moleküle erlauben.

Spektroskopie von Radikalen mit Hilfe der Lasermagnetischen Resonanz hat neben der Mikrowellenspektroskopie dazu beigetragen, dass unsere Kenntnis über Moleküle im interstellaren Raum sehr erweitert wurde (Abschnitt 12.4.5).

Die Kombination verschiedener spektroskopischer Techniken hat zur Entwicklung von Doppelresonanztechniken geführt, die hinsichtlich der Identifizierung unbekannter Molekülspektren große Vorteile haben und außerdem erlauben, spektroskopische Methoden, die bisher nur auf Grundzustände anwendbar waren, auf höher angeregte Zustände auszudehnen. So kann man z. B. mit der Infrarot-Mikrowellen-Doppelresonanz-Methode Mikrowellenspektroskopie in angeregten Schwingungszuständen betreiben, während die optisch-optische Doppelresonanz die Untersuchung hoher Rydbergzustände von Molekülen erlaubt.

Von aktuellem Interesse ist die Dynamik angeregter Zustände, die mit Hilfe der zeitaufgelösten Spektroskopie verfolgt werden kann. Hier geht es unter anderem um die Frage, wie und wie schnell sich die Anregungsenergie eines Moleküls von selbst oder induziert durch Stöße auf die verschiedenen Freiheitsgrade verteilt. Inzwischen kann man solche Phänomene mit einer Zeitauflösung bis in den Femtosekundenbereich (1 fs $= 10^{-15}$ s) verfolgen. Die hiermit zusammenhängenden Fragen werden im Abschnitt 12.4.11 diskutiert.

Neben der Laser-Spektroskopie gibt es eine große Zahl sich häufig ergänzender spektroskopischer Techniken. Von ganz besonderer Bedeutung für die Aufklärung elektronischer Zustände eines Moleküls hat sich die Photoelektronen-Spektroskopie erwiesen, der deshalb ein eigener Abschnitt 12.5 gewidmet ist.

Die Kombination von Laserspektroskopie mit der Massenspektrometrie hat sich als sehr fruchtbar erwiesen bei der isotopen-spezifischen Spektroskopie. Die heute am häufigsten verwendeten Massenspektrometer werden im Abschnitt 12.6 vorgestellt.

Eine besonders präzise Methode zur Messung von molekularen Momenten und/*oder* Hyperfeinstrukturen ist die *Radiofrequenz-Spektroskopie,* die von *Rabi* vor vielen Jahren entwickelt wurde und heute in Kombination mit Laser-spektroskopischen Techniken eine beachtliche Empfindlichkeit und Auflösung erreicht (Abschnitt 12.7). Als Standard-Analysen-Methoden haben sich die *Elektronen-Spin-Resonanz (ESR)* und die Kern-Spin-Resonanz (*nuclear magnetic resonance NMR*) entwickelt, die nicht nur in Chemie und Biologie, sondern auch in der Medizin in Form der Kernspin-Tomographie große Bedeutung erlangt haben und deshalb in Abschnitt 12.8 und 12.9 kurz vorgestellt werden.

Obwohl zur quantitativen Beschreibung ein gewisser mathematischer Formalismus unerlässlich ist und ohne die Grundlagen der Quantentheorie die Molekülstruktur nicht wirklich zu verstehen ist, hat der Autor sich bemüht, die Darstellung so anschaulich wie möglich zu machen, um dem Leser ein Gefühl für die physikalischen

Zusammenhänge zu geben und die Einordnung vieler Einzelphänomene wesentlich zu erleichtern.

Es gibt eine große Zahl guter Bücher über Molekülphysik, von denen einige in der Literaturliste aufgeführt sind. Manche Aspekte und Teilgebiete werden dort detaillierter behandelt, dafür kommen andere, inzwischen wichtiger gewordene Fragen zu kurz. An den entsprechenden Stellen wird in dem vorliegenden Lehrbuch nicht nur auf Originalarbeiten, sondern auch auf das Buch hingewiesen, wo das entsprechende Teilgebiet nach Einschätzung des Autors besonders gut dargestellt wird. Der Autor hofft, dass durch die hier angestrebte möglichst geschlossene Darstellung der theoretischen und experimentellen Aspekte und durch viele Verweise auf die Literatur das hier vorgelegte Buch für Molekülphysiker und Chemiker nützlich ist und dazu beiträgt, das interessante und wichtige Gebiet der Molekülphysik weiter zu fördern.

2 Elektronische Zustände von Molekülen

2.1 Adiabatische Näherung und der Begriff des Molekülpotentials

Mechanische Molekülmodelle stellen Moleküle meistens dar durch ein räumliches „Gerüst“ von Atomen, das eine wohldefinierte geometrische Struktur mit bestimmten Symmetrieeigenschaften besitzt. Die räumliche Anordnung der Atomkerne (*Kerngerüst*) wird bestimmt durch die gemittelte räumliche Verteilung aller Atomelektronen, die sozusagen als „Kitt“ die sich abstoßenden positiv geladenen Kerne zusammenhalten. Diese statische „Gleichgewichtsanordnung“ der Atomkerne stellt sich so ein, dass die Gesamtenergie des Moleküls minimal wird. Jede Bewegung dieses „starren“ Moleküls kann man beschreiben als Überlagerung einer Translationsbewegung seines Schwerpunktes im Raum und einer Rotation um diesen Schwerpunkt. In einem erweiterten Modell können die Kerne dann noch um ihre Ruhelage, die durch die Gleichgewichtskonfiguration minimaler Energie bestimmt ist, Schwingungen ausführen.

Wir wollen in diesem Kapitel untersuchen, unter welchen Bedingungen dieses Modell „richtig“ ist, was seine Grenzen sind und wie man es genauer beschreiben kann. Da die Bausteine der Moleküle Elektronen und Atomkerne sind, muss man für eine quantitative Beschreibung die Quantentheorie benutzen, deren Grundlagen hier als bekannt vorausgesetzt werden (siehe z. B. [2.1–2.4]).

2.1.1 Quantenmechanische Beschreibung eines freien Moleküls

Ein Molekül mit K Kernen (Massen M_k, Ladungen $Z_k \cdot e$) und N Elektronen (Masse m, Ladung $-e$) im Zustand mit der Gesamtenergie E lässt sich beschreiben durch die Schrödinger-Gleichung

$$\hat{H}\Psi = E\Psi\,, \tag{2.1}$$

wobei der Hamilton-Operator

$$\hat{H} = \hat{T} + \hat{V} = -\frac{\hbar^2}{2m}\sum_{i=1}^{N}\nabla_i^2 - \frac{\hbar^2}{2}\sum_{k=1}^{K}\frac{1}{M_k}\nabla_k^2 + V(\boldsymbol{r}, \boldsymbol{R}) \tag{2.2}$$

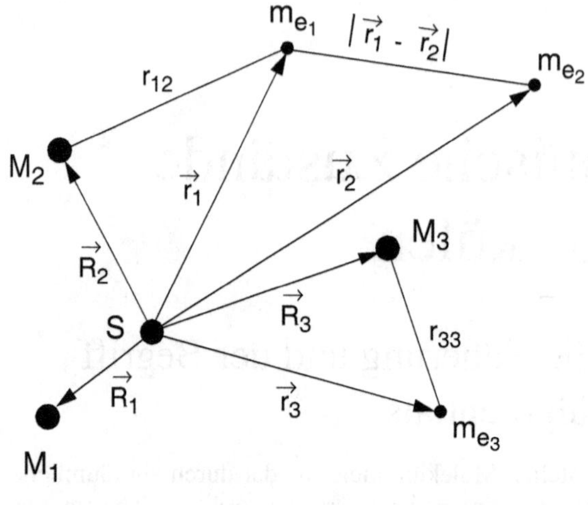

Abb. 2.1: Ortsvektordarstellung eines Moleküls im Schwerpunktsystem.

als Summe aus dem Operator $\hat{T}$ der kinetischen Energie aller Elektronen und Kerne und der potentiellen Energie $V(\boldsymbol{r}, \boldsymbol{R})$ geschrieben werden kann. Dabei sollen die Elektronenkoordinaten $\boldsymbol{r}_i$ und die Elektronenmasse m durch kleine Buchstaben, die der Kerne durch große Buchstaben $\boldsymbol{R}_k$ und M_k angegeben werden.
Die potentielle Energie setzt sich zusammen aus einer Summe

$$\begin{aligned} V(\boldsymbol{r}, \boldsymbol{R}) &= V_{\mathrm{KK}} + V_{\mathrm{Ke}} + V_{\mathrm{ee}} \\ &= \frac{e^2}{4\pi\varepsilon_0}\left[\sum_{k>k'}\sum_{k=1}^{K}\frac{Z_k \cdot Z_{k'}}{R_{k,k'}} - \sum_{k=1}^{K}\sum_{i=1}^{N}\frac{Z_k}{r_{i,k}} + \sum_{i>i'}\sum_{i'=1}^{N}\frac{1}{r_{i,i'}}\right] \end{aligned} \tag{2.3}$$

von drei Termen: der Coulomb-Abstoßung zwischen den Kernen, der Anziehung der Elektronen durch die Kerne und der gegenseitigen Elektronenabstoßung, wobei die Abkürzungen

$$R_{k,k'} = |\boldsymbol{R}_k - \boldsymbol{R}_{k'}|\ , \quad r_{i,k} = |\boldsymbol{r}_i - \boldsymbol{R}_k|\ , \quad r_{i,i'} = |\boldsymbol{r}_i - \boldsymbol{r}_{i'}|$$

bedeuten (Abb. 2.1).

Dabei wurden alle Wechselwirkungen, die mit den Elektronen- oder Kernspins zusammenhängen, vernachlässigt. Deren exakte Beschreibung erfordert einen relativistischen Ansatz, der auf der Dirac-Gleichung basiert [2.5]. Glücklicherweise sind jedoch die Energieverschiebungen, die durch die Spins verursacht werden, klein gegen die kinetische und potentielle Energie (2.2). Man kann sie im Rahmen einer Störungsrechnung mit Hilfe der Schrödingergleichung (2.1) behandeln und erhält sie dann als kleine additive Beiträge zu dem Hauptenergieanteil (2.2).

Während die potentielle Energie nur von den Relativabständen der Teilchen abhängt und daher unabhängig vom gewählten Koordinatensystem ist, hängt die kinetische

Energie durchaus von der Wahl des Koordinatensystems ab. Die Beobachtung des Moleküls (z. B. der Absorptions- oder Emissions-Spektren) geschieht im Laborsystem LS. Die theoretische Beschreibung ist jedoch wesentlich einfacher in einem System MS, das mit dem Molekül verbunden ist. Für sich bewegende Moleküle sind beide Systeme verschieden.

Um alle Probleme, die bei der Beschreibung in bewegten Bezugssystemen auftreten, zu vermeiden, wollen wir zu Anfang ein *ruhendes* Molekül betrachten, dessen Schwerpunkt S im Laborsystem ruht und das wir im Laborsystem beschreiben. Wir gehen also aus von der Schrödingergleichung (2.1)

$$\left(\frac{-\hbar^2}{2m}\sum_{i=1}^{N}\nabla_i^2 - \frac{\hbar^2}{2}\sum_{k=1}^{K}\frac{1}{M_k}\nabla_k^2 + V(\boldsymbol{r},\boldsymbol{R})\right)\Psi = E\Psi(\boldsymbol{r},\boldsymbol{R}) \qquad (2.4)$$

eines freien, ruhenden Moleküls mit $N = \sum_{k=1}^{K} Z_k$ Elektronen und K Kernen mit dem Hamilton-Operator $\hat{H} = \hat{T}_e + \hat{T}_k + V$, wobei das Wechselwirkungspotential $V(\boldsymbol{r},\boldsymbol{R})$ durch (2.3) gegeben ist. Diese Gleichung gilt streng für ein nichtrotierendes, ruhendes Molekül, wenn alle Elektronenspin- und Kernspin-Wechselwirkungen vernachlässigt werden können.

Die Schrödingergleichung (2.4) ist selbst für das einfachste Molekül, das H_2^+-Ion, das nur aus zwei Protonen und einem Elektron besteht, nicht exakt lösbar. Es gibt nun prinzipiell zwei verschiedene Wege, mit Hilfe von (2.4) reale Moleküle zu berechnen:

1. Man löst (2.4) für das jeweilige Problem *numerisch*. Dabei erreicht man eine Genauigkeit, die von dem verwendeten Rechenprogramm und der Größe des Computers abhängt. Der Nachteil dieses Verfahrens ist, dass man die auftretenden numerischen Fehler schlecht abschätzen kann und das Ergebnis, das man für ein bestimmtes Molekül erhalten hat, nicht ohne weiteres auf andere Moleküle übertragen kann.

2. Man führt physikalisch begründete Näherungen ein, denen ein vereinfachtes Molekül-Modell zugrunde liegt und die zu einer Vereinfachung der Schrödingergleichung führen. Dieses Modell kann man dann schrittweise erweitern und der Realität annähern. Ein solches Vorgehen hat den Vorteil, dass man die einzelnen Näherungsschritte und ihre physikalische Bedeutung besser verstehen kann.

Wir wollen hier den 2. Weg gehen und im nächsten Abschnitt zuerst die fundamentale Näherung der Molekülphysik, die so genannte *adiabatische Näherung*, diskutieren.

Anmerkung: Um eine Reihe konstanter Vorfaktoren bei den oft umfangreichen Rechnungen zu sparen und damit bei den Formeln und Integralen größere Übersichtlichkeit zu gewinnen, ist es in der theoretischen Atom- und Molekülphysik sowie in der Quantenchemie üblich, *atomare Einheiten* zu verwenden. Diese erhält man, indem man setzt:

$$m_e = 1\,, \quad \hbar = 1\,, \quad e = 1\,, \quad c = 1\,.$$

Vorsicht! Bei der Festsetzung $m = \hbar = e = 1$ werden die Dimensionen dieser Größen nicht beachtet. Die in atomaren Einheiten geschriebenen Gleichungen sind deshalb nicht mehr im üblichen Sinne dimensionsrichtig.

Die *atomare Längeneinheit* 1 Bohr ist der Radius a_0 der tiefsten Bohrschen Bahn im H-Atom. Im SI-System ist

$$a_0 = \frac{4\pi\varepsilon_0\hbar^2}{me^2} \approx 0{,}05\,\text{nm}\,.$$

Als *atomare Energieeinheit* 1 AE wird 1 Hartree als die doppelte Ionisationsenergie des H-Atoms ($= -E_{\text{pot}}$ für das Elektron auf der tiefsten Bohrschen Bahn mit $n = 1$) definiert. Im SI System ist

$$E_{\text{pot}} = -\frac{me^4}{(4\pi\varepsilon_0)\hbar^2 n^2} = -4{,}3597 \cdot 10^{-18}\,\text{J} = -27{,}2114\,\text{eV} \quad \text{für } n = 1\,.$$

In diesem Buch werden jedoch durchweg SI-Einheiten verwendet.

2.1.2 Separation von Elektronen- und Kernwellenfunktionen

Wegen ihrer sehr viel größeren Masse bewegen sich die Kerne eines schwingenden Moleküls wesentlich langsamer als die Elektronen, d. h. die Elektronenhülle kann sich praktisch „momentan" auf die jeweilige Kernkonfiguration $\boldsymbol{R}$ einstellen. Mit anderen Worten: Zu jedem $\boldsymbol{R}$ gehört eine wohldefinierte Elektronenverteilung mit der Wellenfunktion $\phi_n^{\text{el}}(\boldsymbol{r}, \boldsymbol{R})$ im elektronischen Zustand $\langle n|$, die zwar von der Lage aller Kerne, aber kaum von ihrer Geschwindigkeit abhängt. Die Elektronenhülle folgt *adiabatisch* der bei Schwingungen der Kerne sich periodisch ändernden Kernkonfiguration. Deshalb heißt das Molekül-Modell mit diesen Annahmen auch *adiabatische Näherung*.

Mathematisch kann die adiabatische Näherung in Form einer Störungsrechnung dargestellt werden. Solange die kinetische Energie der Kerne (2. Term in (2.4)) klein ist gegen die elektronische Energie, können wir sie als kleine Störung auffassen und als ungestörtes System das Molekül mit *starrem* Kerngerüst (also $\boldsymbol{R} = \text{const}$) ansehen, bei dem die kinetische Energie der Kerne null ist. Wir machen deshalb den Störungsansatz:

$$\hat{H} = \hat{H}_0 + \hat{H}' \quad \text{mit } \hat{H}_0 = \hat{T}_{\text{e}} + V \quad \text{und } \hat{H}' = \hat{T}_{\text{K}}\,. \tag{2.5}$$

Die ungestörte Schrödingergleichung

$$\hat{H}_0 \cdot \phi^{\text{el}}(\boldsymbol{r}, \boldsymbol{R}) = E^{(0)}(\boldsymbol{R}) \cdot \phi^{\text{el}}(\boldsymbol{r}, \boldsymbol{R}) \tag{2.6}$$

beschreibt dann ein Molekülmodell, bei dem das Kerngerüst starr bei der Kernkonfiguration $\boldsymbol{R}$ festgehalten wird. Das Absolutquadrat einer Lösungsfunktion $\phi_n^{\text{el}}(\boldsymbol{r}, \boldsymbol{R})$

von (2.6) gibt für jede beliebige, aber starre Kernkonfiguration $\boldsymbol{R}$ die Ladungsverteilung der Elektronenhülle in einem elektronischen Zustand $|n\rangle$ mit der Energie $E_n^{(0)}(\boldsymbol{R})$ an. Der Index n numeriert dabei die verschiedenen elektronischen Zustände dieses starren Moleküls (siehe Kap. 3).

Man beachte, dass die Funktionen ϕ_n^{el} nur von den Elektronenkoordinaten $\boldsymbol{r}$ als Variable abhängen. Die Kernkoordinaten $\boldsymbol{R}$ gehen hingegen nicht als Variable, sondern nur als Parameter ein, weil in (2.6) weder nach $\boldsymbol{R}$ differenziert wird (in (2.6) ist die kinetische Energie T_K des starren Moleküls Null) noch über $\boldsymbol{R}$ integriert wird (die Integration geht nur über die Elektronenkoordinaten).

Man kann die Lösungsfunktionen $\phi_n^{\text{el}}(\boldsymbol{r}, \boldsymbol{R})$ von (2.6) so wählen, dass sie ein vollständiges orthonormales Funktionensystem bilden. Dann lässt sich jede Lösungsfunktion $\Psi(\boldsymbol{r}, \boldsymbol{R})$ der vollständigen Schrödingergleichung (2.4) durch eine (im Allgemeinen unendliche) Reihe nach diesen Funktionen entwickeln. Zur Lösung von (2.4) machen wir deshalb den Ansatz

$$\Psi(\boldsymbol{r}, \boldsymbol{R}) = \sum_m \chi_m(\boldsymbol{R}) \cdot \phi_m^{\text{el}}(\boldsymbol{r}, \boldsymbol{R}), \tag{2.7}$$

wobei die Entwicklungskoeffizienten $\chi_m(\boldsymbol{R})$ zwar noch von den Kernkoordinaten $\boldsymbol{R}$, jedoch nicht von den Elektronenkoordinaten $\boldsymbol{r}$ abhängen.

Einsetzen in (2.4), Multiplikation mit $\phi_n^{*\text{el}}$ und Integration über die Elektronenkoordinaten $\boldsymbol{r}$ liefert

$$\int \left[\phi_n^{*\text{el}}(\boldsymbol{r}, \boldsymbol{R})(\hat{H} - E) \sum_m \chi_m(\boldsymbol{R}) \phi_m^{\text{el}}(\boldsymbol{r}, \boldsymbol{R}) \right] \mathrm{d}\boldsymbol{r} = 0\,. \tag{2.8}$$

Setzt man in (2.8) $\hat{H} = \hat{H}_0 + \hat{H}'$ und verwendet (2.6), so erhält man wegen $\int \phi_n^{\text{el}} \cdot \phi_m^{\text{el}}\, \mathrm{d}\boldsymbol{r} = \delta_{nm}$ als Gleichung für die Funktionen $\chi_m(\boldsymbol{R})$:

$$\left(E_n^{(0)}(\boldsymbol{R}) - E\right)\chi_n(\boldsymbol{R}) + \int \left[\phi_n^{*\text{el}} H' \sum_m \chi_m(\boldsymbol{R}) \phi_m^{\text{el}}(\boldsymbol{r}, \boldsymbol{R}) \right] \mathrm{d}\boldsymbol{r} = 0\,. \tag{2.9}$$

Den letzten Term in (2.9) kann man wie folgt berechnen, wobei die runden Klammern angeben, auf welche Funktion der Operator H' wirkt

$$\begin{aligned} \int \phi_n^{*\text{el}} \left(H' \sum_m \chi_m \phi_m^{\text{el}} \right) \mathrm{d}\boldsymbol{r} &= \int \left[\phi_n^* \sum_m (H' \chi_m) \phi_m \right] \mathrm{d}\boldsymbol{r} \\ &+ \int \left[\phi_n^* \sum_m (H' \phi_m) \chi_m \right] \mathrm{d}\boldsymbol{r} \qquad (2.10) \\ &- \hbar^2 \int \phi_n^* \left[\sum_k \frac{1}{M_k} \sum \frac{\partial}{\partial R_k} \phi_m \frac{\partial}{\partial R_k} \chi_m \right] \mathrm{d}\boldsymbol{r}\,. \end{aligned}$$

Beim 1. Summanden kann man Differentiation und Integration vertauschen, da H' nur von $\boldsymbol{R}$ abhängt, die Integration jedoch über die Elektronenkoordinaten $\boldsymbol{r}$ geht.

Dieser Summand reduziert sich wegen $\int \phi_m^* \phi_n \, \mathrm{d}\boldsymbol{r} = \delta_{mn}$ auf $H'\chi_n$. Fassen wir den 2. und 3. Summanden in (2.10) zusammen in $\sum_m c_{nm}\chi_m$ mit der Abkürzung

$$c_{nm} = \int \phi_n^* H' \phi_m \, \mathrm{d}\boldsymbol{r} - \hbar^2 \left[\int \phi_n^* \sum_k \frac{1}{M_k} \frac{\partial}{\partial R_k} \phi_m \, \mathrm{d}\boldsymbol{r} \right] \frac{\partial}{\partial R_k}, \tag{2.11}$$

so heißt (2.9)

$$\left(E_n^{(0)}(\boldsymbol{R}) + H'\right)\chi_n(\boldsymbol{R}) + \sum_m c_{nm}\chi_m(\boldsymbol{R}) = E\chi_n(\boldsymbol{R}). \tag{2.12}$$

Die beiden Gleichungen (2.6) und (2.12)

$$\boxed{H_0\phi(\boldsymbol{r}, \boldsymbol{R}) = E^{(0)}(\boldsymbol{R}) \cdot \phi(\boldsymbol{r}, \boldsymbol{R})}\,, \tag{2.13a}$$

$$\boxed{H'\chi_n(\boldsymbol{R}) + \textstyle\sum_m (c_{nm}\chi_m(\boldsymbol{R})) = (E - E_n^{(0)}(\boldsymbol{R}))\chi_n(\boldsymbol{R})} \tag{2.13b}$$

bilden ein gekoppeltes Gleichungssystem für die elektronischen Wellenfunktionen ϕ und die Kernwellenfunktionen χ_n, wobei die Kopplung durch die Koeffizienten $c_{nm}(\phi)$ bewirkt wird, die ja nach (2.11) von den Funktionen ϕ abhängen.

Die beiden Gleichungen (2.13) zusammen sind völlig äquivalent zur Schrödingergleichung (2.4). Die Lösungen von (2.13a) geben die Wellenfunktionen $\phi(\boldsymbol{r}, \boldsymbol{R})$und die Energiewerte E^0 des starren Moleküls an.Ohne den Summenterm beschreibt (2.13b) die Bewegung der Kerne mit der kinetischen Energie H' im Potential $E_n^{(0)}(\boldsymbol{R})$, das als Lösung von (2.13a) durch die gemittelte Elektronenverteilung bestimmt ist, da zu jeder stationären Elektronenverteilung $\phi_n(r)$ bei festem $\boldsymbol{R}$ eine wohldefinierte Energie $E_n^0(\boldsymbol{R})$ gehört. Die Koeffizienten c_{nm} stellen Kopplungsmatrixelemente dar, die beschreiben, wie durch die Kernbewegung verschiedene elektronische Zustände ϕ_n und ϕ_m gekoppelt werden. Wir werden diese Elemente, die im Allgemeinen klein sind gegen $E_n^0 + H'$, weiter unten genauer diskutieren.

Anmerkung: Man schreibt die Integrale über die Elektronenkoordinaten oft in der Dirac-Schreibweise

$$\int \psi^*(\boldsymbol{r})\,\psi(\boldsymbol{r})\,\mathrm{d}\boldsymbol{r} = \langle\psi|\psi\rangle \int \psi^* \hat{H}\psi \, \mathrm{d}\boldsymbol{r} = \left\langle\psi^*\right| \hat{H} \left|\psi\right\rangle .$$

2.1.3 Born-Oppenheimer-Näherung

In der BO-Näherung [2.6] werden alle c_{nm} in (2.13b) null gesetzt, d. h. man vernachlässigt die Kopplung zwischen Kernbewegung und Elektronenhülle vollständig. In dieser Näherung reduziert sich (2.13b) zu

$$\left[\hat{H}' + E_n^{(0)}(\boldsymbol{R})\right]\chi_n(\boldsymbol{R}) = E \cdot \chi_n(\boldsymbol{R}), \tag{2.14}$$

die folgendes besagt: Im Rahmen der BO-Näherung erhält man für die Kernwellenfunktion $\chi_n(R)$ im elektronischen Zustand $|n\rangle$, welche die Wahrscheinlichkeitsamplitude dafür angibt, dass die Kerne sich bei den Koordinaten $\boldsymbol{R}$ aufhalten, die Schrödingergleichung

$$\hat{H}_K\chi_n = E\chi_n, \tag{2.14a}$$

deren Hamiltonoperator

$$\hat{H}_K = \hat{H}' + E_n^{(0)}(\boldsymbol{R}) = \hat{T}_K + U_n(\boldsymbol{R}) \tag{2.14b}$$

die Summe aus kinetischer Energie der Kerne und einer potentiellen Energie $U_n(\boldsymbol{R})$ ist, die gleich der Gesamtenergie $E_n^{(0)}(\boldsymbol{R})$ des starren Moleküls ist (siehe (2.6)). $E_n^{(0)}(\boldsymbol{R})$ enthält also die gesamte potentielle Energie (2.3) plus der über die Elektronenbewegung gemittelten *kinetischen* Energie aller Elektronen. Gleichung (2.14) zeigt, dass man $E_n^{(0)}(\boldsymbol{R})$ als Potential $U_n(\boldsymbol{R})$ auffassen kann, in dem sich die Kerne bewegen. Die Elektronenkoordinaten $\boldsymbol{r}$ kommen in $U(\boldsymbol{R})$ nicht mehr vor, da bei der Berechnung von $E_n^{(0)}(\boldsymbol{R})$ über alle Elektronenkoordinaten integriert wurde. Zu jedem Elektronenzustand mit der Energie $E_n^{(0)}(\boldsymbol{R})$ gibt es eine Schar von Lösungsfunktionen χ_{nv}, die als Wellenfunktionen der Kernkonfiguration im Elektronenzustand ϕ_n^{el} angesehen werden können und welche die verschiedenen durch den Index v charakterisierten Schwingungszustände beschreiben.

In der BO-Näherung geht also die Schrödingergleichung (2.4) mit den Ansätzen (2.5) und (2.7) über in zwei getrennte, *entkoppelte* Gleichungen

$$\boxed{\hat{H}_0\phi_n^{\mathrm{el}}(\boldsymbol{r}) = E_n^{(0)}\phi_n^{\mathrm{el}}(\boldsymbol{r})}\,, \tag{2.15a}$$

$$\boxed{(\hat{T}_K + E_n^{(0)})\chi_{n,i}(\boldsymbol{R}) = E_{n,i}\chi_{n,i}(\boldsymbol{R})} \tag{2.15b}$$

mit den elektronischen Lösungsfunktionen ϕ_n^{el} beim Kernabstand R und den Wellenfunktionen der Kernbewegung $\chi_{n,i}(\boldsymbol{R})$ für den Energiezustand i des Kerngerüstes im n-ten elektronischen Zustand.

Man beachte: Erst wenn die BO-Näherung gültig ist, kann man streng genommen von elektronischen Zuständen $|n\rangle$ mit Energieniveaus $|i\rangle$ des Kerngerüstes reden. Da der Hamiltonoperator $\hat{H} = \hat{H}_0 + H'$ in eine Summe aus elektronischem Anteil und kinetischer Energie der Kerne aufgespalten ist, lässt sich die Gesamtwellenfunktion eines Molekülzustandes $|e, v\rangle$ als Lösung der Schrödingergleichung (2.4) in der BO-Näherung als Produkt

$$\Psi_{n,i}(\boldsymbol{r}, \boldsymbol{R}) = \phi_n^{\mathrm{el}}(\boldsymbol{r}) \cdot \chi_{n,i}(\boldsymbol{R}) \tag{2.16}$$

aus Elektronenfunktion ϕ_n^{el} und Schwingungswellenfunktion $\chi_{n,i}$ schreiben. Die Summe in der Entwicklung (2.7) reduziert sich also auf nur ein Glied! Diese Produktdarstellung drückt aus, dass jede Wechselwirkung zwischen Elektronenbewegung und Kernbewegung vernachlässigt wurde. Aus (2.16) und (2.15) folgt, dass die von $\boldsymbol{R}$ und $\boldsymbol{r}$ unabhängige Gesamtenergie

$$E_{n,i} = T_K(\boldsymbol{R}) + E_n^{(0)}(\boldsymbol{R}) = \mathrm{const} \tag{2.17}$$

sich additiv aus kinetischer Energie des Kerngerüstes und der über die Elektronenbewegung gemittelten elektronischen Energie (inklusive der Kernabstoßungsenergie) zusammensetzt.

Die Funktion Ψ wird normiert, indem jeder der beiden Faktoren einzeln normiert wird, d. h.

$$\int \phi_n^{\text{el}*}\phi_n^{\text{el}}\,\mathrm{d}\tau_{\text{el}} = 1 \quad \text{und} \quad \int \chi_{n_i}^*\chi_{n_i}\,\mathrm{d}\tau_{\text{N}} = 1$$

mit $\mathrm{d}\tau_{\text{el}} = r^2\,\mathrm{d}r\sin\theta\,\mathrm{d}\theta\,\mathrm{d}\varphi$; $\mathrm{d}\tau_{\text{N}} = R^2\,\mathrm{d}R\sin\theta\,\mathrm{d}\theta\,\mathrm{d}\varphi$.

Gleichung (2.15a) bildet die Grundlage für die Quantenchemie, in der die elektronischen Zustände eines Moleküls als Potentialflächen $E_n^0(\boldsymbol{R})$ berechnet werden (siehe Abschn. 2.8). Gleichung (2.15b) beschreibt Schwingung und Rotation des Kerngerüstes, die für zweiatomige Moleküle in Kap. 3 und für mehratomige in Kap. 6 behandelt werden.

2.1.4 Adiabatische Näherung

Man kann die in der BO-Näherung vollständig vernachlässigten Matrixelemente (2.11) aufteilen in Diagonalglieder c_{nn} und Nichtdiagonalterme c_{nm} $(n \neq m)$. Betrachten wir zuerst die Diagonalterme

$$c_{nn} = \int \phi_n^{*\text{el}} H' \phi_n^{\text{el}}\,\mathrm{d}\boldsymbol{r} - \frac{\hbar^2}{2}\left[\int \phi_n^{*\text{el}} \sum_K \frac{1}{M_K}\frac{\partial}{\partial \boldsymbol{R}_K}\phi_n^{\text{el}}\,\mathrm{d}\boldsymbol{r}\right]\frac{\partial}{\partial \boldsymbol{R}_K}\,. \tag{2.18}$$

Zieht man beim 2. Summanden die Differentiation nach den Kernkoordinaten vor das Integral über die Elektronenkoordinaten, so sieht man, dass dieser Summand verschwindet, weil $\int \phi_n^{*\text{el}}\phi_n^{\text{el}}\,\mathrm{d}\boldsymbol{r} = 1 = \text{const}$ und $\partial/\partial R_K(\text{const}) = 0$. Man kann nämlich die reellen Funktionen ϕ_n^{el} so normieren, dass $\int \phi_n^{*\text{el}}, \phi_n^{\text{el}}\,\mathrm{d}\boldsymbol{r} \equiv 1$ für *alle* Kernkonfigurationen $\boldsymbol{R}$.

Den 1. Summanden kann man wegen

$$0 = \frac{\partial^2}{\partial \boldsymbol{R}^2}\int \phi_n^{*\text{el}}\phi_n^{\text{el}}\,\mathrm{d}\boldsymbol{r} = 2\cdot\int \phi_n^{*\text{el}}\frac{\partial^2}{\partial \boldsymbol{R}^2}\phi_n^{\text{el}}\,\mathrm{d}\boldsymbol{r} + 2\cdot\int\left(\frac{\partial\phi_n^{\text{el}}}{\partial \boldsymbol{R}}\right)^2\mathrm{d}\boldsymbol{r}$$

umformen in

$$c_{nn} = \int \phi_n^{*\text{el}} H' \phi_n^{\text{el}}\,\mathrm{d}\boldsymbol{r} = \sum_K \frac{\hbar^2}{2M_K}\int\left(\frac{\partial\phi_n^{\text{el}}}{\partial \boldsymbol{R}_K}\right)^2\mathrm{d}\boldsymbol{r}\,. \tag{2.19}$$

Die Diagonalglieder c_{nn} hängen also quadratisch ab von der Änderung der elektronischen Wellenfunktion ϕ_n^{el} bei Variation der Kernkoordinaten. Wegen der großen Kernmassen M_K im Nenner sind diese Terme jedoch klein.

Setzt man in (2.13b) für die Diagonalglieder c_{nn} (2.19) ein, und vernachlässigt die Nichtdiagonalterme c_{nm}, so erhält man statt (2.15b) die so genannte *adiabatische Näherung*

$$(H' + U_n'(\boldsymbol{R}))\chi_n = E\chi_n\,, \tag{2.20}$$

wobei das „Potential“

$$U'_n(\boldsymbol{R}) = E_n^{(0)}(\boldsymbol{R}) + \sum_K \frac{\hbar^2}{2M_K} \int \left(\frac{\partial \phi_n^{\mathrm{el}}}{\partial \boldsymbol{R}_K} \right)^2 \mathrm{d}\boldsymbol{r} \tag{2.21}$$

gegenüber dem BO-Potential $E_n^{(0)}(\boldsymbol{R})$ einen Korrekturterm enthält, der von der Masse der Kerne abhängt, also für verschiedene Isotope etwas verschieden ist. Das heißt: Das effektive Potential $U'_n(\boldsymbol{R})$, in dem die Kerne sich bewegen, ist für diese Isotope etwas unterschiedlich. Dies führt zu einer geringfügigen Verschiebung der elektronischen Energie E_n für die einzelnen Molekül-Isotopomere, die jedoch klein ist gegenüber den Isotopie-Effekten bei der Schwingung und Rotation (siehe Abschn. 4.3.4) [2.7].

Anschaulich beschreibt diese adiabatische Korrektur folgenden Sachverhalt: Die Elektronenhülle stellt sich bei genauerer Betrachtung doch nicht „momentan“ auf die jeweilige Kernkonfiguration ein, sondern zeigt eine Verzögerung (Schlupf), die von der kinetischen Energie der Kerne abhängt. Die Kerne spüren zur Zeit t bei der Konfiguration $\boldsymbol{R}(t)$ ein Potential, das von einer Elektronenkonfiguration herrührt, die bei „momentaner“ Einstellung zur Kernkonfiguration $\boldsymbol{R}(t - \Delta t)$ gehören würde.

Die Kernbewegung verändert in dieser Näherung jedoch *nicht* den elektronischen Zustand ϕ_n^{el}, d. h. sie *mischt nicht* Wellenfunktionen ϕ_n^{el}, ϕ_m^{el} verschiedener Elektronenzustände. Die elektronischen Wellenfunktionen folgen adiabatisch und reversibel der Kernbewegung. Das heißt, *das Molekül bleibt immer auf derselben Potentialfläche.*

Die adiabatische Näherung geht also einen Schritt weiter als die BO-Näherung. Die Korrekturen sind jedoch wegen der großen Kernmassen im Nenner klein, wie man sich folgendermaßen überlegen kann:

Der Hamiltonoperator $\hat{H}_0$ der elektronischen Wellenfunktionen ϕ^{el} hängt nur über den Term V_{ke} in (2.3) von den Kernkoordinaten $\boldsymbol{R}_{\mathrm{K}}$ ab. Deshalb sind die Ableitungen $\partial\phi^{\mathrm{el}}/\partial\boldsymbol{R}_{\mathrm{K}}$ im Allgemeinen kleiner als $\partial\phi^{\mathrm{el}}/\partial\boldsymbol{r}$, da die letzteren auch noch von T_{e} und V_{ee} abhängen. Der Ausdruck $((\hbar^2/2m)(\partial\phi^{\mathrm{el}}/\partial\boldsymbol{r})^2)$ stellt die kinetische Energie der Elektronen dar. Das Störglied in (2.21) ist also kleiner als $\sum_K (m/M_K) \cdot E_{\mathrm{kin}}^{\mathrm{el}}$ und stellt selbst für das leichte Wasserstoffmolekül ($m_{\mathrm{e}}/2m_{\mathrm{p}} < 3 \cdot 10^{-4}$) nur eine kleine Korrektur dar.

2.2 Abweichungen von der adiabatischen Näherung

Wenn die Nichtdiagonalglieder c_{nm} nicht mehr vernachlässigbar sind, bricht die adiabatische Näherung zusammen, d. h. man kann in solchen Fällen Kernbewegung und Elektronenbewegung nicht mehr trennen. Dies bedeutet, dass durch die Kernbewegung verschiedene elektronische BO-Zustände gemischt werden. Wann dieser „Zusammenbruch“ der adiabatischen Näherung auftritt, kann man sich im Rahmen einer Störungsrechnung klarmachen. Wir schreiben (2.5) in der Form

$$\hat{H} = \hat{H}_0 + \hat{T}_{\mathrm{K}} = \hat{H}_0 + \lambda \cdot W\,, \tag{2.22}$$

wobei H_0 der Operator des „ungestörten“ starren Moleküls ist und der Störoperator $\hat{T}_K \mathrel{\hat{=}} \lambda \cdot W$ die kinetische Energie der Kerne beschreibt. Der Parameter $\lambda < 1$ bestimmt die Größe der Störung, die vom Verhältnis (m/M) von Elektronenmasse m zu Kernmasse M abhängt. Born und Oppenheimer zeigten [2.6], dass man zweckmäßigerweise als Störparameter die Größe $\lambda = (m/M)^{1/4}$ wählt, weil dann die Schwingungsenergie der Kerne als Störglied in λ^2 und die um etwa zwei Größenordnungen kleinere Rotationsenergie als Störterm mit λ^4 auftritt. In der Entwicklung der Eigenfunktionen Ψ nach dem vollständigen und orthonormierten System der Eigenfunktionen ϕ_n^{el} des ungestörten Systems in (2.7) setzt man für die Kernwellenfunktionen χ_n in den sukzessiven Ordnungen der Störungsrechnung ebenfalls eine Entwicklung nach λ ein:

$$\chi_n = \chi_n^{(0)} + \lambda\chi_n^{(1)} + \lambda^2\chi_n^{(2)} + \cdots \tag{2.23}$$

und analog für die entsprechenden Energieeigenwerte

$$E_n = E_n^{(0)} + \lambda \cdot E_n^{(1)} + \lambda^2 E_n^{(2)} + \cdots . \tag{2.24}$$

Einsetzen von (2.22)–(2.24) und (2.7) in die Schrödingergleichung (2.4), Multiplikation mit $\phi_k^{*\text{el}}$ und Integration gibt bei Vergleich der Glieder mit gleichen Potenzen des Störparameters λ, wenn man für die Wellenfunktionen bis zur 1. Ordnung der Störungsrechnung, für die Energie bis zur 2. Ordnung geht:

$$E_n = E_n^{(0)} + W_{nn} + \sum_{k \neq n} \frac{W_{nk} \cdot W_{kn}}{E_n^{(0)} - E_k^{(0)}} + O(\lambda^3) + \cdots ; \tag{2.25}$$

dabei steht $O(\lambda^3)$ für Terme höherer Ordnung, die in einer Störungsrechnung bis zur 2. Ordnung vernachlässigt werden.

$$W_{nk} = \int \phi_n^{\text{el}(0)*} \hat{T}_N \phi_k^{\text{el}(0)} \, \mathrm{d}\boldsymbol{r} \tag{2.26}$$

ist das Matrixelement des Störoperators $\hat{T}_N$ gebildet mit den „ungestörten“ Lösungsfunktionen von (2.13a) und $W_{nn} = c_{nn}$ ist die adiabatische Korrektur zur BO-Energie $E_n^{(0)}$. Für den 3. Term in (2.25), der eine Korrektur 2. Ordnung darstellt und die Kopplung zwischen den elektronischen Zuständen $\langle\phi_n^{\text{el}}|$ und $\langle\phi_k^{\text{el}}|$ angibt, erhält man *nur dann* kleine Werte, wenn der Energieabstand $E_n^{(0)}(R) - E_k^{(0)}(R)$ der „ungestörten“ Zustände $\langle\phi_n^0|$ und $\langle\phi_k^0|$ bei vorgegebener Kernkonfiguration $\boldsymbol{R}$ groß ist gegen das Matrixelement $W_{nk} = \int \phi_n^{\text{el}*} \hat{T}_N \phi_k^{\text{el}} \, \mathrm{d}r$.

W_{nk} gibt an, wie stark die Kopplung zwischen verschiedenen Elektronenzuständen durch die Kernbewegung ist, d. h. wie wahrscheinlich es ist, dass, durch die Kernbewegung induziert, die Elektronenhülle vom Zustand ϕ_n^{el} in den Zustand ϕ_k^{el}, übergeht.

Wenn $E_n^{(0)} - E_k^{(0)}$ klein wird (z. B. bei Potentialflächenkreuzungen (Abb. 2.2)), divergiert die Reihenentwicklung (2.25), d. h. die adiabatische Näherung bricht zusammen. Dies trifft häufig für *angeregte* Molekülzustande zu, seltener für Grundzustände [2.8–2.10]. Man kann dann das Molekül *nicht* mehr beschreiben als Kerngerüst, das im Potential der Kerne und der zeitlich gemittelten räumlichen Elektronenverteilung schwingt.

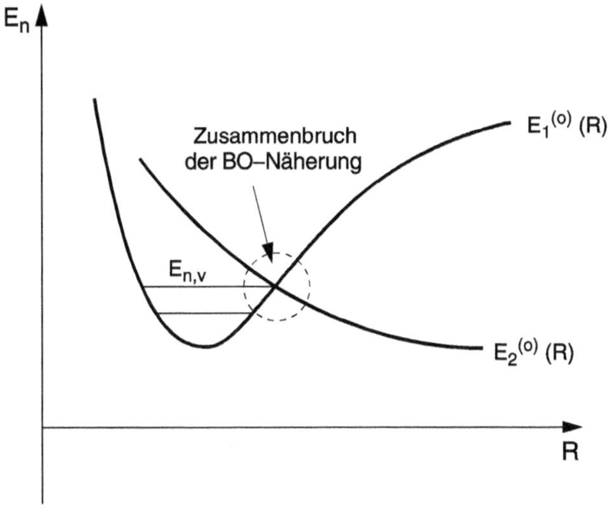

Abb. 2.2: Beispiel für den Zusammenbruch der Born-Oppenheimer-Näherung.

Man sieht aus diesem Störungsansatz, dass die BO-Näherung dem ungestörten Term in der Störungsrechnung mit $\hat{T}_N$ als Störoperator entspricht, die adiabatische Näherung berücksichtigt noch den Störterm 1. Ordnung und die nichtadiabatischen Glieder können durch die Störungsrechnung 2. Ordnung beschrieben werden [2.10]. Dabei stellt der 3. Summand in (2.25) den Störterm 2. Ordnung dar, während der 4. Summand zu Störgliedern höherer Ordnung beiträgt. Dieser 4. Summand enthält z. B. auch die Kopplung verschiedener elektronischer Zustände durch Rotation und Schwingung des Moleküls (*Coriolis-Kopplung*) (siehe Kap. 9).

2.3 Potentiale, Kurven und Flächen, Molekül-Termdiagramme und Spektren

Im vorigen Abschnitt wurde gezeigt, dass im Rahmen der adiabatischen Näherung die elektronische Energie $E_n^{\mathrm{el}}(\boldsymbol{R})$ aufgefasst werden kann als potentielle Energie, die durch eine Hyperfläche im Raum der Kernkoordinaten $\boldsymbol{R} = \{\boldsymbol{R}_1, \boldsymbol{R}_2, \ldots, \boldsymbol{R}_N\}$ dargestellt werden kann und das Potential bestimmt, in dem die Kernbewegung abläuft.

Für *zweiatomige* Moleküle kann diese potentielle Energie $E_n^{\mathrm{el}}(\boldsymbol{R}_1, \boldsymbol{R}_2)$ im molekülfesten Koordinatensystem auf eine Funktion $E_n^{\mathrm{el}}(R)$ nur einer Variablen R reduziert werden, wobei $R = |\boldsymbol{R}_1 - \boldsymbol{R}_2|$ der Abstand der beiden Kerne bedeutet. Eine solche „Potentialkurve" $E_n^{\mathrm{el}}(R) = V(R)$ ist in Abb. 2.3 schematisch dargestellt für den Fall, dass das Molekül gebunden ist, d. h. dass die Potentialkurve ein Minimum besitzt. Der Kernabstand R_e beim Minimum heißt *Gleichgewichtsabstand* und die Tiefe des

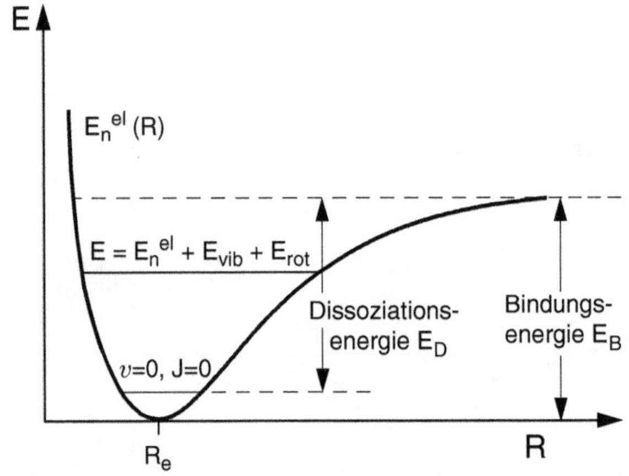

Abb. 2.3: Potentialkurve eines zweiatomigen Moleküls und Schwingungs-Rotationszustand mit konstanter Gesamtenergie, unabhängig vom Kernabstand R.

Potentialminimums gibt die *Potentialtopftiefe = Bindungsenergie* E_B

$$E_\mathrm{B} = E_n^\mathrm{el}(R = \infty) - E_n^\mathrm{el}(R_\mathrm{e}) \tag{2.27}$$

im elektronischen Zustand $|n\rangle$ an, während die Dissoziationsenergie E_D, d. h. die Energie, die man aufwenden muss, um das Molekül aus seinem tiefsten Zustand zu dissoziieren, durch die Energiedifferenz

$$E_\mathrm{D} = E_n(v = 0, J = 0) - E_n(\infty) \tag{2.28}$$

definiert ist, wobei $E(v = 0, J = 0)$ die Nullpunktsenergie im tiefsten Schwingungszustand $v = 0$ und Rotationszustand $J = 0$ ist. Die beiden Energien unterscheiden sich um die *Nulpunktsenergie* (die Energie des tiefsten Zustandes im Potential)(siehe Abschn.3.3). Als Energienullpunkt wird in der Spektroskopie entweder das Minimum der Potentialkurve $E_n(R_e)$ mit $n = 0$ gewählt, oder der tiefste Energie-Zustand $E_0^\mathrm{el}(v = 0.J = 0)$ des Moleküls, der um die Nullpunktsenergie höher liegt als das Potentialminimum.

Die Gesamtenergie des Moleküls im Zustand $|n\rangle$ ist durch die Summe

$$E_n = E_n^\mathrm{el}(R) + E_\mathrm{vib}(R) + E_\mathrm{rot}(R) = \mathrm{const} \tag{2.29}$$

gegeben und ist konstant, d. h. unabhängig vom Kernabstand R. In der Spektroskopie werden anstelle der Energiewerte E_n häufig die Termwerte $T_n = E_n/(h \cdot c)$ verwendet, die dann wegen $E/hc = h\nu/hc = 1/\lambda$ in der Einheit [cm^{-1}] angegeben werden.

Zu jedem elektronischen Zustand E_n^el gehört eine Reihe von Schwingungszuständen, die durch die Schwingungsquantenzahl v charakterisiert werden, und zu jedem Schwingungszustand gibt es eine im Allgemeinen große Zahl von Rotationszuständen, gekennzeichnet durch die Rotationsquantenzahl J (siehe Abb. 2.4 und Kap. 3).

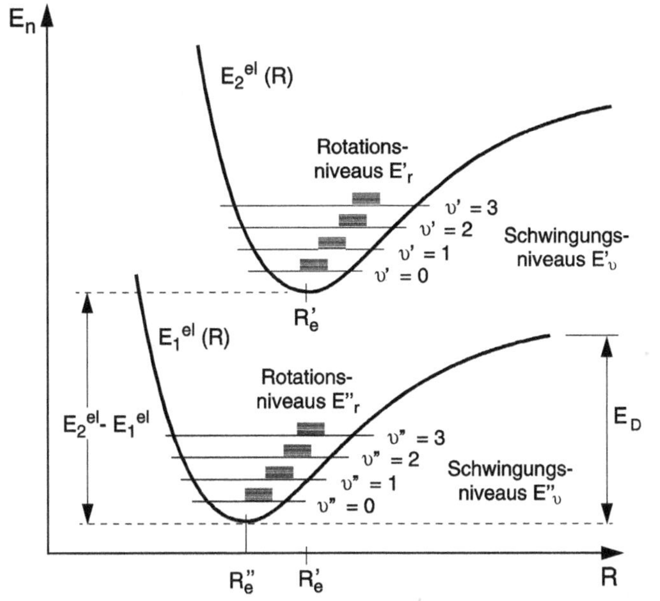

Abb. 2.4: Schematische Darstellung von zwei elektronischen Zuständen mit ihren Gleichgewichts-Kernabständen, ihrer Schwingungs-Rotationsstruktur, Dissoziationsenergie und elektronischer Energie.

Zwischen zwei Zustanden $E_{n,v_i,J_j}(E_n^{\mathrm{el}}, E_{\mathrm{vib}}, E_{\mathrm{rot}})$ und $E_{m,v_k,J_l}(E_m^{\mathrm{el}}, E_{\mathrm{vib}}, E_{\mathrm{rot}})$ könnte im Prinzip ein Übergang $(n, v_i, J_j) \leftrightarrow (m, v_k, J_l)$ erfolgen durch Absorption oder Emission elektromagnetischer Strahlung der Frequenz $\nu_{nm} = (E_m - E_n)/h$ [s^{-1}] bzw. der Wellenzahl $1/\lambda_{nm} = T_m - T_n$ [cm^{-1}]. Ob ein solcher Übergang wirklich auftritt, hängt von mehreren Faktoren ab, z. B. von den Wellenfunktionen und von den Besetzungsdichten beider Zustände. Dieser Problemkreis molekularer Absorptions- bzw. Emissionsübergänge wird in Kap. 4 ausführlich behandelt.

In Abb. 1.2 wurden solche möglichen Übergänge zwischen zwei Molekülzuständen schematisch illustriert: Findet ein Übergang zwischen zwei benachbarten Rotationsniveaus des gleichen Schwingungszustandes statt, so spricht man von *reinen Rotationsspektren*. Die Wellenlänge der entsprechenden Absorptionslinien liegt im *Mikrowellengebiet*. Für Übergänge $(n, v_i, J_j) \leftrightarrow (n, v_k, J_l)$ zwischen verschiedenen Schwingungsniveaus desselben elektronischen Zustandes erhält man ein *Infrarotspektrum*, wobei man die Gesamtheit aller Rotationslinien eines Schwingungsüberganges $v_i \leftrightarrow v_k$ als *Schwingungsbande* bezeichnet. Bei so genannten „elektronischen Übergängen" zwischen Schwingungs-Rotations-Niveaus in verschiedenen elektronischen Zuständen können sich die Spektren vom nahen Infrarot bis zum Vakuum-UV-Gebiet erstrecken. Man beobachtet im Allgemeinen viele Schwingungsbanden $(n, v_i \leftrightarrow m, v_k)$, die für jeden elektronischen Übergang $n \leftrightarrow m$ ein „*Bandensystem*" bilden.

Für dreiatomige, nichtlineare Moleküle lässt sich im Rahmen der adiabatischen Näherung die potentielle Energie $E_n^{el}(\boldsymbol{R})$ immer als Funktion dreier Variablen, z. B. zweier Bindungslängen R_1 und R_2 und des Knickwinkels α schreiben. Da man eine

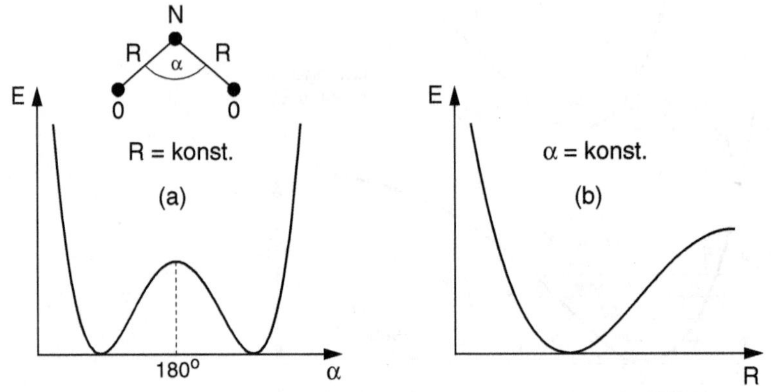

Abb. 2.5: Zwei Schnitte durch die Potentialflächen eines dreiatomigen Moleküls am Beispiel des NO_2-Grundzustandes.

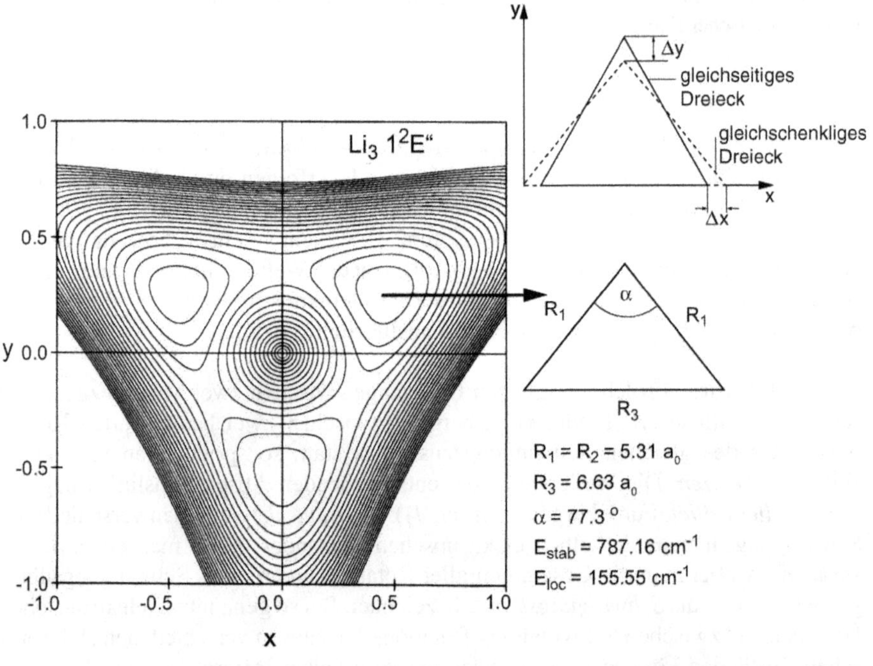

Abb. 2.6: Höhenliniendarstellung der Potentialfläche eines dreiatomigen Moleküls am Beispiel des Li_3. Δx und Δy sind die Auslenkungen der Li-Kerne von der gleichseitigen Dreiecksgeometrie. (W. Meyer, Kaiserslautern).

solche Hyperfläche nicht mehr graphisch darstellen kann, wählt man z. B. Schnitte durch diese Flächen, für die zwei der drei Variablen konstant gehalten und die andere als Parameter behandelt werden. Ein solcher Schnitt ergibt deshalb wie beim zweiatomigen Molekül wieder eine Potentialkurve, die nur von einer Variablen abhängt (Abb. 2.5). Eine andere Möglichkeit ist die Darstellung der Fläche in Form von Höhenlinien, bei der nur eine der drei Variablen festgehalten wird und Äquipotentiallinien für $E_n^{el}(R_1, R_2)$ aufgetragen werden, z. B. als Funktion der beiden Bindungsabstände. In Abb. 2.6 ist für das Li_3-Molekül eine Darstellung gewählt, bei der als Achsen die x- bzw. y-Koordinate der Auslenkung der drei Kerne aus der gleichseitigen Dreiecksgeometrie angegeben ist.

Da ein mehratomiges Molekül mehr Freiheitsgrade hat, gibt es mehr Möglichkeiten für Schwingung und Rotation als beim zweiatomigen Molekül. Die Vielfalt möglicher Schwingungs-Rotations-Niveaus ist deshalb viel größer und die Spektren sind entsprechend komplizierter (siehe Kap. 6–8).

Im nächsten Abschnitt wollen wir uns zuerst einmal mit der Klassifizierung elektronischer Zustände befassen, bevor dann ihre Berechnung diskutiert wird. Als Beispiele dienen überwiegend zweiatomige Moleküle, weil bei ihnen die Verfahren am einfachsten überschaubar sind. Am Ende des Kapitels und in Kapitel 7 werden jedoch auch einige Berechnungsbeispiele für mehratomige Moleküle angegeben.

2.4 Elektronische Zustände zweiatomiger Moleküle

Viele Begriffe und Gesetzmäßigkeiten molekularer elektronischer Zustände können mit Hilfe einfacher Modelle am Beispiel *zweiatomiger* Moleküle erklärt werden. Dazu gehören das Vektormodell für die Kopplung molekularer Drehimpulse, sowie die Symmetrieeigenschaften molekularer Zustände. Als besonders fruchtbar hat sich das Modell der *Molekülorbitale* erwiesen, das die Behandlung von Molekülen mit mehreren Elektronen zurückführt auf Einelektronen-Zustände.

Wir wollen uns in diesem Kapitel zuerst mit dem einfachsten Molekül, dem H_2^+-Ion befassen, das aus 2 Protonen und 1 Elektron besteht. Dies ist das einzige System, das im Rahmen der BO-Näherung, d. h. als starres Kerngerüst *exakt* berechenbar ist. An diesem einfachen System können die charakteristischen Größen und Quantenzahlen der elektronischen Zustände aller *Einelektronen-Systeme* studiert und definiert werden (Abschn. 2.4.2). Einelektronen-Systeme sind im strengen Sinne Moleküle mit nur einem Elektron, wie z. B. das Molekülion H_2^+.Man bezeichnet aber auch oft Moleküle mit abgeschlossenen Elektronenschalen und nur einem Elektron in dem höchsten sonst unbesetzten Energiezustand als Einelektronensysteme im weiteren Sinne. Dieses „Leuchtelektron“ bestimmt viele wichtige Moleküleigenschaften. Beispiele für solche Systeme sind die Ionen Li_2^+, Na_2^+ oder die Radikale CH und OH.

Ausgehend von den Quantenzahlen, Drehimpulsen und Symmetrien der *Einelektronen-Systeme* lassen sich dann diese Größen und ihre Definitionen auf Moleküle mit mehreren Elektronen erweitern. Dies geschieht im Abschn. 2.4.3, wo auch die Nomenklatur der Elektronenzustände zweiatomiger Moleküle vorgestellt wird.

Im letzten Abschnitt schließlich wollen wir uns mit den beiden asymptotischen Grenzfallen elektronischer molekularer Zustände für $R \to \infty$ (getrennte Atome) und $R \to 0$ (vereinigtes Atom) befassen und etwas über die Korrelation zwischen den molekularen Zuständen und den entsprechenden atomaren Zuständen erfahren.

Im Kap. 2 wird ein *nichtrotierendes*, starres Kerngerüst vorausgesetzt, sodass die BO-Beschreibung exakt gilt. Man kann dann jedem elektronischen Zustand eine „Potentialkurve" $E_n(R)$ zuordnen, die dem Mittelwert (gemittelt über alle Elektronenkoordinaten) der gesamten potentiellen Energie von Elektronen + Kernen plus der gemittelten kinetischen Energie aller Elektronen entspricht (siehe Abschn. 2.1).

2.4.1 Exakte Behandlung des starren H_2^+-Moleküls

Die einfachsten Moleküle, die man sich denken kann, bestehen aus zwei Kernen A und B mit den Ladungen $Z_1 e$ und $Z_2 e$ und einem Elektron, also z. B. H_2^+, HeH^{++}, LiH^{+++} usw. Es zeigt sich, dass nur für $Z_1 = Z_2 = 1$ ein stabiles Molekülion mit nur einem Elektron existiert, nämlich das Wasserstoff-Molekül-Ion H_2^+ bzw. seine Isotopomere HD^+ und D_2^+. Bei festgehaltenem Kernen, d. h. wenn Schwingung und Rotation nicht berücksichtigt werden, haben wir das Modell eines Elektrons in einem Zweizentren-Potential, dessen Schrödingergleichung in elliptischen Koordinaten separierbar und damit exakt lösbar ist.

Wir legen die z-Richtung in die Kernverbindungsachse und führen elliptische Koordinaten ein (Abb. 2.7):

$$\varphi = \arctan(y/x)\,, \quad \mu = \frac{r_A + r_B}{R}\,, \quad \nu = \frac{r_A - r_B}{R}\,. \tag{2.30}$$

Die Flächen $\varphi = \text{const}$ sind alle Ebenen, die die Molekülachse enthalten; $\mu = \text{const}$ sind konfokale Rotationsellipsoide mit den Atomkernen als Brennpunkte; $\nu = \text{const}$ sind entsprechende zweischalige Hyperboloide, $\mu = 1$ beschreibt die z-Achse zwischen den Kernen, $\nu = 0$ die Mittelebene zwischen den Kernen (Abb. 2.8).

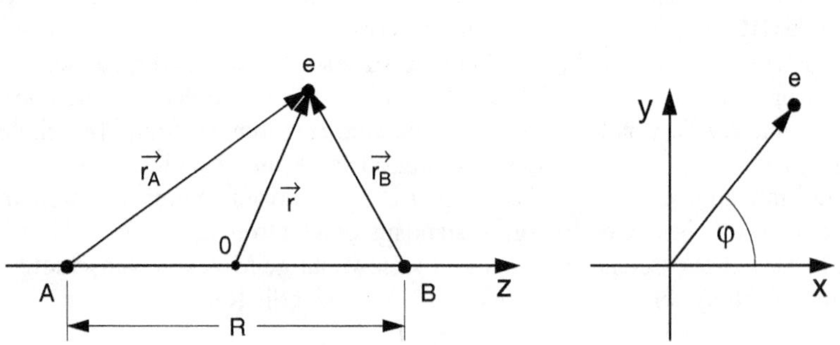

Abb. 2.7: Elliptische Koordinaten des H_2^+-Molekülions.

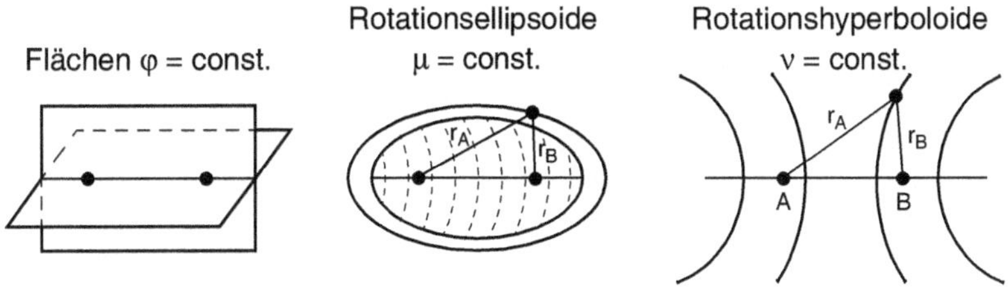

Abb. 2.8: Die Flächen $\varphi = \text{const}$, $\mu = \text{const}$ und $\nu = \text{const}$.

Gehen wir mit dem Separationsansatz

$$\phi^{\text{el}} = \psi = M(\mu) \cdot N(\nu) \cdot \phi(\varphi) \tag{2.31}$$

in die elektronische Schrödingergleichung (2.15a) ein, die für H_2^+ lautet:

$$\left[-\frac{\hbar^2}{2m}\nabla^2 + \frac{e^2}{4\pi\varepsilon_0}\left(\frac{1}{R} - \frac{1}{r_\text{A}} - \frac{1}{r_\text{B}}\right)\right]\psi = E\psi\,, \tag{2.32}$$

wobei die Lösungsfunktion ψ den Funktionen $\phi^{\text{el}}(\boldsymbol{r}, R)$ in (2.13a) entspricht, so erhält man, völlig analog zum Vorgehen bei der Lösung der Schrödingergleichung des H-Atoms, die drei Gleichungen

$$\frac{1}{\phi}\frac{\mathrm{d}^2\phi}{\mathrm{d}\varphi^2} + \alpha = 0\,, \tag{2.33a}$$

$$\frac{1}{M}\frac{\mathrm{d}}{\mathrm{d}\mu}(\mu^2 - 1)\frac{\mathrm{d}M}{\mathrm{d}\mu} - \frac{\alpha}{\mu^2 - 1} + \frac{mR^2}{\hbar^2}\left(\frac{e^2\mu}{4\pi\varepsilon_0 R} + \frac{E}{2}\mu^2\right) = \beta\,, \tag{2.33b}$$

$$\frac{1}{N}\frac{\mathrm{d}}{\mathrm{d}\nu}(1 - \nu^2)\frac{\mathrm{d}N}{\mathrm{d}\nu} - \frac{\alpha}{1 - \nu^2} - \frac{mR^2}{2\hbar^2}E\nu^2 = -\beta\,, \tag{2.33c}$$

wobei die Konstanten α und β die Separationskonstanten sind.

Die Lösungen dieser drei Gleichungen sind die Funktionen $M(\mu)$, $N(\nu)$, und $\phi(\varphi)$ die nicht nur von den Separationsparametern α und β abhängen, sondern auch von den Randbedingungen (ψ muss im gesamten Raum normierbar, stetig und eindeutig sein).

Die Lösungen von (2.33a) sind:

$$\phi = c_1\,\mathrm{e}^{\mathrm{i}\varphi\sqrt{\alpha}} + c_2\,\mathrm{e}^{-\mathrm{i}\varphi\sqrt{\alpha}}\,. \tag{2.34a}$$

Da wegen der Eindeutigkeit von ϕ gelten muss $\phi(\varphi + 2\pi \cdot n) = \phi(\varphi)$; $n = 1, 2, 3, \ldots$, folgt: $\mathrm{e}^{\pm 2\pi\mathrm{i}\sqrt{\alpha}} = 1 \Rightarrow \sqrt{\alpha} = \lambda$ ganzzahlig, d. h. λ *muss ganzzahlig sein* und wir erhalten als Lösungen von (2.33a)

$$\phi = c_1\,\mathrm{e}^{\mathrm{i}\lambda\varphi} + c_2\,\mathrm{e}^{-\mathrm{i}\lambda\varphi}\,. \tag{2.34b}$$

Um die physikalische Bedeutung von λ zu erkennen, betrachten wir den Drehimpuls $\boldsymbol{\ell}$ des Elektrons. Da das elektrische Feld der beiden Kerne, in dem das Elektron sich bewegt, kein Zentralkraftfeld ist, bleibt $\boldsymbol{\ell}$ nicht zeitlich konstant. Jedoch sind bei festem Kernabstand R sowohl der Betrag $|\boldsymbol{\ell}|$ als auch die Projektion ℓ_z auf die Kernverbindungsachse zeitlich konstant und haben daher wohldefinierte quantisierte Werte. Der Betrag $|\boldsymbol{\ell}|$ von ℓ ändert sich jedoch im allgemeinen mit dem Kernabstand R. Er muß beim Übergang $R \to 0$ in den Drehimpuls des vereinigten Atoms übergehen.

Die Komponente des Drehimpulses des Elektrons in Richtung der Molekülachse ist:

$$\ell_z = (\boldsymbol{r} \times \boldsymbol{p})_z = x p_y - y p_x \tag{2.35a}$$

mit dem Erwartungswert

$$\begin{aligned} \langle \ell_z \rangle &= \frac{\hbar}{\mathrm{i}} \int \psi^* \left(x \frac{\partial}{\partial y} - y \frac{\partial}{\partial x} \right) \psi \, \mathrm{d}\tau = \frac{\hbar}{\mathrm{i}} \int \psi^* \frac{\partial}{\partial \varphi} \psi \, \mathrm{d}\tau \\ &= \frac{\hbar}{\mathrm{i}} \int_0^{2\pi} \phi^* \frac{\partial \phi}{\partial \varphi} \, \mathrm{d}\varphi \, , \end{aligned} \tag{2.35b}$$

weil M und N nicht von φ abhängen und für sich normiert sind. Setzen wir für ϕ die Lösungen (2.34b) ein, so erhalten wir:

$$\boxed{\langle \ell_z \rangle = \pm \lambda \cdot \hbar} \, . \tag{2.36}$$

Der Betrag der Quantenzahl λ gibt also die Projektion des Elektronen-Bahndrehimpulses auf die Molekülachse an in Einheiten von $\hbar$ (Abb. 2.9).

Setzen wir $\alpha = \lambda^2$ in die beiden Gleichungen (2.33b, c) ein, so enthält jede Gleichung zwei Parameter λ^2 und β. Die Lösung dieser Gleichungen ist möglich durch Reihenentwicklungen der Funktionen M und N [2.11]. Es zeigt sich, dass bei Erfüllung der Randbedingungen für die Wellenfunktionen zu jedem Wert von λ^2 eine diskrete

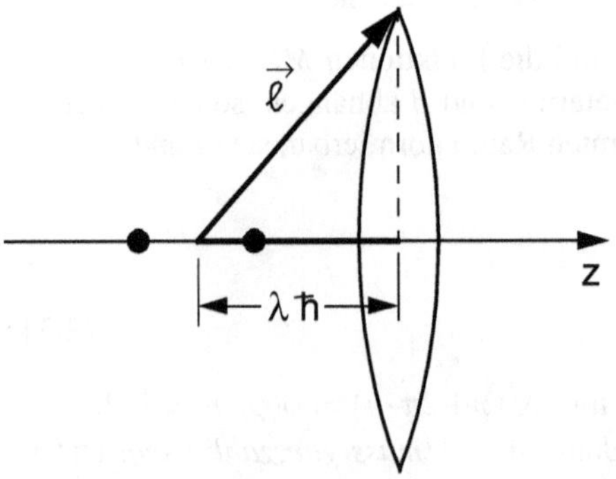

Abb. 2.9: Präzedierender Bahndrehimpuls $\boldsymbol{\ell}$ des Elektrons im zylindersymmetrischen elektrischen Feld eines zweiatomigen Moleküls.

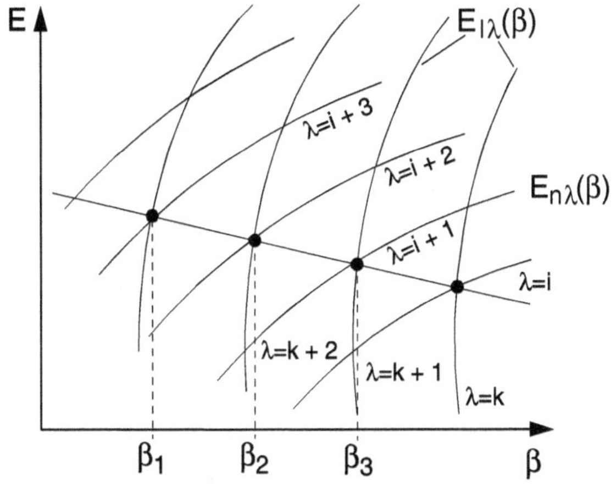

Abb. 2.10: Energiekurven $E_{\ell\lambda}(\beta)$ und $E_{n\lambda}(\beta)$.

unendliche Folge von Kurvenscharen der Energieeigenwerte $E_{n\lambda}(\beta)$ möglich ist, die zu physikalisch sinnvollen Lösungen von (2.33b) führen. Entsprechend gibt es für die Lösungen (2.33c) im Allgemeinen andere Energiewerte $E_{\ell\lambda}(\beta)$, $(\ell = 1, 2, 3, \dots)$. Dies ist schematisch in Abb. 2.10 dargestellt.

Da die Lösungen E beide Gleichungen gleichzeitig erfüllen müssen, kommen insgesamt nur solche Werte des Parameters β in Frage, für die $E_{n,\lambda}(\beta) = E_{\ell,\lambda}(\beta)$ gilt. Dies sind die Schnittpunkte der beiden Kurvenscharen $E_{n,\lambda}(\beta)$ und $E_{\ell,\lambda}(\beta)$ in Abb. 2.10. Die zulässigen Energiewerte $E_{n,\lambda}$ hängen daher von den drei Quantenzahlen n, ℓ und λ ab und bilden eine diskrete Folge für $E < 0$.

Man beachte:

- In den Gleichungen (2.33b, c), die die Energie E enthalten, kommt nicht λ, sondern nur λ^2 vor. Das heißt, die Energie hängt *nicht* vom Vorzeichen von λ ab. Die beiden Funktionen $\exp(\pm i\lambda\varphi)$ sind im nichtrotierenden Molekül energetisch entartet.

- Die Eigenfunktionen ψ werden durch die drei Quantenzahlen (n, ℓ, λ) gekennzeichnet. Man kann ihnen eine anschauliche Bedeutung geben:
  Die Fläche $\psi(x, y, z) = 0$ gibt eine Fläche im Raum an, auf der die Aufenthaltswahrscheinlichkeit für das Elektron verschwindet. Diese so genannte „Knotenfläche" trennt die Gebiete, in denen $\psi > 0$ von denen, wo $\psi < 0$. Da $\psi = M(\mu)N(\nu)\phi(\varphi)$, kann ψ nur dort null sein, wo mindestens einer der Faktoren M, N oder ϕ null wird. Weil jede dieser Funktionen nur von einer Koordinate abhängt, werden diese Funktionen null für gewisse Werte von μ, ν und φ. Die Knotenflächen $\mu = 0$ sind Rotationsellipsoide, die Flächen $\nu = 0$ Hyperboloide und die Flächen $\varphi = 0$ Ebenen durch die z-Achse (Abb. 2.8).

- Obwohl im axialsymmetrischen Potential des Moleküls der Drehimpuls des Elektrons nicht mehr definiert ist (d. h. ℓ ist keine gute Quantenzahl), hat es sich eingebürgert, Molekülzustände durch die Quantenzahlen n, ℓ, und λ zu charakterisieren.Dabei wird für ℓ der Betrag der Vektorsumme der Drehimpulse in den elektronischen Zuständen der getrennten Atome bei $R = \infty$ angenommen, aus denen der Molekülzustand gebildet wurde. Solange die Spin-Bahnkopplung nicht zu stark ist, führt diese Annahme auch zu richtigen Ergebnissen. In einer quantenmechanischen Rechnung zeigt sich jedoch, dass das axial-symmetrische Feld Zustände mit dem Drehimpuls ℓ und Zustände mit $\ell \pm 1$ mischt, sodass ℓ keine gute Quantenzahl darstellt. Deshalb wird ein Molekülzustand besser durch den Satz guter Quantenzahlen $(n, \lambda, \sigma, \omega)$ bei Einelektronensystemen und n, Λ, Σ, Ω bei Mehrelektronensystemen beschrieben (siehe Abschn. 2.4.2)
- Wie man aus (2.34b) sieht, gibt der Betrag der Quantenzahl λ die Zahl der ϕ-Knotenflächen an. Man kann zeigen, dass die Quantenzahl ℓ die Summe aus φ-Knoten und ν-Knoten angibt und als Hauptquantenzahl n die um 1 vermehrte Summe aller μ-, ν- und φ-Knoten definiert werden kann [2.11]. Man erhält dadurch, ähnlich wie beim Atom, die Beziehung

$$\boxed{\lambda \leq \ell \leq n - 1} \,. \tag{2.37}$$

- Zu jedem Satz von Quantenzahlen (n, ℓ, λ) gibt es eine räumliche Wahrscheinlichkeitsverteilung für das Elektron, die durch das Absolutquadrat der Wellenfunktion

$$W_{n,\ell,\lambda} = \psi^*_{n,\ell,\lambda}\psi_{n,\ell,\lambda} = \left|\psi_{n,\ell,\lambda}\right|^2 \tag{2.38}$$

gegeben ist.

In Abb. 2.11 sind die Knotenflächen einiger Eigenfunktionen illustriert, um die oben erwähnten "Knotenregeln" für die μ- , ν-, und φ-Knoten zu verdeutlichen. (siehe Abb. 2.11 und Tabelle 2.1). In Analogie zu den Bezeichnungen des Elektrons im

Tabelle 2.1: Quantenzahlen und Termbezeichnung eines Elektrons im Molekül mit Bahndrehimpulsquantenzahl ℓ und Projektionsquantenzahl $\lambda = |m_\ell|$.

Quantenzahlen			Term-
n	ℓ	λ	bezeichnung
1	0	0	$1\,s\sigma$
2	0	0	$2\,s\sigma$
2	1	0	$2\,p\sigma$
2	1	1	$2\,p\pi$
3	2	0	$3\,d\sigma$
3	2	2	$3\,d\delta$

(a)

$n = 1, l = 0, \lambda = 0$
1sσ
kein Knoten

(b)

$n = 2, l = 0, \lambda = 1$
2sσ
1 μ-Knoten

(c)

$n = 3, l = 0, \lambda = 0$
3sσ
2 μ-Knoten

(d)

$n = 2, l = 1, \lambda = 0$
2pσ
1 μ-Knoten

(e)

$n = 3, l = 2, \lambda = 0$
3dσ
2 ν-Knoten

(f)

$n = 2, l = 1, \lambda = 1$
2pπ
1 φ-Knoten

(g)

$n = 3, l = 2, \lambda = 2$
3dδ
2 φ-Knoten

(h)

$n = 3, l = 1, \lambda = 0$
3pσ
1 μ und 1 ν-Knoten

(i)

$n = 3, l = 1, \lambda = 1$
3pπ
1 μ und 2 φ-Knoten

(j)

$n = 3, l = 2, \lambda = 1$
3dπ
1 ν und 1 φ-Knoten

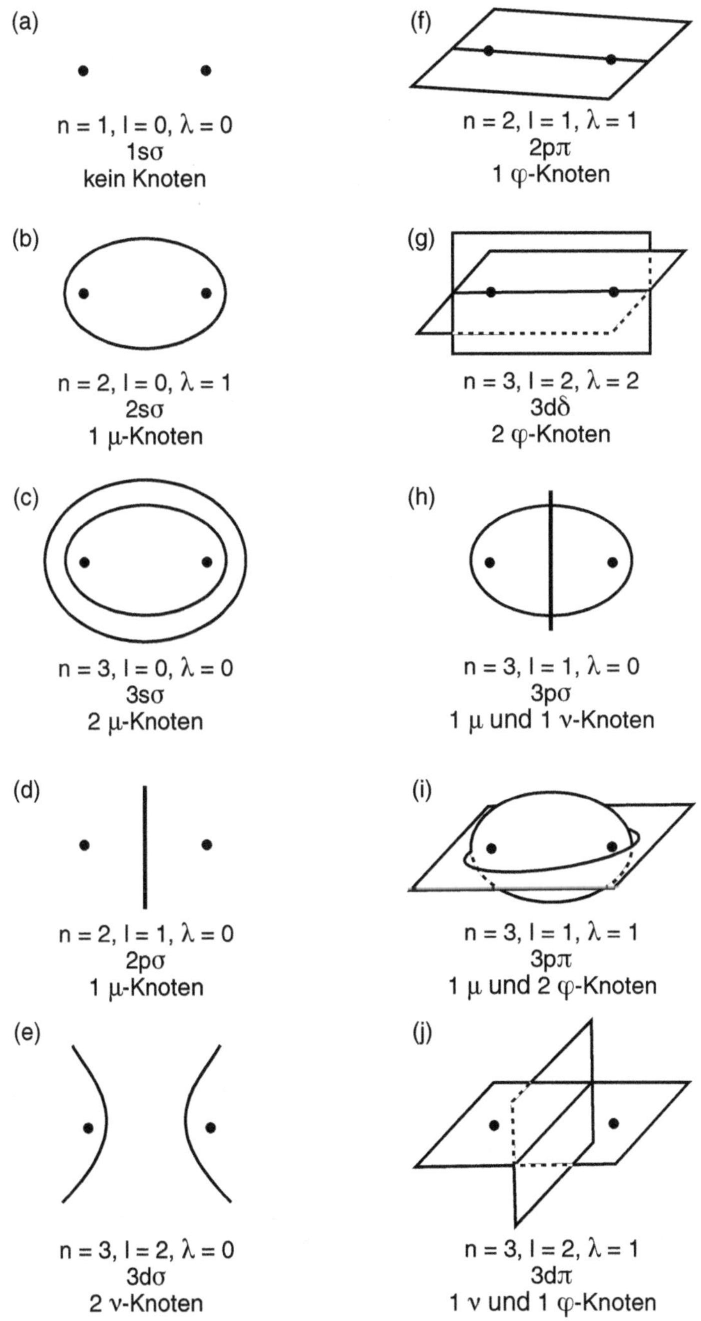

Abb. 2.11: Knotenflächen einiger Wellenfunktionen $\Phi(n, \ell, \lambda)$.

H-Atom bezeichnet man den Elektronenzustand mit $\ell = 0$ als s-Zustand, mit $\ell = 1$ als p-Zustand usw. Die Zustände mit gegebenem ℓ können sich noch durch ihre Projektionsquantenzahlen λ unterscheiden. Hier verwendet man griechische Buchstaben, also $\lambda = 0$ ist ein σ-Zustand, $\lambda = 1$ ein π-Zustand, $\lambda = 2$ ein δ-Zustand. Ein Elektronenzustand, der durch die drei Quantenzahlen ($n = 3$, $\ell = 2$, $\lambda = 2$) festgelegt ist, heißt also ein $3\,d\delta$-Zustand.

In Abb. 2.12 sind zur Illustration für einige Zustände des H_2^+ die elektronischen Wellenfunktionen gezeigt, die in den dunkelgrauen Bereichen positive und in den hellgrauen negative Werte annehmen.

Die Lösungen der separierten Schrödingergleichungen (2.33b, c) ergeben die in Abb. 2.13 gezeigten Potentialkurven $E_n(R)$ für das H_2^+-Molekülion. Man beachte, dass nur der tiefste elektronische Zustand $1\,\sigma_g$ ein stabiles Molekül ergibt, alle anderen energetisch höheren Zustände führen zu repulsiven Potentialkurven, abgesehen von einem flachen Minimum des $3\,\sigma_g$-Zustandes bei großem Kernabstand.

2.4.2 Klassifizierung elektronischer Molekülzustände

Bei Molekülen mit mehr als einem Elektron ist die Berechnung der elektronischen Zustände nur noch näherungsweise möglich. Man kann jedoch auch ohne eine explizite Berechnung Kriterien aufstellen, nach denen man die verschiedenen möglichen Zustände ordnen kann, sodass man einen gewissen Überblick und vor allem eine physikalische Einsicht in ihre Elektronenverteilung bekommt.

Die verschiedenen elektronischen Zustände eines zweiatomigen Moleküls können charakterisiert werden

1. durch ihre Energie $E_i(R)$,
2. durch die Symmetrieeigenschaften der elektronischen Wellenfunktionen,
3. durch die Drehimpulse und Spins aller Elektronen und ihre Kopplungen.

2.4.2.1 Die energetische Reihenfolge elektronischer Zustände

Der Index i für die Energie $E_i(R)$ ist eine abkürzende Charakterisierung für die Hauptquantenzahl n und die verschiedenen Drehimpulsquantenzahlen ℓ und λ. Bei Atomen ordnet die Hauptquantenzahl n die Zustände nach steigender Energie. Dies gilt bei Molekülen nur für Rydbergzustände, bei denen ein Elektron hoch angeregt ist und sich überwiegend außerhalb des von den Kernen und den übrigen Elektronen gebildeten „Molekülrumpfes" befindet, sodass die Kopplung mit den anderen Elektronen klein ist. Die Potentialkurven $E_n(R)$ eines Moleküls AB gehen dann für $R \to \infty$ in ein Grundzustandsatom und ein Atom im n-ten Rydbergzustand über (Abb. 2.14). Beim Gleichgewichtsabstand $R = R_e$ gilt für die Minima der Potentialkurven:

$$E_{n+1}(R'_e) > E_n(R''_e)\,. \tag{2.39}$$

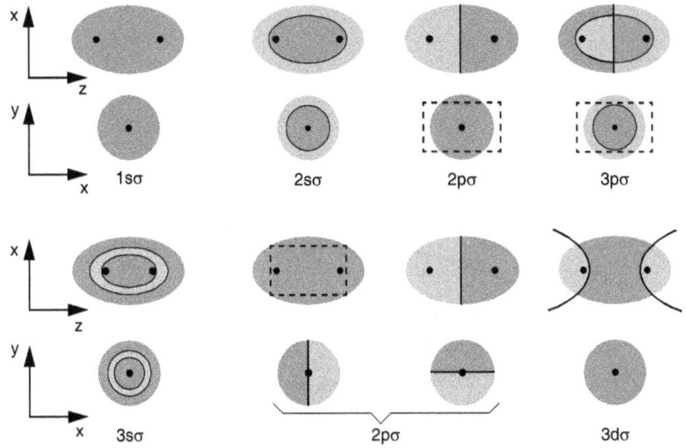

Abb. 2.12: Elektronische Wellenfunktionen für einige Zustände des H_2^+ (dunkelgrau = positive, hellgrau = negative Werte). *Oben:* Blick senkrecht zur Molekülachse; *unten:* Blickrichtung in die Molekülachse. Wenn die Zeichenebene Knotenebene ist (dies wird durch das gestrichelte Rechteck angedeutet), wird das Vorzeichen oberhalb der Ebene angegeben [2.11].

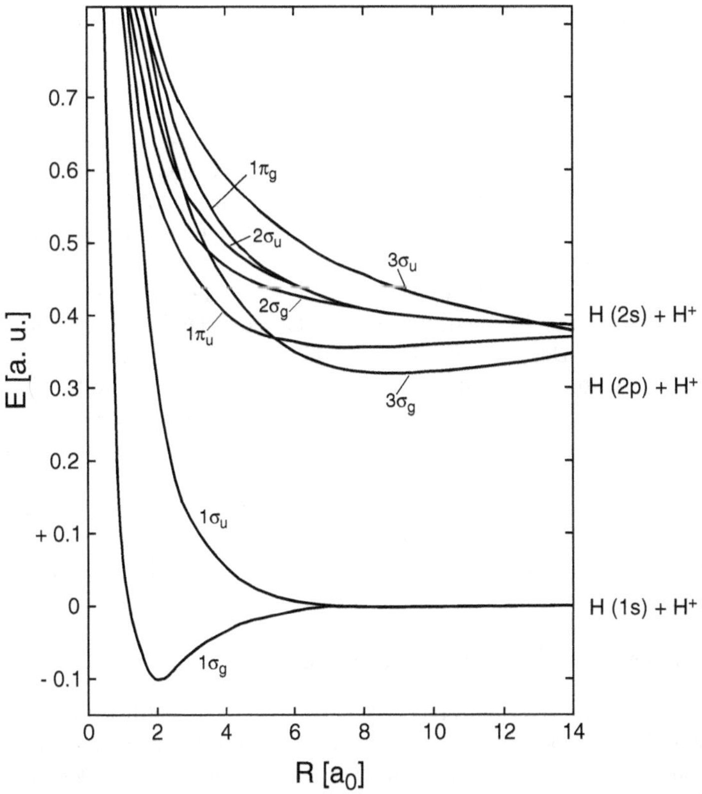

Abb. 2.13: Potentialkurven des H_2^+ [2.12]. Als Energienullpunkt wird hier die Dissoziationsgrenze des elektronischen Grundzustandes gewählt.

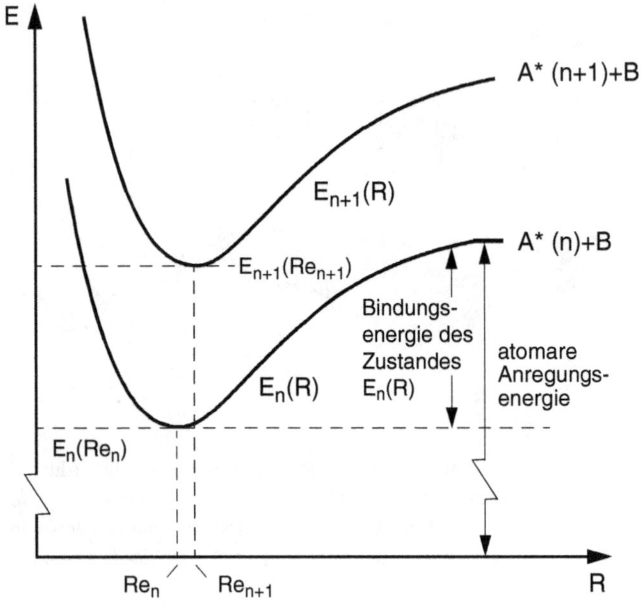

Abb. 2.14: Potentialkurven von Rydberg-Zuständen eines zweiatomigen Moleküls AB mit Dissoziationskanälen.

Für tieferliegende elektronische Zustände können die Energieverschiebungen zwischen Zuständen mit verschiedenen Drehimpulsen so groß sein, dass die Einführung einer Hauptquantenzahl n, die für $R \to \infty$ dem atomaren Zustand $\mathrm{A}(n) + \mathrm{B}$ bzw. $\mathrm{A} + \mathrm{B}(n)$ entspricht, nicht mehr sinnvoll ist, zumal im Allgemeinen mehrere molekulare Zustände in denselben Zustand der getrennten Atome dissoziieren (siehe Abb. 2.13 und Abschn. 2.4.5). Es hat sich deshalb eine Buchstaben-Nomenklatur in der Molekülspektroskopie durchgesetzt, wonach der Grundzustand mit dem Buchstaben X bezeichnet wird. Der energetisch nächst höhere, vom Grundzustand aus durch einen optisch erlaubten Übergang erreichbare angeregte Zustand wird mit A bezeichnet, der nächste mit B usw. Zustände, die optisch nicht erreichbar sind (z. B. Triplett-Zustände, wenn der Grundzustand ein Singulett-Zustand ist), werden nach ihrer energetischen Reihenfolge alphabetisch mit kleinen Buchstaben a, b, c ... bezeichnet. Leider ist diese Bezeichnung nicht immer konsequent eingehalten worden, weil oft erst später neue Zustände entdeckt wurden, die unterhalb von bereits bezeichneten Zuständen lagen. Man findet daher in der Literatur häufig eine von der alphabetischen Reihenfolge abweichende Benennung.

2.4.2.2 Symmetrien elektronischer Wellenfunktionen

Für die Klassifizierung eines elektronischen Zustandes ist die Symmetrie seiner Wellenfunktion von großer Bedeutung. Eine Drehung des Kerngerüstes, eine Spiegelung der Kernkoordinaten an einer Ebene oder am Ursprung heißen *Symmetrieoperationen*, wenn das Kerngerüst bei dieser Operation in sich selbst übergeht (siehe Kap. 5).

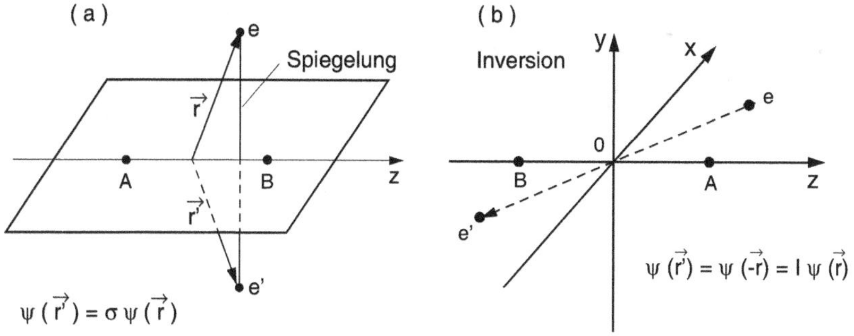

Abb. 2.15: Symmetrie-Operationen. a) Spiegelung; b) Inversion.

Bei einer solchen Symmetrieoperation ändert sich die Elektronenverteilung nicht, d. h. $|\psi_{\text{el}}|^2$ ist invariant gegenüber diesen Operationen.

Für jedes zweiatomige Molekül ist die Spiegelung an einer Ebene durch die Kernverbindungsachse eine solche Symmetrieoperation, die durch den Operator σ beschrieben wird (Abb. 2.15a). Da eine zweifache Spiegelung wieder zum Ausgangszustand zurückführt, gilt:

$$\sigma(\sigma\psi) = \sigma^2\psi = +\psi \quad \Rightarrow \quad \sigma\psi = \pm\psi\,. \tag{2.40}$$

Jeder Molekülzustand eines zweiatomigen Moleküls wird daher entweder durch die Wellenfunktion ψ^+ (positive Parität) beschrieben, für die gilt:

$$\sigma\psi^+ = +\psi^+ \tag{2.40a}$$

oder durch ψ^- (negative Parität) mit

$$\sigma\psi^- = -\psi^-\,. \tag{2.40b}$$

Für zweiatomige Moleküle mit $Z_{\text{A}} = Z_{\text{B}}$, d. h. für homöopolare Moleküle, ist die Inversion I aller Koordinaten am Ladungsschwerpunkt eine weitere Symmetrieoperation (Abb. 2.15b). Auch hierbei darf sich die Elektronenverteilung nicht ändern, d. h.

$$I\,|\psi(\boldsymbol{r})|^2 = |\psi(-\boldsymbol{r})|^2 = |\psi(+\boldsymbol{r})|^2\,. \tag{2.41}$$

Sieht man sich im Spiegel an, so sind im Spiegelbild rechte und linke Seite vertauscht. Das Spiegelbild hat also bezüglich der Rechts-Links-Symmetrie die entgegengesetzte Parität wie das Original. (*Frage:* Wieso sieht man sich im Spiegel nicht auf dem Kopf stehen?)

Analog zu den obigen Betrachtungen kann man zwei Symmetrietypen von Wellenfunktionen ψ_{g} und ψ_{u} definieren:

$$I^2\psi = \psi \quad \Rightarrow \quad I\psi_{\text{g}} = +\psi_{\text{g}} \quad \text{und} \quad I\psi_{\text{u}} = -\psi_{\text{u}}\,. \tag{2.41a}$$

Molekülzustände, die durch „gerade" Wellenfunktionen ψ_g beschrieben werden, haben *gerade*, solche, die durch „ungerade" Funktionen ψ_u beschrieben werden, haben *ungerade* Parität. Man kann die Parität eines Molekülzustandes ermitteln aus der Parität der Atomzustände der beiden getrennten Atome, aus denen sich der Molekülzustand aufbaut (siehe Abschn. 2.4.5).

2.4.2.3 Elektronische Drehimpulse

Ein Elektron hat außer seinem Bahndrehimpuls $\boldsymbol{\ell}$ auch einen Spin $\boldsymbol{s}$. Durch die Präzession von $\boldsymbol{\ell}$ um die Kernverbindungsachse (z-Achse) eines zweiatomigen Moleküls wird ein Kreisstrom des präzedierenden Elektrons bewirkt, der ein zylindersymmetrisches Magnetfeld $\boldsymbol{B}$ in z-Richtung erzeugt, in dem sich der Spin des Elektrons einstellen kann. Bei Molekülen mit kleinen Kernladungszahlen ist die Kopplung zwischen $\boldsymbol{\ell}$ und $\boldsymbol{s}$ (Spin-Bahn-Kopplung) schwächer als die Kopplung von $\boldsymbol{\ell}$ an die Molekülachse. In diesem Fall präzedieren $\boldsymbol{\ell}$ und $\boldsymbol{s}$ getrennt um die Kernverbindungsachse und haben die Projektionen $\lambda\hbar$ bzw. $\sigma\hbar$ (Abb. 2.16).

Da das Magnetfeld $\boldsymbol{B}$ proportional zum Erwartungswert $\lambda\hbar$ der Projektion des Bahndrehimpulses $\boldsymbol{\ell}$ ist und der Erwartungswert des magnetischen Spinmomentes $\boldsymbol{\mu}_s$ proportional zur Projektion $\sigma\hbar$ des Elektronenspins ist, folgt für die Wechselwirkungsenergie zwischen $\boldsymbol{\ell}$ und $\boldsymbol{s}$

$$\boxed{W = A \cdot \lambda \cdot \sigma}\,, \tag{2.42}$$

wobei die vom Molekülzustand abhängige Konstante A die molekulare Feinstrukturkonstante heißt. Diese von den Drehimpulsprojektionen abhängige Wechselwirkungsenergie bewirkt eine Feinstrukturaufspaltung der Molekülterme. Bei Molekülen mit nur einem Elektron ist $\sigma = \pm\frac{1}{2}$. Deshalb spaltet jedes Energieniveau in elektronischen Zuständen mit $\lambda > 0$ in ein Dublett auf, dessen zwei Komponenten den

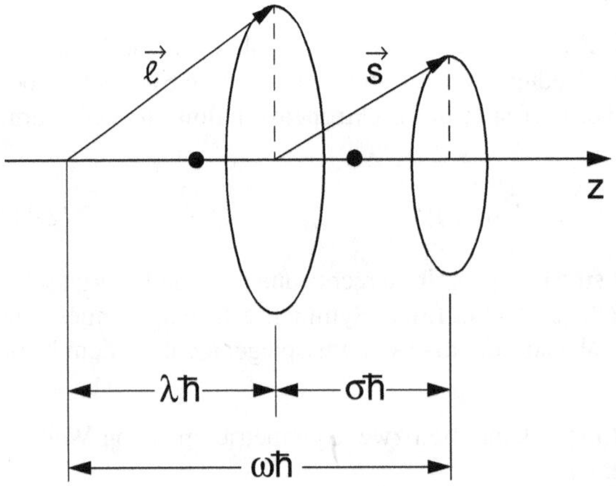

Abb. 2.16: Getrennte Präzession von elektronischem Bahndrehimpuls $\boldsymbol{\ell}$ und Spin $\boldsymbol{s}$.

Abstand

$$W = A \cdot \lambda \qquad (2.42a)$$

haben.

Bei Molekülen mit mehreren Elektronen addieren sich die Drehimpulse der einzelnen Elektronen. In welcher Reihenfolge dies geschieht, hängt von der relativen Stärke der einzelnen Kopplungen ab. Wir können uns dies am analogen Fall bei Atomen klarmachen.

Wenn man sich die beiden Kerne des Moleküls mit den Kernladungen $Z_A e$, $Z_B e$ in einem Kern mit der Ladung $(Z_A + Z_B)e$ vereinigt denkt, so bewegen sich die Elektronen im kugelsymmetrischen Potential dieses Kerns. Ihr gesamter Drehimpuls $\boldsymbol{J}$ ist daher zeitlich konstant. Bei leichteren Atomen kann man im Allgemeinen L-S-Kopplung annehmen, d. h. der gesamte Bahndrehimpuls $\boldsymbol{L} = \sum_i \boldsymbol{\ell}_i$ aller Elektronen und der gesamte Spin $\boldsymbol{S} = \sum_i \boldsymbol{s}_i$ setzen sich vektoriell aus den Bahndrehimpulsen $\boldsymbol{\ell}_i$ und den Spins $\boldsymbol{s}_i$ der Einzelelektronen zusammen. Der Gesamtdrehimpuls der Elektronenhülle ist dann gegeben durch $\boldsymbol{J}_{\text{el}} = \boldsymbol{L} + \boldsymbol{S}$ und hat den Betrag $|\boldsymbol{J}_{\text{el}}| = \sqrt{J_{\text{el}}(J_{\text{el}} + 1)}\hbar$.

Zieht man jetzt die beiden Kerne auseinander, sodass sie den Gleichgewichtsabstand R_e des Moleküls haben, so bewegen sich die Elektronen im axialsymmetrischen elektrischen Feld der beiden Kerne. Der Gesamtdrehimpuls $\boldsymbol{J}_{\text{el}}$, ist dann nicht mehr zeitlich konstant, weil das Feld ein Drehmoment $\boldsymbol{D} = \mathrm{d}\boldsymbol{J}_{\text{el}}/\mathrm{d}t$ bewirkt, das zu einer Präzession von $\boldsymbol{J}_{\text{el}}$ um die Kernverbindungsachse führt (Abb. 2.17a). Beobachtbar ist deshalb nur noch der zeitliche Mittelwert von $\boldsymbol{J}_{\text{el}}$, d. h. die Projektion $M_{J_{\text{el}}}\hbar$ von $\boldsymbol{J}_{\text{el}}$ auf die Kernverbindungsachse. Man sagt auch: J_{el} ist keine ‚gute' Quantenzahl mehr. Als Quantenzahl Ω dieser Projektion wird die Größe

$$\Omega = \left| M_{J_{\text{el}}} \right| , \quad \Omega = J_{\text{el}}, J_{\text{el}} - 1, \ldots , \tfrac{1}{2} \text{ oder } 0 \qquad (2.43)$$

eingeführt.

Wenn die Spin-Bahn-Kopplungsenergie $W = A \cdot \boldsymbol{L} \cdot \boldsymbol{S}$ im „vereinigten" Atom kleiner als die Kopplung von $\boldsymbol{L}$ an die Kernverbindungsachse ist (was im Allgemeinen für

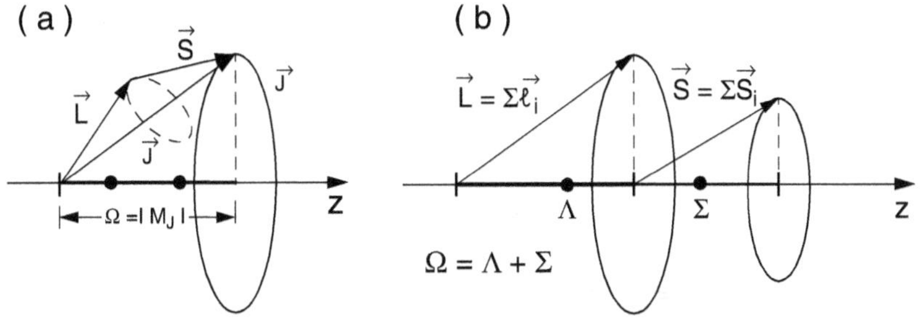

Abb. 2.17: Kopplung von Drehimpulsen. a) $\boldsymbol{L}$-$\boldsymbol{S}$-Kopplung; b) Getrennte Kopplung von $\boldsymbol{L}$ und $\boldsymbol{S}$ an die Molekülachse.

leichtere Atome zutrifft), dann werden $\boldsymbol{L}$ und $\boldsymbol{S}$ durch das axiale elektrische Feld entkoppelt und präzedieren getrennt um die Kernverbindungsachse (Abb. 2.17b). Man erhält in diesem Fall wohldefinierte Projektionen $M_L \cdot \hbar$ des Bahndrehimpulses $\boldsymbol{L}$ und $M_S\hbar$ des Spins $\boldsymbol{S}$, die man durch die beiden Quantenzahlen Λ und Σ mit den Definitionen

$$\begin{aligned} \Lambda &= |M_L| \,, \quad \Lambda = 0, 1, 2, \ldots, L \\ \Sigma &= M_S = S, S-1, \ldots, -S \end{aligned} \tag{2.44}$$

ausdrückt. Für die Projektionsquantenzahl Ω des Gesamtdrehimpulses erhält man dann

$$\Omega = |\Lambda + \Sigma| \,. \tag{2.45}$$

Zustände mit $\Lambda = 0$ heißen Σ-Zustände, solche mit $\Lambda = 1, 2, 3$ heißen Π-, Δ-, ϕ-Zustände. Die Bezeichnungen sind analog zu denen im Atom, wenn man die lateinischen Buchstaben der Atom-Nomenklatur durch entsprechende griechische Buchstaben ersetzt. Da es L+1 verschiedene Werte von Λ und $2S+1$ verschiedene Werte von Σ gibt, kann es für einen elektronischen Zustand mit gegebener Hauptquantenzahl n für $\Lambda \neq 0$ insgesamt $2S+1$ verschiedene Werte von Ω geben, die zu den durch n und Ω charakterisierten Feinstrukturkomponenten des elektronischen Molekülzustandes führen. Eine Feinstrukturkomponente wird dann bezeichnet als $^{2S+1}\Lambda_\Omega$ (siehe Abb. 2.18).

Man beachte:

1. Der Buchstabe Σ wird für zwei verschiedene Bezeichnungen verwendet:
   a) Zur Bezeichnung eines Zustandes mit $\Lambda = 0$.
   b) Als Quantenzahl $\Sigma = M_S$ der Projektion $M_S\hbar$ des Gesamtspins $\boldsymbol{S}$ auf die Kernverbindungsachse.

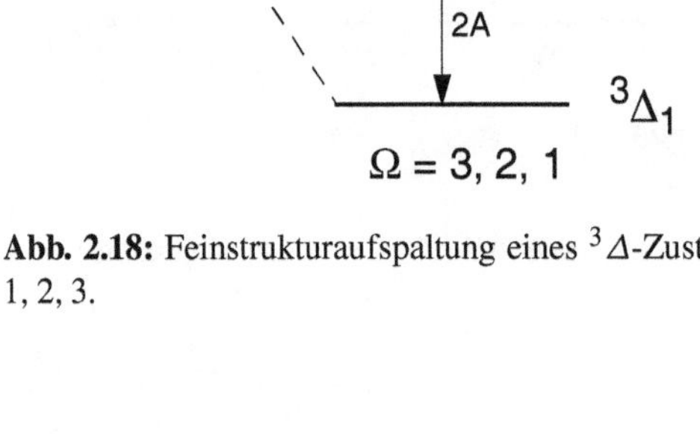

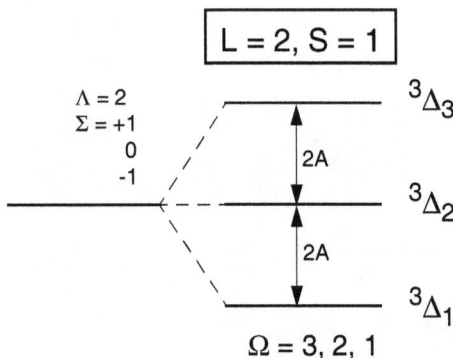

Abb. 2.18: Feinstrukturaufspaltung eines $^3\Delta$-Zustandes mit $\Lambda = 2$, $\Sigma = 0, \pm 1$, d. h. $\Omega = 1, 2, 3$.

2. Jeder Zustand mit $\Lambda > 0$ ist im nichtrotierenden Molekül zweifach energetisch entartet, da im axialen elektrischen Feld der Kerne die beiden Projektionen $\pm M_L \hbar$ des Bahndrehimpulses $\boldsymbol{L}$ zur gleichen Energie führen. Anders ausgedrückt: Die Energie hängt im nichtrotierenden Molekül nicht vom Drehsinn der Elektronenbewegung um die Kernverbindungsachse ab! Im rotierenden Molekül wird diese Entartung aufgehoben (siehe Abschn. 3.2.3).

3. Die Energie eines Molekülzustandes hängt nicht nur von der Hauptquantenzahl n, der Quantenzahl Λ und vom Spin $\boldsymbol{S}$, sondern auch von der Quantenzahl $\Omega = |\Lambda + \Sigma|$ ab. Da Σ die $2S + 1$ Werte von $\Sigma = -S$ bis $\Sigma = +S$ annehmen kann, ergibt eine Elektronenkonfiguration mit vorgegebenen Werten von S und Λ genau $2S + 1$ verschiedene Molekülzustände, die man, ähnlich wie beim Atom „*Feinstrukturterme*" nennt (Abb. 2.18).

Analog zum Einelektronen-Molekül wird die Feinstruktur-Aufspaltung bei leichten Molekülen mit mehreren Elektronen gegeben durch

$$W_{\text{FS}} = A \cdot \Lambda \cdot \Sigma \,. \tag{2.46a}$$

Für die Energien eines elektronischen Zustandes mit den Quantenzahlen Λ und Σ erhält man dann die Termwerte

$$\boxed{T_{\text{e}}^{\Lambda,\Sigma} = T_0 + A \cdot \Lambda \cdot \Sigma}\,, \tag{2.46b}$$

wobei T_0 den Termwert für $\Sigma = 0$ angibt. Die Größe der Spin-Bahn-Kopplungskonstante A und ihr Vorzeichen sind bestimmt:

1. durch die Summe $\sum_i a_i \boldsymbol{\ell}_i \cdot \boldsymbol{s}_i$ der Wechselwirkungen jeweils zwischen Spin und Bahndrehimpuls desselben Elektrons und

2. durch einen geeigneten Mittelwert der Summen $\sum_i b_{ij}, \boldsymbol{l}_i \cdot \boldsymbol{s}_j$ für $j = 1, \ldots, N$ über die Wechselwirkungen des Spins des j-ten Elektrons mit den Bahndrehimpulsen aller anderen Elektronen [2.13].

Welcher der beiden Effekte dominant ist, hängt vom Kopplungsschema der Drehimpulse $\boldsymbol{L}$ und $\boldsymbol{S}$ der beiden Atome ab.

Die vollständige Bezeichnung eines elektronischen Zustandes eines zweiatomigen Moleküls mit der Gesamtspinquantenzahl S, der Projektionsquantenzahl $\Lambda = |M_L|$ und der Projektionsquantenzahl $\Omega = |\Lambda + \Sigma|$ wird, ähnlich wie bei Atomen, geschrieben als

$$\boxed{{}^{2S+1}\Lambda_{\Omega}} \tag{2.47}$$

mit dem entsprechenden Buchstaben $X, A, B, C \ldots$ vor diesem Symbol für die energetische Reihenfolge. So heißt z. B. der Grundzustand des NO-Moleküls: $X\,^2\Pi_{1/2}$.

Tabelle 2.2: Grundzustände einiger zweiatomiger Moleküle.

Molekül	H_2^+	H_2	He_2^+	B_2	C_2	O_2	NO
Grundzustand	$X\,^2\Sigma_g^+$	$X\,^1\Sigma_g^+$	$X\,^2\Sigma_u^+$	$X\,^3\Sigma_g^-$	$X\,^3\Pi_u$	$X\,^3\Sigma_g^-$	$X\,^2\Pi_{1/2}$

Bei homonuklearen Molekülen wird noch die Symmetrie „gerade" oder „ungerade" angegeben. Der 2. angeregte Singulett-Zustand des Na_2-Moleküls heißt z. B. $B\,^1\Pi_u$, der entsprechende Triplett-Zustand $b\,^3\Pi_{\Omega u}$ mit den 3 Feinstrukturkomponenten $\Omega = 0, 1, 2$. In Tabelle 2.2 sind die tiefsten Zustände einiger Moleküle zur Illustration aufgeführt.

Wenn die Kopplung zwischen $\boldsymbol{L} = \sum \boldsymbol{\ell}_i$ und $\boldsymbol{S} = \sum \boldsymbol{s}_i$ in den beiden Atomen so stark ist, dass das durch die beiden Kerne bewirkte elektrische Feld in z-Richtung die Kopplung nicht aufbrechen kann, sind Λ und Σ keine guten Quantenzahlen mehr, sondern nur ihre Summe $\Omega = |\Lambda + \Sigma|$ ist noch wohldefiniert (Abb. 2.17a). Statt der Einteilung in Σ, Π, Δ-Zustände werden die elektronischen Zustände dann gemäß ihrer Quantenzahl Ω als 0, 1/2, 1, ... Zustände bezeichnet.

Man beachte:

1. Anders als bei Atomen sind bei zweiatomigen Molekülen im Rahmen dieses einfachen Modells die Feinstrukturterme eines Multipletts äquidistant und haben gemäß (2.46) den Abstand $\Delta E = A \cdot \Lambda$.
2. Die Zahl der FS-Komponenten ist für $\Lambda \neq 0$ immer $2S + 1$,unabhängig davon, ob $\lambda \geq \sigma$ oder $\lambda \leq \sigma$ ist.
3. Durch die Feinstruktur wird die Λ-Entartung für $\Lambda \neq 0$ im nichtrotierenden Molekül nicht aufgehoben, d. h. jede FS-Komponente eines Multipletts ist zweifach entartet, weil $\Lambda = |M_L|$.

2.4.3 Elektronenkonfigurationen und elektronische Zustände

Um sich einen Überblick über alle möglichen elektronischen Zustände eines zweiatomigen Moleküls, ihre Symmetrien und energetische Reihenfolge zu verschaffen, ist es nützlich, sich die zwei Grenzfälle anzusehen, in die das Molekül für $R \to 0$ und für $R \to \infty$ übergeht. Wenn der Kernabstand R zwischen den Kernen mit der Ladung Z_A und Z_B gegen null geht, erhält man den Grenzfall des „vereinigten Atoms" mit der Kernladung $Z_A + Z_B$, das die gleiche Zahl von Elektronen enthält, wie das Molekül. Für $R \to \infty$ hat man den Grenzfall der völlig getrennten Atome, die sich gegenseitig nicht mehr beeinflussen,

Jeder Molekülzustand geht dabei für $R \to \infty$ in eine Kombination von bekannten Atomzuständen über, für $R \to 0$ in einen definierten Zustand des vereinigten Atoms.

Die durch ihre beiden asymptotischen Grenzwerte $E_i(R = 0)$ und $E_i(R = \infty)$ festgelegten Energiekurven $E_i(R)$ können in einem „Korrelations-Diagramm“ zusammengefasst werden, das dann für $R = R_e$ die entsprechenden Molekülzustände angibt.

2.4.3.1 Die Näherung der getrennten Atome

Wir wollen uns zuerst ansehen, welche Zustände im Molekül AB aufgrund aller möglichen Drehimpulskopplungen aus vorgegebenen Zuständen der getrennten Atome A und B aufgebaut werden können. Dabei müssen wir zwei Fälle unterscheiden:

a) Der molekulare Zustand wird aus zwei unterschiedlichen Zuständen der beteiligten Atome aufgebaut.

b) Die beiden atomaren Zustände, aus denen der molekulare Zustand entsteht, sind gleich (z. B. der Grundzustand des H_2 Moleküls, der aus den atomaren 1S-Zuständen der beiden H-Atome entsteht).

Im Fall b) gibt es aus Symmetrie-Gründen mehr Möglichkeiten für verschiedene Molekülzustände aus gleichen Atomzuständen, weil es jetzt sowohl gerade als auch ungerade Zustände gibt.Wir wollen zuerst den Fall (*a*) behandeln. Die beiden Atomzustände mögen die Bahndrehimpulsquantenzahlen L_A, L_B haben. Bei der Annäherung der beiden Atome präzedieren $\boldsymbol{L}_A$ und $\boldsymbol{L}_B$ um die z-Achse und haben die Projektionen $(M_L)_A\hbar$ bzw. $(M_L)_B\hbar$. Für die Quantenzahl Λ erhalten wir dann:

$$\Lambda = |(M_L)_A + (M_L)_B| \ . \tag{2.48}$$

Da die Werte von M_L den Wertebereich $-L \leq M_L \leq L$ durchlaufen können, kann sich bei vorgegebenen L_A und L_B eine Vielzahl von möglichen Werten von Λ ergeben, die mit steigendem L_A und L_B immer größer wird. Die Zahl der möglichen molekularen elektronischen Zustände ist deshalb viel größer als die der beiden Atome! In Tabelle 2.3 sind als Beispiel alle möglichen Molekülzustände aufgelistet,

Tabelle 2.3: Quantenzahl Λ der möglichen molekularen Zustände, die aus der Kombination der atomaren Zustände $P + D$ entstehen.

$(M_L)_A$	$(M_L)_B$	Λ	Zustand
0	0	0	Σ
±1	∓1	0	Σ^+, Σ^-
0	±1	1	Π
±1	0	1	Π
±2	∓1	1	Π
±1	±1	2	Δ
±2	0	2	Δ
±2	±1	3	Φ

die aus einem atomaren D-Zustand mit $L_A = 2$ und einem P-Zustand mit $L_B = 1$ entstehen können.

Für $(M_L)_A = (M_L)_B$ gibt es drei Σ-Zustände mit $\Lambda = 0$ nämlich für die Fälle $|-(M_L)_A + (M_L)_B| = 0$, $|(M_L)_A - (M_L)_B| = 0$ und $(M_L)_A = (M_L)_B = 0$.

Allgemein lässt sich zeigen, dass es immer eine *ungerade* Zahl von Σ-Zuständen gibt. Es gibt 6 Kombinationsmöglichkeiten, die zu $|(M_L)_A + (M_L)_B| = 1$ und damit zu Π-Zuständen führen, 4 Kombinationen, die Δ-Zustände ergeben und 2 für Φ-Zustände.

Die Symmetrieeigenschaften der Molekülzustände ergeben sich aus denen der atomaren Zustände der Atome A und B. Ein atomarer Zustand hat gerade Parität, wenn die Summe $\sum \ell_i$ über die Bahndrehimpulsquantenzahlen ℓ_i aller Atomelektronen gerade ist; er hat ungerade Parität, wenn $\sum \ell_i$ ungerade ist [2.14]. Dies ergibt sich daraus, dass die Gesamtwellenfunktion des atomaren Zustandes (L, M_L) eine Linearkombination von Produkten $\sum c_i \Pi_i Y_{\ell_i}^m$ der Legendre-Polynome ist. Diese Produkte haben gerade Parität, wenn $\sum \ell_i =$ gerade. Da der Bahndrehimpuls $\boldsymbol{L} = \sum \boldsymbol{\ell}_i$ für gefüllte Schalen immer null ist, braucht man für die Ermittlung der Drehimpulse und Paritäten atomarer und molekularer Zustände nur die Elektronen in *nicht* gefüllten Schalen der Atome zu berücksichtigen. In Tabelle 2.4 sind die Paritäten der aus den Atomzuständen gebildeten Molekülzustände aufgelistet. Die Zahlen in Klammern geben die Zahl der möglichen Molekülzustände an.

Beispiel

Drei atomare p-Elektronen können die Atomkonfigurationen ^2P, ^2D und ^4S aufbauen. Für alle drei Zustände ist $\sum \ell_i = 3 =$ ungerade und deshalb haben sie alle ungerade Parität. Vier p-Elektronen führen zu ^1S, ^1D und ^3P-Zuständen. In jedem Fall ist $\sum \ell_i = 4 =$ gerade, d. h. alle Zustände haben *gerade* Parität, obwohl die Gesamtdrehimpulsquantenzahl L sowohl gerade als auch ungerade Werte haben kann. Man sieht hieraus, dass man aus dem Gesamtdrehimpuls $\boldsymbol{L}$ *nicht* auf die Parität schließen kann.

Tabelle 2.4: Molekulare Zustände heteronuklearer Moleküle, die sich aus den angegebenen atomaren Zuständen ungleicher Atome mit gerader und ungerader Parität ergeben können.

Atomzustände	Molekülzustände
$S_g + S_g$ oder $S_u + S_u$	Σ^+
$S_g + S_u$	Σ^-
$S_g + P_g$ oder $S_u + P_u$	Σ^-, Π
$S_g + P_u$ oder $S_u + P_g$	Σ^+, Π
$S_g + D_g$ oder $S_u + D_u$	Σ^+, Π, Δ
$P_g + P_g$ oder $P_u + P_u$	$\Sigma^+(2), \Sigma^-, \Pi(2), \Delta$
$P_g + P_u$	$\Sigma^+, \Sigma^-(2), \Pi(2), \Delta$
$P_g + D_g$ oder $P_u + D_u$	$\Sigma^+, \Sigma^-(2), \Pi(6), \Delta(4), \Phi(2)$

Tabelle 2.5: Mögliche Multiplizität molekularer Zustände bei vorgegebener Multiplizität der atomaren Zustände.

Atom A	Atom B	Molekül AB
Singulett	Singulett	Singulett
Singulett	Dublett	Dublett
Dublett	Dublett	Singulett + Triplett
Dublett	Triplett	Dublett + Quartett
Triplett	Triplett	Singulett, Triplett, Quintett
Triplett	Quartett	Dublett + Quartett + Sextett

Tabelle 2.6: Zustände zweiatomiger Moleküle mit ihren Quantenzahlen $\Lambda = |M_L|$; S (Spinquantenzahl), Σ (Spinprojektion) und $\Omega = \Lambda + \Sigma$.

Λ	S	Σ	Ω	Zustands-bezeichnung
0	0	0	0	$^1\Sigma$
1	1	0	1	$^3\Pi_1$
1	1	1	2	$^3\Pi_2$
1	1	-1	0	$^3\Pi_0$
2	$\frac{1}{2}$	$\frac{1}{2}$	$\frac{5}{2}$	$^2\Delta_{5/2}$
3	2	1	4	$^3\phi_4$

Wenn wir jetzt noch die Spins $\boldsymbol{S}_A$ und $\boldsymbol{S}_B$ der beiden Atomzustände berücksichtigen, so hat der resultierende Molekülspin $\boldsymbol{S} = \boldsymbol{S}_A + \boldsymbol{S}_B$ den Betrag

$$|\boldsymbol{S}| = \sqrt{S(S+1)}\hbar\,.$$

Die Spinquantenzahl S kann dabei für $S_B < S_A$ die $(2S_B + 1)$ Werte

$$S = S_A + S_B\,; \quad S_A + S_B - 1\,; \quad \ldots\,; \quad S_A - S_B \tag{2.49}$$

annehmen, weil dies gerade den möglichen Orientierungen von $\boldsymbol{S}_B$ relativ zu $\boldsymbol{S}_A$ entspricht. Für $S_B \geq S_A$ erhält man entsprechend $(2S_A + 1)$ Werte für S (Tabelle 2.5).

Aus zwei atomaren Zuständen mit den Spins $\boldsymbol{S}_A$ bzw. $\boldsymbol{S}_B$ entstehen daher $(2S_B + 1)$ bzw. $(2S_A + 1)$ verschiedene molekulare Spinzustände, die durch die Spinquantenzahl S charakterisiert werden. Durch die Spin-Bahn-Kopplung spaltet jeder dieser Zustände in Feinstrukturkomponenten mit der Quantenzahl Ω auf (siehe Abschn. 2.4.2.3). In Tabelle 2.6 sind einige Beispiele aufgeführt.

Für homonukleare Moleküle wird die Zahl der möglichen Molekülzustände weiter erhöht durch die zusätzliche Symmetrieeigenschaft „gerade“ und „ungerade“. Wenn die beiden Atome in verschiedenen Zuständen sind, erhält man für jeden der in

Tabelle 2.7: Alle möglichen elektronischen Zustände eines homonuklearen zweiatomigen Moleküls, die aus zwei Atomen in gleichen Zuständen gebildet werden können.

Atomare Zustände	Molekulare Zustände
$^1S + {}^1S$	$^1\Sigma_g^+$
$^2S + {}^2S$	$^1\Sigma_g^+, {}^3\Sigma_u^+$
$^3S + {}^3S$	$^1\Sigma_g^+, {}^3\Sigma_u^+, {}^5\Sigma_g^+$
$^4S + {}^4S$	$^1\Sigma_g^+, {}^3\Sigma_u^+, {}^5\Sigma_g^+, {}^7\Sigma_u^+$
$^1P + {}^1P$	$^1\Sigma_g^+(2), {}^1\Sigma_u^-, {}^1\Pi_g, 1\Pi_u, {}^1\Delta_g$
$^2P + {}^2P$	$^1\Sigma_g^+(2), {}^1\Sigma_u^-, {}^1\Pi_g, 1\Pi_u, {}^1\Delta_g, {}^3\Sigma_u^+(2), {}^3\Sigma_g^-, {}^3\Pi_g, 3\Pi_u, {}^3\Delta_u$

Tabelle 2.4 angegebenen Molekülzustände zwei, nämlich einen „gerade“ und einen „ungerade“-Zustand. In Tabelle 2.7 sind als Beispiele alle molekularen Zustände angegeben, die aus zwei gleichen Atomen in gleichen Zuständen gebildet werden können.

2.4.3.2 Die Näherung der „vereinigten Atome“

Denkt man sich die beiden Kerne mit der Ladung $Z_A e$ und $Z_B e$ eines Moleküls in einem Kern der Ladung $(Z_A + Z_B)e$ vereinigt, dann entsteht ein Atom, in dem die $(Z_A + Z_B)$ Elektronen im Allgemeinen bekannte Konfigurationen haben. So entsteht z. B. aus $^7_3\text{Li}^1_1\text{H}$ das „vereinigte Atom“ Beryllium ^8_4Be mit der Grundzustandskonfiguration $(1s)^2$, $(2s)^2$ oder aus dem $^{10}_5\text{B}^2_1\text{H}$ Radikal das „vereinigte“ Kohlenstoffatom $^{12}_6\text{C}$ mit der Elektronen-Konfiguration $(1s)^2(2s)^2(2p)^2$, wobei der Exponent die Besetzungszahl der Elektronen in dem betreffenden atomaren Zustand angibt. Man nennt die Zustände $1s$, $2s$, $2p$, usw. bzw. ihre Wellenfunktionen auch „Atom-Orbitale“.

Wenn jetzt die beiden Kerne auseinander gezogen werden, so können die Elektronen mit $\ell > 0$ um das axiale elektrische Feld präzedieren. Ein p-Elektron mit $\ell = 1$ kann dann z. B. die Projektionen $m_\ell \hbar = 0$ oder $m_\ell \hbar = \pm 1\hbar$ des elektronischen Bahndrehimpulses haben. In Tabelle 2.8 sind die möglichen molekularen Zustände und ihre

Tabelle 2.8: Bildung molekularer Zustände aus den Orbitalen des vereinigten Atoms.

Vereinigtes Atom		Molekül		Maximale
ℓ, m_ℓ, m_s	Zustand	λ	Zustand	Elektronenzahl
$0, 0, \pm\frac{1}{2}$	$ns_{1/2}$	0	$ns\sigma$	2
$1, 0, \pm\frac{1}{2}$	$np_{1/2,3/2}$	0	$np\sigma$	2
$1, 1, \pm\frac{1}{2}$	$np_{1/2,3/2}$	1	$np\pi$	4
$2, 0, \pm\frac{1}{2}$	$nd_{1/2}$	0	$nd\sigma$	2
$2, 1, \pm\frac{1}{2}$	$nd_{1/2,3/2}$	1	$nd\pi$	4
$2, 2, \pm\frac{1}{2}$	$nd_{3/2,5/2}$	2	$nd\delta$	4

maximale Elektronenbesetzungszahl aufgelistet, die aus den verschiedenen Konfigurationen des vereinigten Atoms entstehen können. Aus der Elektronenkonfiguration $(1s)^2(2s)^2(2p)^2$ im vereinigten C-Atom entstehen bei der Trennung der Kerne B + H durch die verschiedenen Projektionen $\lambda = 0, \pm 1$ der beiden p-Elektronen die drei möglichen Elektronenkonfigurationen

$$(1s\sigma)^2(2s\sigma)^2(2p\sigma)^2\,, \quad (1s\sigma)^2(2s\sigma)^2(2p\sigma)(2p\pi)$$
$$\text{und} \quad (1s\sigma)^2(2s\sigma)^2(2p\pi)^2$$

im BH-Molekül. Man muss sich jetzt überlegen, welche molekularen Zustände man aus diesen Elektronenkonfigurationen aufbauen kann, wie diese mit den Zuständen der getrennten Atome korreliert sind und wie ihre energetische Reihenfolge ist.

2.4.4 Molekülorbitale und Aufbauprinzip

Bei der so genannten „Einelektronen-Näherung" betrachtet man *ein* Elektron e_i, das sich im Coulombpotential der beiden Kerne und dem Potential der gemittelten Ladungsverteilung aller anderen Elektronen bewegt. Die elektronische Wellenfunktion $\phi_i(\boldsymbol{r}_i)$, die den Zustand dieses Elektrons beschreibt und von den Koordinaten nur dieses Elektrons abhängt, heißt *Molekül-Orbital.* Ihr Absolutquadrat $|\phi_i(\boldsymbol{r}_i)|^2$ gibt die räumliche Wahrscheinlichkeitsverteilung für dieses Elektron an. Wegen des Pauliprinzips kann jedes Molekülorbital maximal mit 2 Elektronen mit antiparallelem Spin besetzt werden, deren Ortsfunktionen $\phi_i(r_i)$ dann identisch sind. (In Tabelle 2.8 ist die maximale Besetzungszahl für Orbitale mit $\lambda \geq 1$ mit 4 angegeben, weil diese Zustände wegen $\lambda = |\pm m_\ell|$ zweifach entartet sind.)

Man kann nun den Aufbau der Elektronenhülle eines Moleküls im Rahmen der „Einelektronen-Näherung" folgendermaßen vollziehen: Zuerst überlegt man sich, welche molekularen Orbitale man aus den Atomorbitalen aufbauen kann. Die Molekülorbitale können entweder als Linearkombinationen von Atomorbitalen der getrennten Atome konstruiert werden oder aus denen des „vereinigten Atoms" gewonnen werden (siehe voriger Abschnitt).

Dann ordnet man die Molekülorbitale nach steigender Energie an, wobei im Allgemeinen für kleine Kernabstände (Näherung der vereinigten Atome) folgende energetische Reihenfolge für *heterogene* Moleküle gilt:

$$1s\sigma \leq 2s\sigma \leq 2p\sigma \leq 2p\pi \leq 3s\sigma \leq 3p\sigma \leq 3p\pi \leq 3d\sigma \leq 3d\pi \leq 3d\delta\,; \ldots$$

Für große Kernabstände (Grenzwert der getrennten Atome) *homonuklearer* Moleküle gilt die energetische Reihenfolge:

$$1s\sigma_g \leq 1s\sigma_u \leq 2s\sigma_g \leq 2s\sigma_u \leq 2p\sigma_g \leq 2p\pi_u \leq 2p\pi_g^* \leq 2p\sigma_u^*\,; \ldots$$

Nun besetzt man diese Orbitale der Reihenfolge nach mit der nach dem Pauliprinzip maximal möglichen Zahl von Elektronen (siehe Tabelle 2.8). Der elektronische

Grundzustand des Moleküls wird in dieser Einelektronen-Näherung dann beschrieben durch das Produkt aller besetzten Molekülorbitale. Man nennt ein solches Produkt von besetzten Molekülorbitalen auch eine *Elektronenkonfiguration.* Tabelle 2.9 gibt eine Zusammenstellung der Grundzustands-Konfigurationen einiger Moleküle.

Die *einfach angeregten* elektronischen Zustände erhält man, indem ein Elektron aus einem besetzten in ein energetisch höheres unbesetztes Orbital angehoben wird. Für das Molekül Li_2 mit 6 Elektronen ergeben sich z. B. die in Tabelle 2.10 aufgeführten sechs energetisch tiefsten Elektronenkonfigurationen, die zu den Zuständen der letzten Spalte führen. In Abb. 2.19 sind die Potentialkurven des Li_2-Moleküls dargestellt, die sich aus den Zuständen $(2\,^2S_{1/2} + 2\,^2S_{1/2})$ und $(2\,^2S_{1/2} + 2\,^2P_{1/2,3/2})$ der getrennten Atome ergeben.

Abbildung 2.20 illustriert noch einmal, wie aus der Konfiguration $(1s)^2(2s)^2(2p)^2$ des vereinigten C-Atoms die atomaren Zustände ^3P, ^1D und ^1S aufgebaut werden. Die energetische Reihenfolge ist dabei durch die „Hund'sche Regel" festgelegt, die besagt, dass bei vorgegebenem Wert der Quantenzahl $\lambda = |m_\ell|$ der Zustand mit der höchsten Multiplizität die tiefste Energie hat. Dies folgt aus dem Pauliprinzip, da Elektronen mit parallelem Spin den kleinsten Überlapp ihrer räumlichen Wellen-

Tabelle 2.9: Grundzustands-Elektronenkonfigurationen einiger leichter Moleküle.

Molekül	Elektronenkonfiguration	Spektroskopische Bezeichnung des Grundzustandes	Bindungsenergie (eV)
H_2^+	$\sigma_g\,1s$	$^2\Sigma_g^+$	2,648
H_2	$(\sigma_g\,1s)^2$	$^1\Sigma_g^+$	4,476
He_2^+	$(\sigma_g\,1s)^2(\sigma_u\,1s)$	$^2\Sigma_u^+$	2,6
He_2	$(\sigma_g\,1s)^2(\sigma_u\,1s)^2$	$^1\Sigma_g^+$	0,001
Li_2	$(\sigma_g\,1s)^2(\sigma_u\,1s)^2(\sigma_g\,2s)^2$	$^1\Sigma_g^+$	1,02
B_2	$(\sigma_g\,1s)^2(\sigma_u\,1s)^2(\sigma_g\,2s)^2(\sigma_u\,2s)^2(\pi_u\,2p)^2$	$^3\Pi_u^-$, $u\,^1\Sigma_g^+$	3,6
C_2	$(\sigma_g\,1s)^2(\sigma_u\,1s)^2(\sigma_g\,2s)^2(\sigma_u\,2s)^2(\pi_u\,2p)^4$	$^3\Pi_u^-$, $^1\Sigma_g^+$	3,6
	oder $(\pi_u\,2p)^3\sigma_g\,2p$	$^3\Pi_u^-$	3,6

Tabelle 2.10: Elektronenkonfiguration im Grundzustand und in den ersten angeregten Zuständen des Li_2-Moleküls. KK bezeichnet die $1s$ Orbitale in den beiden atomaren K-Schalen, die um die jeweiligen Kerne lokalisiert sind.

$KK(\sigma_g\,2s)^2$	$^1\Sigma_g^+$
$KK(\sigma_g\,2s)(\sigma_u\,2s)$	$^3\Sigma_u^+$
$KK(\sigma_g\,2s)(\sigma_u\,2p)$	$^1\Sigma_u^+$, $^3\Sigma_u^+$
$KK(\sigma_g\,2s)(\sigma_g\,2p)$	$^1\Sigma_g^+$, $^3\Sigma_g^+$
$KK(\sigma_g\,2s)(\pi_u\,2p)$	$^1\Pi_u$, $^3\Pi_u$
$KK(\sigma_g\,2s)(\pi_g\,2p)$	$^1\Pi_g$, $^3\Pi_g$

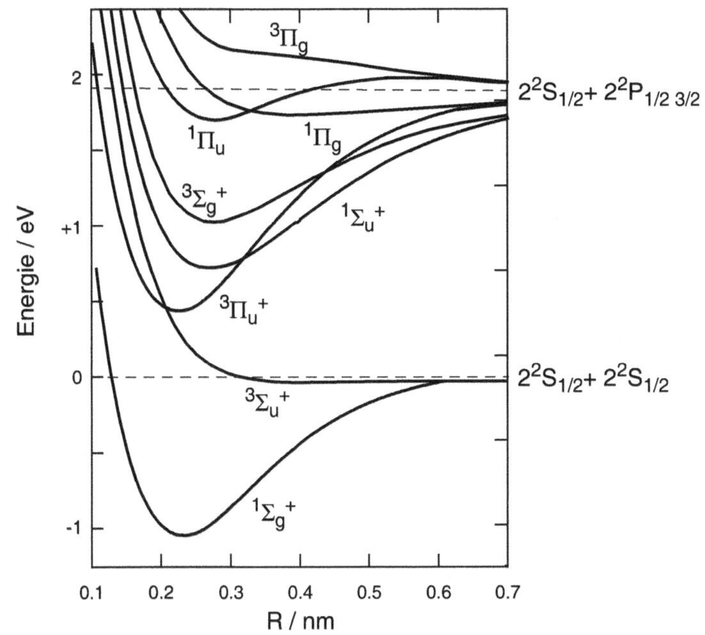

Abb. 2.19: Potentialkurven des Li_2-Moleküls, die aus zwei verschiedenen Kombinationen atomarer Zustände entstehen.

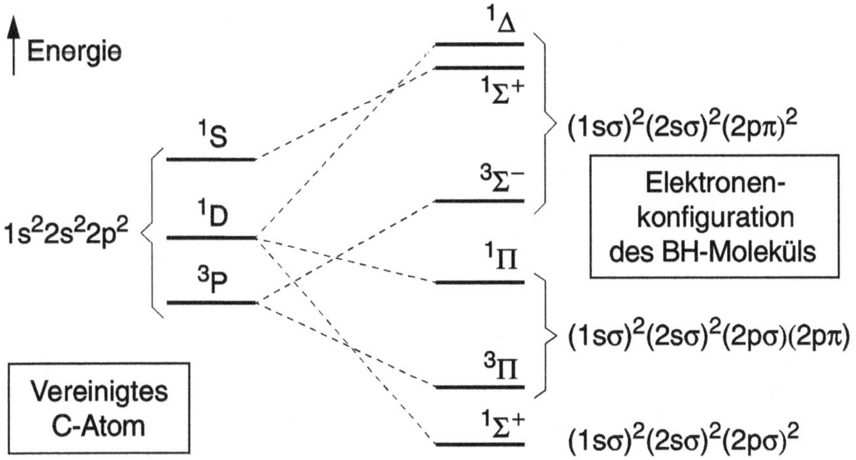

Abb. 2.20: Korrelation zwischen der Elektronenkonfiguration des vereinigten C-Atoms und den daraus resultierenden Zuständen des BH-Moleküls.

funktion haben. Sie sind daher im Mittel räumlich weiter getrennt und ihre positive Coulomb-Abstoßungsenergie wird minimal.

Der atomaren Konfiguration $(1s)^2(2s)^2(2p)^2$ des C-Atoms entsprechen die molekularen Konfigurationen und Zustände des BH-Moleküls

$$
\begin{aligned}
&(1s\sigma)^2(2s\sigma)^2(2p\sigma)^2 \leftrightarrow {}^1\Sigma^+ ,\\
&(1s\sigma)^2(2s\sigma)^2(2p\sigma)2p\pi \leftrightarrow {}^1\Pi, {}^3\Pi ,\\
&(1s\sigma)^2(2s\sigma)^2(2p\pi)^2 \leftrightarrow {}^3\Sigma^-, {}^1\Sigma^+, {}^1\Delta .
\end{aligned}
$$

Da man aus den Tabellen 2.3–2.8 ersehen kann, in welche atomaren Zustände ${}^3P$, ${}^1D$, ${}^1S$ des vereinigten Atoms die molekularen Zustände ${}^1\Sigma$, ${}^3\Pi$, ${}^1\Pi$, ${}^3\Sigma$, ${}^1\Delta$ übergehen, ergibt sich das Zustandsdiagramm der Abb. 2.20.

Obwohl man die Art und Zahl der Zustände und ihre energetische Reihenfolge aus den obigen Überlegungen gewinnen kann, braucht man zur quantitativen Bestimmung der energetischen Lage, d. h. der Termwerte, entsprechende, im Allgemeinen sehr umfangreiche Rechnungen (siehe Abschn. 2.5). Man kann sich jedoch durch ein Korrelations-Diagramm ein qualitatives Bild über die verschiedenen Molekülzustände beim Übergang vom vereinigten Atom ($R = 0$) zu den getrennten Atomen ($R = \infty$) verschaffen. Dies wollen wir jetzt diskutieren.

2.4.5 Korrelationsdiagramme

In diesem Abschnitt wird diskutiert, wie die Elektronenkonfiguration des „vereinigten Atoms" in die der getrennten Atome übergeht, wenn der Kernabstand R von 0 bis ∞ vergrößert wird. In der Molekül-Orbital-Theorie wird diese Fragestellung beantwortet, indem Molekül-Orbitale $\phi_i(R)$ für jedes Elektron i als Funktion des Kernabstandes R angegeben werden. Die Energie $E_n(R)$ kann dann als Erwartungswert des Hamilton-Operators

$$E_n(R) = \int \phi_n^* H \phi_n \,\mathrm{d}\tau \tag{2.50}$$

berechnet werden. Dies wird in den Abschnitten 2.5 und 2.6 an den Beispielen des H_2^+-Molekülions und des H_2-Moleküls illustriert. Man kann sich jedoch bereits aus Erhaltungssätzen und Symmetriebetrachtungen ein qualitatives Bild einer solchen Korrelation $\phi_i(R)$ zwischen $\phi_i(0)$ und $\phi_i(\infty)$ machen. Dazu geht man folgendermaßen vor:

Aus der Elektronenkonfiguration des „vereinigten Atoms" ermittelt man die möglichen Konfigurationen des Moleküls bei kleinem Kernabstand R. Dies gibt die entsprechenden Molekülorbitale (siehe Abb. 2.20) ausgedrückt durch die Quantenzahlen (n, ℓ, m_ℓ). Wenn sich der Kernabstand vergrößert, gehen die Molekülorbitale in Linearkombinationen von Atomorbitalen der getrennten Atome über. Dabei gelten folgende Erhaltungssätze:

1. Weil die Komponente $m_\ell \hbar$ des Drehimpulses ℓ für alle Kernabstände R erhalten bleibt, ist die Quantenzahl $\lambda = |m_\ell|$ unabhängig von R. Die Werte der

Hauptquantenzahl n und der Drehimpulsquantenzahl ℓ können sich jedoch ändern, d. h. für die getrennten Atome gilt *nicht* notwendigerweise $n = n_A + n_B$ oder $\ell = \ell_A + \ell_B$.

2. Da die Parität einer Wellenfunktion unabhängig von der Größe des Kernabstandes R ist, gehen gerade bzw. ungerade Zustände des vereinigten Atoms wieder in gerade bzw. ungerade Molekülorbitale über.

3. Wenn zwei energetisch verschiedene Zustände im vereinigten Atom dieselbe Symmetrie, die gleiche Quantenzahl Λ und die gleiche Multiplizität $2S + 1$ haben, können sie bei keinem Kernabstand R energetisch entarten. Mit anderen Worten: Die Potentialkurven $E(R)$ solcher Zustände kreuzen sich nie!

Diese „Nicht-Kreuzungsregel", die von Neumann und Wigner mit Hilfe der Gruppentheorie für „exakte Wellenfunktionen" allgemein bewiesen wurde [2.15, 2.16], wird im Abschn. 9.3 ausführlicher diskutiert einschließlich ihrer Anwendungsgrenzen für genäherte Wellenfunktionen. In Abb. 2.21 ist ein Korrelationsdiagramm für die untersten Zustände eines homonuklearen Moleküls gezeigt. Man kann es folgendermaßen

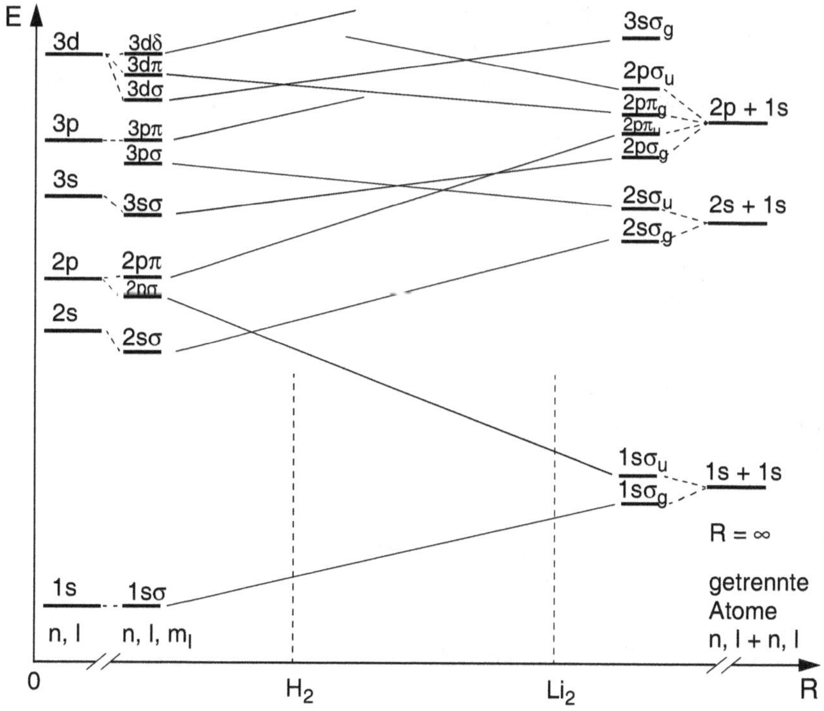

Abb. 2.21: Korrelationsdiagramm für den Verlauf der elektronischen Energie von Zuständen homonuklearer Moleküle beim Übergang vom vereinigten Atom ($R = 0$) zu den getrennten gleichen Atomen ($R = \infty$).

konstruieren: Man beginnt beim tiefsten Zustand des vereinigten Atoms, konstruiert daraus die Molekülorbitale für $R = 0$ und verbindet sie mit dem tiefsten Paar von Atomzuständen, die gleiche Symmetrie eines Molekülzustandes für $R \to \infty$ ergeben. Im Allgemeinen sind dies die beiden Grundzustände der Atome. Der zweittiefste Molekülzustand muss dann dissoziieren in die entsprechenden tiefsten, noch nicht verwendeten Atomzustände der richtigen Symmetrie, usw. Unter Beachtung der „Nichtkreuzungsregel" lassen sich bei Kenntnis der atomaren Termlagen für $R = 0$ und $R = \infty$ im Allgemeinen die meisten molekularen Zustände richtig einordnen. Nach diesem einfachen „Rezept" mag es so aussehen, als ob dieses Verfahren immer eindeutig ist. Dies ist jedoch nicht der Fall, weil vor allem für heteronukleare Moleküle oft folgende Komplikationen eintreten:

1. Ein Molekül AB kann nicht nur in neutrale Atome $A + B$ dissoziieren, sondern manchmal auch in die Ionen $A^+ + B^-$. Dies ist z. B. bei den Alkali-Halogen-Molekülen der Fall (Abb. 2.22). Diese „ionischen" Potentialkurven kreuzen oft die neutralen Kurven und führen zu starken Verschiebungen der Potentiale $E_n(R)$.

2. Die Spin-Bahn-Kopplung variiert im Allgemeinen stark mit dem Kernabstand, sodass sich die Drehimpulskopplung von $\boldsymbol{L}$ und $\boldsymbol{S}$ vom vereinigten Atom zu den getrennten Atomen völlig ändern kann. Es ist daher oft mit Hilfe eines solchen Korrelationsdiagrammes allein nicht möglich zu entscheiden, in welche Feinstrukturkomponenten der getrennten Atome ein molekularer Zustand (Λ, Σ, Ω) dissoziiert (Abb. 2.23).

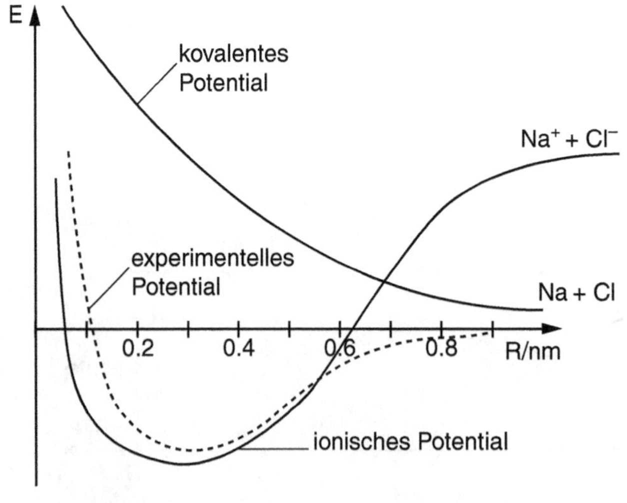

Abb. 2.22: Potentialkurven des NaCl-Moleküls, bei dem ein Übergang vom ionischen Na^+Cl^- bei kleinem Kernabstand zum Neutralzustand NaCl bei großen Kernabständen stattfindet (vermiedene Kreuzung).

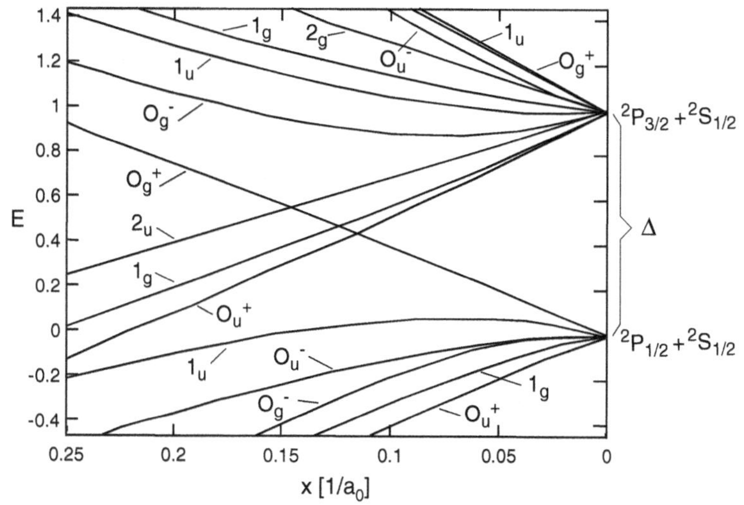

Abb. 2.23: Einfluss der vom Kernabstand abhängigen Spin-Bahn-Kopplung am Beispiel von Potentialkurven des Cs_2-Moleküls. Hier ist die Spin-Bahnkopplung so stark, dass nur $\Omega = |\Lambda + \Sigma|$ eine gute Quantenzahl ist. Die Zahlen an den Kurven geben den Wert von Ω an. $x = \frac{1}{R}$ in Einheiten von a_0^{-1}, die Ordinate y gibt die Energie in Einheiten der atomaren Feinstrukturaufspaltung.

3. Bei abstoßenden Potentialkurven hängt die Energie $E_n(R)$ stark von R ab. Auch hier ist eine eindeutige Korrelation oft schwierig.

Obwohl ein solches Korrelationsdiagramm eine nicht zu unterschätzende Hilfe bei der Zuordnung von Molekülzuständen bietet, ist eine *quantitative* Bestimmung der absoluten Energien $E_n(R)$ erst durch entsprechend aufwändige Rechnungen möglich. Diese basieren auf Näherungsverfahren zur Lösung der elektronischen Schrödingergleichung (2.15a), denen wir uns jetzt zuwenden wollen.

2.5 Näherungsverfahren zur Berechnung elektronischer Wellenfunktionen

Der elektronische Teil (2.13a) der Schrödingergleichung (2.4) bei festgehaltenen Kernen

$$H_0\phi_n(\boldsymbol{r}, \boldsymbol{R}) = E_n^{(0)}\phi_n(\boldsymbol{r}, \boldsymbol{R}), \qquad \boldsymbol{R} = \text{const}$$

kann im Allgemeinen nicht exakt gelöst werden. Man muss daher zu Näherungsverfahren greifen, bei denen man sich Wellenfunktionen beschafft, die die Energieflächen $E_n(\boldsymbol{R})$ für die elektronischen Molekülzustände möglichst gut beschreiben.

Alle diese Verfahren basieren auf einer geeigneten Wahl angenäherter Wellenfunktionen (Basisfunktionen), die von optimierbaren Parametern abhängen. Diese Parameter werden dann so variiert, dass die Energie der Molekülzustände $E_n(R)$, berechnet mit diesen Funktionen, möglichst genau mit der im Allgemeinen unbekannten „wahren" Energie übereinstimmt, und zwar möglichst für den gesamten relevanten Bereich der Kern-Konfigurationen $\boldsymbol{R}$. Ein gutes Kriterium für diese Übereinstimmung liefert das Ritz'sche Prinzip, welches besagt, dass die mit exakten Lösungsfunktionen berechneten Energiewerte immer *unterhalb* der mit Näherungsfunktionen berechneten liegen. Dies soll jetzt gezeigt werden.

2.5.1 Das Variationsverfahren

Bei fast allen Näherungsverfahren zur Bestimmung von Wellenfunktionen wird das Variationsprinzip verwendet, um die optimalen Werte der freien Parameter in den gewählten Basisfunktionen zu finden. Das Kriterium zur Beurteilung der Güte einer Näherung beruht auf folgender Überlegung:

Die *exakten* Eigenfunktionen ϕ_e erfüllen die Schrödingergleichung: $H\phi_e = E_e\phi_e$ mit den exakten Energien $E_e(R)$. Für eine *angenäherte* Lösungsfunktion ϕ erhält man den Erwartungswert der Energie

$$E = \frac{\langle\phi|H|\phi\rangle}{\langle\phi|\phi\rangle}, \tag{2.51}$$

wobei hier zur Abkürzung die Dirac'sche Schreibweise $\langle\phi|H|\phi\rangle = \int \phi^* H\phi \, d\tau_{el}$ verwendet wurde. Die Differenz zwischen dieser genäherten Energie E und der exakten Energie E_e ist daher

$$E - E_e = \frac{\langle\phi|H|\phi\rangle}{\langle\phi|\phi\rangle} - E_e = \frac{\langle\phi|H - E_e|\phi\rangle}{\langle\phi|\phi\rangle}. \tag{2.52}$$

Setzt man für die angenäherte Funktion den Ausdruck $\phi = \phi_e + \delta\phi$ in (2.52) ein, so erhält man wegen der Hermitizität des Hamiltonoperators und mit $H\phi_e = E\phi_e$

$$E - E_e = \frac{\langle\delta\phi|H - E_e|\delta\phi\rangle}{\langle\phi|\phi\rangle}. \tag{2.53}$$

Dies zeigt, dass die Differenz $E - E_e$ quadratisch von der Abweichung $\delta\phi$ abhängt und daher für $\delta\phi = 0$ ein Minimum haben muss, sodass gilt:

$$E - E_e \geq 0 \Rightarrow E \geq E_e .$$

Die angenäherten Funktionen ϕ ergeben daher immer Energien, die größer als die wahre Energie E_e sind.

Dies bedeutet: *Der Erwartungswert der Energie hat für die „richtigen" Wellenfunktionen, d. h. für die exakten Lösungen der Schrödingergleichung immer ein Minimum!*

Darauf lässt sich ein Verfahren zur Optimierung von Näherungsfunktionen aufbauen. Setzt man eine solche „Versuchsfunktion“ an als Linearkombination

$$\phi = \sum_i^m c_i \varphi_i \tag{2.54}$$

aus bekannten Funktionen φ_i (die selbst *nicht* Lösungsfunktionen der Schrödingergleichung zu sein brauchen) und unbekannten Koeffizienten c_i, dann kann man ϕ optimieren durch die Bedingungen

$$\frac{\partial}{\partial c_i}\left(\int \phi^* H\phi \,\mathrm{d}\tau\right) = 0\,; \qquad i = 1, 2, \ldots, m\,. \tag{2.55}$$

Einsetzen von (2.54) führt zu einem linearen System von m Bestimmungsgleichungen für die m unbekannten Koeffizienten c_i

$$\begin{aligned}
&c_1(H_{11} - ES_{11}) + c_2(H_{12} - ES_{12}) + \cdots + c_m(H_{1m} - ES_{1m}) = 0\,,\\
&c_1(H_{21} - ES_{21}) + c_2(H_{22} - ES_{22}) + \cdots + c_m(H_{2m} - ES_{2m}) = 0\,,\\
&\vdots\\
&c_1(H_{m1} - ES_{m1}) + c_2(H_{m2} - ES_{m2}) + \cdots + c_m(H_{mm} - ES_{mm}) = 0\,,
\end{aligned} \tag{2.56}$$

dabei bedeuten:

$$H_{ik} = \int \varphi_i^* H\varphi_k \,\mathrm{d}\tau \quad \text{und} \quad S_{ik} = \int \varphi_i^* \varphi_k \,\mathrm{d}\tau\,. \tag{2.57}$$

Dieses Gleichungssystem hat genau dann von null verschiedene Lösungen c_i, wenn für die Determinante gilt:

$$|H_{ik} - ES_{ik}| = 0\,. \tag{2.58}$$

Aus dieser „Säkulargleichung“ gewinnt man als Lösungen die m Energiewerte $E_1(\boldsymbol{R})$, $E_2(\boldsymbol{R})$, ..., $E_m(\boldsymbol{R})$ und mit ihnen aus (2.56) für jede Kernkonfiguration $\boldsymbol{R}$ die unbekannten Koeffizienten c_i. Dazu muss man natürlich alle Integrale H_{ik} und S_{ik} vorher berechnen. Dies ist, zumindest numerisch, möglich, da die φ_i ja bekannte Funktionen sind (siehe Abschn. 2.6).

2.5.2 Die LCAO-Näherung

Da der elektronische Zustand eines zweiatomigen Moleküls bestimmt wird durch die Zustände der beiden Atome, in die der Molekülzustand für $R \to \infty$ übergeht, liegt es nahe, als Versuchsfunktion ϕ eine Linearkombination der Eigenfunktionen ϕ_A und ϕ_B dieser beiden Atomzustände zu wählen.

Man sagt: die Molekülwellenfunktion ϕ wird näherungweise durch eine Linearkombination der entsprechenden Atom-Orbitale beschrieben und nennt die Methode deshalb: „*L*inear *C*ombination of *A*tomic *O*rbitals“ (LCAO), wobei als „Atomorbital“ die atomaren Wellenfunktionen ϕ_A bzw. ϕ_B bezeichnet werden, deren Absolutquadrat die Elektronenverteilung des Atoms A bzw. B im entsprechenden Energiezustand angibt. Der durch ϕ beschriebene Molekülzustand wird entsprechend auch „Molekülorbital" genannt.

Anmerkung: Bei mehratomigen Molekülen mit n Atomen wird ϕ als Linearkombination $\phi = \sum_i^n c_i\phi_i$ gewählt. Wir werden aber später sehen (siehe Abschn. 2.8), dass die Zahl der Basisfuntionen ϕ_i *nicht unbedingt mit der Zahl der Atome übereinstimmen muss.*

Wählt man für ein zweiatomiges Molekül AB die LCAO-Funktion $\phi = c_1\phi_A + c_2\phi_B$ mit bereits normierten Atomorbitalen ϕ_A und ϕ_B, sodass $\langle\phi_A|\phi_A\rangle = \langle\phi_B|\phi_B\rangle = 1$, so lässt sich die Molekülfunktion ϕ normieren durch

$$\phi = \frac{c_1\phi_A + c_2\phi_B}{\sqrt{c_1^2 + c_2^2 + 2c_1c_2S_{AB}}} \quad \text{mit} \quad S_{AB} = \int \phi_A\phi_B \,\mathrm{d}\tau\,. \tag{2.59}$$

Die im Sinne der Energieoptimierung „besten" Funktionen ϕ erhält man nach dem Variationsprinzip, indem man den Erwartungswert der Energie

$$\langle E\rangle = \int \langle\phi|\, H \,|\phi\rangle \tag{2.60}$$

nach den Koeffizienten c_i differenziert und die Ableitungen null setzt. Dies führt, wie im vorigen Abschnitt gezeigt wurde, auf das Gleichungssystem

$$\begin{aligned}(H_{AA} - E)c_1 + (H_{AB} - ES_{AB})c_2 = 0\,,\\ (H_{BA} - ES_{BA})c_1 + (H_{BB} - E)c_2 = 0\,,\end{aligned} \tag{2.61}$$

woraus sich die Säkulargleichung

$$(H_{AA} - E)(H_{BB} - E) - (H_{AB} - E\cdot S_{AB})^2 = 0 \tag{2.62}$$

als quadratische Bestimmungsgleichung für E ergibt, wobei wieder die Abkürzung $H_{ik} = \int \phi_i^* H\phi_k \,\mathrm{d}\tau$ und $S_{ik} = \int \phi_i^*\phi_k \,\mathrm{d}\tau$ verwendet und die Beziehungen $H_{ik} = H_{ki}$ sowie $S_{ik} = S_{ki}$ ausgenutzt wurden. Der Hamilton-Operator ist dabei $\hat{H} = -\frac{e^2}{4\pi\epsilon_0}\frac{1}{r_A} + \frac{1}{r_B} + \frac{1}{R}$.

Aus der quadratischen Gleichung für E (2.62) erhält man zwei Lösungen $E_1(R)$ und $E_2(R)$ für die Energie, die für den Spezialfall gleicher Atome in gleichen Zuständen ($\phi_A = \phi_B$, $H_{AA} = H_{BB}$) den einfachen Ausdruck

$$E_1(R) = \frac{H_{AA} + H_{AB}}{1 + S_{AB}}\,, \quad E_2(R) = \frac{H_{AA} - H_{AB}}{1 - S_{AB}} \tag{2.63}$$

ergeben. Für diesen Spezialfall erhält man für die Koeffizienten c_1 und c_2 durch Einsetzen von (2.63) in (2.61) die Beziehung

$$|c_1|^2 = |c_2|^2\,, \quad c_1 = \pm c_2\,. \tag{2.64}$$

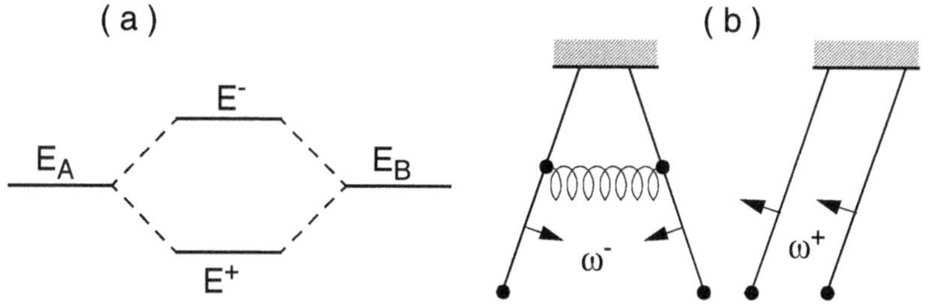

Abb. 2.24: a) Aufspaltung der atomaren Energien $E_A = E_B$ für gleiche Atomzustände in die zwei molekularen Energiezustände $E_1 = E^+$ und $E_2 = E^-$; b) Mechanisches Analogon zweier gekoppelter Pendel.

Man sieht, dass durch die Linearkombination zweier gleicher Atom-Orbitale die Energie aufspaltet in zwei Energiewerte E_1 und E_2 (Abb. 2.24a). Die Größe der Aufspaltung ist für $\phi_A = \phi_B$

$$\Delta E(R) = E_2 - E_1 = \frac{2H_{AA}S_{AB} - 2H_{AB}}{1 - S_{AB}^2} \tag{2.65}$$

und hängt ab vom Überlapp-Integral S_{AB}, dem „Coulomb-Integral“ H_{AA} und dem „Resonanzintegral“ H_{AB} (oft auch „Austauschintegral“ genannt).

Das mechanische Analogon zu dieser Energieaufspaltung ist die Kopplung zweier gleicher Pendel mit der Resonanzfrequenz ω_0, die durch die Kopplung, je nach der relativen Phase der beiden Pendelschwingungen $x_i(t)$, in zwei „Normalschwingungen“ $x_+(t) = x_1(t) + x_2(t)$ mit der Frequenz ω_+ und $x_-(t) = x_1(t) - x_2(t)$ mit der Frequenz $\omega_- > \omega_+$ aufspaltet (Abb. 2.24b).

Man beachte: Sowohl das Überlapp-Integral S_{AB} als auch das „Resonanzintegral“ H_{AB} werden null, wenn die beiden Funktionen zu verschiedenen Symmetrietypen gehören, d. h. wenn sie sich bei einer Symmetrieoperation des Moleküls verschieden

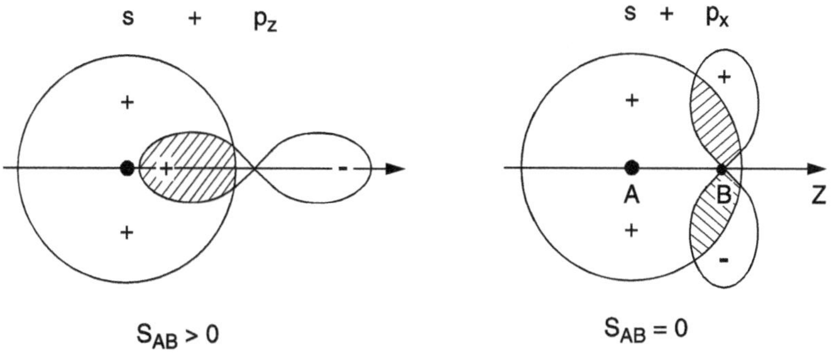

Abb. 2.25: Überlappintegral zwischen zwei Funktionen gleicher und ungleicher Symmetrie.

verhalten. Ist z. B. ϕ_A symmetrisch bei einer solchen Symmetrieoperation, ϕ_B aber antisymmetrisch, so wird der Integrand $\phi_A\phi_B$ eine ungerade Funktion bezüglich derjenigen Koordinaten, die von der Symmetrieoperation betroffen sind und das Integral von $-\infty$ bis $+\infty$ wird null. Abbildung 2.25 veranschaulicht dies am Beispiel der Überlappung einer $1s$-Funktion mit einer p_Z-Funktion und mit einer p_X-Funktion. Im ersten Fall haben die beiden Funktionen $1s$ und p_z gleiche Symmetrien bezüglich der Spiegelung an einer Ebene durch die z-Achse senkrecht zur Zeichenebene, im zweiten Fall unterschiedliche Symmetrie. Im 1. Fall ist daher das Überlapp-Integral positiv, im 2. Fall ist es null. Da der Hamiltonoperator H eines Moleküls symmetrisch bezüglich aller Symmetrieoperationen des Moleküls sein muss, gilt die obige Argumentation entsprechend für H_{AB}.

2.6 Anwendung der Näherungsverfahren auf Einelektronensysteme

Obwohl wir im Abschn. 2.4.1 bereits gezeigt haben, wie man das H_2^+-Molekül bei festgehaltenen Kernen exakt berechnen kann, ist es doch sehr instruktiv, die LCAO-Näherung mit dem Variationsverfahren auf dieses bereits bekannte System anzuwenden, weil man dann durch Vergleich mit den exakten Rechnungen eine bessere Einsicht in die Aussagekraft einfacher Näherungen und ihre Grenzen erhält.

Insbesondere soll damit illustriert werden, dass man bei der physikalischen Interpretation theoretischer Ergebnisse, die auf angenäherten Wellenfunktionen beruhen, sehr vorsichtig sein muss, dass man aber durch entsprechende Verbesserungen der Basisfunktionen, die durch physikalische Argumente begründet werden, zu recht brauchbaren Ergebnissen gelangt.

2.6.1 Eine einfache LCAO-Näherung für das H_2^+-Molekül

Wenden wir die in Abschn. 2.5.2 erläuterte LCAO-Näherung auf das H_2^+-Molekül an, so können wir das energetisch tiefste Molekülorbital durch die Funktion

$$\phi = c_1\phi_A(1s) + c_2\phi_B(1s) \tag{2.66}$$

beschreiben, in der für ϕ_A und ϕ_B, die normierten Wellenfunktionen des H-Atoms im $1s$-Grundzustand eingesetzt werden:

$$\phi_A = \sqrt{\frac{1}{a_0^3\pi}}\,\mathrm{e}^{-r_A/a_0}\,, \quad \phi_B = \sqrt{\frac{1}{a_0^3\pi}}\,\mathrm{e}^{-r_B/a_0}\,, \tag{2.67}$$

wobei $a_0 = 4\pi\varepsilon_0\hbar^2/(me^2)$ der Bohrsche Radius im H-Atom ist [2.18]. Anschaulich kann man den Ansatz (2.66) wie folgt deuten:

$|\phi_A|^2$ bzw. $|\phi_B|^2$ geben die Wahrscheinlichkeitsdichte dafür an, dass das Elektron in der Umgebung des Kerns A bzw. B ist, wenn der andere Kern unendlich weit weg ist.

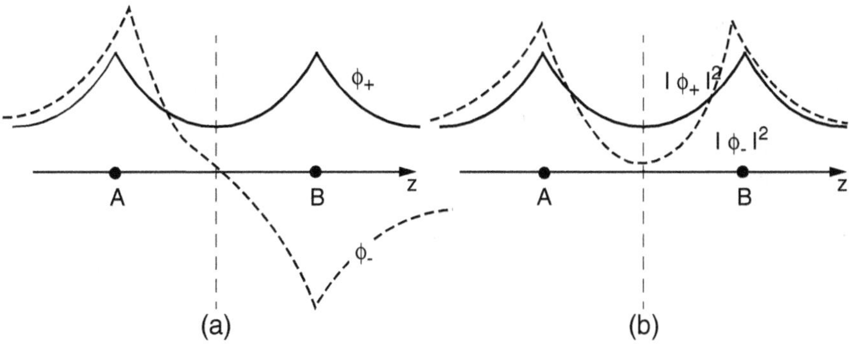

Abb. 2.26: Normierte Wellenfunktionen (a) und ihre Absolutquadrate (b) für die beiden tiefsten Zustände des H_2^+.

Bei endlichem Abstand R zwischen den Kernen gibt $c_1\phi_A$ die Wahrscheinlichkeitsamplitude dafür an, dass sich das Elektron beim Kern A befindet, $c_2\phi_B$ dafür, dass es sich beim Kern B befindet. Da beide Möglichkeiten ununterscheidbar sind, muss man sie beide berücksichtigen und muss dafür die Wahrscheinlichkeitsamplitude ϕ für beide Möglichkeiten „sowohl A als auch B" angeben, die gleich der Summe beider Einzelamplituden ist.

Mit der Normierungsbedingung (2.59) und wegen $c_1 = \pm c_2$ (siehe (2.64)) erhält man aus dem Ansatz (2.66) die beiden normierten Funktionen

$$\phi_+ = \frac{\phi_A + \phi_B}{\sqrt{2 + 2S_{AB}}}, \quad \phi_- = \frac{\phi_A - \phi_B}{\sqrt{2 - 2S_{AB}}}. \tag{2.68}$$

Die Aufenthaltswahrscheinlichkeitsdichten für das Elektron in den Zuständen ϕ_+ und ϕ_- kann man durch Quadrieren gewinnen:

$$|\phi_+|^2 = \frac{\phi_A^2 + \phi_B^2 + 2\phi_A\phi_B}{2 + 2S_{AB}}, \quad |\phi_-|^2 = \frac{\phi_A^2 + \phi_B^2 - 2\phi_A\phi_B}{2 - 2S_{AB}}. \tag{2.69}$$

Mit den bekannten Funktionen ϕ_A, ϕ_B (2.67) und dem Überlappintegral S (2.70) kann man $|\phi_+|^2$ und $|\phi_-|^2$ bei vorgegebenem Kernabstand R bestimmen (Abb. 2.26).

Man beachte: Die atomaren Wellenfunktionen $\phi_A(\boldsymbol{r}_A)$ und $\phi_B(\boldsymbol{r}_B)$ werden im Allgemeinen als Einelektronenfunktionen gewählt, wobei die Koordinaten $\boldsymbol{r}_A$ und $\boldsymbol{r}_B$ des Elektrons meistens nicht auf den Schwerpunkt des Moleküls, sondern auf zwei verschiedene Koordinatenursprünge (z. B. auf die jeweiligen Kerne der das Molekül bildenden Atome) bezogen sind. Dann sind die Integrale H_{iK} und S_{iK} „Zweizentrenintegrale" und müssen ausführlich geschrieben werden als

$$S_{iK} = \int \phi_i(\boldsymbol{r}_A) \cdot \phi_K(\boldsymbol{r}_B)\, d\boldsymbol{r}\,;$$

$$H_{iK} = \int \phi_i(\boldsymbol{r}_A)\hat{H}(\boldsymbol{r}, R)\phi_K(\boldsymbol{r}_B)\, d\boldsymbol{r}\,, \tag{2.70}$$

wobei die Koordinaten $\boldsymbol{r}_\mathrm{A}$ auf den Kern A und $\boldsymbol{r}_\mathrm{B}$ auf den Kern B bezogen sind (Abb. 2.7). Um die Integrale H_AA und H_BB zu berechnen, müssen wir die Koordinaten $\boldsymbol{r}_\mathrm{A}$ und $\boldsymbol{r}_\mathrm{B}$ auf ein einheitliches Zentrum beziehen. Wir wählen dafür elliptische Koordinaten μ und ν (Abb. 2.7) mit $r_\mathrm{A} = (\mu + \nu)/2 \cdot R, r_\mathrm{B} = (\mu - \nu)/2 \cdot R$ Mit ihnen können die Integrale als Funktionen des Kernabstandes R berechnet werden [2.17]. Für das einfachste Beispiel des $H_2{}^+$ sind die atomaren Wellenfunktionen im Grundzustand kugelsymmetrisch und hängen deshalb nicht vom Winkel φ ab. Es gilt dann (Abb. 2.7) $\boldsymbol{r}_{textA} = \boldsymbol{r} + \frac{R}{2}; \boldsymbol{r}_{textB} = \boldsymbol{r} - \frac{R}{2}$ Geht man damit in die Integrale H_{textAA} und H_AB ein und verwendet für die Wellenfunktionen ϕ die Ausdrücke (2.67) so erhält man für H_AA

$$H_\mathrm{AA} = -\frac{1}{2} + \exp^{-2R}(1 + \frac{1}{R}) \tag{2.71}$$

Ebenso ergibt sich der Ausdruck

$$H_\mathrm{AB} = \exp^{-R}(-\frac{1}{2} - \frac{7}{6}R - \frac{1}{6}R^2 + \frac{1}{R}) \tag{2.72}$$

Aus (2.63) erhält man die beiden zugehörigen Energiewerte

$$E_+(R) = \frac{H_\mathrm{AA} + H_\mathrm{AB}}{1 + S_\mathrm{AB}}, \quad E_-(R) = \frac{H_\mathrm{AA} - H_\mathrm{AB}}{1 - S_\mathrm{AB}}. \tag{2.73}$$

Die vom Kernabstand R abhängigen Integrale S_AB, H_AA, H_AB über die Koordinaten des Elektrons können exakt gelöst werden. Für ausführlichere Rechnungen siehe [2.19–2.21].

In Abb. 2.27 sind die Funktionen $S_\mathrm{AB}(R)$, $H_\mathrm{AB}(R)$, $H_\mathrm{AA}(R)$, $E^+(R)$ und $E^-(R)$ graphisch dargestellt, damit man einen Eindruck der Bedeutung der einzelnen Terme erhält. Man sieht, dass das Überlapp-Integral für $R \to 0$ gegen den Wert 1 geht und erst für $R > 7a_0$ wirklich vernachlässigbar wird. Für $R \to \infty$ konvergieren sowohl $E_+(R)$ als auch $E_-(R)$ gegen $H_\mathrm{AA}(\infty) = E_\mathrm{a} = -13{,}6\,\mathrm{eV}$, die atomare Bindungsenergie des H-Atoms.

Die Potentialkurve $E_+(R)$ führt zu einem bindenden Zustand mit einem Minimum $E(R_\mathrm{e}) = -0{,}13\,E_\mathrm{a} \approx 1{,}76\,\mathrm{eV}$. Die zugehörige Wellenfunktion ϕ_+ aus (2.68) geht bei der Spiegelung der Elektronenkoordinaten am Schwerpunkt (= Mittelpunkt zwischen A und B) in sich über. Sie beschreibt also einen σ_g-Zustand, während die abstoßende Potentialkurve $E_-(R)$ einen σ_u-Zustand darstellt.

Man sieht aus Abb. 2.27, dass die LCAO-Näherung zwar den experimentellen Befund eines gebundenen Grundzustandes von H_2^+ und eines abstoßenden σ_u-Zustandes qualitativ richtig beschreibt, dass jedoch die Größe der Bindungsenergie viel zu klein herauskommt. Wir wollen im Folgenden kurz die Gründe für dieses unbefriedigende Ergebnis diskutieren:

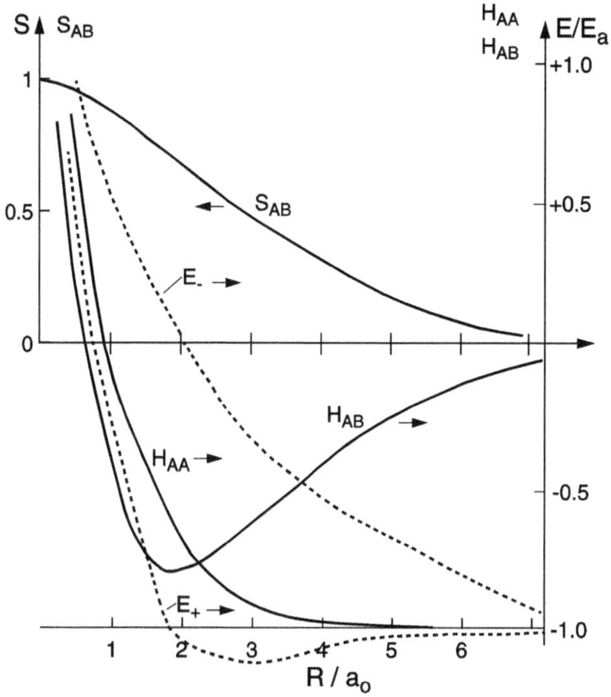

Abb. 2.27: Überlappintegral S_{AB}, Coulombintegral H_{AA}, Austauschintegral H_{AB} und die Energien E^- und E^+ (gestrichelte Kurven) als Funktion des Kernabstandes R beim H_2^+ [2.17].

2.6.2 Mängel des einfachen LCAO-Verfahrens

Wenn man mit Hilfe der normierten Wellenfunktion ϕ_+ in (2.68) die Erwartungswerte

$$\begin{aligned}\langle T\rangle &= -\int \phi_+ \frac{\hbar^2}{2m}\nabla^2\phi_+ \,\mathrm{d}r\,,\\ \langle V\rangle &= \int \phi_+\left(\frac{e^2}{4\pi\varepsilon_0}\left(\frac{1}{R}-\frac{1}{r_A}-\frac{1}{r_B}\right)\phi_+ \,\mathrm{d}r\right),\\ \langle E\rangle &= \int \phi_+ H\phi_+ \,\mathrm{d}\tau\end{aligned} \tag{2.74}$$

für die kinetische Energie $T(R)$, die potentielle Energie $V(R)$ und die Gesamtenergie $E(R)$ des Elektrons im H_2^+-Ion ausrechnet, erhält man die in Abb. 2.28 gezeigten gestrichelten Kurven. Hieraus sieht man, dass in der LCAO-Näherung die Erniedrigung der kinetischen Energie T die Bindung bewirkt, weil die potentielle Energie mit abnehmendem Kernabstand R nur zunimmt.

Dies ist für das reale H_2^+-Molekül jedoch nicht richtig, da die exakte Rechnung ergibt, dass in Wirklichkeit die kinetische Energie $T(R_e)$ an der Stelle des Gleichgewichtsabstandes *größer* ist als für $R \to \infty$. Dies sieht man folgendermaßen ein:

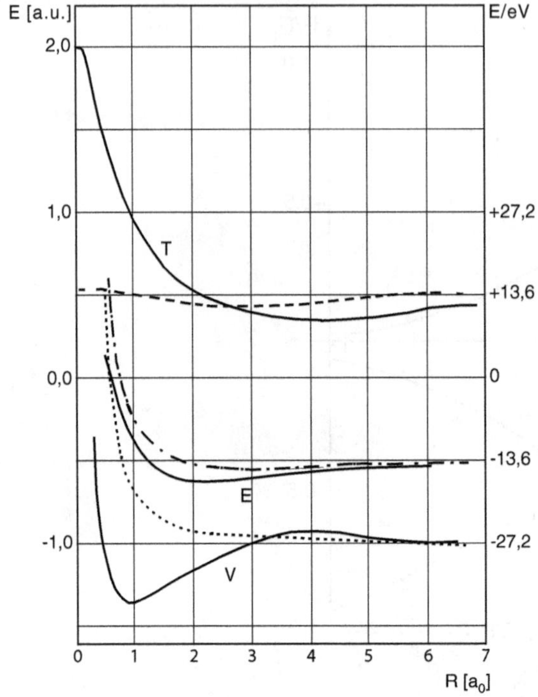

Abb. 2.28: Kinetische Energie *T*(*R*), potentielle Energie *V*(*R*) und Gesamtenergie $E(R)$ des starren H_2^+ in der einfachen LCAO-Rechnung (gestrichelte Kurven) und in der exakten Rechnung (durchgezogene Kurven). (a.u. = atomic units = 27,21 eV; $a_0 = 5{,}29 \cdot 10^{-11}$ m)

Für ein zweiatomiges Molekül beim Gleichgewichtsabstand gilt der Virialsatz für die Mittelwerte der kinetischen und potentiellen Energie

$$2\langle T\rangle = -\langle V\rangle = -2E\,. \tag{2.75}$$

Da die Gesamtenergie E eines stabilen Moleküls kleiner sein muss als die der freien Atome (sonst gäbe es keine Bindung), folgt, dass $\langle T(R)\rangle$ größer sein muss als im freien Atom.

Es ist aufschlussreich, sich einmal klarzumachen, wie sich die kinetische Energie $T(R)$ und die potentielle Energie $V(R)$ des Elektrons mit dem Kernabstand R ändern.

Bildet man die Erwartungswerte

$$\langle T_x\rangle = -\frac{\hbar^2}{m}\int \phi_1 \frac{1}{2}\frac{\partial^2}{\partial x^2}\phi_1 \,\mathrm{d}\tau = \langle T_y\rangle\,, \tag{2.76a}$$

$$\langle T_z\rangle = -\frac{\hbar^2}{m}\int \phi_1 \frac{1}{2}\frac{\partial^2}{\partial z^2}\phi_1 \,\mathrm{d}\tau \tag{2.76b}$$

für die Komponenten T_x und T_y senkrecht zur Molekülachse und T_z in Richtung der Molekülachse, so erhält man für $R = \infty$ eine isotrope Geschwindigkeitsverteilung des Elektrons mit $\langle T_x \rangle = \langle T_y \rangle = \langle T_z \rangle$, weil die atomaren Wellenfunktionen ϕ_A und ϕ_B kugelsymmetrisch sind. Während für den Gleichgewichtsabstand R_e der Erwartungswert $\langle T_z \rangle$ kleiner wird, steigt er für $\langle T_x \rangle = \langle T_y \rangle$ an.

Der physikalische Grund ist der folgende: Bei der Annäherung der beiden Kerne in z-Richtung steht dem Elektron in z-Richtung „mehr Raum" zur Verfügung als im getrennten H-Atom. Sein lokalisierbares Δz-Intervall wird größer und deshalb wird gemäß der Heisenberg'schen Unschärferelation die Impulsunschärfe

$$\langle \Delta p_z \rangle \geq \hbar / \langle \Delta z \rangle \Rightarrow \langle T_z \rangle \geq \left\langle \frac{\Delta p_z^2}{2m} \right\rangle \geq \frac{\hbar^2}{2m \langle \Delta z \rangle^2} \tag{2.77}$$

und damit seine kinetische Energie in z-Richtung kleiner.

In jeder Richtung senkrecht zur z-Achse zieht sich die Ladungsverteilung zusammen, weil die resultierende Anziehung beider Kerne in dieser Richtung größer wird, d. h. dem Elektron steht in dieser Richtung weniger Raum zur Verfügung, d. h. $\langle T_x \rangle$ und $\langle T_y \rangle$ werden größer.

In der LCAO-Näherung wird die Zunahme von $\langle T_x \rangle$ und $\langle T_y \rangle$ nicht berücksichtigt, weil die entsprechende Kontraktion der Wellenfunktionen im Ansatz (2.68) nicht enthalten ist.

Einen weiteren Mangel der einfachen LCAO-Näherung erkennt man daran, dass die gesamte elektronische Energie $E(R)$ für $R \to 0$, d. h. für das He^+-Ion, gegen den Wert $E(0) = -3E_A$ geht, wie man aus (2.69, 2.73) mit $S_{AB}(R \to 0) = 1$ sieht, während der wirkliche Werte $E(He^+) = -4E_A$ sein muss.

2.6.3 Verbesserte LCAO-Näherungslösungen

Die einfache LCAO-Näherungsfunktion in (2.68) für den H_2^+-Grundzustand

$$\phi_+ = \frac{1}{\sqrt{2+2S}} (\phi_A + \phi_B)$$

geht für $R \to 0$ gegen die Wasserstoff-1s-Funktion ϕ_A (2.67), da $\lim_{R \to 0} S(R) = 1$ und $\phi_B = \phi_A$ wird.

Da aber für $R \to 0$ der Grundzustand des He^+-Ions entsteht (die beiden fehlenden Neutronen spielen für die elektronische Energie praktisch keine Rolle), müsste die entsprechende Wellenfunktion eigentlich heißen

$$\phi(\text{He}, 1s) = \sqrt{\frac{1}{a_0^3 \pi}} \, e^{-2r/a_0} , \tag{2.78a}$$

da für das vereinigte Atom $Z = 2$ gilt und sich deshalb das Elektron im Mittel näher am Kern aufhält, was durch den Faktor 2 im Exponenten beschrieben wird.

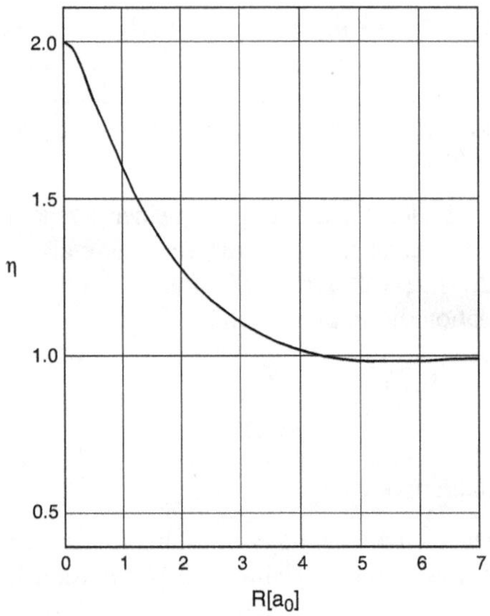

Abb. 2.29: Optimierung des Kontraktions-Parameters $\eta(R)$.

Um diese „Kontraktion" der Elektronenverteilung zu berücksichtigen, ist es deshalb sinnvoll, für die Funktionen ϕ_A und ϕ_B modifizierte $1s$-Funktionen

$$\phi_A = N \cdot e^{-\eta r_A/a_0}, \quad \phi_B = N \cdot e^{-\eta r_B/a_0} \tag{2.78b}$$

einzuführen, in denen der Parameter $\eta = \eta(R)$ eine Funktion von R ist, die die Randbedingungen: $\eta(0) = 2$, $\eta(\infty) = 1$ erfüllen muss. Die Normierungskonstante N hängt jetzt auch von η und damit von R ab. Wenn man für alle Werte des Kernabstandes R den Parameter $\eta(R)$ dadurch bestimmt, dass der Erwartungswert der Energie $\langle E \rangle$ minimal wird, d. h. dass bei beliebigen aber festen Werten von R gilt:

$$\frac{\partial \langle E \rangle}{\partial \eta} = 0, \quad \text{d. h.} \quad \frac{\partial}{\partial \eta} \int \phi_+ H \phi_+ \, d\tau = 0, \tag{2.79}$$

dann erhält man die in Abb. 2.29 gezeigte Kurve $\eta(R)$.

Die mit den so optimierten Funktionen ϕ_+ berechneten Erwartungswerte $\langle T(R) \rangle$, $\langle V(R) \rangle$ und $\langle E(R) \rangle$ kommen den exakten Kurven in Abb. 2.28 wesentlich näher. Man sieht aus einem Vergleich der Kurven $E(R)$ in Abb. 2.30, dass die Einführung des Parameters η eine merkliche Verbesserung gebracht hat. Der Gleichgewichtsabstand R_e wird richtig berechnet, jedoch ist die Dissoziationsenergie immer noch um etwa 20% zu klein.

Bei der 1. Verbesserung der LCAO-Näherung hatten wir durch Einführen des Parameters η die Kontraktion der Elektronenverteilung berücksichtigt. Die Basisfunktionen ϕ_A und ϕ_B blieben jedoch noch kugelsymmetrisch. In Wirklichkeit wird jedoch die Ladungsverteilung um den Kern A durch die Anwesenheit des Kerns B in z-Richtung polarisiert. Wir können diese Verformung dadurch berücksichtigen, dass

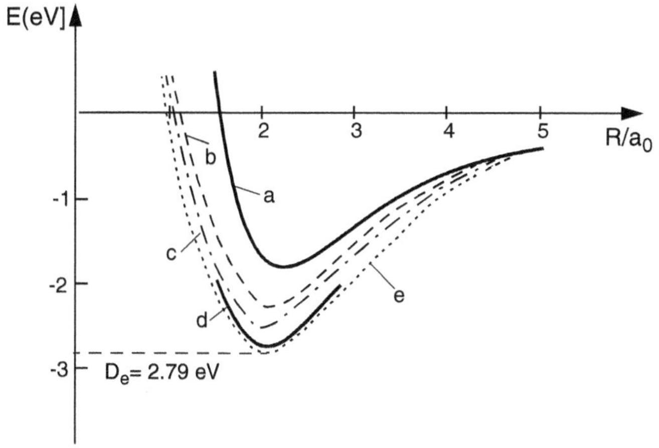

Abb. 2.30: Potentialkurve des Grundzustandes von H_2^+; a) einfache LCAO, b) mit optimiertem Parameter η, c) mit zusätzlichem Polarisationsterm, d) exakte theoretische Kurve, e) experimentelles Potential.

wir in unseren Basisfunktionen ϕ_A und ϕ_B außer dem kugelsymmetrischen Term noch einen zusätzlichen Polarisationsterm einführen. Man macht daher den Ansatz:

$$\phi_A = e^{-\eta r_A/a_0}(1 + \lambda z) \tag{2.80}$$

und entsprechend für ϕ_B. Für jeden vorgegebenen Kernabstand R werden jetzt die Parameter $\eta(R)$ und $\lambda(R)$ optimiert durch die Bedingungen

$$\frac{\partial\langle H\rangle}{\partial\eta} = 0 \quad \text{und} \quad \frac{\partial\langle H\rangle}{\partial\lambda} = 0\,.$$

Die mit dieser Verbesserung erhaltene Potentialkurve $E(R)$ kommt der exakten schon sehr nahe.

In Abb. 2.30 sind die Potentialkurven $E(R)$ und in Tabelle 2.11 die Werte für Gleichgewichtsabstand R_e und Tiefe D_e des Potentialminimums $E(R_e)$ zusammengestellt, die man aus den einzelnen Näherungsschritten erhalten hat.

Bei Verwendung einer Basis von 50 Funktionen lässt sich die experimentelle Potentialkurve innerhalb der Messgenauigkeit reproduzieren [2.22].

Tabelle 2.11: Vergleich der Werte für Gleichgewichtsabstand und Bindungsenergie des H_2^+ bei den verschiedenen Näherungsschritten mit den exakten Werten.

Wellenfunktion	$R_e[a_0]$	$E_B(R_e)$ [eV]
Einfache LCAO	2,5	1,76
LCAO mit optimalem η	2,0	2,25
Berücksichtigung der Polarisation	2,0	2,65
Exake Berechnung	2,0	2,79

Die LCAO-Näherung wurde hier für das H_2^+-Molekül deshalb so eingehend behandelt, weil man an diesem einfachen Beispiel die Vorzüge und Grenzen dieser Näherung deutlich sieht und dadurch zu etwas mehr Vorsicht bei der Interpretation von Ergebnissen (wie z. B. die Rolle der kinetischen und potentiellen Energie bei der Bindung) ermahnt wird. Auch das Argument, dass der Hauptanteil zur Bindung durch die Austauschenergie bewirkt wird, trifft beim H_2^+ nicht zu!

2.7 Mehrelektronen-Moleküle

Bei Molekülen mit $N \geq 2$ Elektronen tritt die Wechselwirkung zwischen den Elektronen als zusätzlicher Term im Hamiltonoperator (2.3) auf, der eine Separation der Mehrelektronenwellenfunktion in (2.7) $\phi(\boldsymbol{r}_1 \dots \boldsymbol{r}_N)$ in Produkte von Einelektronenfunktionen nicht mehr direkt möglich macht. Außerdem wirkt das Pauliprinzip (welches besagt, dass ein Zustand, der durch die räumliche Wellenfunktion und die Spinfunktion beschrieben wird, höchstens von einem Elektron besetzt wird) als zusätzliche Bedingung für die Besetzung der Orbitale. Es gibt nun verschiedene Näherungsschritte, dieses Problem zu lösen:

2.7.1 Molekülorbitale und Einteilchen-Näherung

Eine noch recht grobe Näherung vernachlässigt diese „Elektronen-Korrelation“ vollständig, setzt also den dritten Term in (2.3) gleich null. Dann kann der elektronische Teil von H im Rahmen der BO-Näherung als Summe

$$H(\boldsymbol{r}_1 \dots \boldsymbol{r}_N) = \sum_{i=1}^{N} H_i(\boldsymbol{r}_i) \quad \text{mit} \quad H_i = -\frac{1}{2m}\nabla_i^2 - \frac{e^2}{4\pi\varepsilon_0}\sum_i \sum_k \frac{Z_k}{r_{ik}} \tag{2.81}$$

von Einelektronen-Operatoren H_i geschrieben werden.

Wird die gesamte elektronische Wellenfunktion als ein Produkt von Einteilchenfunktionen für die Elektronen 1, 2, 3, ... , N angesetzt:

$$\Phi(1 \dots N) = \phi_1(1) \cdot \phi_2(2) \cdot \dots \cdot \phi_n(N)\,, \tag{2.82}$$

dann lässt sich die Schrödingergleichung in N Teilgleichungen

$$H_i(i)\phi_i(i) = \varepsilon_i \phi_i\,, \quad i = 1 \dots N \tag{2.83a}$$

separieren und die Gesamtenergie E wird daher

$$E = \sum_{i=1}^{N} \varepsilon_i\,. \tag{2.83b}$$

Die Einteilchen-Wellenfunktionen $\phi_i(i)$ sind die *Molekülorbitale* von (2.54). Sie können wie in (2.54) als Linearkombinationen aus Atomorbitalen aufgebaut werden.

Nun sind die einzelnen Elektronen *nicht* unterscheidbar, d. h. man kann $\phi_i(1)$ nicht von $\phi_i(2)$ usw. unterscheiden. Mit anderen Worten: Derselbe Zustand, der durch die Wellenfunktion (2.82) beschrieben wird, kann genauso gut durch eine Funktion ϕ beschrieben werden, die durch Permutation der Elektronen aus (2.82) hervorgeht. Die allgemeinste solcher Funktionen ist eine Linearkombination aller $N!$ Permutationsmöglichkeiten.

Berücksichtigt man noch den Spin jedes Elektrons, so kann man jede dieser Funktionen ϕ als Produkt aus Ortsanteil $\phi(\boldsymbol{r})$ und Spinanteil $\chi(\boldsymbol{s})$ schreiben. Da die Elektronen Fermionen mit halbzahligem Spin sind, muss die gesamte Wellenfunktion Φ (inklusive des Spinanteils χ) gemäß dem Pauliprinzip antisymmetrisch sein, d. h. sie muss bei Vertauschen zweier Elektronen ihr Vorzeichen wechseln. Wie man sich leicht am Beispiel von 3 Teilchen klarmacht, kann die allgemeinste antisymmetrische Linearkombination aller $N!$ Permutationen der Produktfunktionen (2.81) in Form einer Determinante

$$\Phi(1,2,\ldots,N) = \begin{vmatrix} \phi_1(1)\chi_1(1) & \phi_1(2)\chi_1(2) & \cdots & \phi_1(N)\chi_1(N) \\ \phi_2(1)\chi_2(1) & \phi_2(2)\chi_2(2) & \cdots & \phi_2(N)\chi_2(N) \\ \vdots & & & \vdots \\ \phi_N(1)\chi_N(1) & \phi_N(2)\chi_N(2) & \cdots & \phi_N(N)\chi_N(N) \end{vmatrix} \tag{2.84}$$

geschrieben werden, wobei die Einelektronenfunktionen Produkte aus Ortsfunktion ϕ und Spinfunktion χ darstellen. Die Wellenfunktion (2.84) heißt *Slaterdeterminante.*

Da eine Determinante null wird, wenn zwei Zeilen oder Spalten gleich sind, wird durch die Slaterdeterminanten das Pauliprinzip automatisch erfüllt: Unterscheiden sich nämlich zwei Funktionen $\phi_i(1)$ und $\phi_k(2)$ nicht in ihrem Ortsanteil, so müssen die beiden Spinanteile unterschiedlich sein, damit $\Phi(1\ldots N)$ nicht null wird. Das bedeutet: jedes Molekülorbital (= Ortsanteil der Einteilchenfunktion ϕ_i) kann maximal mit zwei Elektronen besetzt werden, die dann entgegengesetzten Spin haben müssen.

Wählt man die Einteilchenfunktion $\phi_i(i)$, so, dass

$$\int \phi_i^*(k)\cdot\phi_j(k)\,\mathrm{d}\tau_k = \delta_{ij} \quad \text{für} \quad k = 1,2,\ldots,N\,, \tag{2.85}$$

dann ergibt das Absolutquadrat der Slaterdeterminante: $\Phi^*\Phi = N!$. Als normierte Slaterdeterminante wählt man deshalb die Funktion

$$\Phi(1,2,\ldots,N) = \frac{1}{\sqrt{N!}}\begin{vmatrix} \phi_1(1) & \cdots & \phi_1(N) \\ \vdots & & \vdots \\ \phi_N(1) & \cdots & \phi_N(N) \end{vmatrix}, \tag{2.86}$$

wobei wir hier den Spinanteil nicht explizit mit angeschrieben haben. Die Wahl orthonormierter Basisfunktionen hat den großen rechentechnischen Vorteil, dass bei der Berechnung des Energieintegrals

$$E = \frac{\int \phi^* H\phi\,\mathrm{d}\tau}{\int \phi^*\phi\,\mathrm{d}\tau} = \int \phi^* H\phi\,\mathrm{d}\tau = \langle\phi^*|\,H\,|\phi\rangle \tag{2.87}$$

die Zahl der Einzelintegrale $\langle \phi_i^*, \phi_K \rangle$ von $(N!)^2$ auf $N!$ reduziert wird. Trotzdem wird diese Zahl z. B. beim H_2O mit $N = 10$ Elektronen bereits $N! = 3\,628\,800$ (!).

Auf den ersten Blick scheint die Einteilchen-Näherung sehr grob zu sein, da man bei der Wahl der Wellenfunktion die Wechselwirkung zwischen den Elektronen völlig vernachlässigt hat. Man kann jedoch diese Wechselwirkung *indirekt* wieder berücksichtigen, indem man für das Potential, in dem sich jedes Teilchen bewegt, das Potential der Kerne einsetzt, vermindert um die Abschirmung durch die anderen Elektronen, d. h., jedes Elektron bewegt sich in einem Potential, das durch die Kerne und die zeitlich gemittelte Ladungsverteilung aller anderen Elektronen gebildet wird (siehe Abschn. 2.8). In dieser „Hartree"-Näherung hat man die Elektron-Elektron-Wechselwirkung wenigstens *teilweise* berücksichtigt. Jedoch wurde immer noch vernachlässigt, dass sich die Ladungsverteilung aller anderen Elektronen durch die Anwesenheit des betrachteten Elektrons ändert (Korrelation).

Zusammenfassend lässt sich der in der Quantenchemie wichtige Begriff der Molekülorbitale folgendermaßen darstellen:

1. Das Konzept der Molekülorbitale beruht, ähnlich wie bei Atomen das Hartree-Fock-Verfahren [2.23], auf der Annahme, dass jedes Elektron sich unabhängig in einem effektiven Potential bewegt, das durch die gemittelte Ladungsverteilung aller anderen Elektronen und der Kerne gegeben ist.

2. Jedes Elektron i eines Moleküls wird durch eine bestimmte Einelektronen-Wellenfunktion $\phi_i^{\mathrm{el}}(\boldsymbol{r}_i, \boldsymbol{R})$ beschrieben, die man *Molekülorbital* nennt und die bei fester Kernkonfiguration $\boldsymbol{R}$ nur von den Koordinaten $\boldsymbol{r}_i$ dieses einen Elektrons abhängt. Die Wahrscheinlichkeit, das Elektron am Ort $\boldsymbol{r}$ zu finden, wird durch $|\phi_i(\boldsymbol{r})|^2$ angegeben.

3. Berücksichtigt man auch den Spin des Elektrons und beschreibt den Spinzustand durch eine Funktion $\chi(\boldsymbol{s})$, so wird die Gesamtwellenfunktion des Elektrons $\Psi(\boldsymbol{r}, \boldsymbol{s}) = \phi(\boldsymbol{r}) \cdot \chi(\boldsymbol{s})$ durch das Produkt von Ortsfunktion und Spinfunktion angegeben. Jede dieser Funktionen Ψ ist durch Quantenzahlen (z.B. $n, \Lambda, \Sigma, \Omega, s$) bestimmt, welche Energie, Drehimpulse, deren Projektion auf die Molekülachse und die Ladungsverteilung des Orbitals eindeutig festlegen.

4. Jedes Orbital kann wegen des Pauliprinzips maximal mit zwei Elektronen besetzt werden, deren Spin dann entgegengesetzt ist.

5. Zu jedem Molekülorbital Ψ gehört der Erwartungswert der Energie

$$E = \int \Psi^* H \Psi \mathrm{d}\tau \Big/ \int \Psi^* \Psi \mathrm{d}\tau = \frac{\langle \Psi | H | \Psi \rangle}{\langle \Psi | \Psi \rangle} ,$$

   wobei die rechte Seite die „Bracket-Schreibweise" für das Integral angibt. Molekülorbitale können durch eine lineare Kombination von Atomorbitalen gewonnen werden. Während die Atomorbitale jeweils auf *ein* Zentrum (den Schwerpunkt ihres Atoms) bezogen sind, sind die Molekülorbitale jedoch mehrzentrisch, weil jedes der Atomorbitale auf den Schwerpunkt *seines Atoms* bezogen ist. Bei zweiatomigen Molekülen werden Molekülorbitale nur aus solchen Atomorbitalen ϕ_A, ϕ_B kombiniert, *die gleiche Symmetrie bezüglich der Molekülachse haben*. Bei mehratomigen Molekülen müssen alle Atomorbitale, die zum Molekülorbital beitragen, zur gleichen Symmetriespezies der molekularen Punktgruppe gehören (siehe Abschnitt 5.5 und Abschnitt 7.3).

Für den Aufbau der Elektronenhülle eines Moleküls werden zuerst aus dem Korrelationsdiagramm (siehe Abschn. 2.4) die energetisch tiefsten Orbitale und ihre Symmetrie bestimmt. Nach dem Aufbauprinzip werden dann wie bei Atomen nacheinander je zwei Elektronen den Orbitalen mit steigender Energie zugeordnet.

2.7.2 Das H_2-Molekül

Das Zweielektronen-System H_2 (Abb. 2.31) bietet bei festgehaltenen Kernen das einfachste Beispiel für die Anwendung der Einteilchen-Näherung. Historisch wurde allerdings zuerst eine andere Näherung, die „Valenzbindungs-Methode“ von Heitler und London am H_2-Molekül versucht, die von den getrennten H-Atomen ausgeht und die Bindung im H_2 im Rahmen einer Störungsrechnung behandelt. Wir wollen hier sowohl die Molekülorbital-Theorie als auch das Verfahren von Heitler-London vorstellen und die Äquivalenz der Ergebnisse bei geeigneter Wahl der Wellenfunktionen zeigen.

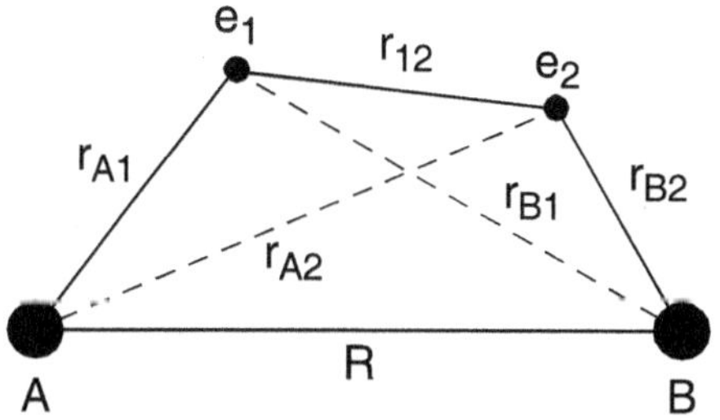

Abb. 2.31: Koordinatenbezeichnungen im H_2-Molekül.

2.7.2.1 Die Molekülorbital-Näherung für H_2

Da der Grundzustand des H_2-Moleküls in zwei H-Atome im 1s-Grundzustand dissoziiert, wählen wir als Molekülorbital genau wie beim H_2^+ die normierte Linearkombination (2.68)

$$\phi_1 = \frac{1}{\sqrt{2+2S}}(\phi_A + \phi_B) \tag{2.88}$$

aus Wasserstoff 1s-Funktionen (2.67). Wir können diesem Orbital zwei Elektronen mit antiparallelem Spin zuordnen, sodass die Slaterdeterminante (2.86) unter Einbeziehung des Spinanteils wegen $\phi_1 = \phi_2$

$$\begin{aligned}\phi(1,2) &= \begin{vmatrix}\phi_1(1)\cdot\alpha(1)\cdot\phi_1(2)\cdot\alpha(2)\\ \phi_1(1)\cdot\beta(1)\cdot\phi_1(2)\cdot\beta(2)\end{vmatrix}\\ &= \phi_1(1)\phi_1(2)\cdot[\alpha(1)\beta(2)-\alpha(2)\beta(1)]\end{aligned} \tag{2.89}$$

wird, wobei $\alpha(i)$ die Spinfunktion mit $s_Z = +\frac{1}{2}\hbar$ für das Elektron i ist und β die mit $s_Z = -\frac{1}{2}\hbar$. Setzt man (2.88) ein, so erhält man für den Ortsanteil von $\phi(1,2)$:

$$\begin{aligned}\phi = \phi_1(1)\phi_1(2) = \frac{1}{2+2S}\big[&\phi_A(1)\phi_A(2) + \phi_B(1)\phi_B(2) + \phi_A(1)\phi_B(2)\\ &+ \phi_A(2)\phi_B(1)\big]\,.\end{aligned} \tag{2.90}$$

Den Hamiltonoperator des H_2 Moleküls (Abb. 2.31)

$$\begin{aligned}H = &-\frac{\hbar^2}{2m}\left(\nabla_1^2 + \nabla_2^2\right)\\ &+ \frac{e^2}{4\pi\varepsilon_0}\left(-\frac{1}{r_{A_1}} - \frac{1}{r_{B_1}} - \frac{1}{r_{A_2}} - \frac{1}{r_{B_2}} + \frac{1}{r_{12}} + \frac{1}{R}\right)\end{aligned} \tag{2.91}$$

können wir mit $H_i = -\frac{\hbar^2}{2m}\nabla_i^2 - \frac{e^2}{4\pi\varepsilon_0}\left(\frac{1}{r_{A_i}} + \frac{1}{r_{B_i}} - \frac{1}{R}\right)$ aufspalten in eine Summe aus drei Termen:

$$H = H_1 + H_2 + \frac{e^2}{4\pi\varepsilon_0}\left(\frac{1}{r_{12}} - \frac{1}{R}\right)\,, \tag{2.92}$$

wobei H_1 und H_2 gleich dem Hamiltonoperator des 1. bzw. 2. Elektrons im Felde der beiden Kerne ist. Diese beiden Terme entsprechen also dem H_2^+-Problem, das bereits im Abschn. 2.6 behandelt wurde. Der 3. Term beschreibt die gegenseitige Abstoßung der beiden Elektronen. Die Kernabstoßung muss hier einmal abgezogen werden, da sie bereits sowohl in H_1 als auch in H_2, also doppelt berücksichtigt wurde.

Der Erwartungswert der Gesamtenergie ist dann:

$$\langle E\rangle = \langle\phi H\phi\rangle = \langle\phi H_1\phi\rangle + \langle\phi H_2\phi\rangle + \frac{e^2}{4\pi\varepsilon_0}\left\langle\phi\left|\frac{1}{r_{12}} - \frac{1}{R}\right|\phi\right\rangle\,. \tag{2.93}$$

Die beiden ersten Terme geben jeweils die Gesamtenergie des H_2^+-Ions an, also die Ionisationsenergie plus der potentiellen Energie der Kernabstoßung. Wählt man den Energienullpunkt als den Zustand völlig getrennter Teilchen, so werden $\langle\phi\,|, H_1\,|, \phi\rangle$ und $\langle\phi H_2\phi\rangle$ negativ.Der Klammerterm in (2.93) hängt stark von Kernabstand R ab.In der Nähe des Gleichgewichtsabstandes wird er sehr klein. Dann wird nach Gl. (2.93) die Gesamtenergie des H_2 in der LCAO-Näherung doppelt so groß wie die des H_2^+-Ions. In Abb. 2.32 sind die einzelnen Terme graphisch dargestellt.

Setzt man für ϕ den Ansatz (2.90) ein, so erhält man außer den Integralen, die bereits bei der Behandlung des H_2^+ auftraten, zusätzlich noch den Term

$$\left\langle\frac{1}{r_{12}}\right\rangle = \int \phi^*\frac{1}{r_{12}}\phi\,\mathrm{d}\tau_1\mathrm{d}\tau_2 \tag{2.94}$$

für die mittlere Abstoßung zwischen den beiden Elektronen.

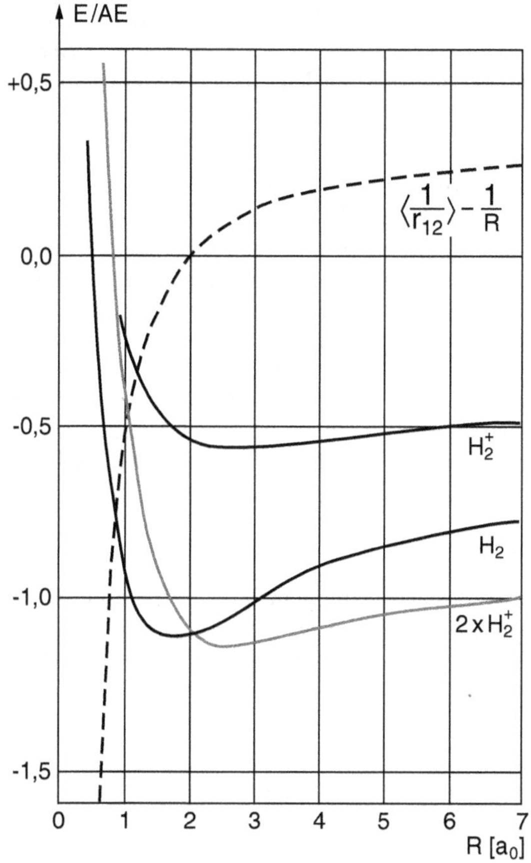

Abb. 2.32: Vergleich der Potentialkurven $E(R)$ für H_2 und H_2^+ in der LCAO-Näherung [2.17].

Alle in (2.93) auftretenden Zweizentrenintegrale lassen sich auf ein gemeinsames Koordinatensystem mit dem Ursprung im Ladungsschwerpunkt des Moleküls umrechnen und als Funktion des Kernabstandes R schreiben (siehe z. B. Ref. [2.17]). Man erhält als Ergebnis:

$$E(R)_{H_2} = 2 \cdot E(R)_{H_2^+} + \frac{e^2}{4\pi\varepsilon_0 a_0}\left[\frac{5}{16} - \frac{a_0}{2R} - \frac{a_0}{2R}\left(1 + \frac{11}{8}\frac{R}{a_0} + \frac{3}{4}\frac{R^2}{a_0^2} + \frac{1}{6}\frac{R^3}{a_0^3}\right)^{2R/a_0}\right] \tag{2.95}$$

Wie man aus Abb. 2.32 sieht, ergibt diese einfache LCAO-Näherung für H_2 eine etwa doppelt so große Bindungsenergie wie für H_2^+. Dies kommt daher, dass in der Nähe des Minimums von $E(R)$ bei $R = R_e \approx 1.5a_0$ der gesamte Klammerausdruck in (2.95) sehr klein wird.

Ähnlich wie beim H_2^+-Ion stimmen auch beim H_2-Molekül die mit der einfachen LCAO-Näherung erhaltenen Werte für Bindungsenergie $E_B = E(R_e) - 2 \cdot E(H_{1s})$ und Gleichgewichtsabstand R_e nicht befriedigend mit den wirklichen Werten überein. Dies hat mehrere Ursachen:

Im Ansatz (2.90) für die Wellenfunktion geht der „ionische" Anteil $\phi_A(1) \cdot \phi_A(2)$, bei dem sich beide Elektronen beim Kern A bzw. B aufhalten, mit dem gleichen Gewicht ein wie der kovalente Anteil $\phi_A(1) \cdot \phi_B(2)$ während im realen H_2-Molekül die Wahrscheinlichkeit, dass beide Elektronen am gleichen Kern sind, wesentlich geringer ist. Dieser Mangel der Näherung hängt mit der Vernachlässigung der Elektronenkorrelation bei der Wahl der „Einteilchen"-Wellenfunktionen (2.90) zusammen. Die Elektronenwechselwirkung wurde nur im Hamiltonoperator, aber nicht in den Wellenfunktionen berücksichtigt. Diese Überbetonung des ionischen Charakters (H^-–H^+) führt wegen der langreichweitigen Coulombkraft zu einem falschen asymptotischen Verhalten der Potentialkurve $E(R)$ für $R \to \infty$ (siehe Abb. 2.33). Zum anderen muss man sich klarmachen, dass sich die Bindungsenergie E_B als kleine Differenz mehrerer großer Energiebeiträge ergibt. Aus (2.93) folgt:

$$E_B(H_2) = E(R_e - 2E_H(1s) \qquad (2.96)$$

wobei der Energienullpunkt für den Zustand völlig getrennter Teilchen $(p + p + e + e)$ gewählt wurde. Nun ist nach (2.93) $E(R_e) = 2E(H_2^+) + E_{\text{Elektronenabstoßung}} - E_{\text{Kernabstoßung}}$. Setzen wir die Zahlenwerte für die einzelnen Terme beim Gleichgewichtsabstand R_e ein, so erhalten wir für die Bindungsenergie von H_2 den Zahlenwert

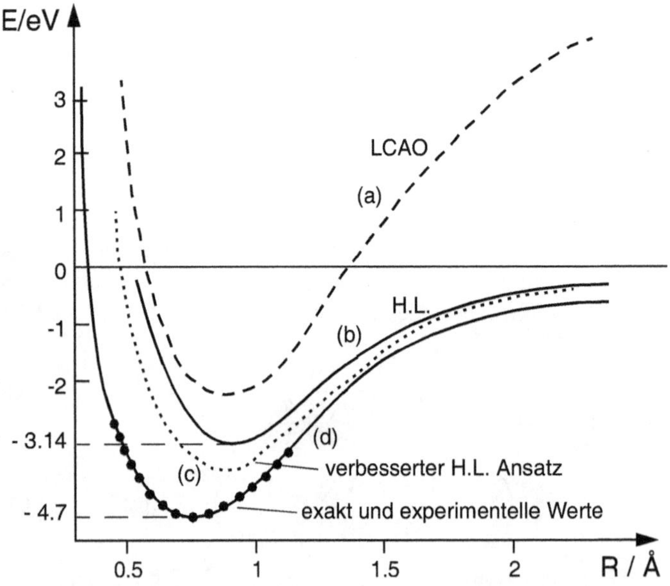

Abb. 2.33: Vergleich der verschiedenen Näherungen für die berechneten Potentialkurven des H_2-Moleküls, a) LCAO, b) LCAO mit variablem Parameter λ, c) Heitler-London, d) experimentelles Potential.

$E_B(H_2) = 2 \cdot 16{,}2\,\text{eV} - 19{,}3\,\text{eV} + 17{,}8\,\text{eV} + 2 \cdot 13{,}6\,\text{eV} = -3{,}7\,\text{eV}$, also etwa doppelt so groß wie die Bindungsenergie beim H_2^+. Relativ kleine Abweichungen von den wahren Werten bei der Berechnung der einzelnen Terme in (2.96) können daher bereits zu großen Fehlern für E_D führen. Bevor wir, ähnlich wie beim H_2^+, Verbesserungen unserer Ausgangswellenfunktion (2.88) diskutieren, wollen wir uns eine andere Betrachtungsweise des H_2-Problems ansehen, nämlich die Valenzbindungs-Näherung, die auf Heitler und London zurückgeht [2.24].

2.7.3 Die Heitler-London-Näherung

Die Heitler-London-Näherung für das H_2-Molekül geht aus vom Grenzfall zweier unendlich weit voneinander entfernter H-Atome, die durch ihre atomaren Wellenfunktionen (2.67) beschrieben werden. Den Hamiltonoperator (2.91) spalten wir jetzt anders auf als in (2.92) nämlich in

$$\begin{aligned} H &= \left(-\frac{\hbar^2}{2m}\nabla_1^2 - \frac{e^2}{4\pi\varepsilon_0 r_{A_1}}\right) + \left(-\frac{\hbar^2}{2m}\nabla_2^2 - \frac{e^2}{4\pi\varepsilon_0 r_{A_2}}\right) \\ &\quad + \frac{e^2}{4\pi\varepsilon_0}\left[-\left(\frac{1}{r_{A_2}} + \frac{1}{r_{B_1}}\right) + \frac{1}{r_{12}} + \frac{1}{R}\right] \\ &= H_A + H_B - H_{AB} = 2H_A - H_{AB}\,. \end{aligned} \tag{2.97}$$

Die ersten beiden Klammern beschreiben die Energie der getrennten H-Atome und die letzte Klammer die Bindungsgenergie des Moleküls. Nur wenn die letzte Klammer einen Beitrag $\Delta E < 0$ liefert, entsteht ein bindender Molekülzustand, für $\Delta E > 0$ wird die Potentialkurve $E(R)$ abstoßend. Wenn die Wechselwirkung zwischen den beiden H-Atomen klein ist gegen die Bindungsenergie jedes Elektrons an seinen Kern (d. h. $H_{AB} \ll H_A + H_B$), können wir die Wellenfunktion ϕ näherungsweise als Produkt

$$\phi_1 = \phi_A(1)\phi_B(2) \tag{2.98a}$$

ansetzen. Exakt richtig wäre dies nur für $R \to \infty$, weil dann die Wechselwirkung null wird.

Da die beiden Elektronen 1 und 2 ununterscheidbar sind, kann der Zustand (2.98a) nicht unterschieden werden von dem Zustand

$$\phi_2 = \phi_A(2)\phi_B(1) \tag{2.98b}$$

bei dem beide Elektronen vertauscht wurden. Wenn aber unser Ausgangszustand sowohl durch ϕ_1 als auch durch ϕ_2 beschrieben werden kann, liegt es nahe, als Ausgangsfunktion die Linearkombination

$$\phi = c_1\phi_1 + c_2\phi_2 \tag{2.98c}$$

zu verwenden. Optimierung der Koeffizienten c_1, c_2 bezüglich der Energie liefert, wie im Abschn. 2.6.1 beschrieben, die Bedingung: $|c_1^2| = |c_2|^2$ und die optimierten, normierten Wellenfunktionen:

$$\phi_+ = \frac{1}{\sqrt{2(1+S^2)}} [\phi_A(1)\cdot\phi_B(2) + \phi_A(2)\cdot\phi_B(1)] \, , \tag{2.99a}$$

$$\phi_- = \frac{1}{\sqrt{2(1+S^2)}} [\phi_A(1)\cdot\phi_B(2) - \phi_A(2)\cdot\phi_B(1)] \, . \tag{2.99b}$$

Setzt man diese Funktionen mit dem Hamilton Operator (2.97) in die Schrödingergleichung (2.15a) ein, so ergeben sich die beiden Potentialkurven

$$E_+(R) = \frac{H_{11}+H_{12}}{1+S^2} \, ; \quad E_-(R) = \frac{H_{11}-H_{12}}{1-S^2} \, , \tag{2.100}$$

wobei die Abkürzungen für die Zweizentren-Integrale verwendet wurden:

$$H_{11} = \int a(1)b(2)Ha(1)b(2)\mathrm{d}\tau_1\mathrm{d}\tau_2 \quad \text{mit } a(1) = \phi_A(1) \text{ etc.}\, , \tag{2.101a}$$

$$H_{12} = \int a(1)b(2)Ha(2)b(1)\mathrm{d}\tau_1\mathrm{d}\tau_2 \, , \tag{2.101b}$$

$$\begin{aligned} S^2 &= \int a(1)b(1)a(2)b(2)\mathrm{d}\tau_1\mathrm{d}\tau_2 \\ &= \int a(1)b(1)\mathrm{d}\tau_1 \times \int a(2)b(2)\mathrm{d}\tau_2 \, . \end{aligned} \tag{2.101c}$$

Die Berechnung der Integrale ergibt für das H_2-Molekül eine Bindungsenergie von $E_B(H_2) = E(R_e) = -3{,}14\,\mathrm{eV}$, was bereits näher an dem experimentellen Wert von 4,7 eV liegt als bei der einfachen MO-Theorie, aber immer noch nicht befriedigend ist.

Der Grund hierfür ist, dass die Heitler-London-Theorie mit den Wellenfunktionen (2.99) den ionischen Anteil überhaupt nicht berücksichtigt, während der MO-Ansatz (2.90) den ionischen Anteil in der Wellenfunktion überbetont.

2.7.4 Verbesserungen beider Verfahren

Man kann den Anteil des ionischen Zustandes $a(1)b(1) + a(2)b(2)$ in der Wellenfunktion (2.90) genauer berücksichtigen, wenn man einen neuen freien Parameter $\lambda_i(R)$ einführt und die Wellenfunktion schreibt als

$$\phi = \frac{1}{\sqrt{2+2S^2}} \{\lambda_1 [a(1)\cdot a(2) + b(1)\cdot b(2)] + a(1)b(2) + a(2)b(1)\} \, . \tag{2.102}$$

Optimiert man $\lambda_1(R)$ mit Hilfe der Variationsrechnung, so erhält man die in Abb. 2.33 gezeigte Kurve (c). Damit ergibt sich beim Gleichgewichtsabstand $R_e = 0{,}75\,\text{Å}$ eine Bindungsenergie von $E_B = -4{,}02\,\mathrm{eV}$, also eine merkliche Verbesserung.

Eine weitere Verbesserung ist, genau wie beim H_2^+-Molekül, die Berücksichtigung der Kontraktion und der Polarisation der Atomorbitale bei der Annäherung der beiden H-Atome. Man macht daher für das Atomorbital (2.67) den erweiterten Ansatz

$$\phi_A = N_A(1 + \lambda_2 z) \cdot e^{-\lambda_3 r_A / a_0} , \qquad (2.103)$$

mit dem bei optimierten Parametern λ_2 und λ_3 die experimentellen Werte für die Potentialkurve in Abb. 2.33 fast erreicht werden.

2.7.5 Äquivalenz von Heitler-London- und MO-Näherung

Mit dem Ansatz (2.102) werden die Heitler-London-Näherung und die verbesserte Molekülorbital-Methode äquivalent, wie man folgendermaßen sieht:

Der erweiterte Heitler-London Ansatz

$$\phi^{HL} = [a(1)b(2) + b(1)a(2)] + \lambda_1 [a(1)a(2) + b(1)b(2)] , \qquad (2.104a)$$

der den ionischen Anteil in der Wellenfunktion mit dem optimierbaren Gewichtsfaktor λ_1 berücksichtigt, wird gleich dem verbesserten MO-Ansatz

$$\begin{aligned}\phi^{MO} &= [a(1) + b(1)] \cdot [a(2) + b(2)] \\ &\quad + k\,[a(1) - b(1)] \cdot [a(2) - b(2)] , \qquad (2.104b)\end{aligned}$$

der die Linearkombination der Produkte des symmetrischen Ansatzes (2.88) und der antisymmetrischen Funktion $(\phi_A - \phi_B)$ benützt, wenn gilt:

$$\lambda_1 = \frac{1+k}{1-k} .$$

Berücksichtigt man noch die richtige Normierung, so wird aus (2.104a) und (2.104b)

$$\begin{aligned}\phi &= \frac{(a+b)(a+b)}{2(1+S)} - \kappa \frac{(a-b)(a-b)}{2(1-S)} \\ &\text{mit } \kappa = \frac{1-S}{1+S} k . \qquad (2.104c)\end{aligned}$$

Man sieht aus diesen verbesserten äquivalenten Ausdrücken (2.104a) und (2.104b) für ϕ, dass die einfache MO-Näherung die Elektronenkorrelation unterbewertet (weil sie den Austausch der Elektronen nicht berücksichtigt), während die Heitler-London Näherung die Korrelation überbewertet (weil sie den ionischen Teil ganz weglässt).

2.7.6 Allgemeiner Ansatz

Der allgemeine Ansatz für das Molekülorbital $\phi(1,2)$ (2.89) für das H_2-Molekül wird durch die Linearkombination

$$\phi(1,2) = \sum_{i=1}^{k} c_i \cdot \phi_i(1)\phi_i(2) \tag{2.105}$$

beschrieben. In der Summe werden alle Funktionen ϕ_i berücksichtigt, die das verformte (kontrahierte + polarisierte) Orbital bei der Annäherung beider H-Atome möglichst gut annähern. Die Zahl k der Summanden kann dabei sehr groß (z. B. $k = 30 - 50$) sein. Die Koeffizienten c_i werden dann wieder durch das Variationsprinzip

$$\frac{\partial}{\partial c_i}\left(\int \phi^* H\phi \mathrm{d}\tau\right) = 0 \tag{2.106}$$

bestimmt. Dadurch erhält man ein Gleichungssystem vom Typ (2.56), dessen Lösung die Energiewerte $E_i(R)$ und damit die Potentialkurven der tiefsten, molekularen Zustände ergibt.

Rechnungen von James und Coolidge mit 13 Funktionen [2.25] kommen mit $E_\mathrm{D}(H_2) = -4{,}69$ eV dem exp. Wert schon sehr nahe (Abb. 2.33). Die beste bisherige Rechnung von Kolos und Roothaan [2.26] benutzt 50 Funktionen ϕ_i in der Entwicklung (2.105) und erhält $E_\mathrm{D} = -4{,}7467$ eV. In Tabelle 2.12 sind die Ergebnisse der verschiedenen Näherungsrechnungen für H_2 zusammengefasst:

Tabelle 2.12: Ergebnisse verschiedener Näherungsverfahren für das H_2-Molekül.

Näherungsverfahren	E_B [eV]	R_e [Å]
einfache Molekül-Orbitale	−2.70	0.85
Heitler-London	−3.14	0.87
H.-L. + ionischer Anteil (2.104a)	−4.02	0.75
H.L. + ionischer Anteil + Polarisation (2.102)	−4.12	0.75
M.O. + Korrelation (2.104b)	−4.11	0.71
Cooldige-James	−4.72	0.74
Kolos-Roothan	−4.746	0.741
experimentelle Werte:	−4.747	0.741

2.8 Moderne Ab-initio-Methoden

Um auch für größere Moleküle *ab-initio*-Rechnungen mit endlicher Rechenzeit durchführen zu können, muss man Näherungen akzeptieren [2.27, 2.28]. Diese können entweder in den Wellenfunktionen oder im Hamilton-Operator gemacht werden.

Die Wellenfunktionen werden, wie bereits im Abschn. 2.7.6 erläutert, als Linearkombinationen von geeignet gewählten Basisfunktionen angesetzt. Die Wahl der Basisfunktionen orientiert sich entweder an physikalischen Argumenten (z. B. können die Eigenfunktionen der an der Bindung beteiligten Atomzustände benutzt werden unter Berücksichtigung von Polarisationseffekten), oder an der Recheneffizienz (indem man z. B. Gauss-Funktionen wählt, für deren Austausch- oder Überlapp-Integrale bereits in Unterprogrammen alle Werte als Funktion weniger Parameter gespeichert sind).

Im Hamilton-Operator machen die Wechselwirkungen zwischen den Elektronen die größten Schwierigkeiten, weil sie zwischen allen Elektronen des Moleküls wirken und deshalb die Änderung der Koordinaten eines Elektrons die aller anderen beeinflusst. In den Einteilchen-Näherungen werden diese Wechselwirkungen (Korrelationen) entweder einfach vernachlässigt, oder summarisch berücksichtigt (Hartree-Fock-Verfahren),

2.8.1 Die Hartree-Fock-Näherung

Wir haben im vorigen Abschnitt am Beispiel des H_2-Moleküls gesehen, dass die Vernachlässigung der Elektron-Elektron-Wechselwirkung bei der Wahl der „Einelektronen-Wellenfunktionen" (Orbitale) zu relativ großen Fehlern bei der Berechnung der Energiezustände $E(\boldsymbol{R})$ führt. Da für ein Molekül mit N Elektronen jedoch die Verwendung von $3N$-dimensionalen N-Elektronen-Funktionen zu praktisch nicht zu bewältigenden Rechenproblemen führt, hat man versucht, einen Kompromiss zu finden, bei dem man zwar weiterhin Einelektronenfunktionen verwendet, aber die Wechselwirkung der Elektronen untereinander wenigstens im *Mittel* berücksichtigt.

Dazu sucht man optimale Einelektronenfunktionen $\phi_i(i)$ als Lösungen der Schrödingergleichung

$$H\phi_i = E\phi_i \quad \text{mit} \quad H = -\frac{\hbar^2}{2m}\nabla_i^2 + V_{\text{eff}}(\boldsymbol{r}_i) , \tag{2.107}$$

wobei sich das effektive Potential für ein beliebiges Elektron i $(1 \leq i \leq N)$ zusammensetzt aus dem Coulombpotential der Kerne plus dem Potential, das sich aus der gemittelten Ladungsverteilung aller anderen $(N-1)$ Elektronen ergibt.

Da man zur Berechnung dieser Ladungsverteilung die Wellenfunktionen der $(N-1)$ Elektronen braucht, lässt sich das Problem nur iterativ lösen: Man startet mit einem Satz von Einteilchenfunktionen $\phi_i^0(i)$ $(i = 1 \ldots N)$, die man z. B. durch Linearkombination atomarer Orbitale erhält. Mit Hilfe dieser $\phi_i^0(i)$ berechnet man die Ladungsverteilung der $N-1$ Elektronen und damit das effektive Potential, in dem sich das N-te Elektron bewegt. Für dieses N-te Elektron bekommt man dadurch eine verbesserte Einteilchenfunktion $\phi_N^{(1)}(N)$. Dies macht man für alle N Elektronen.

Mit den so verbesserten $\phi_i^{(1)}(i)$ berechnet man wieder die Ladungsverteilung von $N-1$ Elektronen, erhält dann für das N-te Elektron $\phi_N^{(2)}(N)$. Das Verfahren wird solange fortgesetzt, bis sich nach k Iterationsschritten die $\phi_N^{(k)}(N)$ innerhalb vorgegebener Schranken nicht mehr von den $\phi_N^{(k-1)}(N)$ unterscheiden. Man nennt die so optimierten Einelektronen-Funktionen auch SCF-Funktionen (self-consistent field), weil das Verfahren nach erfolgreicher Iteration „selbst-konsistent" wird. Abbildung 2.34 zeigt ein Flussdiagramm dieses SCF-Verfahrens.

Verwendet man nun als Gesamtwellenfunktion das nichtsymmetrisierte Produkt

$$\phi(1 \ldots N) = \prod_{i=1}^{N} \phi_i(i) \tag{2.108}$$

dieser optimierten Einelektronen-Funktionen (Molekülorbitale) so heißt die hier skizzierte Methode nach ihrem Erfinder „Hartree-Verfahren" [2.29].

Bisher wurde noch nicht der Spin der Elektronen berücksichtigt. Von Fock wurde deshalb vorgeschlagen, als optimierte Einelektronen-Funktionen „Spinorbitale" als Produkte aus Ortsfunktion mal Spinfunktion zu verwenden und als Gesamtwellenfunk-

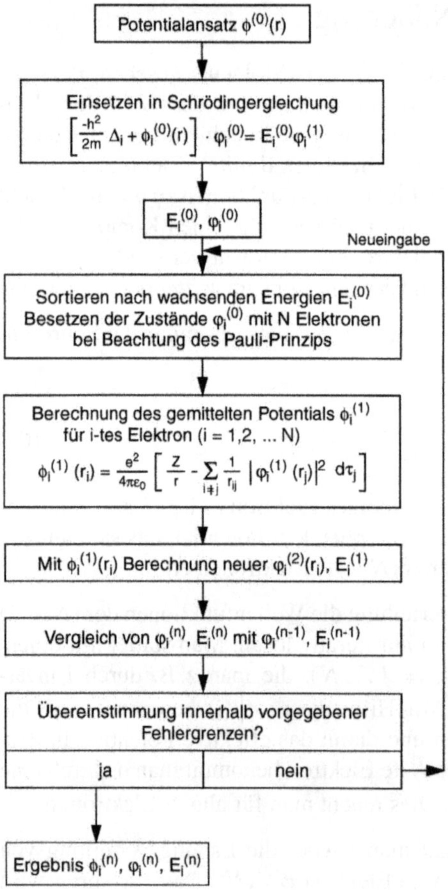

Abb. 2.34: Flussdiagramm für das Rechenverfahren bei der Hartree-Näherung.

tion $\Phi(1\ldots N)$ die Slaterdeterminante (2.84). Dadurch wird, wie im Abschn. 2.7.1 diskutiert wurde, das Pauliprinzip automatisch erfüllt. Solche antisymmetrischen Gesamtfunktionen $\Phi(1\ldots N)$ heißen SCF-HF-Funktionen (als Abkürzung für „Self-consistent field-Hartree-Fock").

Der Rechenaufwand, der bereits beim Hartree-Verfahren sehr hoch ist, wird dadurch zwar weiter erhöht, aber die Ergebnisse sind so wesentlich besser, dass heutzutage fast ausschließlich HF-Funktionen zur Berechnung von elektronischen Molekülzuständen benutzt werden.

Selbst bei dieser besten aller Näherungen, die von Einelektronen-Funktionen ausgehen, wird die „momentane" Wechselwirkung e^2/r_{ij} der Elektronen jedoch nicht richtig erfasst. Man nennt den dadurch verursachten Fehler der Gesamtenergie (Abweichung der berechneten HF-Energie von der „wahren" Gesamtenergie) die *Korrelationsenergie* [2.30, 2.31].

Die Größenordnung der (nicht berücksichtigten) Korrelationsenergie liegt deshalb selbst bei HF-Rechnungen immer noch bei etwa 1% der Gesamtenergie. Da aber diese Gesamtenergie die totale Bindungsenergie aller Elektronen (= Summe aller Ionisationsenergien) darstellt, kann 1% dieser großen Gesamtenergie größer als die Dissoziationsenergie des Moleküls sein und damit können in ungünstigen Fällen Bindungsverhältnisse völlig falsch durch HF-Rechnungen wiedergegeben werden.

2.8.2 Konfigurations-Wechselwirkung

Die wichtigste und heute überwiegend benutzte Methode zur Berücksichtigung der Elektronenkorrelation ist die Konfigurationswechselwirkung (CI = configuration interaction). In Kombination mit der Hartree-Fock-Methode ist sie das genaueste Näherungsverfahren zur Berechnung molekularer Wellenfunktionen und Zustände. Die Wellenfunktion eines molekularen Zustandes wird angesetzt als Linearkombination von Slaterfunktionen

$$\Psi = \sum c_k \Phi_k \,. \tag{2.109}$$

Die einzelnen Slaterfunktionen werden Konfigurationen genannt, weil sie die Besetzung der Molekülorbitale mit Elektronen angeben. In der Summe (2.109) werden jeweils nur Funktionen gleicher Symmetrie und gleichen Spins aufgeführt, weil nur für solche Funktionen das Energieintegral

$$H_{K_i} = \langle \Phi_k | H | \Phi_i \rangle \neq O$$

ist. Man kann die Slaterdeterminanten ϕ_K als Lösungen des Hartree-Fock-Verfahrens gewinnen, wobei man aber in der Summe (2.109) unbesetzte Orbitale (so genannte „virtuelle" Orbitale) mit hinzunimmt. Bei geeigneter Wahl der Basis, die durch physikalische Intuition geleitet wird, kann man eine bessere Konvergenz der erhaltenen Energien gegen die „richtigen" Energien erreichen.

Wir wollen hier nochmals die Struktur des gesamten Verfahrens zur Gewinnung von SCF-CI-Funktionen zusammenfassen:

a) Als Basisfunktionen wählt man Einelektronen-Atomorbitale oder rechentechnisch einfacher zu handhabende Funktionen, die die Elektronenverteilungen der Atome approximieren, wie z. B. Gaußfunktionen oder Slaterfunktionen (siehe nächster Abschnitt).

b) Durch Linearkombinationen dieser Basisfunktionen gewinnt man molekulare Einelektronen-Funktionen, die Molekülorbitale.

c) Jedes Molekülorbital wird als Produkt von Ortsfunktion und Spinfunktion angesetzt und kann daher maximal zwei Elektronen beschreiben, deren Spin dann antiparallel ist.

d) Aus den Molekülorbitalen aller Elektronen werden dann die Slaterdeterminanten als antisymmetrische Linearkombinationen der permutierten Produkte gebildet. Jede Slaterdeterminante beschreibt eine „Molekül-Konfiguration". In der Slaterdeterminante stecken als freie Parameter die Koeffizienten des LCAO-Ansatzes. Sie werden durch die Iteration beim Hartree-Fock-Verfahren optimiert.

e) Die gesamte Mehrelektronen-Wellenfunktion wird dann als Linearkombination von Slaterdeterminanten aufgestellt, wobei die Auswahl der beteiligten Konfigurationen durch Symmetriebedingungen und physikalische Argumente getroffen wird. Die Koeffizienten c_K werden mit Hilfe des Variationsverfahrens im Hinblick auf die Energie-Minimierung bestimmt.

2.8.3 Ab-initio-Rechnungen und Quantenchemie

Die HF-CI-Methode bildet die Grundlage für die genauesten Rechnungen, die heutzutage mit großen Computern für kleine bis mittelgroße Moleküle durchgeführt werden.

Da solche Rechnungen mit dem exakten nicht-relativistischen Hamiltonoperator (2.2) mit explizit angegebenen Basisfunktionen ohne weitere Näherungen, also streng numerisch „von Anfang an" durchgeführt werden, heißen sie im Allgemeinen Sprachgebrauch „Ab-initio-Rechnungen". Es gibt inzwischen auch bereits eine steigende Zahl von Computerprogrammen, die mit Hartree-Fock-Slaterdeterminanten die Dirac-Gleichung numerisch lösen, also den relativistischen Hamiltonoperator verwenden und daher relativistische Ab-initio-Rechnungen genannt werden.

Wir haben in vorigen Abschnitten gesehen, dass die geeignete Wahl der Basisfunktionen für die „Güte" der Rechenergebnisse von entscheidender Bedeutung ist. Bei größeren zweiatomigen Molekülen, bei denen die Grundzustände der Atome bereits zu höheren Hauptquantenzahlen n gehören, werden die Atomfunktionen komplizierter und damit die numerische Berechnung der entsprechenden Resonanz-, Austausch- und Überlapp-Integrale mühsam. Um einen Kompromiss zu schließen zwischen erreichbarer Genauigkeit und vertretbarem Rechenaufwand, haben sich folgende standardisierte Typen von Basisfunktionen durchgesetzt:

1. Slater-Funktionen

$$\Psi = N \cdot r^n e^{-\alpha r} Y_l^m(\theta, \varphi) \tag{2.110}$$

2. Reine Gauß-Funktionen

$$\Psi = N \cdot e^{-\beta(r-r_0)^2} \tag{2.111}$$

3. Kartesische Gauß-Funktionen

$$\Psi = N \cdot x^l \cdot y^n \cdot z^m \cdot e^{-\beta(r-r_0)^2} \tag{2.112}$$

aus denen die Molekülorbitale linear kombiniert werden.

Die Gauß-Funktionen haben den großen Rechenvorteil, dass die entsprechenden Integrale wesentlich schneller zu berechnen sind als mit Slater-Funktionen.

Anstatt die Koordinaten dieser Basisfunktionen, wie bei der im Abschn. 2.5.2 beschriebenen LCAO-Methode auf die jeweiligen Atomkerne als Zentrum zu beziehen, ist es oft zweckmäßig, den Nullpunkt als zusätzlichen Parameter variabel zu halten. Solche „floating" Atomorbitale bringen oft eine schnellere Konvergenz der Rechnung.

Für nähere Einzelheiten wird auf die quantenchemische Literatur verwiesen [2.32, 2.33, 2.34, 2.35].

3 Rotation, Schwingung und Potentialkurven zweiatomiger Moleküle

Nachdem wir im vorigen Kapitel allgemeine Näherungsverfahren zur Berechnung elektronischer Wellenfunktionen und Energiezustände kennengelernt haben, wollen wir uns jetzt der genaueren Behandlung zweiatomiger *nichtstarrer* Moleküle zuwenden. Wir beginnen mit der Rotation und Schwingung, um dann semi-empirische Methoden zur extrem genauen numerischen Bestimmung von Potentialkurven aus gemessenen Rotations-Schwingungs-Termwerten vorzustellen. Die Resultate dieser Verfahren werden dann mit theoretischen Ansätzen und Ergebnissen verglichen und dabei auch der Potentialverlauf bei großen Kernabständen sowie die Bestimmung der für die Chemie sehr wichtigen Dissoziationsenergie diskutiert.

3.1 Quantenmechanische Behandlung

Im Rahmen der BO-Näherung hatten wir im Kap. 2 die Gleichung (2.15b)

$$\left(\hat{H}' + E_n^0\right)\chi_{\mathrm{nm}} = E_{\mathrm{nm}}\chi_{\mathrm{nm}} \tag{3.1}$$

für die Bewegung der Kerne im Potential $E_n^0(\boldsymbol{R})$ des elektronischen Zustandes $\langle n|$ erhalten. Für zweiatomige Moleküle reduziert sich (3.1) zu

$$\left[\frac{-\hbar^2}{2M_1}\nabla_1^2 - \frac{\hbar^2}{2M_2}\nabla_2^2 + E_n^{(0)}(\boldsymbol{R})\right]\chi_{\mathrm{nm}}(\boldsymbol{R}) = E_{\mathrm{nm}}\chi_{\mathrm{nm}}(\boldsymbol{R})\,, \tag{3.2}$$

wobei die Wellenfunktionen χ_{nm} der Kernbewegung den m-ten Schwingungs-Rotationszustand im elektronischen Zustand $\langle n|$ charakterisieren.

Durch Übergang zum Schwerpunktsystem (Abspalten der Translation) und Einführen der reduzierten Kernmasse

$$\mu = \frac{M_1 M_2}{M_1 + M_2}$$

geht (3.2) über in

$$\left[\frac{-\hbar^2}{2\mu}\nabla^2 + E_{\mathrm{n}}^{(0)}(R)\right]\chi_{\mathrm{nm}}(\boldsymbol{R}) = E_{\mathrm{nm}}\chi_{\mathrm{nm}}(\boldsymbol{R})\,. \tag{3.3}$$

Die potentielle Energie $E_n^{(0)}(R)$ im n-ten Elektronenzustand hängt jetzt nur noch vom Kernabstand $R = |\boldsymbol{R}_1 - \boldsymbol{R}_2|$ ab und *ist deshalb kugelsymmetrisch!* Gleichung (3.3) entspricht daher formal der Schrödingergleichung für das H-Atom und kann genau wie diese in Kugelkoordinaten separiert werden in einen Radialteil und einen winkelabhängigen Teil [3.1]. Wir machen analog zur Behandlung des H-Atoms den Separationsansatz:

$$\chi(R,\theta,\phi) = S(R) \cdot Y(\theta,\phi) \tag{3.4}$$

mit den Kugelflächenfunktionen $Y(\theta,\phi)$. Die Radialfunktion $S(R)$ wird natürlich anders aussehen als die Laguerrefunktion beim H-Atom, weil $E_\mathrm{n}^{(0)}(R)$ kein Coulombpotential ist. Der Laplace-Operator $\Delta = \nabla^2$ heißt in Kugelkoordinaten

$$\Delta = \frac{1}{R^2}\frac{\partial}{\partial R}\left(R^2\frac{\partial}{\partial R}\right) + \frac{1}{R^2\sin\theta}\frac{\partial}{\partial\theta}\left(\sin\theta\frac{\partial}{\partial\theta}\right) + \frac{1}{R^2\sin^2\theta}\frac{\partial^2}{\partial\phi^2}\,. \tag{3.5}$$

Geht man mit dem Ansatz (3.4) in (3.3) ein und benutzt (3.5), so erhält man nach Multiplikation mit R^2/χ und Umordnung der Terme für die Funktion S(R)die Gleichung:

$$\begin{aligned}\frac{1}{S}\frac{\partial}{\partial R}R^2\frac{\partial S}{\partial R} + \frac{2\mu R^2}{\hbar^2}\left[E - E_n^{(0)}(R)\right] = \\ -\frac{1}{Y}\left[\frac{1}{\sin\theta}\frac{\partial}{\partial\theta}\left(\sin\theta\frac{\partial Y}{\partial\theta}\right) + \frac{1}{\sin^2\theta}\frac{\partial^2 Y}{\partial\phi^2}\right]\,.\end{aligned} \tag{3.6}$$

wobei die Gesamtenergie $E = E_\mathrm{nm}$ die Summe aus der elektrostatischen Energie $E_\mathrm{n}^{(0)}$ (potentielle Energie und gemittelte kinetische Energie der Elektronen) und der kinetischen Energie der Kernbewegung (Schwingungs-und Rotations-Energie) ist. Da die linke Seite nicht von θ, ϕ abhängt, die rechte Seite nicht von R, müssen beide Seiten gleich einer Konstanten C sein und man erhält die beiden, in R sowie θ und ϕ separierten Gleichungen:

$$\boxed{\frac{1}{R^2}\frac{\mathrm{d}}{\mathrm{d}R}\left(R^2\frac{\mathrm{d}S}{\mathrm{d}R}\right) + \frac{2\mu}{\hbar^2}\left[E - E_n^{(0)}(R) - \frac{C\cdot\hbar^2}{2\mu R^2}\right]S = 0}\,, \tag{3.7}$$

$$\boxed{\frac{1}{\sin\theta}\frac{\partial}{\partial\theta}\left(\sin\theta\frac{\partial Y}{\partial\theta}\right) + \frac{1}{\sin^2\theta}\frac{\partial^2 Y}{\partial\phi^2} + C\cdot Y = 0}\,. \tag{3.8}$$

Diese beiden Gleichungen bilden die Basis für die vollständige Behandlung der Schwingung und Rotation zweiatomiger Moleküle! Sobald die Potentialkurve $E_n^{(0)}(R)$ für den n-ten Elektronenzustand gegeben ist, sind die Funktionen S vollständig bestimmt. Die Größe $E = E_n m$ ist die Gesamtenergie des Moleküls im Zustand $< nm\ |, >$, d. h. die Summe aus potentieller Energie E_n^0 und kinetischer Energie (Schwingungs-+Rotationsenergie).

Durch die Einführung der Funktion $U(R) = R \cdot S(R)$ wird (3.7) vereinfacht zu

$$\frac{d^2U}{dR^2} + \frac{2\mu}{\hbar^2} \cdot \left[E - E_n^0(R) - \frac{C}{\hbar^2}2\mu R^2 \right] \cdot U = 0 \tag{3.7a}$$

Es wird später gezeigt, dass $U(R)$ die Schwingungswellenfunktion $\psi_{\text{vib}}(R)$ darstellt. Die Kugelflächenfunktionen $Y(\theta, \phi)$ sind natürlich bekannt und geben die Winkelverteilung der Funktionen χ_{nm} an.

Die erste Gleichung beschreibt die Radialbewegung der Kerne, also die Schwingung des Moleküls, die zweite die Azimutalbewegung, also die Rotation. Wir wollen zuerst die Rotation behandeln. Die Separationskonstante C erweist sich, völlig analog zur Separation beim H-Atom [3.1] als $C = J(J + 1)$, wenn J die Quantenzahl des Gesamtdrehimpulses ist. Der Term $J(J+1)\hbar^2/(2\mu R^2)$ gibt dann die Rotationsenergie an.

3.2 Rotation zweiatomiger Moleküle

Das einfachste Modell für ein rotierendes Molekül erhält man, wenn man annimmt, dass sich der Kernabstand R bei der Rotation nicht ändert. In diesem Modell des „starren Rotators", in dem die beiden Kerne durch eine masselose „Stange" verbunden sind und um ihren gemeinsamen Schwerpunkt rotieren, erhält man ein konstantes Trägheitsmoment $I_K = \mu R^2$. Der Drehimpuls

$$\boldsymbol{J} = \sqrt{J(J+1)} \cdot \hbar \hat{e}_\perp$$

steht senkrecht auf der Kernverbindungsachse (hier als z-Achse gewählt), was durch den Einheitsvektor $\hat{e}_\perp$ angegeben wird.

Im realen Molekül führen die Kerne Schwingungen um einen Gleichgewichtsabstand R_e aus, so dass R sich während der Rotation des Moleküls ändert. Außerdem wird dieser Gleichgewichtsabstand infolge der Zentrifugalkräfte mit zunehmender Rotationsgeschwindigkeit größer. Auch das Trägheitsmoment der Elektronen, das von der Dichteverteilung der Elektronenhülle abhängt, trägt zur Rotationsenergie bei. Wenn die Elektronenhülle einen elektronischen Bahndrehimpuls $\boldsymbol{L}$ hat mit der Projektion $\Lambda \neq 0$, steht der Gesamtdrehimpuls nicht mehr senkrecht zur Kernverbindungsachse.

Wir wollen zuerst den starren Rotator, dann die Zentrifugalaufweitung behandeln und den Einfluss der Elektronenhülle im Abschnitt 3.2.3 erläutern. Erst im Abschnitt 3.4 nach der Behandlung der Schwingungen, soll dann die Wechselwirkung zwischen Schwingung und Rotation diskutiert werden.

3.2.1 Der starre Rotator

Für den starren Rotator ist der Kernabstand $R = R_e = \text{const}$. Daraus folgt, dass die Funktion $S(R_e)$ in Gl. (3.7) konstant und ihre Ableitungen null sind. Ebenso ist der Betrag des Potentials $E_p(R_e)$ beim Gleichgewichtsabstand R_e, konstant und hat dort ein Minimum. Wir wählen unseren Energienullpunkt so, dass $E_n(R_e) = 0$. Aus (3.7)

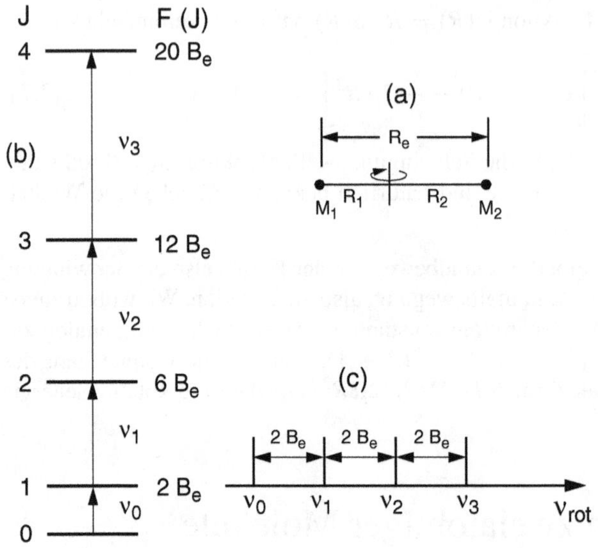

Abb. 3.1: Starrer Rotator a) Schematische Darstellung b) Termschema c) Rotationsspektrum.

erhalten wir dann mit $C = J(J+1)$ für die Energiewerte des starren Rotators:

$$\boxed{E(J) = \frac{J(J+1)\hbar^2}{2\mu R_e^2}\ .} \tag{3.9}$$

Man sieht, dass die Rotationsenergie quadratisch mit der Rotationsquantenzahl J ansteigt (Abb. 3.1). Der Abstand zwischen benachbarten Rotationsniveaus

$$\Delta E(J) = E(J+1) - E(J) = (J+1)\hbar^2/\left(\mu R_e^2\right) \tag{3.10a}$$

nimmt linear mit J zu.

In der Spektroskopie werden statt der Energiewerte E meistens Termwerte $F = E/(hc)$ in Wellenzahlen [cm^{-1}] angegeben, da dann auch die Termdifferenzen $\Delta F = \Delta E/(hc)$, die bei der Absorption oder Emission von Strahlung der Energie $h\nu$ gemessen werden, in reziproken Wellenlängen $h\nu/(hc) = 1/\lambda[\mathrm{cm}^{-1}]$ erscheinen.

In Termwerten wird aus (3.9)

$$\boxed{F(J) = B_e \cdot J(J+1)\ ,} \tag{3.11}$$

wobei die Rotationskonstante

$$B_e = \hbar/(4\pi c\mu R_e^2) \qquad [\mathrm{cm}^{-1}] \tag{3.12}$$

ein Maß für das inverse Trägheitsmoment und damit auch für den Gleichgewichtsabstand R_e ist. Die Wellenzahl von Übergängen zwischen benachbarten Rotationsniveaus wird dann

$$\nu_{rot} = F(J+1) - F(J) = 2B_e \cdot (J+1)\ . \tag{3.10b}$$

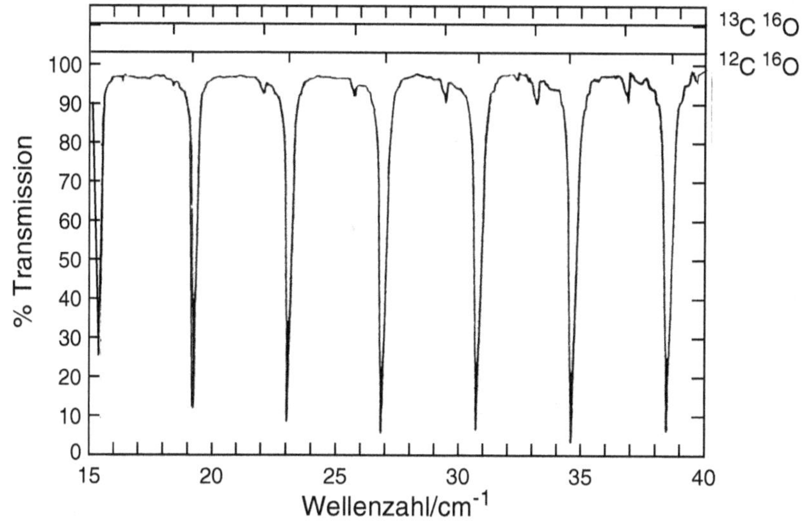

Abb. 3.2: Ausschnitt aus dem Rotationsspektrum des CO-Moleküls im Ferninfrarot zwischen 15 cm^{-1} bis 40cm^{-1} für $^{12}C^{16}O$ (starke Linien) und $^{13}C^{16}O$ (schwache Linien), gemessen als Absorptionsspektrum [3.2].

Ein reines Rotationsspektrum eines zweiatomigen Moleküls erscheint in dieser Näherung des starren Rotators als äquidistante Linien (Abb. 3.2).

3.2.2 Zentrifugalaufweitung

Der Gleichgewichtskernabstand R_e im elektronischen Zustand $|n\rangle$ stellt sich bei einem nichtrotierenden Molekül so ein, dass das Potential $E_n^{(0)}(R_e)$ ein Minimum ist und die resultierende Kraft auf die beiden Kerne daher null wird. Im rotierenden Molekül mit Rotationsdrehimpuls $\boldsymbol{J} = \sqrt{J(J+1)}\hbar$ tritt eine zusätzliche Zentrifugalkraft mit dem Betrag

$$F_c = \mu\omega_{\text{rot}}^2 R = \frac{|\boldsymbol{J}|^2}{\mu R^3} \qquad \text{weil} \quad |\boldsymbol{J}| = \mu R^2 \cdot \omega \tag{3.13a}$$

auf, die im nichtstarren Rotator zu einer Vergrößerung des Kernabstandes von R_e auf R führt. Dies erzeugt eine elektrostatische Rückstellkraft mit dem Betrag

$$F_r = k(R - R_e) = -\frac{\partial}{\partial R}(E_n^{(0)}(R)) \,, \tag{3.13b}$$

die für genügend kleine Auslenkungen $(R - R_e)$ proportional zur Größe der Auslenkung ist, da das Potential $E_n^{(0)}(R)$ in der Nähe des Minimums in guter Näherung durch ein Parabelpotential $E_n^{(0)} = \frac{1}{2}k(R - R_e)^2$ beschrieben werden kann (s. Abschn. 3.3).

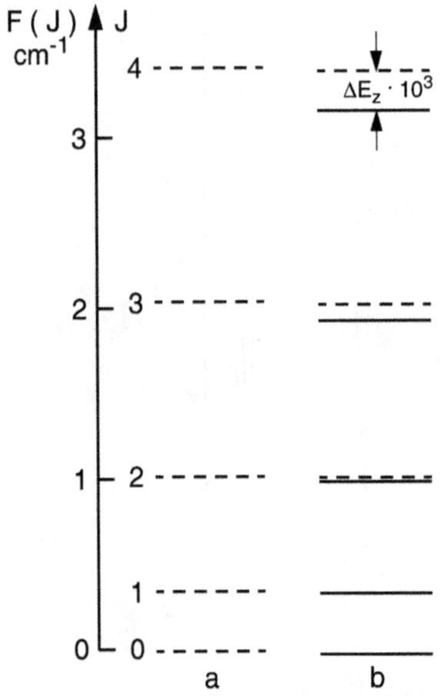

Abb. 3.3: Abweichungen ΔE der Rotationstermwerte des nicht starren Moleküls (b) von denen des starren Rotators (a).

Im Gleichgewicht müssen beide Kräfte entgegengesetzt gleich sein. Daraus folgt für $|R - R_e| \ll R_e$:

$$(R - R_e) = \frac{|\boldsymbol{J}|^2}{\mu R^3 k} \cong \frac{|\boldsymbol{J}|^2}{\mu R_e^3 k} \; . \tag{3.14}$$

Durch die Zentrifugalaufweitung tritt also zusätzlich zur kinetischen Energie der Rotation $|\boldsymbol{J}|^2/(2\mu R^2)$ beim starren Rotator noch eine potentielle Energie $E_n^0(R) \cong \frac{1}{2}k(R - R_e)^2$ auf, sodass für die Gesamtenergie gilt:

$$E_{\text{rot}} = \frac{|\boldsymbol{J}|^2}{2\mu R^2} + \frac{1}{2}k(R - R_e)^2 \; . \tag{3.15}$$

Der 2. Term in (3.15) kann wegen (3.14) umgeformt werden in

$$\frac{1}{2}k(R - R_e)^2 = \frac{1}{2}\frac{|\boldsymbol{J}|^4}{\mu^2 R_e^6 k} \; . \tag{3.16}$$

Drückt man mit Hilfe von (3.14) R durch R_e aus, so erhält man

$$R = R_e\left(1 + \frac{\boldsymbol{J}^2}{\mu k R_e^4}\right) = R_e(1 + x) \quad \text{mit} \quad x \ll 1$$

und daraus die Taylor-Reihenentwicklung

$$\frac{1}{R^2} = \frac{1}{R_e^2}\left[1 - \frac{2|\boldsymbol{J}|^2}{\mu k R_e^4} + 3\left(\frac{|\boldsymbol{J}|^2}{\mu k R_e^4}\right)^2 - \ldots + \right] . \tag{3.17}$$

Tabelle 3.1: Molekülkonstanten [cm^{-1}] für die Grundzustände einiger zweiatomiger Moleküle.

Molekül	B_e	α_e	ω_e	$\omega_e x_e$	D_e	H_e
H_2	60,85	3,06	4401	121,3	$1{,}6 \cdot 10^{-2}$	–
D_2	30,44	1,08	3116	61,8	$1{,}1 \cdot 10^{-2}$	$6{,}7 \cdot 10^{-6}$
$H^{35}Cl$	10,59	0,31	2990	52,8	$5{,}3 \cdot 10^{-4}$	$1{,}7 \cdot 10^{-8}$
$D^{35}Cl$	5,45	0,11	2145	27,2	$1{,}4 \cdot 10^{-4}$	$1{,}5 \cdot 10^{-9}$
$H^{37}Cl$	10,57	0,309	2988	52,7	$5{,}3 \cdot 10^{-4}$	$1{,}6 \cdot 10^{-8}$
Li_2	0,67	0,007	351,4	2,6	$9{,}9 \cdot 10^{-6}$	$1{,}5 \cdot 10^{-10}$
Cs_2	0,013	$2{,}6 \cdot 10^{-5}$	42,0	0,08	$4{,}6 \cdot 10^{-9}$	$2 \cdot 10^{-14}$
CO	1,931	0,017	2170	13,29	$6{,}1 \cdot 10^{-6}$	$1{,}8 \cdot 10^{-9}$

Für die Rotationsenergie (3.15) ergibt sich damit:

$$E_{\text{rot}} = \frac{|\boldsymbol{J}|^2}{2\mu R_e^2} - \frac{|\boldsymbol{J}|^4}{2k\mu^2 R_e^6} + \frac{3|\boldsymbol{J}|^6}{2\mu^3 k^2 R_e^{10}} + \ldots \,. \tag{3.18a}$$

Die Termwerte $F_{\text{rot}} = E_{\text{rot}}/hc$ sind dann mit $|\boldsymbol{J}|^2 = J(J+1)\hbar^2$

$$\boxed{F_{\text{rot}} = B_e J(J+1) - D_e J^2(J+1)^2 + H_e J^3(J+1)^3 + \ldots\,,} \tag{3.18b}$$

wobei die *Zentrifugalkonstanten* definiert sind als

$$D_e = \frac{\hbar^3}{4\pi k c\mu^2 R_e^6} \quad H_e = \frac{3\hbar^5}{4\pi k^2 c\mu^3 R_e^{10}} \,. \tag{3.19}$$

Die heute erreichbare Messgenauigkeit ist so groß, dass der 3. Term in (3.18b) für größere Werte von J durchaus berücksichtigt werden muss. Abb. 3.3 zeigt die Abweichungen der Energieniveaus (3.18) von denen des starren Rotators und Tabelle 3.1 gibt Werte für die Konstanten B_e, D_e und H_e für einige Moleküle.

3.2.3 Der Einfluss der Elektronenrotation

Im axialsymmetrischen elektrostatischen Feld der beiden Kerne ist der Drehimpuls $\boldsymbol{L}$ der Elektronenhülle nicht mehr konstant wie im kugelsymmetrischen Coulombfeld eines Atomkerns, sondern präzediert um die Kernverbindungsachse (z-Achse) als Symmetrieachse. Die Projektion von L auf die Achse (Abb. 2.9) wird bei Einelektronensystemen mit kleinem λ, bei Mehrelektronensystemen mit dem großen Buchstaben Λ bezeichnet und ist für jeden Elektronenzustand eine charakteristische Konstante (siehe Abschn. 2.4).

Der Gesamtdrehimpuls $\boldsymbol{J}$ des rotierenden Moleküls setzt sich jetzt aus Λ und dem Drehimpuls $\boldsymbol{N}$ der Rotation des Kerngerüstes zusammen und steht für $\Lambda \neq 0$ nicht mehr senkrecht auf der Kernverbindungsachse (Abb. 3.4)! Da der Gesamtdrehimpuls

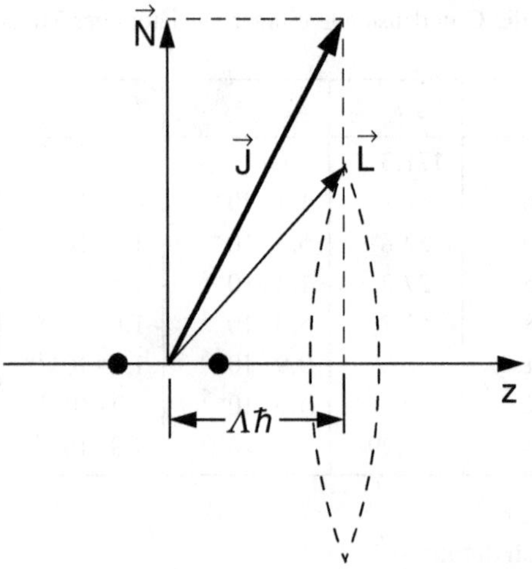

Abb. 3.4: Addition des Rotationsdrehimpulses ***N*** und der Projektion $\Lambda\hbar$ des Drehimpulses ***L*** der Elektronenhülle zum Gesamtdrehimpuls ***J***.

für das freie Molekül konstant ist, dreht sich das Molekül um die Richtung von ***J***, also für $\Lambda \neq 0$ nicht mehr um eine Achse senkrecht zur z-Achse! Wenn die gesamte Elektronenhülle als starres Gebilde angesehen wird, das sich um die z-Achse dreht, kann man das rotierende Molekül durch das Modell eines symmetrischen Kreisels beschreiben [3.3], der zwei verschiedene Trägheitsmomente hat: Das Trägheitsmoment I_A der Elektronenhülle um die z-Achse, und das Trägheitsmoment I_B der Kerne um eine Achse senkrecht zur z-Achse. Wegen der kleinen Elektronenmasse ist $I_A \ll I_B$.

Die Rotationsenergie dieses symmetrischen Kreisels ist

$$E_{\text{rot}} = \frac{J_x^2}{2I_x} + \frac{J_y^2}{2I_y} + \frac{J_z^2}{2I_z} .$$

Aus Abb. 3.4 entnimmt man, dass $J_z^2 = \Lambda^2\hbar^2$, $J_x^2 + J_y^2 = N^2\hbar^2 = (J(J+1) - \Lambda^2)\hbar^2$. Für die Termwerte erhält man daher mit der Rotationskonstante $A = \hbar/(4\pi c I_A)$

$$F(J, \Lambda) = B_e J(J+1) + (A - B_e)\Lambda^2 - D_e J^2(J+1)^2 + \ldots \quad (3.20)$$

wegen $I_A \ll I_B$ ist $A \gg B$. Der Term $A \cdot \Lambda^2$ wird daher gewöhnlich zur elektronischen Energie T_e gerechnet, weil er für einen vorgegebenen elektronischen Zustand konstant, d. h. unabhängig von J ist. Damit wird der Rotationstermwert

$$\boxed{F(J, \Lambda) = B_e \left[J(J+1) - \Lambda^2\right] - D_e J^2(J+1)^2 + H_e J^3(J+1)^3 .} \quad (3.21)$$

3.3 Molekülschwingungen

Zur Lösung der Gleichung (3.7) für die Schwingung eines zweiatomigen Moleküls betrachten wir zuerst den Fall des nichtrotierenden Moleküls, für den $C = J(J+1) = 0$ ist. Durch die Substitution

$$U(R) = R \cdot S(R)$$

geht Gl. (3.7) über in

$$\boxed{\frac{d^2U}{dR^2} + \frac{2\mu}{\hbar^2}\left[E - E_p(R)\right]U = 0\,.} \tag{3.22}$$

Die weitere Behandlung hängt von der Wahl des Potentials $E_p(R)$ ab.

3.3.1 Der harmonische Oszillator

In der Nähe des Gleichgewichtsabstandes R_e, d. h. für kleine Auslenkungen $r = R - R_e$ kann das Potential in guter Näherung durch ein Parabelpotential

$$E_p(R) = \frac{1}{2}k_r(R - R_e)^2 = \frac{1}{2}k_r r^2 \tag{3.23}$$

angenähert werden, wobei die Konstante k_r die Größe der Rückstellkraft $F = -k_r r$ beschreibt. Wir legen den Nullpunkt des Koordinatensystems in das Potentialminimum, sodass $R_e = 0$ und $R = r$ wird. Für den harmonischen Oszillator mit der Schwingungsfrequenz ω_0 und der reduzierten Masse μ gilt: $k_r = \mu\omega_0^2$. Mit den Abkürzungen

$$\alpha = 2\mu E/\hbar^2 \quad \text{und} \quad \beta = \sqrt{\mu k_r}/\hbar \Rightarrow \alpha/\beta = \frac{2E}{\hbar\omega_0}$$

geht Gl. (3.22) nach der Variablentransformation $\xi = r \cdot \sqrt{\beta}$ über in

$$\frac{d^2U}{d\xi^2} + \left(\frac{\alpha}{\beta} - \xi^2\right)U = 0\,. \tag{3.24}$$

Für den Grenzfall $\xi^2 \gg \alpha/\beta$, d. h. $r \to \infty$ können wir α/β vernachlässigen. Dann lassen sich die asymptotischen Lösungen sofort angeben:

$$U(r \to \infty) = C e^{\pm\xi^2/2}$$

wie man sich durch Einsetzen leicht überzeugt.

Da für $\xi \to \infty$, d. h. $r \to \infty$, die Wellenfunktion $U(\xi)$ endlich bleiben muss, scheidet die Lösung mit positivem Exponenten aus.

Für die allgemeine Lösungsfunktion der Gl. (3.24) machen wir nun den Ansatz

$$\psi_{vib} = U(\xi) = C \cdot H(\xi) \cdot e^{-\xi^2/2}\,. \tag{3.25}$$

Setzt man (3.25) in (3.24) ein, so erhält man für die Funktion $H(\xi)$ die Differentialgleichung

$$\frac{d^2H}{d\xi^2} - 2\xi\frac{dH}{d\xi} + \left(\frac{\alpha}{\beta} - 1\right)H = 0 \,. \tag{3.26}$$

Setzt man die Lösung in Form einer Potenzreihe

$$H(\xi) = \sum_k a_k \xi^k \tag{3.27}$$

an, so erhält man durch Einsetzen von (3.27) in (3.26) für die Koeffizienten a_k die Rekursionsformel

$$(k+2)(k+1)a_{k+2} = (2k+1-\alpha/\beta)a_k \,. \tag{3.28}$$

Soll die Potenzreihe endlich sein, d. h. nach dem Glied ξ^v abbrechen, so müssen alle Glieder in (3.27) mit $k > v$ null werden. Deshalb muss in (3.28) gelten: $(2v+1) - \alpha/\beta = 0$, weil dann $a_{v+2} = 0$ wird. Mit den Definitionen für α und β erhält man daraus für die möglichen Energiewerte:

$$\boxed{E_v = \hbar\omega_0\left(v + \frac{1}{2}\right) \qquad \text{mit} \quad \omega_0 = \sqrt{k_r/\mu} \,.} \tag{3.29}$$

Die Energieeigenwerte E_v des harmonischen Oszillators liegen äquidistant. Auch der tiefste Schwingungszustand mit der Schwingungsquantenzahl $v = 0$ hat eine „Nullpunktsenergie“ $E_0 = \hbar\omega_0/2$.

In der Spektroskopie werden statt der Energieeigenwerte (3.29) die entsprechenden Termwerte $G(v) = E_v/(hc)$ verwendet. Man schreibt sie als

$$G(v) = \omega_e\left(v + \frac{1}{2}\right) \tag{3.29a}$$

mit der Schwingungskonstanten $\omega_e = \omega_0/(2\pi c)$ [cm^{-1}].

Man beachte, dass die „Quantisierung“ der erlaubten Energiewerte allein aus der Forderung folgt, dass die Funktion $H(\xi)$ im gesamten Bereich ξ *endlich* bleibt, also durch eine Potenzreihe mit endlich vielen Gliedern darstellbar sein muss. Dies bedeutet, dass es Randbedingungen für die Wellenfunktion gibt, die verlangen, dass ψ_{vib} räumlich begrenzt ist, was äquivalent ist mit der Forderung, dass das Teilchen auf ein endliches Raumgebiet beschränkt bleibt. Diese Randbedingungen sind der Grund dafür, dass nur bestimmte diskrete Energiewerte möglich sind. Dies ist völlig analog zu einer an beiden Seiten $x_1 = +\frac{L}{2}$ und $x_2 = -\frac{L}{2}$ eingespannten Saite der Länge L, die nur auf diskreten Frequenzen $\nu = n \cdot \frac{v_{phase}}{2L}$ schwingt, wobei v_{phase} die Phasengeschwindigkeit der akustischen Welle ist.

Mit $(\alpha/\beta - 1) = 2v$ wird die Gl. (3.26) zu einer Hermiteschen Differentialgleichung, deren Lösungen die Hermiteschen Polynome $H(\xi)$ sind, für die man die Differentialgleichung

$$H_v(\xi) = (-1)^v \cdot e^{\xi^2} \frac{d^v}{d\xi^v} \cdot e^{-\xi^2}$$

erhält.

Tabelle 3.2: Normierte Wellenfunktionen ψ_{vib} des eindimensionalen harmonischen Oszillators

v	ψ_{vib}
0	$\left(\frac{a}{\pi}\right)^{1/4} e^{-\xi^2/2}$
1	$\left(\frac{a}{\pi}\right)^{1/4} 2\xi e^{-\xi^2/2}$
2	$\left(\frac{a}{\pi}\right)^{1/4} (2\xi^2 - 1)e^{-\xi^2/2}$
3	$\left(\frac{a}{\pi}\right)^{1/4} (2\xi^3 - 3\xi)e^{-\xi^2/2}$
4	$\left(\frac{a}{\pi}\right)^{1/4} (2\xi^4 - 6\xi^2 + \frac{3}{2})e^{-\xi^2/2}$
5	$\left(\frac{a}{\pi}\right)^{1/4} (2\xi^5 - 10\xi^3 + \frac{15}{2}\xi)e^{-\xi^2/2}$
$\xi = r \cdot \sqrt{\mu\omega_0/\hbar}$; $a = \mu\omega_0/\hbar$	

Daraus kann man die Hermitischen Polynome und nach (3.5) auch die Schwingungswellenfunktionen berechnen.Einige dieser Funktionen sind in Tabelle 3.2 aufgelistet. Der Normierungsfaktor C in (3.25) wird so gewählt, dass $\int U^* U \mathrm{d}r = 1$ wird. Die Schwingungs-Wellenfunktionen $\psi_{\text{vib}} = U(\xi) = H(\xi) \cdot \exp[-\xi^2/2]$ sind in Abb. 3.5 für einige Schwingungsniveaus v dargestellt.

Für große v nimmt $|\psi_{\text{vib}}|^2$ nur in der Umgebung der klassischen Umkehrpunkte große Werte an, wo auch in der klassischen Mechanik des harmonischen Oszillators sich das System am längsten aufhält. Dies wird durch das „Korrespondenzprinzip" beschrieben, das besagt, dass für große Quantenzahlen v die quantenmechanische Beschreibung gegen die klassische konvergiert. In Abb. 3.6 wird die quantenmechanische Aufenthaltswahrscheinlichkeit $|U(\xi)|^2 \mathrm{d}r$ (durchgezogene Kurven) mit dem klassischen Wert für zwei Schwingungsniveaus $v = 0$ und $v = 24$ verglichen. Für große Werte von v entspricht die klassische Kurve dem räumlichen Mittelwert der quantenmechanischen Verteilung, während für $v = 0$ quantenmechanische und klassische Beschreibung völlig unterschiedliche Ergebnisse liefern.

Tabelle 3.3 gibt für einige Moleküle gemessene Werte der Schwingungskonstanten ω_e und der Rotationskonstanten B_e an. Man merke sich die *Größenordnung der Schwingungsperioden* $T = (\omega_e \cdot c)^{-1}$, die für das leichte H_2-Molekül bei $T = 8 \cdot 10^{-15}$ s, für das schwere Cs_2-Molekül bei $8 \cdot 10^{-13}$ s, also im Bereich $10^{-12} - 10^{-14}$ s liegen, während die Rotationsperioden für das tiefste Rotationsniveau $T_{\text{rot}} = 1/(2B_e \cdot c)$ mit $T_{\text{rot}}(H_2) \approx 2{,}5 \cdot 10^{-13}$ s und $T_{\text{rot}}(Cs_2) = 1{,}5 \cdot 10^{-9}$ s um etwa 2–3 Größenordnungen länger sind.

Die Absolutquadrate der zeitunabhängigen Schwingungswellenfunktionen geben den zeitlichen Mittelwert der Aufenthaltswahrscheinlichkeit der schwingenden Kerne an. Wenn man das klassische Modell der schwingenden Kerne in die quantenmechanische Beschreibung übertragen will, muss man bedenken, dass bei einer Angabe über den Ort der Kerne deren Impuls p, und damit auch die Schwingungsenergie $E = p^2/2m$ eine Unschärfe aufweist. So ist z. B. bei einer Ortsauflösung von 0,01 nm und einer Geschwindigkeit der schwingenden Kerne von 10^4 m/s die Energieauflösung nur etwa 10^{-19} J = 1 eV. Dies bedeutet, dass man einzelne Schwingungsniveaus nicht auflösen kann, wenn man gleichzeitig den Ort der Kerne bestimmen will. Die Über-

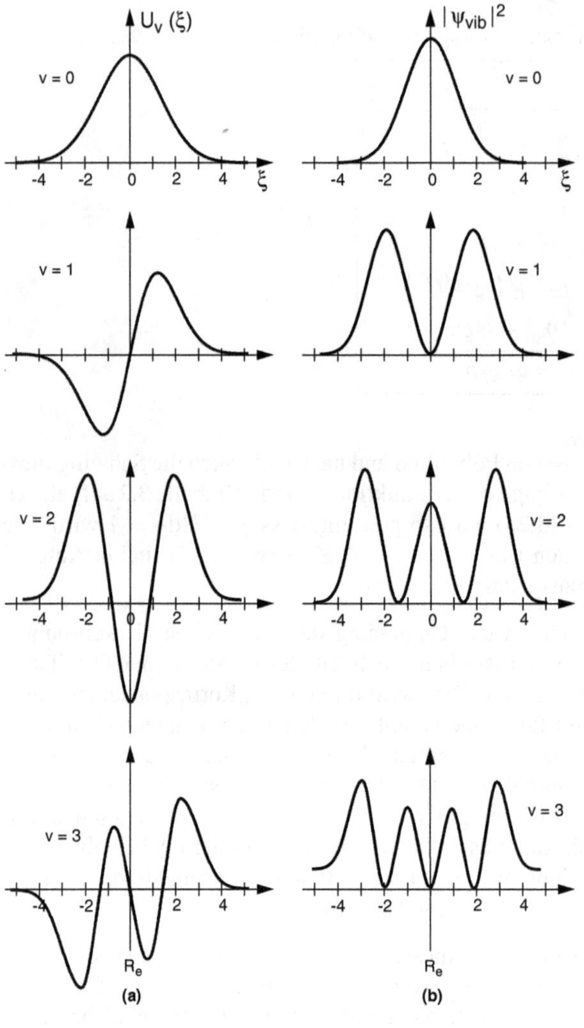

Abb. 3.5: Schwingungswellenfunktionen $\psi_{\text{vib}} = U(\xi)$ und ihre Absolutquadrate für einige Schwingungsniveaus des harmonischen Oszillators.

lagerung der zeitabhängigen Schwingungswellenfunktionen mehrerer benachbarter Schwingungsniveaus ergibt ein Wellenpaket, das zwischen den klassischen Umkehrpunkten hin und her oszilliert und dem klassischen Modell der schwingenden Kerne am besten entspricht.

3.3.2 Der anharmonische Oszillator

Für größere Schwingungsamplituden, d. h. höhere Schwingungsquantenzahlen v weichen die beobachteten Schwingungsfrequenzen ω_{vib} deutlich von den konstanten Fre-

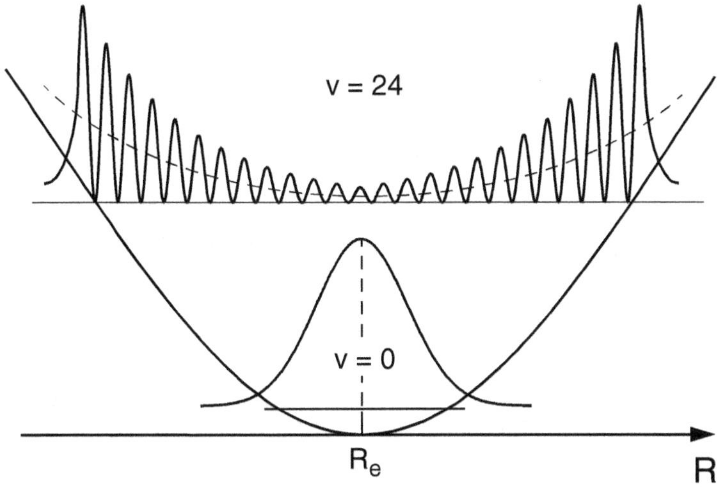

Abb. 3.6: Vergleich zwischen klassischer Aufenthaltswahrscheinlichkeitsdichte (gestrichelte Kurven) und dem Absolutquadrat der Schwingungswellenfunktionen für $v = 0$ und $v = 20$.

Tabelle 3.3: Schwingungskonstanten ω_e und Rotationskonstanten B_e für einige zweiatomige Moleküle.

Molekül	ω_e cm^{-1}	B_e cm^{-1}
H_2	4395	60,80
N_2	2360	2,01
O_2	1580	1,45
Li_2	351	0,67
Na_2	159	0,15
Cs_2	42	0,01
HCl	2990	10,59

quenzen ω_0 des harmonischen Oszillators ab. Sie werden im allgemeinen kleiner mit zunehmender Quantenzahl v. Dies liegt daran, dass mit zunehmendem Kernabstand das reale Molekül-Potential $E_p(R)$ nicht wie das harmonische Potential gegen ∞ geht, sondern gegen die Bindungsenergie $E(\text{B})$ des Moleküls konvergiert (siehe Abb. 3.7). Die *Dissoziationsenergie* E_D des Moleküls im betrachteten elektronischen Zustand ist gegeben durch die Differenz $E(\text{A})+E(\text{B})-E(\text{AB})$ zwischen den elektronischen Energien $E(\text{A})+E(\text{B})$ der getrennten Atome A und B und der elektronischen Energie $E(\text{AB})$ des Moleküls im tiefsten Energiezustand $E(v=0, J=0)$ der Potentialkurve, während die Bindungsenergie die Differenz zwischen dem Minimum der potentiellen Energie $E_{pot}(R_e)$ und $E_{pot}(\infty)$ ist (Abb. 2.3). Die Bindungsenergie $E_B = E_A + E_B - E_{pot}(R_e) = E_D + \frac{1}{2}\hbar\omega_0$ ist die Summe aus Dissoziationsenergie und Nullpunktsenergie.

3.3.2.1 Morsepotential

Von Morse [3.4] wurde eine Potentialfunktion

$$E_{\text{pot}}(R) = E_{\text{B}}\left[1 - \mathrm{e}^{-a(R-R_{\text{e}})}\right]^2 \tag{3.30}$$

angegeben, die für den anziehenden Teil des Potentials eine brauchbare Näherung darstellt, da sie für $R \to \infty$ gegen die Bindungsenergie E_{B} konvergiert. Der abstoßende Teil des Potentials ($R < R_{\text{e}}$), der gegen $\lim\limits_{R\to 0} E_{\text{pot}}(R) = E_{\text{B}}\left[1 - \exp(+aR_{\text{e}})\right]^2$ konvergiert, weicht im allgemeinen stärker von den experimentellen Daten ab (siehe Abb. 3.7).

Das Morsepotential hat den großen Vorzug, dass es eine exakte Lösung der Schrödingergleichung (3.22) erlaubt [3.5] und Aufgabe 3-3.

Für die Energie $E(v)$ der Schwingungsniveaus v erhält man

$$\boxed{E_v = \hbar\omega_0\left(v + \frac{1}{2}\right) - \frac{\hbar^2\omega_0^2}{4E_{\text{B}}}\left(v + \frac{1}{2}\right)^2} \tag{3.31a}$$

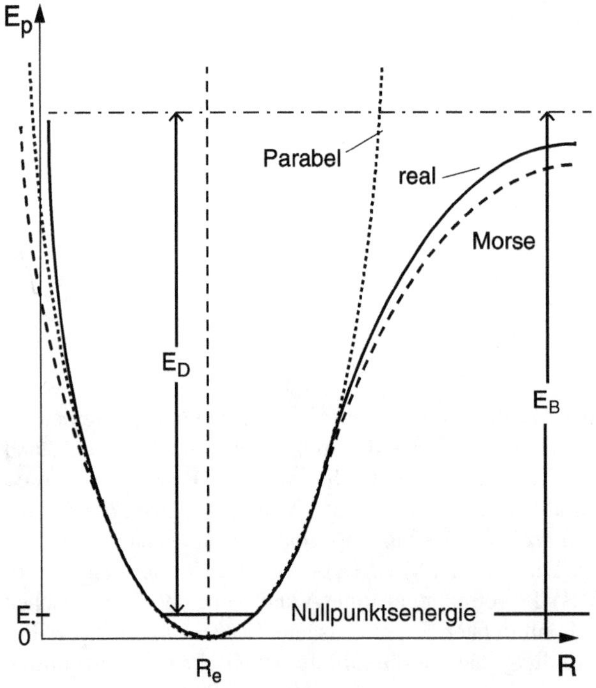

Abb. 3.7: Vergleich zwischen dem Potentialverlauf des harmonischen Oszillators, des Morse-Modells und eines realen Moleküls.

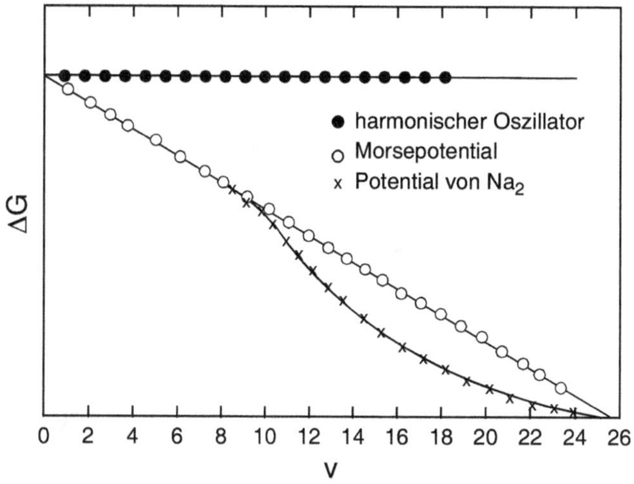

Abb. 3.8: Abstand $\Delta G_v = G(v+1) - G(v)$ als Funktion der Schwingungsquantenzahl v. a) harmonisches Potential, b) Morsepotential, c) Reales Potential des Na_2-Moleküls.

und für die Termwerte $T_v = E_v/hc$:

$$T_v = \omega_e\left(v + \frac{1}{2}\right) - \omega_e x_e\left(v + \frac{1}{2}\right)^2 \tag{3.31b}$$

mit $\omega_e = \frac{\omega_0}{2\pi \cdot c}$ und $\omega_e x_e = \frac{\hbar\omega_0^2}{8\pi c E_B} = \frac{hc\omega_e^2}{4E_B}$.

Die Frequenz

$$\omega_0 = a\sqrt{2E_B/\mu}$$

entspricht der Frequenz eines klassischen Oszillators mit der Rückstellkonstanten $k_r = 2a^2 E_B$. Aus der Messung von ω_0 und E_B kann die Konstante a im Morsepotential (3.30) ermittelt werden.

Die *Termabstände* zwischen benachbarten Schwingungsniveaus

$$\Delta T_v = T_{v+1} - T_v = \omega_e - 2\omega_e x_e(v+1) \tag{3.32}$$

nehmen linear mit der Schwingungsquantenzahl v ab, im Gegensatz zum harmonischen Oszillator, wo sie konstant sind. (Abb. 3.8).

3.3.2.2 Potential als Taylor-Reihenentwicklung

Eine bessere Annäherung an das wirkliche Molekülpotential $E_p(R)$ erhält man durch eine Taylor-Reihenentwicklung um den Gleichgewichtsabstand R_e. Mit $r = R - R_e$ ergibt sich

$$E_p(r) = E_p(0) + E_p'(0) + \frac{r^2}{2!}E_p''(0) + \frac{r^3}{3!}E_p'''(0) + \ldots \, . \tag{3.33}$$

Es ist üblich, den Nullpunkt der Energieskala in das Potentialminimum zu legen, sodass $E_p(0) = 0$. Da $E_p(r)$ ein Minimum hat für $r = 0$, wird auch die 1. Ableitung $E'_p(0) = 0$. Der erste, nicht verschwindende Term in der Taylorentwicklung ist daher das harmonische Potential

$$E_p(r) = \frac{r^2}{2} E''_p(0)$$

Ein Vergleich mit (3.23) zeigt, dass $E''_p(0)$ gleich der Rückstellkonstante k_r ist. Mit dem allgemeinen Ansatz (3.33) für das Potential kann die Schrödingergleichung (3.22) nur noch näherungsweise gelöst werden.

3.3.2.3 Quartisches Potential

Wir wollen am Beispiel eines quartischen Potentials

$$E_p(r) = \frac{1}{2} k_r r^2 + a r^3 + b r^4 \,, \tag{3.34}$$

das für die Beschreibung von Potentialen mit zwei Minima (Abb. 3.9) eine Rolle spielt, die näherungsweise Berechnung der Energieeigenwerte illustrieren. Für den Hamiltonoperator H machen wir den Ansatz

$$H = H_0 + H_1 + H_2 \quad \text{mit} \quad H_0 = -(\hbar^2/2\mu)\Delta + \frac{1}{2} k_r r^2 \tag{3.35a}$$
$$H_1 = a r^3 \quad \text{und} \quad H_2 = b r^4 \,.$$

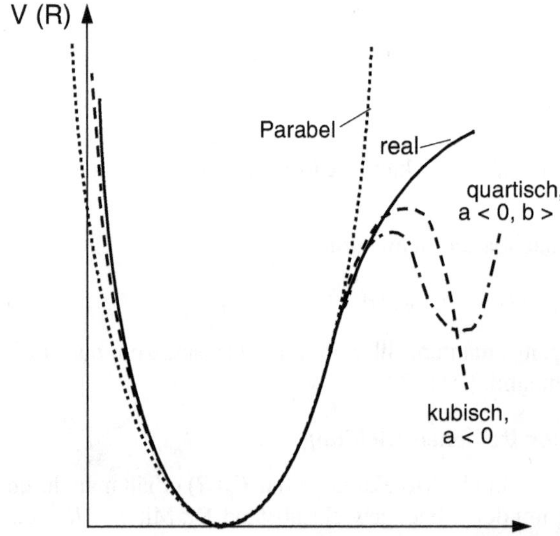

Abb. 3.9: Vergleich von Parabel-Potential, kubischem und quartischem Potential mit dem realen Potential.

Für die Energiewerte setzen wir

$$E(v) = E_0(v) + E_1(v) + E_2(v) \ , \tag{3.35b}$$

wobei $E_0(v)$ die Eigenwerte des harmonischen Oszillators sind. In erster Ordnung Störungsrechnung ergibt sich dann

$$E_1 = \int \Psi_0^* a r^3 \Psi_0 \mathrm{d}r \qquad \text{und} \qquad E_2 = \int \Psi_0^* b r^4 \Psi_0 \mathrm{d}r \ ,$$

wobei Ψ_0 die Eigenfunktionen $H(\xi) \cdot \exp(-\xi^2/2)$ des harmonischen Oszillators sind. Da die Funktionen Ψ_0 als Hermitesche Polynome reell sind und $\Psi_0 \cdot \Psi_0$ eine gerade Funktion von r ist, verschwindet das 1. Integral, d. h. der kubische Term im Potential trägt in 1. Näherung nicht zur Energie bei.

Für die Ausrechnung des 2. Integrals als Funktion der Schwingungsquantenzahl v kann man die Relation

$$H_v(\xi) = (-1)^v \mathrm{e}^{\xi^2} \mathrm{d}^v/\mathrm{d}\xi^v \left(\mathrm{e}^{-\xi^2}\right)$$

für die Hermiteschen Polynome $H(\xi)$ verwenden. Durch stufenweise partielle Integration erhält man dann [3.6]

$$E_2 = \frac{3b}{2\beta^2} \left[\left(v + \frac{1}{2} \right)^2 + \frac{1}{4} \right] . \tag{3.36}$$

mit $\beta^2 = \mu \frac{k_r}{\hbar^2}$ Die Energien verschieben sich gegenüber dem harmonischen Oszillator nach oben. In Störungsrechnung zweiter Ordnung trägt auch der Kubische Term im Potential ein wenig zur Energie bei. Die genauere Rechnung findet man in [3.6, S. 82]. Modernere Verfahren starten nicht mit dem harmonischen Oszillator als ungestörtes System, sondern mit Morsefunktionen oder bereits mit genäherten Funktionen des quartischen Oszillators. Die Störungsrechnung konvergiert dann schneller. Für eine detaillierte Darstellung siehe [3.7].

3.3.2.4 Allgemeines Potential

Die am häufigsten verwendete Potentialbestimmung basiert auf einem semi-empirischen Verfahren. Die experimentell ermittelten Termwerte $G(v) = E_v/(hc)$ werden durch ein Polynom

$$\begin{aligned} G(v) = & \omega_e \left(v + \frac{1}{2} \right) + \omega_e x_e \left(v + \frac{1}{2} \right)^2 \\ & + \omega_e y_e \left(v + \frac{1}{2} \right)^3 + \omega_e z_e \left(v + \frac{1}{2} \right)^4 + \ldots \end{aligned} \tag{3.37}$$

angepasst und aus einem „least squares-fit“ dieses Ausdruckes an die gemessenen Termwerte dann die Koeffizienten ω_e, $\omega_e x_e$, $\omega_e y_e$, ... bestimmt. Wie man aus solchen Koeffizienten das Potential berechnet, wird in Abschn. 3.6 behandelt.

3.4 Schwingungs-Rotations-Wechselwirkung

Um Schwingung *und* Rotation eines zweiatomigen Moleküls zu behandeln, müssen wir den Zentrifugalterm $J(J+1)\hbar^2/(2\mu R^2)$ in (3.7) berücksichtigen, den wir zusammen mit der potentiellen Energie $E_p(R)$ zu der effektiven potentiellen Energie $E_p(R)$

$$E_{\mathrm{p,eff}}(R,J) = E_p(R, J=0) + \frac{J(J+1)\hbar^2}{2\mu R^2} \tag{3.38}$$

zusammenfassen. Die Energiewerte $E(v, J)$ und der mittlere Kernabstand hängen jetzt außer von $E_p(R)$ von der Schwingungsquantenzahl v und von der Rotationsquantenzahl J ab. Bevor wir uns der mathematischen Behandlung des schwingenden Rotators zuwenden, wollen wir uns die physikalischen Grundlagen klarmachen.

Während einer Rotationsperiode macht ein Molekül im allgemeinen viele Schwingungen (typisch etwa 10 – 100). Dies bedeutet, dass der Kernabstand sich während der Rotation dauernd ändert (Abb. 3.10). Da der Drehimpuls $J = I \cdot \omega$ eines freien Moleküls zeitlich konstant ist, sich das Trägheitsmoment $I \cong \mu R^2$ aber periodisch ändert, schwankt die Rotationsfrequenz ω zeitlich im Takte der Schwingungsfrequenz. Deshalb variiert auch die Rotationsenergie $E_{\mathrm{rot}} = J(J+1)\hbar^2/(2\mu R^2)$ entsprechend mit R. Da die Gesamtenergie $E = E_{\mathrm{rot}} + E_{\mathrm{vib}} + E_{\mathrm{pot}}$ natürlich konstant bleiben muss, wird im schwingenden Rotator periodisch Energie ausgetauscht zwischen Schwingung, Rotation und potentieller Energie (Abb. 3.11). Wenn man von der Rotationsenergie des schwingenden Moleküls spricht, meint man den zeitlichen Mittelwert, gemittelt über viele Schwingungsperioden.

Da $|\psi_{\mathrm{vib}}(R)|^2 \mathrm{d}R$ die Aufenthaltswahrscheinlichkeit der Kerne bei einem Kernabstand R bis $R + \mathrm{d}R$ angibt, ist der Mittelwert (quantenmechanischer Erwartungswert) des Kernabstandes

$$< R >= \int \psi^*_{\mathrm{vib}}(R, v) R \psi_{\mathrm{vib}}(R, v) \mathrm{d}R\ . \tag{3.39}$$

Analog können wir eine mittlere Rotationsenergie

$$\langle E_{\mathrm{rot}} \rangle = \frac{J(J+1)\hbar^2}{2\mu} \int \psi^*_{\mathrm{vib}}(v, R) \frac{1}{R^2} \psi_{\mathrm{vib}}(v, R) \mathrm{d}R \tag{3.40}$$

definieren, die proportional zum Erwartungswert $< 1/R^2 >$ ist.

Um die Rotationstermwerte $F = E_{\mathrm{rot}}/\hbar c$ wie in (3.11) durch eine Rotationskonstante ausdrücken zu können, definiert man analog zu (3.12) eine schwingungsabhängige gemittelte Rotationskonstante

$$B_v = \frac{\hbar}{4\pi\mu c} \int \psi^*_{\mathrm{vib}} \frac{1}{R^2} \psi_{\mathrm{vib}} \mathrm{d}R\ . \tag{3.41}$$

Die Schwingungsfunktionen ψ_{vib} und damit auch B_v hängen von der Wahl des Potentials $E_p(R)$ ab.

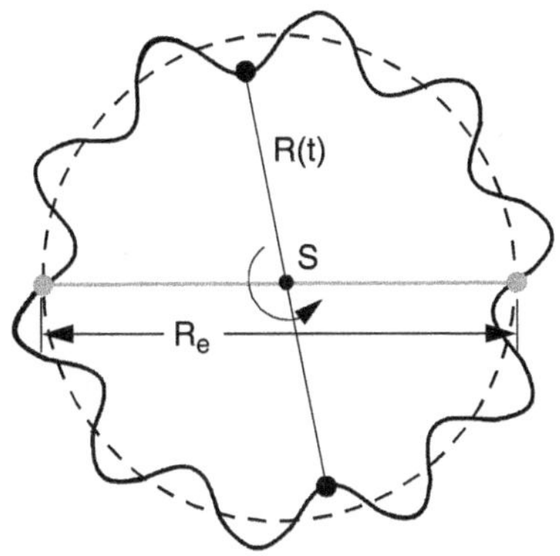

Abb. 3.10: Schwingender Rotor.

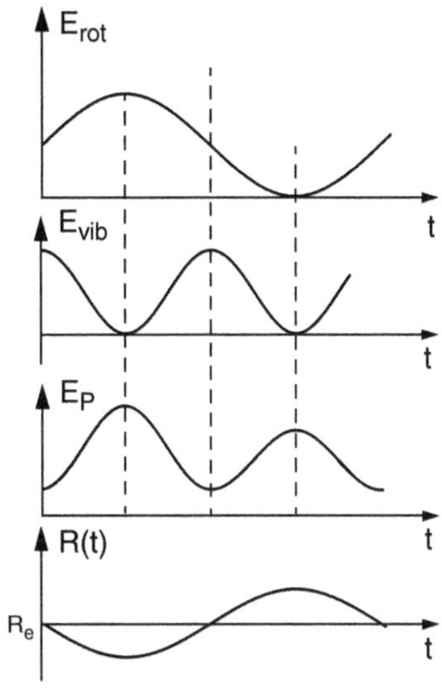

Abb. 3.11: Austausch von Schwingungs-, Rotations- und potentieller Energie bei schwingendem Rotator.

Man beachte: Während für ein harmonisches Potential $< R >$ unabhängig von der Schwingungsquantenzahl v ist, gilt dies nicht für unsymmetrische Potentiale, wie z. B. das Morsepotential. Der Mittelwert $< 1/R^2 >$ ist selbst im harmonischen Potential v-abhängig und steigt mit wachsendem v während er bei realem Potentialen sinkt (Abb. 3.12).

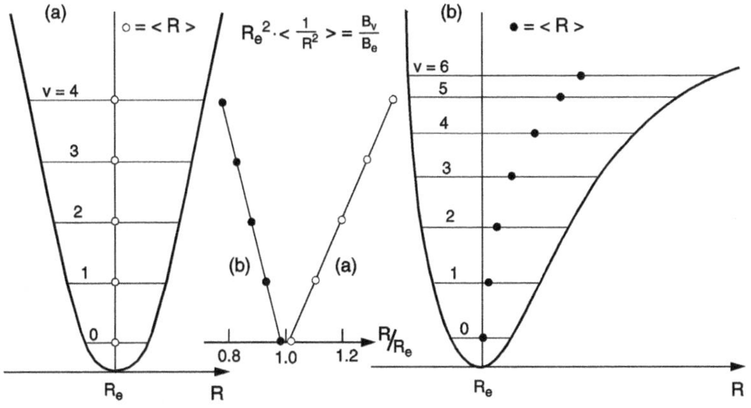

Abb. 3.12: Mittelwerte $\langle R \rangle$ und $\langle 1/R^2 \rangle$ als Funktion der Schwingungsquantenzahl v. a) im harmonischen, b) im anharmonischen Potential.

3.5 Termwerte des schwingenden Rotators, Dunham-Entwicklung

Die genaueste Bestimmung des effektiven Potentials (3.38) eines schwingenden und rotierenden Moleküls beruht auf der Messung der Energien bzw. Termwerte von Schwingungs-Rotations-Niveaus. Aus diesen Termwerten kann das Potential numerisch berechnet werden und ist unabhängig von Potentialmodellen. Da dieses Verfahren inzwischen zum Standard der Potentialbestimmung geworden ist, wollen wir es etwas genauer behandeln und an einigen Beispielen verdeutlichen.

3.5.1 Termwerte für das Morse-Potential

Für ein nichtrotierendes Molekül mit angenommenem Morse-Potential können die Termwerte (3.31) analytisch durch Lösung der Schrödinger-Gleichung (3.22) erhalten werden. Für das rotierende Molekül muss die potentielle Energie für das effektive Morse-Potential

$$E_{\text{pot}}^{\text{eff}}(R) = E_{\text{B}}\left[1 - \mathrm{e}^{-a(R-R_{\text{e}})}\right]^2 + \frac{J(J+1)\hbar^2}{2\mu R^2} \tag{3.42}$$

mit dem zusätzlichen Zentrifugalterm $J(J+1)\hbar^2/(2\mu R^2)$ verwendet werden. Hierfür wurde die Schrödingergleichung von Pekeris [3.8] näherungsweise gelöst. Man erhält die Termwerte:

$$\begin{aligned} T(v, J) = G(v) + F(v, J) = \omega_{\text{e}}\left(v + \frac{1}{2}\right) - \omega_{\text{e}}x_{\text{e}}\left(v + \frac{1}{2}\right)^2 \\ + B_v J(J+1) - D_v J^2(J+1)^2 \,. \end{aligned} \tag{3.43}$$

Die Rotations- und Zentrifugalkonstanten lassen sich dabei schreiben als

$$B_v = B_{\text{e}} - \alpha_{\text{e}}\left(v + \frac{1}{2}\right) : \quad B_{\text{e}} = \hbar/(4\pi \cdot c\mu R_{\text{e}}^2)\,,$$

$$\alpha_{\text{e}} = \frac{3\hbar^2 \cdot \omega_{\text{e}}}{4\mu R_{\text{e}}^2 E_{\text{B}}}\left(\frac{1}{aR_{\text{e}}} - \frac{1}{a^2 R_{\text{e}}^2}\right)\,, \tag{3.44a}$$

$$= \frac{6\sqrt{\omega_{\text{e}}x_{\text{e}}B_{\text{e}}^3}}{\omega_{\text{e}}} - \frac{6B_{\text{e}}^2}{\omega_{\text{e}}} \tag{3.44b}$$

$$D_v = D_{\text{e}} + \beta_{\text{e}}\left(v + \frac{1}{2}\right) : \quad \beta_{\text{e}} = D_{\text{e}}\frac{8\omega_{\text{e}}x_{\text{e}}}{\omega_{\text{e}}} - \frac{5\alpha_{\text{e}}}{\omega_{\text{e}}} - \frac{\alpha_{\text{e}}^2\omega_{\text{e}}}{24B_{\text{e}}^3}\,. \tag{3.44c}$$

Für die Schwingungskonstanten erhält man

$$\omega_{\text{e}} = \frac{a}{2\pi c}\sqrt{\frac{2E_{\text{B}}}{\mu}}\,; \qquad \omega_{\text{e}}x_{\text{e}} = \frac{hc\omega_{\text{e}}^2}{4E_{\text{B}}} = \frac{ha^2}{8\pi^2\mu c}\,. \tag{3.45}$$

wobei die reduzierte Masse μ in *kg* und E_B in Joule angegeben wird. Die Größe der Zentrifugalkonstanten kann man aus der *Kratzer-Relation*

$$\boxed{D_e = \frac{4B_e^3}{\omega_e^2}} \tag{3.46}$$

berechnen, die für ein Morsepotential aus (3.12), (3.19) und (3.45) folgt.

3.5.2 Termwerte für ein allgemeines Potential

Da die Schwingungsfunktionen in (3.41) für ein *beliebiges Potential* im allgemeinen nicht bekannt sind, entwickelt man häufig B_v in eine Potenzreihe nach $(v + 1/2)$:

$$B_v = B_e - \alpha_e \left(v + \frac{1}{2}\right) + \gamma_e \left(v + \frac{1}{2}\right)^2 + \ldots \tag{3.47}$$

und analog die Zentrifugalkonstante

$$D_v = D_e + \beta_e \left(v + \frac{1}{2}\right) + \delta_e \left(v + \frac{1}{2}\right)^2 + \ldots \tag{3.48}$$

und bestimmt die Koeffizienten $B_e, \alpha_e, \gamma_e, D_e, \beta_e, \delta_e$, indem man die damit erhaltenen Termwerte (3.42)

$$\begin{aligned} T(v, J) = &\omega_e \left(v + \frac{1}{2}\right) - \omega_e x_e \left(v + \frac{1}{2}\right)^2 \\ &+ \omega_e y_e \left(v + \frac{1}{2}\right)^3 + \omega_e z_e \left(v + \frac{1}{2}\right)^4 \ldots \\ &+ B_v J(J+1) - D_v J^2(J+1)^2 + H_v J^3(J+1)^3 \ldots \end{aligned} \tag{3.49}$$

an die gemessenen Termwerte anpasst. Die Koeffizienten charakterisieren den Kernabstand R_e und das Potential in dem die Kerne schwingen. Sie heißen deshalb *Molekülkonstanten*. In Tabelle 3.1 sind zur Illustration für einige Moleküle Werte für die wichtigsten dieser Konstanten angegeben.

3.5.3 Dunham-Entwicklung

Von Dunham [3.9] wurde für das allgemeine Potential

$$E_p(R, J) = E_p(R, J = 0) + J(J+1)\hbar^2/2\mu R^2$$

eines rotierenden Moleküls ein Potenzreihenansatz

$$\begin{aligned} E_p(R, J)/hc = &a_0\xi^2(1 + a_1\xi + a_2\xi^2 + \ldots) \\ &+ B_e J(J+1)[1 - 2\xi + 3\xi^2 - 4\xi^3 + \ldots] \end{aligned} \tag{3.50}$$

mit $\xi = (R - R_e)/R_e$ gemacht und die Termwerte der Schwingungs-Rotations-Niveaus durch eine Potenzreihe analog zu (3.49) ausgedrückt:

$$\boxed{T(v, J) = \sum_i \sum_k Y_{ik} \left(v + \frac{1}{2}\right)^i [J(J+1)]^k \, .} \quad \text{(Dunham-Entwicklung)} \tag{3.51}$$

Man erhält dann einen Zusammenhang zwischen den Dunham-Koeffizienten Y_{ik} und den Koeffizienten a_i der Potentialentwicklung, der von Dunham angegeben wurde [3.9].

Die Dunham-Koeffizienten Y_{ik} entsprechen im Wesentlichen den Koeffizienten ω_e, $\omega_e x_e$, usw. in der Entwicklung (3.49), wenn man die letzteren lediglich als Entwicklungskoeffizienten ansieht, die an gemessene Werte angepasst werden. Will man jedoch die physikalische Bedeutung der Koeffizienten in (3.49) und die Definitionen (3.12), (3.19), (3.43)–(3.46) beibehalten, die streng nur für ein Morsepotential gelten, dann ergeben sich kleinere Abweichungen, die von der Größenordnung $(B_e/\omega_e)^2$ sind [3.9] (siehe Abschn. 3.6.2). Wenn $(B_e/\omega_e)^2$ genügend klein ist, kann man sie vernachlässigen und erhält:

$$\begin{aligned} &Y_{10} \approx \omega_e \;; && Y_{01} \approx B_e \;; && Y_{11} = -\alpha_e \\ &Y_{20} \approx -\omega_e x_e \;; && Y_{02} \approx D_e \;; && Y_{12} \approx \beta_e \\ &Y_{30} \approx \omega_e y_e \;; && Y_{03} \approx H_e \;; && Y_{21} \approx \gamma_e \, . \end{aligned} \tag{3.52}$$

Für den Koeffizienten Y_{00} erhält man beim genauen Vergleich nicht null, sondern

$$Y_{00} = \frac{B_e - \omega_e x_e}{4} + \frac{\alpha_e \omega_e}{12 B_e} + \frac{\alpha_e^2 \omega_e^2}{144 B_e^3} \, . \tag{3.53}$$

Für den Fall des Morsepotentials sind nur Y_{10}, Y_{20}, Y_{01}, Y_{02}, Y_{11} und Y_{12} von null verschieden, sodass sich die Dunham-Entwicklung auf wenige Glieder reduziert.

Die Dunham Entwicklung ist die am häufigsten benutzte Form, Molekülkonstanten zu gewinnen aus einem „least squares-fit" der gemessenen Termwerte an Gl. (3.51).

Gleichung (3.52) stellt einen Zusammenhang her zwischen den Dunham-Koeffizienten Y_{ik}, die als reine Fitkonstanten angegeben werden können, und den mit physikalischer Bedeutung versehenen Molekülkonstanten ω_e, β_e, … .

3.5.4 Isotopie-Verschiebung

Sowohl die Schwingungsenergie als auch die Rotationsenergie hängen von der Masse der schwingenden Atome ab. Für verschiedene Isotopomere desselben Moleküls haben daher die Termwerte $T(v, J)$ unterschiedliche Werte. Die Aufnahme von Spektren verschiedener Isotope ist häufig sehr hilfreich zur Identifizierung von Linien, d. h. zur richtigen Zuordnung der Quantenzahlen v und J eines Überganges, weil man die Isotopieverschiebung, die von v und J abhängt, genau berechnen kann.

Aus Gleichung (3.12) sieht man, dass die Rotationskonstante B_e umgekehrt proportional zur reduzierten Masse $\mu = M_1 M_2/(M_1 + M_2)$ des Moleküls ist. Die Zentrifugalkonstante D_e ist nach (3.19): $D_e \propto 1/\mu^2$. Die Schwingungskonstanten sind nach Gl. (3.45) $\omega_e \propto \frac{1}{\sqrt{\mu}}$ und $\omega_e x_e \propto \frac{1}{\mu}$.

In der Näherung (3.52) kann man diese Massenabhängigkeiten in den Dunhamkoeffizienten Y_{ik} in Gl. (3.51) ausdrücken durch $Y_{ik}^{(\mu_1)}/Y_{ik}^{(\mu_2)} = (\mu_2/\mu_1)^{(i+2k)/2}$. Für die genauere Formel (3.51) mit höheren Gliedern gilt [3.10]:

$$\frac{Y_{ik}^{(\mu_1)}}{Y_{ik}^{(\mu_2)}} = \left(\frac{\mu_2}{\mu_1}\right)^{(i+2k)/2} \left[1 + \left(\beta_{ik} B_e^2/\omega_e^2\right) \frac{\mu_2 - \mu_1}{\mu_2}\right], \tag{3.54}$$

wobei die β_{ik} als Funktionen der Koeffizienten Y_{ik} in [3.9] und [3.10] tabelliert sind. Für genauere Messungen ist der Korrekturterm in (3.54) notwendig.

3.6 Bestimmung von Potentialkurven aus gemessenen Termwerten

Die Bestimmung von genauen Termwerten und Potentialkurven $E_{p_i}(R)$ für die verschiedenen elektronischen Zustände i eines Moleküls ist eines der Hauptziele der Spektroskopie zweiatomiger Moleküle. Bei bekanntem Potential $E_p(R)$ kennt man die Bindungsenergie E_B und den Kernabstand R_e im Gleichgewichtszustand und man kann, zumindest numerisch, aus der Schrödingergleichung alle interessierenden Schwingungs- und Rotationsniveaus berechnen. Die Kenntnis dieser Potentialkurven $E_p(R)$ ist außerdem notwendig für die Berechnung von Reaktionsraten beim Stoß zweier Atome

$$A + B \to AB^*$$

und ihrer Abhängigkeit von der inneren Energie der Stoßpartner A oder B. Die Form der Potentialkurve ($E_p(R_{AB})$) entscheidet darüber, ob eine Reaktion endotherm oder exotherm ist.

Für leichte zweiatomige Moleküle (z. B. H_2, Li_2, LiH, etc.) lassen sich die Grundzustandspotentiale mit einer Genauigkeit von wenigen cm^{-1} durch moderne Ab-initio-Methoden berechnen, ohne jede Kenntnis experimenteller Daten (siehe Abschn. 2.8). Obwohl es inzwischen auch für schwerere zweiatomige Moleküle gute gerechnete Potentialkurven gibt [3.11–3.13], erreichen die Ergebnisse im Allgemeinen nicht die spektroskopisch erzielbaren Genauigkeiten. Sie geben jedoch einen guten Überblick, welche elektronischen Zustände eines Moleküls überhaupt vorkommen (siehe Abschn. 2.4 und 2.8), ob sie bindend oder abstoßend sind und wo sie auf der Energieskala liegen. Solche Rechnungen bieten daher eine große Hilfe bei der Identifizierung gemessener Spektren.

Alle wirklich genauen bisher bekannten Potentialkurven sind mit verschiedenen Rechenverfahren aus experimentellen Daten gewonnen. Es sind also semi-empirische

Methoden, die nicht die Kenntnis der elektronischen Wellenfunktionen ϕ in Gl. (2.7) verlangen. Einige dieser Verfahren basieren auf dem WKB-Verfahren, einer Näherungsmethode zur Lösung der eindimensionalen Schrödingergleichung (3.7), die nach den Anfangsbuchstaben ihrer Erfinder *W*entzel, *K*ramers, und *B*rillouin genannt wird [3.14, 3.15]. Wir wollen daher zuerst die WKB-Näherung kurz diskutieren und dann die wichtigsten der heute gebräuchlichen Verfahren zur Bestimmung von Potentialkurven behandeln.

3.6.1 Die WKB-Näherung

Wir gehen aus von der radialen Schrödingergleichung (3.7), aus der durch die Substitution $\Psi = R \cdot S(R)$ die Gleichung

$$\frac{\mathrm{d}^2\Psi}{\mathrm{d}R^2} + \frac{2\mu}{\hbar}\left(E - E_{\mathrm{pot}}^{\mathrm{eff}}\right)\Psi = 0 \tag{3.55}$$

$$\text{mit} \quad E_{\mathrm{eff}} = E_{\mathrm{p}}(R) + \frac{J(J+1)\hbar^2}{2\mu R^2} \tag{3.55a}$$

des schwingenden und rotierenden Moleküls hervorgeht.

Die kinetische Energie der Radialbewegung

$$E_{\mathrm{kin}} = E - E_{\mathrm{pot}}^{\mathrm{eff}} = p^2/2\mu \tag{3.56}$$

lässt sich durch den Radialimpuls $p(R) = \sqrt{2\mu(E - E_{\mathrm{pot}}^{\mathrm{eff}})}$ ausdrücken.

Gleichung (3.55a) wird dann mit $k = p/h$

$$\frac{\mathrm{d}^2\Psi}{\mathrm{d}R^2} + k^2\Psi = 0\,. \tag{3.57}$$

Für konstantes Potential $V_{\mathrm{eff}} = \text{const.}$ wird $k = k_0$ und Gl. (3.57) beschreibt ein freies Teilchen. Die Lösung von (3.57) ist dann:

$$\Psi = A \cdot \mathrm{e}^{\pm \mathrm{i}k_0 R}\,.$$

Wenn $E_{\mathrm{pot}}(R)$ nur langsam mit R variiert, liegt es nahe, einen Lösungsansatz

$$\Psi = A \cdot \mathrm{e}^{\mathrm{i}u(R)} \tag{3.58}$$

mit der Versuchsfunktion $u(R)$ zu versuchen. Setzt man (3.59) in (3.57) ein, so erhält man eine Gleichung für die unbekannte Funktion $u(R)$:

$$\mathrm{i}\frac{\mathrm{d}^2u}{\mathrm{d}R^2} - \left(\frac{\mathrm{d}u}{\mathrm{d}R}\right)^2 + k^2(R) = 0\,. \tag{3.59}$$

Wenn das Potential sich nicht schnell mit R ändert, wird die 2. Ableitung $\mathrm{d}^2u/\mathrm{d}R^2$ in einer 0. Näherung vernachlässigbar, und wir erhalten für die nullte Näherung $u_0(R)$ aus (3.59) mit $u_0' = \mathrm{d}u_0/\mathrm{d}R$

$$u'^2_0 = k^2(R) \Rightarrow u_0 = \int k(R)\mathrm{d}R + C\ . \tag{3.60}$$

Setzt man u'_0 in die 2. Ableitung in (3.59) ein, so ergibt sich für die 1. Näherung u_1 der Funktion $u(R)$ die Gleichung

$$\left(\frac{\mathrm{d}u_1}{\mathrm{d}R}\right)^2 = k^2(R) + \mathrm{i}\frac{\mathrm{d}^2u_0}{\mathrm{d}R^2} \Rightarrow u_1 = \pm\int \left[k^2(R) + \mathrm{i}u_0''(R)\right]^{1/2} dR\ . \tag{3.61}$$

Daraus lässt sich ein sukzessives Näherungsverfahren aufbauen, indem man auf der rechten Seite von (3.61) die $(n-1)$-te Näherung einsetzt, und damit auf der linken Seite die n-te Näherung für $u(R)$ erhält. Die Lösungen sind dann:

$$u_n(R) = \pm\int \sqrt{k^2(R) + \mathrm{i}u''_{n-1}(R)}\mathrm{d}R + C_n\ , \tag{3.62}$$

wobei C_n eine Integrationskonstante ist, die durch Randbedingungen festgelegt wird.

Insbesondere erhalten wir für die 1. Näherung:

$$\begin{aligned} u_1(R) &= \pm\int \sqrt{k^2(R) + \mathrm{i}u_0''(R)}\mathrm{d}R + C_1 \\ &= \pm\int \sqrt{k^2(R) + \mathrm{i}k'(R)}\mathrm{d}R\ . \end{aligned} \tag{3.63}$$

Das Verfahren konvergiert, wenn $|k'(R)| \ll |k^2(R)|$. Durch Entwickeln des Integranden ergibt sich:

$$\begin{aligned} u_1(R) &= \pm\int k(R)\left[1 \pm \frac{\mathrm{i}}{2}\left(k'(R)/k^2(R)\right)\right]\mathrm{dR} + C_1 \\ &= \pm\int k(R)\mathrm{d}R + \frac{\mathrm{i}}{2}\ln k(R) + C_1\ . \end{aligned}$$

Für die Wellenfunktion $\Psi(R)$ erhalten wir dann durch Einsetzen von $u_1(R)$in (3.57) die Näherungslösung:

$$\boxed{\Psi(R) = \frac{1}{\sqrt{k(R)}}\exp\left[\pm\frac{\mathrm{i}}{\hbar}\int p(R)\mathrm{d}R\right]}\ , \tag{3.64}$$

die als WKB-Näherung bezeichnet wird. Durch Einführen der de-Broglie-Wellenlänge

$$\lambda = \frac{h}{p} = \frac{2\pi}{k(R)}$$

kann die Konvergenzbedingung $k' \ll k^2$ auch geschrieben werden als

$$\lambda \cdot \frac{\mathrm{d}p}{\mathrm{d}R} \ll p(R) , \tag{3.65}$$

d. h. die Näherung ist anwendbar, wenn *die Änderung des Impulses über eine de-Broglie-Wellenlänge klein ist gegen den Impuls selbst.*

Diese Bedingung ist an den klassischen Umkehrpunkten eines Oszillators *nicht* erfüllt, da dort $p(R) = 0$ wird. Man kann die dadurch bedingte Schwierigkeit für die Anwendung der WKB-Näherung jedoch umgehen, indem man in der Nähe der Umkehrpunkte spezielle Lösungen der Schrödingergleichung (3.55a) sucht, die man erhält, wenn das Potential $E_\mathrm{p}(R)$ in einem kleinen Bereich um die Umkehrpunkte R_1, R_2 linearisiert wird, also durch $E_\mathrm{p}(R) = a(R - R_i)$ beschrieben wird. Für eine detaillierte Begründung wird auf [3.16] verwiesen.

Für eine periodische Bewegung der schwingenden Kerne zwischen den Umkehrpunkten bei den Radien R_1 und R_2 erhält man durch Integration über eine volle Schwingungsperiode, d. h. über den Weg von R_1 über R_2 zurück nach R_1 das so genannte *Wirkungsintegral*

$$I = \oint p(R)\mathrm{d}R . \tag{3.66}$$

Da die Eindeutigkeit der Lösungsfunktion (3.64) verlangt, dass diese nach einem Umlauf wieder identisch sein muss, d. h. es muss gelten: $\psi(R) = \psi(R + 2(R_1 - R_2))$ folgt für den Exponenten in (3.64)

$$\frac{\mathrm{i}}{\hbar} \oint p(R)\mathrm{d}R = (2\pi i)[v + \frac{1}{2}]; \text{ v ganzzahlig} \tag{3.67}$$

wobei berücksichtigt wurde, dass bei der Reflexion ein Phasensprung von π in der Wellenfunktion auftritt. Für das Wirkungsintegral, das den Phasenfaktor der Wellenfunktionen (3.64) bestimmt, folgt daher die Bedingung:

$$\boxed{I = \left(v + \frac{1}{2}\right) h ,} \tag{3.68}$$

wobei $v = 0, 1, 2, \ldots$ die ganzzahlige Schwingungsquantenzahl ist.

Mit $p = \sqrt{2\mu(E - E_\mathrm{pot}^\mathrm{eff})}$ gibt dies eine Quantisierungsbedingung für die erlaubten Energiewerte E

$$\oint \sqrt{2\mu \left(E - E_\mathrm{pot}^\mathrm{eff}(R)\right)}\mathrm{d}R = \left(v + \frac{1}{2}\right) h , \tag{3.69}$$

die die Abhängigkeit der Energieniveaus $E(\mathrm{v}, J)$ des schwingenden Rotators von der effektiven potentiellem Energie $E_\mathrm{pot}^\mathrm{eff} = E_\mathrm{p}(R) + J(J + 1)\hbar^2/(2\mu R^2)$ enthält.

Sehen wir E als kontinuierliche Variable an, so ergibt die Differentiation

$$\frac{\mathrm{d}I}{\mathrm{d}E} = \sqrt{\frac{\mu}{2}} \oint \frac{\mathrm{d}R}{\sqrt{E - E_{\mathrm{pot}}^{\mathrm{eff}}(R)}} . \tag{3.70}$$

Dies ist gleich der klassischen Schwingungsdauer T_{vib}, wie man sofort aus folgender Formel sieht:

$$E = \frac{1}{2}\mu \dot{R}^2 + E_{\mathrm{pot}}^{\mathrm{eff}}(R) \Rightarrow \mathrm{d}R/\mathrm{d}t = \sqrt{\frac{2}{\mu}(E - E_{\mathrm{pot}}^{\mathrm{eff}})} \tag{3.71}$$

Durch Integration folgt daraus:

$$T_{\mathrm{vib}} = \oint \mathrm{d}t = \sqrt{\mu/2} \oint \frac{\mathrm{d}R}{\sqrt{E - E_{\mathrm{pot}}^{\mathrm{eff}}(R)}} = \frac{\mathrm{d}I}{\mathrm{d}E} . \tag{3.72}$$

3.6.2 WKB-Näherung und Dunham-Potentialentwicklung

Wie bereits in Abschn. 3.5.3 erwähnt, benutzte Dunham [3.9] eine Potenzreihen-Entwicklung für das effektive Potential $E_{\mathrm{p}}^{\mathrm{eff}}$ mit dem normierten Entwicklungsparameter $\xi = (R - R_{\mathrm{e}})/R_{\mathrm{e}}$

$$\begin{aligned} E_{\mathrm{p}}^{\mathrm{eff}} =& hca_0\xi^2 \left[1 + a_1\xi + a_2\xi^2 + a_3\xi^3 + \ldots\right] \\ &+ hcB_{\mathrm{e}}J(J+1)\left[1 - 2\xi + 3\xi^2 - 4\xi^3 + \ldots\right] . \end{aligned} \tag{3.73}$$

Der Parameter $a_0 = \omega_{\mathrm{e}}^2/4B_{\mathrm{e}}$, ist bestimmt durch die klassische Oszillationsfrequenz $\nu_{\mathrm{e}} = c \cdot \omega_{\mathrm{e}}$ für kleine Auslenkungen (d. h. die Frequenz des harmonischen Oszillators) und durch die Rotationskonstante $B_{\mathrm{e}} = \hbar/(4\pi\mu c R_{\mathrm{e}}^2)$ beim Kernabstand R_{e}.

Geht man mit diesem Potentialsatz in die Schrödingergleichung, so kann man sie im Rahmen der WKB-Näherung lösen, indem man in die Gl. (3.69) für die entsprechenden Wirkungsintegrale

$$\oint \sqrt{E - E_{\mathrm{pot}}^{\mathrm{eff}}}\mathrm{d}R = \left(v + \frac{1}{2}\right) h/\sqrt{2\mu}$$

das effektive Potential $E_{\mathrm{pot}}^{\mathrm{eff}}$ aus (3.55a) einsetzt und die Wurzel entwickelt. Als Ergebnis erhält man die Termwerte $T(v, J) = E(v, J)/hc$ in Form der Dunham-Entwicklung

$$\boxed{T(v, J) = \sum_i \sum_k Y_{ik} \left(v + \frac{1}{2}\right)^i [J(J+1)]^k ,} \tag{3.74}$$

wobei die Dunhamkoeffizienten Y_{ik} mit den Koeffizienten a_i in der Potentialentwicklung verknüpft sind.

Eine Aufstellung der Relationen für die ersten 15 Dunham-Koeffizienten findet man in [3.9, 3.17].

Man beachte: Da die Potentialentwicklung (3.73) nur für $\xi < 1$ konvergiert, ist ihr Gültigkeitsbereich auf Kernabstände $0 \le R \le 2R_e$ beschränkt. Trotzdem kann man auch für $R \ge 2R_e$ (3.74) zur Anpassung an gemessene Termwerte benutzen. Die daraus erhaltenen Dunham-Koeffizienten Y_{ik} sagen dann allerdings nichts mehr über das Potential aus. Sie können jedoch als Zahlenwerte zur Berechnung von Termwerten aufgefasst werden und sind daher durchaus von Nutzen für die Berechnung von Linienpositionen im Spektrum der Übergänge $(v'', J') \leftarrow (v'', J'')$.

3.6.3 Andere Potentialentwicklungen

Von Finlan und Simons [3.18] wurde eine Potentialentwicklung mit beliebigem Konvergenzbereich angegeben, indem als Entwicklungsparameter nicht $\xi = (R - R_e)/R_e$ genommen wurde, sondern $z = (R - R_e)/R$. Das Potential $E_p(R)$ wird dann ähnlich geschrieben wie (3.73)

$$E_p(R) = A_0 z^2 (1 + b_1 z + b_2 z^2 + \dots) . \tag{3.75}$$

Die Autoren zeigten, dass die Koeffizienten b_i mit den Koeffizienten a_i des Dunham-Potentials verknüpft sind durch die Beziehung

$$a_n = b_n + \sum_{i=1}^{n-1} (-1)^i b_{n-i} \binom{n+1}{i} + (-1)^n (n+1) \tag{3.76}$$

da für $R \to \infty$, d. h. $z \to 1$ das Potential $E_p(R)$ gegen die Bindungsenergie E_B konvergiert, erhält man als zusätzliche Randbedingung

$$E_B = A_0 \left(1 + \sum_n b_n \right) . \tag{3.77}$$

Ein allgemeiner Potentialansatz, der viele Näherungsansätze als Spezialfall enthält, wurde von Thakkar [3.19] entwickelt.

3.6.4 Das RKR-Verfahren

Das heute am häufigsten verwendete Verfahren zur genauen Berechnung von Potentialkurven aus gemessenen Daten basiert auf Arbeiten von *R*ydberg [3.20], *K*lein [3.21] und *R*ees [3.22]. Es benutzt die WKB-Näherung, um aus gemessenen Energieniveaus $E(v, J)$ die klassischen Umkehrpunkte R_1 und R_2 des schwingenden Moleküls zu erhalten, in denen die Gesamtenergie $E(v, J)$ gleich der potentiellen Energie ist. Mit Hilfe dieser Umkehrpunkte R_i wird dann die Potentialkurve $E_p(R)$ Punkt für Punkt konstruiert. Das Potential $E_p(R)$ wird also nicht in analytischer Form angegeben, sondern nur durch einzelne Punkte $E_p(R_i)$ festgelegt, wobei die Zahl der

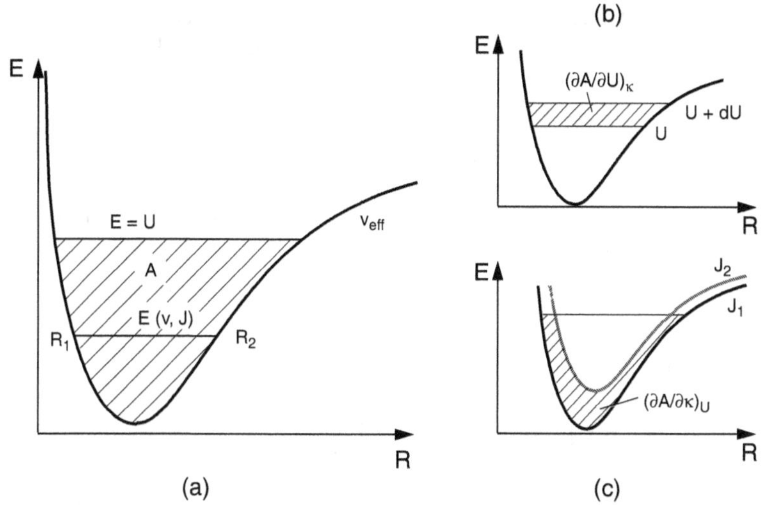

Abb. 3.13: Zur Erläuterung des RKR-Verfahrens: a) Integral A als Fläche zwischen $E = 0$ und $E = U$ innerhalb der Potentialkurve b) und c) Änderung von A mit U und κ.

benutzten Umkehrpunkte durch die Zahl der gemessenen Niveaus gegeben ist. Das RKR-Verfahren liefert genauere Potentialkurven als alle bisher besprochenen Methoden und ist darum auch das Standardverfahren in der Molekülspektroskopie. Seine Genauigkeit wird nur durch die des bisher weniger bekannten IPA-Verfahrens übertroffen (siehe nächster Abschnitt).

Das RKR-Verfahren soll anhand von Abb. 3.13 erläutert werden. Die Energie E möge einem gemessenen Schwingungs-Rotationsniveau $E(v, J)$ entsprechen. Die in Abb. 3.13 schraffierte Fläche A zwischen der Gesamtenergie

$$U = E_\mathrm{p}(R) + \frac{J(J+1)\hbar^2}{2\mu R^2} + \frac{p_\mathrm{R}^2}{2\mu} = E_\mathrm{pot} + E_\mathrm{rot} + E_\mathrm{vib} \tag{3.78}$$

und der Potentialkurve

$$E_\mathrm{pot}^\mathrm{eff}(R) = E_\mathrm{p}(R) + \kappa/R^2 \qquad \text{mit} \quad \kappa = \frac{J(J+1)\hbar^2}{2\mu} \tag{3.79}$$

wird durch das Integral

$$A = \int_{R_1}^{R_2} \left(U - E_\mathrm{p}(R) - \kappa/R^2\right) \mathrm{d}R \tag{3.80}$$

gegeben. Wir sehen nun U als kontinuierliche Variable an und differenzieren zuerst A nach U bei konstantem κ.

Die partielle Ableitung

$$\left(\frac{\partial A}{\partial U}\right)_\kappa = \int_{R_1}^{R_2} \mathrm{d}R = R_2 - R_1 \tag{3.81}$$

gibt die Änderung der Fläche A an, wenn sich die Gesamtenergie U ändert, aber die Rotationsenergie konstant bleibt (Abb. 3.13b). Differentiation nach κ bei konstantem U liefert

$$\left(\frac{\partial A}{\partial \kappa}\right)_U = \int_{R_1}^{R_2} \frac{\mathrm{d}R}{R^2} = \frac{1}{R_2} - \frac{1}{R_1} \,. \tag{3.82}$$

Dies gibt die Änderung der Fläche A bei konstanter Gesamtenergie U aber sich ändernder Rotationsenergie an, wobei sich $E_\mathrm{p}^\mathrm{eff}(R)$ ändert (Abb. 3.13c). Mit den Abkürzungen

$$f = \frac{1}{2}\left(\frac{\partial A}{\partial U}\right)_\kappa = \frac{1}{2}(R_2 - R_1)\,, \tag{3.83a}$$

$$g = -\frac{1}{2}\left(\frac{\partial A}{\partial \kappa}\right)_U = \frac{1}{2}\left(\frac{1}{R_2} - \frac{1}{R_1}\right) \tag{3.83b}$$

erhält man für die klassischen Umkehrpunkte im Potential $E_\mathrm{p}^\mathrm{eff}$ bei der Termenergie $U = E(v, J)$

$$\boxed{R_1 = \left(\frac{f}{g} + f^2\right)^{1/2} - f\,,} \qquad \boxed{R_2 = \left(\frac{f}{g} + f^2\right)^{1/2} + f\,.} \tag{3.84}$$

Wenn wir nun die Größen f und g aus gemessenen Energieniveaus $E(v, J)$ bestimmen können, lassen sich die Umkehrpunkte aus (3.84) berechnen. Der Zusammenhang zwischen f, g und $E(v, J)$ kann im Rahmen der WKB-Näherung mit Hilfe des Wirkungsintegrals (3.69)

$$I = \oint p(R)\mathrm{d}R = \oint \sqrt{2\mu(E - E_\mathrm{p}(R) - \kappa/R^2)}\mathrm{d}R = h(v + 1/2)$$

hergestellt werden. Wir können nämlich aus der Euler Relation [3.23]

$$U - E_\mathrm{p}^\mathrm{eff} = \frac{2}{\pi}\int_{V_\mathrm{eff}}^{U} \left(\frac{U - E}{E - E_\mathrm{p}^\mathrm{eff}}\right)^{1/2} \mathrm{d}E \tag{3.85}$$

die Fläche A durch das Wirkungsintegral I ausdrücken.

Setzen wir in (3.80) für $(U - E_\mathrm{pot})$ das Integral (3.85) ein, so erhalten wir für die Fläche A das Doppelintegral

$$A = \frac{2}{\pi}\int_{R_1}^{R_2}\left[\int_{V_\mathrm{eff}}^{U}\left(\frac{U - E}{E - E_\mathrm{pot}}\right)^{1/2}\mathrm{d}E\right]\mathrm{d}R\,. \tag{3.86}$$

Durch Vertauschen der Integrationsreihenfolge ergibt dies:

$$A = \frac{1}{\pi}\int_{U_0}^{U}\left[(U - E)^{1/2}\int\frac{\mathrm{d}R}{(E - E_\mathrm{p}^\mathrm{eff})^{1/2}}\right]\mathrm{d}E\,, \tag{3.87}$$

wobei U_0 die Energie beim Minimum von $E_\mathrm{p}^\mathrm{eff}$ ist. Das Integral über R ist nach (3.70) gleich $\sqrt{2/\mu}\cdot \mathrm{d}I/\mathrm{d}E$. Deshalb ergibt sich die Fläche

$$\begin{aligned} A &= \sqrt{2/\mu\pi^2}\int_{U_0}^{U}(U-E)^{1/2}\frac{\mathrm{d}I}{\mathrm{d}E}\mathrm{d}E \\ &= \sqrt{2/\mu\pi^2}\int_0^{I^*}(U-E(I,\kappa))^{1/2}\,dI\,, \end{aligned} \tag{3.88}$$

wobei I^* der Wert des Wirkungsintegrals ist, für den $E(I,\kappa)=U$ wird. Die Energie $E(I,\kappa)$ der Schwingungs-Rotationsniveaus kann man aus der Dunham-Entwicklung (3.25) erhalten, indem man gemäß (3.68) für $(v+1/2)$ den Wert I/h einsetzt. Für die Termwerte ergibt sich dann:

$$T(v,J) = E(I,\kappa)/hc = \sum_i\sum_k Y_{ik}(I/h)^i\left(K/h^2\right)^k\,. \tag{3.89}$$

Üblicherweise wird die Potentialkurve $E_\mathrm{p}(R)$ für das nichtrotierende Molekül angegeben. Die Termwerte $T(v,J)=G(v)+F(v,J)$ reduzieren sich dann auf die reinen Schwingungstermwerte $G(v)$. Mit $\kappa=0$, d. h. $J=0$ erhält man dann für die Größen f und g in (3.83):

$$\begin{aligned} f(U) &= (\partial A/\partial U)_\kappa = \sqrt{1/2\mu\pi^2}\int_0^{I^*}\frac{\mathrm{d}I}{\sqrt{U^*-G(I)}} \\ &= \sqrt{h^3/2\mu\pi^2 c}\int_0^{U^*}\frac{\mathrm{dv}}{\sqrt{U^*-G(v)}}\,, \end{aligned} \tag{3.90a}$$

$$\begin{aligned} g(U) &= (\partial A/\partial\kappa)_U = \sqrt{1/(2\mu\pi^2)}\int_0^{I^*}\frac{(\partial E/\partial\kappa)\mathrm{d}I}{\sqrt{U^*-E(I,\kappa)}} \\ &= 4\pi\sqrt{2\mu c/h}\int_0^{U^*}\frac{B_v\mathrm{dv}}{\sqrt{U^*-G(v)}}\,. \end{aligned} \tag{3.90b}$$

Eine Schwierigkeit bei der Auswertung der Integrale wird durch die Singularität des Integranden an der oberen Grenze $G(v)=U^*$ verursacht. Die numerische Integration wird unterhalb der Singularität mit einer üblichen Simpson-Integration durchgeführt, während der letzte Teil bis zur Nullstelle des Nenners, der große Beiträge zum Integral liefert, mit einer Gauß-Quadratur-Integration berechnet wird [3.24, 3.25].

Die Größen

$$G(v) = \sum_i Y_{i0}(v+l/2)^i = \sum Y_{i0}(I/h)^i \tag{3.91}$$

$$B_v = \sum_i Y_{i1}(v+1/2)^i = \sum Y_{i1}(I/h)^i \tag{3.92}$$

werden aus der Dunham-Entwicklung für das rotationslose Molekül ($J = 0$) berechnet, wobei die Dunhamkoeffizienten Y_{i0} und Y_{i1} aus einem „least squares-fit“ an die gemessenen Termwerte $T(v, J)$ in Gl. (3.66) bestimmt werden.

Obwohl die RKR-Methode auf einer WKB-Näherung 1. Ordnung basiert, zeigt sich, dass sie von allen bisher besprochenen Verfahren zur Bestimmung von Potentialkurven die größte Genauigkeit hat. Dies lässt sich folgendermaßen einsehen: In der Nähe des Potentialminimums sind die WKB-Termwerte exakt. In der Nähe der Dissoziationsgrenze für große Werte von v wird die Bewegung der schwingenden Kerne praktisch gleich der klassisch berechneten Bewegung (siehe Abb. 3.6) und die WKB-Näherung, die ja eine halbklassische Näherung ist, sollte auch hier gut sein. Da das RKR-Verfahren auf einer Integration vom Minimum der Potentialkurve bis zu den höchsten gemessenen Energieniveaus beruht, ist die WKB-Näherung für dieses Verfahren gut anwendbar [3.26]. Man kann aus den RKR-Potentialen die Zentrifugalkonstanten des Moleküls berechnen [3.27].

3.6.5 Die IPA-Methode

Die bisher besprochenen Methoden zur Bestimmung von Potentialkurven benutzten einen Satz von Molekülkonstanten (z. B. die Dunham-Koeffizienten Y_{ik}), die aus einem „least squares-fit“ an gemessene Termwerte $T(v, J)$ gewonnen wurden. Mit Hilfe dieses Konstantenansatzes wurde das Potential $E_p(R)$ ermittelt, entweder durch einen Potenzreihenansatz, dessen Koeffizienten mit den Molekülkonstanten verknüpft sind (Dunham-Potentialentwicklung), oder durch die Berechnung der klassischen Umkehrpunkte R_i und einer punktweisen Konstruktion der Potentialkurve (RKR-Verfahren).

Die einzelnen Molekülkonstanten Y_{ik} sind im allgemeinen nicht eindeutig festgelegt, weil zwischen ihnen eine mehr oder weniger starke Korrelation besteht, die von der Menge der gemessenen Termwerte abhängt. So hängt z. B. der Wert der Rotationskonstanten $B_e \approx Y_{01}$, der aus einem Fit an einen gegebenen Satz gemessener Termwerte erhalten wird, davon ab, wieviele Zentrifugalkonstanten $Y_{0k} (k = 2, 3, \dots)$ in den Fit einbezogen werden. Das gleiche gilt für die Schwingungskonstanten. Wie im Abschnitt 3.5.2 erläutert wurde, sind die Dunham-Koeffizienten primär nur Fitkonstanten. Ihre physikalische Interpretation als Schwingungs- oder Rotationskonstanten hängt von dem verwendeten Potential-Modell ab.

Um die Eindeutigkeit der Molekülkonstanten sicherzustellen und um ihnen eine wohldefinierte physikalische Bedeutung geben zu können, muss man Konstanten finden, die es nicht nur erlauben, gemessene Termwerte zu reproduzieren oder nicht gemessene vorherzusagen, sondern die auch die Randbedingungen erfüllen, die durch den Hamiltonoperator des betrachteten molekularen Systems vorgegeben werden. Die in diesem Abschnitt diskutierte „*I*nverted *P*erturbation *A*pproach-Methode“, die erstmals von Kosman und Hinze [3.28] angegeben wurde, basiert auf dem Variationsprinzip und erfüllt die obigen Forderungen wesentlich besser als alle bisherigen Verfahren. Sie wurde von Vidal [3.29] weiterentwickelt zu einem numerischen Verfahren zur genauen Bestimmung von Molekülkonstanten und Potentialkurven. Ihre

Überlegenheit gegenüber dem RKR-Verfahren wurde inzwischen an mehreren Beispielen demonstriert [3.30, 3.31]. Die folgende Darstellung stützt sich auf Ref. [3.29].

Die IPA-Methode benutzt ein Optimierungsverfahren für das rotationslose Potential $E_p(R)$, das durch die Schrödingergleichung (3.22) des nichtrotierenden Moleküls

$$\hat{H}_0 \Psi = E\Psi \qquad \text{mit} \quad \hat{H}_0 = \frac{-\hbar^2}{2\mu}\frac{d^2}{dR^2} + E_p(R) \tag{3.93a}$$

bestimmt ist. Das rotierende Molekül wird durch die Schrödingergleichung des schwingenden Rotators

$$(\hat{H}_0 + \hat{H}_{rot})\Psi_{(v,J)}(R) = E(v,J) \cdot \Psi_{(v,J)}(R) \qquad \text{mit} \quad \hat{H}_{rot} = \frac{\hbar^2 J(J+1)}{2\mu}\frac{1}{R^2} \tag{3.93b}$$

beschrieben. Mit Hilfe eines Variationsverfahrens wird nun $E_p(R)$ solange optimiert, bis die gemessenen Energiewerte $E(v, J)$ mit den aus (3.93b) berechneten Werten im Sinne eines „least squares-fit“ innerhalb vorgegebener Grenzen übereinstimmen.

Dazu wird der Ansatz gemacht:

$$E_p(R) = E_{p_0}(R) + \Delta E_p(R)\,, \tag{3.94}$$

wobei $E_{p_0}(R)$ das „Startpotential“ (z. B. das RKR-Potential, das aus den Dunham-Koeffizienten gewonnen wurde) ist und $\Delta E_p(R)$ ein Korrekturterm. Die Korrektur $\Delta E_{v,J}$ der Energieeigenwerte erhält man dann aus einer Störungsrechnung 1. Ordnung durch

$$\Delta E_{v,J} = \langle \Psi_{v,J}^{(0)} | \Delta E_p(R) | \Psi_{v,J}^{(0)} \rangle\,, \tag{3.95}$$

wobei die „ungestörten“ Wellenfunktionen $\Psi^{(0)}$ Lösungen der Ausgangsgleichung (3.93b) sind.

Im Gegensatz zum normalen Störungsverfahren, bei dem aus einer vorgegebenen Störung $\Delta E_p(R)$ die Energiekorrekturen ΔE berechnet werden, wird hier nun das inverse Verfahren benutzt, in dem $\Delta E_p(R)$ bestimmt wird aus den Energiedifferenzen

$$\Delta E_{v,J} = E_{v,J}^{exp} - E_{v,J}^{(0)}$$

zwischen experimentell gemessenen Werten $E_{v,J}^{exp}$ und den aus der Ausgangsgleichung (3.93) berechneten Energien $E_{v,J}^{(0)}$. Wenn das Ausgangspotential $E_p(R)$ bereits hinreichend gut ist, genügt eine Störungsrechnung 1. Ordnung zur Bestimmung der $\Delta E_p(R)$, weil dann die höheren Ordnungen nur so kleine Verbesserungen bringen, dass man sie im Rahmen der experimentellen Genauigkeit vernachlässigsn kann. Man kann hieraus ein Iterationsverfahren entwickeln, indem das im 1. Näherungsschritt gewonnene neue Potential $E_p(R)$ als Ausgangspotential für den 2. Schritt genommen wird usw. Um eine schnell konvergierende Iteration zu erreichen, ist der funktionale Ansatz für $\Delta E_\mathrm{p}(R)$ entscheidend. Eine lineare Superposition von Produkten aus Legendreschen Polynomen $P_i(x)$ und Gaußfunktionen $\exp\left[-\alpha(x-x_i)^2\right]$

$$E_\mathrm{pot}(R) = \sum_i c_i P_i(x) \exp\left[-\alpha(x-x_i)^{2n}\right] \tag{3.96}$$

hat sich als optimaler Ansatz für die numerische Integration der Schrödingergleichung in den einzelnen Iterationsschritten erwiesen. Der Exponent n liegt typisch im Bereich $1 \leq n \leq 5$. Das Argument x der Funktionen P und der Gaußfunktionen wird durch den Kernabstand R im Potential $E_\mathrm{p}(R)$ bestimmt und ist definiert als

$$x = \frac{(R-R_\mathrm{e})(R_\mathrm{max}-R_\mathrm{min})}{(R_\mathrm{max}+R_\mathrm{min})(R+R_\mathrm{e}) - 2R_\mathrm{max}R_\mathrm{min} - 2RR_\mathrm{e}} \tag{3.97}$$

sodass $x = 1$ für $R = R_\mathrm{max} = R_2$, $x = -1$ für $R = R_\mathrm{min} = R_1$ und $x = 0$ für $R = R_\mathrm{e}$. Für ein harmonisches Potential gilt $Re = (R_\mathrm{max} + R_\mathrm{min})/2$, sodass in diesem Fall $x = 2(R - R_\mathrm{e})/(R_\mathrm{max} + R_\mathrm{min})$ eine lineare Interpolation für R_e darstellt. Aus dem iterativ bestimmten Potential $E_\mathrm{p}(R)$ kann man die Termwerte $G(v)$ als Eigenwerte der Schrödingergleichung (3.93a) des nichtrotierenden Moleküls bestimmen:

$$G(v) = E_{v,J=0}/hc\,.$$

Die Rotationskonstante B_v ist nach (3.41) durch den Erwartungswert

$$B_v = \frac{\hbar}{4\pi\mu c}\langle\Psi_{v,J=0}|1/R^2|\Psi_{v,J=0}\rangle \tag{3.98}$$

gegeben, wobei die Schwingungsfunktionen durch die numerische Integration der Schrödingergleichung (3.93a) gewonnen werden.

Abbildung 3.14 zeigt zur Illustration die Differenzen ΔE zwischen gemessenen und berechneten Termwerten für Übergänge im $A\,^1\Sigma_\mathrm{u}^+ \leftarrow X\,^1\Sigma_\mathrm{g}^+$ System von Mg_2 für verschiedene Rotationsquantenzahlen J [3.32]. Dieses Bild demonstriert die Überlegenheit der IPA-Methode gegenüber dem RKR-Verfahren.

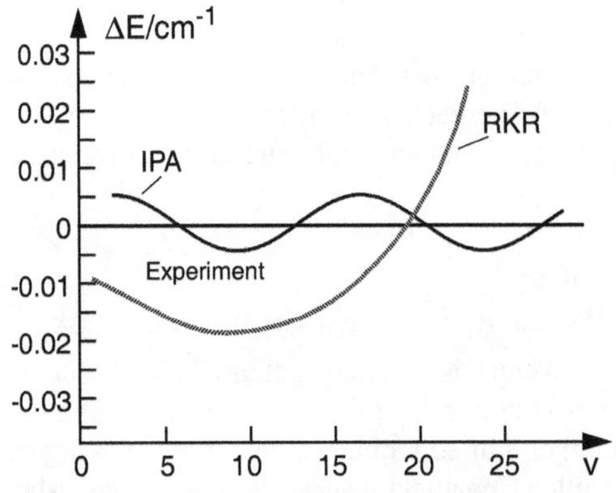

Abb. 3.14: Vergleich zwischen gemessenen, und mit dem RKR-Verfahren und dem IPA-Verfahren berechneten Termwerten des Mg_2-Moleküls [3.32].

3.7 Potentialkurven bei großen Kernabständen

Bei genügend großen Kernabständen R, bei denen sich die Elektronenhüllen der beiden Atome nicht mehr wesentlich überlappen, kann eine klassische Betrachtung der Wechselwirkung zwischen zwei Atomen nicht nur eine tiefere Einsicht in die physikalischen Ursachen dieser Wechselwirkung vermitteln, sondern auch eine quantitative Beschreibung des Potentials $E_p(R)$ geben. Die Frage: „Wann können sich zwei neutrale Atome gegenseitig anziehen?“ wird bei dieser Betrachtung beantwortet durch eine Berechnung der Multipolmomente der Ladungsverteilung der einzelnen Atome. Kombiniert mit quantentheoretischen Berechnungen dieser Ladungsverteilung, erlaubt eine solche „halbklassische“ Methode eine recht genaue Bestimmung des Potentialverlaufes $E_p(R)$ für große R.

Dies ist besonders wichtig, wenn man die Energieniveaus $E(v, J)$ nicht bis zur Dissoziationsenergie messen kann. In solchen Fällen reicht das RKR-Verfahren oder die IPA-Methode zur Potentialbestimmung nur bis zum höchsten gemessenen Energiewert und damit bis zu einem maximalen Kernabstand R_m des Potentials $V(R)$. Der Potentialverlauf für $R > R_m$ kann dann durch eine Extrapolation des gemessenen Teils mit Hilfe dieser „halbklassischen“ Verfahren genau angegeben werden.

Das auf der klassischen Elektrodynamik fußende Verfahren der Multipol-Entwicklung ist nicht mehr anwendbar in einem Bereich $R < R_c$ unterhalb eines kritischen Kernabstandes R_c, bei dem der Überlapp der Elektronenhüllen der beiden Atome zu Austausch-Effekten führt und deshalb eine quantenmechanische Beschreibung notwendig wird (Abb. 3.15).

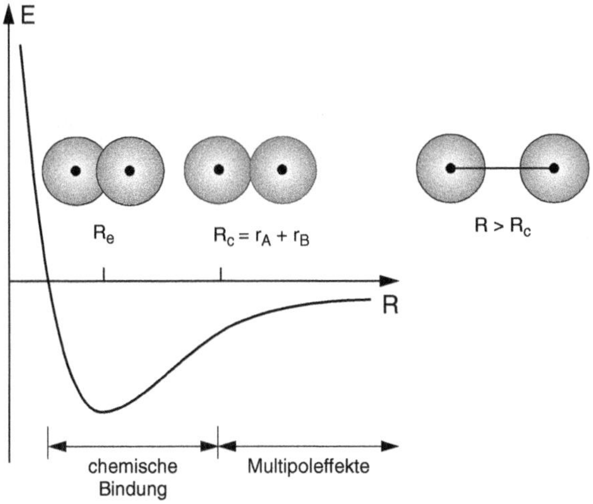

Abb. 3.15: Kernabstandsbereiche der chemischen Bindung für $R < R_c$ und der langreichweitigen Multipol-Wechselwirkungen.

3.7.1 Multipolentwicklung

Wir betrachten in Abb. 3.16 das Potential $E_p(P)$, das im Aufpunkt P durch eine Verteilung von Punktladungen $q_i(\boldsymbol{r}_i)$ erzeugt wird. Wenn der Abstand R zwischen P und dem Ladungsschwerpunkt S groß ist gegen alle vorkommenden $\boldsymbol{r}_i$, so lässt sich $E_p(R, \boldsymbol{r}_i)$ in eine konvergente Taylor-Reihe mit zunehmend kleiner werdenden Termen entwickeln:

$$E_p(P) = \frac{1}{4\pi\varepsilon_0} \sum_i \frac{q_i}{|\boldsymbol{R} - \boldsymbol{r}_i|} \tag{3.99}$$

$$\approx \frac{1}{4\pi\varepsilon_0 R} \left[Q + \frac{\boldsymbol{r} \cdot \boldsymbol{p}}{R^2} + \frac{1}{2} \sum_{i,k} \tilde{Q}_{ik} \frac{\boldsymbol{r}_i \cdot \boldsymbol{r}_k}{R^4} \right] + \ldots \tag{3.100}$$

$$= \text{Monopol} + \text{Dipol} + \text{Quadrupol} + \text{höhere Glieder} \, ,$$

wobei $\hat{R} = \boldsymbol{R}/|\boldsymbol{R}|$ der Einheitsvektor in Richtung $\boldsymbol{R}$ ist und

$$Q = \sum_i q_i \quad \text{die Gesamtladung ist} \, ,$$

$$\boldsymbol{p} = \sum_i q_i \cdot \boldsymbol{r}_i \quad \text{das gesamte Dipolmoment} \, ,$$

$\tilde{Q}_{ik}$ die Komponenten des Quadrupolmomentes der gesamten Ladungsverteilung Q sind.

(3.101)

Man beachte: Für neutrale Atome ist $\sum q_i = 0$ und der erste Term in (3.99) ist null. Atome haben im zeitlichen Mittel kein permanentes elektrisches Dipolmoment und deshalb ist für Atome ohne ein äußeres Feld auch der zweite Term null. Bei

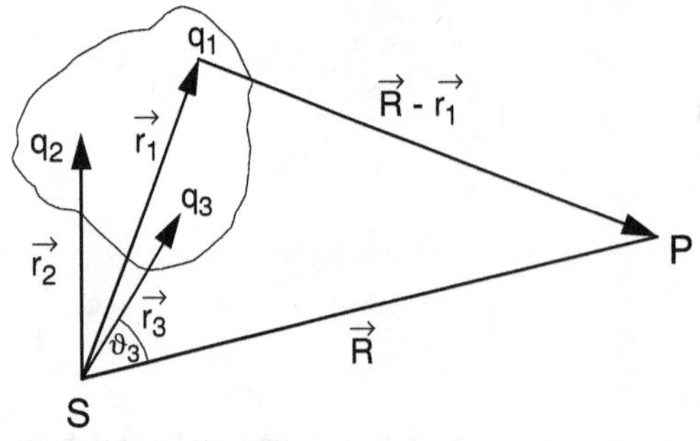

Abb. 3.16: Multipolentwicklung.

kugelsymmetrischer Ladungsverteilung ist auch das Quadrupolmoment null. Das Potential

$$E_{\mathrm{p}}(P) = \sum \frac{C_n}{R^n} \, ,$$

das durch ein neutrales Atom erzeugt wird, kann daher nur Terme mit $n > 3$ enthalten.

Die Wechselwirkung zwischen zwei neutralen Atomen wird durch induzierte Momente bewirkt, wie im Folgenden gezeigt wird.

3.7.2 Induktionsbeiträge zum Wechselwirkungspotential

Ein Atom in einem S-Zustand hat zwar im zeitlichen Mittel kein Dipolmoment, da die zeitlich gemittelte Ladungsverteilung kugelsymmetrisch ist und daher der Erwartungswert des elektrischen Dipolmomentes

$$< \boldsymbol{p} >= q \int \Psi^* \boldsymbol{r} \Psi \mathrm{d}\tau = 0$$

wird. Zu jedem Zeitpunkt gibt es jedoch ein nicht verschwindendes Dipolmoment $\boldsymbol{p}(t)$, dessen Richtung sich dauernd ändert, sodass sein zeitlicher Mittelwert null ist. So ist z. B. beim H-Atom im 1S-Zustand $\boldsymbol{p}(t) = -e \cdot \boldsymbol{r}(t)$, wenn $\boldsymbol{r}(t)$ der Ortsvektor vom Kern zum Elektron ist (Abb. 3.17).

In einem äußeren Feld $\boldsymbol{E}$ wird die Energie $W = \boldsymbol{p}(t) \cdot \boldsymbol{E}$ wegen der zeitlich sich ändernden Richtung von $\boldsymbol{p}(t)$ zeitlich variieren, aber es werden Orientierungen von $\boldsymbol{p}$ mit minimaler Energie bevorzugt. Daher wird nun der zeitliche Mittelwert von $\boldsymbol{p}(t)$ nicht mehr null und es entsteht ein *induziertes* Dipolmoment

$$\boldsymbol{\mu}_{\mathrm{ind}} = \alpha \cdot \boldsymbol{E} \, , \tag{3.102}$$

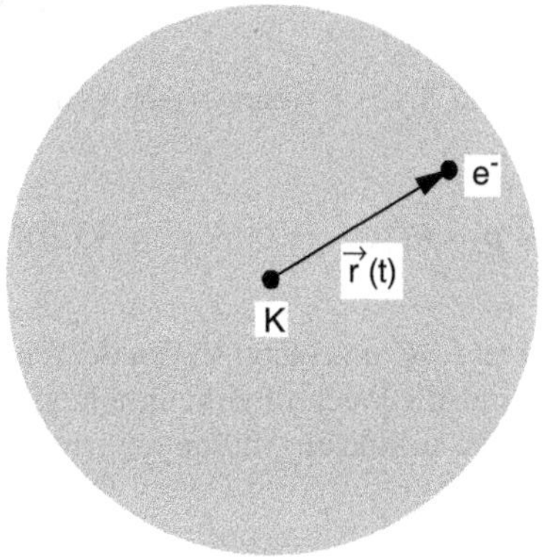

Abb. 3.17: Momentanes und zeitlich gemitteltes elektrisches Dipolmoment eines Atoms in einem S-Zustand.

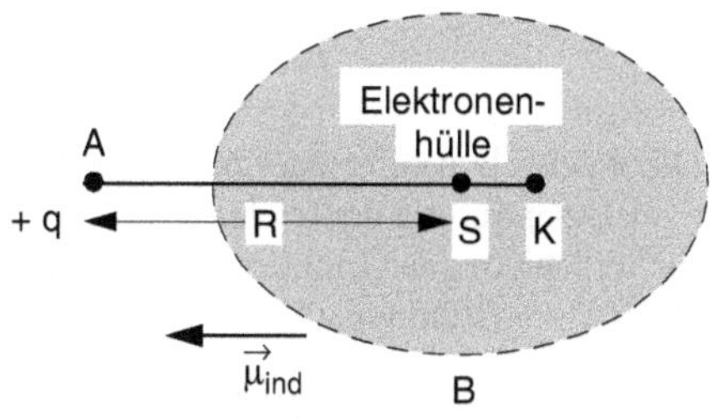

Abb. 3.18: Induziertes Dipolmoment im elektrischen Feld einer Punktladung.

dessen Größe proportional zur äußeren Feldstärke ist. Wir wollen uns dies an einigen Beispielen verdeutlichen:

3.7.2.1 Punktladungsinduzierter Dipol (Ion-Atom-Wechselwirkung)

Durch das Coulomb-Feld

$$\boldsymbol{E}_\mathrm{A} = \frac{q}{4\pi\varepsilon_0 R^2}\hat{R}_0$$

einer Punktladung q am Orte A wird in einem neutralen Atom B im Abstand R von A eine Ladungsverschiebung bewirkt. Der Schwerpunkt der negativen Ladungsverteilung verschiebt sich gegen die positive Ladung im Atomkern (Abb. 3.18). Die Verschiebung, die proportional zur elektrischen Feldstärke am Ort des Atoms B ist, führt zu einem induzierten Dipolmoment

$$\boldsymbol{\mu}_\mathrm{ind} = +\alpha_\mathrm{B}\boldsymbol{E}_\mathrm{A} = +\frac{q\alpha_\mathrm{B}}{4\pi\varepsilon_0 R^2}\hat{R}_0\,. \tag{3.103}$$

Das Wechselwirkungspotential zwischen einem Ion A mit der Ladung q und dem induzierten Dipolmoment des Atoms B

$$E_\mathrm{pot}(\mathrm{AB}) = -\boldsymbol{\mu}_\mathrm{ind}\cdot\boldsymbol{E}_\mathrm{A} = -\alpha_\mathrm{B}\left(\frac{q}{4\pi\varepsilon_0 R^2}\right)^2 = -\frac{C}{R^4} \tag{3.104}$$

führt zu einer negativen Energie und damit einer Bindung, die mit R^{-4} abnimmt.

3.7.2.2 Wechselwirkung zwischen zwei permanenten Dipolen

Bei der Wechselwirkung zwischen zwei Dipolen $\boldsymbol{p}_1$ und $\boldsymbol{p}_2$ (z. B. zwischen zwei Molekülen mit permanenten Dipolmomenten) erhalten wir die potentielle Energie

$$E_\mathrm{pot} = -\boldsymbol{p}_1\cdot\boldsymbol{p}_2 = -\boldsymbol{p}_2\cdot\boldsymbol{E}_1\,, \tag{3.105}$$

wobei

$$\boldsymbol{E}_i = \frac{1}{4\pi\epsilon_0 R^3}[3\boldsymbol{p}_i\hat{\boldsymbol{R}}\cos\theta - \boldsymbol{p}_i] \tag{3.106}$$

das vom Dipol $\boldsymbol{p}_i$ erzeugte elektrische Feld ist (Abb. 3.19). Daraus ergibt sich die Wechselwirkungsenergie

$$E_\mathrm{pot} = \frac{1}{4\pi\epsilon_0 R^3}[\boldsymbol{p}_1\cdot\boldsymbol{p}_2 - 3(\boldsymbol{p}_1\cdot\hat{\boldsymbol{R}}\cdot\boldsymbol{p}_2\cdot\hat{\boldsymbol{R}})]\,. \tag{3.107}$$

Die Wechselwirkungsenergie ist also proportional zu $1/R^3$ und hängt ab von der relativen Orientierung der beiden Dipole. In Abb. 3.21 sind die Wechselwirkungsenergien für verschiedenen Orientierungen angegeben. Für eine kollineare Anordnung erreicht sie ihren tiefsten negativen Wert

$$E_\mathrm{pot} = -2\frac{p_1\cdot p_2}{4\pi\epsilon_0 R^3}, \tag{3.108}$$

d. h. die Anziehung ist hier am stärksten. Sind $\boldsymbol{p}_1$ und $\boldsymbol{p}_2$ antikollinear, so wird die Wechselwirkung positiv und maximal, d. h. es gibt maximale Abstoßung.

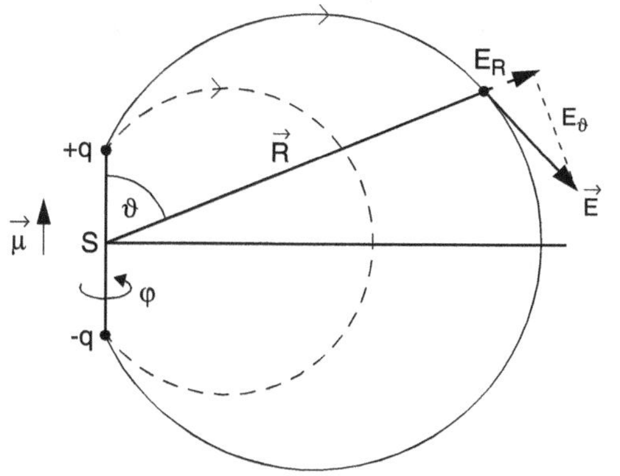

$$E_R = \frac{2\mu \cdot \cos\vartheta}{4\pi\varepsilon_0 \cdot R^3} \quad E_\vartheta = \frac{\mu \cdot \sin\vartheta}{4\pi\varepsilon_0 \cdot R^3}\,; \quad E_\varphi = 0$$

Abb. 3.19: Elektrisches Feld eines Dipols.

3.7.2.3 Wechselwirkung zwischen zwei neutralen Atomen

Neutrale Atome haben die Gesamtladung $q = 0$ und auch der Zeitmittelwert eines eventuell vorhandenen momentanen elektrischen Dipolmomentes ist null. Nähern sich zwei Atome A und B, so wird jedoch durch das momentane Dipolmoment $\boldsymbol{\mu}_{\mathrm{A}}(t)$ des Atoms A ein Feld

$$\boldsymbol{E}_{\mathrm{A}}(\mathrm{B}) = \frac{1}{4\pi\varepsilon_0 R^3}\boldsymbol{\mu}_{\mathrm{A}} \cdot \hat{R}_0 \tag{3.109}$$

am Ort des Atoms B bewirkt (Abb. 3.19), das ein induziertes Dipolmoment $\boldsymbol{\mu}_{\mathrm{ind}}(\mathrm{B}) = \alpha_{\mathrm{B}} \cdot \boldsymbol{E}_{\mathrm{A}}$ erzeugt. Dieses wiederum erzeugt am Ort A ein Feld $\boldsymbol{E}_{\mathrm{B}}(\mathrm{A})$ welches in A ein zeitlich gemitteltes Dipolmoment $\boldsymbol{\mu}_{\mathrm{A}} = \alpha_{\mathrm{A}}\boldsymbol{E}_{\mathrm{A}}(\mathrm{A})$ induziert (Abb. 3.20). Die

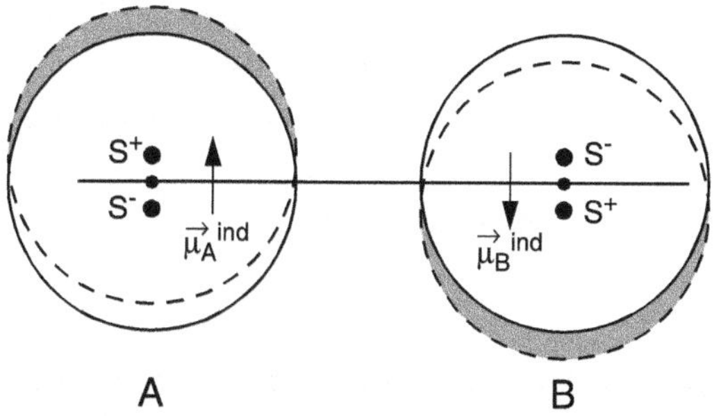

Abb. 3.20: Gegenseitige Induktion zweier Atome ohne permanentes Dipolmoment.

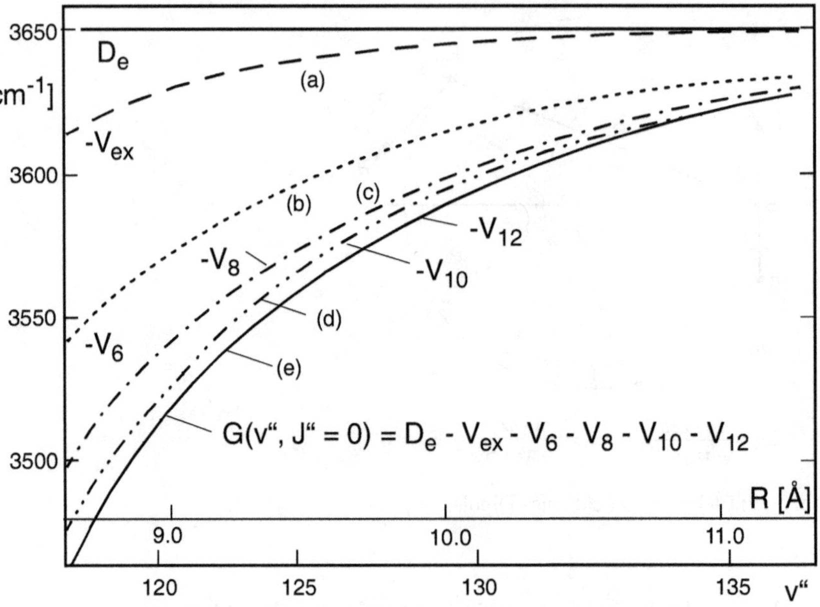

Abb. 3.21: Potentialkurven des Cs_2-Moleküls bei großen Kernabständen.

Wechselwirkungsenergie zwischen A und B ist dann

$$E_{\text{pot}} = -\boldsymbol{\mu}_{\text{B}} \cdot \boldsymbol{E}_{\text{A}} = -\frac{\alpha_{\text{B}}\mu_{\text{A}}}{4\pi\varepsilon_0 R^3} = -\boldsymbol{\mu}_{\text{A}}\boldsymbol{E}_{\text{B}} = -\frac{\alpha_{\text{A}}\mu_{\text{B}}}{4\pi\varepsilon_0 R^3} \tag{3.110}$$

Setzt man $\boldsymbol{\mu}_{\text{A}} = \alpha_{\text{A}}\boldsymbol{E}_{\text{A}}$ und $\boldsymbol{\mu}_{\text{B}} = \alpha_{\text{B}}\boldsymbol{E}_{\text{B}}$ ein, so ergibt sich mit $\mu_{\text{A}} = |\boldsymbol{\mu}_{\text{A}}|$ $\mu_{\text{A}} = \frac{\alpha_{\text{A}}\mu_{\text{B}}}{4\pi\varepsilon_0 R^3}$; $\mu_{\text{B}} = \frac{\alpha_{\text{B}}\mu_{\text{A}}}{4\pi\varepsilon_0 R^3}$;

Daraus folgt:

$$E_{\text{pot}} = -C \cdot \frac{\alpha_{\text{A}} \cdot \alpha_{\text{B}}}{R^6} \tag{3.111}$$

Die Wechselwirkung zwischen zwei neutralen Atomen ohne permanente Dipolmomente (**Van-der-Waals-Wechselwirkung**) nimmt also mit $1/R^6$ ab!

Schreibt man das Wechselwirkungspotential zwischen den Atomen in Form einer Potenzreihe

$$E_{\text{P}}(R) = -\sum_{n=0}^{\infty} C_n/R^n \ ,$$

so ist der Term mit R^{-6} der erste nichtverschwindende Term, der die Wechselwirkung zwischen zwei induzierten Dipolen (d. h. auch zwischen zwei neutralen Atomen) beschreibt.

Berücksichtigt man auch induzierte Quadrupol-Momente, so kommen Terme mit R^{-8} und R^{-10} hinzu. Bei gleichen Atomen treten wegen der Spiegelsymmetrie nur gerade Potenzen von R auf.

Das Wechselwirkungspotential zwischen neutralen Atomen in großer Entfernung, wo der Überlapp der Elektronenhüllen vernachlässigbar ist, kann dann geschrieben werden als

$$E_P(R) = -\sum_{n=6}^{\infty} C_n/R^n \ . \tag{3.112}$$

Die Wechselwirkung ist anziehend, wie man aus dem negativen Vorzeichen in (3.112) sieht. Sie ist sehr kurzreichweitig, weil sie mindestens mit $1/R^6$ abfällt. Die atomaren Polarisierbarkeiten werden experimentell bestimmt, können aber inzwischen auch mit hoher Genaugkeit mit ab-initio-Verfahren berechnet werden.

a) $$W_{pot} = \frac{+p_1 \cdot p_2}{4\pi\varepsilon_0 R^3}$$

b) $$W_{pot} = \frac{p_1 \cdot p_2}{4\pi\varepsilon_0 R^3}$$

c) $$W_{pot} = -\frac{2p_1 p_2}{4\pi\varepsilon_0 R^3}$$

d) $$W_{pot} = +\frac{2p_1 p_2}{4\pi\varepsilon_0 R^3}$$

e) $$W_{pot} = 0$$

$$W_{pot}(d) > W_{pot}(a) >$$
$$W_{pot}(e) > W_{pot}(b) >$$
$$W_{pot}(c)$$

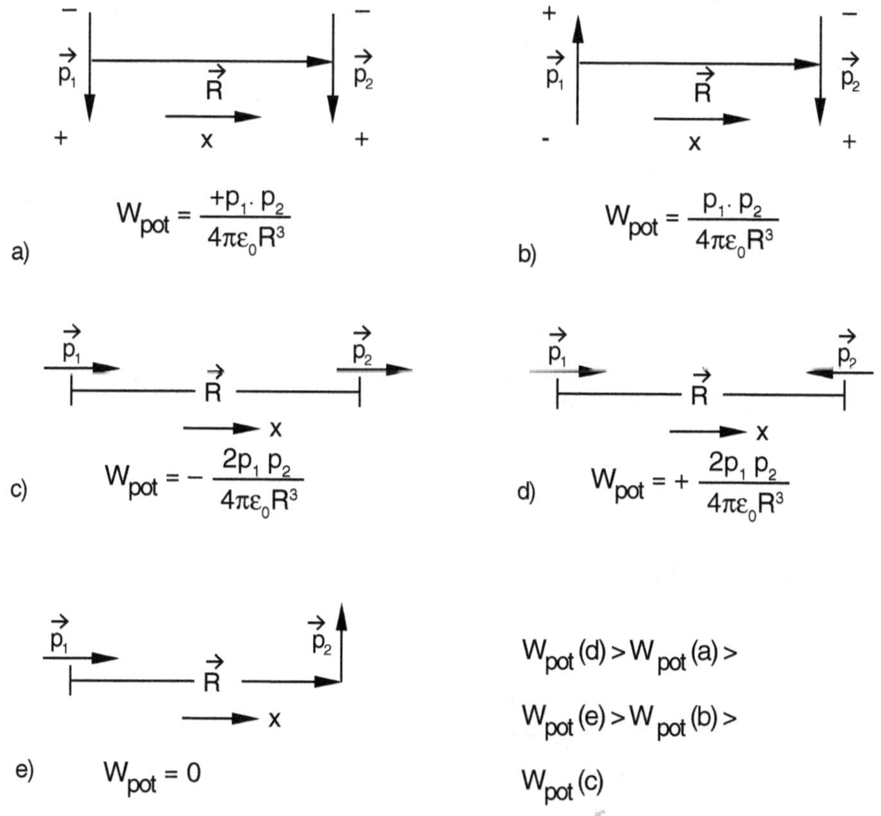

Abb. 3.22: Wechselwirkungsenergie zwischen zwei Dipolen für verschiedene relative Orientierungen.

In Abb. 3.22 werden die verschiedenen Beiträge zur Wechselwirkung zwischen zwei Atomen im S-Zustand bei großen Kernabständen am Beispiel des Grundzustandspotentials des Cs_2-Moleküls verdeutlicht. Kurve (a) gibt den Potentialverlauf an, wenn nur der quantenmechanische Austauschterm V_{ex} berücksichtigt wird. Man sieht, dass dieser bei Kernabständen größer als 1 nm praktisch keine Rolle mehr spielt. Für Kurve (b) wurde zusätzlich die induzierte Dipol-Dipol-Wechselwirkung $-V_6 = -C_6/R^6$ berücksichtigt, bei Kurve (c) die Quadrupolwechselwirkung $-V_8 = -C_8/R^8$, bei (d) auch noch der Term C_{10}/R^{10}. Schließt man auch noch den Term C_{12}/R^{12} in (3.112) mit ein, so unterscheidet sich die so erhaltene Potentialkurve und die aus ihr berechneten Schwingungstermwerte $G(v'', J'' = 0)$ innerhalb der Messegenauigkeit nicht mehr von den experimentellen Ergebnissen.

Anmerkung: Auch für die langreichweitigen Wechselwirkungen ist die quantenmechanische Beschreibung genauer als dieses auf einer Reihenentwicklung basierende Multipol-Modell, weil die Wellenfunktionen des Atompaares natürlich die genauere Verteilung der Elektronenladung angeben. Die quantenmechanische Rechnung ist jedoch wesentlich aufwendiger. So wird z. B. die Van-der Waals-Wechselwirkung durch eine Störungsrechnung zweiter Ordnung mit Hilfe der ungestörten atomaren Wellenfunktionen berechnet [3.33, 3.35].

3.7.3 Lennard-Jones-Potential

Man kann den gesamten Bereich des Potentials zwischen zwei neutralen Atomen empirisch durch das Lennard-Jones-Potential

$$E_p(R) = \frac{a}{R^{12}} - \frac{b}{R^6} \tag{3.113}$$

beschreiben, bei dem die Konstanten a und b zwei Anpassungsparameter sind, die von den wechselwirkenden Atomen abhängen.

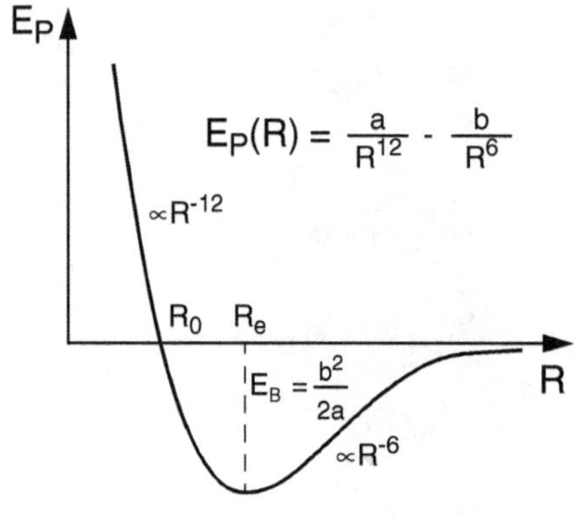

Abb. 3.23: Lennard-Jones-Potential.

Aus (3.113) sieht man, dass $E_\mathrm{p}(R) = 0$ wird für $R = R_0 = (a/b)^{1/6}$ (Abb. 3.23). Das Potential hat ein Minimum für $\mathrm{d}E_\mathrm{p}/\mathrm{d}R = 0$, woraus für den Abstand R_e beim Minimum folgt:

$$R_\mathrm{e} = (2a/b)^{1/6} = R_0 \cdot 2^{1/6} . \tag{3.114}$$

Die Bindungsenergie des Moleküls ist dann (ohne Berücksichtigung der Nullpunkts-Schwingungsenergie)

$$E_\mathrm{B} = -E_\mathrm{p}(R_\mathrm{e}) = \frac{b^2}{2a} . \tag{3.115}$$

Die Koeffizienten a und b werden für das jeweilige Molekül so angepasst, dass der Potentialverlauf den experimentell bestimmten möglichst gut wiedergibt.

Detaillierte Informationen über den langreichweitigen Teil des Potentials zweiatomiger Moleküle findet man in [3.33, 3.34].

4 Die Spektren zweiatomiger Moleküle

Bisher haben wir uns nur mit den möglichen Energieniveaus von Molekülen und den Symmetrien der zugehörigen Wellenfunktionen befasst. In diesem Kapitel wollen wir uns nun dem zentralen Thema der Molekülspektroskopie zuwenden, nämlich der Erklärung der Molekülspektren und ihrer Bedeutung für die Untersuchung molekularer Strukturen.

Durch die Relation $h\nu_{ik} = E_i - E_k$ kann im Prinzip jeder Kombination von Energieniveaus E_i, E_k eines Moleküls eine definierte Frequenz ν_{ik}, zugeordnet werden. Ob diese Frequenz im Spektrum jedoch wirklich beobachtet wird, hängt von einer Reihe von Auswahlregeln ab, die, auf Symmetrie-Überlegungen basierend, nur bestimmte Kombinationen von Energieniveaus E_i, E_k auswählen, zwischen denen Strahlungsübergänge „erlaubt" sind. Die *Intensität* einer erlaubten Spektrallinie hängt dann ab von der Besetzungszahl N_i des absorbierenden bzw. N_k des emittierenden Molekülniveaus, von der Wahrscheinlichkeit für den Übergang $|k\rangle \rightarrow |i\rangle$ und im Fall der induzierten Übergänge von der Intensität und Polarisation des einfallenden Lichtes.

Wir wollen in diesem Kapitel folgende Fragen beantworten:

1. Zwischen welchen Molekülzuständen kann ein Übergang durch Absorption oder Emission elektromagnetischer Strahlung stattfinden?

2. Wie groß ist die „Übergangswahrscheinlichkeit" und von welchen Faktoren hängt sie ab?

3. Wie sehen die spektralen Profile von Emissions- oder Absorptionslinien bei einem solchen Übergang aus?

Obwohl die Beantwortung dieser Fragen in diesem Kapitel am Beispiel zweiatomiger Moleküle erläutert wird, lassen sich die Ergebnisse mit geringen Modifikationen auf mehratomige Moleküle übertragen (siehe Kap. 8).

Zuerst soll der Begriff der *Übergangswahrscheinlichkeit* geklärt werden und ihr Zusammenhang mit den Wellenfunktionen der am Übergang beteiligten Molekülzustände. Dies führt auf die *Dipolmatrixelemente* und die Symmetrieauswahlregeln. Abschnitt 4.3 befasst sich mit den spektralen Profilen molekularer Übergänge und erläutert die verschiedenen Ursachen für die Linienbreiten. Zum Schluss werden „Zweiphotonen-Übergänge" diskutiert und am Beispiel der Ramanspektren sowie der Zweiphotonen-Absorption erläutert.

4.1 Übergangswahrscheinlichkeiten

Wir wollen zuerst eine elementare, von Einstein angestellte Überlegung zur Definition der Übergangswahrscheinlichkeiten wiedergeben und dann den Zusammenhang zwischen Wellenfunktionen des Moleküls und den Übergangwahrscheinlichkeiten erläutern. Für die genauere Herleitung dieses Zusammenhanges in der „halbklassischen Näherung" wird auf [4.1, 4.2] verwiesen.

4.1.1 Einstein-Koeffizienten

Ein Molekül mit den Energieniveaus E_i, E_k möge sich in einem elektromagnetischen Strahlungsfeld mit der spektralen Energiedichte $\rho(\nu)$ (= Energie pro cm^3 und Frequenzintervall $\mathrm{d}\nu = 1\,\mathrm{s}^{-1}$) befinden. Die Wahrscheinlichkeit $(\mathrm{d}W_{ik}/\mathrm{d}t)_\mathrm{a}$, dass dieses Molekül pro Sekunde im Mittel ein Photon $h\nu = (E_k - E_i)$ absorbiert und dadurch vom Zustand $|i\rangle$ in den energetisch höheren Zustand $|k\rangle$ übergeht (Abb. 4.1), ist proportional zur Zahl der pro Sekunde auf das Molekül treffenden Photonen mit der richtigen Frequenz ν, die ihrerseits proportional zur spektralen Strahlungsdichte $\rho(\nu)$ ist:

$$\left(\frac{\mathrm{d}W_{ik}}{\mathrm{d}t}\right)_\mathrm{a} = B_{ik} \cdot \rho(\nu) \,. \tag{4.1}$$

Die Proportionalitätskonstante B_{ik}, der so genannte *„Einsteinkoeffizient für die Absorption"*, hängt vom Übergang $|i\rangle \rightarrow |k\rangle$ des betreffenden Moleküls ab.

Analog dazu ist die Wahrscheinlichkeit, dass ein Molekül im angeregten Zustand $|k\rangle$ pro Sekunde durch *induzierte Emission* in den tieferen Zustand $|i\rangle$ übergeht:

$$\left(\frac{\mathrm{d}W_{ki}}{\mathrm{d}t}\right)_\mathrm{e} = B_{ki} \cdot \rho(\nu) \,. \tag{4.2}$$

Dabei wird, induziert durch das ankommende Photon, ein weiteres Photon emittiert. Die Größe B_{ki} heißt Einsteinkoeffizient für die induzierte Emission. Das Molekül im Zustand $|k\rangle$ kann seine Anregungsenergie jedoch auch *spontan*, d. h. ohne Einwirkung

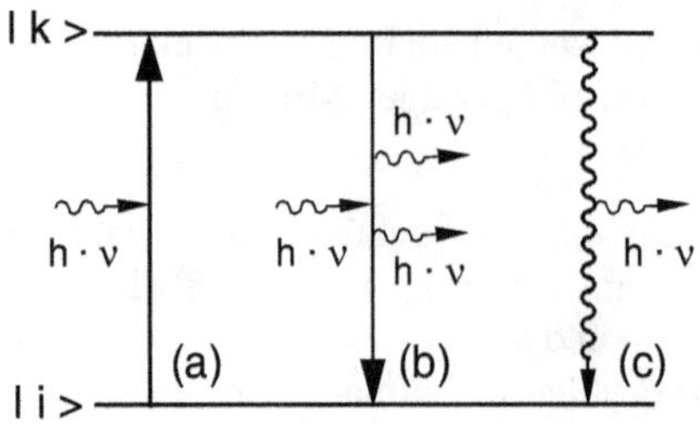

Abb. 4.1: Induzierte und spontane Übergänge: a) Absorption, b) induzierte Emission, c) spontane Emission.

durch ein äußeres Strahlungsfeld, durch Emission eines Fluoreszenzphotons $h \cdot \nu = (E_k - E_i)$ abgeben. Die Wahrscheinlichkeit für eine solche spontane Emission pro Sekunde ist unabhängig vom Strahlungsfeld:

$$\left(\frac{\mathrm{d}W_{ki}}{\mathrm{d}t}\right)_{\mathrm{sp}} = A_{ki} , \tag{4.3}$$

wobei A_{ki} der *„Einsteinkoeffizient für spontane Emission"* heißt.

Anmerkung:Während bei der induzierten Emission das emittierte Photon in dieselbe Mode des Strahlungsfeldes emittiert wird, aus der das induzierende Photon stammt(in dieser Mode nimmt die Photonenzahl deshalb um 1 zu),kann das spontan emittierte Photon statistisch verteilt in alle Richtungen emittiert werden., d. h. in eine beliebige Mode mit passender Frequenz und Polarisation. Befinden sich Moleküle und Strahlungsfeld im thermischen Gleichgewicht, so muss die Zahl der Absorptionsprozesse pro Sekunde gleich der Zahl der Emissionsprozesse sein, weil sich sonst keine stationären Besetzungsdichten N_i, N_k einstellen können. Es muss daher gelten:

$$N_i \cdot B_{ik}\rho(\nu) = N_k \cdot (A_{ki} + B_{ki}\rho(\nu)) . \tag{4.4}$$

Für das Verhältnis der Besetzungsdichten gilt dabei die Boltzmannsche Gleichgewichtsverteilung:

$$\frac{N_k}{N_i} = \frac{g_k}{g_i}\mathrm{e}^{-(E_k-E_i)/k_\mathrm{B}T} , \tag{4.5}$$

wobei $g = (2J + 1)$ das statistische Gewicht eines Molekülzustandes mit dem Gesamtdrehimpuls J und $k_\mathrm{B} = 1{,}38 \cdot 10^{-23}$ [J K^{-1}] die Boltzmann-Konstante ist.

Setzt man (4.5) mit $(E_k - E_i) = h\nu$ in (4.4) ein und löst nach $\rho(\nu)$ auf, so erhält man:

$$\rho(\nu) = \frac{A_{ki}/B_{ki}}{\frac{g_i}{g_k}\frac{B_{ik}}{B_{ki}}\mathrm{e}^{h\nu/k_\mathrm{B}T} - 1} . \tag{4.6a}$$

Andererseits gilt für ein thermisches Strahlungsfeld die Plancksche Strahlungsformel:

$$\rho(\nu) = \frac{8\pi h\nu^3}{c^3} \cdot \frac{1}{\mathrm{e}^{h\nu/k_\mathrm{B}T} - 1} . \tag{4.6b}$$

Da (4.6a) und (4.6b) für beliebige Temperaturen T und für alle Frequenzen ν übereinstimmen müssen, ergibt der Koeffizientenvergleich die wichtigen Relationen zwischen den Einsteinkoeffizienten:

$$\boxed{\begin{aligned} B_{ik} &= \frac{g_k}{g_i} \cdot B_{ki} \\ A_{ki} &= \frac{8\pi h\nu^3}{c^3} B_{ki} \end{aligned}} . \tag{4.7}$$

Man beachte:

a) Die Größen $(\mathrm{d}W_{ik}/\mathrm{d}t)$ geben die Wahrscheinlichkeiten *pro Sekunde* an. Sie können größer als 1 sein! Beispiel: $A_{ik} \approx 10^8\,\mathrm{s}^{-1}$ für den Na-Übergang $3p \to 3s$.
b) Gibt man die spektrale Energiedichte $\rho(\nu)$ in Kreisfrequenzen $\omega = 2\pi\nu$ an, so wird $\rho(\omega)$ um den Faktor 2π *kleiner*, weil dem Intervall $\mathrm{d}\nu = 1$ das Intervall $\mathrm{d}\omega = 2\pi$ entspricht und $\rho(\omega)\,\mathrm{d}\omega = \rho(\nu)\,\mathrm{d}\nu$ gelten muss. Da die Wahrscheinlichkeit für induzierte Emission $B_{ki}^{(\omega)}\rho(\omega) = B_{ki}^{(\nu)}\rho(\nu)$ unabhängig von der gewählten Frequenzeinheit ist, gilt: $B_{ki}^{(\omega)} = 2\pi B_{ki}^{(\nu)}$ und (4.7) heißt dann:

$$A_{ki} = \frac{\hbar\omega^3}{\pi^2 c^3} B_{ki}^{(\omega)} . \tag{4.7a}$$

Die von N_K Molekülen pro cm^3 durch den Übergang $|k\rangle \to |i\rangle$ in den gesamten Raumwinkel 4π emittierte Fluoreszenzstrahlungsleistung ist

$$\boxed{P_{ki}^{\text{spontan}} = N_K h\nu A_{ki} \propto \nu^4 \cdot B_{ki}} . \tag{4.8}$$

Fällt eine elektromagnetische Welle mit dem Strahlquerschnitt Q und der spektralen Strahlungsdichte $\rho(\nu)$ in z-Richtung auf Moleküle, so ist die Netto-Absorptionsleistung im Volumen $\mathrm{d}V = Q\,\mathrm{d}z$ (= Absorption minus induzierte Emission)

$$P_{ik}^{\text{abs}} = (N_i B_{ik} - N_k B_{ki}) \cdot \rho(\nu) \cdot h\nu \cdot \mathrm{d}V . \tag{4.9}$$

Wegen der Relation (4.7): $B_{ik} = (g_k/g_i)B_{ki}$ können wir dies auch schreiben als

$$P_{ik}^{\text{abs}} = (N_i - (g_i/g_K)N_K)\, B_{ik}\rho(\nu)h\nu\mathrm{d}V . \tag{4.9a}$$

Bei Energien $E_k \gg k_B T$ ist die Besetzungsdichte N_k bei thermischem Gleichgewicht sehr klein und der 2. Summand in der Klammer kann vernachlässigt werden. Üblicherweise beschreibt man die Absorption einer ebenen Welle mit der Intensitä $I = c \cdot \rho$ (= spektrale Leistungsdichte pro Spektralintervall $\mathrm{d}\nu = 1\,\mathrm{s}^{-1}$ und pro cm^2 Querschnittsfläche), die in z-Richtung durch ein absorbierendes Medium läuft, durch die Intensitätsabnahme

$$\mathrm{d}I = -\alpha(\nu)I\,\mathrm{d}z \Rightarrow I = I_0\mathrm{e}^{-\alpha z} , \tag{4.10}$$

wobei $\alpha(\nu)$ der frequenzabhängige Absorptionskoeffizient ist. Die auf dem Übergang $|i\rangle \to |k\rangle$ im Volumen $dV = Qdz$ absorbierte Leistung ist bei einem Querschnitt Q der ebenen Lichtwelle

$$P_{ik}^{\text{abs}} = \int (\mathrm{d}I/\mathrm{d}z)\,\mathrm{d}\nu\mathrm{d}V = \left[\int \alpha(\nu)I\,\mathrm{d}\nu\right]\mathrm{d}V , \tag{4.11}$$

wobei die Integration über das spektrale Profil der Absorptionslinie geht (siehe Abschn. 4.3). Ist die Intensität I der einfallenden Strahlung konstant über den Frequenzbereich der Spektrallinie des absorbierenden Überganges, so kann I vor das

Integral gezogen werden und man erhält durch Vergleich von (4.9a) und (4.11) den Zusammenhang zwischen Absorptionskoeffizient und Einsteinkoeffizient:

$$I \cdot \int \alpha(\nu)\,\mathrm{d}\nu = (N_i - (g_i/g_k)N_K)\,B_{ik}\rho(\nu)h\nu\,. \tag{4.12}$$

Für monochromatische Strahlung $I(\nu)$ hängt die absorbierte Leistung von der Frequenzverstimmung $(\nu - \nu_{ik})$ ab, wenn ν_{ik} die Mittenfrequenz der Absorptionslinie ist (siehe Abschn. 4.3).

4.1.2 Übergangswahrscheinlichkeiten und Matrixelemente

In der Elektrodynamik wird gezeigt [4.3], dass von einem klassischen schwingenden elektrischen Dipol (*Hertzscher Dipol*) mit dem elektrischen Dipolmoment

$$\boldsymbol{d} = q \cdot \boldsymbol{r} = \boldsymbol{d}_0 \cdot \sin\omega t \tag{4.13}$$

die mittlere Leistung, integriert über alle Winkel ϑ

$$\overline{P} = \frac{2}{3}\frac{\overline{d^2}\omega^4}{4\pi\varepsilon_0 c^3} \quad \text{mit} \quad \overline{d^2} = \frac{1}{2}d_0^2 \tag{4.14}$$

abgestrahlt wird (Abb. 4.2a).

Bei der quantentheoretischen Beschreibung wird der Mittelwert $\overline{d}$ des elektrischen Dipolmomentes eines Atoms mit einem Leuchtelektron im stationären Zustand $(n, l, m_l, m_s) = i$ durch den Erwartungswert

$$\langle d\rangle = e \cdot \langle r\rangle = e \cdot \int \psi_i^* \boldsymbol{r} \psi_i \,\mathrm{d}\tau \tag{4.15}$$

ausgedrückt (Abb. 4.2b). Der Vektor $\boldsymbol{r}$ ist der Ortsvektor des Elektrons. Die Integration erstreckt sich über die drei Raumkoordinaten des Elektrons, d. h. $\mathrm{d}\tau = \mathrm{d}x\,\mathrm{d}y\,\mathrm{d}z$ bzw. $r^2\,\mathrm{d}r \sin\vartheta\,\mathrm{d}\vartheta\,\mathrm{d}\varphi$.

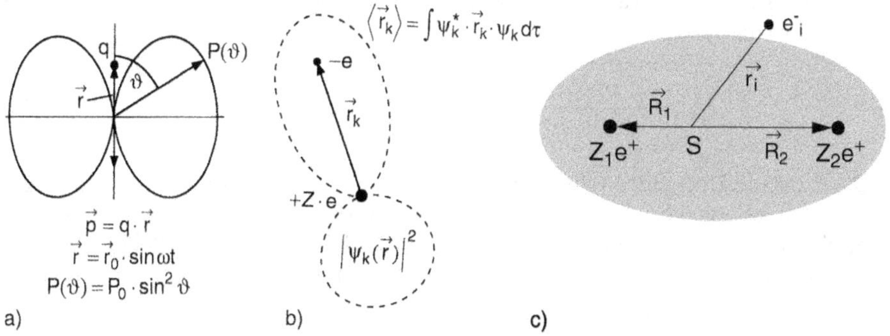

Abb. 4.2: a) Abstrahlcharakteristik eines klassischen Dipols. b) Erwartungswert von $\boldsymbol{d}$ für einen atomaren p-Zustand. c) Zum elektrischen Dipolmoment eines zweiatomigen Moleküls.

Für einen Übergang $E_i \to E_k$ müssen bei der Bildung des Erwartungswertes $\langle \boldsymbol{r} \rangle$ die Wellenfunktionen beider Zustände berücksichtigt werden. Wir definieren deshalb als Erwartungswert $\boldsymbol{D}_{ik} = \langle \boldsymbol{d}_{ik} \rangle$ des so genannten *Übergangsdipolmomentes* $\boldsymbol{d}_{ik}$ die Größe

$$\boxed{\boldsymbol{D}_{ik} = e \int \psi_i^* \boldsymbol{r} \psi_k \, \mathrm{d}\tau} \,, \tag{4.16}$$

wobei die beiden Indizes i und k als Abkürzung für alle Quantenzahlen der am Übergang beteiligten Zustände stehen. Wir hätten natürlich genauso gut die Größe $\boldsymbol{D}_{ki}$ nehmen können. Es gilt $|\boldsymbol{D}_{ik}| = |\boldsymbol{D}_{ki}|$.

Ersetzt man in (4.14) den klassischen Mittelwert $\overline{d^2}$ durch den quantenmechanischen Ausdruck

$$\frac{1}{2}\left(|\boldsymbol{D}_{ik}| + |\boldsymbol{D}_{ki}|\right)^2 = 2|\boldsymbol{D}_{ik}|^2 \,, \tag{4.17}$$

so ergibt sich die im Mittel von einem Atom im Zustand E_i auf dem Übergang $E_i \to E_k$ emittierte Leistung als

$$\langle P_{ik} \rangle = \frac{4}{3} \frac{\omega_{ik}^4}{4\pi\varepsilon_0 c^3} |\boldsymbol{D}_{ik}|^2 \,, \tag{4.18}$$

die völlig analog zur klassisch berechneten abgestrahlten Leistung des Hertzschen Dipols ist, wenn $\langle d^2 \rangle$ durch $2|\boldsymbol{D}_{ik}|^2$ ersetzt wird.

Von N_i Atomen im Zustand E_i, wird dann die mittlere Leistung $P = N_i \langle P_{ik} \rangle$ bei der Frequenz ω_{ik} abgestrahlt.

Bezeichnet man mit A_{ik} die *Wahrscheinlichkeit pro Sekunde*, dass ein Atom im Zustand E_i spontan in den Zustand E_k übergeht und dabei ein Photon $h \cdot \nu$ aussendet, so wird die von N_i Atomen im Zustand E_i emittierte mittlere Leistung beschrieben durch

$$\langle P \rangle = N_i \cdot A_{ik} \cdot h \cdot \nu_{ik} \,. \tag{4.19}$$

Der Faktor A_{ik} ist der im vorigen Abschnitt eingeführte *Einstein-Koeffizient* der spontanen Übergangswahrscheinlichkeit. Der Vergleich von (4.19) und (4.18) ergibt mit (4.16) die Relation:

$$\boxed{A_{ik} = \frac{2}{3} \frac{e^2 \omega_{ik}^3}{\varepsilon_0 c^3 \cdot h} \cdot \left| \int \psi_i^* \boldsymbol{r} \psi_k \, \mathrm{d}\tau \right|^2} \,. \tag{4.20}$$

Die spontane Übergangswahrscheinlichkeit ist also direkt proportional zum Quadrat des Matrixelementes. Kennt man die Wellenfunktionen ψ_i, ψ_k der am Übergang beteiligten Zustände, so lässt sich aus (4.20) die Übergangswahrscheinlichkeit A_{ik} berechnen und damit aus (4.19) die von N_i Atomen im Zustand E_i bei der Frequenz ν_{ik} emittierte Leistung.

Man kann die Erwartungswerte $\boldsymbol{D}_{ik}$ für alle Übergänge eines Atoms in einer Matrix anordnen, deren von null verschiedene Elemente dann alle möglichen Übergänge und ihre Intensitäten angeben. Die $\boldsymbol{D}_{ik}$ heißen deshalb *Matrixelemente*.

Beispiel

$\lambda = 500\,\text{nm}$, $|\boldsymbol{r}| = 0{,}5\,\text{nm} \Rightarrow |\boldsymbol{r}|/\lambda \approx 10^{-3}$.

Da zwischen den Einsteinkoeffizienten für spontane Emission A und denen für induzierte Absorption oder Emission B die Relationen (4.7) gelten, müssen die Wahrscheinlichkeiten für diese induzierten Prozesse ebenfalls proportional zum Quadrat des Matrixelementes sein, aber zusätzlich noch von der Intensität der einfallenden Lichtwelle abhängen, weil die entsprechenden Übergangswahrscheinlichkeiten W_{ik} die spektrale Energiedichte $\rho(\nu)$ des Strahlungsfeldes enthalten.

Eine quantenmechanische Behandlung (zeitabhängige Störungsrechnung, bei der das elektromagnetische Feld $\boldsymbol{E} = \boldsymbol{E_0} \exp i\boldsymbol{k} \cdot \boldsymbol{r}$ als Störung des Hamiltonoperators für das Molekül behandelt wird) ergibt in der Dipol-Näherung ein zur klassischen Behandlung analoges Ergebnis für die Übergangswahrscheinlichkeit bei der Absorption:

$$\left(\frac{\mathrm{d}W_{mk}}{\mathrm{d}t}\right)_{\mathrm{A}} = \frac{\pi e^2}{2\hbar^2}\left|\int \psi_m^* \boldsymbol{E}_0 \exp^{i\boldsymbol{k}\cdot\boldsymbol{r}} \cdot \boldsymbol{r}\psi_k \,\mathrm{d}\tau\right|^2 = \frac{\pi}{2\hbar^2}\,|\boldsymbol{E}_0\boldsymbol{D}_{mk}|^2 \ , \tag{4.21}$$

wobei $\boldsymbol{E}_0$ der elektrische Feldvektor der Welle ist und $\boldsymbol{D}_{mk}$ das Dipolmatrixelement für den Übergang vom Zustand $\langle m|$ in den Zustand $\langle k|$. Wenn die Wellenlänge λ groß ist gegen den Durchmesser d des Dipols ($\lambda \gg d$, d. h. für alle $r \leq d$ gilt: $k \cdot r \ll 1$)kann die Exponentialfunktion im Integral durch $\exp(ikr) \approx 1$ angenähert werden (Dipol-Näherung). Dies ist immer der Fall für die Absorption von sichtbarem Licht durch Atome oder Moleküle, da hier λ sehr groß ist gegen den Atomdurchmesser. Die Näherung gilt jedoch nicht mehr für Röntgenstrahlung wenn $\lambda \leq 1$ nm wird.

In der Dipol-Näherung vereinfacht sich (4.21) zu

$$\left(\frac{\mathrm{d}W_{mk}}{\mathrm{d}t}\right)_{\mathrm{A}} = \frac{\pi\,\mathrm{e}^2}{2\hbar^2}E_0^2\left|\int \psi_m^* \boldsymbol{E}_0 \cdot \boldsymbol{r}\psi_k \,\mathrm{d}\tau\right|^2 \ . \tag{4.22}$$

Die Übergangswahrscheinlichkeit hängt also ab von der relativen Orientierung zwischen elektrischer Feldstärke $\boldsymbol{E}$ der Welle und der Richtung $\boldsymbol{r}$ des Übergangsdipol-Momentes $\boldsymbol{D}_{mk}$. Da die elektrische Feldstärke mit der spektralen Energiedichte $\rho =< (\epsilon_0 \boldsymbol{E}^2) >= \frac{1}{2}\epsilon_0 E_0{}^2$ zusammenhängt, können wir (4.22) mit Hilfe des Einheitsvektors $\hat{\varepsilon} = \frac{\boldsymbol{E}}{|\boldsymbol{E}|}$ auch schreiben als

$$\left\{\frac{\mathrm{d}W_{mk}}{\mathrm{d}t}\right\}_{\mathrm{A}} = \frac{\pi \cdot e^2\rho_\nu}{\epsilon_0\hbar^2}\left|\int \psi_m^* \hat{\boldsymbol{\varepsilon}} \cdot \boldsymbol{r}\psi_k \,\mathrm{d}\tau\right|^2 \tag{4.23}$$

Im isotropen Strahlungsfeld muss das Skalarprodukt $\hat{\boldsymbol{\varepsilon}} \cdot \boldsymbol{r}$ über alle Richtungen gemittelt werden. Wegen $\langle \varepsilon_{\mathrm{x}} \cdot x^2 \rangle = \langle \varepsilon_{\mathrm{y}} y^2 \rangle = \langle \varepsilon_{\mathrm{z}} z^2 \rangle = \frac{r^2}{9}$ und $\langle \epsilon_{\mathrm{x}} x \rangle = \langle \epsilon_{\mathrm{y}} y \rangle = \langle \varepsilon_{\mathrm{z}} z \rangle = 0$

erhalten wir

$$\left\langle |\boldsymbol{\varepsilon} \cdot \boldsymbol{r}|^2 \right\rangle = \left\langle |\varepsilon_x x + \varepsilon_y y + \varepsilon_z z|^2 \right\rangle = \frac{|\boldsymbol{r}|^2}{3} \tag{4.24}$$

Während bei Atomen das Matrixelement (4.16) nur vom Ortsvektor $\boldsymbol{r}$ des Leuchtelektrons abhängt, können bei Molekülen auch die Kerne mit der Ladung Ze zum Dipolmoment beitragen.

Wenn wir den Ursprung des Koordinatensystems in den Ladungsschwerpunkt S des Moleküls legen (Abb. 4.2c) so wird der Dipoloperator für ein zweiatomiges Molekül

$$\begin{aligned} \boldsymbol{d} &= -e\sum_i \boldsymbol{r}_i + Z_1 e \boldsymbol{R}_1 + Z_2 e \boldsymbol{R}_2 \\ &= \boldsymbol{d}_{\text{el}} + \boldsymbol{d}_{\text{N}} \end{aligned} \tag{4.25}$$

durch den Beitrag der Elektronen $\boldsymbol{d}_{\text{el}}$, und der Kerne $\boldsymbol{d}_{\text{N}}$ zum Dipolmoment bestimmt. Das Dipolmatrixelement für einen Übergang vom Zustand m in den Zustand k wird dann

$$\boldsymbol{D}_{mk} = \int \psi_m^* \boldsymbol{d} \psi_k \, \mathrm{d}\tau_{\text{el}} \, \mathrm{d}\tau_{\text{N}} , \tag{4.26}$$

wobei die Integration $\mathrm{d}\tau_{\text{N}}$ über den Konfigurationsraum der beiden Kerne und $\mathrm{d}\tau_{\text{el}}$ über den Raum der Elektronen erfolgt.

Man beachte: Der Vektor $\boldsymbol{E}_0$ ist im Laborsystem (X, Y, Z) definiert, $\boldsymbol{D}_{mk}$ jedoch im Molekülsystem (x, y, z). Zur expliziten Berechnung von (4.21) muss man deshalb eine Relation zwischen beiden Koordinatensystemen mit Hilfe der Eulerwinkel einführen (siehe Abschn. 4.2.1).

4.1.3 Matrixelemente in Born-Oppenheimer-Näherung

Im Rahmen der BO-Näherung (Abschn. 2.1.3) können wir die Wellenfunktion

$$\Psi = \psi_{\text{el}} \cdot \psi_{\text{N}} = \phi \cdot \chi \tag{4.27}$$

aufspalten in ein Produkt aus elektronischer Wellenfunktion $\psi_{\text{el}} = \phi(\boldsymbol{r}, \boldsymbol{R})$ und Kernwellenfunktion $\psi_{\text{N}} = \chi(\boldsymbol{R})$. Damit lässt sich (4.26) schreiben als

$$\begin{aligned} \boldsymbol{D}_{mk} &= \int \phi_m^* \chi_m^* \left(\boldsymbol{d}_{\text{el}} + \boldsymbol{d}_{\text{N}}\right) \phi_k \chi_k \, \mathrm{d}\tau_{\text{el}} \, \mathrm{d}\tau_{\text{N}} \\ &= \int \chi_m^* \left[\int \phi_m^* \boldsymbol{d}_{\text{el}} \, \mathrm{d}\tau_{\text{el}} \right] \chi_k \, \mathrm{d}\tau_{\text{N}} \\ &\quad + \int \chi_m^* \boldsymbol{d}_{\text{N}} \left[\int \phi_m^* \phi_k \, \mathrm{d}\tau_{\text{el}} \right] \chi_k \, \mathrm{d}\tau_{\text{N}} . \end{aligned} \tag{4.28}$$

Wir unterscheiden jetzt zwei Fälle:

a) Die Niveaus m und k gehören zum selben elektronischen Zustand, d. h. der Dipol-Übergang erfolgt zwischen zwei Schwingungs-Rotations-Niveaus innerhalb desselben elektronischen Zustandes. Dann ist $\phi_m = \phi_k$ und der 1. Summand in (4.28) wird null, weil der Integrand im Integral über $\mathrm{d}\tau_{\mathrm{el}}$: $\phi_m^* \boldsymbol{d}_{\mathrm{el}} \phi_m = e\phi_m^* \boldsymbol{r} \phi_m = e\boldsymbol{r}|\phi_m|^2$ eine ungerade Funktion der Integrationsvariablen ist, und das Integral über den gesamten Elektronen-Konfigurationsraum daher verschwindet. Da die elektronischen Wellenfunktionen ϕ_i orthonormiert sind, wird das Integral im zweiten Summanden: $\int \phi_m^* \phi_m \,\mathrm{d}\tau_{\mathrm{el}} = 1$. Das Matrixelement für diesen Fall wird daher

$$\boldsymbol{D}_{mk} = \int \chi_m^* \boldsymbol{d}_{\mathrm{N}} \chi_k \,\mathrm{d}\tau_{\mathrm{N}} \,. \tag{4.29}$$

Für Schwingungs-Rotations-Übergänge innerhalb desselben elektronischen Zustandes sind Dipolmoment $\boldsymbol{d}_{\mathrm{N}}$ und Wellenfunktionen χ des molekularen Kerngerüstes maßgeblich.

b) Bei Übergängen zwischen verschiedenen elektronischen Zuständen ($\phi_m \neq \phi_k$) wird wegen der Orthogonalität der elektronischen Wellenfunktionen das Integral im 2. Summanden null:

$$\int \phi_m^* \phi_k \,\mathrm{d}\tau_{\mathrm{el}} = 0 \,.$$

Das Matrixelement wird dann:

$$\begin{aligned} \boldsymbol{D}_{mk} &= \int \chi_m^* \int \phi_m^* \boldsymbol{d}_{\mathrm{el}} \phi_k \,\mathrm{d}\tau_{\mathrm{el}} \,\chi_k \,\mathrm{d}\tau_{\mathrm{N}} \\ &= \int \chi_m^* \boldsymbol{D}_{mk}^{\mathrm{el}} \chi_k \,\mathrm{d}\tau_{\mathrm{N}} \,, \end{aligned} \tag{4.30}$$

wobei

$$\boldsymbol{D}_{mk}^{\mathrm{el}}(\boldsymbol{R}) = \int \phi_m^* \boldsymbol{d}_{\mathrm{el}} \phi_k \,\mathrm{d}\tau_{\mathrm{el}} \tag{4.31}$$

der elektronische Teil des Matrixelementes ist, der im Allgemeinen noch von den Kernkoordinaten R abhängt, weil $\phi = \phi(\boldsymbol{r}, \boldsymbol{R})$.

Elektronische Übergänge hängen vom Dipolmoment des angeregten Elektrons ab und von den elektronischen Wellenfunktionen, die aber noch die Kernkoordinaten als Parameter enthalten. Bei vielen molekularen Übergängen hängt das elektronischen Übergangs-Dipolmoment $\boldsymbol{D}^{\mathrm{el}}$ nur sehr schwach von den Kernkoordinaten ab. In solchen Fällen kann man $\boldsymbol{D}^{\mathrm{el}}$ vor das Integral ziehen und erhält:

$$\boldsymbol{D}_{mk} = \boldsymbol{D}^{\mathrm{el}} \int \chi_m \chi_k \,\mathrm{d}\tau \,. \tag{4.32}$$

4.2 Struktur der Spektren zweiatomiger Moleküle

Wie schon am Anfang dieses Kapitels erwähnt wurde, hängen die Frequenzen ν (bzw. die Wellenzahlen $\overline{\nu} = 1/\lambda$) der Linien im Absorptions- oder Emissions-Spektrum eines Moleküls von den Termwerten der am Übergang beteiligten molekularen Energieniveaus ab. Ihre Intensität wird durch die Matrixelemente bestimmt. Deshalb erlauben Messungen von Linienpositionen und Intensitäten die Bestimmung von Energieniveaus und Matrixelementen. Wir wollen jetzt anhand der Überlegungen im letzten Abschnitt die Struktur der Spektren zweiatomiger Moleküle diskutieren.

4.2.1 Schwingungs-Rotations-Spektren

Wir betrachten zuerst den Fall (a), also Übergänge innerhalb eines elektronischen Zustandes. Diese Übergänge bilden das Schwingungs-Rotations-Spektrum des Moleküls, das im infraroten Spektralbereich liegt, bzw. das reine Rotations-Spektrum im Mikrowellenbereich. Setzt man im Matrixelement (4.29) für den Dipoloperator $\boldsymbol{d}_{\mathrm{N}}$ den Ausdruck (4.25) ein, so ergibt dies:

$$\boldsymbol{D}_{mk} = e \cdot \int \chi_m^* \, (Z_1 \boldsymbol{R}_1 + Z_2 \boldsymbol{R}_2) \, \chi_k \, \mathrm{d}\tau_{\mathrm{N}} \,. \tag{4.33}$$

Für homonukleare Moleküle mit den Kernladungen $Z_1 e = Z_2 e$ und den Atommassen $M_1 = M_2$ wird $\boldsymbol{R}_1 = -\boldsymbol{R}_2$. Daher folgt aus (4.33), dass $\boldsymbol{D}_{mk} = \boldsymbol{0}$.

Homonukleare Moleküle haben also in Dipolnäherung keine erlaubten Schwingungs-Rotations-Übergänge! Es gibt für sie also in dieser Näherung weder ein reines Rotationsspektrum noch ein Schwingungs-Rotations-Spektrum.

Anmerkung: Man beobachtet jedoch auch bei homonuklearen Molekülen ein schwaches Infrarotspektrum, das man den wesentlich schwächeren Quadrupol-Übergängen zuordnen kann, die auch bei hononuklearen zweiatomigen Molekülen erlaubt sind aber um mehrere Größenordnungen kleinere Intensitäten haben.

Wir wollen jetzt für den allgemeinen Fall heteronuklearer zweiatomiger Moleküle untersuchen wann $\boldsymbol{D}_{mk} \neq 0$ ist: Das Dipolmoment (4.33) zeigt in Richtung der Molekülachse. die wir in die z-Richtung legen.. Die z-Achse eines rotierenden zweiatomigen Moleküls hat zu einem festen Zeitpunkt den Polarwinkel θ gegen die raumfeste Z-Achse und den Azimutwinkel φ gegen die X-Achse eines raumfesten Systems mit dem Ursprung im Schwerpunkt S. Wir können dann den Vektor $\boldsymbol{d}_{\mathrm{N}}$ des Dipolmomentes des Kerngerüstes

$$\begin{aligned} \boldsymbol{d}_{\mathrm{N}} = e\,(Z_1 \boldsymbol{R}_1 + Z_2 \boldsymbol{R}_2) &= e\,(Z_1 R_1 - Z_2 R_2) \cdot \boldsymbol{R}_0 \\ &= |\boldsymbol{d}_{\mathrm{N}}| \, \hat{R}_0 \,, \end{aligned} \tag{4.34}$$

der in der Molekülachse liegt, aufspalten in ein Produkt aus dem Betrag

$$|\boldsymbol{d}_{\mathrm{N}}| = (Z_1 \boldsymbol{R}_1 - Z_2 \boldsymbol{R}_2) e = Re \frac{Z_1 M_1 - Z_2 M_2}{M_1 + M_2}$$

und dem Einheitsvektor

$$\hat{\boldsymbol{R}}_0 = \{\sin\theta\cos\varphi, \sin\theta\sin\varphi, \cos\theta\} \ , \tag{4.35}$$

der die Lage der Molekülachse relativ zum raumfesten Koordinatensystem (X, Y, Z) angibt, in dem der Vektor $\boldsymbol{E}_0$ der elektromagnetischen Welle definiert ist (Abb. 4.3).

Die Übergangswahrscheinlichkeit bei der Absorption einer elektromagnetischen Welle mit der elektrischen Feldstärke $\boldsymbol{E}_0$ ist dann gemäß (4.21)

$$\begin{aligned}\left(\frac{\mathrm{d}W_{mk}}{\mathrm{d}t}\right)_{\mathrm{abs}} &= \frac{\pi e^2}{2\hbar^2}\left|\int \chi_m^* \left(Z_1R_1 - Z_2R_2\right)\boldsymbol{E}_0 \cdot \hat{\boldsymbol{R}}_0\chi_k \,\mathrm{d}\tau_{\mathrm{N}}\right|^2 \\ &= \frac{\pi}{2\hbar^2}\left|\int \chi_m^* \,|\boldsymbol{d}_N|\, \boldsymbol{E}_{0_c}\dot{\boldsymbol{R}}\chi_k \,\mathrm{d}\tau_N\right|^2 = \frac{\pi}{2\hbar^2}\left|\int \chi_m^* \,|\boldsymbol{d}_N|\, \chi_{k_d}\tau_N\right|^2\end{aligned} \tag{4.36}$$

Wenn wir die Wechselwirkung zwischen Schwingung und Rotation des Moleküls vernachlässigen, können wir die normierte Kernwellenfunktion χ_{N} nach (3.4) aufspalten in ein Produkt

$$\chi_{\mathrm{N}}(R, \theta, \varphi) = S(R) \cdot Y(\theta, \varphi) \tag{4.37}$$

der Schwingungsfunktion $\psi_{\mathrm{vib}}(R) = R \cdot S(R)$ (siehe (3.25)), die nur vom Betrag $R = |\boldsymbol{R}_1| + |\boldsymbol{R}_2|$ des Kernabstandes abhängt, und der Wellenfunktion $\psi_{\mathrm{rot}}(\theta, \varphi) = Y(\theta, \varphi)$ des starren Rotators, die nur von den Winkeln θ und φ abhängt. Das Volumenelement $\mathrm{d}\tau_{\mathrm{N}}$ schreiben wir entsprechend:

$$\begin{aligned}\mathrm{d}\tau_{\mathrm{N}} &= \mathrm{d}\tau_{\mathrm{vib}} \cdot \mathrm{d}\tau_{\mathrm{rot}} \\ &= R^2\mathrm{d}R \cdot \sin\theta \,\mathrm{d}\theta \,\mathrm{d}\varphi \ .\end{aligned}$$

Wegen $R_1/R_2 = M_2/M_1$ und $R = R_1 + R_2$ folgt:

$$Z_1R_1 - Z_2R_2 = \frac{Z_1M_2 - Z_2M_1}{M_1 + M_2}R \ .$$

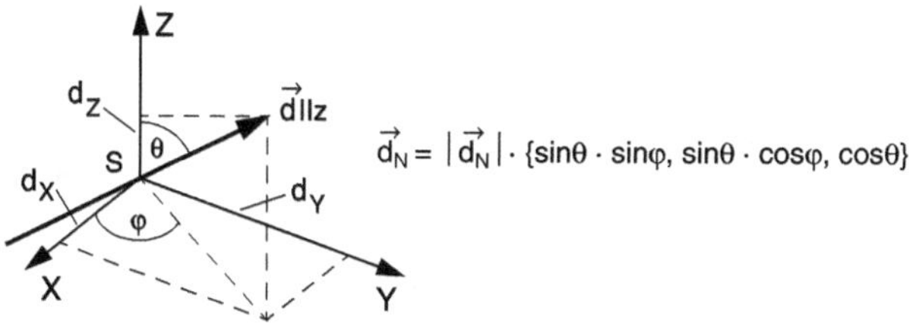

Abb. 4.3: Richtung des Dipolmomentes parallel zur Molekülachse (z-Achse und seinen Komponenten dx, dy, dz) in einem raumfesten Koordinatensystem X, Y, Z.

Damit lässt sich das Matrixelement $\boldsymbol{D}_{mk}$ in (4.33) im Laborsystem schreiben als Produkt aus zwei Integralen:

$$\boldsymbol{D}_{mk} = \left[\int (\psi_{\text{vib*}})_m \, d_\text{N}(R) \, (\psi_\text{vib})_k \, \mathrm{d}R\right] \times \left[\int\limits_{\theta,\varphi} (\psi_{\text{rot*}})_m \, (\psi_\text{rot})_k \, \hat{R}_0 \sin\theta \, \mathrm{d}\theta \, \mathrm{d}\varphi\right], \tag{4.38}$$

wobei $\psi_\text{vib} = R \cdot S(R)$ und $\psi_\text{rot} = Y(\theta, \varphi)$. Das erste Integral, das nicht von der Orientierung des Moleküls im Laborsystem abhängt, beschreibt die Übergänge zwischen verschiedenen Schwingungsniveaus $|m\rangle$ und $|k\rangle$ im selben elektronischen Zustand, während das 2. Integral, das die Richtung von $\boldsymbol{D}_{mk}$ bestimmt, für die Übergänge zwischen zwei Rotationsniveaus zuständig ist. Quantitative Berechnungen und ihre Ergebnisse für Term-Energien und Linienintensitäten findet man in der Zusammenstellung [4.4].

4.2.2 Reine Schwingungs-Übergänge im gleichen elektronischen Zustand

Der Betrag $d_\text{N}(R)$ des Dipolmomentes des Kerngerüstes lässt sich in eine Taylorreihe

$$d_\text{N}(R) = d_\text{N}(R_\text{e}) + \frac{\mathrm{d}}{\mathrm{d}R}(d_\text{N})|_{R_\text{e}} \cdot (R - R_\text{e}) + \ldots \tag{4.39}$$

nach den Auslenkungen $(R - R_\text{e})$ aus der Gleichgewichtslage entwickeln. Setzt man dies in den Schwingungsanteil des Matrixelementes (4.38) ein, so ergibt das mit $C = (Z_1 M_2 - Z_2 M_1)/(M_1 + M_2)$

$$\begin{aligned} D_{mk}^\text{vib} &= C \int \left(\psi_\text{vib}^*\right)_m d_\text{N}(R) \, (\psi_\text{vib})_k \, \mathrm{d}R \\ &= C\Bigg[d_\text{N}(R_\text{e}) \int \left(\psi_\text{vib}^*\right)_m (\psi_\text{vib})_k \, \mathrm{d}R \\ &\quad + \frac{\mathrm{d}}{\mathrm{d}R}(d_\text{N})\bigg|_{R_\text{e}} \int \left(\psi_\text{vib}^*\right)_m (R - R_\text{e}) \, (\psi_\text{vib})_k \, \mathrm{d}R\Bigg]. \end{aligned} \tag{4.40a}$$

Da die Wellenfunktionen ψ_vib so normiert sind, dass gilt,

$$\int \left(\psi_\text{vib}^*\right)_m (\psi_\text{vib})_k = \delta_{mk}, \tag{4.40b}$$

ergibt der 1. Summand in (4.40a) für $m = k$ das statische Dipolmoment $d_\text{N}(R_\text{e})$ im Zustand $|m\rangle$. Für $m \neq k$ ist er null!

Der 2. Summand hat zwei Anteile. Der erste Anteil mit dem Integranden $(\psi_\text{vib}^*)_m R (\psi_\text{vib})_k$ ist null für $m = k$, weil der Integrand eine ungerade Funktion von R ist. Der zweite

Anteil ist null für $m \neq k$ wegen (4.40b) und ergibt den Wert R_e für $m = k$. Wir behalten also in (4.40a) nur einen Term:

$$D_{mk}^{\text{vib}} = C\frac{\text{d}}{\text{d}R}(d_{\text{N}}(R_e)) \int (\psi_{\text{vib}}^*)_m R(\psi_{\text{vib}})_k \, \text{d}R \,. \tag{4.40c}$$

Setzt man für $m \neq k$ in das Integral (4.40c) für ψ_{vib} die Wellenfunktionen (3.25) des harmonischen Oszillators ein [2.11], so wird

$$\int \left(\psi_{\text{vib}}^*\right)_m R\,(\psi_{\text{vib}})_k \; \text{d}R = 0\,, \quad \text{außer für } m - k = \Delta v = \pm 1\,. \tag{4.40d}$$

Das Matrixelement für reine Schwingungs-Übergänge ist nur dann von null verschieden, wenn das Dipolmoment d_{N} vom Kernabstand R äbhängt, d. h. wenn $d_{\text{N}}/\text{d}R \neq 0$ ist.

Die Schwingungsquantenzahlen werden allgemein mit dem Buchstaben v bezeichnet, wobei der energetisch tiefere Zustand durch v'' und der obere Zustand mit v' gekennzeichnet wird.

Wir erhalten daher das Ergebnis, dass in der Näherung harmonischer Oszillatoren Schwingungsübergänge nur zwischen benachbarten Schwingungsniveaus möglich sind und dann auch nur, wenn sich das Dipolmoment dabei ändert.

Für den anharmonischen Oszillator gibt es auch von null verschiedene Beiträge für $\Delta v = v'' - v' = \pm 2, \pm 3, \ldots$, die aber wesentlich kleiner sind als für $\Delta v = \pm 1$.

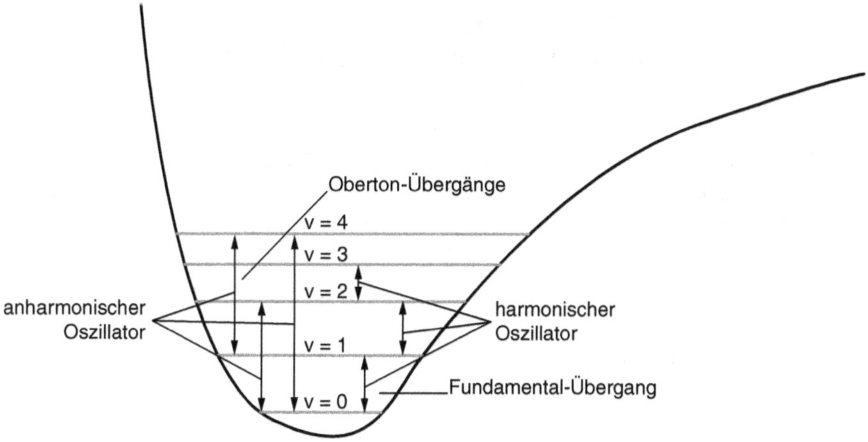

Abb. 4.4: Schwingungsübergänge $\Delta v = \pm 1$ im harmonischen Ozillator und $\Delta v \geq 1$ (Oberton-Übergänge) im anharmonischen Oszillator.

Man nennt Schwingungsübergänge mit $\Delta v = \pm 1$ im Infrarotspektrum die *Grundschwingungsbanden*, solche mit $\Delta v > 1$ *Obertonbanden* (Abb. 4.4). *Obertonbanden erscheinen im Spektrum aufgrund der Anharmonizität im Potential des schwingenden Moleküls* und außerdem auch bei Berücksichtigung weiterer Glieder in der Reihenentwicklung (4.39) sowie höherer Momente (z. B. Quadrupolmoment).

4.2.3 Reine Rotations-Übergänge

Bei Übergängen zwischen zwei Rotationsniveaus im selben Schwingungszustand wird das erste Integral in (4.38)mit der Entwicklung -(4.39) gleich der Konstanten $d_{\mathrm{N}}(R_{\mathrm{e}})$. Das 2. Integral lässt sich berechnen, wenn man für die Wellenfunktionen ψ_{rot} des starren Rotators die Kugelflächenfunktionen

$$Y_J^M(\theta, \varphi) = P_J^{(M)}(\cos\theta)\mathrm{e}^{\mathrm{i}M\varphi} \tag{4.40e}$$

als Produkt der Legendreschen Polynome $P_J^{(M)}$ und des Faktors $\exp(\mathrm{i}M\varphi)$ einsetzt (siehe Kap. 3). Die Wellenfunktionen hängen von den beiden Quantenzahlen J und M ab. Dabei ist J die Quantenzahl des Drehimpulses

$$\boldsymbol{J} = \sqrt{J(J+1)}\hbar\,,$$

und M die Quantenzahl seiner Projektion

$$J_Z = M\hbar$$

auf die raumfeste Z-Achse.

Einsetzen von (4.40e) in (4.38) liefert mit $m = (J'', M'')$ und $k = (J', M')$ das Dipolmatrixelement für reine Rotationsübergänge:

$$\begin{aligned} &\boldsymbol{D}_{mk}^{\mathrm{rot}}(J'', M'', J', M')_Z \\ &\quad = d_{\mathrm{N}}(R_{\mathrm{e}}) \int\limits_{\theta} P_{J''}^{(M'')} P_{J'}^{(M')} \boldsymbol{R}_0 \sin\theta \,\mathrm{d}\theta \int \mathrm{e}^{\mathrm{i}(M''-M')\varphi}\,\mathrm{d}\varphi\,. \end{aligned} \tag{4.41}$$

Die Übergangswahrscheinlichkeit hängt von der Polarisation der elektromagnetischen Welle ab, welche die Übergänge $m \leftrightarrow k$ induziert. Für linear polarisiertes Licht mit dem $\boldsymbol{E}$-Vektor in Z-Richtung wird die Übergangswahrscheinlichkeit für Rotationsübergänge $J'' \to J' = J''+1$ innerhalb eines Schwingungsniveaus $v' = v''$ nach (4.36) und (4.41) wegen $\boldsymbol{E}\cdot\boldsymbol{R}_0 = E_Z R_{0_z} = E_0\cos\theta$, wenn θ der Winkel zwischen Molekülachse und $\boldsymbol{E}$-Vektor ist

$$\begin{aligned} \frac{\mathrm{d}W_{mk}}{\mathrm{d}t} &= \frac{2\pi E_0^2}{\hbar^2} d_N^2(R_{\mathrm{e}}) \\ &\quad\times \left| \int P_{J''}^{M''} P_{J'}^{M'} \cos\theta \sin\theta \,\mathrm{d}\theta \int\limits_0^{2\pi} \mathrm{e}^{\mathrm{i}(M''-M')\varphi}\,\mathrm{d}\varphi \right|^2 \end{aligned} \tag{4.42}$$

mit $d_N(R_e) = e(Z_1R_1 - Z_2R_2)R_e$ für das Dipolmoment des Kerngerüstes beim Gleichgewichtsabstand R_e.

Das 2. Integral ist nur für $M'' = M' = M$ von null verschieden und gibt den Wert 2π. Für diesen Fall gilt für die Legendreschen Polynome die Rekursionsformel

$$\cos\theta\, P_J^M = \frac{J+|M|}{2J+1} P_{J-1}^{|M|} + \frac{J+1-|M|}{2J+1} P_{J+1}^{|M|} , \tag{4.43}$$

Setzt man dies in (4.41) ein, so erhält man zwei Summanden: Der 1. Summand ist nur für $J' = J'' - 1$ von null verschieden (beschreibt also die Emission), der 2. nur für $J' = J'' + 1$ (Absorptionsübergänge). Einsetzen der expliziten Form der Legendre-Polynome und Integration liefert die Übergangswahrscheinlichkeit (4.41) für die Absorption von linear polarisierter Strahlung auf einem reinen Rotationsübergang $(J', M \leftarrow J'', M)$:

$$\boxed{\left.\frac{\mathrm{d}\big[W(J,M,J+1,M)\big]}{dt}\right|_{\text{linear}} = \frac{2\pi E_0^2}{\hbar^2} d_N^2(R_e) \frac{(J+1)^2 - M^2}{(2J+1)(2J+3)}} . \tag{4.44}$$

Ohne äußeres Feld sind die $(2J''+1)$ verschiedenen M''-Niveaus eines Rotationsniveaus alle energetisch entartet. Man erhält dann für die Übergangswahrscheinlichkeit für den gesamten Übergang $J'' \to J'$ für *linear polarisierte Strahlung* den Ausdruck

$$\begin{aligned}\left(\frac{\mathrm{d}W_{mk}}{\mathrm{d}t}\right)_{\text{lin}} &= \frac{\pi E_0^2}{\hbar^2} d_N^2 \sum_{M''=-J''}^{+J''} \sum_{M'} \left|D(J'', M'', J', M')\right|^2 \\ &= \frac{1}{3} \frac{\pi E_0^2}{\hbar^2} d_N^2 (J''+1) .\end{aligned} \tag{4.45}$$

Dies ist um den Faktor $\frac{1}{3}(2J+1)$ größer als (4.44), da über $(2J+1)$ M''-Niveaus summiert wurde. Der Faktor $1/3$ kommt von der räumlichen Mittelung über die statistisch orientierten Moleküle. Für unpolarisierte, isotrope Strahlung gilt im Mittel:

$$(D_{mk})_x^2 = (D_{mk})_y^2 = (D_{mk})_z^2 = \frac{1}{3} |D_{mk}|^2 . \tag{4.46}$$

Für *zirkular polarisiertes Licht*, das sich in z-Richtung ausbreitet, wird

$$\boldsymbol{E} \cdot \boldsymbol{R}_0 = \frac{1}{\sqrt{2}} \left(E_x \sin\theta \cos\varphi \pm \mathrm{i} E_y \sin\theta \sin\varphi\right) \tag{4.47}$$

und wir erhalten wegen $\cos\varphi + \mathrm{i}\sin\varphi = \exp(\mathrm{i}\varphi)$ im 2. Faktor des Matrixelementes (4.40e) den Integranden: $\exp\left[\mathrm{i}(M'' - M' \pm 1)\varphi\right]$ und damit die Auswahlregel

$$\boxed{\Delta M = M'' - M' = \pm 1} . \tag{4.48}$$

Im 1. Faktor erscheint jetzt der Faktor $\sin\theta$, anstelle von $\cos\theta$ wie in (4.41). Auswerten der Integrale über die Legendre-Polynome liefert wieder die Auswahlregel $\Delta J = J'' - J' = \pm 1$ und man erhält für einen Übergang $(J, M \rightarrow +J+1, M \pm 1)$ die Wahrscheinlichkeit

$$\boxed{\left.\frac{\mathrm{d}W(J, M, J+1, M \pm 1)}{\mathrm{d}t}\right|_{\text{zirkular}} = \frac{\pi E_0^2}{\hbar^2} d_N^2 \frac{(J \pm M + 1)(J \pm M + 2)}{(2J+1)(2J+3)}} . \tag{4.49}$$

Bei unserer Wahl der Z-Achse als Quantisierungsachse für J, sodass $J_Z = M\hbar$, haben wir als „reine“ Polarisationszustände der elektromagnetischen Welle:

- π-Licht: $\boldsymbol{E} = \{0, 0, E_Z\}$,
  d. h. in Z-Richtung linear polarisiertes Licht, dessen Erwartungswert für den Drehimpuls in Z-Richtung null ist, das deshalb bei der Absorption auch keinen Drehimpuls in Z-Richtung übertragen kann, d. h.
  $$\Delta M = M'' - M' = 0 . \tag{4.50}$$
- σ^+-Licht:
  $$\boldsymbol{E} = \frac{1}{\sqrt{2}}\{\boldsymbol{E}_X + \mathrm{i}\boldsymbol{E}_Y\} , \tag{4.51}$$
  d. h. eine in Z-Richtung laufende, links zirkular polarisierte Welle. Ihr Drehimpuls in Z-Richtung ist $+\hbar$ und bei der Absorption wird daher ein Übergang $M'' \rightarrow M' = M'' + 1$ mit $\Delta M = +1$ induziert.
- σ^--Licht:
  $$\boldsymbol{E} = \frac{1}{\sqrt{2}}\{\boldsymbol{E}_X - \mathrm{i}\boldsymbol{E}_Y\} , \tag{4.52}$$
  d. h. eine in Z-Richtung laufende, rechts zirkular polarisierte Welle. Ihr Drehimpuls in Z-Richtung ist $-\hbar$ und sie induziert daher Übergänge $M'' \rightarrow M' = M'' - 1$ mit $\Delta M = -1$.

Wenn wir jetzt eine elektromagnetische Welle betrachten, die in X-Richtung linear polarisiert ist und sich in Z-Richtung ausbreitet, so hat diese Welle in unserem System keinen „reinen“ Polarisationszustand. Man kann sie aber als Überlagerung von σ^+- und σ^--Licht ansehen, da gilt:

$$\boldsymbol{E} = \{\boldsymbol{E}_X, 0, 0\} = \frac{1}{2}\{\boldsymbol{E}_X + \mathrm{i}\boldsymbol{E}_Y\} + \frac{1}{2}\{\boldsymbol{E}_X - \mathrm{i}\boldsymbol{E}_Y\} . \tag{4.53}$$

Der 1. Anteil induziert Übergänge mit $\Delta M = +1$, der 2. Anteil mit $\Delta M = -1$, sodass also die Übergangswahrscheinlichkeit für diesen Fall

$$\frac{\mathrm{d}W_{mk}}{\mathrm{d}t} = \frac{\pi E_0^2}{2\hbar^2} d_N^2 \left| D_{mk}^{\sigma^+} + D_{mk}^{\sigma^-} \right|^2 \tag{4.54}$$

wird und sowohl Übergänge mit $\Delta M = +1$ als auch mit $\Delta M = -1$ auftreten. Analog gilt dies für $\boldsymbol{E} = \{0, E_Y, 0\}$.

Da man *unpolarisiertes* Licht, das in Z-Richtung einfällt, als statistische Überlagerung von in X- und Y-Richtung linear polarisiertem Licht auffassen kann, werden im zeitlichen Mittel ($\Delta M = +1$)- und ($\Delta M = -1$)-Übergänge gleich wahrscheinlich induziert.

Befinden sich jedoch die Moleküle in einem isotropen, unpolarisierten Strahlungsfeld, das von allen Seiten auf die Moleküle einfällt, dann wird die gesamte Übergangswahrscheinlichkeit von einem Niveau (J'', M'') aus

$$\begin{aligned}\left(\frac{\mathrm{d}W_{mk}}{\mathrm{d}t}\right)_{\text{unpol}} &= \frac{\pi E_0^2}{\hbar^2} d_N^2 \sum_{M'=M''-1}^{M''+1} \left[|(D_{mk})_x|^2 + \left|(D_{mk})_y\right|^2 + |(D_{mk})_z|^2\right] \\ &= \frac{\pi E_0^2}{\hbar^2} d_N^2 \frac{J''+1}{2J''+1} \quad \text{für } J'' \to J' = J''+1 \end{aligned} \tag{4.55}$$

unabhängig von M!

4.2.4 Schwingungs-Rotations-Übergänge

Bei Übergängen zwischen Rotationsniveaus $\langle J, M|$ in zwei verschiedenen Schwingungszuständen desselben elektronischen Zustandes (Abb. 4.5) hängt die Übergangswahrscheinlichkeit von beiden Faktoren in (4.38) ab. Das Spektrum besteht aus allen Übergängen von Niveaus (J'', M'') im unteren Schwingungszustand zu den entsprechenden Rotationsniveaus (J', M') im oberen Schwingungszustand, wobei, je nach Polarisationszustand der absorbierten oder emittierten Strahlung, $M' = M''$ oder $M' = M'' \pm 1$ gilt. Für die Rotationsquantenzahl J gilt genau wie im reinen

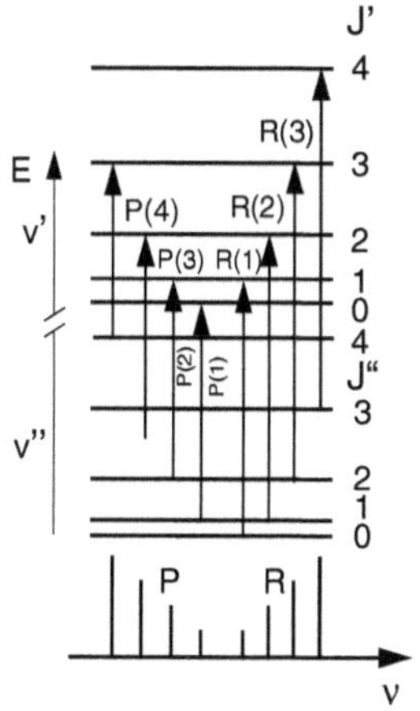

Abb. 4.5: Termschema und erlaubte Schwingungs-Rotations-Übergänge.

Rotationsspektrum die Auswahlregel $\Delta J = J' - J'' = \pm 1$. Die Gesamtheit aller Rotationslinien eines Schwingungs-Überganges heißt *Schwingungsbande*. Alle Linien mit $\Delta J = J' - J'' = +1$ bilden den R-Zweig der Bande, die mit $\Delta J = -1$ den P-Zweig.

Bei einem Übergang zwischen verschiedenen Schwingungszuständen ändert sich der Kernabstand R und damit die Rotationskonstante $B_v = B_e - \alpha_e(v + 1/2)$ ein wenig (siehe Abschn. 3.4). Damit sind die Energieabstände zwischen benachbarten Rotationsniveaus in den beiden Schwingungszuständen etwas unterschiedlich. Die Wellenzahlen der Rotationslinien sind in der Näherung $D'_e = D''_e = 0$

$$\overline{\nu} = \overline{\nu}_0 + B'_v J'(J'+1) - B''_v J''(J''+1) \,, \tag{4.56}$$

wobei $\overline{\nu}_0$ der Energieabstand zwischen den rotationslosen Schwingungsniveaus ist. Dies ergibt für den R-Zweig mit $J' = J'' + 1 = J + 1$

$$\overline{\nu}_R = \overline{\nu}_0 + 2B'_v + (3B'_v - B''_v)J + (B'_v - B''_v)J^2 \tag{4.57}$$

und für den P-Zweig mit $J' = J'' - 1 = J - 1$

$$\overline{\nu}_P = \overline{\nu}_0 - (B'_v + B''_v)J + (B'_v - B''_v)J^2 \,. \tag{4.58}$$

In Abb. 4.6 sind die Wellenzahlen von R- und P-Zweig als Funktion der Rotationsquantenzahl $J'' = J$ aufgetragen (Fortrat-Diagramm). Man sieht aus der Abbildung, dass für kleine Werte von J die Kurven $\nu(J)$ Geraden sind, während für größere J der quadratische Anteil in den Gl.(4.57) und (4.58) wichtig wird und die Kurven krümmt. Die Krümmung hängt ab von der Differenz $(B'_v - B''_v)$. Als ein Beispiel für eine solche Schwingungs-Rotationsbande ist in Abb. 4.7 das Infrarot-Absorptionsspektrum des HCl-Moleküls zwischen 2600 und $3100\,\text{cm}^{-1}$ gezeigt. Die schwächeren, zu kleineren Wellenzahlen verschobenen Linien gehören zu dem Isotopomer $H\,^{37}Cl$. Das

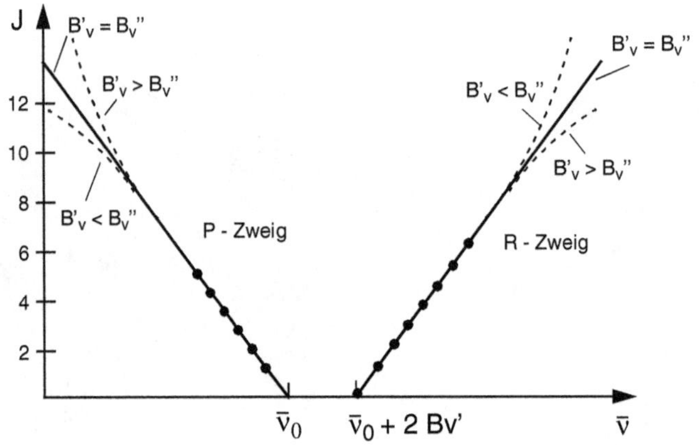

Abb. 4.6: Fortrat-Diagramm von P-und R-Zweig bei Schwingungs-Rotations-Übergängen.

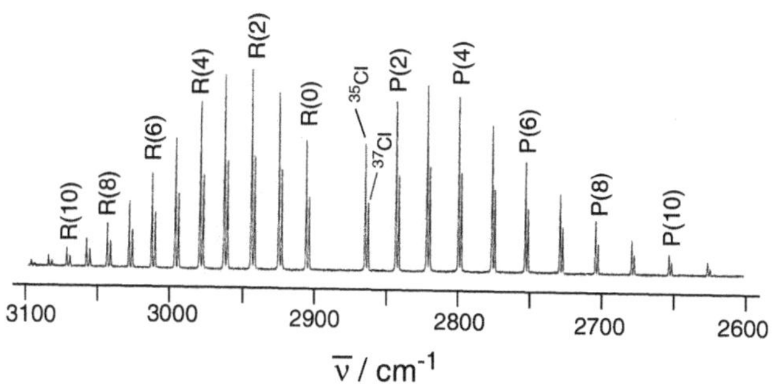

Abb. 4.7: Schwingungs-Rotations-Spektrum der ($v' = 0 \leftarrow v'' = 0$) Schwingungsbande des HCl Moleküls für die beiden Isotopomere $^1H\ ^{35}Cl$ und $^1H\ ^{37}Cl$ [4.5].

Häufigkeitsverhältnis von $^{35}Cl/^{37}Cl$ ist 75,5/24,5. Der Hauptanteil der Isotopie-Verschiebung kommt durch die verschiedenen Massen zustande, die zu unterschiedlichen Schwingungsenergien führen, der kleinere Teil durch die unterschiedlichen Rotationsenergien auf Grund der verschiedenen Trägheitsmomente der beiden Isotopomere.

4.2.5 Elektronische Übergänge

Wir wollen jetzt Dipolübergänge zwischen Schwingungsrotationsniveaus $m = (v'', J'') \to k = (v', J')$ in *verschiedenen* elektronischen Zuständen m und k behandeln. Diese Übergänge bestimmen das sichtbare und ultraviolette Spektrum der Moleküle. Wir gehen aus vom 1. Summanden im Matrixelement (4.28)

$$\boldsymbol{D}_{mk} = \int \chi_m^* \boldsymbol{D}_{mk}^{\text{el}} \chi_k \, \mathrm{d}\tau_{\text{N}} \,. \tag{4.59}$$

Der elektronische Teil des Matrixelements

$$\boldsymbol{D}_{mk}^{\text{el}} = \int \phi_m(r, R) \sum_i e\boldsymbol{r}_i \phi_k(r, R) \, \mathrm{d}\tau_{\text{el}} \tag{4.60}$$

hängt ab vom Vektor $\boldsymbol{r} = \sum r_i$ des Dipolmomentes der Elektronenhülle, wobei über alle zum Dipolmoment beitragenden Elektronen summiert wird. Schreiben wir die Kernwellenfunktionen χ wie in (4.37) als Produkt

$$\chi = S_{\text{vib}}(R) \cdot Y_J^M(\theta, \varphi)$$

von Schwingungs-Funktionen $S_{\text{vib}}(R)$, die nur vom Kernabstand R abhängen und Rotationsfunktionen, die nur von den Winkeln θ und φ abhängen, so geht (4.59) mit den normierten Schwingungsfunktionen $\psi_{\text{vib}} = R \cdot S_{\text{vib}}$ und $\mathrm{d}\tau_{\text{N}} = R^2 \, \mathrm{d}R \sin\theta \, \mathrm{d}\theta$

über in

$$\boldsymbol{D}_{mk} = \int \psi_{\text{vib}}(v'')\boldsymbol{D}^{\text{el}}_{mk}\psi_{\text{vib}}(v')\,\mathrm{d}R \iint Y^{M''}_{J''}Y^{M'}_{J'}\sin\theta\,\mathrm{d}\theta\,\mathrm{d}\varphi\,. \tag{4.61}$$

Das Absolutquadrat des 1. Integrals in (4.61) heißt „*Bandenstärke* $S_{v'',v'}$“, da es die Übergangswahrscheinlichkeit für die gesamte Schwingungsbande $v'' \leftrightarrow v'$ angibt. Hängt D^{el}_{mk} nicht von R ab, so kann man es vor das Integral über R ziehen und erhält damit

$$\boldsymbol{D}_{mk} = D^{\text{el}}_{mk}(R_{\text{e}}) \int \psi_{\text{vib}}(v'')\psi_{\text{vib}}(v')\,\mathrm{d}R \iint Y^{M''}_{J''}Y^{M'}_{J'}\sin\theta\,\mathrm{d}\theta\,\mathrm{d}\varphi\,. \tag{4.61a}$$

Das Quadrat des 1. Integrals

$$q_{v'',v'} = \left|\int \psi_{\text{vib}}(v'')\psi_{\text{vib}}(v')\,\mathrm{d}R\right|^2 \tag{4.61b}$$

heißt *Franck-Condon Faktor.*

Das 2. Integral hängt von den Quantenzahlen $J''M''$ und $J'M'$ in beiden Zuständen ab (siehe vorigen Abschnitt). Summiert man über alle M' und M'' und quadriert, so erhält man den „*Hönl-London-Faktor*“ $S_{J'',J'}$, der auch *Linienstärke* heißt, da er die Intensität einer Rotationslinie innerhalb einer Bande angibt.

Die Übergangswahrscheinlichkeit für den spontanen Übergang $k(v'J') \rightarrow m(v'', J'')$ wird mit diesen Abkürzungen:

$$\frac{\mathrm{d}}{\mathrm{d}t}\left(W^{(\text{el})}_{km}\right) = S_{v''v'}S_{J''J'} \approx \left|D^{\text{el}}_{mk}(R_{\text{e}})\right|^2 q_{v'',v'}S_{J''J'}\,. \tag{4.62a}$$

Im Feld einer linear polarisierten elektromagnetischen Welle mit dem Amplitudenvektor $\boldsymbol{E}_0$ wird die Absorptionswahrscheinlichkeit pro Molekül und Sekunde

$$\frac{\mathrm{d}W^{\text{abs}}_{mk}}{\mathrm{d}t} = S_{v''v'}S_{J''J'}\,|\boldsymbol{r}_0\cdot\boldsymbol{E}_0|^2\,, \tag{4.62b}$$

wobei $\boldsymbol{r}_0$ der Einheitsvektor in Richtung von $\boldsymbol{D}_{mk}$ ist.

4.2.6 *R*-Zentroid-Näherung; das Franck-Condon-Prinzip

Im Allgemeinen hängt D^{el}_{mk} vom Kernabstand R ab. Man kann dann den vom Kernabstand R abhängigen Betrag des elektronischen Teils des Matrixelements D^{el}_{mk} in (4.61) in eine Potenzreihe

$$D^{\text{el}}_{mk} = \sum_n a_n R^n \quad \text{mit } a_0 = D^{\text{el}}_{mk}(R_{\text{e}}) \tag{4.63}$$

entwickeln und erhält damit für die Bandenstärke

$$S_{v''v'} = \left| \int \psi_{v''} \sum a_n R^n \psi_{v'} \, \mathrm{d}R \right|^2 = \left| \sum a_n \int \psi_{v''} R^n \psi_{v'} \, \mathrm{d}R \right|^2 . \tag{4.64}$$

Man nennt den mit den Schwingungsfunktionen gewichteten Mittelwert

$$\langle R^n \rangle_{v''v'} = \frac{\int \psi_{v''} R^n \psi_{v'} \, \mathrm{d}R}{\int \psi_{v''} \psi_{v'} \, \mathrm{d}R} \tag{4.65}$$

von R^n auch das *R-Zentroid* n-ter Ordnung. Damit erhalten wir mit (4.61b)

$$S_{v''v'} = \left| \sum a_n \langle R^n \rangle_{v''v'} \right|^2 q_{v''v'} . \tag{4.66}$$

In der Näherung:

$$\langle v'' | \, R^n \, | v' \rangle = |\langle v'' | \, R \, | v'' \rangle|^n = R^n_{v''v'} q_{v''v'} \quad (R\text{-Zentroid-Näherung}) , \tag{4.67}$$

die im Allgemeinen gut erfüllt ist [4.6a], erhält man aus (4.64) mit (4.67) das Ergebnis:

$$\boxed{S_{v''v'} = \left| D^{\text{el}}_{mk}(R_{v''v'}) \right|^2 q_{v''v'}} , \tag{4.68}$$

das man anschaulich folgendermaßen interpretieren kann:

Die Bandenstärke ist gegeben durch das Überlappintegral $q_{v'v''}$ (4.61b) der Schwingungswellenfunktionen mal der elektronischen Übergangswahrscheinlichkeit, die gleich dem Absolutquadrat des mit den Schwingungsfunktionen gewichteten Mittelwertes $\langle D^{\text{el}}_{mk} \rangle$ ist.

Die Übergangswahrscheinlichkeit eines spontanen elektronischen Überganges

$$\frac{d}{dt}(W_{km}) = \left| D^{\text{el}}_{km}(R_{v'v''} \right|^2 \cdot q_{v'} v'' \cdot S_{J'J''} \tag{4.69}$$

setzt sich dann aus drei Faktoren zusammen:

1. dem mit den Schwingungswellenfunktionen $\psi_{v''}(R)$, $\psi_{v'}(R)$ gemittelten Absolutquadrat des elektronischen Dipolübergangsmomentes $\left| D^{\text{el}}_{mk}(R_{v''v'}) \right|^2$,
2. dem Franck-Condon-Faktor

$$q_{v''v'} = \left| \int \psi_{v''} \psi_{v'} \, \mathrm{d}R \right|^2 , \tag{4.70}$$

3. dem Hönl-London-Faktor

$$\left|D_{mk}^{\text{rot}}\right|^2 = S_{J''J'} = \left|\sum_{M'',M'} Y_{J''}^{M''} Y_{J'}^{M'} \sin\theta \, \mathrm{d}\theta \, \mathrm{d}\varphi\right|^2 .$$

Der Elektronensprung bei einem optischen Übergang zwischen zwei elektronischen Zuständen geschieht so schnell, dass sich sowohl Position als auch Geschwindigkeit der Kerne während des Elektronensprungs kaum ändern. Deshalb muss auch die kinetische Energie $T(R)$ der Kerne während des Überganges konstant bleiben. Das heißt: Der elektronische Übergang geschieht im Potentialdiagramm der Abb. 4.8 senkrecht (Franck-Condon-Prinzip). Bei der Emission eines Photons $h\nu$ zwischen den Zuständen m und k mit den Term-Energien $E_m(v'')$ und $E_k(v')$, den potentiellen Energien $E_\text{p}''(R)$ und $E_\text{p}'(R)$ und den kinetischen Energien $T''(R)$ und $T'(R)$ gilt dann:

$$\begin{aligned} h\nu = E(v') - E(v'') &= E_\text{p}'(R) + T'(R) - \left(E_\text{p}'' + T''(R)\right) \\ &= E_\text{p}'(R^*) - E_\text{p}''(R^*) , \end{aligned} \tag{4.71}$$

wobei R^* der Kernabstand ist, bei dem der Elektronensprung geschieht und $T''(R^*) = T'(R^*)$ gilt. Mit Hilfe des *Mullikenschen Differenzpotentials*

$$U(R) = E_\text{p}''(R) + E(v') - E_\text{p}'(R) \tag{4.72}$$

kann man die Bedingung $T''(R^*) = T'(R^*)$ in (4.71) schreiben als

$$U(R^*) = E(v'') , \tag{4.73}$$

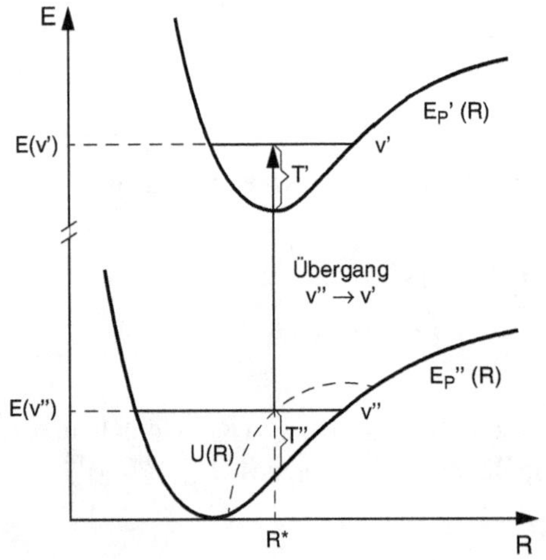

Abb. 4.8: Darstellung elektronischer Übergänge als vertikale Linien $R = R^* = \text{const}$ im Potentialdiagramm $E_\text{p}(R)$ und Differenzpotential $U(R) = E_\text{p}''(R) - E_\text{p}'(R) + E(v')$.

d. h. der Elektronensprung beim optischen Übergang findet beim Kernabstand R^* statt, bei dem das Differenzpotential die Energiegerade $E(v'')$ schneidet (Abb. 4.8). Bei dieser rein klassischen Betrachtung folgt daher aus dem Franck-Condon-Prinzip und dem Energiesatz, *dass der Übergang genau bei einem definierten Kernabstand $R = R^*$, nämlich dem klassischen Übergangsabstand im $E_p(R)$-Diagramm, geschieht und dass dabei $T''(R^*) = T'(R^*)$ gilt.* [4.6b].

Zur quantenmechanischen Formulierung des Franck-Condon-Prinzips betrachten wir das Matrixelement

$$\langle v' | H' - H'' | v'' \rangle = \big(E(v') - E(v'')\big) \langle v' | v'' \rangle \tag{4.74}$$

des Differenz-Hamiltonoperators $H' - H''$ für den oberen bzw. unteren Zustand, wobei $H = T + E_\mathrm{p}(R)$. Man kann (4.74) daher schreiben als

$$\begin{aligned} \langle v' | H' - H'' | v'' \rangle &= \langle v' | T' + E'_\mathrm{p}(R) - T'' - E''_\mathrm{p}(R) | v'' \rangle \\ &= \langle v' | E'_\mathrm{p}(R) - E''_\mathrm{p}(R) | v'' \rangle \;, \end{aligned} \tag{4.75}$$

weil die Operatoren der kinetischen Energie T' und T'' für beide Zustände gleich sind.

Wenn wir jetzt die Näherung

$$\overline{f(R)} = \frac{\langle v' | f(R) | v'' \rangle}{\langle v' | v'' \rangle} \cong f(\overline{R}) \tag{4.76}$$

verwenden, die für $f(R) = R^n$ der R-Zentroid-Näherung zugrunde liegt, erhalten wir für $f(R) = E_\mathrm{p}(R)$

$$\langle v' | E'_\mathrm{p}(R) - E''_\mathrm{p}(R) | v'' \rangle = \left[E'_\mathrm{p}(\overline{R}) - E''_\mathrm{p}(\overline{R})\right] \langle v' | v'' \rangle \;, \tag{4.77}$$

und damit aus (4.74) und (4.75) die Beziehung:

$$E(v') - E(v'') = E'_\mathrm{p}(\overline{R}) - E''_\mathrm{p}(\overline{R}) \;. \tag{4.78}$$

Ein Vergleich mit (4.71) zeigt, dass $R^* = \overline{R}$, d. h.

Das R-Zentroid $\langle R \rangle$ ist gleich dem klassischen Übergangspunkt R^*, solange die R-Zentroid-Näherung (4.76) gilt. Die R-Zentroid-Näherung verknüpft daher die klassische und die quantenmechanische Formulierung des Franck-Condon-Prinzips.

Die Gültigkeit der R-Zentroid-Näherung kann man folgendermaßen deutlich machen:

Die Wichtungsfunktion

$$W(R)\,\mathrm{d}R = \frac{(\psi_\mathrm{vib}(R))_{v'}\,(\psi_\mathrm{vib}(R))_{v''}\;\mathrm{d}R}{\langle v' | v'' \rangle} \tag{4.79}$$

gibt die Wahrscheinlichkeit dafür an, dass der optische Übergang $v' \rightarrow v''$ im Kernabstandsintervall R bis $R + \mathrm{d}R$ stattfindet. Die Schwankungsbreite des R-Zentroids $\langle R \rangle$ ist dann durch die Varianz

$$(\Delta \overline{R})^2 = \overline{R^2} - \overline{R}^2 = \int_0^\infty R^2 W(R)\,\mathrm{d}R - \left[\int_0^\infty R W(R)\,\mathrm{d}R \right]^2 \tag{4.80}$$

gegeben. Wenn die R-Zentroid-Näherung exakt ist, wird $\overline{R^2} = \overline{R}^2$ und $(\Delta \overline{R})^2 = 0$, d. h. der optische Übergang findet exakt beim Kernabstand $\overline{R} = R^*$ statt. Je „klassischer" der Übergang wird, desto kleiner wird $(\Delta \overline{R})$, d. h. desto besser wird die R-Zentroid-Näherung (Abb. 4.9). Die R-Zentroid-Näherung wird daher besonders gut für folgende Fälle:

a) für Moleküle mit schweren Kernen,

b) für Übergänge zwischen hohen Schwingungsniveaus, d. h. $v', v'' \gg 1$.

Der Kernabstand $R^* = \overline{R}$, bei dem der optische Übergang stattfindet (Abb. 4.8), hängt von der relativen Lage und dem Verlauf der beiden Potentialkurven $E'_\mathrm{p}(R)$ und $E''_\mathrm{p}(R)$ ab. Er liegt durchaus nicht immer bei den klassischen Umkehrpunkten, obwohl dort die Schwingungswellenfunktionen ihr Maximum haben.

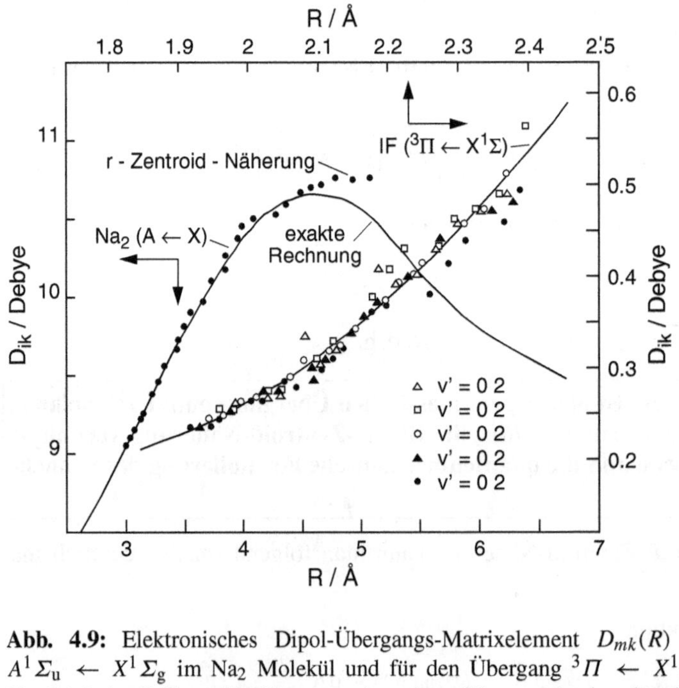

Abb. 4.9: Elektronisches Dipol-Übergangs-Matrixelement $D_{mk}(R)$ für den Übergang $A^1\Sigma_\mathrm{u} \leftarrow X^1\Sigma_\mathrm{g}$ im Na_2 Molekül und für den Übergang $^3\Pi \leftarrow X^1\Sigma^+$ im IF-Molekül. Vergleich der R-Zentroid-Näherung mit exakten Werten. Man beachte den unterschiedlichen Maßstab bei den beiden Kurven.

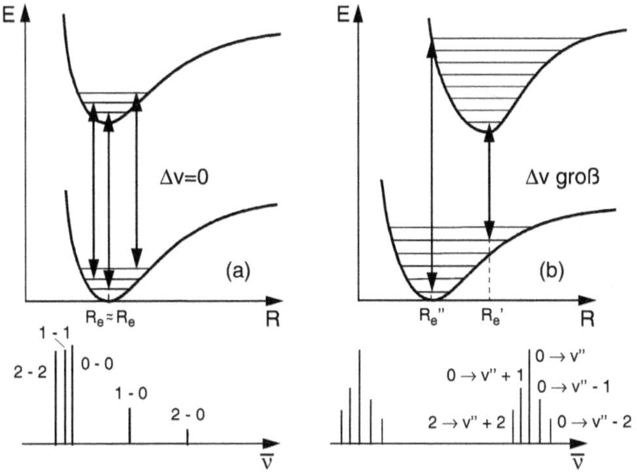

Abb. 4.10: Elektronische Übergänge mit maximalen Franck-Condon-Faktoren a) bei Potentialkurven mit $R'_e \approx R''_e$ b) bei gegeneinander verschobenen Potentialkurven ($R'_e \neq R''_e$).

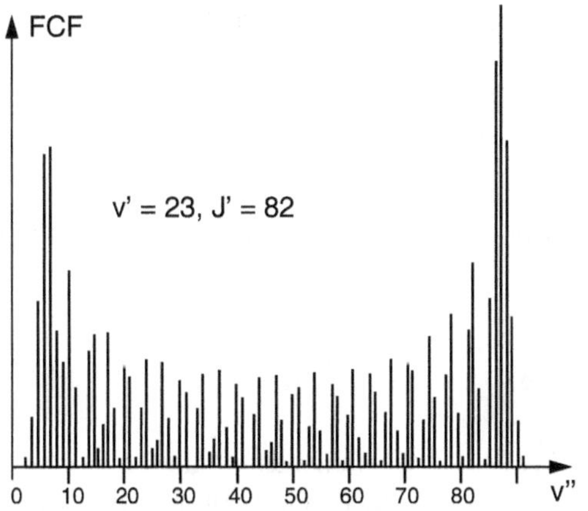

Abb. 4.11: Franck-Condon-Faktoren für das Fluoreszenz-Spektrum eines selektiv angeregten Niveaus ($v' = 23$, $J' = 82$) im $D^1\Sigma_u$-Zustand des Cs_2-Moleküls für die Schwingungs-Übergänge $^1\Sigma_u(v' = 23) \rightarrow {}^1\Sigma_g(v'')$.

Haben die beiden Potentialkurven ihre Minima beim gleichen Kernabstand ($R''_e = R'_e$) und ist ihr Verlauf $E_p(R)$ ähnlich (Abb. 4.10a), so haben Übergäge mit $\Delta v = 0$ den bei weitem größten Franck-Condon-Faktor. Sind die Potentialkurven jedoch gegeneinander verschoben (Abb. 4.10b), so treten im Spektrum vor allem Schwingungsbanden mit größeren Werten von Δv auf. Dies wird z. B. deutlich beim Fluoreszenzspektrum des selektiv angeregten Niveaus ($v' = 23$, $J' = 82$) im $D\,^1\Sigma_u$-Zustand des Cs_2-Moleküls, bei dem Übergänge mit $\Delta v > 60$ auftreten (Abb. 4.11).

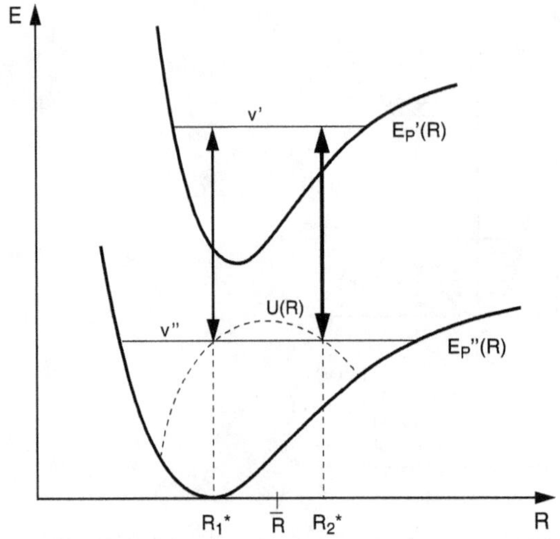

Abb. 4.12: Übergänge mit zwei Kreuzungspunkten des Differenzpotentials.

Für manche molekularen Übergänge kreuzt das Differenzpotential die Energiegerade $E(v'')$ zweimal. Es gibt dann zwei klassische kernabstände, R_1^* und R_2^* , bei denen die Übergänge stattfinden(Abb. 4.12). Dies bedeutet, dass zu einem Übergang $E(v') \rightarrow E(v'')$ zwei Anteile mit den Amplituden A_1 und A_2 beitragen. Die Gesamtamplitude ist dann

$$A_1 + A_2 = \langle \psi_{v'}(R_1^*)\psi_{v''}(R_1^*) \rangle + \langle \psi_{v'}(R_2^*)\psi_{v''}(R_2^*) \rangle \tag{4.81}$$

beitragen. Die Gesamtintensität ist dann

$$|A_1 + A_2|^2 = \left| \psi_v'(R_1^*)\psi_v''(R_2^*) + \psi_v'(R_2^*)\psi_v''(R_2^*) \right|^2 \tag{4.82}$$

In der Übergangswahrscheinlichkeit $W \propto |A_1 + A_2|^2$ treten dann Interferenzanteile $A_1 A_2$ auf, die die Intensität dieses Übergangs beeinflussen können. Für diesen Fall kann man eine verallgemeinerte R-Zentroid-Näherung entwickeln (siehe [4.7]).

4.2.7 Die Rotationsstruktur elektronischer Übergänge

Die Wellenzahl eines elektronischen Überganges zwischen den Schwingungs-Rotations-Niveaus (v'', J'') im unteren und (v', J') im oberen elektronischen Zustand ist durch die Differenz der Termwerte bestimmt (siehe (3.18), (3.37) und (3.42)):

$$\begin{aligned} \overline{\nu} &= (T_e' - T_e'') + \big((G(v') - G(v'')) + (F(J') - F(J''))\big) \\ &= \overline{\nu}_0 + \left[B_v' J'(J'+1) - D_v' J'^2 (J'+1)^2 \right] \\ &\quad - \left[B_v'' J''(J''+1) - D_v'' J''^2 (J''+1)^2 \right] . \end{aligned} \tag{4.83}$$

Dabei sind T'_e, T''_e die elektronischen Termwerte in den Potentialminima der beiden Potentialkurven, $G(v)$ die Schwingungstermwerte und $F(J)$ die Rotationstermwerte, $\overline{\nu}_0$ ist die Wellenzahl des reinen Schwingungsüberganges zwischen $J' = J'' = 0$ (*Bandenursprung* genannt). B_v und D_v sind die vom Schwingungsniveau v abhängigen Rotations- bzw. Zentrifugalkonstanten ((3.43), (3.44)). Die Gesamtheit aller möglichen Rotationsübergänge zwischen zwei Schwingungsniveaus v' und v'' heißt *Schwingungsbande*.

Die Auswahlregeln für die Rotations-Quantenzahl J sind, genau wie bei den Schwingungs-Rotations-Übergängen innerhalb desselben elektronischen Zustandes:

$$\Delta J = 0, \pm 1 \; ; \quad 0 \not\rightarrow 0 ,$$

wobei jetzt aber auch Übergänge mit $\Delta J = 0$ möglich sind, wenn sich der elektronische Drehimpuls dabei ändert, da bei Absorption oder Emission eines Photons mit Drehimpuls $1\hbar$ der Gesamtdrehimpuls erhalten bleiben muss. Dies schließt Übergänge $J' = 0 \not\leftrightarrow J'' = 0$ aus, weil dann die elektronische Drehimpulsquantenzahl Λ in beiden Zuständen null wäre.

Bei Σ–Σ-Übergängen gibt es deshalb nur P- ($\Delta J = -1$) oder R- ($\Delta J = +1$) Linien, bei Σ–Π- oder Π–Π-Übergängen zusätzlich auch Q-Linien mit $\Delta J = 0$.

Für die R-Linien erhält man aus (4.83) mit $J' = J'' + 1$ und $J'' = J$ unter Vernachlässigung des Zentrifugalterms:

$$\overline{\nu}_R(J) = \overline{\nu}_0 + (B'_v - B''_v)J(J+1) + 2B'_v(J+1) , \tag{4.84a}$$

und für die P-Linien mit $J' = J'' - 1 = J - 1$

$$\overline{\nu}_P(J) = \overline{\nu}_0 + (B'_v - B''_v)J(J+1) - 2B'_v J , \tag{4.84b}$$

während die Wellenzahlen der Q-Linien durch

$$\overline{\nu}_Q(J) = \overline{\nu}_0 + (B'_v - B''_v)J(J+1) \tag{4.84c}$$

gegeben sind. Der R-Zweig startet bei $J = 0$, Q- und P-Zweig erst bei $J = 1$.

Das Aussehen eines solchen rotationsaufgelösten Spektrums hängt davon ab, ob $B'_v < B''_v$ ist (d. h. der Kernabstand ist im oberen Zustand größer als im unteren), oder $B'_v > B''_v$ (d. h. das Molekül ist im oberen Zustand stärker gebunden als im unteren). In Abb. 4.13 ist das Fortrat-Diagramm für beide Fälle gezeigt. Man sieht, dass für $B'_v < B''_v$ die Linien des R-Zweiges mit steigendem J zu größeren Wellenzahlen hin verschoben werden, dann aber immer dichter zusammenrücken und bei der Rotationsquantenzahl

$$J^* = \frac{3B'_v - B''_v}{2(B''_v - B'_v)} \tag{4.85}$$

wieder zu kleineren Wellenzahlen umkehren. Der R-Zweig bildet bei J^* einen Umkehrpunkt ($\mathrm{d}\overline{\nu}/\mathrm{d}J = 0$), den man *Bandkante* nennt. Zu kleineren Wellenzahlen hin verlaufen alle drei Zweige monoton. Der Q-Zweig hat die größte Liniendichte für

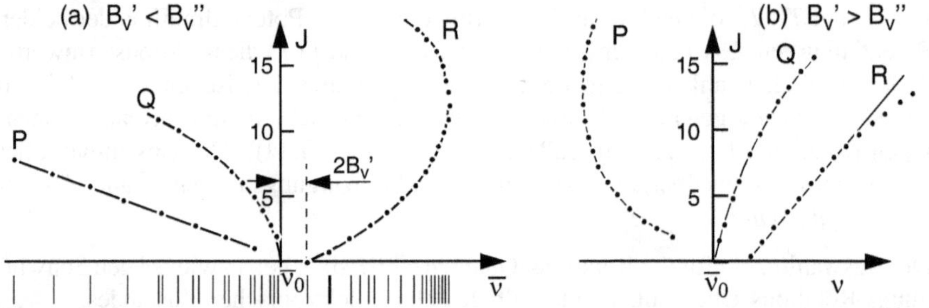

Abb. 4.13: Fortrat-Diagramm der Rotationsstruktur elektronischer Übergänge mit P-, Q- und R-Zweig: a) $B_v' < B_v''$ b) $B_v' > B_v''$.

kleine Werte von J. Sie ist umso dichter, je weniger sich B_v' und B_v'' unterscheiden. Für $B_v' = B_v''$ fallen alle Q-Linien zusammen. Der Q-Zweig verläuft dann im Fortrat-Diagramm senkrecht.

Eine solche Bande (d. h. die Gesamtheit aller P-, Q- und R-Linien) hat eine scharfe Grenze zur blauen Seite hin, wirkt aber bei photographischer Aufnahme (vor allem bei ungenügender spektraler Auflösung) zum roten Bereich hin diffus. Man nennt sie „rot abschattiert".

Für $B_v' > B_v''$ zeigt der P-Zweig einer Bandkante zur roten Seite hin, der R-Zweig und der Q-Zweig verlaufen monoton nach rechts zu größeren Wellenzahlen. Eine solche Bande heißt „blau abschattiert". In Abb. 4.14 ist zur Illustration der P-Zweig der 0-0-Bande des elektronischen Überganges $C\,^1\Pi_u - X\,^1\Sigma_g$ im Cs_2-Molekül gezeigt, der mit Doppler-freier Laserspektroskopie aufgenommen wurde.

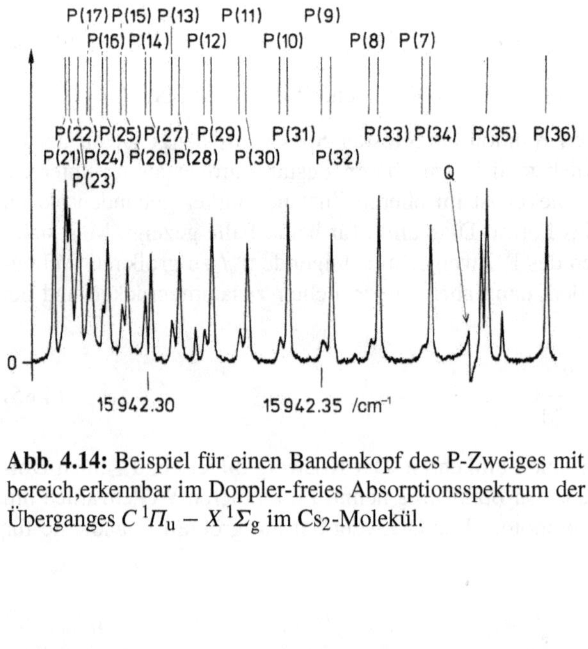

Abb. 4.14: Beispiel für einen Bandenkopf des P-Zweiges mit Bandkante im roten Spektralbereich,erkennbar im Doppler-freies Absorptionsspektrum der 0-0-Bande des elektronischen Überganges $C\,^1\Pi_u - X\,^1\Sigma_g$ im Cs_2-Molekül.

Die Gesamtheit aller Schwingungsbanden eines elektronischen Überganges heißt *Bandensystem*.

Man sieht also, dass man bereits aus dem Aussehen einer Bande erkennen kann, ob der Kernabstand im oberen Zustand größer oder kleiner als im unteren Zustand ist.

Aus der Rotationsstruktur einer Bande und ihrer Intensitätsverteilung läßt sich ferner unmittelbar schließen, ob es sich um einen Σ–Σ-Übergang, einen Π–Σ- oder Π–Π-Übergang handelt, denn die Intensitätsverhältnisse von Q- zu P- und R-Zweig sind für die drei Fälle unterschiedlich. Um dies zu sehen, muss der Hönl-London-Faktor (das Doppel-Integral über θ und φ in (4.61) quadriert) für Übergänge zwischen den verschiedenen elektronischen Zuständen berechnet werden.

Für elektronische Zustände mit $\Lambda \neq 0$ muss berücksichtigt werden, dass der Gesamtdrehimpuls sich aus dem Rotationsdrehimpuls und dem elektronischen Drehimpuls zusammensetzt, sodass für die Termwerte $F(J)$ Gl. (3.21) gilt. Der Term mit Λ kann aber zur elektronischen Energie gerechnet werden und steckt bereits in Gl. (4.83) im Bandenursprung ν_0.

Das Ergebnis der Berechnungen für die Linienstärken $S_R(J)$, $S_P(J)$, $S_Q(J)$ der Rotationslinien mit $\Delta J = \pm 1, 0$ sind die Hönl-London-Faktoren:

a) für elektronische Übergänge mit $\Delta\Lambda = 0$:

$$S_R(J) = \frac{(J'+\Lambda')(J'-\Lambda')}{J'}\,;\quad S_P(J) = \frac{(J''+\Lambda'')(J''-\Lambda'')}{J''}\,;\quad S_Q(J) = \frac{(2J'+1)\Lambda'^2}{J'(J'+1)}\,; \tag{4.86a}$$

b) für Übergänge mit $\Delta\Lambda = +1$:

$$S_R(J) = \frac{(J'+\Lambda')(J'-1+\Lambda')}{4J'}\,;\quad S_P(J) = \frac{(J''-1-\Lambda'')(J''-\Lambda'')}{4J''}\,;\quad S_Q(J) = \frac{(J'+\Lambda')(J'+1-\Lambda')(2J'+1)}{4J'(J'+1)}\,; \tag{4.86b}$$

c) für Übergänge mit $\Delta\Lambda = -1$:

$$S_R(J) = \frac{(J'-\Lambda')(J'-1-\Lambda')}{4J'}\,;\quad S_P(J) = \frac{(J''-1+\Lambda'')(J''+\Lambda'')}{4J''}\,;\quad S_Q(J) = \frac{(J'-\Lambda')(J'+1+\Lambda')(2J'+1)}{4J'(J'+1)}\,. \tag{4.86c}$$

4.2.8 Auswahlregeln für elektronischen Übergänge

Nachdem wir die Auswahlregeln für Rotationsübergänge ($\Delta J = \pm 1$ und für Schwingungsübergänge (Franck-Condon-Prinzip) diskutiert haben, wollen wir jetzt die wichtigsten Auswahlregeln für elektrische Dipolübergänge zwischen zwei elektronischen Zuständen eines zweiatomigen Moleküls behandeln, d. h. wir wollen die Frage klären, wann der elektronischen Teil des Matrixelementes (4.31) von Null verschieden ist.

1) Für *homonukleare Molekülegilt* die fundamentale Auswahlregel, dass *gerade* Zustände nur mit *ungeraden* kombinieren können (**Paritätserhaltung**), d. h. $g \longleftrightarrow u$ aber $g \not\longleftrightarrow g$ und $u \leftarrow / \rightarrow u$

2) Wenn die Quantenzahl Λ der Projektion des elektronischen Drehimpulses auf die Molekülachse eine gute Quantenzahl ist, dann gilt: $\Delta\Lambda = 0$ oder ± 1. d. h. Σ-Zustände können sowohl mit anderen Σ-Zuständen kombinieren oder auch mit Π-Zuständen, aber nicht mit Δ-Zuständen. Für Σ-Zustände gibt es eine weitere Einschränkung: $\Sigma^+ \leftrightarrow \Sigma^+$ und $\Sigma^- \leftrightarrow \Sigma^-$, **aber** $\Sigma^+ \not\leftrightarrow \Sigma^-$

3) Wenn die Spin-Bahn-Kopplung nicht zu stark ist (d. h. wenn S eine gute Quantenzahl ist) gilt: $\Delta S = 0$ d. h. Singulett-Zustände kombinieren nur mit anderen Singulett-Zuständen aber nicht mit Triplett-Zuständen.

4)Für Übergänge zwischen zwei Zuständen, die symmetrisch (s) oder antisymmetrisch (a) sein können, gilt:

$s \leftrightarrow s$ und $a \leftrightarrow a$ aber $s \not\leftrightarrow a$

wobei die Symmetrie eines Zustandes durch die Symmetrie seiner Wellenfunktion ψ definiert ist: $\psi_s(\boldsymbol{r}) = \psi_s(-\boldsymbol{r})$ und $\psi_a(\boldsymbol{r}) = -\psi_a(-\boldsymbol{r})$.

4.2.9 Kontinuierliche Spektren

Bisher haben wir nur Übergänge zwischen zwei diskreten Niveaus $(v'', J'') \leftrightarrow (v', J')$ innerhalb eines oder zwischen zwei verschiedenen, *gebundenen* elektronischen Zuständen betrachtet, die zu den *Linienspektren* der Moleküle führen. Wir wollen jetzt den Fall behandeln, dass mindestens einer der beiden Zustände eine repulsive Potentialkurve hat, also nicht gebunden ist. Solche Übergänge führen zu kontinuierlichen Spektren.

Beispiele für kontinuierliche *Absorptionsspektren* sind Übergänge vom gebundenen Grundzustand eines Moleküls entweder in angeregte, nicht stabile Zustände mit abstoßenden Potentialkurven (Abb. 4.15a), oder in Energiezustände oberhalb der Dissoziationsenergie eines gebundenen Zustandes. Kontinuierliche *Fluoreszenzspektren* entstehen durch Übergänge von einem diskreten Niveau (v', J') in einem gebundenen angeregten Zustand in tiefer liegende nicht stabile Zustände mit abstoßender Potentialkurve. Solche Spektren werden z. B. von Excimeren (= excited dimers) emittiert. Dies sind Moleküle, die nur in angeregten Zuständen stabil sind, im Grundzustand jedoch dissoziieren, weil die Grundzustandspotentialkurve überwiegend repulsiv ist und höchstens ein sehr flaches van der Waals- Minimum zeigt (Abb. 4.15b). Beispiele

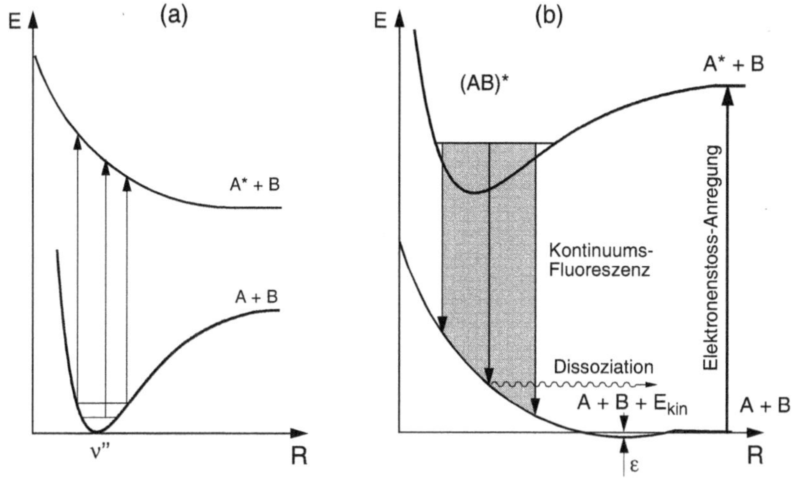

Abb. 4.15: Zur Entstehung kontinuierlicher Spektren zweiatomiger Moleküle: a) Absorptionsspektren b) Emissionsspektren von Excimeren.

für Excimere sind die Edelgasdimere (He_2, Ar_2, Kr_2, Xe_2) oder die Edelgashalide (KrF, XeCl, etc.).

Auch Emissions-Übergänge zu Energiebereichen oberhalb der Dissoziationsenergie eines gebundenen tieferen Zustandes führen zu kontinuierlichen Fluoreszenzspektren. Abbildung 4.16 zeigt einen Ausschnitt aus dem Fluoreszenzspektrum des NaK-Moleküls, der dem elektronischen Übergang $D\,^1\Pi \to a\,^3\Sigma$ von einem gebundenen Niveau $(v', J') = (12, 14)$ im $D\,^1\Pi$-Zustand in den schwach gebundenen $a\,^3\Sigma_u$-Zustandes entspricht. Wenn die unteren Zustände des Fluoreszenzüberganges gebundene Zustände (v'', J'') unterhalb der Dissoziationsgrenze des $a\,^3\Sigma$-Zustandes sind, entsteht eine Linienspektrum. Liegen diese Zustände oberhalb der Dissoziationsgrenze, so ergibt sich ein kontinuierliches Fluoreszenzspektrum.

Um zu verstehen, warum der kontinuierliche Teil des Spektrums eine deutliche Intensitätsmodulation zeigt, müssen wir das Franck-Condon-Prinzip auf kontinuierliche Spektren erweitern: Wir betrachten dazu den Übergang von einem Niveau (v', J') mit der Energie $E'(v', J')$ in Zustände E'' oberhalb der Dissoziationsgrenze D (Abb. 4.17). Da die kinetische Energie der Kerne beim Übergang $E' \to E'' = E' - h\nu$ erhalten bleibt, enden alle Übergänge auf der Kurve des Differenzpotentials

$$U(R) = E''_p(R) + E(v') - E'_p(R)\,. \tag{4.87a}$$

Ist $U(R)$ eine monotone Funktion von R, so gehört zu jedem Kernabstand R genau eine Wellenlänge λ bzw. Frequenz $\nu = c/\lambda$ im Fluoreszenzspektrum, die durch

$$h\nu(R) = E(v') - U(R) = E'_p(R) - E''_p(R) \tag{4.87b}$$

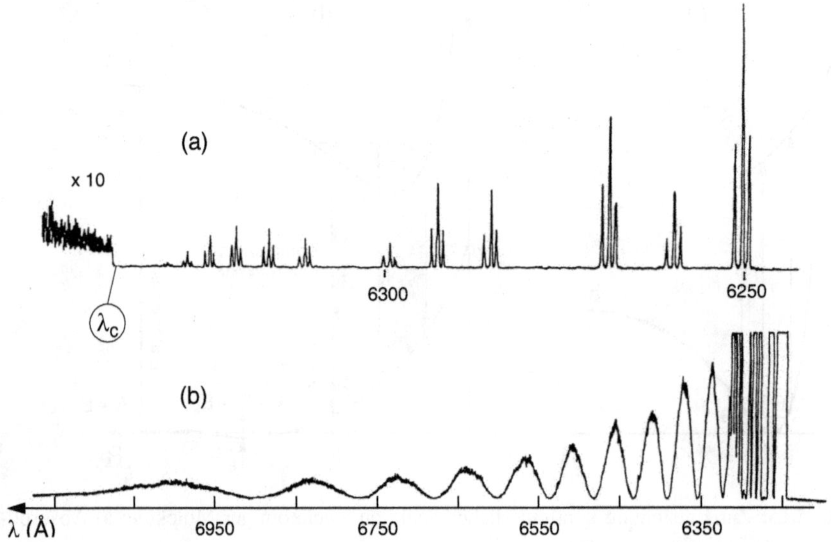

Abb. 4.16: Moduliertes Emissionskontinuum emittiert vom Schwingungsniveau $v' = 14$ im $^3\Pi$-Zustand des NaK-Moleküls auf dem Übergang $^3\Pi \rightarrow {}^3\Sigma$ in gebundene Zustände des $^3\Sigma$-Zustandes (a) und in Kontinuumszustände oberhalb der Dissoziationsenergie des $^3\Sigma$-Zustandes. Das Spektrum in (a) ist ein gestreckter Ausschnitt des rechten Teils von (b) [4.8].

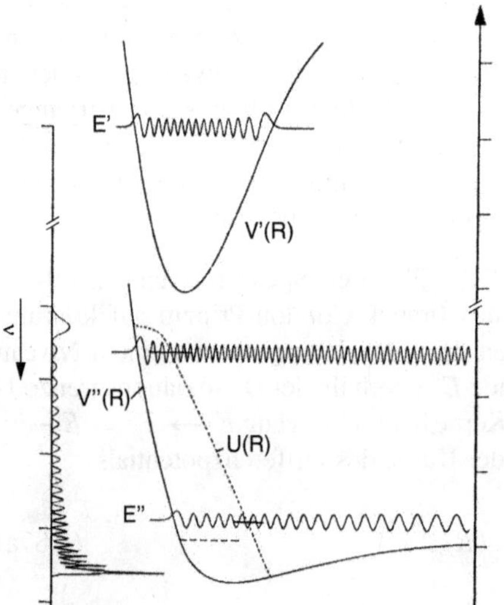

Abb. 4.17: Termschema und Schwingungswellenfunktionen für das NaK-Emissionskontinuum der Abb. 4.16b.

gegeben ist. Die Intensität der Fluoreszenz im Intervall $\mathrm{d}\overline{\nu}$ bei der Wellenzahl $\overline{\nu}$ ist bestimmt durch den Franck-Condon-Faktor

$$I_{\mathrm{Fl}}(\overline{\nu})\,\mathrm{d}\overline{\nu} \propto \left|\chi(v', R)\chi(E'', R)\,\mathrm{d}R\right|^2 , \tag{4.88a}$$

wobei R der Kernabstand ist, bei dem die Gerade $E = E''$ das Differenzpotential schneidet. Die Kontinuumswellenfunktion $\chi(E'' > D, R)$ kann oft durch eine normierte *Airy-Funktion* approximiert werden.

Hat der Monochromator zur Messung der spektralen Intensitätsverteilung $I_{\mathrm{Fl}}(\overline{\nu})$ im Fluoreszenzspektrum die Auflösung $\Delta\overline{\nu}$, so wird für jedes $\overline{\nu}$ die Intensität

$$\int\limits_{-\Delta\overline{\nu}/2}^{+\Delta\overline{\nu}/2} I(\overline{\nu})\,\mathrm{d}\overline{\nu} \propto \left|\int\limits_{R_1}^{R_2} \psi_{\mathrm{vib}}(v', R)\psi_{\mathrm{vib}}(E'', R)\,\mathrm{d}R\right|^2 \tag{4.88b}$$

gemessen, wobei $\Delta R = R_2 - R_1$ der Kernbereichsabstand ist, in dem das Differenzpotential $U(R)$ sich um $\Delta E = h\Delta\nu = (hc/\lambda^2)\Delta\lambda$ ändert.

Ist die Oszillationsperiode der Funktion $\psi_{\mathrm{vib}}(E'', R)$ klein gegen ΔR, die der Funktion $\psi_{\mathrm{vib}}(v', R)$ aber größer als ΔR (Abb. 4.17), so zeigt die gemessene Fluoreszenzintensität $I_{\mathrm{Fl}}(\overline{\nu})$, genau wie die Schwingungswellenfunktion $\psi_{\mathrm{vib}}(v', R)$, $(v' + 1)$ Maxima. Man kann dann aus der Zahl der Maxima direkt die Schwingungsquantenzahl v' des emittierenden Zustandes bestimmen [4.8].

4.3 Linienprofile von Spektrallinien

Die Frequenz der Spektrallinien bei der Absorption oder Emission von elektromagnetischer Strahlung ist nicht streng monochromatisch, sondern die Intensität $I(\nu - \nu_0)$ der Linien zeigt eine Verteilung um die Mittenfrequenz ν_0 (Abb. 4.18a), die durch verschiedene Faktoren bedingt ist. Das Frequenzintervall $\Delta\nu = \nu_1 - \nu_2$ zwischen den beiden Frequenzen ν_1 und ν_2, bei denen die Intensität I auf $I(\nu_0)/2$ abgesunken ist, heißt die volle Halbwertsbreite $\delta\nu$ der Spektrallinie. Diese endliche Breite begrenzt die spektrale Auflösung, weil zwei Spektrallinien, deren Abstand $\Delta\nu$ weniger als die volle Halbwertsbreite beträgt, nicht mehr als zwei getrennte Linien erkannt werden (Abb. 4.18b).

In der Spektroskopie wird oft die Kreisfrequenz $\omega = 2\pi\nu$ verwendet. Im Allgemeinen stellt das spektrale Auflösungsvermögen des verwendeten Spektrographen die wesentliche Begrenzung für die gemessenen Linienbreiten dar. Nur mit Interferometern oder mit laserspektroskopischen Verfahren lässt sich ein so hohes Auflösungsvermögen erreichen, dass man die prinzipiellen Grenzen für die endliche Spektralbreite erkennen kann: Die natürliche Linienbreite, die Dopplerbreite und die Stoßverbreiterung. Wir wollen uns jetzt diese verschiedenen Verbreiterungsmechanismen näher ansehen.

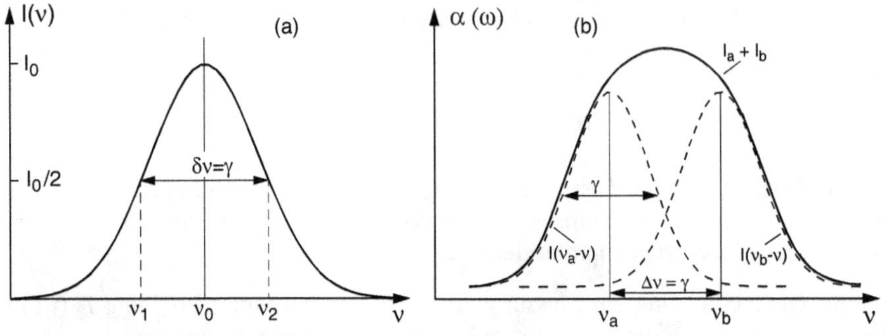

Abb. 4.18: a) Linienprofil einer Spektrallinie, b) Grenze des spektralen Auflösungsvermögens.

4.3.1 Natürliche Linienbreite

Ein ruhendes Molekül in einem angeregten Zustand $|k\rangle$ kann seine Anregungsenergie nach einer mittleren Zeit τ wieder abgeben durch Aussendung von Strahlung. Um das Spektralprofil dieser Strahlung zu bestimmen, wollen wir zuerst ein klassisches Modell verwenden, bei dem das angeregte Molekül durch einen klassischen gedämpften Oszillator mit der Eigenfrequenz ω_0 und der Dämpfungskonstanten γ beschrieben wird. Der zeitliche Verlauf der Schwingungsamplitude dieses Oszillators ergibt sich aus der Differentialgleichung

$$\ddot{x} + \gamma\dot{x} + \omega_0^2 x = 0 \,, \tag{4.89}$$

wobei die Frequenz $\omega_0 = \sqrt{D/m}$ durch die Rückstellkonstante D und die Masse m des Oszillators bestimmt ist. Mit den Anfangsbedingungen $x(0) = x_0$ und $\dot{x}(0) = 0$ lautet die Lösung von (4.89)

$$x(t) = x_0 \mathrm{e}^{-(\gamma/2)t} \left[\cos\omega t + (\gamma/2\omega)\sin\omega t\right] \tag{4.90}$$

$$\text{mit } \omega = \sqrt{\omega_0^2 - (\gamma/2)^2} \,.$$

Die Dämpfung eines molekularen Oszillators ist extrem klein (für $\omega_0 = 2\pi \cdot 6 \cdot 10^{14}\,\mathrm{s}^{-1}$ und einer Abklingzeit $\tau = 10^{-8}$ s ist das Verhältnis $\gamma/\omega_0 = 2{,}8 \cdot 10^{-8}$). Deshalb kann der zweite Term in (4.90) vernachlässigt werden und wir erhalten als zeitabhängige Amplitude der gedämpften Schwingung (Abb. 4.19a)

$$x(t) \approx x_0 \mathrm{e}^{-(\gamma/2)t} \cos\omega_0 t \,. \tag{4.91}$$

Wegen der zeitlich abklingenden Schwingungsamplitude ist die Frequenz der ausgesandten Strahlung nicht mehr monochromatisch wie bei einer ungedämpften Schwingung mit zeitlich unbegrenzter konstanter Amplitude, sondern zeigt ein Frequenzspektrum $A(\omega)$, das durch eine Fourier-Transformation der Funktion $x(t)$ bestimmt werden kann. Beschreiben wir $x(t)$ als Überlagerung der verschiedenen Frequenzanteile mit den Amplituden $A(\omega)$,

$$x(t) = \frac{1}{\sqrt{2\pi}} \int\limits_0^\infty A(\omega)\mathrm{e}^{\mathrm{i}\omega t}\,\mathrm{d}\omega \,, \tag{4.92}$$

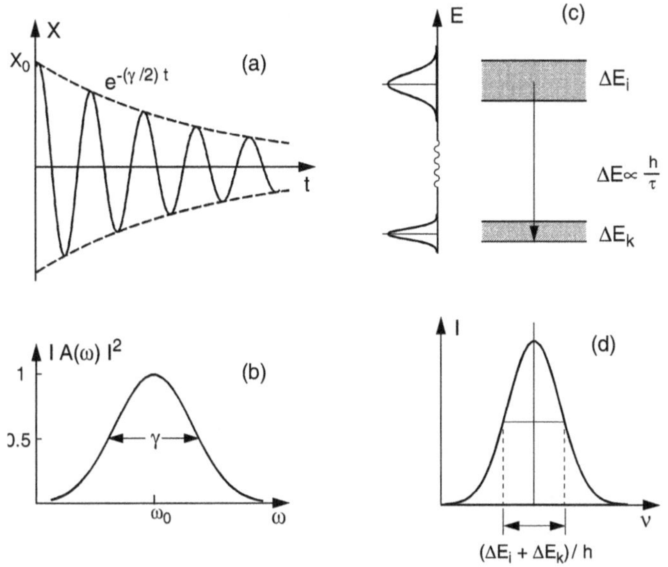

Abb. 4.19: Gedämpfte Schwingung (a) und deren Linienprofil als Fouriertransformierte (b). Natürliche Linienbreite als Folge der durch die Lebensdauer bestimmten Niveaubreiten (c).

dann erhält man $A(\omega)$ aus der Fourier-Transformierten

$$\begin{aligned} A(\omega) &= \frac{1}{\sqrt{2\pi}} \int_{-\infty}^{+\infty} x(t) \mathrm{e}^{-\mathrm{i}\omega t} \, \mathrm{d}t \\ &= \frac{1}{\sqrt{2\pi}} \int_{-\infty}^{+\infty} x_0 \mathrm{e}^{-(\gamma/2)t} \cos \omega_0 t \mathrm{e}^{-\mathrm{i}\omega t} \, \mathrm{d}t \,, \end{aligned} \tag{4.93}$$

wobei wir $x(t) = 0$ für $t < 0$ setzen.

Die Integration ist elementar ausführbar, und ergibt die komplexe Amplitudenverteilung

$$A(\omega) = \frac{x_0}{\sqrt{8\pi}} \left(\frac{1}{\mathrm{i}(\omega - \omega_0) + (\gamma/2)} + \frac{1}{\mathrm{i}(\omega + \omega_0) + (\gamma/2)} \right) , \tag{4.94}$$

aus der sich bei Vernachlässigung des zweiten Summanden (wegen $\omega + \omega_0) \gg (\omega - \omega_0)$die Intensitätsverteilung $I(\omega) \propto |A(\omega)|^2$

$$I(\omega) = \frac{C}{(\omega - \omega_0)^2 + (\gamma/2)^2} \tag{4.95}$$

ergibt (Abb. 4.19b). Die Konstante C kann so gewählt werden, dass die Gesamtintensität, integriert über das gesamte Linienprofil

$$\int I(\omega)\,\mathrm{d}\omega = I_0 \tag{4.96}$$

wird. Damit wird $C = I_0\gamma/2\pi$.

Das Linienprofil (4.95) heißt Lorentz-Profil. Seine volle Halbwertsbreite

$$\delta\omega_n = \gamma\,; \quad \delta\nu_n = \gamma/2\pi \tag{4.97}$$

heißt natürliche Linienbreite.

Auch aus einer quantenmechanischen Rechnung erhält man ein analoges Resultat. Die Linienbreite eines Überganges zwischen zwei Niveaus $|k\rangle$ und $|i\rangle$ mit den Lebensdauern τ_k und τ_i erscheint hier als Summe der Niveaubreiten $\Delta E_k = \hbar/\tau_k$ und $\Delta E_i = \hbar/\tau_i$ als Folge der Unschärfe-Relation $\Delta E \cdot \Delta t > \hbar$ (Abb. 4.19c,d). Findet der Übergang von einem angeregten Zustand $|k\rangle$ in den Grundzustand ($\tau = \infty$) statt, so wird die Linienbreite nur durch die Lebensdauer τ_k bestimmt und es gilt:

$$\Delta\omega_n = A_k = \frac{1}{\tau_k}\,; \quad \Delta\nu_n = \frac{1}{2\pi\tau_k}\,, \tag{4.97a}$$

wobei A_k der in Abschn. 4.1.1 eingeführte Einsteinkoeffizient für spontane Emission ist.

Beispiele

a) Schwingungs-Rotations-Übergang $(v', J') \leftarrow (v'', J'')$ im elektronischen Grundzustand. Die Lebensdauer des oberen Niveaus sei $\tau_k = 1\,\mathrm{ms}$, die des unteren $\tau_i = \infty$. Dann ist die natürliche Linienbreite $\Delta\nu_n = 150\,\mathrm{Hz}$!

b) Die Lebensdauer eines elektronisch angeregten Niveaus sei $\tau = 10^{-8}\,\mathrm{s}$, woraus $\Delta\nu_n = 15\,\mathrm{MHz}$ folgt.

4.3.2 Doppler-Verbreiterung

Bewegt sich ein angeregtes Molekül mit der Geschwindigkeit $\boldsymbol{v} = \{v_x, v_y, v_z\}$ mit $|\boldsymbol{v}| \ll c$ gegen einen ruhenden Beobachter (Abb. 4.20), so wird die Mittenfrequenz ν_0 der vom Molekül emittierten Strahlung mit dem Wellenvektor $\boldsymbol{k} = (2\pi/\lambda)\hat{\boldsymbol{e}}$, wobei $\hat{\boldsymbol{e}}$ der Einheitsvekor in Emissions-Richtung ist, auf Grund des nichtrelativistischen Doppler-Effektes verschoben zu

$$\nu = \nu_0 + \boldsymbol{k}\cdot\boldsymbol{v}/2\pi = \nu_0\left(1 + \frac{\boldsymbol{v}\cdot\hat{\boldsymbol{e}}}{c}\right)\,. \tag{4.98a}$$

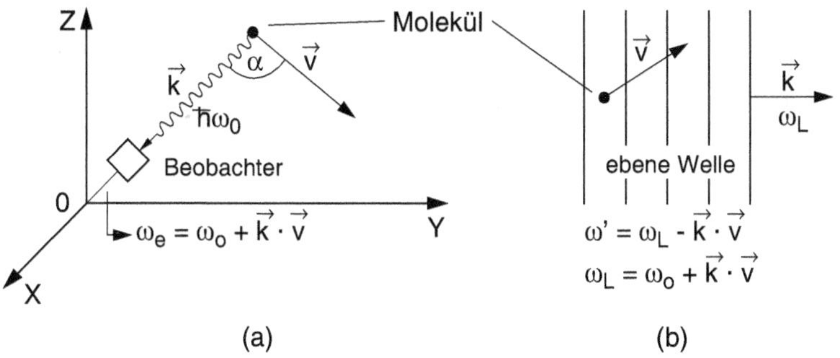

Abb. 4.20: Zur Doppler-Verschiebung von a) Emissionslinien, b) Absorptionslinien.

Um den Faktor 2π in den Gleichungen zu sparen, verwendet man häufig die Kreisfrequenz $\omega = 2\pi\nu$, für die dann gilt:

$$\omega = \omega_0 + \boldsymbol{k} \cdot \boldsymbol{v} \,. \tag{4.98b}$$

Auch die Absorptionsfrequenz ω_0 eines Moleküls, das sich mit der Geschwindigkeit $\boldsymbol{v}$ gegen eine ebene Lichtwelle mit der Frequenz ω_{L} und dem Wellenvektor $\boldsymbol{k}$ bewegt, ist verschoben, weil nämlich die Frequenz der Welle im System des bewegten Moleküls als $\omega' = \omega_{\mathrm{L}} - \boldsymbol{k} \cdot \boldsymbol{v}$ erscheint (Abb. 4.20b). Das Molekül absorbiert dann, wenn $\omega' = \omega_0$ gilt, d. h. wenn die im Laborsystem gemessene Lichtfrequenz ω_{L} die Bedingung

$$\omega_{\mathrm{L}} = \omega_0 + \boldsymbol{k} \cdot \boldsymbol{v} \tag{4.99}$$

erfüllt. Läuft die Lichtwelle z. B. in z-Richtung ($\boldsymbol{k} = \{0, 0, k_z\}$), so lässt sich (4.99) schreiben als

$$\omega_{\mathrm{L}} = \omega_0 + k_z v_z = \omega_0(1 + v_z/c) \,. \tag{4.100}$$

Man sieht daraus, dass nur die Geschwindigkeitskomponente in Richtung von $\boldsymbol{k}$ zur Doppler-Verschiebung beiträgt.

Wie kommt nun die Doppler-Verbreiterung zustande? Im thermischen Gleichgewicht haben die Moleküle eines Gases eine Maxwellsche Geschwindigkeitsverteilung. Bei der absoluten Temperatur T ist dann die Dichte $n_i(v_z)$ der Licht emittierenden bzw. absorbierenden Moleküle im Zustand $\langle i|$ mit einer Geschwindigkeitskomponente innerhalb des Intervalls v_z bis $v_z + \mathrm{d}v_z$

$$n_i(v_z)\,\mathrm{d}v_z = \frac{N_i}{v_{\mathrm{w}}\sqrt{\pi}} \mathrm{e}^{-(v_z/v_{\mathrm{w}})^2}\,\mathrm{d}v_z \,, \tag{4.101}$$

wobei $v_{\mathrm{w}} = (2k_{\mathrm{B}}T/m)^{1/2}$ die *wahrscheinlichste* Geschwindigkeit ist, N_i die Gesamtzahl aller Moleküle im Zustand E_i pro Volumeneinheit, m die Molekülmasse und k_{B} die Boltzmann-Konstante.

Drückt man in (4.101) v_z und $\mathrm{d}v_z$ mit Hilfe der Beziehung (4.100) durch ω und $\mathrm{d}\omega$ aus, so erhält man die Anzahl der Moleküle, deren Emission (bzw. Absorption) in das Frequenzintervall zwischen ω und $\omega + \mathrm{d}\omega$ fällt, d. h.

$$n_i(\omega)\,\mathrm{d}\omega = N_i \frac{c}{v_\mathrm{w}\omega_0\sqrt{\pi}} \exp\left[-c(\omega-\omega_0)/(\omega_0 v_\mathrm{w})\right]^2 \mathrm{d}\omega\,. \qquad (4.102)$$

Da die emittierte bzw. absorbierte Intensität $I(\omega)$ proportional zu $n_i(\omega)$ ist, wird das Intensitätsprofil der Doppler-verbreiterten Spektrallinie

$$\boxed{I(\omega) = I(\omega_0)\exp\left[-c(\omega-\omega_0)/(\omega_0 v_\mathrm{w})\right]^2}\,. \qquad (4.103)$$

Dies ist eine Gauß-Funktion (Abb. 4.21), deren Halbwertsbreite $\delta\omega_\mathrm{D} = |\omega_1 - \omega_2|$ man aus der Bedingung $I(\omega_1) = I(\omega_2) = I(\omega_0)/2$ erhält

$$\delta\omega_\mathrm{D} = 2\sqrt{\ln 2}\,\omega_0 v_\mathrm{w}/c\,, \qquad (4.104a)$$

oder mit $v_\mathrm{w} = \sqrt{2k_\mathrm{B}T/m}$

$$\boxed{\delta\omega_\mathrm{D} = (\omega_0/c)\sqrt{8k_\mathrm{B}T\ln 2/m}}\,. \qquad (4.104b)$$

Man sieht, dass die Doppler-Breite linear mit der Frequenz ω_0 ansteigt und bei gegebener Temperatur T für Moleküle mit kleiner Masse m besonders groß wird.

Erweitert man den Radikanden in (4.104b) mit der Avogadro-Zahl N_A (= Zahl der Moleküle pro Mol), so kann man die Doppler-Breite durch die Molmasse $M = mN_\mathrm{A}$ und die Gaskonstante $R = k_\mathrm{B}N_\mathrm{A}$ ausdrücken und erhält im Frequenzmaß:

$$\delta\nu_\mathrm{D} = \frac{2\nu_0}{c}\sqrt{\frac{2RT\ln 2}{M}} = 7{,}16\cdot 10^{-7}\,\nu_0\sqrt{T/M}\quad \mathrm{s}^{-1}\,. \qquad (4.104c)$$

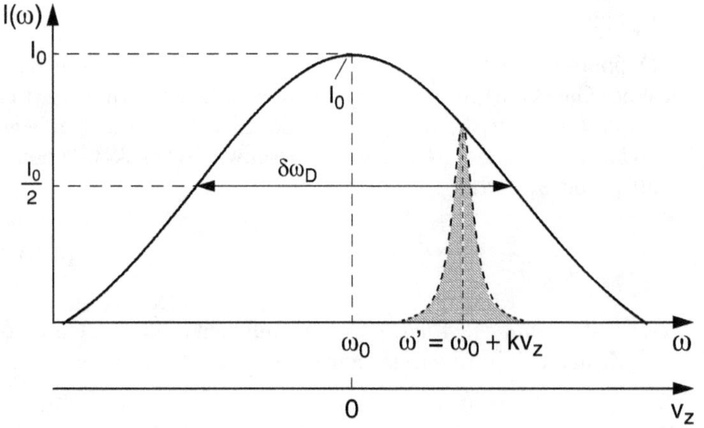

Abb. 4.21: Gaußprofil einer Doppler-verbreiterten Spektrallinie.

Mit $(4\ln 2)^{-1/2} \approx 0.6$ ergibt sich mit(4.104a) für das Doppler-verbreiterte Linienprofil (4.103):

$$\boxed{I(\omega) = I(\omega_0)\exp\left[-\left(\frac{\omega-\omega_0}{0{,}6\,\delta\omega_D}\right)^2\right]} . \tag{4.105}$$

Beispiele

a) Im Infraroten: Schwingungs-Rotations-Übergang des CO_2
$\lambda = 10\,\mu m$; $\nu_0 = 3\cdot 10^{13}\,s^{-1}, T = 300\,K, M = 44\,g/Mol, \delta\nu_D = 5{,}6\cdot 10^7\,s^{-1} \cong$ 56 MHz.

b) Im Sichtbaren: Elektronischer Übergang im Na_2-Molekül
$\lambda = 500\,nm \Rightarrow \nu_0 = 6\cdot 10^{14}\,s^{-1}$, $T = 500\,K$, $M = 46\,g/Mol$, $\Rightarrow \delta\nu_D = 1{,}4\cdot 10^9\,s^{-1} = 1{,}4\,GHz$.

Man sieht aus den angeführten Beispielen, dass im sichtbaren Gebiet die Doppler-Verbreiterung die natürliche Linienbreite um etwa 2 Größenordnungen übertrifft.

Die Dopplerverbreiterung läßt sich experimentell durch verschiedene, so genannte Doppler-freie Spektroskopie-Techniken verringern oder sogar völlig eliminieren (siehe Abschn. 12.4). Auch dann bleibt jedoch eine restliche Linienbreite übrig, die z. B. durch die natürliche Linienbreite oder die Stoßverbreiterung verursacht wird.

4.3.3 Voigt-Profile

Im Abschn. 4.3.1 haben wir angenommen, dass der molekulare Oszillator ruht. Bewegt sich das Molekül jedoch mit der Geschwindigkeit v, so wird seine Absorptions-

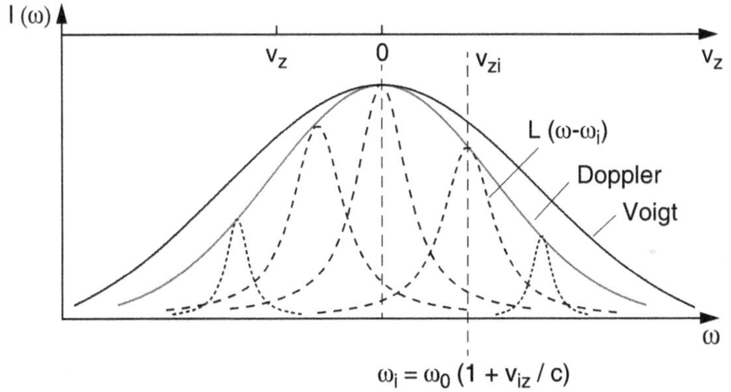

Abb. 4.22: Voigt-Profil als Überlagerung der Doppler-verschobenen Lorentz-Profile von Molekülen mit verschiedenen Geschwindigkeitskomponenten v_z.

bzw. Emissions-Frequenz Doppler-verschoben und wir erhalten gemäß (4.98b) für das Linienprofil dieses Moleküls statt (4.95) das Lorentzprofil

$$I(\omega) = \frac{C}{(\omega - \omega')^2 + (\gamma/2)^2} \quad \text{mit } \omega' = \omega_0 + \boldsymbol{k} \cdot \boldsymbol{v} \,. \tag{4.106}$$

Das Gesamtabsorptionsprofil aller Moleküle mit der thermischen Geschwindigkeitsverteilung (4.101) ergibt sich dann durch die Faltung

$$I(\omega) = C \int\limits_{-\infty}^{+\infty} \frac{\mathrm{e}^{-c^2(\omega-\omega')^2/(\omega'^2 v_\mathrm{w}^2)}}{(\omega - \omega')^2 + (\gamma/2)^2} \mathrm{d}\omega' \tag{4.107}$$

aus den verschieden weit verschobenen Lorentzprofilen der Einzelmoleküle mit der Gaußförmigen Geschwindigkeitsverteilung aller Moleküle (Abb. 4.22). Diese Faltung aus Lorentz- und Gaußprofil heißt *Voigt-Profil.*

4.3.4 Stoßverbreiterung von Spektrallinien

Nähert sich einem Molekül A mit den Energieniveaus E_i und E_f ein anderes Atom bzw. Molekül B, so werden infolge der Wechselwirkung zwischen A und B die Energieniveaus von A verschoben. Diese Energieverschiebung hängt ab von der Struktur der Elektronenhüllen von A und B, von den Zuständen E_i und E_f, die im gleichen Elektronenzustand liegen können (Rotations- bzw. Schwingungs-Übergänge) oder zu zwei verschiedenen Elektronenkonfigurationen gehören (elektronische Übergänge) und vom gegenseitigen Abstand $R(\mathrm{A}, \mathrm{B})$, den wir hier als Abstand zwischen den Schwerpunkten von A und B definieren wollen. Die Energieverschiebung ist im Allgemeinen für die einzelnen Energieniveaus E_j verschieden groß und kann positiv sein (bei abstoßendem Potential zwischen $\mathrm{A}(E_i)$ und B) oder negativ (bei anziehender Wechselwirkung). Trägt man die Energie $E_i(R)$ der Niveaus von A als Funktion von R auf, so erhält man die in Abb. 4.23 schematisch gezeichneten Potentialkurven. Da man die Annäherung zweier Teilchen bis auf einen Abstand R, bei dem sie sich merklich gegenseitig beeinflussen, auch *Stoß* nennt, heißt das System $\mathrm{AB}(R)$ auch *Stoßpaar.* Nähern sich A und B einander auf einer Potentialkurve, die ein Minimum hat, so kann sich beim Stoß ein stabiles Molekül bilden, wenn während der Stoßzeit Energie durch Strahlung oder durch Stöße mit einem dritten Partner abgeführt wird, d. h. der Stoßpartner B wird „eingefangen".

Erfolgt während des Stoßes ein Absorptions- bzw. Emissions-Übergang zwischen den Niveaus E_i und E_f, so hängt die Frequenz $\nu_{if} = \omega_{if}/2\pi$ des absorbierten bzw. emittierten Lichts gemäß $h\nu_{if} = |E_f(R) - E_i(R)|$ vom Abstand R zwischen A und B während des Übergangs ab.

In einem Gas von Molekülen A bzw. B sind die Abstände R statistisch verteilt um einen Mittelwert $\overline{R}$, der von Druck und Temperatur des Gases abhängt. Entsprechend sind die Frequenzen ν_{if} statistisch verteilt um einen Mittelwert $\overline{\nu}$, der im Allgemeinen gegenüber der Frequenz ν_0 des ungestörten Atoms verschoben ist. Die Verschiebung $\Delta\nu = \nu_0 - \overline{\nu}$ ist ein Maß für die Differenz der Energieverschiebung der beiden

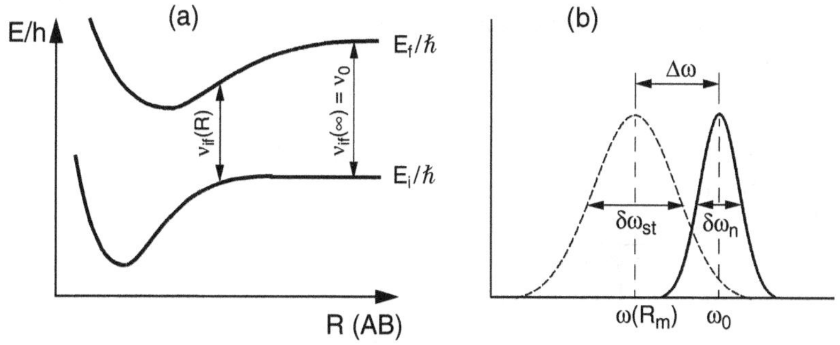

Abb. 4.23: Schematische Potentialkurven eines Stoßpaares und Erklärung der Stoßverbreiterung und Verschiebung.

Niveaus E_i und E_f bei einem Abstand R_m, bei dem das Maximum der Lichtemission liegt. Das Profil der stoßverbreiterten Spektrallinie gibt Informationen über die R-Abhängigkeit der Potentialkurvendifferenz $E_f(R) - E_i(R)$ und damit über die Differenz der Wechselwirkungspotentiale $V[\mathrm{A}(E_f)\mathrm{B}] - V[\mathrm{A}(E_i)\mathrm{B}]$.

Bei dem oben betrachteten Prozess erfolgte die Lichtemission (bzw. Absorption) von dem ursprünglich besetzten Niveau E des Atoms A, das nur während der Wechselwirkungszeit (geringfügig) verschoben war, aber nach der Wechselwirkung wieder seinen ursprünglichen Energiewert hatte. Man spricht deshalb von einer durch *elastische Stöße* verursachten Linienverbreiterung $\delta\nu$ und Linienverschiebung $\Delta\nu$. Die Energiedifferenz $h\Delta\nu = E_f - E_i - h\nu$ wird bei positivem $\Delta\nu$ durch die kinetische Energie der Stoßpartner, nicht durch innere Energie eines der Stoßpartner geliefert. Bei negativem $\Delta\nu$ wird die Überschussenergie in kinetische Energie umgewandelt.

Außer diesen elastischen Stößen können auch inelastische Stöße vorkommen, bei denen z. B. die Anregungsenergie E_i ganz oder teilweise in innere Energie des Stoßpartners B umgewandelt wird oder in Translationsenergie beider Stoßpartner. Man nennt solche Stöße auch löschende Stöße, weil sie die Besetzungszahl von E_i und damit die Fluoreszenz von E_i vermindern (in engl. quenching collisions).

Die Wahrscheinlichkeit für eine Übertragung der Anregungsenergie E_i auf den Stoßpartner B ist besonders groß, wenn B ein Molekül ist, das wegen seiner vielen Schwingungs-Rotations-Niveaus in den verschiedenen elektronischen Zuständen häufig einen resonanten erlaubten Übergang $E_\mathrm{e} \to E_\mathrm{m}$ mit $|E_\mathrm{e} - E_\mathrm{m}| \cong |E_i - E_f|$ hat. Bezeichnen wir mit S_{ik} die Wahrscheinlichkeit, dass ein angeregtes Atomniveau E_i durch einen Stoß mit B ohne Lichtemission in den Zustand E_k übergeht, so ist die gesamte Übergangswahrscheinlichkeit vom Niveau E_i in andere Zustände E_k des Atoms A

$$A_i = \sum_k A_{ik}(\text{spontan}) + \sum_k S_{ik} . \tag{4.108}$$

Die Wahrscheinlichkeit S_{ik} für einen solchen stoßinduzierten Übergangsprozess hängt ab von der Dichte N_B der Moleküle B, von der mittleren Relativgeschwindigkeit $\overline{v}$

beider Stoßpartner und vom Stoßquerschnitt σ_{ik}, d. h.

$$S_{ik} = N_B \overline{v} \sigma_{ik} \ . \tag{4.109}$$

Im thermischen Gleichgewicht ist die mittlere Relativgeschwindigkeit bei der Temperatur T gegeben durch

$$\overline{v} = \sqrt{\frac{8k_B T}{\pi}\left(\frac{1}{M_A} + \frac{1}{M_B}\right)} \ , \tag{4.110}$$

sodass die stoßinduzierte Übergangswahrscheinlichkeit pro Sekunde für den Übergang $E_i \rightarrow E_k$

$$S_{ik} = N_B \sigma_{ik} \sqrt{8k_B T/\pi\mu} \tag{4.111}$$

ist, wobei $\mu = M_A M_B/(M_A + M_B)$ die reduzierte Masse der Stoßpartner ist.

Die effektive Lebensdauer $\tau_{\text{eff}} = 1/A_i$ des Niveaus E_i wird also durch die Stöße verkürzt. Dadurch wird die Linienbreite der Strahlung von E_i ebenfalls größer (Abschn. 4.3.1). Da die Linienbreite $\delta\nu_{if} = A_i/2\pi$ ist (4.97a), sieht man aus (4.108), (4.109), dass sie linear mit der Dichte N_B, d. h. mit dem Druck der Komponente B ansteigt. Man nennt die durch Stöße verursachte Linienverbreiterung daher auch *Druckverbreiterung*. Sind die Stoßpartner A und B Moleküle derselben Sorte (A = B) so spricht man von *Eigendruckverbreiterung* (Abb. 4.24a).

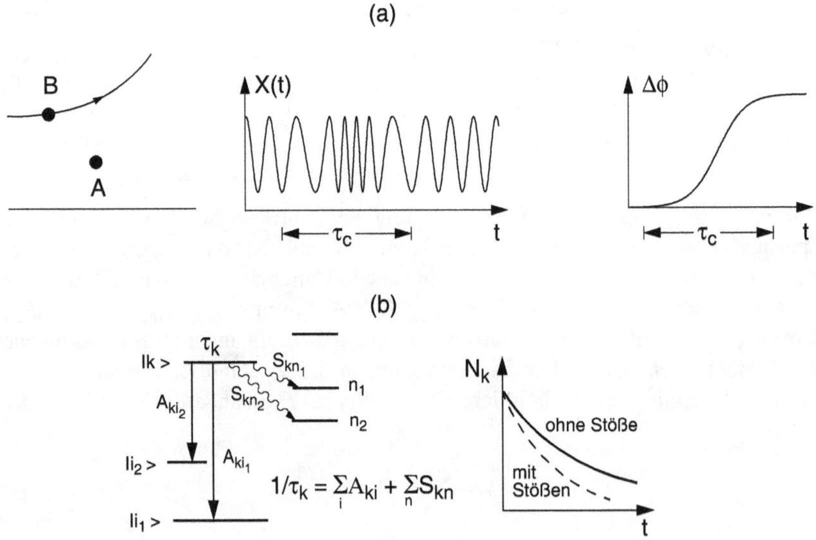

Abb. 4.24: a) Elastische Stöße als Phasenstörungs-Stöße; b) inelastische Stöße als lebensdauerverkürzende Deaktivierungsprozesse für ein angeregtes Niveau.

Wir haben gesehen, dass sowohl elastische als auch inelastische Stöße zu einer Verbreiterung der Spektrallinien führen, wobei die elastischen Stöße noch zusätzlich eine Linienverschiebung bewirken. Man kann beide Prozesse im Rahmen eines klassischen Modells des gedämpften, harmonischen Oszillators behandeln, wie dies von V. Weißkopf durchgeführt wurde [4.9]. Die inelastischen Stöße ändern dabei die Amplitude der Oszillatorschwingung. Dies kann man pauschal durch eine zusätzliche Dämpfungskonstante $\gamma_{\text{Stoß}}$ (außer der durch Abstrahlung bewirkten Dämpfung γ_n) beschreiben, und erhält dann aus den Überlegungen vom Abschn. 3.1 ein Lorentz-Profil mit der Linienbreite $\delta\omega = \gamma_n + \gamma_{\text{Stoß}}$.

Die *elastischen Stöße* ändern in diesem Modell nicht die Schwingungsamplitude, sondern (durch die Frequenzverstimmung während des Vorbeiflugs) nur die Phase der Oszillatorschwingung. Man nennt sie deshalb auch *Phasenstörungsstöße* (Abb. 4.24a). Ist der Phasensprung $\Delta\phi$ während eines Stoßes groß genug, so besteht keine Korrelation mehr zwischen der Schwingung vor und nach dem Stoß, und man erhält voneinander unabhängige Wellenzüge, deren mittlere Länge von der mittleren Zeit zwischen zwei Stößen bestimmt wird. Eine Fourier-Analyse dieser Wellenzüge liefert das Frequenzspektrum und damit das Linienprofil.

Als Ergebnis der elastischen und der inelastischen Stöße erhält man nach längerer Rechnung [4.10] für das Linienprofil den Ausdruck

$$I(\omega) = I_0 \frac{[(\gamma + \gamma_{\text{in}})/2 + N\overline{v}\sigma_{\text{b}}]^2}{(\omega - \omega_0 - N\overline{v}\sigma_{\text{s}})^2 + [(\gamma + \gamma_{\text{in}})/2 + N\overline{v}\sigma_{\text{b}}]^2}, \tag{4.112}$$

wobei N die Dichte der stoßenden Moleküle B, $\overline{v}$ die mittlere Relativgeschwindigkeit und $I_0 = I(\omega_0')$ die Intensität im Linienmaximum bei der verschobenen Frequenz $\omega_0' = \omega + N\overline{v}\sigma_{\text{s}}$ ist. Die Wirkungsquerschnitte σ_{b} und σ_{s} sind ein Maß für die Linienverbreiterung bzw. Verschiebung durch die elastischen Phasenstörungsstöße. Während $\sigma_{\text{b}} > 0$, kann $\sigma_{\text{s}} < 0$ oder $\sigma_{\text{s}} > 0$ sein.

4.4 Mehrphotonen-Übergänge

In diesem Abschnitt wollen wir die gleichzeitige Absorption von zwei oder mehr Photonen durch ein Molekül betrachten, die zu einem Übergang $E_i \to E_f$ führt, wobei $(E_f - E_i) = \sum \hbar\omega_n$.

Die Übergangswahrscheinlichkeit für Mehrphotonen-Übergänge hängt vom entsprechenden Matrixelement ab und von der Wahrscheinlichkeit, dass gleichzeitig m Photonen mit dem Molekül wechselwirken können. Bei Verwendung klassischer Lichtquellen ist diese Wahrscheinlichkeit sehr klein. Deshalb konnten Mehrphotonen-Übergänge erst nach der Anwendung von Lasern in der Molekülspektroskopie mit genügend großem Signal-zu-Rausch-Verhältnis untersucht werden. Die absorbierten Photonen können dabei entweder aus nur einem Laserstrahl kommen, oder, bei Bestrahlung mit mehreren Lasern, auch aus verschiedenen Laserstrahlen.

4.4.1 Zwei-Photonen-Absorption

Die erste detaillierte theoretische Beschreibung der Zwei-Photonen-Absorption wurde 1931 von Frau Göppert-Mayer gegeben [4.11], während die experimentelle Demonstration dieses Effektes erst 1961 mit einem gepulsten Laser gelang [4.12].

Die Wahrscheinlichkeit W_{if}, dass ein Molekül mit der Geschwindigkeit $\boldsymbol{v}$ im Zustand E_i gleichzeitig zwei Photonen $\hbar\omega_1$ und $\hbar\omega_2$, aus zwei Lichtwellen mit den Wellenvektoren $\boldsymbol{k}_1$ und $\boldsymbol{k}_2$, Polarisations-Vektoren $\hat{\boldsymbol{e}}_1$ und $\hat{\boldsymbol{e}}_2$ und Intensitäten I_1 und I_2 absorbiert und dadurch in den Zustand E_f angeregt wird, kann als ein Produkt aus zwei Faktoren geschrieben werden:

$$W_{if} \sim \frac{\gamma_{if} I_1 I_2}{\left[\omega_{if} - \omega_1 - \omega_2 - \boldsymbol{v} \cdot (\boldsymbol{k}_1 + \boldsymbol{k}_2)\right]^2 + (\gamma_{if}/2)^2} \times \left| \sum_k \left[\frac{(\boldsymbol{R}_{ik} \cdot \hat{\boldsymbol{e}}_1)(\boldsymbol{R}_{kf} \cdot \hat{\boldsymbol{e}}_2)}{(\omega_{ki} - \omega_1 - \boldsymbol{k}_1 \cdot \boldsymbol{v})} + \frac{(\boldsymbol{R}_{ik} \cdot \hat{\boldsymbol{e}}_2)(\boldsymbol{R}_{kf} \cdot \hat{\boldsymbol{e}}_1)}{(\omega_{ki} - \omega_2 - \boldsymbol{k}_2 \cdot \boldsymbol{v})} \right] \right|^2 . \tag{4.113}$$

Da gleichzeitig zwei Photonen vom Molekül absorbiert werden müssen, ist die Übergangswahrscheinlichkeit pro Molekül proportional zum Produkt der beiden Intensitäten $I_1 I_2$, falls aus jeder der beiden Wellen ein Photon zum Übergang beiträgt. Wenn beide Photonen aus dem gleichen Laserstrahl stammen, ist $I_1 = I_2$; $\omega_1 = \omega_2$ und $\boldsymbol{k}_1 = \boldsymbol{k}_2$.

Der erste Faktor in (4.113) beschreibt das spektrale Linienprofil des Überganges $E_i \to E_f$ und entspricht genau dem Linienprofil eines Einphotonen-Überganges mit der Doppler-verschobenen Mittenfrequenz $\omega_{if} = \omega_1 + \omega_2 + \boldsymbol{v} \cdot (\boldsymbol{k}_1 + \boldsymbol{k}_2)$ und der homogenen Linienbreite γ_{if}. Die Integration über die molekulare Geschwindigkeitsverteilung $N_i(v_z)$ ergibt ein Voigt-Profil, dessen Breite von der relativen Orientierung der beiden Wellenvektoren $\boldsymbol{k}_1$ und $\boldsymbol{k}_2$ abhängt. Für kollineare Laserstrahlen ist $\boldsymbol{k}_1 \parallel \boldsymbol{k}_2$, und die Doppler-Breite wird maximal, während für anti-kollineare Strahlen mit $\boldsymbol{k}_1 = -\boldsymbol{k}_2$ die Doppler-Verbreiterung des Zweiphotonen-Überganges verschwindet, und man ein rein homogen verbreitertes Signal mit der Breite γ_{if} erhält. Diese „Doppler-freie Zweiphotonen-Spektroskopie" wird im Abschn. 12.4.9 behandelt.

Der zweite Faktor in (4.113), der quantenmechanisch durch eine Störungsrechnung zweiter Ordnung berechnet wird, gibt die Wahrscheinlichkeit für den Zweiphotonen-Übergang als Quadrat einer Summe über die Produkte von Einphotonen-Matrixelementen an. Er lässt sich folgendermaßen anschaulich verstehen (Abb. 4.25). Man kann den Zweiphotonen-Übergang als einen (nicht unbedingt resonanten) Zweistufenprozess $|i\rangle \to |k\rangle \to |f\rangle$ auffassen, wobei die Summe über alle von $|i\rangle$ aus erreichbaren Zwischenzustände $|k\rangle$ des Moleküls geht. Das erste Photon kann den Zustand $|k\rangle$ fernab der Resonanz, d. h. in den extremen Linienflügeln des Einphotonenabsorptionsprofils anregen. Der Nenner der Summanden wird allerdings nur dann genügend klein, wenn $\omega_1 - \boldsymbol{k}_1 \cdot \boldsymbol{v}$ in der Nähe einer Einphotonen-Resonanz ω_{ik} des Moleküls liegt und $\omega_2 - \boldsymbol{k}_2 \cdot \boldsymbol{v} \approx \omega_{fk}$ ist, sodass im Allgemeinen nur wenige Zwischenzustände $|k\rangle$, d. h. wenige Summanden in (4.113), merklich zur Gesamtübergangswahrscheinlichkeit beitragen.

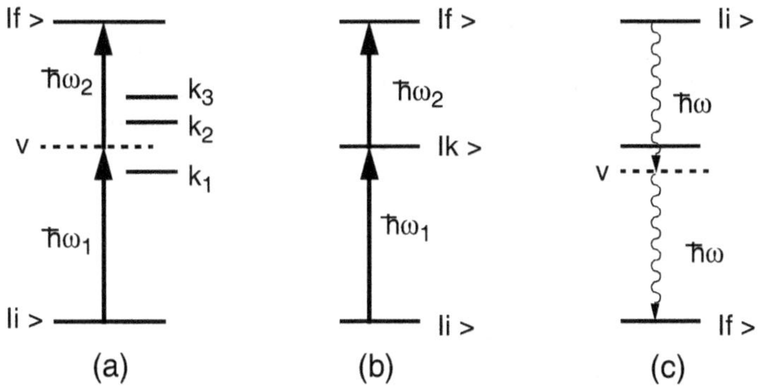

Abb. 4.25: Zwei-Photonen-Übergänge: (a) nicht-resonante Zweiphotonen-Absorption mit virtuellem Niveau v (b) resonante Zweistufen-Anregung (c) Zweiphotonen-Emission.

Dieser Zweistufenprozess wird oft symbolisch durch einen resonanten „virtuellen Zustand" $|v\rangle$ des Moleküls beschrieben. Die beiden Summen in (4.113) entsprechen dann den beiden Zweistufen-Prozessen

$$E_i + \hbar\omega_1 \rightarrow E_v \; ; \quad E_v + \hbar\omega_2 \rightarrow E_f \; , \tag{4.114a}$$

$$E_i + \hbar\omega_2 \rightarrow E_v \; ; \quad E_v + \hbar\omega_1 \rightarrow E_f \; . \tag{4.114b}$$

Weil die beiden nicht unterscheidbaren Möglichkeiten zum gleichen beobachtbaren Ergebnis – nämlich der Anregung des realen Endzustandes E_f – führen, ist die Gesamtwahrscheinlichkeit für den Zweiphotonen-Übergang gleich dem Quadrat der Summe beider Teilamplituden.

Der zweite Faktor in (4.113) beschreibt ganz allgemein die Wahrscheinlichkeit für Zweiphotonen-Übergänge, wie z. B. die nichtresonante Zweiphotonen-Absorption (Abb. 4.25a), die resonante Zweistufen-Anregung (Abb. 4.25b), die Zweiphotonen-Emission (Abb. 4.25c) oder die Raman-Streuung (siehe nächster Abschnitt). Für alle diese Prozesse gelten dieselben Auswahlregeln.

Beide Matrixelemente R_{ik} für den Übergang $|i\rangle \rightarrow |k\rangle$ und R_{kf} für den Übergang $|k\rangle \rightarrow |f\rangle$ müssen von null verschieden sein, wenn der Zweiphotonenprozess erlaubt sein soll. Daraus folgt z. B., dass Zweiphotonen-Übergänge immer zwischen Zuständen gleicher Parität stattfinden. So lassen sich in homonuklearen zweiatomigen Molekülen (g $\rightarrow$ g)-Übergänge zwischen zwei geraden (g) Zuständen oder (u $\rightarrow$ u)-Übergänge zwischen zwei ungeraden (u) Zuständen anregen, die aus Paritätsgründen bei Einphotonenabsorption verboten sind. Bei Schwingungs-Rotations-Übergängen $(v', J') \leftarrow (v'', J'')$ wird $J' = J$ oder $J' = J \pm 2$ und bei elektronischen Übergängen wird $\Delta\Lambda = 0, 1, 2$ möglich.

Man sieht hieraus, dass molekulare Zustäde durch Zweiphotonen-Absorption vom thermisch besetzten Grundzustand aus erreicht werden können, die man durch Einphotonen-Absorption nicht bevölkern kann, und man hat in der Tat mit dieser Technik eine Reihe von Zuständen entdeckt, die vorher unbekannt waren. Es kommt oft vor, dass durch Einphotonen-Absorption erreichbare Zustände durch andere Zustände entgegengesetzter Parität „gestört“ werden, weil eine Kopplung mit $\Delta L = \pm 1$ (z. B. durch Spin-Bahn-Wechselwirkung oder Coriolis-Kopplung) zwischen Störer und gestörtem Zustand existiert. Dieser störende Zustand kann mit Hilfe der Einphotonen-Absorption nur indirekt erschlossen werden, während er mit Hilfe der Zweiphotonen-Absorption direkt spektroskopiert werden kann. Die beiden Methoden geben daher komplementäre Informationen über angeregte Zustände.

Die Besonderheiten und Vorteile der Zweiphotonen-Spektroskopie lassen sich wie folgt zusammenfassen:

1. Durch Zwei-Photonen-Absorption können angeregte Molekülzustände erreicht werden, die aus Symmetriegründen nicht durch Einphoton-Dipol-Übergänge mit dem absorbierenden Anfangszustand verbunden sind.
2. Mit sichtbaren Lasern können durch Mehrphotonen-Absorption hochliegende Energieniveaus von Molekülen mit Energien
$$\hbar\omega = \sum \hbar\omega_n$$
angeregt werden, die bei Einphotonen-Absorption energetisch nur durch Vakuum-UV-Photonen zugänglich wären.
3. Oft kann man auto-ionisierende Zustände (z. B. Rydberg-Zustände, die oberhalb der Ionisierungsenergie des Moleküls liegen) durch Mehrphotonen-Ab-

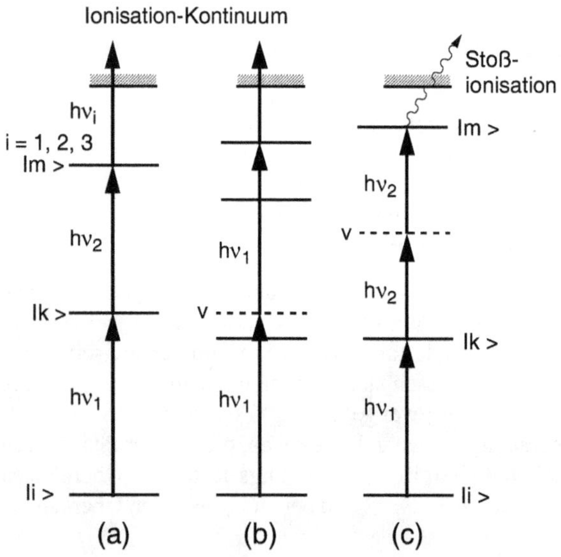

Abb. 4.26: Dreiphotonen-Ionisation: (a) Zweifache Einphotonen-Resonanz. (b) Einfache Zweiphotonen-Resonanz (c) Einphotonen-plus Zweiphotonen-Resonanz. In (a) und (b) wird die Ionisation durch das 3. Photon bewirkt, in (c) wird ein hochliegender Rydbergzustand durch eine nichtresonante Zwei-Photonenabsorption vom angeregten Zustand k aus erreicht, der dann durch Stöße ionisiert werden kann.

sorption anregen. Diese Anregung hat im Allgemeinen einen Wirkungsquerschnitt, der um mehrere Größenordnungen über dem der direkten Photoionisation liegt. Die Messung der Ionen erlaubt dann einen sehr empfindlichen Nachweis geringer Molekül-Konzentrationen. Die Mehrphotonen-Ionisation ist daher in vielen Fällen als sehr empfindliches Analyse-Verfahren geeignet und wird als solches auch bereits eingesetzt.

4. Durch Multiphotonen-Absorption von infraroter Strahlung (z. B. von einem CO_2-Laser) lassen sich Moleküle dissoziieren, wobei unter geeigneten Bedingungen die Dissoziation in gewünschte Fragmente erfolgt. Dies eröffnet Möglichkeiten zu gezielten laserinduzierten chemischen Reaktionen.

5. Bei geeigneter Wahl der Geometrien der verschiedenen Laserstrahlen lässt sich erreichen, dass die Impulssummen der von einem Molekül absorbierten Photonen null wird. In diesem Fall wird die Absorption eines Moleküls unabhängig von seiner Geschwindigkeit, und man erhält Doppler-freie Absorptionsprofile.

Bei der Absorption von 3 Photonen erreicht man vom Grundzustand aus Zustände entgegengesetzter Parität, analog zur Einphotonen-Absorption. Allerdings lassen sich z. B. mit sichtbaren Lasern hochliegende Zustände erreichen, deren Energie um $3\hbar\omega$ über dem Grundzustand liegt. Die Absorptionswahrscheinlichkeit wird stark erhöht, wenn mindestens eines der Photonen in Resonanz mit einem erlaubten Übergang im Molekül ist. Sie wird noch größer, wenn eine Zweiphotonenresonanz vorliegt (Abb. 4.26).

Erreicht man mit zwei Photonen bereits einen Zustand, der um weniger als $\hbar\omega$ unter der Ionisationsgrenze des Moleküls liegt, so lässt sich von dem angeregten Zwischenzustand aus das Molekül durch das dritte Photon ionisieren.

4.4.2 Raman-Übergänge

Man kann Raman-Übergänge als inelastische Streuung eines Photons $\hbar\omega_i$ an einem Molekül im Anfangszustand $|i\rangle$ mit der Energie E_i auffassen, bei der das Molekül in den höheren Energiezustand E_f übergeht und das gestreute Photon mit der Frequenz ω_s die Energie $\Delta E = E_f - E_i = \hbar(\omega_i - \omega_s)$ verloren hat (Abb. 4.27a):

$$\hbar\omega_i + M(E_i) \to M^*(E_f) + \hbar\omega_s \,. \qquad (4.115)$$

Die Energiedifferenz ΔE kann in Rotations-, Schwingungs- oder elektronische Energie des Moleküls umgewandelt werden. Der Energiezustand

$$E_v = E_i + \hbar\omega_i \,,$$

in dem sich das System (Molekül + Photon) während des Streuvorganges befindet, wird formal als „*virtueller Zustand*" bezeichnet (Abb. 4.27b), der aber nur im speziellen Fall der *resonanten Raman-Streuung* mit einem möglichen, realen Energie-Niveau des Moleküls zusammenfällt (Abb. 4.24b).

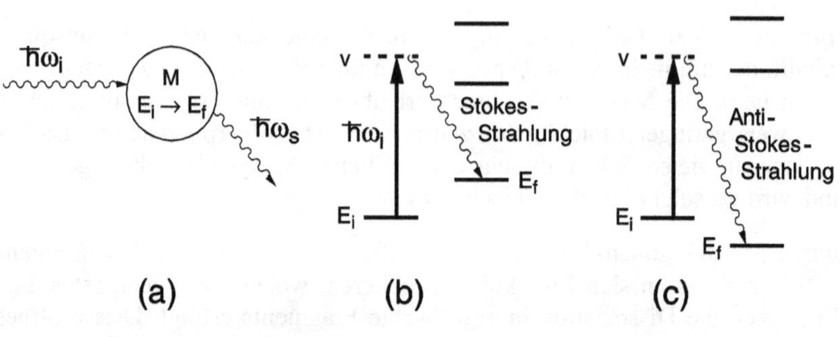

Abb. 4.27: a) Raman-Streuung als inelastische Photonenstreuung, b) nichtresonanter Raman-Stokes-Prozess, c) Erzeugung von Anti-Stokes-Strahlung.

Die klassische Beschreibung des Raman-Effektes geht davon aus, dass eine einfallende Lichtwelle $\boldsymbol{E} = \boldsymbol{E}_0 \cos(\omega t - kz)$ im Molekül bei $z = 0$ ein oszillierendes Dipolmoment

$$\boldsymbol{\mu}_{\text{ind}} = \alpha \boldsymbol{E}$$

induziert, das sich einem eventuell bereits vorhandenen permanenten Dipolmoment $\boldsymbol{\mu}_0$ überlagert, sodass das gesamte Dipolmoment

$$\boldsymbol{\mu} = \boldsymbol{\mu}_0 + \alpha \boldsymbol{E} \tag{4.116}$$

wird.

Dipolmoment $\mu(R)$ und Polarisierbarkeit $\alpha(R)$ hängen vom Kernabstand und von den Elektronenkoordinaten ab. Bei kleinen Auslenkungen $(R - R_e)$ der Kerne aus ihrer Gleichgewichtslage können wir beide Größen durch das erste Glied einer Taylorentwicklung darstellen und erhalten

$$\boldsymbol{\mu} = \boldsymbol{\mu}(0) + \left(\frac{\partial \boldsymbol{\mu}}{\partial R}\right)_{R_e} (R - R_e) \; ; \tag{4.117}$$

$$\alpha(R) = \alpha(0) + \left(\frac{\partial \alpha}{\partial R}\right)_{R_e} (R - R_e) \; ,$$

wobei $\boldsymbol{\mu}(0)$ und $\alpha(0)$ Dipolmoment bzw. Polarisierbarkeit beim Gleichgewichts-Kernabstand sind. Für kleine Schwingungsamplituden kann die Molekülschwingung als harmonisch angesehen werden, sodass wir für $\Delta R = R - R_e$ erhalten

$$\Delta R(t) = A_v \cos \omega_v t \; , \tag{4.118}$$

wobei A_v die Amplitude und ω_v die Frequenz der Molekülschwingung sind. Setzt man (4.117) und (4.118) in (4.116) ein, so erhält man das zeitabhängige Dipolmoment

$$\begin{aligned} \boldsymbol{\mu}(t) = &\boldsymbol{\mu}_0 + \left(\frac{\partial \boldsymbol{\mu}}{\partial R}\right)_{R_e} A_v \cos \omega_v t + \alpha(0) \boldsymbol{E}_0 \cos \omega t \\ &+ \frac{\boldsymbol{E}_0}{2} \left(\frac{\partial \alpha}{\partial R}\right)_{R_e} A_v \left[\cos(\omega - \omega_v)t + \cos(\omega + \omega_v)t\right] \; . \end{aligned} \tag{4.119}$$

Der erste Term beschreibt das permanente Dipolmoment des Moleküls, der zweite den mit der Molekülschwingung oszillierenden Anteil, der für das Infrarot-Spektrum des Moleküls verantwortlich ist (siehe Abschn. 4.2.2). Die weiteren Terme geben die durch die einfallende Welle induzierten Anteile des molekularen Dipolmomentes an. Da ein oszillierendes Dipolmoment neue elektromagnetische Wellen erzeugt, zeigt (4.119), dass jedes Molekül einen mikroskopischen Anteil zur elastischen Streuung (*Rayleigh-Streuung*) auf der einfallenden Frequenz ω und zur inelastischen Streuung (*Raman-Streuung*) auf den Frequenzen $(\omega - \omega_{\mathrm{v}})$ beiträgt (Stokes-Wellen). Befindet sich das Molekül vor der Streuung in einem angeregten Zustand, so kann auch superelastische Streuung auftreten, wobei die gestreute Welle Frequenzen $(\omega + \omega_{\mathrm{v}})$ hat, die *Anti-Stokes-Komponenten* heißen (Abb. 4.27c).

Diese mikroskopischen Anteile der einzelnen Moleküle zur Streustrahlung setzen sich zu makroskopischen Wellen zusammen, deren Intensität von der einfallenden Intensität I_{L}, der Besetzungsdichte N_i der streuenden Moleküle, den Phasendifferenzen der einzelnen Streuwellen und von den Koeffizienten $(\partial\alpha/\partial R)$ abhängen.

Man sieht aus (4.119), dass die Infrarot-Absorption von der Änderung des molekularen *Dipolmomentes* mit den Kernkoordinaten $(\partial\mu/\partial R)$ abhängt, während die Intensität der Raman-Streuung durch die Änderung der molekularen *Polarisierbarkeit* $(\partial\alpha/\partial R)$ bestimmt wird. Homonukleare zweiatomige Moleküle haben deshalb kein Infrarot-Spektrum (weil $\partial\mu/\partial R = 0$ ist), aber ein Raman-Spektrum, wenn $\partial\alpha/\partial R \neq 0$ ist (Abb. 4.28). Heteronukleare Moleküle haben sowohl ein Infrarot als auch ein Raman-Spektrum.

Obwohl die oben skizzierte klassische Beschreibung der Raman-Streuung die Frequenzen der Raman-Linien richtig beschreibt, können die Intensitäten nur mit Hilfe

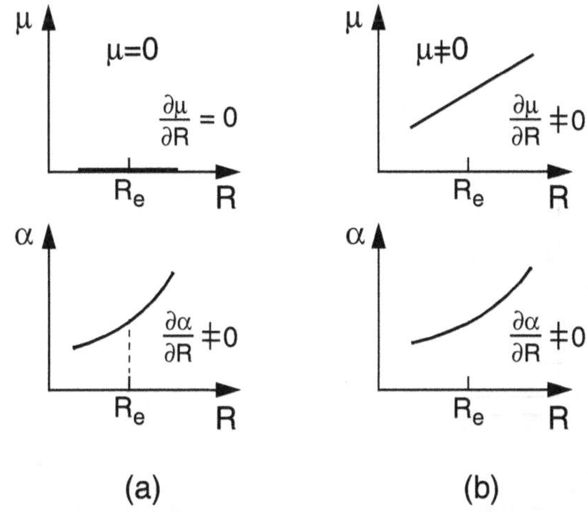

Abb. 4.28: Änderung von elektrischem Dipolmoment und Polarisierbarkeit a) bei homonuklearen und b) bei heteronuklearen zweiatomigen Molekülen.

der Quantentheorie korrekt berechnet werden. Dazu muss der Erwartungswert

$$\langle \alpha_{ik} \rangle = \int \psi_i^* \alpha \psi_k \, \mathrm{d}\tau \tag{4.120}$$

für die Polarisierbarkeit α berechnet werden. Er entspricht formal dem Matrixelement (4.26) für einen Dipol-Übergang.

4.4.3 Raman-Spektren

Während bei Ein-Photonen-Dipol-Übergängen die Auswahlregeln $\Delta J = \pm 1$ oder $\Delta J = 0$ (falls $\Delta \Lambda = \pm 1$ ist) für die Rotationsquantenzahl J gelten, werden diese bei Zwei-Photonen-Übergängen modifiziert zu

$$\Delta J = 0, \pm 2 \,.$$

Bei den Rotations-Raman-Spektren erhalten wir die Stokes-Linien $J \to J+2$ mit $\Delta J = +2$ und die Anti-Stokes-Linien $J \to J-2$ mit $\Delta J = -2$ (Abb. 4.29). Die Wellenzahlen der Stokes-Linien sind dann bei Vernachlässigung der Zentrifugalaufweitung um

$$\Delta \nu = B\,[J(J+1) - (J+2)(J+3)] = -2B(2J+3) \tag{4.121}$$

gegen die Anregungslinie, die von einem Niveau mit Quantenzahl J startet, verschoben, während die Anti-Stokes-Linien bei Anregung aus einem Niveau $(J+2)$ um

$$\Delta \nu = B\,[(J+2)(J+3) - J(J+1)] = +2B(2J+3) \tag{4.122}$$

verschoben sind.

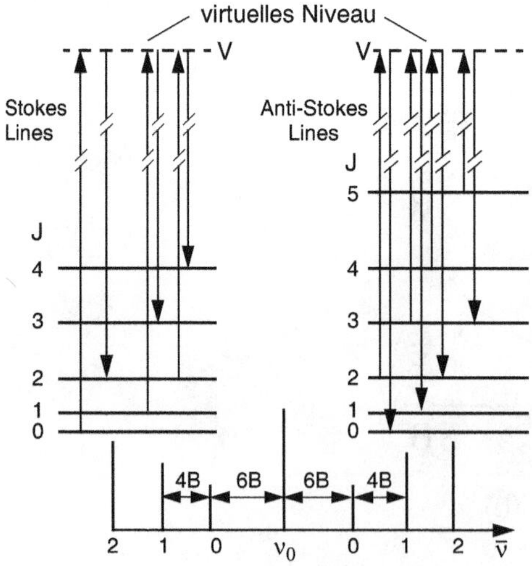

Abb. 4.29: Rotations-Raman-Übergänge. J ist immer die Quantenzahl des tieferen Niveaus.

Die Raman-Rotationslinien haben also einen anderen Abstand als die Einphotonen-Rotationsspektren in (Abb. 3.1).

Bei Schwingungs-Rotations-Raman-Spektren ändert sich auch die Schwingungsquantenzahl v und es treten bei Raman-Übergängen $(v_i, J_i \rightarrow v_f, J_f)$ ein S-Zweig $(J_i \rightarrow J_f = J_i + 2)$ mit $\Delta J = +2$, ein Q-Zweig $(J_i = J_f)$ mit $\Delta J = 0$ und ein O-Zweig $(J_i \rightarrow J_f = J_i - 2)$ mit $\Delta J = -2$ sowohl im Stokes-Spektrum $(v_i \rightarrow v_f = v_i + 1)$, als auch im Anti-Stokes-Spektrum $(v_i \rightarrow v_f = v_i - 1)$ auf (Abb. 4.30). Mit geringerer Intensität beobachtet man auch Übergänge mit $\Delta v = \pm 2, 3, \ldots$.

Die Termwerte der beteiligten Niveaus $v_i = 0$ und $v_f = 1$ sind (bei Vernachlässigung von Anharmonizitäten und Zentrifugaleffekten)

$$E_{0J} = \frac{1}{2}\omega_e + B_0 J_i(J_i + 1) \; ; \quad E_{1J} = \frac{3}{2}\omega_e + B_1 J_f(J_f + 1) \, . \tag{4.123}$$

Die Stokes-Übergänge für den S-Zweig $(0, J \rightarrow 1, J + 2)$ liegen dann bei den Wellenzahlen

$$\overline{\nu}_S^S = \overline{\nu}_0 - \omega_e - 6B_1 - (5B_1 - B_0)J - (B_1 - B_0)J^2 \tag{4.124a}$$

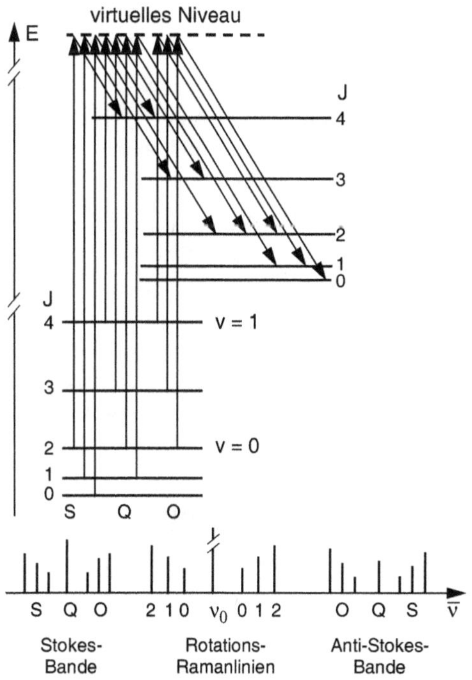

Abb. 4.30: Stokes-Raman-Spektrum von Schwingungs-Rotations-Übergängen. Die Anti-Stokes-Übergänge erhält man, wenn die Pfeilrichtung überall umgekehrt wird.

und für den Q-Zweig $(0, J) \to (1, J)$ bei

$$\overline{\nu}_Q^S = \overline{\nu}_0 - \omega_e - (B_1 - B_0)J - (B_1 - B_0)J^2 \tag{4.124b}$$

und für den O-Zweig $(0, J + 2 \to 1, J)$

$$\overline{\nu}_O^S = \overline{\nu}_0 - \omega_e + 6B_0 + (5B_0 - B_1)J + (B_0 - B_1)J^2 , \tag{4.124c}$$

wobei ν_0 die Wellenzahl des Anregungsüberganges ist. Für die Anti-Stokes-Linien erhält man entsprechende Ausdrücke.

Da die Schwingungsfrequenzen um etwa zwei Größenordnungen höher sind als die Rotationsfrequenzen, beobachtet man bei einem Schwingungs-Rotations-Raman-Spektrum Raman-Linien, die um die Schwingungsfrequenzen gegen die Anregungslinie verschoben sind und die als Feinstruktur die verschiedenen Rotationslinien enthalten (Abb. 4.30).

Man vergleiche dies mit den Infrarot-Schwingungs-Rotations-Übergängen in Abb. 4.5!

4.5 Thermische Besetzung von Molekülniveaus

Die Intensität der Spektrallinien hängt nicht nur von der Übergangswahrscheinlichkeit, sondern auch von der Besetzungsdichte N_i (Zahl der Moleküle im Zustand $|i\rangle$ pro Volumen), der am Übergang beteiligten Molekülniveaus ab.

Bei Emissionsspektren ist dies die Besetzung des oberen emittierenden Niveaus, bei Absorptionsspektren die Besetzungsdifferenz zwischen unterem und oberem Niveau, bei Raman-Spektren die des unteren Niveaus, aus dem die Anregung erfolgt.

Im thermischen Gleichgewicht hängt die Besetzungsdichte ab von der Temperatur T und vom statistischen Gewicht des Zustandes. Das statistische Gewicht g gibt die Zahl der energetisch gleichen (entarteten) Unterniveaus eines molekularen Zustandes an. So ist z. B. das statistische Gewicht eines Rotationsniveaus $g = 2J + 1$, weil der Drehimpuls J genau $2J + 1$ räumliche Einstellmöglichkeiten mit der Orientierungsquantenzahl M $(-J < M < +J)$ hat, die alle ohne äußeres Magnetfeld energetisch gleich sind. Auch der Kernspin der Atomkerne im Molekül trägt zum statistischen Gewicht eines Molekülniveaus bei, wie weiter unten näher erläutert wird.

4.5.1 Thermische Besetzung von Rotationsniveaus

Wie in Lehrbüchern der Physik gezeigt wird, ist die Besetzungsdichte N_i eines Niveaus der Energie E_i gegeben durch den Boltzmann-Faktor

$$N_i = g_i(N/Z)e^{-E/k_BT} , \tag{4.125}$$

wobei $N = \sum_i N_i$ die Gesamtdichte der Moleküle und $Z = \sum e^{-E_i/k_BT}$ die Zustandssumme ist, die als Normierungsfaktor dafür sorgt, dass beim Einsetzen von Z

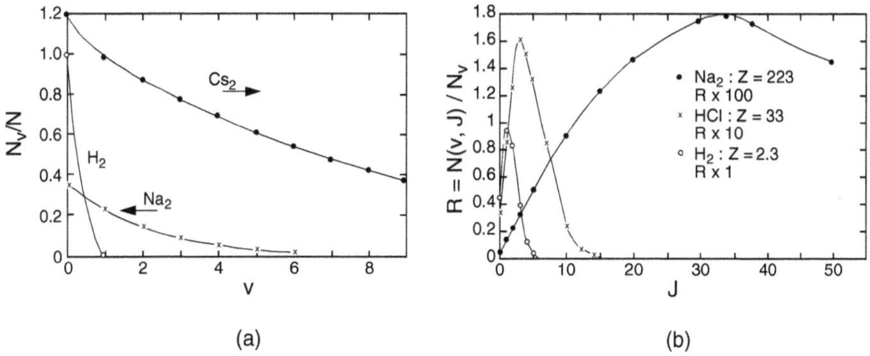

Abb. 4.31: Thermische Besetzungsverteilung der Schwingungsniveaus (a) und der Rotationsniveaus (b) einiger zweiatomiger Moleküle bei $T = 300$ K.

in (4.125) die Bedingung $\sum N_i = N$ erfüllt wird. Das statistische Gewicht

$$g_i = (g_\mathrm{r} g_\mathrm{v} g_\mathrm{n})_i \tag{4.126}$$

eines Schwingungs-Rotations-Niveaus setzt sich aus den Beiträgen der Rotation, der Schwingung und des Kernspins zusammen.

Wenn wir zuerst einmal von Kernspineffekten absehen, wird die Besetzungsverteilung über die Rotationsniveaus eines zweiatomigen Moleküls gemäß (4.125) durch

$$N_i(J) = (2J+1)(N_v/Z)\mathrm{e}^{-E(J)/k_\mathrm{B}T} \tag{4.127}$$

gegeben (Abb. 4.31b), wobei N_v die gesamte Besetzung im Schwingungsniveau $|v\rangle$ ist.

4.5.2 Besetzung von Schwingungs-Rotations-Niveaus

Die Schwingungsniveaus eines zweiatomigen Moleküls haben alle nur einen Freiheitsgrad, sie sind nichtentartet und haben deshalb das statistische Gewicht $g_v = 1$. Die Besetzungsverteilung über die Schwingungsniveaus mit den Energien $E_i = (v_i + 1/2)h\omega_v$ ist dann

$$N_i(v) = (N/Z_v)\mathrm{e}^{-E_i/k_\mathrm{B}T}\,, \tag{4.128}$$

wobei $Z_v = \sum_i \mathrm{e}^{-E_i/k_\mathrm{B}T}$ die Zustandssumme über alle Schwingungsniveaus und N die Gesamtzahl der Moleküle pro Volumeneinheit ist (Abb. 4.31a).

Fasst man die Gl. (4.127) und (4.128) zusammen, so ergibt sich die Besetzungsdichte N_i in einem Schwingungs-Rotationsniveau als

$$N_i(v,J) = (2J+1)\frac{N}{Z_\mathrm{r} Z_v}\mathrm{e}^{-E_\mathrm{rot}/k_\mathrm{B}T}\mathrm{e}^{-E_\mathrm{vib}/k_\mathrm{B}T}\,. \tag{4.129}$$

4.5.3 Kernspin-Statistik

Nun wollen wir noch den Einfluss der Kernspins auf die Besetzungsverteilung untersuchen.

Wenn bei einem homonuklearen zweiatomigen Molekül die beiden Kerne miteinander vertauscht werden, kann die Wellenfunktion eines Zustandes entweder symmetrisch sein (d. h. sie geht bei der Kernvertauschung in sich über) oder antisymmetrisch (sie geht in ihr Negatives über). Im Rahmen der Born-Oppenheimer-Näherung lässt sich die Gesamtwellenfunktion schreiben als Produkt

$$\Psi = \psi_{\text{el}}\psi_{\text{vib}}\psi_{\text{rot}}\psi_{\text{KS}} \tag{4.130}$$

aus elektronischem, Schwingungs-, Rotations- und Kernspin-Anteil. Kerne mit halbzahligem Kernspin $I = (n+1/2)\hbar$ sind Fermionen. Die Gesamtwellenfunktion muss deshalb antisymmetrisch sein gegen Vertauschung identischer Kerne. Kerne mit ganzzahligem Spin $I = n\hbar$ sind Bosonen, sodass die Wellenfunktion symmetrisch gegen Vertauschung identischer Kerne ist. Da sowohl ψ_{el} als auch ψ_{vib} symmetrisch gegen Kernvertauschung sind, muss das Produkt $\psi_{\text{rot}}\psi_{\text{KS}}$ bei Kernen mit halbzahligem Spin antisymmetrisch, bei Kernen mit ganzzahligem Spin symmetrisch sein.

Als Beispiel betrachten wir die Rotationsniveaus in einem elektronischen Σ_g^+-Zustand. Hier ist ψ_{rot} symmetrisch für Niveaus mit gerader Rotationsquantenzahl J und antisymmetrisch für ungerade J. Damit das Produkt $\psi_{\text{rot}}\psi_{\text{KS}}$ antisymmetrisch wird, müssen symmetrische Werte von ψ_{KS} mit ungeraden Werten von J kombiniert werden und antisymmetrische Kernspinwellenfunktionen ψ_{KS} mit geraden J Werten. Haben z. B. die identischen Kerne den Kernspin $\frac{1}{2}\hbar$, so ist die Kerspinquantenzahl $\pm 1/2$, (d. h. die Kernspins können nach oben (α) oder nach unten (β) gerichtet sein). Es lassen sich dann drei symmetrische Kernspin-Wellenfunktionen bilden, nämlich die Kombinationen $\alpha\alpha$, $\beta\beta$ und $(\alpha\beta + \beta\alpha)/\sqrt{2}$, aber nur eine antisymmetrische Kombination $(\alpha\beta - \beta\alpha)/\sqrt{2}$.

Dies bedeutet, dass für einen Kernspin von $\frac{1}{2}\hbar$ symmetrische Kernspinwellenfunktionen ein dreimal so großes statistisches Gewicht haben wie die antisymmetrischen. Deshalb ist die Besetzung der Rotationsniveaus im Σ_g^+ Grundzustand des H_2-Moleküls (Kernspin jedes Kerns ist $\frac{1}{2}\hbar$) für die ungeraden Rotationsquantenzahlen J (abgesehen vom Boltzmannfaktor) dreimal so groß wie die für die geraden J.

Ganz allgemein gibt es für zweiatomige homonukleare Moleküle, deren Kerne den Spin $\boldsymbol{I}$ haben, $(2I + 1)(I + 1)$ symmetrische und $(2I + 1)I$ antisymmetrische Kernspinwellenfunktionen. Das Verhältnis der beiden statistischen Gewichte ist deshalb

$$g_{\text{KS}}(\text{sym})/g_{\text{KS}}(\text{antisym}) = (I + 1)/I\ . \tag{4.131a}$$

Für I = halbzahlig (Kerne sind Fermionen) ist das Besetzungsverhältnis der Rotationsniveaus in symmetrischen elektronischen Zuständen

$$\frac{N(J = \text{ungerade})}{N(J = \text{gerade})} = \frac{I + 1}{I}\ . \tag{4.131b}$$

In antisymmetrischen elektronischen Zuständen (z. B. Σ_g^-) wird dann

$$\frac{N(J = \text{ungerade})}{N(J = \text{gerade})} = \frac{I}{I+1} \,. \tag{4.131c}$$

Deshalb alternieren die Intensitäten in rotationsaufgelösten Absorptionsspektren des H_2 um den Faktor drei. Man hatte vor Kenntnis der Erklärung für dieses beobachtete Phänomen angenommen, es gäbe zwei Sorten von Wasserstoff, die man Para-Wasserstoff (mit antiparallelen Kernspins und damit dem Gesamtkernspin $I_1 + I_2 = 0$) und Ortho-Wasserstoff (mit parallelen Kernspins und Gesamtkernspin $|\boldsymbol{I}_I + \boldsymbol{I}_2| = 1\hbar$) nannte. Im Para-Wasserstoff ist die Kernspinwellenfunktion antisymmetrisch und deshalb sind nur Rotationsniveaus mit geradem J besetzt, im Ortho-Wasserstoff nur solche mit ungeradem J.

Bei bosonischen Kernen mit gerader Spinquantenzahl I muss die Gesamtwellenfunktion symmetrisch sein und deshalb haben hier die Rotationsniveaus mit gerader Rotationsquantenzahl J in einem elektronischen Σ_g-Zustand das statistische Gewicht $(2I + 1)(I + 1)$, während Niveaus mit ungeradem J das Gewicht $(2I + 1)I$ haben.

Beim Stickstoffmolekül N_2 sind die Kernspins $I = 1$, die Kerne sind also Bosonen. Das Produkt $\psi_{rot}\psi_{KS}$ muss deshalb symmetrisch sein. Das Verhältnis der Besetzungszahlen von Rotationsniveaus ist dann $N(J = \text{gerade})/N(J = \text{ungerade}) = (I + 1)/I = 2$. Die Besetzungszahlen der Rotationsniveaus alternieren um den Faktor 2.

Im Sauerstoff-Molekül O_2 sind die beiden Kernspins $I = 0$, d. h. die Kerne sind Bosonen, und es gibt nur eine symmetrische Kernspinwellenfunktion. Deshalb ist das statistische Gewicht der Rotationsniveaus mit geradem J null, d. h. alle Übergänge von Rotationsniveaus mit geradem J kommen nicht im Spektrum vor. Im Spektrum fehlt daher jede zweite Rotationslinie!

In Tabelle 4.1 sind die statistischen Kernspin-Gewichte g_K, welche die Zahl der Einstellmöglichkeiten der beiden Kernspins angeben, für einige Zustände in homonuklearen Molekülen zusammengefasst.

Tabelle 4.1: Kernspinstatistik: Symmetrien von ψ_r, ψ_k, ψ und statistische Gewichte für fermionische Kerne und bosonische Kerne.

Elektronischer Zustand	J	Fermionen					Bosonen				
					g_k					g_k	
		ψ_{rot}	ψ_{KS}	Ψ	$I = \frac{1}{2}$	$I = \frac{3}{2}$	ψ_{rot}	ψ_{KS}	Ψ	$I = 0$	$I = 1$
Σ_g^*	gerade	s	a	a	1	6	s	s	s	1	6
	ungerade	a	s	a	3	10	a	a	s	0	3
Σ_g^-	gerade	s	s	a	3	10	s	a	s	0	3
	ungerade	a	a	a	1	6	a	s	s	1	6

5 Molekülsymmetrien und Gruppentheorie

Die Erkenntnis, dass sich die ungeheuer große Vielfalt der verschiedenen Moleküle in bestimmte, wohldefinierte Klassen hinsichtlich der räumlichen Symmetrie ihres Kerngerüsts einordnen lässt, hat die Bestimmung möglicher molekularer Energiezustände und vor allem der „erlaubten" und „verbotenen" Übergänge zwischen Energieniveaus bei Absorption oder Emission elektromagnetischer Strahlung ganz wesentlich vereinfacht. Insbesondere hat die Anwendung der in der Mathematik seit langem entwickelten Gruppentheorie auf die Beschreibung von Molekülsymmetrien eine sehr prägnante, übersichtliche und elegante Darstellung der Symmetrietypen molekularer Zustände und der Spektren mehratomiger Moleküle ermöglicht.

Wir wollen uns deshalb vor der Behandlung mehratomiger Moleküle und ihrer Spektren mit diesem wichtigen Problemkreis befassen, dessen Kenntnis für jeden Physiker oder Chemiker, der sich ernsthaft mit Molekülen beschäftigen will, unerlässlich ist. Ausführliche Darstellungen findet man z. B. in den speziellen Monographien [5.1–5.5].

5.1 Symmetrieoperationen und Symmetrieelemente

Wir gehen aus von der Geometrie des starren Kerngerüstes eines Moleküls, bei der alle Kerne in der Gleichgewichtslage festgehalten werden. Für jedes Molekül gibt es nun bestimmte Abbildungen der Kerne (z. B. Drehungen des Kerngerüstes um eine Achse, Spiegelung aller Kerne an einer Ebene oder am Schwerpunkt), bei der das Kerngerüst als Ganzes wieder in eine identische Konfiguration übergeht. Dabei werden gleiche Kerne (mit gleicher Protonen- und Neutronenzahl) als nicht unterscheidbar, d. h. als identisch angesehen.

Definition: *Abbildungen, bei denen das starre Kerngerüst des Moleküls als Ganzes wieder in sich übergeht, heißen Symmetrieoperationen an dem betreffenden Molekül.*

In Abb. 5.1 sind als Beispiel alle Symmetrieoperationen des H_2O-Moleküls gezeigt. Man beachte, dass bei einer Symmetrieoperation im Allgemeinen nicht jeder Kern wieder in sich selbst übergeht, aber er muss in einen identischen, d. h. von ihm nicht unterscheidbaren Kern des Molekülgerüstes abgebildet werden. Um dies zu

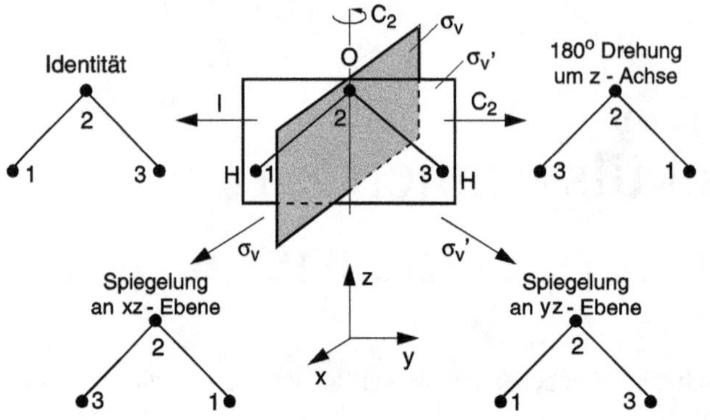

Abb. 5.1: Symmetrieoperationen des H_2O Moleküls, das in der y-z-Ebene liegt.

verdeutlichen, sind in Abb. 5.1 die Kerne durchnummeriert, wobei die Kerne 1 und 3 identisch sind.

Symmetrie-Ebenen, -Achsen oder -Punkte nennt man zusammenfassend *Symmetrieelemente*. Man kann die Symmetrie eines Moleküls klassifizieren nach der Art und Zahl seiner Symmetrieelemente. Dazu wurden bestimmte Bezeichnungen für die insgesamt vier verschiedenen Symmetrieelemente eingeführt (Schönflies-Nomenklatur).

1. *Symmetrieachsen* C_n
   Ein Molekül besitzt eine n-fache Rotations-Symmetrie-Achse C_n, wenn sein Kerngerüst bei einer Drehung um den Winkel $\alpha = 2\pi/n$ wieder in sich übergeht. Hat ein Molekül mehrere Symmetrieachsen C_n, so wird die Achse mit dem größten n in die vertikale z-Richtung gelegt.

Beispiele

Das H_2O-Molekül der Abb. 5.1 hat eine C_2-Achse, das NH_3-Molekul (Abb. 5.2) eine C_3-Symmetrieachse. Das Benzol (Abb. 5.3) hat eine C_6-Achse in der z-Richtung und sechs C_2-Achsen in der xy-Ebene. Lineare Moleküle haben eine C_∞-Achse, da man ihr Kerngerüst um die Molekülachse, auf der die Kerne liegen, um beliebige Winkel drehen kann.

---

2. *Symmetrieebenen* (σ)
   Ein Molekül besitzt eine Symmetrieebene, wenn sein Kerngerüst bei der Spiegelung aller Kernkoordinaten an dieser Ebene in sich übergeht. Man nennt sie vertikale Ebene σ_v, wenn die Symmetrieachse C_n höchster Zahligkeit n des Moleküls in dieser Ebene liegt (weil C_n mit maximalem n immer in die z-Richtung, d. h. vertikal gewählt wird). Symmetrieebenen senkrecht zu dieser Achse, die dann in der xy-Ebene liegen, bezeichnet man als σ_h (horizontal).

Beispiele

Das H_2O-Molekül in Abb. 5.1 besitzt zwei σ_v-Ebenen (σ_{xz} und σ_{yz}, auch σ_v und σ_v' genannt), das NH_3-Molekül in Abb. 5.2 drei σ_v-Ebenen, das Benzol-Molekül (Abb. 5.3) eine σ_h-Ebene in der xy-Ebene und sechs σ_v-Ebenen, die die sechszählige Symmetrieachse C_6 in der z-Richtung enthalten. Die 6 C_2-Symmetrieachsen sind die Schnittgeraden zwischen den σ_v-Ebenen und der σ_h-Ebene.

Alle ebenen Moleküle haben mindestens eine Symmetrieebene, in der alle Kerne liegen.

3. *Drehspiegelsymmetrieachsen* (S_n)
   Ein Molekül besitzt eine n-fache Drehspiegelachse S_n, wenn sein Kerngerüst bei einer Drehung um den Winkel $\alpha = 2\pi/n$ mit nachfolgender Spiegelung aller Kerne an einer Ebene senkrecht zu dieser Achse wieder in sich übergeht.

Beispiele

Das Ethen-Molekül C_2H_4, bei dem die beiden CH_2-Gruppen um 90° gegeneinander verdrillt sind (Abb. 5.4a) hat eine S_4 und drei C_2-Symmetrieachsen, das verdrillte Isomer des Äthans C_2H_6 (Abb. 5.4b) hat eine C_3 und eine S_6-Symmetrieachse.

4. *Symmetriepunkt, Inversionszentrum* (i)
   Ein Molekül besitzt ein Inversionszentrum i, wenn bei einer Spiegelung aller Kerne an diesem Zentrum (Inversion) das Kerngerüst wieder in sich übergeht. Das Inversionszentrum liegt im Schwerpunkt des Kerngerüstes, der als Nullpunkt des molekülfesten Koordinatensystems gewählt wird. Bei der Inversion gehen alle Koordinaten (x, y, z) eines Kernes in ihr Negatives ($-x$, $-y$, $-z$) über.

   Man kann diese Inversion auch durch eine Hintereinanderausführung zweier anderer Symmetrieoperationen erreichen: Dreht man das Kerngerüst um 180°

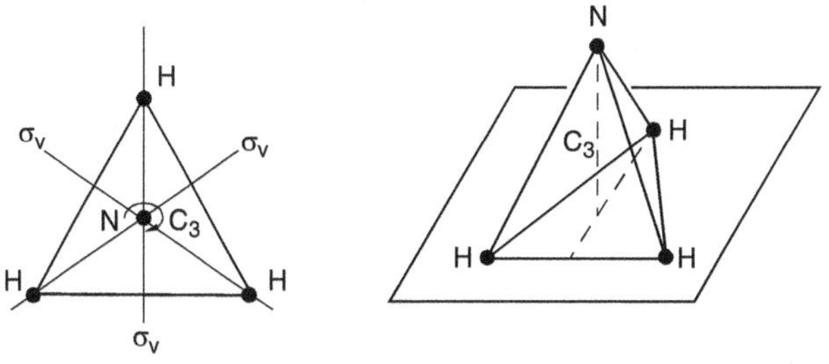

Abb. 5.2: Das NH_3 Molekül als Vertreter der C_{3v} Symmetriegruppe.

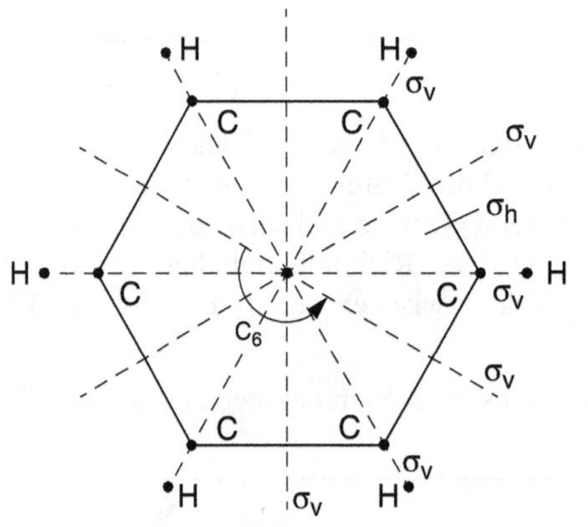

Abb. 5.3: Die Symmetrieelemente des Benzol-Moleküls C_6H_6.

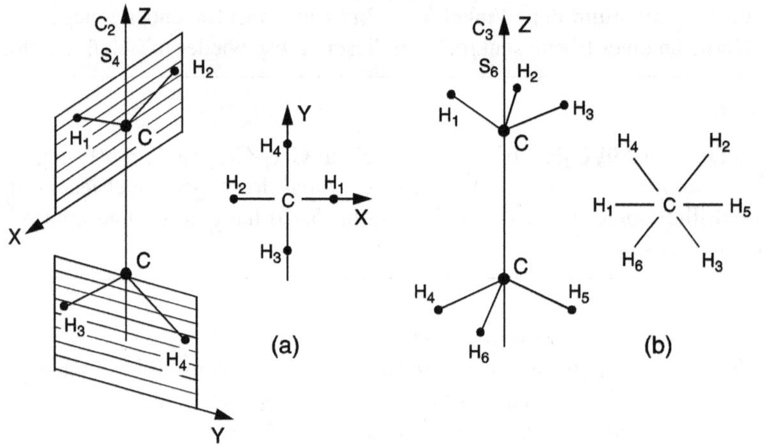

Abb. 5.4: a) Das verdrillte Isomer des im Grundzustand ebenen Ethen-Moleküls C_2H_4 gehört zur Punktgruppe D_2. b) das verdrillte Isomer des Äthanmoleküls C_2H_6 hat eine C_3 Symmetrieachse und eine S_6 Drehspiegelachse.

um eine C-Achse und spiegelt es anschließend an einer σ_h-Ebene senkrecht zur C-Achse, so ist das Ergebnis dasselbe wie bei einer Inversion.

Beispiele für Moleküle mit Inversionszentrum

Alle homonuklearen zweiatomigen Moleküle, ferner CO_2, Benzol C_6H_6, Azethylen C_2H_2, haben ein Inversionszentrum. Während i beim CO_2 im C-Kern liegt, fällt es z. B. beim C_2H_2 bzw. C_6H_6 nicht mit einem Kern zusammen (Abb. 5.5).

Man kann sich die Symmetrieoperationen und Symmetrieelemente an einfachen geometrischen Körpern klarmachen. So hat z. B. ein Würfel, der zur O_h-Punktgruppe

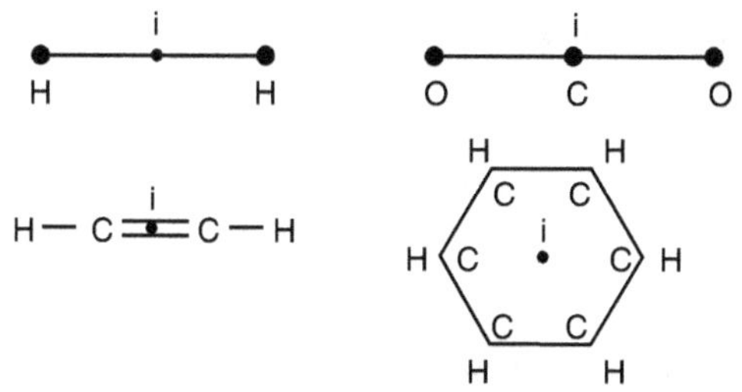

Abb. 5.5: Moleküle mit Inversionszentrum i. Beim CO_2 fällt i mit einem Atomkern zusammen, bei den anderen Beispielen nicht.

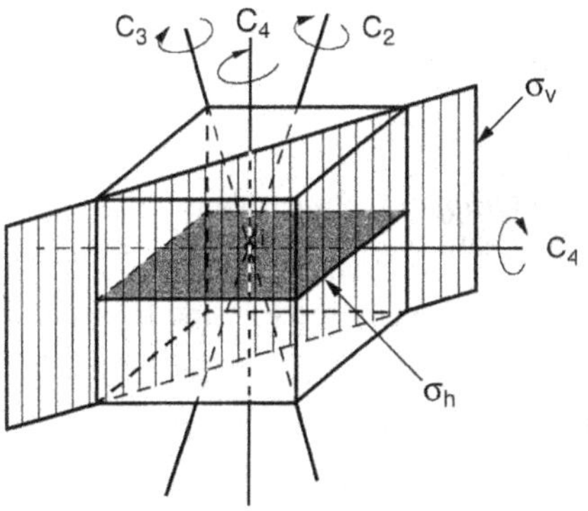

Abb. 5.6: Einige Symmetrieelemente des Würfels.

gehört (siehe Abschn. 5.4) drei C_4-Achsen, die in x-, y- und z-Richtung zeigen und sich im Mittelpunkt des Würfels schneiden (Abb. 5.6). Die vier Raumdiagonalen bilden vier C_3-Achsen und die Verbindungslinien vom Mittelpunkt einer Würfelkante zum Mittelpunkt der diagonal gegenüberliegenden Kante ergeben sechs C_2-Achsen. Es gibt ein Inversionszentrum und zu jeder C_4-Achse vier σ_v-Ebenen und eine σ_h-Ebene.

Wir wollen nun zeigen, dass alle Symmetrieoperationen eines Moleküls als Elemente einer „Gruppe" im mathematischen Sinne aufgefasst werden können und dass diese für jede Symmetrieklasse spezifische Gruppe das Molekül bezüglich seiner Symmetrie eindeutig beschreibt und daher klassifiziert.

Dazu müssen wir uns zuerst mit den elementaren Grundbegriffen der Gruppentheorie vertraut machen.

5.2 Grundbegriffe der Gruppentheorie

Gegeben seien N Elemente a_n ($n = 1, \ldots, N$), zwischen denen eine Verknüpfungsrelation (z. B. Addition oder Multiplikation) definiert ist. Im Fall der Multiplikation bilden diese Elemente eine *multiplikative Gruppe* G, wenn folgende Bedingungen erfüllt sind:

1. Wenn $a_i, a_k \in G \rightarrow (a_i \times a_k) = a_n \in G$, wobei das Zeichen „$\times$“ die Multiplikation angibt. Das heißt: *Das Produkt zweier beliebiger Gruppenelemente ergibt wieder ein Gruppenelement.*

2. $a_i \times (a_k \times a_j) = (a_i \times a_k) \times a_j$. (*Assoziativgesetz*), d. h. das Produkt mehrerer Faktoren ist unabhängig davon, wie zwei der Faktoren zusammengefasst werden.

3. Es existiert ein „Einselement“ $e \in G$, für das gilt: $e \times a_n = a_n \times e = a_n$.

4. Zu jedem Element $a_n \in G$ existiert das Inverse Element $a_n^{-1} \in G$, für das gilt: $a_n \times a_n^{-1} = a_n^{-1} \times a_n = e$.

Für spezielle Gruppen, so genannte *kommutative Gruppen* (oft auch abelsche Gruppen genannt) gilt ferner das Kommutativ-Gesetz für beliebige $a_i, a_k \in G$: $a_i \times a_k = a_k \times a_i$.

Man beachte jedoch, dass es viele Gruppen gibt, die *nicht abelsch* sind (Beispiele: siehe Abschn. 5.3).

Die Anzahl N der Elemente einer Gruppe heißt die *Ordnung* der Gruppe.

Gelten bereits für eine Teilmenge von n Gruppenelementen $a_i \in G$ mit $n < N$ die Gruppenaxiome 1) – 4), so heißt diese Teilmenge eine *Untergruppe* von G.

Beispiel

Das Einselement bildet eine triviale Untergruppe der Gruppe aller rationaler Zahlen.

Es gelten folgende Gesetze, deren Beweis man z. B. in [5.4] findet:

a) Die Ordnung n einer Untergruppe ist Teiler der Ordnung N der Gruppe, d. h. N/n muss ganzzahlig sein. Daraus folgt insbesondere, dass es keine echten Untergruppen (d. h. $n \neq 1$ und $n < N$) gibt, wenn N eine Primzahl ist.

b) Wenn mit dem Element $a_i \in G$ auch $a_i \times a_i = a_i^2$ zur Gruppe gehört, so müssen bei endlichen Gruppen alle Potenzen $a_i, a_i^2, \ldots a_i^p$ Gruppenelemente sein. Es muss eine ganze Zahl $p < N$ geben, sodass $a_i^p = e$ gilt. Die Elemente $a_i, a_i^2, \ldots, a_i^p = e$ bilden eine Untergruppe von G, die man *zyklische* Gruppe nennt.

Man kann die Elemente einer Gruppe G in „*Klassen*“ einteilen durch die Definition: Zwei Elemente a und b gehören zur selben Klasse, wenn ein Element $x \in G$ existiert, sodass gilt:

$$a = xbx^{-1} . \tag{5.1}$$

Die Elemente einer Klasse heißen zueinander konjugiert. Die Klasseneinteilung einer Gruppe ist elementefremd, d. h. kein Element kann zu mehr als einer Klasse gehören.

Beweis: Seien f und g zwei Elemente zweier Klassen. Das Element h möge sowohl zur Klasse f als auch zur Klasse g gehören. Dann folgt: $h = xfx^{-1} = ygy^{-1} \rightarrow f = x^{-1}ygy^{-1}x = (x^{-1}y)g(x^{-1}y)^{-1}$, d. h. f und g gehören zur gleichen Klasse, was ein Widerspruch zur Annahme ist, h könne zu zwei verschiedenen Klassen gehören. Man sieht sofort, dass in kommutativen Gruppen jede Klasse nur aus einem Element besteht, weil aus

$$a = xbx^{-1} = xx^{-1}b = eb = b$$

folgt, dass $a = b$. *Jedes Element einer kommutativen Gruppe bildet seine eigene Klasse.* Es gibt daher in abelschen Gruppen N Klassen.

5.3 Molekulare Punktgruppen

Wir wollen jetzt an einigen Beispielen illustrieren, dass die Symmetrieoperationen eines Moleküls die Elemente einer multiplikativen Gruppe bilden. Als Verknüpfung wählen wir das „Hintereinanderausführen" zweier Symmetrieoperationen und als Einselement die „identische Abbildung", bei der keine Symmetrieoperation ausgeführt wird, alle Kerne also an ihrem Platz bleiben.

Unser erstes Beispiel sind die vier möglichen Symmetrieoperationen des H_2O-Moleküls, das wir in die y-z-Ebene legen (Abb. 5.1):

$$\begin{aligned} I &: \text{(identische Abbildung)} \\ C_2 &: \text{Drehung um die } z\text{-Achse um } 180^\circ \\ \sigma_v &: \text{Spiegelung an der } xz\text{-Ebene} \\ \sigma_v' &: \text{Spiegelung an der } yz\text{-Ebene} \end{aligned}$$

Das „Produkt" ($C_2 \times \sigma_v$) bedeutet z. B., dass erst die Spiegelung an der xz-Ebene ausgeführt wird (σ_v) und dann die Drehung um die z-Achse (C_2). Wie man aus Abb. 5.7 sieht, erhält man dabei dasselbe Ergebnis, wie wenn man die Kerne an der yz-Ebene gespiegelt hätte. Wir schreiben:

$$C_2 \times \sigma_v = \sigma_v' \, .$$

Entsprechend kann man sich alle anderen Produkte anhand von Abb. 5.7 überlegen. Insbesondere ergibt sich für diese C_{2v}-Gruppe, dass jede Symmetrieoperation zweimal hintereinander angewandt, wieder die ursprüngliche Konfiguration ergibt:

$$C_2 \times C_2 = I \; ; \qquad \sigma_v \times \sigma_v = I \; ; \qquad \sigma_v' \times \sigma_v' = I \; ,$$

sodass jedes Element sein eigenes Inverses ist.

Man kann die Produkte aller Symmetrieoperationen in einer Multiplikationstafel übersichtlich zusammenstellen (Tabelle 5.1).

Tabelle 5.1: Multiplikationstafel der C_{2v}-Gruppe.

C_{2v}	I	C_2	$\sigma_v(xz)$	$\sigma_v'(yz)$
I	I	C_2	σ_v	σ_v'
C_2	C_2	I	σ_v'	σ_v
σ_v	σ_v	σ_v'	I	C_2
σ_v'	σ_v'	σ_v	C_2	I

Wir sehen also, dass alle Bedingungen 1) – 4) im Abschn. 5.2 für die Elemente einer Gruppe erfüllt sind, d. h. die Symmetrieoperationen des H_2O-Moleküls bilden die Elemente einer Gruppe der Ordnung $N = 4$, die man C_{2v}-Gruppe nennt, weil eine C_2-Achse und $2\sigma_v$-Ebenen als Symmetrieelemente des Moleküls vorhanden sind. Diese Gruppe ist abelsch, weil für alle Elemente $a_i, a_j \in G$ gilt: $a_i \times a_j = a_j \times a_i$, wie man anhand der Multiplikationstafel nachprüfen kann.

Jedes der drei Elemente C_2, σ_v und σ_v' bildet zusammen mit dem Einselement I eine Untergruppe der Ordnung 2. Die C_{2v}-Gruppe hat also drei echte Untergruppen (außer der trivialen Untergruppe der Ordnung 1, die nur aus dem Einselement besteht). Da die Gruppe kommutativ ist, bildet jedes Element für sich eine eigene Klasse. Es gibt also vier elementfremde Klassen.

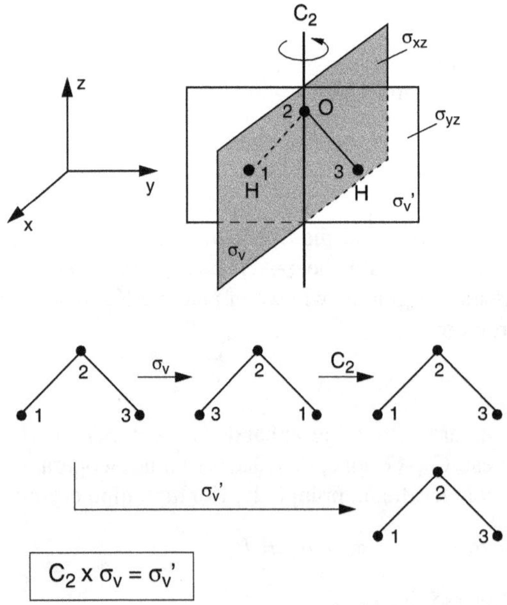

Abb. 5.7: Das Hintereinander-Ausführen der Symmetrieoperationen σ_v und C_2 in der Gruppe C_{2v} führt zum gleichen Ergebnis wie die Spiegelung σ_v'.

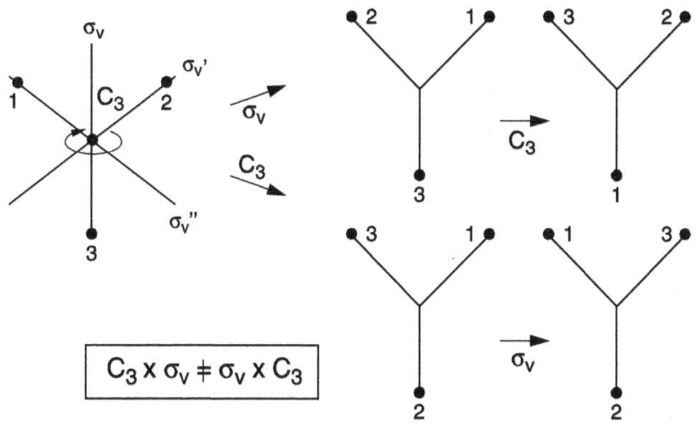

Abb. 5.8: Die nichtkommutative Gruppe der Symmetrieoperationen an Molekülen mit C_{3v} Symmetrie.

Anmerkung: Für das Kerngerüst des H_2O-Moleküls ist die Operation σ_v' gleich der Identität I. Dies gilt jedoch nicht mehr, wenn man die Elektronenhülle des Moleküls bei dieser Operation betrachtet. Da die Gruppentheorie später auch auf die Symmetrieeigenschaften elektronischer Zustände angewandt werden soll, ist es notwendig, σ_v' als eigene Symmetrieoperation mit aufzuführen.

Wir wollen noch mit der C_{3v}-Gruppe, zu der das Molekül NH_3 (Abb. 5.2) gehört, ein Beispiel einer nicht-kommutativen Gruppe diskutieren. Wie man aus Abb. 5.8 sieht, sind die Symmetrieoperationen I, C_3, C_3^2, σ_v, σ_v' und σ_v'', wobei C_3 die Drehung um 120° in Uhrzeigersinn darstellt. Die Multiplikationstafel (Tabelle 5.2) zeigt, dass die Gruppe nichtkommutativ ist. Die sechs Elemente zerfallen in drei Klassen: Die 1. Klasse enthält das Einselement I, die zweite die beiden Drehungen C_3, C_3^2 und die dritte die drei Spiegelungen σ_v, σ_v' und σ_v''. Dies ist nochmals in Abb. 5.9a illustriert für die beiden Elemente C_3 und C_3^2, für die gilt:

$$C_3 = \sigma_v^{-1} \times C_3^2 \times \sigma_v \,. \tag{5.2}$$

Man mache sich an Hand von Abb. 5.9b,c analog klar, dass die drei Spiegelungen zueinander konjugierte Elemente darstellen.

In ähnlicher Weise kann man zeigen, dass alle im nächsten Abschnitt aufgeführten Symmetriegruppen der Moleküle den Gruppenaxiomen genügen. Man nennt diese Gruppen der molekularen Symmetrieoperationen auch molekulare *Punktgruppen*, weil der Schwerpunkt des Moleküls, der allen Symmetrieelementen (Achsen und Ebenen) gemeinsam ist, bei allen Symmetrieoperationen in sich übergeht, also invariant bleibt.

Man beachte: Die Elemente dieser Punktgruppen sind die Symmetrieoperationen. Sie sind zu unterscheiden von den Symmetrieelementen (Drehachsen, Drehspiegelachsen und Spiegelebenen) der Moleküle.

Tabelle 5.2: Multiplikationstafel der $C_{3\mathrm{v}}$-Gruppe.

$C_{3\mathrm{v}}$	I	C_3	C_3^2	σ_v	σ_v'	σ_v''
I	I	C_3	C_3^2	σ_v	σ_v'	σ_v''
C_3	C_3	C_3^2	I	σ_v''	σ_v	σ_v'
C_3^2	C_3^2	I	C_3	σ_v'	σ_v''	σ_v
σ_v	σ_v	σ_v'	σ_v''	I	C_3	C_3^2
σ_v'	σ_v'	σ_v''	σ_v	C_3^2	I	C_3
σ_v''	σ_v''	σ_v	σ_v'	C_3	C_3^2	I

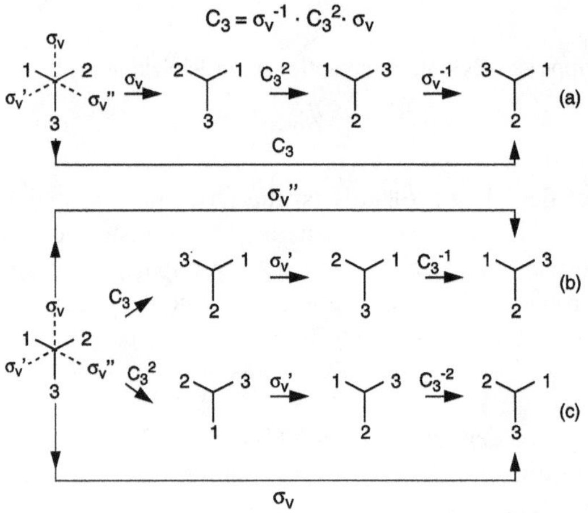

Abb. 5.9: Die beiden jeweils zueinander konjugierten Gruppenelemente a) C_3 und $\sigma_\mathrm{v} C_3^2 \sigma_\mathrm{v}^{-1}$, b) σ_v'' und $C_3 \times \sigma_\mathrm{v}' \times C_3^{-1}$, c) σ_v und $C_3^2 \times \sigma_\mathrm{v}' \times C_3^{-2}$.

Im nächsten Abschnitt soll nun ein Überblick über die Punktgruppen der verschiedenen Moleküle gegeben werden.

5.4 Klassifizierung der molekularen Punktgruppen

Die Punktgruppe eines Moleküls besteht aus allen für dieses Molekül möglichen Symmetrieoperationen. Sie hängt also ab von der Art und Zahl der Symmetrieelemente des Moleküls (siehe Abschn. 5.1). Zur eindeutigen Klassifizierung eines Moleküls in eine bestimmte Punktgruppe hat sich die Schönflies-Notation eingebürgert, welche die in Tabelle 5.3 zusammengestellten Symbole für die molekularen Punktgruppen verwendet und von oben nach unten „wachsende“ Symmetrie der Moleküle angibt.

Tabelle 5.3: Schönflies-Notation der molekularen Punktgruppen.

Gruppensymbol	Symmetrieelemente
C_n	1 C_n-Achse
$C_{n\mathrm{v}}$	1 C_n-Achse $+n$ Symmetrieebenen, die diese Achse enthalten
$C_{n\mathrm{h}}$	1 C_n-Achse + 1 Symmetrieebene senkrecht zur C_n-Achse. Für gerade n zusätzlich ein Inversionszentrum i.
D_n	1 C_n-Achse $+n$ C_2-Achsen senkrecht zur C_n-Achse
$D_{n\mathrm{d}}$	wie D_n aber zusätzlich n Symmetrieebenen, welche die C_n-Achse und je eine Winkelhalbierende zwischen den C_2-Achsen enthalten
$D_{n\mathrm{h}}$	wie D_n + 1 Symmetrieebene senkrecht zur C_n-Achse
S_n	1 S_n-Achse
T_d	alle Symmetrieelemente des regulären Tetraeders
O_h	alle Symmetrieelemente des Oktaeders bzw. Würfels
I_h	alle Symmetrieelemente des Ikosaeders
Spezielle Bezeichnungen	$C_\mathrm{S} \equiv C_{1\mathrm{v}} \equiv C_{1\mathrm{h}} \equiv S_1$; $C_\mathrm{i} \equiv S_2$

Wir wollen uns diese molekularen Punktgruppen an einigen Beispielen verdeutlichen.

5.4.1 Die Punktgruppen C_n, $C_{n\mathrm{v}}$ und $C_{n\mathrm{h}}$

Die geringste Symmetrie haben Moleküle der C_1-Gruppe, die kein echtes Symmetrieelement besitzen und deren Punktgruppe daher nur aus einem Element, der Identität I besteht.

Beispiel

Das substituierte Methan-Molekül CHClFBr (Abb. 5.10a).

Zur C_2-Gruppe (nur eine zweizählige Drehachse) gehört z. B. das Wasserstoffsuperoxyd H_2O_2 (Abb. 5.10b). Es gibt nur sehr wenige Moleküle, die zu C_n-Gruppen mit $n \geq 3$ gehören.

Moleküle der Punktgruppe $C_\mathrm{S} = C_{1\mathrm{v}}$, $C_{1\mathrm{h}}$ besitzen als einziges Symmetrieelement eine Symmetrie-Ebene. Alle ebenen Moleküle ohne weitere Symmetrieelemente gehören zu dieser Gruppe.

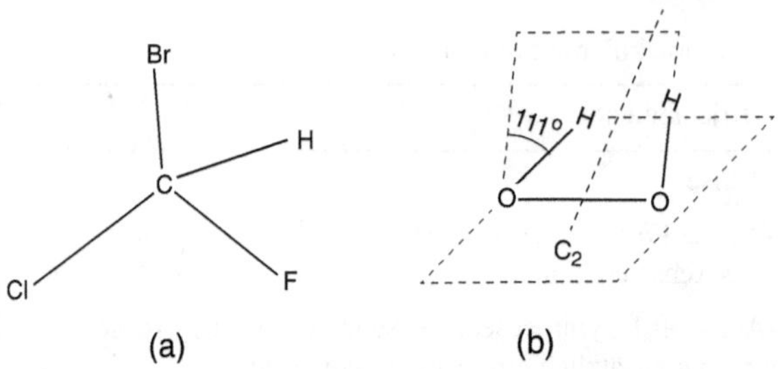

Abb. 5.10: a) Das substituierte Methanmolekül CHClFBr als Beispiel für die C_1-Punktgruppe, b) das Molekül H_2O_2 als Vertreter der C_2-Punktgruppe.

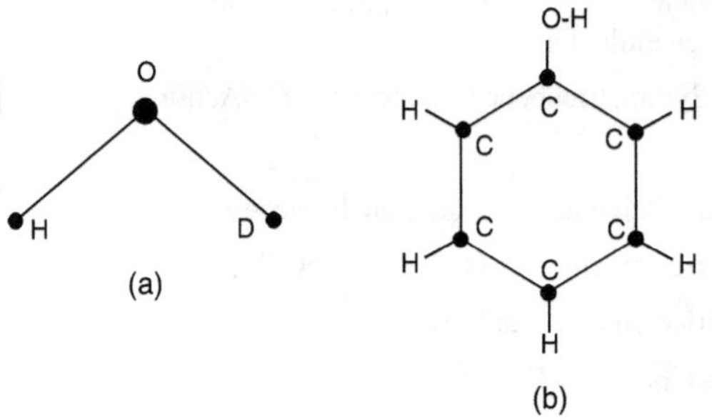

Abb. 5.11: a) Das Molekül HDO gehört zur Punktgruppe $C_{1\text{v}} = C_\text{S}$; b) das Phenolmolekül zur Punktgruppe $C_{2\text{v}}$.

Beispiele

1. Zur $C_{1\text{v}}$-Gruppe, auch C_S, (eine C_1-Achse und eine vertikale Spiegelebene) gehört z. B. das Molekül HDO (Abb. 5.11a).

2. Zur $C_{2\text{v}}$-Gruppe (eine C_2-Achse und zwei vertikale Spiegelebenen) gehören eine Vielzahl zwei- und mehratomiger Moleküle, z. B. H_2O (Abb. 5.1), NO_2, SO_2, Difluormethan, CH_2F_2, Phenol (Abb. 5.11b) oder Dichlorbenzol (Abb. 5.12).

Die $C_{3\text{v}}$-Gruppe (eine C_3-Achse und drei vertikale Spiegelebenen) wird z. B. durch das NH_3-Molekül repräsentiert (Abb. 5.2 und Abb. 5.8).

Eine wichtige Punktgruppe ist die $C_{\infty\text{v}}$-Gruppe, der alle linearen unsymmetrischen Moleküle (z. B. HCN) und insbesondere alle heteronuklearen zweiatomigen Moleküle (CO, NO, LiH, aber auch $^6\text{Li}^7\text{Li}$) angehören. Jede Ebene, welche die Molekülachse enthält, ist Symmetrieelement und jede Drehung um diese Achse um einen beliebigen Winkel α ist eine Symmetrieoperation.

Die $C_{n\text{h}}$-Punktgruppe (eine C_n-Achse und eine dazu senkrechte Spiegelebene) enthält als Gruppenelemente die Drehung um die C_n-Achse um den Winkel $\alpha_n = 2\pi/n$ und die Spiegelung σ_h. Wie bei jeder Gruppe sind auch alle Produkte dieser Elemente

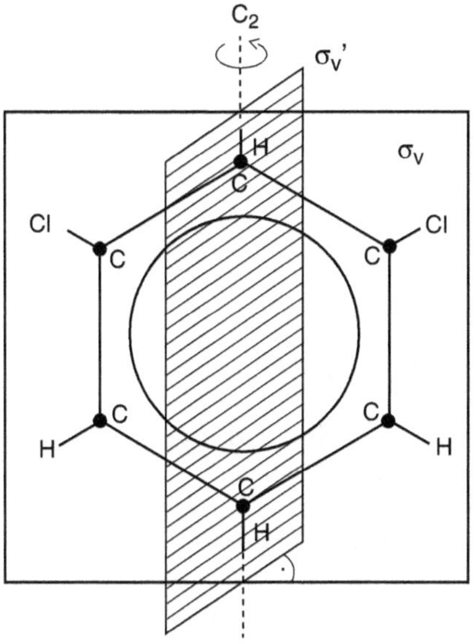

Abb. 5.12: Dichlorbenzol $C_6H_4Cl_2$ als Vertreter der C_{2v}-Symmetriegruppe.

wieder Gruppenelemente. So ist z. B. die Inversion i darstellbar als Produkt $i = C_2 \times \sigma_h$ und daher Gruppenelement der Gruppe C_{2h}. Ebenso ist die Drehspiegelung $S_3 = \sigma_h \times C_3$ Element der Gruppe C_{3h}.

Beispiele

für die C_{2h} Gruppe sind die ebenen Moleküle Glyoxal OHCCHO (Abb. 5.13a) und Butadien C_4H_6. In Tabelle 5.4 findet man die Multiplikationstafel dieser Gruppe. Zur C_{3h}-Gruppe gehört die Orthoborsäure H_3BO_3 (Abb. 5.13b).

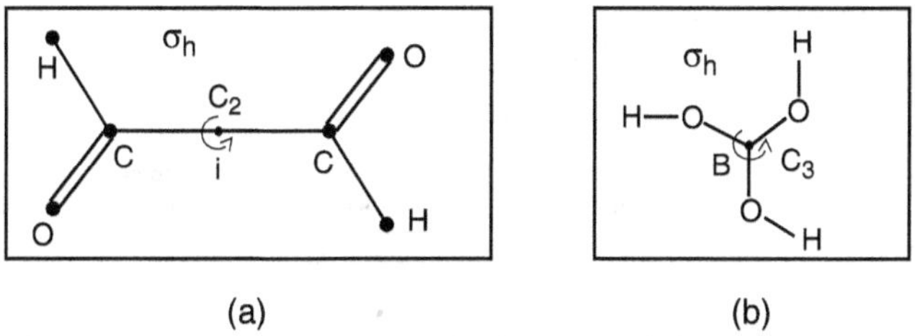

Abb. 5.13: Das ebene Molekül Glyoxal OHCCHO als Beispiel für die C_{2h}-Punktgruppe (a) und Orthoborsäure H_3BO_3 (b) als Beispiel für die Punktgruppe C_{3h}.

Tabelle 5.4: Multiplikationstafel der C_{2h}-Gruppe.

C_{2h}	I	C_2	σ_h	i
I	I	C_2	σ_h	i
C_2	C_2	I	i	σ_h
σ_h	σ_h	i	I	C_2
i	i	σ_h	C_2	I

5.4.2 Die Punktgruppen D_n, D_{nd} und D_{nh}

Man kann Moleküle der Punktgruppe D_n (eine C_n-Achse und n dazu senkrechte C_2-Achsen, die sich unter den Winkeln π/n schneiden) erhalten, wenn man zwei identische Molekülfragmente der Symmetrie C_{nv} entlang der C_n-Achse so zusammensetzt, dass beide Fragmente gegeneinander um einen Winkel $\alpha = m\pi/n$ (m, n ganzzahlig) verdrillt sind. So gibt es z. B. für das im Grundzustand ebene C_2H_4-Molekül einen angeregten Zustand, in dem die beiden zur C_{2v}-Gruppe gehörenden Fragmente CH_2 um 90° gegeneinander verdrillt sind, sodass das Äthylen-Kerngerüst D_2-Symmetrie hat (Abb. 5.14b). Die beiden senkrecht zur S_4-Achse liegenden C_2-Achsen bilden die Winkelhalbierenden zwischen den σ_v-Ebenen. Es gibt nur wenige Moleküle, die zur D_n-Gruppe mit $n \geq 3$ gehören.

Moleküle der D_{nd}-Punktgruppe enthalten als zusätzliche Symmetrieelemente noch Spiegelebenen σ_d, welche die C_n-Achse und je eine Winkelhalbierende zwischen zwei C_2-Achsen enthalten. Man kann sie aus zwei identischen Fragmenten der Gruppe C_{nv} zusammensetzen, die entlang der C_n-Achse um den Winkel $\alpha = \pi/n$ verdrillt sind. Für ungerade Werte von n haben die Moleküle ein Inversionszentrum.

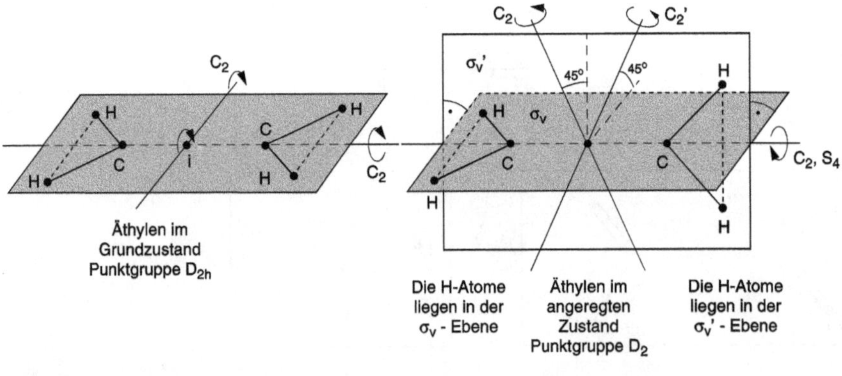

Abb. 5.14: Der elektronische Grundzustand (C_{2v}) und ein angeregter Zustand (D_2) des Äthylen-Moleküls haben verschiedene Geometrien und gehören deshalb zu verschiedenen Symmetriegruppen.

Beispiele

Das Molekül Allen C_3H_4 (Abb. 5.4a) gehört zur D_{2d}-Gruppe. Die Existenz von drei C_2-Achsen und zwei Spiegelebenen bedingt auch eine S_4-Achse als Symmetrieelement. Genauso hat Äthan C_2H_6 (D_{3d}-Gruppe) außer der C_3-Achse und den drei Spiegelebenen auch eine S_6-Drehspiegelachse sowie ein Inversionszentrum i als Symmetrieelement (Abb. 5.4b).

Die D_{nh}-Punktgruppe enthält außer den Symmetrieelementen der D_n-Gruppe noch eine σ_h-Spiegelebene senkrecht zur C_n-Achse und n σ_d-Spiegelebenen, welche die C_n-Achse enthalten. Wenn n gerade ist, besitzt das Molekül zusätzlich ein Inversionszentrum i.

Beispiele

Äthylen gehört im Grundzustand zur D_{2h}-Gruppe (Abb. 5.14a). Die Symmetrieelemente sind drei zueinander senkrechte C_2-Achsen, drei Spiegelebenen σ und ein Inversionszentrum.

Bortrifluorid BF_3 und die Moleküle SO_3, Trifluorbenzol $C_6H_3F_3$ sind Beispiele für die D_{3h}-Gruppe (Abb. 5.15a,b). Die Moleküle haben eine C_3-Achse, drei C_2-Achsen,

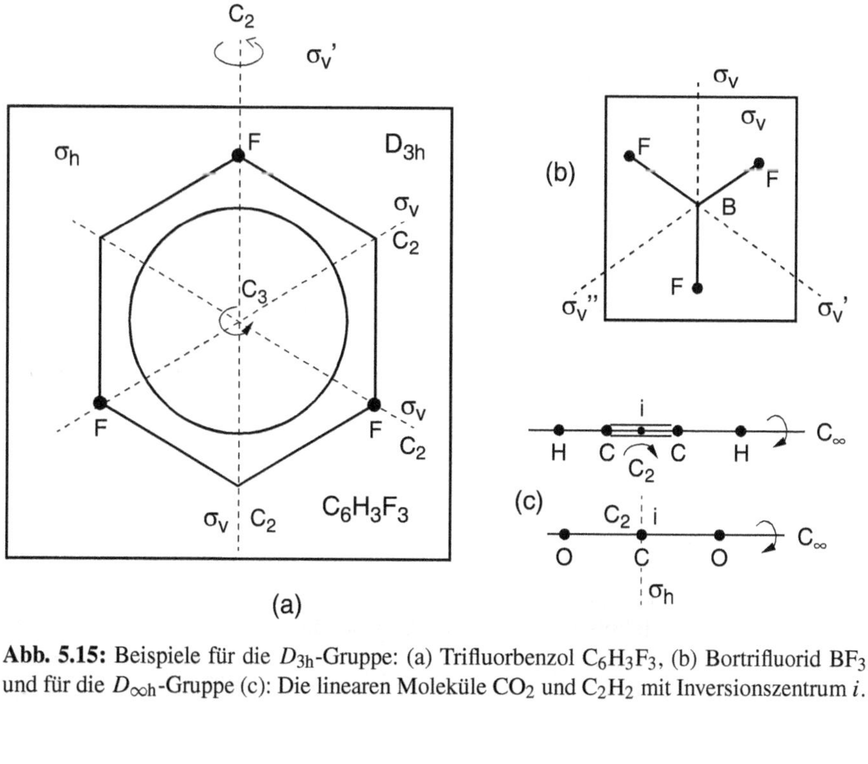

Abb. 5.15: Beispiele für die D_{3h}-Gruppe: (a) Trifluorbenzol $C_6H_3F_3$, (b) Bortrifluorid BF_3 und für die $D_{\infty h}$-Gruppe (c): Die linearen Moleküle CO_2 und C_2H_2 mit Inversionszentrum i.

drei σ_v-Ebenen und eine σ_h-Ebene als Symmetrieelemente. Die entsprechenden Gruppenelemente sind außer den Symmetrieoperationen C_3, C_2, σ_v, σ_h auch noch C_3^2, S_3 und S_3^2.

Alle homonuklearen zweiatomigen Moleküle und alle symmetrischen linearen Moleküle mit Inversionszentrum, wie CO_2 oder Azethylen C_2H_2 gehören zu der wichtigen Punktgruppe $D_{\infty h}$ (Abb. 5.15c). Sie unterscheidet sich von der $C_{\infty v}$-Gruppe durch eine zusätzliche σ_h-Spiegelebene und damit auch ein Inversionszentrum i.

5.4.3 S_n-Punktgruppen

Moleküle der S_n-Punktgruppe haben als einziges Symmetrieelement eine S_n-Drehspiegelachse. Die zugehörige Symmetriegruppe enthält als Elemente die Symmetrieoperationen E, S_n, S_n^2, S_n^3, ..., S_n^{n-1}. So enthält die S_4-Gruppe die vier Elemente E, S_4, $S_4^2 = C_2$, S_4^3. Für $n = 2$ ist die Symmetrieachse S_2 äquivalent zu einem Inversionszentrum i und man bezeichnet die S_2-Gruppe daher auch mit C_i ($S_2 \equiv C_i$).

Beispiele

Das Isomer Dichlorfluoräthan des substituierten Äthan-Moleküls $(CHClF)_2$, bei dem je zwei H-Atome durch Cl und F ersetzt wurden und die beiden (CHClF)-Gruppen gegeneinander um 180° verdrillt sind (Abb. 5.16), gehört zur C_i-Punktgruppe.

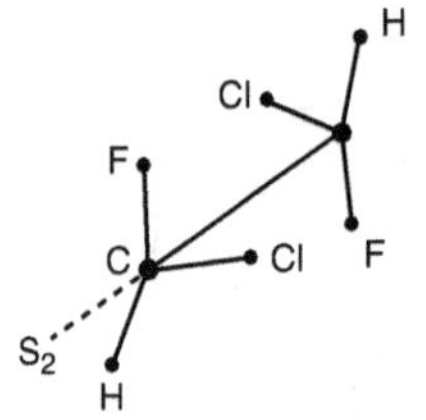

Abb. 5.16: Isomer des Dichlorfluor-Äthans als Vertreter der C_i Punktgruppe.

5.4.4 Die Punktgruppen T, T_d, O und O_h

Alle Moleküle der Punktgruppe T_d haben Tetraeder-Symmetrie (vier C_3-Achsen, drei C_2-Achsen und sechs σ_d-Spiegelebenen).

Beispiele

Methan CH_4 (Abb. 5.17a) und Kohlenstoff-Tetrachlorid CCl_4.

Man kann sich die einzelnen Symmetrieelemente am besten klar machen, wenn das CH_4 von einem Würfel umgeben wird. Im Beispiel des CH_4 sitzen die H-Atome so auf vier Ecken des Würfels, dass immer je zwei durch eine Diagonale der Seitenflächen miteinander verbunden sind. Die vier C_3-Achsen sind die Raumdiagonalen,

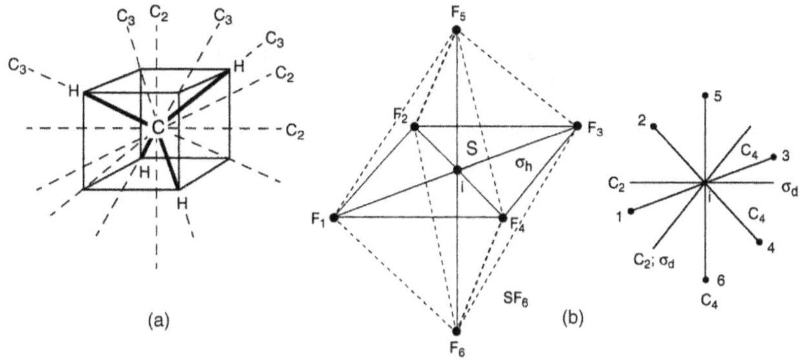

Abb. 5.17: a) Methan als Vertreter der T_{d}-Punktgruppe, b) SF_6 als Beispiel für die Punktgruppe O_{h} mit der höchsten Symmetrie.

die drei C_2-Achsen verbinden die Mittelpunkte gegenüberliegender Flächen und die sechs σ_{d}-Spiegelebenen erhält man, wenn man die sechs Ebenen durch diagonal gegenüberliegende Kanten des Würfels bildet.

Zur Symmetriegruppe T, die vier C_3-Achsen, drei C_2-Achsen, aber keine σ_{d}-Spiegelebene enthält, gibt es kein bisher bekanntes stabiles Molekül.

Moleküle der O-Punktgruppe haben dieselben Symmetrieelemente wie ein Oktaeder, nämlich drei C_4-Achsen, vier C_3-Achsen, sechs C_2-Achsen, drei σ_{h}-Ebenen, sechs σ_{d}-Ebenen. Es gibt bisher kein stabiles Molekül, das zur O-Gruppe gehört. Existiert auch noch ein Inversionszentrum i, so heißt die Punktgruppe O_{h}. Moleküle dieser Gruppe haben daher die höchste Symmetrie. Das Molekül SF_6 ist ein Beispiel für diese Punktgruppe (Abb. 5.17b). Schließt man das Oktaeder so in einen Würfel ein, dass die Ecken die Mittelpunkte der sechs Seitenflächen des Würfels bilden, so sieht man, dass die Symmetrieelemente des Oktaeders dieselben sind wie die des Würfels (Abb. 5.6).

5.4.5 Wie findet man die Punktgruppe eines Moleküls?

Es erhebt sich nun die Frage, wie man entscheiden kann, zu welcher Punktgruppe ein beliebig herausgegriffenes Molekül gehört. Um hier ein systematisches Vorgehen zu erleichtern, sind bestimmte „Rezepte“ entwickelt worden, nach denen die Klassifizierung schnell möglich ist [5.1].

a) Wenn das Molekül *linear* ist, kann es nur zu den Punktgruppen $C_{\infty\text{v}}$ oder $D_{\infty\text{h}}$ gehören. Besitzt es ein Inversionszentrum, so gehört es zu $D_{\infty\text{h}}$, sonst zu $C_{\infty\text{v}}$.

b) Hat das Molekül tetraedrische Form, wie z. B. CCl_4, so muss es zur T_{d}, oder T-Gruppe gehören. Hat es keine sechs σ_{d} Symmetrieebenen (was äußerst selten ist), so gehört es zur T-Punktgruppe.

c) Hat das Molekül oktaedrische Gestalt (z. B. SF_6), so muss es O_h-Symmetrie haben, wenn es ein Inversionszentrum i hat, sonst muss es zur O-Gruppe gehören (für die bisher kein Molekül bekannt ist).

d) Gehört das betrachtete Molekül nicht in die Kategorien a) – c), so muss man prüfen, ob Symmetrieachsen C_n mit $n > 1$ vorliegen. Gibt es keine, so gehört das Molekül zur Punktgruppe C_S, wenn eine Symmetrieebene σ vorliegt, zur Gruppe $C_i = S_2$, wenn ein Inversionszentrum i vorliegt und zur Gruppe C_1, wenn es überhaupt kein Symmetrieelement gibt.

e) Gibt es eine C_n-Achse mit $n > 1$ und ist diese C_n-Achse gleichzeitig eine Drehspiegelachse S_{2n} und gibt es sonst keine weiteren Symmetrieelemente (außer dem Inversionszentrum i für $n =$ gerade), so gehört das Molekül zur Gruppe S_n.

f) Gibt es außer den in e) aufgeführten Symmetrieelementen weitere, so gehört das Molekül zu den Punktgruppen D_n, D_{nh}, D_{nd}, C_n, C_{nv} oder C_{nh}. Um die entsprechende Gruppe zu finden, prüft man nach, ob n C_2-Achsen senkrecht zur C_n-Achse mit maximalem n vorhanden sind.

   f_1) Wenn ja, gehört das Molekül zu einer der D-Gruppen. Gibt es eine σ_h-Ebene ist die Punktgruppe D_{nh}, gibt es n σ_d-Ebenen, so ist es eine D_{nd}-Gruppe, gibt es keine σ_h oder σ_d-Ebene, gehört das Molekül zur Gruppe D_n.

   f_2) Gibt es keine n C_2-Achsen, gehört das Molekül zu einer der C-Gruppen. Gibt es eine σ_h-Ebene, ist dies die C_{nh}-Gruppe, bei n σ_v-Ebenen die C_{nv}-Gruppe und ohne σ_h oder σ_v-Ebenen die C_n-Gruppe.

Wir wollen dieses Vorgehen an zwei Beispielen erläutern:

1. Das ebene Molekül BF_3 (Abb. 5.15b) hat eine C_3-Achse, drei C_2-Achsen, eine σ_h-Ebene, in der alle Kerne liegen und drei σ_d-Ebenen. Es gehört folglich zur D_{3h}-Punktgruppe.

2. Das Butadien-Molekül C_4H_6 hat ein planares Isomer (Abb. 5.18). Senkrecht zur Molekülebene gibt es eine C_2-Achse, sodass die Molekülebene eine σ_h-Symmetrieebene ist. Es gibt ein Inversionszentrum, aber keine σ_d-Spiegelebenen. Also muss das Molekül zur Punktgruppe C_{2h} gehören. Die Symmetriegruppe enthält die Symmetrieoperationen I, C_2, σ_h und i als Elemente. Die Multiplikationstafel ist in Tabelle 5.4 aufgestellt.

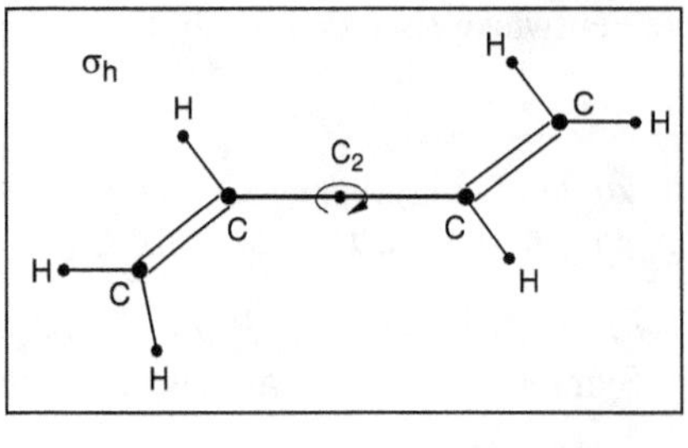

Abb. 5.18: Planares Isomer des Butadien-Moleküls, das zur C_{2h} Gruppe gehört.

5.5 Symmetrietypen und Darstellungen von Gruppen

Da sich bei einer Symmetrieoperation das Kerngerüst des Moleküls nicht ändert, bleibt auch das Coulombfeld der Kerne, in dem sich die Elektronen bewegen, konstant, d. h. die potentielle Energie im Hamiltonoperator (2.2) ist invariant gegenüber allen Symmetrieoperationen. Man kann leicht einsehen, dass auch die mittlere kinetische Energie der Elektronen in einem vorgegebenen elektronischen Zustand invariant ist, da diese ja in diesem Zustand durch die Anordnung der Kerne in der Gleichgewichtslage bedingt ist.

Man kann auch den Normalschwingungen eines Moleküls (siehe Abschn. 6.3.1) Symmetriespezies der Symmetriegruppe des Moleküls zuordnen. Diese werden mit kleinen Buchstaben gekennzeichnet, um sie von denen der elektronischen Zustände (Großbuchstaben) zu unterscheiden. In Abb. 5.19, die den Schwingungszustand eines Moleküls bei seinen drei Normalschwingungen durch die Geschwindigkeitspfeile der einzelnen Kerne zeigt, wird illustriert, dass auch die kinetische Energie der Kerne sich bei einer Symmetrieoperation nicht ändert, denn die Länge der Pfeile, d. h. der Betrag der Geschwindigkeiten $|\boldsymbol{v}_i|$ ändert sich nicht bei einer solchen Operation und damit bleibt $(m/2)v_i^2$ konstant, auch wenn sich für v_3 bei den Operationen σ_v' und C_2 die Richtung der Pfeile, d. h. die Phase der Schwingung ändert.

Die Gesamtenergie eines Zustandes und auch die Elektronendichteverteilung bleiben also konstant bei jeder Symmetrieoperation des Moleküls. Die Wellenfunktionen dieser Zustände können sich jedoch ändern. Aus der Forderung, dass bei einer Symmetrieoperation $|\Psi|^2$ konstant bleibt, folgt aus der Eindeutigkeit von $\Psi(x, y, z)$, dass für *nicht entartete* Zustände gilt

$$|\Psi|^2 \overset{\text{S.O.}}{\to} |\Psi|^2 \Rightarrow \Psi \overset{\text{S.O.}}{\to} \pm\Psi \; . \tag{5.3}$$

So muss z. B. bei zweimaliger Spiegelung an einer Ebene ($\sigma^2 = I$) die Funktion Ψ wieder in sich übergehen:

$$\sigma(\sigma\Psi) \equiv \Psi \Rightarrow \sigma\Psi = \pm\Psi \; . \tag{5.4}$$

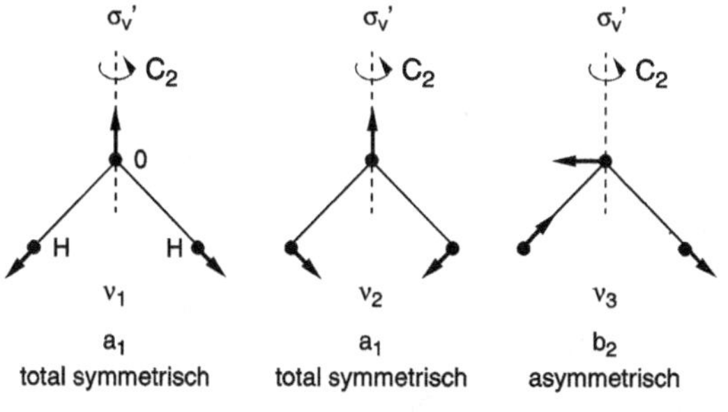

Abb. 5.19: Änderung der Geschwindigkeitspfeile bei den drei Normalschwingungen unter den Symmetrieoperationen eines dreiatomigen $C_{2\mathrm{v}}$ Moleküls, bei denen die Schwingungsenergie invariant bleibt.

Für entartete Zustände gilt dies nicht mehr, weil ein n-fach entarteter Zustand durch eine Linearkombination von n unabhängigen Funktionen Ψ_n beschrieben wird. Jede dieser Funktionen Ψ_n kann bei der Symmetrieoperation in eine der anderen Funktionen Ψ_i $(i \neq n)$ oder in ihre Linearkombination übergehen (siehe Beispiele weiter unten).

Im Rahmen der BO-Näherung lässt sich eine Zustandsfunktion als Produkt

$$\Psi = \psi_{\text{el}} \psi_{\text{vib}} \psi_{\text{rot}}$$

aus elektronischem Anteil, Schwingungs- und Rotationsfunktion schreiben. Die Symmetrie von Ψ wird daher durch die Symmetrieeigenschaften der drei Faktoren bestimmt.

Es ist nun wichtig zu untersuchen, wie sich für die verschiedenen Punktgruppen die Wellenfunktionen der Molekülzustände bei den Symmetrieoperationen der entsprechenden Gruppe verhalten und wie man die Symmetrie eines Produktes aus der Symmetrie der Faktoren bestimmt. Dies ist möglich mit Hilfe der „*Darstellung*" von Gruppen. Wir wollen dies am Beispiel der $C_{2\text{v}}$-Gruppe erläutern, bevor dann ganz allgemein der Begriff der *Darstellung* und ihrer *Charaktere* definiert wird.

5.5.1 Die Darstellung der $C_{2\text{v}}$-Gruppe

Wir untersuchen zuerst, wie sich die drei Komponenten eines Translationsvektors $\boldsymbol{T} = \{T_x, T_y, T_z\}$ bzw. eines Ortsvektors $\boldsymbol{r} = \{x, y, z\}$ bei den Symmetrieoperationen der $C_{2\text{v}}$-Gruppe verhalten. Man sieht aus Abb. 5.20, dass bei einer Drehung um die C_2-Achse gilt:

$$T_x \overset{C_2}{\rightarrow} -T_x \;; \quad T_y \overset{C_2}{\rightarrow} -T_y \quad \text{und} \quad T_z \overset{C_2}{\rightarrow} +T_z \,, \tag{5.5a}$$

während für die Spiegelung σ_{v} an der xz-Ebene

$$T_x \overset{\sigma_{\text{v}}}{\rightarrow} +T_x \;; \quad T_y \overset{\sigma_{\text{v}}}{\rightarrow} -T_y \quad \text{und} \quad T_z \overset{\sigma_{\text{v}}}{\rightarrow} +T_z \,, \tag{5.5b}$$

und σ'_{v} an der yz-Ebene

$$T_x \overset{\sigma'_{\text{v}}}{\rightarrow} -T_x \;; \quad T_y \overset{\sigma'_{\text{v}}}{\rightarrow} +T_y \quad \text{und} \quad T_z \overset{\sigma'_{\text{v}}}{\rightarrow} +T_z \,. \tag{5.5c}$$

Man kann daher das Symmetrieverhalten z. B. der Komponente T_x bei den Symmetrieoperationen I, C_2, σ_{v}, σ'_{v} darstellen durch die Kombination der Zahlen $(+1, -1, +1, -1)$, das der Komponente T_z durch $(+1, +1, +1, +1)$ (Tabelle 5.5).

Das Verhalten von Translationsvektor $\boldsymbol{T} = \{T_x, T_y, T_z\}$, Rotation $\boldsymbol{R} = \{R_x, R_y, R_z\}$ und Schwingungs-Normalkoordinaten Q_i ist in Tabelle 5.5 zusammengefasst, in der $(+1)$ bedeutet, dass die entsprechende Größe bei der zugehörigen Symmetrie-Operation in sich und (-1), dass sie in ihr Negatives übergeht.

Die in Tabelle 5.5 aufgeführten Kombinationen der Zahlen $+1$ und -1 in der i-ten Zeile nennt man eine *Darstellung* Γ_i der Symmetriegruppe $C_{2\text{v}}$, weil sie das Symmetrieverhalten einer Größe (z. B. einer Normalkoordinate oder einer Komponente des Translationsvektors) bei den Symmetrieoperationen der $C_{2\text{v}}$ Gruppe darstellt.

Tabelle 5.5: Charaktertafel und Darstellung der C_{2v}-Gruppe.

C_{2v}	I	C_2	σ_v	σ_v'	transl., rot., vib.	Symmetrietyp
Γ_1	1	1	1	1	T_z, Q_1, Q_2	A_1
Γ_2	1	1	-1	-1	R_z	A_2
Γ_3	1	-1	1	-1	T_x, R_y	B_1
Γ_4	1	-1	-1	1	T_y, R_x, Q_3	B_2

Die Zahlen selbst heißen die *Charaktere* der Darstellung. Man bezeichnet die einzelnen Darstellungen oft auch mit großen lateinischen Buchstaben, nämlich mit A, wenn der Charakter für die Drehung C_2 den Wert $+1$ hat und mit B, wenn er -1 ist. Eine weitere Unterscheidung wird gemacht hinsichtlich des Symmetrieverhaltens bei der Spiegelung σ_v: A_1 oder B_1 haben für σ_v den Charakter $+1$, A_2 oder B_2 den Charakter -1.

Genauso kann man sich anhand von Abb. 5.19 klarmachen, wie sich die Auslenkungen der Kerne bei den drei Normalschwingungen v_i des Moleküls mit den Frequenzen ν_i (siehe Kap. 6) verhalten. Für die Normalkoordinaten Q_i folgt: Q_1 und Q_2 gehen bei allen Operationen in sich über, für Q_3 gilt:

$$Q_3 \xrightarrow{I} Q_3 \, ; \quad Q_3 \xrightarrow{C_2} -Q_3 \, ; \quad Q_3 \xrightarrow{\sigma_v} -Q_3 \quad \text{und} \quad Q_3 \xrightarrow{\sigma_v'} Q_3 \, . \tag{5.6}$$

Die Darstellung von Q_3 wäre damit $\Gamma_4 = (+1, -1, -1, +1)$.

Definition: *Eine Darstellung einer Gruppe G liegt vor, wenn jedem Element $g_i \in G$ eindeutig eine mathematische Größe M_i (Zahl, quadratische Matrix, usw.) zugeordnet ist, sodass gilt: Dem Produkt $g_i \times g_k$ ist eindeutig das Produkt $M_i \times M_k$ zugeordnet.*

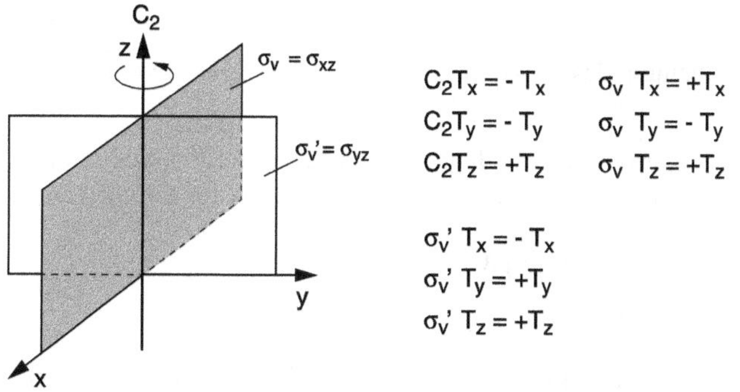

Abb. 5.20: Transformation der Komponenten des Translationsvektors bei Symmetrieoperationen der C_{2v}-Gruppe.

Im hier vorliegenden Fall der C_{2v}-Gruppe, bei dem jeder Symmetrieoperation eindeutig eine *Zahl* (nämlich $+1$ oder -1) zugeordnet wird, nennt man die Darstellung *eindimensional*. Man prüfe durch Vergleich der Tabellen 5.1 und 5.5 nach, dass die Definition einer Darstellung erfüllt ist.

Solche eindimensionalen Darstellungen sind immer möglich, wenn jedes Element der Punktgruppe seine eigene Klasse bildet, wenn die Gruppe also kommutativ ist. Die Energiezustände des betreffenden Moleküls sind dann *nicht entartet* (außer vielleicht einer zufälligen Entartung, die aber nichts mit der Symmetrie zu tun hat).

Bei Gruppen, in denen mehrere Gruppenelemente in einer Klasse sind, kommt man mit eindimensionalen Darstellungen nicht mehr aus. Man muss n-dimensionale Darstellungen mit $n \geq 2$ verwenden, was man z. B. durch quadratische Matrizen der Dimension n erreichen kann. Wir wollen uns dies am Beispiel der C_{3v}-Gruppe klarmachen.

5.5.2 Die Darstellung der C_{3v}-Gruppe

Für die z-Komponente T_z des Translationsvektors ist das Symmetrieverhalten bei den Symmetrieoperationen der C_{3v}-Gruppe (siehe Abb. 5.21)

$$\begin{aligned} IT_z &= +1 \cdot T_z \; ; \\ C_3 T_z &= C_3^2 T_z = +1 \cdot T_z \; ; \\ \sigma_v T_z &= \sigma_v' T_z = \sigma_v'' T_z = +1 \cdot T_z \; . \end{aligned} \tag{5.7}$$

Das Symmetrieverhalten von T_z lässt sich daher durch die eindimensionale Darstellung Γ_1 vom Symmetrietyp A_1 beschreiben, bei der alle Charaktere $+1$ sind.

Dies gilt jedoch nicht mehr für T_x und T_y. Bei einer Drehung um den Winkel φ um die z-Achse (Abb. 5.21b) gehen die Koordinaten x, y wegen $x = r\cos\alpha$, $y = r\sin\alpha$ über in:

$$\begin{aligned} x^* &= x\cos\varphi - y\sin\varphi \\ y^* &= x\sin\varphi + y\cos\varphi \end{aligned} \quad \text{oder} \quad \begin{pmatrix} x^* \\ y^* \end{pmatrix} = \begin{pmatrix} \cos\varphi & -\sin\varphi \\ \sin\varphi & \cos\varphi \end{pmatrix} \begin{pmatrix} x \\ y \end{pmatrix} , \tag{5.8}$$

wenn x^*, y^* die Komponenten des Vektors $\boldsymbol{r} = \{x, y\}$ nach der Drehung sind (Abb. 5.21).

Die Symmetrieoperation C_3 bedeutet eine Drehung um $\varphi = -120°$, während C_3^2 einer Drehung um $-240°$ oder $+120°$ entspricht. Die Drehmatrix für C_3 wird daher

$$\begin{pmatrix} \cos(-120°) & -\sin(-120°) \\ \sin(-120°) & \cos(-120°) \end{pmatrix} = \begin{pmatrix} -\frac{1}{2} & \frac{1}{2}\sqrt{3} \\ -\frac{1}{2}\sqrt{3} & -\frac{1}{2} \end{pmatrix} . \tag{5.9}$$

Ähnlich können wir uns das Transformationsverhalten bei C_3^2, σ_v, σ_v' und σ_v'' überlegen. Insgesamt erhalten wir die zweidimensionale Darstellung Γ_3 in Tabelle 5.6, die man allgemein auch mit E bezeichnet, während dreidimensionale Darstellungen den Buchstaben T erhalten.

Tabelle 5.6: Irreduzible Darstellungen der C_{3v}-Gruppe.

C_{3v}		I	C_3	C_3^2	σ_v	σ_v'	σ_v''	
Γ_1	A_1	1	1	1	1	1	1	T_z
Γ_2	A_2	1	1	1	−1	−1	−1	R_z
Γ_3	E	$\begin{pmatrix} 1 & 0 \\ 0 & 1 \end{pmatrix}$	$\begin{pmatrix} -\frac{1}{2} & \frac{\sqrt{3}}{2} \\ -\frac{\sqrt{3}}{2} & -\frac{1}{2} \end{pmatrix}$	$\begin{pmatrix} -\frac{1}{2} & -\frac{\sqrt{3}}{2} \\ +\frac{\sqrt{3}}{2} & -\frac{1}{2} \end{pmatrix}$	$\begin{pmatrix} -1 & 0 \\ 0 & 1 \end{pmatrix}$	$\begin{pmatrix} \frac{1}{2} & -\frac{\sqrt{3}}{2} \\ -\frac{\sqrt{3}}{2} & -\frac{1}{2} \end{pmatrix}$	$\begin{pmatrix} \frac{1}{2} & \frac{\sqrt{3}}{2} \\ \frac{\sqrt{3}}{2} & -\frac{1}{2} \end{pmatrix}$	$\left.\begin{matrix} T_x, T_y \\ R_x, R_y \end{matrix}\right\}$

Man kann oft mehrdimensionale Darstellungen durch eine geeignete Transformation auf Darstellungen niedrigerer Dimension zurückführen. Solche Darstellungen nennt man *reduzibel*. Geht dies nicht, heißt die Darstellung *irreduzibel*. In Tabelle 5.6 ist als Beispiel die irreduzible Darstellung der C_{3v}-Gruppe gezeigt.

5.5.3 Charaktere und Charaktertafeln

Man nennt die Spuren der Matrizen, d. h. die Summen der Diagonalelemente, die *Charaktere* χ_{ik}, der Darstellung Γ_i. Für eindimensionale Darstellungen ist der Charakter gleich der Zahl ± 1 wie schon weiter oben erläutert wurde. Der Index i gibt die i-te Darstellung Γ_i an, läuft bei m irreduziblen Darstellungen also von $i = 1, \ldots, m$ während $k = 1, \ldots, N$ die Symmetrieoperationen indiziert und daher von $k = 1, \ldots, N$ läuft, wenn N die Ordnung der Gruppe ist.

Die Charaktere sind ein wichtiges Hilfmittel zur Bestimmung der kleinstmöglichen Dimension einer Darstellung. Wenn man nämlich eine n-dimensionale Darstellung einer Symmetriegruppe gefunden hat, kann man mit Hilfe der Charaktere herausfinden, ob diese Darstellung auf Darstellungen niedrigerer Dimension *reduziert* werden kann oder ob sie *irreduzibel* ist. Es gilt nämlich das Theorem:

Die Quadratsumme der Charaktere jeder irreduziblen Darstellung ist gleich der Ordnung N der Gruppe.

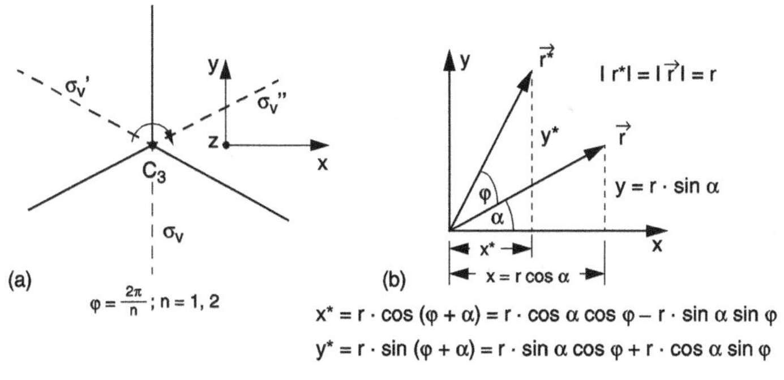

Abb. 5.21: Transformationsverhalten der Komponenten T_x und T_y des Translationsvektors bei Drehung um den Winkel φ um die z-Achse.

Tabelle 5.7: Charaktertafel der C_{3v}-Gruppe.

C_{3v}	I	C_3	C_3^2	σ_v	σ_v'	σ_v''
Γ_1 (A_1)	1	1	1	1	1	1
Γ_2 (A_2)	1	1	1	-1	-1	-1
Γ_3 (E)	2	-1	-1	0	0	0

So prüft man leicht nach, dass für die Darstellungen $\Gamma_1, \ldots, \Gamma_4$ der C_{2v}-Gruppe diese Quadratsumme immer $1+1+1+1 = 4$ ist, also gleich der Zahl der Gruppenelemente.

Wegen ihrer Bedeutung für die Darstellungen der verschiedenen Symmetrietypen sind für alle molekularen Punktgruppen die Charaktere χ_{ik} aller irreduziblen Darstellungen der Gruppe in so genannten „Charaktertafeln" zusammengefasst (siehe z. B. [5.1]). Als Beispiel ist in Tabelle 5.7 die Charaktertafel der Gruppen C_{3v} angegeben. Für die eindimensionalen Darstellungen der Gruppe C_{2v} ist Tabelle 5.5 bereits mit der Charaktertafel identisch.

Wie man aus diesen Tabellen sieht, ist der Charakter für eine vorgegebene irreduzible Darstellung für alle Symmetrieoperationen, die zur selben Klasse der zugehörigen Gruppe gehören, identisch. So bilden z. B. für die Darstellung Γ_3 der C_{3v}-Gruppe die drei Spiegelungen σ_v, σ_v' und σ_v'' eine Klasse mit dem Charakter $\chi = 0$, die beiden Drehungen C_3 und C_3^2 eine weitere Klasse mit dem Charakter $\chi = -1$ und die Identität I mit dem Charakter $\chi = 2$ bildet eine Klasse für sich.

Für jede molekulare Punktgruppe existiert immer eine eindimensionale *totalsymmetrische* Darstellung Γ_1 mit dem totalsymmetrischen Symmetrietyp A_1, deren Charakter für alle N Symmetrieoperationen $\chi_{ik} \equiv +1$ $(k = 1, \ldots, N)$ ist.

Die Identitätsoperation I wird immer durch eine Einheitsmatrix dargestellt, deren Dimension gleich der Ordnung N der entsprechenden Symmetriegruppe ist. Ihr Charakter $\chi_{iI} = N$ gibt als Spur dieser Matrix daher sofort die Dimension N der Darstellung an.

Man prüfe am Beispiel der C_{3v}-Gruppe nach, dass für jede der drei Darstellungen A_1, A_2 und E die Quadratsumme der Charaktere $\sum_{k=1}^{6} \chi_{ik}^2$ gleich der Gruppenordnung $N = 6$ ist.

5.5.4 Summe, Produkt und Reduktion von Darstellungen

Wird eine Darstellung Γ_a durch N Matrizen A_n der Dimension n und die Darstellung Γ_b durch N Matrizen B_m der Dimension m repräsentiert, so definiert man als die direkte Summe $\Gamma_D = \Gamma_a \oplus \Gamma_b$ die Darstellung durch die Matrizen der Dimension $(n+m)$:

$$D_n = \begin{pmatrix} A_n & 0 \\ 0 & B_n \end{pmatrix} . \tag{5.10}$$

So wird z. B. die direkte Summe $\Gamma_2 \oplus \Gamma_3$ der C_{3v}-Gruppe dargestellt durch die Matrizen in Tabelle 5.8.

Man sieht, dass die Charaktere der direkten Summe gleich der Summe der Charaktere der Summanden ist, weil sich die Diagonalelemente der einzelnen Darstellungen addieren zur Gesamtspur.

Als *direktes Produkt* $\Gamma_{ab} = \Gamma_a \otimes \Gamma_b$ zweier Darstellungen Γ_a und Γ_b der Dimsionen n bzw. m werden die Matrizen der Dimension $n \cdot m$ bezeichnet, die nach dem folgenden Schema gebildet werden:

$$\Gamma_a \otimes \Gamma_b = \Gamma_{ab} \tag{5.11}$$

$$\begin{pmatrix} 1 & 2 & 3 \\ 4 & 5 & 6 \\ 7 & 8 & 9 \end{pmatrix} \otimes \begin{pmatrix} a & b & c & d \\ e & f & g & h \\ i & j & k & l \\ m & n & o & p \end{pmatrix} = \left(\begin{array}{ccc|ccc|c} 1a & 2a & 3a & 1b & 2b & 3b & \\ 4a & 5a & 6a & 4b & 5b & 6b & \ldots\ldots \\ 7a & 8a & 9a & 7b & 8b & 9b & \\ \hline 1e & 2e & 3e & 1f & 2f & 3f & \\ 4e & 5e & 6e & 4f & 5f & 6f & \ldots\ldots \\ 7e & 8e & 9e & 7f & 8f & 9f & \\ \hline & \cdot & & & \cdot & & \\ & \cdot & & & \cdot & & \\ & \cdot & & & \cdot & & \end{array}\right).$$

Man kann nun zeigen, *dass der Charakter des direkten Produktes zweier Darstellungen gleich dem Produkt der Charaktere dieser Darstellungen ist* (siehe z. B. [5.3]). Dies lässt sich ausnutzen, um den Symmetriecharakter des Produktes zweier Wellenfunktionen zu bestimmen. Wir wollen dies wieder am Beispiel der C_{2v}-Gruppe erläutern: Ein Faktor möge vom Symmetrietyp A_2 sein, der andere vom Typ B_1. Die Multiplikation der Charaktere in Tabelle 5.9 zeigt, dass das Produkt vom Symmetrietyp $A_2 \otimes B_1 = B_2$ sein muss. Diese Multiplikation kann man für alle Kombinationen von A_1, A_2, B_1 und B_2 durchführen (siehe Tabelle 5.1) und erhält dadurch die letzte Zeile in Tabelle 5.9. Als Beispiel ist in Tabelle 5.10 die Multiplikationstafel der C_{2v}-Gruppe angegeben, die man mit Tabelle 5.1und Tabelle 5.5 vergleichen sollte.

Hat man eine mehrdimensionale Darstellung einer Symmetriegruppe gefunden, erhebt sich die Frage, ob diese Darstellung reduzierbar ist, d. h. ob sie in eine direkte Summe von Darstellungen niedrigerer Dimension zerlegt werden kann. Dies ist immer der Fall, wenn man alle Matrizen der Darstellung durch eine Ähnlichkeitstransformation gleichzeitig auf Diagonalform oder zumindest auf eine Blockstruktur aus

Tabelle 5.8: Darstellung der direkten Summe $\Gamma_2 \oplus \Gamma_3$ der C_{3v}-Gruppe.

I	C_3	C_3^2	σ_v	σ_v'	σ_v''
$\begin{pmatrix} 1 & 0 & 0 \\ 0 & 1 & 0 \\ 0 & 0 & 1 \end{pmatrix}$	$\begin{pmatrix} 1 & 0 & 0 \\ 0 & -\frac{1}{2} & \frac{\sqrt{3}}{2} \\ 0 & -\frac{\sqrt{3}}{2} & -\frac{1}{2} \end{pmatrix}$	$\begin{pmatrix} 1 & 0 & 0 \\ 0 & -\frac{1}{2} & -\frac{\sqrt{3}}{2} \\ 0 & \frac{\sqrt{3}}{2} & -\frac{1}{2} \end{pmatrix}$	$\begin{pmatrix} -1 & 0 & 0 \\ 0 & -1 & 0 \\ 0 & 0 & 1 \end{pmatrix}$	$\begin{pmatrix} -1 & 0 & 0 \\ 0 & \frac{1}{2} & -\frac{\sqrt{3}}{2} \\ 0 & -\frac{\sqrt{3}}{2} & -\frac{1}{2} \end{pmatrix}$	$\begin{pmatrix} -1 & 0 & 0 \\ 0 & \frac{1}{2} & \frac{\sqrt{3}}{2} \\ 0 & \frac{\sqrt{3}}{2} & -\frac{1}{2} \end{pmatrix}$

Matrizen niedrigerer Dimension bringen kann. Zur Lösung dieses Problems sind folgende Theoreme hilfreich [5.4]:

a) Jede reduzible Darstellung lässt sich in eine direkte Summe von m irreduziblen Darstellungen zerlegen.

b) Die Anzahl m dieser irreduziblen Darstellungen ist gleich der Zahl der Klassen in der zugehörigen Gruppe.

c) Die Summe über die Quadrate der Dimensionen n_i dieser m irreduziblen Darstellungen ist gleich der Ordnung N der zugehörigen Punktgruppe, d. h.

$$\sum_{i=1}^{m} n_i^2 = N \; .$$

d) Die Summe über die Quadrate der Charaktere einer beliebigen irreduziblen Darstellung ist gleich der Gruppenordnung N,

$$\sum_{k=1}^{N} \chi_{ik}^2 = N \; .$$

e) Für das „Skalarprodukt" der Charaktere zweier beliebiger irreduzibler Darstellungen Γ_a und Γ_b gilt:

$$\sum_{k=1}^{N} \chi_{ak}\chi_{bk} = 0 \; .$$

Wir wollen diese Theoreme am Beispiel der D_{3d}-Gruppe illustrieren (siehe Abb. 5.4b). Die Charaktertafel der D_{3d}-Gruppe ist in Tabelle 5.11 angegeben. Die irreduziblen Darstellungen sind:

Die vier eindimensionalen Darstellungen mit $\chi(I) = 1$

$$\Gamma_1 = A_{1g} \; , \quad \Gamma_2 = A_{2g} \; , \quad \Gamma_4 = A_{1u} \; , \quad \Gamma_5 = A_{2u} \; ,$$

und die zwei zweidimensionalen Darstellungen mit $\chi(I) = 2$

$$\Gamma_3 = E_g \; , \quad \Gamma_6 = E_u \; .$$

Tabelle 5.9: Direktes Produkt der Darstellungen Γ_2, Γ_3 der C_{2v}-Gruppe.

C_{2v}	I	C_2	σ_v	σ_v'	
Γ_2	1	1	−1	−1	A_2
Γ_3	1	−1	1	−1	B_1
$\Gamma_2 \otimes \Gamma_3$	1	−1	−1	1	$B_2 = A_2 \otimes B_1$

Tabelle 5.10: Multiplikationstafel der Symmetriespezies der C_{2v}-Gruppe.

C_{2v}	A_1	A_2	B_1	B_2
A_1	A_1	A_2	B_1	B_2
A_2	A_2	A_1	B_2	B_1
B_1	B_1	B_2	A_1	A_2
B_2	B_2	B_1	A_2	A_1

Tabelle 5.11: Verkürzte Charaktertafel der D_{3d}-Gruppe.

	D_{3d}	I	$2C_3$	$3C_2$	i	$2S_6$	$3\sigma_d$	
Γ_1	A_{1g}	1	1	1	1	1	1	
Γ_2	A_{2g}	1	1	−1	1	1	−1	R_z
Γ_3	E_g	2	−1	0	2	−1	0	R_x, R_y
Γ_4	A_{1u}	1	1	1	−1	−1	−1	
Γ_5	A_{2u}	1	1	−1	−1	−1	1	T_z
Γ_6	E_u	2	−1	0	−2	1	0	T_x, T_y

Nach Theorem c) gilt:

$$\sum n_i^2 = 1^2 + 1^2 + 2^2 + 1^2 + 1^2 + 2^2 = 12 = N \, .$$

Es gibt die 6 Klassen von Symmetrieoperationen I (1 Element), C_3 (2 Elemente), C_2 (3 Elemente), i (1 Element), S_6 (2 Elemente) und σ_d (3 Elemente).

Es muss daher auch 6 irreduzible Darstellungen Γ_1 bis Γ_6 geben. Die Summe $\sum \chi_{ik}^2$ ist z. B. für Γ_6:

$$2^2 + 2(-1)^2 + 3 \cdot 0^2 + (-2)^2 + 2 \cdot 1^2 + 3 \cdot 0^2 = 12$$

Man beachte, dass man über alle Gruppenelemente summieren muss, d. h. über $2 \cdot C_3$, $3 \cdot C_2$, $2 \cdot S_6$ und $3 \cdot \sigma_d$.

Das „Skalarprodukt" ist z. B. für $\Gamma_3 \cdot \Gamma_5$:

$$\sum_{k=1}^{N} \chi_{3k}\chi_{5k} = 2 \cdot 1 + 2(-1) \cdot 1 + 3 \cdot 0(-1) + 2 \cdot (-1) + 2 \cdot (-1) \cdot (-1) + 3 \cdot 0 \cdot 1 = 0 \, .$$

Für die Reduktion einer reduziblen Darstellung Γ_r ist das folgende Theorem nützlich:

Bei der Zerlegung einer reduziblen Darstellung in eine direkte Summe von irreduziblen Darstellungen Γ_i

$$\Gamma_r = a_1 \cdot \Gamma_1 \oplus a_2 \cdot \Gamma_2 \oplus \ldots \oplus a_m \Gamma_m \, , \tag{5.12}$$

gilt für die Häufigkeit a_j, mit der die j-te irreduzible Darstellung Γ_j in dieser Zerlegung enthalten ist:

$$a_j = \frac{1}{N}\sum_{k=1}^{N} \chi_k^{(R)} \cdot \chi_{jk}^{(i)} , \tag{5.13}$$

wobei $\chi_k^{(R)}$ der Charakter der reduziblen Darstellung für das k-te Element der Gruppe (also für die k-te Symmetrieoperation) ist und $\chi_{jk}^{(i)}$ der Charakter der j-ten irreduziblen Darstellung.

Als Beispiel wählen wir die Untersuchung der Symmetrie eines Rotations-Schwingungs-Niveaus im elektronischen Grundzustand des NH_3-Moleküls, das zur C_{3v}-Gruppe gehört (Abb. 5.2).

Wir schreiben die Wellenfunktion

$$\Psi = \psi_{el} \cdot \psi_{vib} \cdot \psi_{rot} \tag{5.14}$$

als Produkt aus elektronischem, Schwingungs- und Rotationsanteil.

Der elektronische Grundzustand ist totalsymmetrisch und hat die Symmetrie A_1. Der Schwingungszustand möge eine Überlagerung der v_3 und v_4 Normalschwingungen (siehe Abschn. 6.3) sein, die beide E-Symmetrie haben. Wenn der Rotationsdrehimpuls $\boldsymbol{J}$ nicht in Richtung der Symmetrieachse (C_3-Achse) zeigt (d. h. die Projektion $K\hbar$ von $\boldsymbol{J}$ auf die Symmetrieachse ist $\neq 0$), präzediert die Symmetrieachse um die raumfeste Drehimpulsachse (siehe Abschn. 6.1). Der Symmetrietyp eines solchen Rotationszustandes ist E.

Die Gesamtwellenfunktion (5.14) ist dann vom Symmetrietyp $\Gamma = E \otimes E \otimes E \otimes A_1$ und ihre Darstellung hat die Dimension

$$n = \prod n_i = 2 \cdot 2 \cdot 2 \cdot 1 = 8 .$$

Wie lässt sich diese Produktdarstellung reduzieren?

Aus der Charaktertafel Tabelle 5.7, die in Tabelle 5.12 noch einmal verkürzt gezeigt ist, sieht man, dass die Charaktere der Produktdarstellungen $E \otimes E$ und $E \otimes E \otimes E$, die ja gleich den Produkten der Charaktere der beiden Darstellungen E sein müssen, die in Tabelle 5.13 gegebenen Werte haben.

Um diese Produktdarstellung in eine direkte Summe irreduzibler Darstellungen zu zerlegen, wenden wir (5.13) an, um zu sehen, wie oft die drei möglichen irreduziblen Darstellungen A_1, A_2 und E z. B. in der Produktdarstellung

$$E \otimes E \otimes E \otimes A_1 = a_1 A_1 + a_2 A_2 + a_3 E \tag{5.15}$$

Tabelle 5.12: Verkürzte Charaktertafel der C_{3v}-Gruppe.

C_{3v}	I	$2C_3$	$3\sigma_v$
A_1	1	1	1
A_2	1	1	-1
E	2	-1	0

Tabelle 5.13: Charaktere der direkten Produkte zweidimensionaler Darstellungen der C_{3v}-Gruppe.

C_{3v}	I	$2C_3$	$3\sigma_v$
$E \otimes E$	4	$+1$	0
$E \otimes E \otimes E$	8	-1	0
$E \otimes E \otimes E \otimes A_1$	8	-1	0

enthalten sind, d. h. wie groß die Koeffizienten a_i sind. Mit der Gruppenordnung $N = 6$ erhalten wir aus (5.13)

$$a_1 = \frac{1}{6}(8 \cdot 1 + 2 \cdot (-1) \cdot 1 + 3 \cdot 0 \cdot 1) = 1$$
$$a_2 = \frac{1}{6}(8 \cdot 1 + 2 \cdot (-1) \cdot 1 + 3 \cdot 0 \cdot (-1)) = 1$$
$$a_3 = \frac{1}{6}(8 \cdot 2 + 2 \cdot (-1) \cdot (-1) + 3 \cdot 0 \cdot 0) = 3$$

Unsere direkte Summe heißt daher

$$E \otimes E \otimes E \otimes A_1 = 1 \cdot A_1 \oplus 1 \cdot A_2 \oplus 3 \cdot E\,.$$

Man prüfe nach, dass die Summe der Charaktere der ausreduzierten Darstellung gleich den oben angegebenen Charakteren der Produktdarstellung ist.

6 Rotation und Schwingungen mehratomiger Moleküle

Genau wie bei der Behandlung zweiatomiger Moleküle im Kapitel 3 versuchen wir, die Bestimmung der Schwingungs-Rotations-Niveaus mehratomiger Moleküle in sukzessiv verfeinerten Modellen zu verstehen. Wir beginnen mit dem Modell des starren Rotators und der harmonischen Schwingungen eines nicht rotierenden Moleküls, um dann zum Schluss die Wechselwirkungen zwischen Schwingung und Rotation, die hier komplizierter sind als bei zweiatomigen Molekülen, zu untersuchen.

Eine wesentliche Komplikation gegenüber den zweiatomigen Molekülen, bei denen nur eindimensionale Schwingungen entlang der Kernverbindungsachse möglich sind, rührt her von der größeren Zahl der Schwingungsmöglichkeiten mehratomiger Moleküle, die im Allgemeinen zu dreidimensionalen Bewegungen des Kerngerüstes führen. Man kann solche Schwingungen einfacher beschreiben in einem Koordinatensystem, dessen Ursprung im Schwerpunkt des Kerngerüstes liegt, dessen Achsen aber fest mit dem Kerngerüst in der Gleichgewichtslage verbunden sind, das also mit dem Kerngerüst rotiert. In diesem so genannten *molekülfesten* Koordinatensystem haben alle Kerne in der Gleichgewichtslage feste, zeitunabhängige Koordinaten, d. h. die Kerne des „*starren*“ (nichtschwingenden) Moleküls *ruhen* in diesem Molekülsystem.

Die Schrödingergleichung (2.4) war im raumfesten Koordinatensystem angegeben. Von diesem System gelangen wir zum molekülfesten System durch eine entsprechende Koordinatentransformation. Um die Schrödingergleichung im molekülfesten Koordinatensystem aufzustellen, gibt es zwei verschiedene Wege:

a) Man bestimmt aus der klassischen Hamiltonfunktion $H = T + V$ im Laborsystem den quantenmechanischen Hamiltonoperator, indem man kanonisch konjugierte Impulse einführt und die übliche Ersetzung $p \to -\frac{\hbar}{\mathrm{i}}\frac{\partial}{\partial q}$ vornimmt. Dann führt man die Koordinatentransformation beim Übergang zum Molekülsystem im Hamiltonoperator durch.

b) Man macht zuerst die Koordinatentransformation in der klassischen Hamiltonfunktion und versucht dann, die so transformierte Funktion in den quantenmechanischen Hamiltonoperator umzuformen. Dies ist im Allgemeinen nicht so ohne weiteres möglich, da die kanonisch konjugierten Impulse oft komplizierte Ausdrücke sind. Mit Hilfe des „Podolski-Tricks“ [6.1] gelingt es jedoch, den richtigen Hamiltonoperator aufzustellen. Dies wird am Ende dieses Kapitels kurz angedeutet.

Wir wollen den 2. Weg gehen und zuerst mit der Transformation des Ausdruckes für die klassische kinetische Energie auf das Molekülsystem beginnen: Da die potentielle Energie nur von den Relativkoordinaten abhängt, bleibt ihre Form bei der Transformation unverändert.

6.1 Transformation vom Laborsystem in das molekülfeste Koordinatensystem

Wir beschreiben die Koordinaten des i-ten Kernes im Molekülsystem durch kleine Buchstaben:

$$\boldsymbol{r}_i = \{x_i, y_i, z_i\}$$

und wählen den Schwerpunkt des Moleküls als Koordinatenursprung, sodass $\boldsymbol{r}_S = \{0, 0, 0\}$.

Die Koordinaten desselben Kernes werden im Laborsystem durch große Buchstaben beschrieben:

$$\boldsymbol{R}_i = \{X_i, Y_i, Z_i\} .$$

Der Schwerpunkt $\boldsymbol{r}_S = \{0, 0, 0\}$ des Moleküls möge im Laborsystem durch den Vektor $\boldsymbol{R}_S = \{X_S, Y_S, Z_S\}$ bezeichnet werden.

Für die Transformation zwischen beiden Systemen gilt (Abb. 6.1)

$$\boldsymbol{R}_i = \boldsymbol{R}_S + \boldsymbol{r}_i \; . \tag{6.1}$$

Wenn wir die zeitliche Veränderung der Position des i-ten Kernes $\mathrm{d}\boldsymbol{R}_i / \mathrm{d}t$, gemessen im Laborsystem und $\mathrm{d}\boldsymbol{r}_i / \mathrm{d}t$, bezogen auf das molekülfeste System, miteinander vergleichen wollen, müssen wir berücksichtigen, dass beide Systeme sich gegeneinander beschleunigt bewegen: Das Molekülsystem rotiert mit der Winkelgeschwindigkeit $\boldsymbol{\omega}$

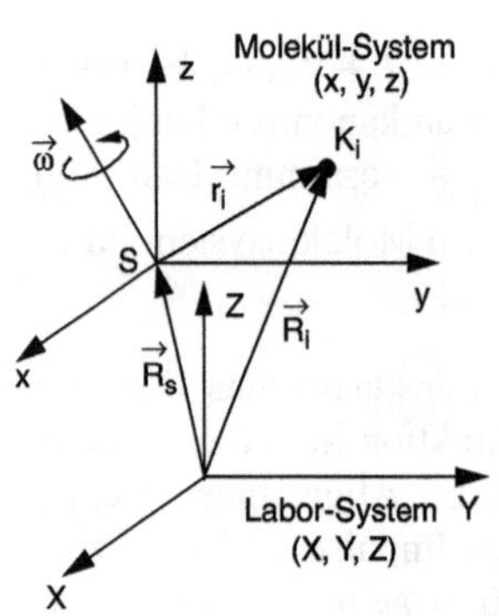

Abb. 6.1: Transformation vom Laborsystem auf ein molekülfestes Koordinatensystem.

um seinen Schwerpunkt, der sich selbst mit der Geschwindigkeit $\mathrm{d}\boldsymbol{R}_\mathrm{S}/\mathrm{d}t$ gegen das Laborsystem bewegt.

Den Ortsvektor $\boldsymbol{r}$ im Molekülsystem können wir mit Hilfe der Einheitsvektoren $\hat{\boldsymbol{e}}_x, \hat{\boldsymbol{e}}_y, \hat{\boldsymbol{e}}_z$ schreiben als

$$\boldsymbol{r} = x\hat{\boldsymbol{e}}_x + y\hat{\boldsymbol{e}}_y + z\hat{\boldsymbol{e}}_z \; . \tag{6.2}$$

Differentiation nach der Zeit liefert die zeitliche Veränderung von $\boldsymbol{r}$

$$\frac{\mathrm{d}\boldsymbol{r}}{\mathrm{d}t} = \frac{\mathrm{d}x}{dt}\hat{\boldsymbol{e}}_x + \frac{\mathrm{d}y}{dt}\hat{\boldsymbol{e}}_y + \frac{\mathrm{d}z}{dt}\hat{\boldsymbol{e}}_z + x\frac{\mathrm{d}\hat{\boldsymbol{e}}_x}{\mathrm{d}t} + y\frac{\mathrm{d}\hat{\boldsymbol{e}}_y}{\mathrm{d}t} + z\frac{\mathrm{d}\hat{\boldsymbol{e}}_z}{\mathrm{d}t} \tag{6.3}$$

wie sie ein Beobachter im Laborsystem sieht, ausgedrückt durch die Koordinaten im Molekülsystem. Da die Einheitsvektoren $\hat{\boldsymbol{e}}_x, \hat{\boldsymbol{e}}_y, \hat{\boldsymbol{e}}_z$ des molekülfesten Systems mit der Winkelgeschwindigkeit $\boldsymbol{\omega}$ um den Schwerpunkt gegen das Laborsystem rotieren, geben die Ableitungen

$$\frac{\mathrm{d}\hat{\boldsymbol{e}}_x}{\mathrm{d}t} = \boldsymbol{\omega} \times \hat{\boldsymbol{e}}_x \; ; \quad \frac{\mathrm{d}\hat{\boldsymbol{e}}_y}{\mathrm{d}t} = \boldsymbol{\omega} \times \hat{\boldsymbol{e}}_y \; ; \quad \frac{\mathrm{d}\hat{\boldsymbol{e}}_z}{\mathrm{d}t} = \boldsymbol{\omega} \times \hat{\boldsymbol{e}}_z \tag{6.4}$$

die Geschwindigkeit an, mit der sich die Spitzen der Einheitsvektoren infolge der Rotation des Systems um die Achse ω bewegen (der Betrag muss $|\boldsymbol{\omega}|$ sein und die Richtung muss $\perp\boldsymbol{\omega}$ und $\perp\hat{\boldsymbol{e}}_x$ sein).

Durch zeitliche Differentiation von (6.1) erhält man daher für die Geschwindigkeit des i-ten Kerns im Laborsystem:

$$V_i = \dot{\boldsymbol{R}}_i = \dot{\boldsymbol{R}}_\mathrm{S} + \dot{\boldsymbol{r}}_i + (\boldsymbol{\omega} \times \boldsymbol{r}_i) \quad \text{mit}\, \dot{\boldsymbol{r}}_i = \{\dot{x}_i, \dot{y}_i, \dot{z}_i\} \; . \tag{6.5}$$

Die gesamte kinetische Energie T aller N Kerne des Moleküls mit den Massen M_i, gemessen im Laborsystem, aber ausgedrückt im Molekülsystem, ist dann

$$T = \frac{1}{2}\left(\sum_{i=1}^{N} M_i V_i^2\right) = \frac{1}{2}\sum M_i \left(\dot{\boldsymbol{R}}_\mathrm{S} + \dot{\boldsymbol{r}}_i + \boldsymbol{\omega} \times \boldsymbol{r}_i\right)^2 \; . \tag{6.6}$$

Ausrechnung der Klammer gibt mit $\dot{\boldsymbol{r}}_i = \boldsymbol{v}_i$

$$\begin{aligned} T = \frac{1}{2}\Big[&\dot{\boldsymbol{R}}_\mathrm{S}^2 \sum M_i + \sum M_i (\boldsymbol{\omega} \times \boldsymbol{r}_i)^2 + \sum M_i v_i^2 \\ &+2\dot{\boldsymbol{R}}_\mathrm{S}\left(\boldsymbol{\omega} \times \sum M_i \boldsymbol{r}_i\right) + 2\dot{\boldsymbol{R}}_\mathrm{S} \sum M_i \boldsymbol{v}_i + 2\sum M_i \boldsymbol{v}_i\, (\boldsymbol{\omega} \times \boldsymbol{r}_i)\Big] \; . \end{aligned} \tag{6.6a}$$

Nun gilt:

a) $\sum M_i = M =$ Gesamtmasse des Kerngerüstes.

b) $\boldsymbol{r}_\mathrm{S} = \left(\sum M_i \boldsymbol{r}_i\right)/M = \boldsymbol{0}$, da für den Schwerpunkt im Molekülsystem gilt: $\boldsymbol{r}_\mathrm{S} = \{0, 0, 0\}$.

c) $\sum M_i \boldsymbol{v}_i = 0$, weil der Gesamtimpuls aller Kerne im Schwerpunktsystem immer null ist.

d) Wenn die Kerne in ihrer Gleichgewichtslage $\boldsymbol{r}_i = \boldsymbol{r}_i^0$ sind, muss der Drehimpuls des gesamten Kerngerüstes im molekülfesten Koordinatensystem, das ja starr mit dem Kerngerüst verbunden ist, null sein:

$$\sum M_i \left(\boldsymbol{r}_i^0 \times \boldsymbol{v}_i\right) = 0 \Rightarrow \sum M_i \left(\boldsymbol{r}_i \times \boldsymbol{v}_i\right) = \sum M_i \left(\Delta \boldsymbol{r}_i \times \boldsymbol{v}_i\right)$$

$$\text{mit} \quad \Delta \boldsymbol{r}_i = \boldsymbol{r}_i - \boldsymbol{r}_i^0 .$$

e) $\boldsymbol{a} \cdot (\boldsymbol{b} \times \boldsymbol{c}) = \boldsymbol{b} \cdot (\boldsymbol{c} \times \boldsymbol{a}) \Rightarrow \sum M_i \boldsymbol{v}_i (\boldsymbol{\omega} \times \boldsymbol{r}_i) = \boldsymbol{\omega} \cdot \sum M_i (\boldsymbol{r}_i \times \boldsymbol{v}_i) = \boldsymbol{\omega} \cdot \sum M_i (\Delta \boldsymbol{r}_i \times \boldsymbol{v}_i)$.

Man beachte: Das „molekülfeste System“ ist, streng genommen, nur definiert für das starre, nicht schwingende Molekül, bei dem alle Kerne in ihrer Gleichgewichtsposition $\boldsymbol{r}_i^0$ sind. Ein Molekül, das z. B. Knickschwingungen macht, hat durchaus einen Drehimpuls, auch im molekülfesten System. Dies wird im letzten Term von (6.6a) berücksichtigt. Für genügend kleine Schwingungsamplituden ändert sich die Geometrie des Kerngerüstes nur wenig und das molekülfeste Koordinatensystem (auch Eckartsystem genannt) bleibt definiert (für eine ausführliche Begründung siehe [6.2]).

Berücksichtigt man a) – e), so erhält man aus (6.6a) mit $\Delta \boldsymbol{r}_i = \boldsymbol{r}_i - \boldsymbol{r}_i^0$ die kinetische Energie:

$$\boxed{\begin{aligned} T = &\frac{1}{2} M \dot{\boldsymbol{R}}_S^2 + \frac{1}{2} \sum_i M_i (\boldsymbol{\omega} \times \boldsymbol{r}_i)^2 \\ &+ \frac{1}{2} \sum_i M_i v_i^2 + \boldsymbol{\omega} \cdot \sum_i M_i (\Delta \boldsymbol{r}_i \times \boldsymbol{v}_i) \end{aligned}} \, . \tag{6.7}$$

Der 1. Term ist die *Translationsenergie* des Moleküls, dessen Schwerpunkt sich mit der Geschwindigkeit $\boldsymbol{V}_S = \dot{\boldsymbol{R}}_S$ bewegt. Er ist für die Doppler-Verschiebung der Spektrallinien verantwortlich (siehe Abschn. 4.3.3) und kann bei allen „Doppler-freien“ spektroskopischen Techniken eliminiert werden (siehe Abschn. 12.4).

Der 2. Term beschreibt die *Rotationsenergie* des Moleküls, der 3. Term die *Schwingungsenergie*. Der 4. Term ist nur von null verschieden, wenn im rotierenden Molekül die Kerne so aus ihrer Ruhelage herausschwingen, dass $\Delta \boldsymbol{r}_i = \boldsymbol{r}_i - \boldsymbol{r}_i^0$ und $\boldsymbol{v}_i$ nicht parallel sind. Er beschreibt die *Coriolis-Wechselwirkung* zwischen Schwingung und Rotation.

Würde man die kinetische Energie des Moleküls im Laborsystem beschreiben, so würden keine Trägheitskräfte auftreten, d. h. die Coriolis-Wechselwirkung würde null. Dafür würden aber die Ausdrücke für Rotations- und Schwingungsenergie wesentlich komplizierter werden.

Man beachte: Die letzten drei Terme in (6.7) beschreiben die entsprechenden Anteile der kinetischen Energie des Kerngerüstes, gemessen im Laborsystem, aber ausgedrückt durch die Koordinaten des Molekülsystems.

Wir wollen jetzt nacheinander die einzelnen Terme diskutieren und beginnen mit dem 2. Term, also dem starren Rotator.

6.2 Molekülrotation

Die klassische Beschreibung der Rotation eines starren Körpers wird im Allgemeinen ausführlich in der theoretischen Mechanik behandelt [6.3] und deshalb sollen hier nur die wichtigsten Ergebnisse kurz zusammengefasst werden. Die quantenmechanische Behandlung des symmetrischen und asymmetrischen Kreisels findet man ausführlich in [6.4–6.6].

6.2.1 Der starre Rotator

Für die Rotationsenergie des starren Rotators erhalten wir aus (6.7)

$$\begin{aligned} T_{\text{rot}} &= \frac{1}{2}\sum M_i\,(\boldsymbol{\omega}\times\boldsymbol{r}_i)^2 \\ &= \frac{1}{2}\sum M_i\left[(\boldsymbol{\omega}\times\boldsymbol{r}_i)_x^2 + (\boldsymbol{\omega}\times\boldsymbol{r}_i)_y^2 + (\boldsymbol{\omega}\times\boldsymbol{r}_i)_z^2\right] \\ &= \frac{1}{2}\sum M_i\left[\omega_x^2\left(z_i^2+y_i^2\right) + \omega_y^2\left(x_i^2+z_i^2\right) + \omega_z^2\left(x_i^2+y_i^2\right)\right. \\ &\quad \left. -2\left(\omega_x\omega_y x_i y_i - \omega_x\omega_z x_i z_i - \omega_y\omega_z y_i z_i\right)\right]\,. \end{aligned} \tag{6.8}$$

Dies kann man mit Hilfe des Trägheitstensors

$$\tilde{I} = \begin{pmatrix} I_{xx} & I_{xy} & I_{xz} \\ I_{yx} & I_{yy} & I_{yz} \\ I_{zx} & I_{zy} & I_{zz} \end{pmatrix} \tag{6.9}$$

schreiben als

$$T_{\text{rot}} = \frac{1}{2}\left(\omega_x, \omega_y, \omega_z\right)\begin{pmatrix} I_{xx} & I_{xy} & I_{xz} \\ I_{yx} & I_{yy} & I_{yz} \\ I_{zx} & I_{zy} & I_{zz} \end{pmatrix}\cdot\begin{pmatrix} \omega_x \\ \omega_y \\ \omega_z \end{pmatrix} \tag{6.10a}$$

oder in abgekürzter Form:

$$T_{\text{rot}} = \frac{1}{2}\boldsymbol{\omega}\cdot\tilde{I}\cdot\boldsymbol{\omega}\,. \tag{6.10b}$$

Die Komponenten des Trägheitstensors sind dabei:

$$\begin{aligned} I_{xx} &= \sum M_i \left(y_i^2 + z_i^2\right) & I_{xy} &= I_{yx} = -\sum M_i x_i y_i \\ I_{yy} &= \sum M_i \left(x_i^2 + z_i^2\right) & I_{xz} &= I_{zx} = -\sum M_i x_i z_i \\ I_{zz} &= \sum M_i \left(x_i^2 + y_i^2\right) & I_{yz} &= I_{zy} = -\sum M_i y_i z_i \,. \end{aligned} \tag{6.11}$$

In Komponentenschreibweise wird damit (6.10) zu

$$\begin{aligned} T_{\text{rot}} &= \frac{1}{2}\left(I_{xx}\omega_x^2 + I_{yy}\omega_y^2 + I_{zz}\omega_z^2\right). \\ &\quad + I_{xy}\omega_x\omega_y + I_{yz}\omega_y\omega_z + I_{xz}\omega_x\omega_z; . \end{aligned} \tag{6.12}$$

Legt man das molekülfeste Koordinatensystem so, dass seine Achsen in die drei Richtungen der Hauptträgheitsmomente fallen, so wird der Tensor I diagonal, d. h. in diesem System wird $I_{xy} = I_{xz} = I_{yz} = 0$. Die drei Hauptträgheitsmomente erhält man durch die Bedingung

$$\begin{vmatrix} I_{xx} - I & I_{xy} & I_{xz} \\ I_{yx} & I_{yy} - I & I_{yz} \\ I_{zx} & I_{zy} & I_{zz} - I \end{vmatrix} = 0 \tag{6.13}$$

für die Koeffizientendeterminante des Gleichungssystems bei der Hauptachsentransformation. Die drei Lösungen ergeben die drei Hauptträgheitsmomente, die man mit $I_{\text{A}}, I_{\text{B}}, I_{\text{C}}$ bezeichnet und so nach ihrer Größe anordnet, dass $I_{\text{A}} \leq I_{\text{B}} \leq I_{\text{C}}$.

Ausgedrückt durch die Komponenten im Hauptachsensystem wird die Rotationsenergie des starren Rotators

$$T_{\text{rot}} = \frac{1}{2}\left(I_x\omega_x^2 + I_y\omega_y^2 + I_z\omega_z^2\right) , \tag{6.14}$$

wobei die Hauptträgheitsmomente I_x, I_y, I_z je einen der Werte $I_{\text{A}}, I_{\text{B}}$ oder I_{C} annehmen.

Man kann in (6.14) die Winkelgeschwindigkeit $\boldsymbol{\omega}$ durch den Drehimpuls

$$\boldsymbol{J} = \sum (\boldsymbol{r}_i \times \boldsymbol{p}_i) = \sum M_i \left(\boldsymbol{r}_i \times (\boldsymbol{\omega} \times \boldsymbol{r}_i)\right) \tag{6.15}$$

des Kerngerüstes ersetzen. Mit Hilfe des Trägheitstensors $\tilde{I}$ lässt sich (6.15) schreiben als

$$\boldsymbol{J} = \tilde{I} \cdot \boldsymbol{\omega} \,, \tag{6.15a}$$

wie man durch Einsetzen von (6.11) sofort verifiziert. Im Hauptachsensystem wird (6.15a) zu

$$\boldsymbol{J} = \{I_x\omega_x;\ I_y\omega_y;\ I_z\omega_z\}\ . \tag{6.16}$$

Man beachte: $\boldsymbol{J}$ und $\boldsymbol{\omega}$ sind nur parallel, wenn alle Hauptträgheitsmomente $I_x = I_y = I_z$ gleich sind (sphärischer Kreisel), oder wenn nur eine Komponente von $\boldsymbol{\omega}$ ungleich null ist (Rotation des Kreisels um eine Hauptträgheitsachse). Im allgemeinen Fall haben $\boldsymbol{J}$ und $\boldsymbol{\omega}$ jedoch verschiedene Richtungen (Abb. 6.2).

Drückt man in (6.14) die Komponenten der Winkelgeschwindigkeit ω durch die entsprechenden Drehimpulskomponenten (6.16) aus, so erhält man für die Rotationsenergie

$$T_{\mathrm{rot}} = \frac{1}{2}\left(\frac{J_x^2}{I_x} + \frac{J_y^2}{I_y} + \frac{J_z^2}{I_z}\right)\ . \tag{6.17}$$

Da sowohl der Drehimpuls $\boldsymbol{J}$ eines freien starren Rotators als auch seine Rotationsenergie ohne äußere Drehmomente zeitlich konstant sind, gelten die beiden

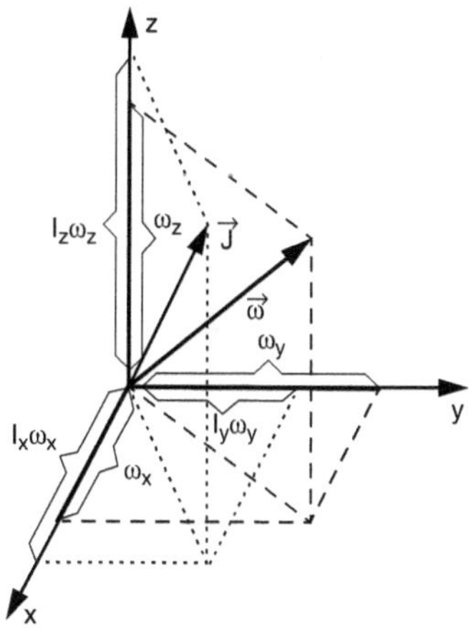

Abb. 6.2: Rotationsdrehimpuls J und Winkelgeschwindigkeit ω für ungleiche Trägheitsmomente I_x und I_y.

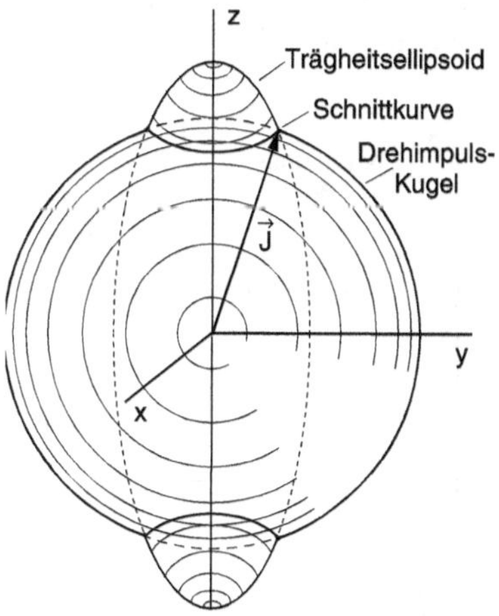

Abb. 6.3: Das Trägheitsellipsoid mit der Figurenachse in der molekülfesten z-Richtung macht eine solche Nutationsbewegung, dass der raumfeste Drehimpulsvektor $\boldsymbol{J}$ immer auf der Schnittkurve von Trägheitsellipsoid (6.18a) und Drehimpulskugel (6.18b) bleibt.

Erhaltungssätze

$$\frac{J_x^2}{I_x} + \frac{J_y^2}{I_y} + \frac{J_z^2}{I_z} = \text{const} \quad \text{(Energieerhaltung)} \tag{6.18a}$$

$$J_x^2 + J_y^2 + J_z^2 = \text{const} \quad \text{(Drehimpulserhaltung)}\,. \tag{6.18b}$$

Man beachte: Während die Komponenten J_X, J_Y, J_Z im raumfesten System zeitlich konstant sind, gilt dies nicht allgemein auch für die Komponenten J_x, J_y, J_z im molekülfesten System. In beiden Systemen gilt jedoch: $J^2 = J_x^2 + J_y^2 + J_z^2 = J_X^2 + J_Y^2 + J_Z^2 = \text{const}$.

Im Drehimpulsraum mit den Koordinaten J_x, J_y, J_z stellt (6.18b) eine Kugel, (6.18a) ein Ellipsoid dar. Da die Komponenten des Vektors $\boldsymbol{J}$ beide Gleichungen erfüllen müssen, kann die Spitze des Vektors $\boldsymbol{J}$ nur auf den Schnittkurven zwischen Ellipsoid und Kugel liegen (Abb. 6.3). Da das Ellipsoid durch das Hauptachsensystem des Moleküls bestimmt wird, also im *molekülfesten* System fixiert ist, aber der Drehimpuls $\boldsymbol{J}$ im Laborsystem konstant ist, also im System des rotierenden Moleküls seine Richtung im Laufe der Zeit ändert, muss das Molekül so rotieren, dass die Spitze des raumfesten Vektors $\boldsymbol{J}$ immer auf der Schnittkurve von Kugel und Ellipsoid (6.18a) bleibt. Dies führt dazu, dass sowohl die momentane Drehachse $\boldsymbol{\omega}$ als auch eine eventuelle Symmetrieachse (im Fall des symmetrischen Kreisels) eine Nutationsbewegung um die raumfeste Drehimpulsachse ausführen (Abb. 6.4), wenn nicht zufällig $\boldsymbol{\omega}$ in der Figurenachse liegt, sodass dann $\boldsymbol{\omega}$ und $\boldsymbol{J}$ zusammenfallen.

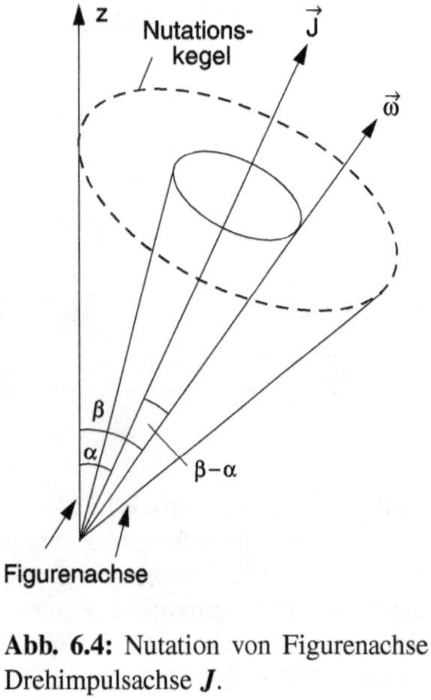

Abb. 6.4: Nutation von Figurenachse z und momentaner Drehachse $\boldsymbol{\omega}$ um die raumfeste Drehimpulsachse $\boldsymbol{J}$.

Wenn α der Winkel zwischen Figurenachse z und $\boldsymbol{J}$ ist, und β zwischen z und $\boldsymbol{\omega}$, so hat der Nutationskegel für die Figurenachse den Winkel α und für $\boldsymbol{\omega}$ den Winkel $\beta - \alpha$.

6.2.2 Der symmetrische Kreisel

Wenn zwei der Hauptträgheitsmomente gleich werden, hat das Molekül eine Symmetrieachse, die mit einer Hauptträgheitsachse zusammenfällt. Das Trägheitsmoment bei Rotation um diese Achse ist dann im Allgemeinen verschieden von den beiden anderen einander gleichen Hauptträgheitsmomenten. Das Trägheitsellipsoid wird dann rotationssymmetrisch um die Kreisel-Symmetrieachse. Alle Moleküle mit einer Symmetrieachse C_n ($n > 2$) sind symmetrische Kreisel. Wenn alle drei Hauptträgheitsmomente gleich sind, wird das Trägheitsellipsoid eine Kugel und der Kreisel heißt Kugelkreisel oder sphärischer Kreisel. Für den allgemeinen symmetrischen Kreisel unterscheidet man zwei Fälle:

a) *Der prolate symmetrische Kreisel:*
$I_A < I_B = I_C$

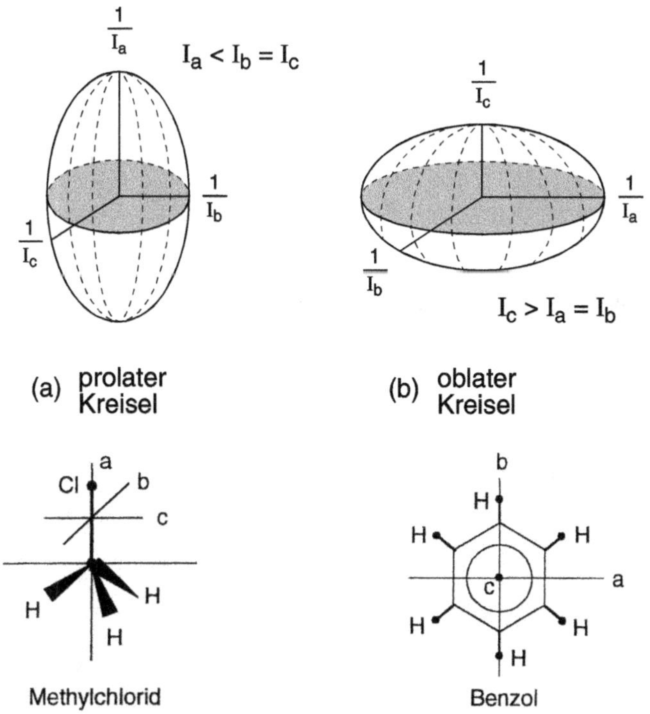

Abb. 6.5: Trägheitsellipsoid und Molekül-Beispiele eines prolaten (a) und eines oblaten (b) symmetrischen Kreisels.

Hier sind die beiden *größeren* Hauptträgheitsmomente gleich. Dies entspricht einem in der Symmetrieachse gestreckten Rotationsellipsoid (Abb. 6.5a).

Beispiele

a) Ein Kreiszylinder, dessen Durchmesser D kleiner als seine Höhe ist,

b) jedes lineare Molekül,

c) das Molekül $CClH_3$ (Abb. 6.5a).

---

b) *Der oblate symmetrische Kreisel:*
$I_A = I_B < I_C$
bei dem die beiden kleineren Trägheitsmomente gleich sind und der einem abgeplatteten Rotationsellipsoid entspricht, z. B. einem rotierenden Diskus (Abb. 6.5b).

Ist z. B. $I_x = I_y$, so kann man die Rotationsenergie (6.17) wegen $J^2 = J_x^2 + J_y^2 + J_z^2$ umformen in

$$T_{\text{rot}} = \frac{1}{2}\left(\frac{J^2}{I_x} + \frac{J_z^2}{I_z} - \frac{J_z^2}{I_x}\right) . \tag{6.19}$$

Die Rotationsenergie hängt dann vom Betrag des Drehimpulses und von seiner Projektion J_z auf die Symmetrieache des Kreisels ab.

6.2.3 Quantenmechanische Behandlung der Rotation

Um aus (6.18) den Hamilton-Operator H_R für den symmetrischen Rotator zu erhalten, ersetzen wir in bekannter Weise [6.3] die klassischen Größen durch ihre Operatoren.

$$p_x \to -(\mathrm{i}\hbar)\partial/\partial x , \quad \boldsymbol{p} \to -\mathrm{i}\hbar\nabla , \quad \boldsymbol{r} \to \hat{r} . \tag{6.20}$$

Der Drehimpuls

$$\boldsymbol{J} = \sum_i (\boldsymbol{r}_i \times \boldsymbol{p}_i) \tag{6.21a}$$

geht dann über in den Operator

$$\hat{J} = \frac{\hbar}{\mathrm{i}} \sum (\hat{r}_i \times \nabla_i) . \tag{6.21b}$$

Da beim symmetrischen Kreisel sowohl die Projektion $\boldsymbol{J}_Z$ auf die raumfeste Z-Achse, als auch die Projektion J_z auf die Symmetrieachse des Kreisels (die wir in die z-Richtung legen), zeitlich konstant ist (die Symmetrieachse präzediert um die raumfeste $\boldsymbol{J}$-Richtung! siehe Abb. 6.4), sind die drei Größen J^2, J_Z und J_z Konstanten der

Bewegung. In der quantenmechanischen Beschreibung heißt dies, dass der Operator $\hat{J}^2$ mit $\hat{J}_z$ und $\hat{J}_Z$ vertauschbar ist:

$$\left[\hat{J}^2, \hat{J}_Z\right] = 0 \quad \text{und} \quad \left[\hat{J}^2, \hat{J}_z\right] = 0\,. \tag{6.22}$$

Alle drei Operatoren haben also gemeinsame Eigenfunktionen, die wir mit $\psi_{J,K,M}$ bezeichnen und folgendermaßen ermitteln können:

Die Operatorkomponenten des raumfesten Drehimpulses J können in Winkelkoordinaten θ (Winkel gegen die Z-Achse) und ϕ (= Azimutwinkel) geschrieben werden als:

$$\begin{aligned}
\hat{J}_X &= -\mathrm{i}\hbar \sum_i \left[Y\frac{\partial}{\partial Z} - Z\frac{\partial}{\partial Y}\right]_i \\
&= -\mathrm{i}\hbar\left[-\sin\phi\frac{\partial}{\partial\theta} + \mathrm{cotg}\theta\cos\phi\frac{\partial}{\partial\phi}\right] && \text{(6.23a)}\\
\hat{J}_Y &= -\mathrm{i}\hbar \sum_i \left[Z\frac{\partial}{\partial X} - X\frac{\partial}{\partial Z}\right]_i \\
&= -\mathrm{i}\hbar\left[+\cos\phi\frac{\partial}{\partial\theta} - \mathrm{cotg}\theta\cos\phi\frac{\partial}{\partial\phi}\right] && \text{(6.23b)}\\
\hat{J}_Z &= -\mathrm{i}\hbar \sum_i \left[X\frac{\partial}{\partial Y} - Y\frac{\partial}{\partial X}\right]_i = -\mathrm{i}\hbar\frac{\partial}{\partial\phi}\,. && \text{(6.23c)}
\end{aligned}$$

Für das Quadrat des Operators $\hat{J}$ erhält man wegen $J^2 = J_X^2 + J_Y^2 + J_Z^2$

$$\hat{J}^2 = -\hbar^2\left[\frac{1}{\sin\theta}\frac{\partial}{\partial\theta}\left(\sin\theta\frac{\partial}{\partial\theta}\right) + \frac{1}{\sin^2\theta}\frac{\partial^2}{\partial\phi^2}\right]\,. \tag{6.24}$$

Man erhält als Eigenwertgleichungen für die drei miteinander vertauschbaren Operatoren:

a)

$$\hat{J}^2\psi_{JKM} = J(J+1)\hbar^2\psi_{JKM} \tag{6.25a}$$

mit den Kugelflächenfunktionen Y_{JM} als Lösungen [6.4].

b)

$$\hat{J}_Z\psi_{JKM} = M\hbar\psi_{JKM}\,, \tag{6.25b}$$

wobei (6.25b) aus (6.23) bzw. (6.24) folgt. $M\hbar$ ist die Projektion von $\boldsymbol{J}$ auf die raumfeste Z-Achse. Drückt man $\boldsymbol{J}$ durch die Koordinaten des molekülfesten Systems aus und benutzt die Vertauschungsregeln, so erhält man für die Projektion J_z des Drehimpulses auf die Symmetrieachse des symmetrischen Kreisels:

c)

$$\hat{J}_z \psi_{JKM} = K\hbar\psi_{JKM} \,. \tag{6.25c}$$

K ist also die Quantenzahl der Projektion des Drehimpulses auf die Symmetrieachse des Moleküls.

Setzen wir in (6.19) die entsprechenden Eigenwerte ein, so erhalten wir für den prolaten symmetrischen Kreisel mit $I_z = I_a < I_x = I_y = I_b = I_c$:

$$T_{\text{rot}} = E_{J,K} = \frac{\hbar^2}{2}\left[\frac{J(J+1)}{I_b} + K^2\left(\frac{1}{I_a} - \frac{1}{I_b}\right)\right] \,. \tag{6.26}$$

Mit den Rotationskonstanten

$$A = \frac{\hbar}{4\pi c I_a} \,; \quad B = \frac{\hbar}{4\pi c I_B} \,; \quad C = \frac{\hbar}{4\pi c I_c} \tag{6.27}$$

erhält man die Rotationstermwerte $F_{J,K} = E/hc$, ausgedrückt in [cm^{-1}]:

$$\boxed{F_{J,K} = BJ(J+1) + (A-B)K^2 \quad \text{prolater Kreisel}} \,. \tag{6.28}$$

Für den oblaten symmetrischen Kreisel gilt:

$$I_z = I_c > I_x = I_a = I_y = I_b$$

$$E_{J,K} = \frac{\hbar^2}{2}\left[\frac{J(J+1)}{I_b} + K^2\left(\frac{1}{I_c} - \frac{1}{I_b}\right)\right] \tag{6.29}$$

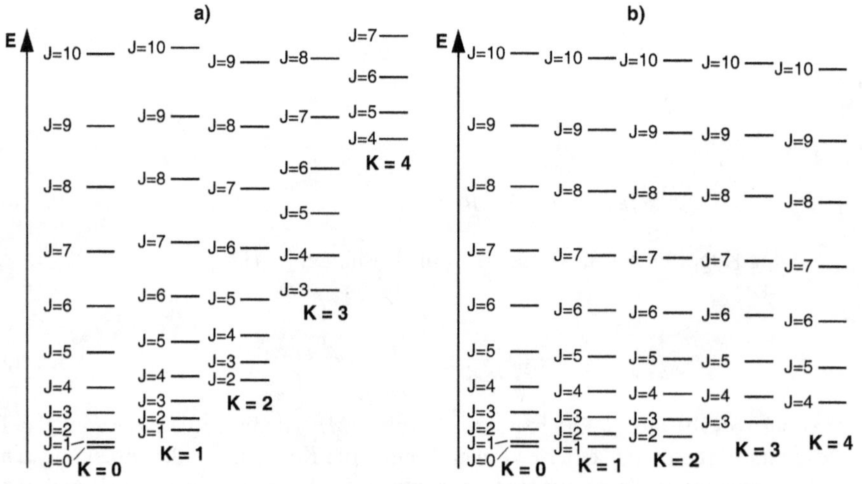

Abb. 6.6: Rotationstermleiter für den prolaten (a) und den oblaten (b) symmetrischen Kreisel.

Tabelle 6.1: Rotationskonstanten einiger Moleküle in Gigahertz.

Lineare Moleküle		Nichtlineare Moleküle			
Isotopomer	B	Molekül	A	B	C
$^{1}H^{12}C^{14}N$	44,316	$^{12}CH_2{}^{35}Cl$	32,002	3,320	3,065
$^{1}H^{13}C^{14}N$	43,170	CH_20	282,106	33,834	34,004
$^{2}D^{12}C^{14}N$	36,207	ClF_3	13,653	4,612	3,443
$^{12}C^{79}Br^{14}N$	4,120	$H_2{}^{32}S$	316,304	276,512	147,536
$^{13}C^{79}Br^{14}N$	4,073	$HD^{32}S$	290,257	145,218	94,134
$^{12}C^{81}Br^{14}N$	4,096				

$$\boxed{F_{J,K} = BJ(J+1) + (C-B)K^2 \quad \text{oblater Kreisel}} \,. \tag{6.30}$$

In Abb. 6.6 sind die Rotationsniveaus des prolaten und des oblaten Kreisels für verschiedene Werte von K eingezeichnet. Man sieht, dass beim prolaten Kreisel die Energie $E_{J,K}$ bei festem Wert von J mit K ansteigt, weil $(A-B) > 0$, während beim oblaten Kreisel $E_{J,K}$ für festes J mit zunehmendem K kleiner wird, weil $(C-B) < 0$.

In Tabelle 6.1 findet man für einige lineare und nichtlineare Moleküle die Rotationskonstanten zusammengestellt, um die Größenordnungen der Termenergien zu illustrieren.

6.2.4 Zentrifugalaufweitung des symmetrischen Kreisels

Die Zentrifugalaufweitung eines symmetrischen Kreisels ist etwas komplizierter als bei zweiatomigen Molekülen (siehe Abschn. 4.2.2), weil sie sowohl vom Betrag des Drehimpulses als auch von seiner Richtung im Molekülsystem, d. h. sowohl von der Drehimpulsquantenzahl J als auch von der Projektionsquantenzahl K abhängt. Da die Zentrifugalaufweitung jedoch unabhängig davon sein muss, ob das Molekül im oder gegen den Uhrzeigersinn rotiert, kommen in der Entwicklung der Rotationsenergie nach Potenzen von $\boldsymbol{J}$ und K nur gerade Potenzen vor. Eine detaillierte klassische Rechnung [6.5, 6.6] zeigt, dass analog zu (3.18b) beim zweiatomigen Molekül die Termwerte des nicht starren symmetrischen Kreisels mit A = B $\neq$ C geschrieben werden können als:

$$\begin{aligned} F(J,K) &= BJ(J+1) + (C-B)K^2 - D_J J^2(J+1)^2 \\ &\quad - D_{JK} J(J+1)K^2 - D_K K^4 + \ldots \,, \end{aligned} \tag{6.31}$$

wobei hier drei Zentrifugalkonstanten D_J, D_{JK} und D_K auftreten, die aber sehr klein gegen die Rotationskonstanten B und C sind. Während die Konstanten D_J immer positiv sind (die Aufweitung vergrößert das Trägheitsmoment und verkleinert daher die Rotationsenergie), können die D_{JK} je nach Molekül sowohl positiv als auch negativ sein [6.7].

Genau wie bei zweiatomigen Molekülen hängt die Zentrifugalaufweitung von den Kraftkonstanten des Moleküls ab. Die Messung der Konstanten D gibt daher Aufschluss über das Potential des Moleküls in der Umgebung der Gleichgewichtslage.

6.2.5 Der asymmetrische Kreisel

Beim asymmetrischen Kreisel sind alle Hauptträgheitsmomente voneinander verschieden ($I_x \neq I_y \neq I_z \neq I_x$). Um die Energieniveaus $E_{J,K}$, d. h. die Eigenwerte des Hamiltonoperators für die Rotationsenergie (6.17):

$$\hat{H}_{\text{rot}} = \frac{1}{2}\left(\frac{\hat{J}_x^2}{I_x} + \frac{\hat{J}_y^2}{I_y} + \frac{\hat{J}_z^2}{I_z}\right) \tag{6.32}$$

zu bestimmen, können wir nicht mehr, wie beim symmetrischen Kreisel, $\hat{J}_x^2$ und $\hat{J}_y^2$ durch $\hat{J}^2$ und $\hat{J}_z^2$ ausdrücken. Wir müssen daher Eigenfunktionen und Eigenwerte von J_x^2 und J_y^2 erst ermitteln.

Dazu schreibt man die unbekannten Eigenfunktionen ψ zu $\hat{H}_{\text{rot}}$ als Linearkombinationen der bekannten Eigenfunktionen $\psi_n = \psi_n(J, K, M)$ des symmetrischen Kreisels

$$\psi = \sum_n c_n \psi_n(J, K, M) \tag{6.33}$$

und geht mit diesem Ansatz in die Schrödingergleichung

$$\hat{H}_{\text{rot}}\psi = E\psi$$

ein. Nach Multiplikation mit ψ_m^* und Integration über alle Koordinaten erhält man wegen der Orthogonalität der ψ_n die Gleichung

$$\sum_n c_n \left[\langle m|\, \hat{H}_{\text{rot}}\, |n\rangle - E\delta_{nm}\right] = 0\,, \tag{6.34}$$

die nur nichttriviale Lösungen hat, wenn die Koeffizientendeterminante null wird

$$\left|\langle m|\, \hat{H}_{\text{rot}}\, |n\rangle - E\delta_{mn}\right| = 0\,. \tag{6.35}$$

Um hieraus die Energieeigenwerte bestimmen zu können, müssen wir die Matrixelemente

$$\langle m|\, \hat{H}_{\text{rot}}\, |n\rangle = \int \psi_m^*(J, K, M)\hat{H}_{\text{rot}}\psi_n(J, K, M)\, \mathrm{d}\tau$$

des Operators (6.32), gebildet mit den Eigenfunktionen des symmetrischen Kreisels, also den Kugelflächenfunktionen Y_{JM} berechnen. Für $\hat{J}^2$ und $\hat{J}_z$ gibt es nur die Diagonalelemente (6.25), weil die Funktionen Y_{JM} Eigenfunktionen zu $\hat{J}^2$ und $\hat{J}_z$

sind. Da $\hat{J}_x$ und $\hat{J}_y$ jedoch *nicht* mit $\hat{J}^2$ und $\hat{J}_z$ miteinander vertauschen, können diese Funktionen Y_{JM} *keine* Eigenfunktionen von $\hat{J}_x$ und $\hat{J}_y$ sein, d. h. in dieser Basis wird die Energiematrix zum Hamiltonoperator (6.32) nicht diagonal!

Aus den Vertauschungsregeln für die Drehimpulskomponenten im raumfesten System

$$J_X J_Y - J_Y J_X = \mathrm{i}\hbar J_Z \quad \text{usw.} \tag{6.36}$$

erhält man die entsprechenden Vertauschungsregeln für die Komponenten im molekülfesten System

$$\begin{aligned} J_x J_y - J_y J_x &= -\mathrm{i}\hbar J_z \ , \\ J_y J_z - J_z J_y &= -\mathrm{i}\hbar J_x \ , \\ J_z J_x - J_x J_z &= -\mathrm{i}\hbar J_y \ , \end{aligned} \tag{6.37}$$

wobei sich das Vorzeichen gerade umkehrt [6.4, 6.5]. Hieraus kann man mit Hilfe der Leiteroperatoren

$$J_+ = J_x + \mathrm{i}J_y \quad \text{und} \quad J_- = J_x - \mathrm{i}J_y$$

die folgenden Matrixelemente erhalten [6.4]:

$$\langle J, K, M|\, J_x\, |J, K \pm 1, M\rangle = \frac{\hbar}{2}\,[J(J+1) - K(K \pm 1)]^{1/2} \tag{6.38a}$$

$$\langle J, K, M|\, J_y\, |J, K \pm 1, M\rangle = \frac{\mathrm{i}\hbar}{2}\,[J(J+1) - K(K \pm 1)]^{1/2} \tag{6.38b}$$

Mit Hilfe der Produktregel für die Matrizenmultiplikation

$$\begin{aligned} &\langle J, K, M|\, J_i^2\, |J', K', M'\rangle \\ &= \sum_{J'', K'', M''} \langle J, K, M|\, J_i\, |J'', K'', M''\rangle \langle J'', K'', M''|\, J_i\, |J', K', M'\rangle \end{aligned} \tag{6.39}$$

kann man aus (6.38) die Matrixelemente für J_x^2 und J_y^2 berechnen. Man erhält dann die Diagonalelemente:

$$\langle J, K, M|\, J_x^2\, |J, K, M\rangle = \frac{\hbar^2}{2}\left(J(J+1) - K^2\right) \tag{6.40}$$

und die von null verschiedenen Nichtdiagonalelemente:

$$\begin{aligned} \langle J, K, M|\, J_x^2\, |J, K \pm 2, M\rangle = \frac{\hbar^4}{4}\,&[J(J+1) - K(K \pm 1)]^{1/2} \\ \times\,&[J(J+1) - (K \pm 1)(K \pm 2)]^{1/2} \end{aligned} \tag{6.41}$$

und entsprechend für J_y^2

$$\langle J,K,M|\,J_y^2\,|J,K,M\rangle = \frac{\hbar^2}{2}\left(J(J+1)-K^2\right) \tag{6.42}$$

$$\begin{aligned}\langle J,K,M|\,J_y^2\,|J,K\pm 2,M\rangle &= -\frac{\hbar^2}{4}\,[J(J+1)-K(K\pm 1)]^{1/2}\\ &\quad\times [J(J+1)-(K\pm 1)(K\pm 2)]^{1/2}\,.\end{aligned} \tag{6.43}$$

Setzt man dies in (6.32) ein, so erhält man als nicht verschwindende Matrixelemente des Hamiltonoperators

$$\begin{aligned}\langle J,K|\,\hat{H}_{\text{rot}}\,|J,K\rangle = \frac{\hbar^2}{4}\Bigg[&J(J+1)\left(\frac{1}{I_x}+\frac{1}{I_y}\right)\\ &+K^2\left(\frac{2}{I_z}-\frac{1}{I_x}-\frac{1}{I_y}\right)\Bigg]\end{aligned} \tag{6.44}$$

$$\begin{aligned}\langle J,K|\,\hat{H}_{\text{rot}}\,|J,K\pm 2\rangle &= \frac{\hbar^2}{8}\,[J(J+1)-K(K\pm 1)]^{1/2}\\ &\quad\times [J(J+1)-(K\pm 1)(K\pm 2)]^{1/2}\left(\frac{1}{I_x}-\frac{1}{I_y}\right)\end{aligned} \tag{6.45}$$

Die Eigenwerte von $\hat{H}_{\text{rot}}$ und damit die Termwerte der Rotationsniveaus findet man durch Diagonalisierung dieser Energiematrix.

Aus (6.34) kann man dann die Koeffizienten c_n der Entwicklung (6.33) bestimmen. Da man aber in dieser Entwicklung nur endlich viele Glieder berücksichtigen kann, sind diese Eigenfunktionen und Eigenwerte E natürlich nur Näherungslösungen.

Beispiel

Um dieses Verfahren zu illustrieren, sollen die Energieniveaus des asymmetrischen Kreisels für $J = 1$ berechnet werden. Wir setzen: $A^* = hcA = \frac{\hbar^2}{2I_x}$; $B^* = hcB = \frac{\hbar^2}{(2I_y)}$; $C^* = \hbar^2/(2I_z)$.

Für die Matrixelemente $\langle m|\hat{H}_{\text{rot}}|n\rangle$ erhält man mit den Rotationskonstanten (6.27) aus (6.44) mit (6.40) und (6.42) die Diagonalterme:

$$\begin{aligned}\langle J,K|\,H_{\text{rot}}\,|J,K\rangle = &\frac{A^*}{2}\left[J(J+1)-K^2\right]+\\ &\frac{B^*}{2}\left[J(J+1)-K^2\right]+C^*K^2\end{aligned} \tag{6.46}$$

und aus (6.45) die Nichtdiagonalterme. Die Hamilton-Matrix heißt dann:

$$\langle 1, K|\, H_{\text{rot}}\, |1, K'\rangle = \begin{pmatrix} K\backslash^{K'} & 1 & 0 & -1 \\ \hline 1 & \frac{A^*+B^*}{2}+C & 0 & -\frac{A^*-B^*}{2} \\ 0 & 0 & A^*+B^* & 0 \\ -1 & \frac{A^*-B^*}{2} & 0 & \frac{A^*+B^*}{2}+C \end{pmatrix}, \tag{6.47a}$$

woraus man die Säkulargleichung gewinnt:

$$\begin{vmatrix} \frac{A^*+B^*}{2}+C^*-E & 0 & -\frac{A^*-B^*}{2} \\ 0 & A^*+B^*-E & 0 \\ -\frac{A^*-B^*}{2} & 0 & \frac{A^*+B^*}{2}-C^*-E \end{vmatrix} = 0\,. \tag{6.47b}$$

Diese kubische Gleichung hat die drei Lösungen

$$E_1 = A^* + B^*\;; \quad E_2 = B^* + C^*\;; \quad E_3 = A^* + C^*\,. \tag{6.48}$$

Die Entwicklung (6.33) nach den Wellenfunktionen des symmetrischen Kreisels konvergiert umso schneller, je besser der asymmetrische Kreisel sich einem symmetrischen nähert, d. h. je weniger sich zwei der Rotationskonstanten voneinander unterscheiden.

Als Maß für die Unsymmetrie wird der „Asymmetrie-Parameter“

$$\kappa = \frac{2B - A - C}{A - C} \tag{6.49}$$

eingeführt, der für einen prolaten symmetrischen Kreisel ($B = C$) den Wert $\kappa = -1$ und für den oblaten ($A = B$) $\kappa = +1$ annimmt. Die größte Asymmetrie $\kappa = 0$ hat der Kreisel für $B = \frac{1}{2}(A + C)$.

Aus (6.32) erhält man den Rotationstermwert:

$$F(J_x, J_y, J_z) = A\left\langle J_x^2\right\rangle + B\left\langle J_y^2\right\rangle + C\left\langle J_z^2\right\rangle\,. \tag{6.50}$$

Ersetzt man hier B durch den Asymmetrieparameter κ, so lässt sich (6.50) umformen in

$$F = \frac{1}{2}(A + C)J(J + 1) + \frac{1}{2}(A - C)\left[\left\langle J_x^2\right\rangle - \left\langle J_z^2\right\rangle + \kappa\left\langle J_y^2\right\rangle\right]\,, \tag{6.51}$$

was häufig in dem Ausdruck

$$F(J, \tau) = \frac{1}{2}(A + C)J(J + 1) + \frac{1}{2}(A - C)F_\tau(\kappa) \tag{6.52}$$

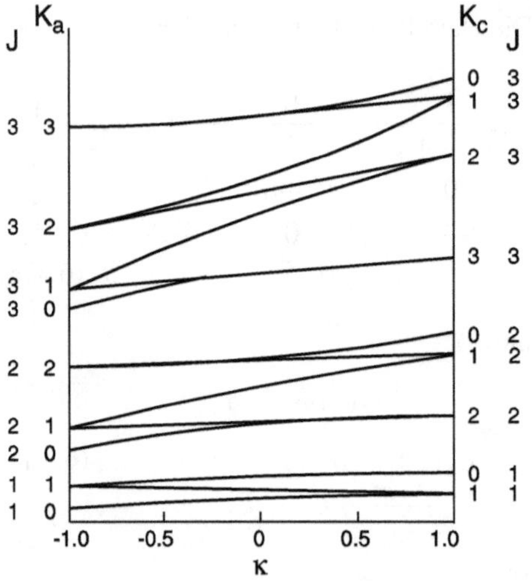

Abb. 6.7: Korrelationsdiagramm für die Rotationstermwerte des asymmetrischen Kreisels beim Übergang vom Grenzfall des prolaten ($\kappa = -1$) zum oblaten ($\kappa = +1$) symmetrischen Kreisel.

zusammengefasst wird. Der Index τ wird eingeführt zur energetischen Nummerierung der zu gleichem Gesamtdrehimpuls J gehörenden $2J + 1$ Energieniveaus und läuft von $-J$ bis $+J$.

Bezeichnet man mit K_a die Projektionsquantenzahl für den Grenzfall des prolaten Kreisels ($\kappa = -1$) und mit K_c die des oblaten Grenzfalls ($\kappa = +1$), so wird der Index τ

$$\tau = K_a - K_c \,. \tag{6.53}$$

Die Funktion $F_\tau(\kappa) = \left[\langle J_x^2\rangle - \langle J_z^2\rangle + \kappa\langle J_y^2\rangle\right]$ kann durch Berechnung der Erwartungswerte $\langle J_x^2\rangle$, $\langle J_y^2\rangle$ und $\langle J_z^2\rangle$ mit Hilfe der Entwicklung (6.33) der Wellenfunktionen des asymmetrischen Kreisels nach denen des symmetrischen Kreisels bestimmt werden (siehe z. B. [6.4] oder [6.5]). In Abb. 6.7 ist der Verlauf der Termwerte eines asymmetrischen Kreisels als Funktion des Asymmetrieparameters κ schematisch dargestellt.

Wenn man κ kontinuierlich von -1 bis $+1$ variiert (indem man z. B. die Geometrie des Kerngerüstes vom prolaten zum oblaten symmetrischen Kreisel kontinuierlich verformt), so ist außer für die beiden Grenzfälle $\kappa = \pm 1$ die Projektionsquantenzahl K nicht mehr definiert, weil es ja beim asymmetrischen Kreisel keine Symmetrieachse mehr gibt. Der Index τ übernimmt hier praktisch die Rolle von K, zur Unterscheidung der $(2J + 1)$ Energieniveaus bei gegebenem J, obwohl τ selbst *keine* Quantenzahl ist!

Tabelle 6.2: Termwerte des asymmetrischen Kreiselmoleküls für Rotationsquantenzahlen $J \leq 2$.

J_{K_a,K_c}	J_τ	$F(J_\tau)$
0_{00}	0_0	0
1_{01}	1_{-1}	$B+C$
1_{10}	1_1	$A+B$
1_{11}	1_0	$A+C$
2_{02}	2_{-2}	$2\left\{A+B+C-\left[(B-C)^2+(A-C)(A-B)\right]^{1/2}\right\}$
2_{20}	2_2	$2\left\{A+B+C+\left[(B-C)^2+(A-C)(A-B)\right]^{1/2}\right\}$
2_{21}	2_1	$4A+B+C$
2_{11}	2_0	$A+4B+C$
2_{12}	2_{-1}	$A+B+4C$

Oft werden statt τ auch die beiden Grenzwerte K_a, K_c zur Charakterisierung eines Rotationsniveaus benutzt. Man schreibt also z. B. entweder

$$J_{K_a,K_c} = 3_{1,3} \quad \text{oder} \quad J_\tau = 3_{-2} \,. \tag{6.54}$$

Man sieht aus dem Korrelationsdiagramm in Abb. 6.7, dass durch die Asymmetrie alle zweifach entarteten Zustände (J, K) des symmetrischen Kreisels für $K \neq 0$ in zwei Komponenten aufspalten. Diese Asymmetrieaufspaltung ist am größten für Zustände mit $K = 1$ im symmetrischen Grenzfall, wo sie

$$\Delta F_{(K=1)} = \frac{1}{2}(B-C)J(J+1) \tag{6.55}$$

wird. Sie konvergiert für größere K-Werte schnell gegen null (für nähere Einzelheiten siehe [6.1, 6.7]).

In Tabelle 6.2 sind die Termwerte für Rotationsquantenzahlen $J \leq 2$ angeführt. Man findet in der Literatur auch für größere J solche Tabellen [6.1].

6.3 Schwingungen mehratomiger Moleküle

Wir wollen zu Anfang die klassische Beschreibung der Molekülschwingungen behandeln. Zur Vereinfachung der Schreibweise führen wir „massengewichtete", generalisierte Koordinaten

$$\begin{aligned} &q_1 = \sqrt{m_1}\cdot\Delta x_1\,; \quad q_2 = \sqrt{m_1}\cdot\Delta y_1\,; \quad q_3 = \sqrt{m_1}\cdot\Delta z_1\,;\\ &q_4 = \sqrt{m_2}\cdot\Delta x_2\,; \end{aligned} \tag{6.56}$$

ein. die anstelle der Auslenkungen $\Delta x_i = x_i - x_{i0}$, Δy_i, Δz_i der Kerne aus der Ruhelage verwendet werden. Der dritte Term in (6.7) für die kinetische Energie lässt sich dann schreiben als quadratische Form

$$T = \frac{1}{2} \sum_{i=1}^{3N} \dot{q}_i^2 \,. \tag{6.57}$$

Die Taylor-Entwicklung des Potentials

$$V = V_0 + \sum_{i.k=1}^{3N} \left[\frac{\partial V}{\partial q_i} \right]_0 q_i + \frac{1}{2} \sum_{i=1}^{3N} \left[\frac{\partial^2 V}{\partial q_i \partial q_k} \right]_0 q_i q_k + \ldots \tag{6.58}$$

beginnt erst mit dem 3. Glied, wenn wir den Nullpunkt unserer Energieskala in das Minimum legen ($V_0 = 0$), weil dort auch die 1. Ableitungen null sind. Für genügend kleine Auslenkungen q_i kann man höhere Glieder in (6.58) vernachlässigen und erhält

$$V = -\frac{1}{2} \sum_{i,k=1}^{3N} b_{ik} q_i q_k \quad \text{mit} \quad b_{ik} = \left[\frac{\partial^2 V}{\partial q_i \partial q_k} \right] . \tag{6.59}$$

Mit der Lagrange-Funktion $L = T - V$ erhalten wir die Lagrange-Gleichung

$$\frac{\mathrm{d}}{\mathrm{d}t} \left(\frac{\partial L}{\partial \dot{q}_i} \right) - \frac{\partial L}{\partial q_i} = 0 \,, \tag{6.60}$$

die der Newtonschen Bewegungsgleichung für die schwingenden Massen m_i entspricht. Mit (6.57) und (6.59) wird aus (6.60)

$$\ddot{q}_i + \sum_{k=1}^{3N} b_{ik} q_k = 0 \,; \qquad i = 1, \ldots, 3N \,. \tag{6.61a}$$

Gleichung (6.61a) ist ein gekoppeltes Differentialgleichungssystem. Es beschreibt die Bewegung von $3N$ gekoppelten Oszillatoren mit den Auslenkungen

$$q_i = A_i \cos(\omega_i t + \varphi_i) \,. \tag{6.62a}$$

Im allgemeinen Fall wird die Rückstellkraft für die Auslenkung q_i durch die anderen Auslenkungen q_k beeinflusst, weil die Nichtdiagonalterme b_{ik} im Potential (6.59) eine Kopplung zwischen den Schwingungen bewirken. Nur bei bestimmten Anfangsbedingungen kann man erreichen, dass alle Kerne mit der gleichen Frequenz ω_n und der gleichen Phase φ_n schwingen. Solche Schwingungszustände des Moleküls nennt man *Normalschwingungen*, die wir jetzt näher behandeln wollen.

6.3.1 Normalschwingungen

Man kann (6.61a) in Vektorschreibweise $\boldsymbol{q} = \{q_1, \ldots, q_{3N}\}$ vereinfacht darstellen als:

$$\ddot{\boldsymbol{q}} + \tilde{B} \cdot \boldsymbol{q} = 0 \,, \tag{6.61b}$$

wobei $\tilde{B} = (b_{ik})$ die Matrix mit den Komponenten (b_{ik}) ist. Wäre $\tilde{B}$ eine spezielle Diagonalmatrix $\tilde{B} = \lambda \cdot \tilde{E}$ ($\tilde{E}$ = Einheitsmatrix), so würde (6.61b) ein System von $3N$ *entkoppelten* Schwingungsgleichungen für die q_i werden, dessen Lösungen

$$q_i = a_i \cos\left(\sqrt{\lambda} t\right) \qquad i = 1, \ldots, 3N \tag{6.62b}$$

einen Molekülzustand beschreiben, bei dem alle Kerne mit der gleichen Frequenz $\omega = \sqrt{\lambda}$ schwingen und dabei gleichzeitig durch null gehen. Wir müssen deshalb ein System von Schwingungskoordinaten finden, in dem $\tilde{B}$ diagonal wird.

Die Bedingung

$$\tilde{B} \cdot \boldsymbol{q} = \lambda \cdot \tilde{E} \cdot \boldsymbol{q} \Rightarrow (\tilde{B} - \lambda \cdot \tilde{E}) \cdot \boldsymbol{q} = 0 \tag{6.63}$$

mit $\tilde{E}$ = Einheitsmatrix ist äquivalent zu einer *Hauptachsentransformation*. Sie hat genau dann nichttriviale Lösungen, wenn

$$\operatorname{Det}\left|\tilde{B} - \lambda \cdot \tilde{E}\right| = 0\,. \tag{6.64}$$

Für jede Lösung λ_n von (6.64) erhält man aus (6.63) einen Satz von $3N$ Schwingungskomponenten q_{kn} ($k = 1, \ldots, 3N$), die die Auslenkungen aller N Kerne als Funktion der Zeit angeben. Man kann alle q_{kn} in einen Vektor

$$\boldsymbol{Q}_n = \boldsymbol{A}_n \sin(\omega_n t + \varphi_n) \quad \text{mit} \quad \omega_n = \sqrt{\lambda_n} \tag{6.65}$$

zusammenfassen, der dann die gleichzeitige Bewegung aller Kerne bei der n-ten Normalschwingung angibt. Der Betrag des Vektors $\boldsymbol{Q}_n$ heißt *Normalkoordinate* Q_n zur Normalschwingung mit der Frequenz $\omega_n = \sqrt{\lambda_n}$. Die Normalkoordinate $Q_n(t)$ gibt also die massegewichteten Auslenkungen *aller Kerne* zur Zeit t bei der n-ten Normalschwingung an.

Mit Hilfe der Normalkoordinaten lässt sich (6.61b) als Satz von $3N$ *entkoppelten* Gleichungen

$$\ddot{Q}_n + \omega_n^2 \cdot Q_n = 0 \qquad n = 1, \ldots, 3N \tag{6.66}$$

schreiben, weil man jetzt sowohl für die kinetische als auch für die potentielle Energie quadratische Formen erhält:

$$T = \frac{1}{2}\sum_{n=1}^{3N} \dot{Q}_n^2\,; \quad V = \frac{1}{2}\sum_{n=1}^{3N} \lambda_n \cdot Q_n^2 \tag{6.67}$$

wenn man in der potentiellen Energie höhere als quadratische Terme weglässt. Die Lösungen von (6.66) sind die Normalschwingungen (6.65).

Das heißt:

In dem System der Normalkoordinaten führt das Molekül harmonische Schwingungen durch, bei denen für jede der Normalschwingungen jeweils alle Kerne die gleiche Frequenz $\omega_i = \sqrt{\lambda_i}$ und die gleiche Phase φ_i haben. Die gesamte Schwingungsenergie des Moleküls ist gleich der Summe der Schwingungsenergien der einzelnen angeregten Normalschwingungen.

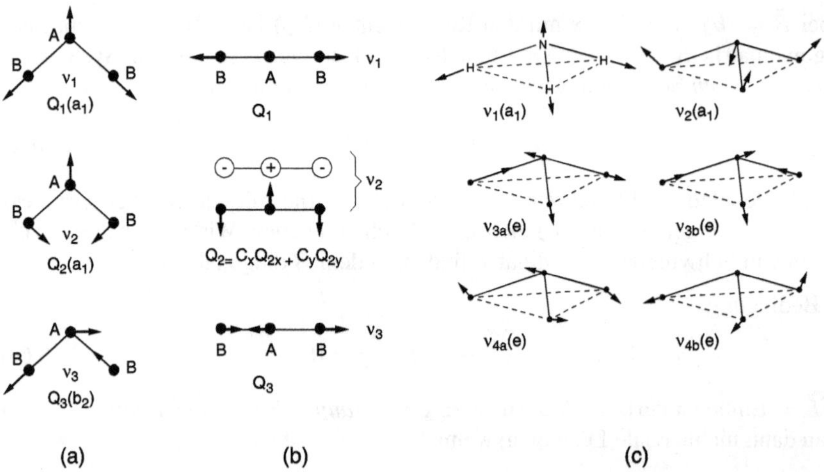

Abb. 6.8: Normalschwingungen einiger Molekültypen: a) Nichtlineares AB_2-Molekül, b) Lineares AB_2-Molekül, c) Nicht-planares AB_3-Molekül. In (b) ist die Knickschwingung ν_2 zweifach entartet, in (c) sind sowohl ν_3 als auch ν_4 zweifach entartet.

Man beachte:

1. Da die potentielle Energie V nur von den internen Koordinaten (Abstand der Kerne und Elektronen) abhängt, nicht aber von Translation und Rotation des Kerngerüstes, müssen einige der $3N$ Koeffizienten b_{ik} in (6.61a) null sein. Für die Schwingung eines nichtlinearen Moleküls bleiben nach Abzug von je drei Freiheitsgraden für Translation und Rotation noch $(3N - 6)$ Freiheitsgrade übrig, für lineare Moleküle $(3N - 5)$, weil für diese keine Rotation um die Molekülachse auftritt. Es gibt damit auch $(3N - 6)$ (nichtlineare Moleküle) bzw. $(3N - 5)$ (für lineare Moleküle) von null verschiedene Lösungen λ_n für die Normalschwingungen.

   Dies kann man auch folgendermaßen einsehen:
   Im molekülfesten Koordinatensystem (Schwerpunktsystem) muss die Summe aller Impulse und aller Drehimpulse für jede Molekülschwingung null sein. Dies ergibt für nichtlineare Moleküle sechs, für lineare fünf Nebenbedingungen, die zusammen mit (6.64) und der Bedingung, dass 6 bzw. 5 der b_{ik} null sind, automatisch dafür sorgen, dass 6 bzw. 5 der Lösungen λ_n null werden [6.8].

2. Die homogene Differentialgleichung (6.61b) bestimmt die Schwingungsamplituden a_i der Kerne nur bis auf einen gemeinsamen konstanten Faktor und deshalb ist auch die „Amplitude" A_n der n-ten Normalschwingung (die ja die Schwingungsamplituden aller Kerne bei dieser Normalschwingung zusammenfasst) nicht durch (6.66) eindeutig festgelegt. Das gleiche gilt für die Phasen φ_n, wobei natürlich alle Kerne *gleichzeitig* durch die Ruhelage schwingen

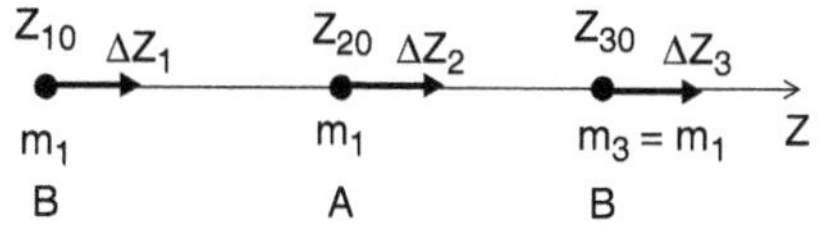

Abb. 6.9: Zur Berechnung der Streckschwingungen eines linearen AB_2-Moleküls.

und daher die Phasen aller Kernschwingungen bei einer Normalschwingung gleich sind. Amplitude und Phase müssen aus den Anfangsbedingungen (z. B. $Q(t = 0) = Q_0$ und $\dot{Q}(t = 0) = \dot{Q}_0$) bestimmt werden. Oft werden die Amplituden so normiert, dass die Einzelamplituden a_{in} des Lösungsvektors $A_n = \{a_{1,n}, \ldots, a_{3N,n}\}$ zu

$$\hat{a}_{in} = \frac{a_{in}}{|A_n|} = \frac{a_{in}}{\sqrt{\sum_i |a_{in}|^2}} \tag{6.68}$$

normiert werden.

In Abb. 6.8 sind die Normalschwingungen einiger Molekültypen illustriert am Beispiel eines nichtlinearen Moleküls AB_2 (z. B. H_2O, NO_2 oder SO_2), eines linearen dreiatomigen AB_2-Moleküls (z. B. CO_2) und eines nichtplanaren vieratomigen Moleküls AB_3 (z. B. NH_3).

6.3.2 Beispiel: Berechnung der Streckschwingungen eines linearen Moleküls AB_2

Wir wollen uns die Berechnung der Normalschwingungen am Beispiel eines linearen dreiatomigen Moleküls AB_2 klarmachen. Der Einfachheit halber sollen nur die eindimensionalen Streckschwingungen entlang der Molekülachse berechnet werden. Für kinetische und potentielle Energie erhalten wir bei den Auslenkungen $\Delta z_i = q_i/\sqrt{m_i}$ (Abb. 6.9)

$$\begin{aligned} 2T &= \dot{q}_1^2 + \dot{q}_2^2 + \dot{q}_3^2 \\ 2V &= k(\Delta z_2 - \Delta z_1)^2 + k(\Delta z_3 - \Delta z_2)^2 \\ &= k\left[\frac{q_1^2}{m_1} + \frac{2q_2^2}{m_2} + \frac{q_3^2}{m_1} - \frac{2q_1q_2}{\sqrt{m_1m_2}} - \frac{2q_2q_3}{\sqrt{m_1m_2}}\right], \end{aligned} \tag{6.69}$$

wobei k die Kraftkonstante der Rückstellkraft $\boldsymbol{F}_i = -k \cdot \Delta z_i$ ist und $m_1 = m_3$ verwendet wurde.

Für die Matrixelemente b_{ik} erhält man daher aus (6.59)

$$\begin{array}{l|l|l} b_{11} = k/m_1 & b_{12} = b_{21} = -k/\sqrt{m_1m_2} & b_{13} = b_{31} = 0 \\ b_{22} = 2k/m_2 & b_{23} = b_{32} = -k/\sqrt{m_1m_2} & b_{33} = k/m_1 \end{array} \tag{6.70}$$

Die Bedingung (6.64)

$$\mathrm{Det}\left|b_{ij} - \lambda\delta_{ij}\right| = 0$$

ergibt eine kubische Gleichung für λ, deren Lösungen

$$\lambda_1 = k/m_1\,; \quad \lambda_2 = \frac{k(2m_1 + m_2)}{m_1 m_2}\,; \quad \lambda_3 = 0 \tag{6.71}$$

sind. $\lambda_3 = 0$ entspricht der Translation des Moleküls in Achsenrichtung. Die massegewichteten Schwingungsamplituden q erhält man aus dem Gleichungssystem (6.61a), das hier wegen $\ddot{q}_i = -\lambda q_i$ heißt:

$$\begin{aligned} b_{11}q_{11} + b_{12}q_{12} + b_{13}q_{13} - \lambda_1 q_{11} &= 0 \\ b_{21}q_{21} + b_{22}q_{22} + b_{23}q_{23} - \lambda_2 q_{21} &= 0 \\ b_{31}q_{31} + b_{32}q_{32} + b_{33}q_{33} - \lambda_3 q_{31} &= 0\,, \end{aligned} \tag{6.72}$$

wobei q_{ki} die massegewichtete Schwingungsamplitude des i-ten Kernes bei der Normalschwingung mit der Frequenz $\omega_k = \sqrt{\lambda_k}$ ist.

Einsetzen der Werte für die b_{ik} gibt z. B. für die 1. Normalschwingung mit $\omega_1 = \sqrt{k/m_1}$:

$$q_{21} = 0\,; \quad q_{11}/q_{31} = -\sqrt{m_3/m_1} = -1\,, \tag{6.73}$$

wobei $q_{i1} = \Delta z_i \sqrt{m_i}$ die massegewichtete Auslenkung des Kernes i bei der 1. Normalschwingung ist. Der mittlere Kern ruht also bei dieser Normalschwingung und die beiden Kerne 1 und 3 mit den Massen $m_1 = m_3$ schwingen entgegengesetzt mit dem Amplitudenverhältnis $\Delta z_1/\Delta z_3 = -1$.

Analog lassen sich für die Schwingungen zu den λ_2 und λ_3 die Auslenkungen berechnen.

Die Absolutwerte für die q_{ik} lassen sich durch Angabe der Anfangsbedingungen bestimmen.

Man beachte: Außer den hier behandelten „Streckschwingungen" kann das Molekül noch zwei Normalschwingungen als „Knickschwingungen" in der xz-Ebene und der yz-Ebene machen, die gleiche Energie haben, also entartet sind und im nächsten Abschnitt behandelt werden.

6.3.3 Entartete Schwingungen

Wenn zwei oder mehrere der Lösungen λ_k gleich werden, heißen die entsprechenden Normalschwingungen mit gleicher Frequenz „entartet". Für den Fall $\lambda_i = \lambda_j$ sind nicht nur die Normalkoordinaten Q_i und Q_j Lösungen von (6.66), sondern auch jede Linearkombination

$$Q = c_i Q_i + c_j Q_j\,, \tag{6.74}$$

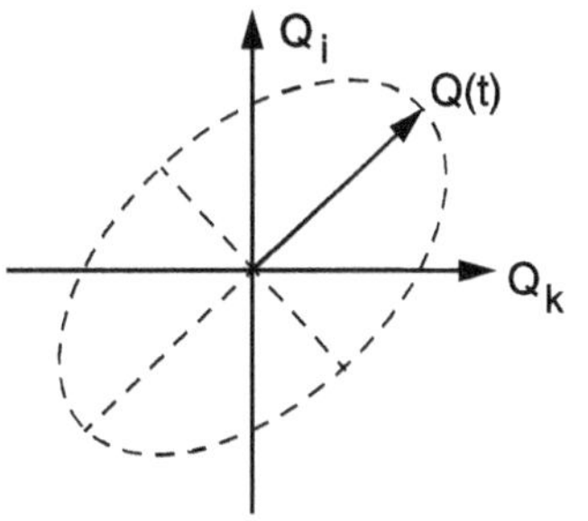

Abb. 6.10: Zeitliche Bewegung der Normalkoordinate $Q = c_i Q_i + c_k Q_k$ einer entarteten Schwingung mit $\varphi_i \neq \varphi_k$.

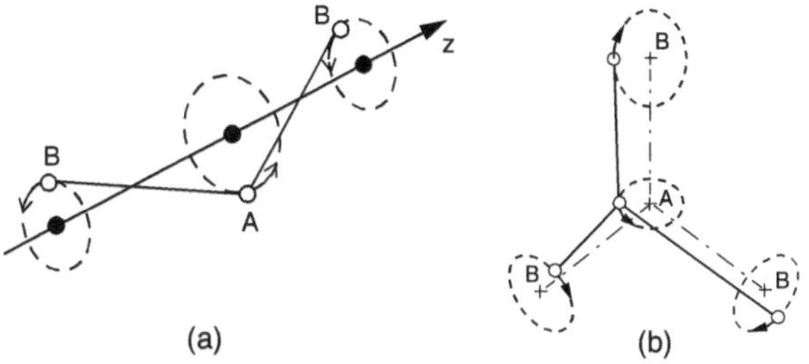

Abb. 6.11: a) Bewegung der Kerne bei Überlagerung zweier entarteten Knickschwingungen eines AB_2-Moleküls. b) Pseudorotation eines planaren AB_3-Moleküls.

d. h. es gibt unendlich viele Lösungsmöglichkeiten, die sich jedoch alle aus zwei linear unabhängigen Lösungen Q_i und Q_j linear kombinieren lassen. Man kann sich dies an einem einfachen Modell klarmachen:

Die k-te Normalschwingung eines Moleküls entspricht der harmonischen Schwingung eines Teilchens im Potential $V = \frac{1}{2}\lambda_K Q_K^2$. Bei einer zweifach entarteten Schwingung mit $\lambda_i = \lambda_K = \lambda$ kann die Bewegung des Teilchens in einem „zweidimensionalen" Potential (im Koordinatenraum der Normalkoordinaten)

$$V = \frac{1}{2}\lambda\left(Q_i^2 + Q_K^2\right) \tag{6.75}$$

beschrieben werden. Die allgemeine Bahnkurve ist eine Ellipse (Abb. 6.10).

$$\begin{aligned} Q_i &= Q_{i0}\cos\left(\sqrt{\lambda}t + \varphi_i\right) \\ Q_k &= Q_{k0}\cos\left(\sqrt{\lambda}t + \varphi_k\right) . \end{aligned} \tag{6.76}$$

Sind beide Phasen φ_i und φ_k für Q_i und Q_k gleich, so erhält man eine Gerade als Bahnkurve für $Q(t)$ in der Ebene der beiden Normalkoordinaten Q_i und Q_k.

In Abb. 6.8 sind z. B. die beiden Knickschwingungen des linearen CO_2-Moleküls in der xz-Ebene und in der yz-Ebene entartet. Jede Kombination dieser beiden

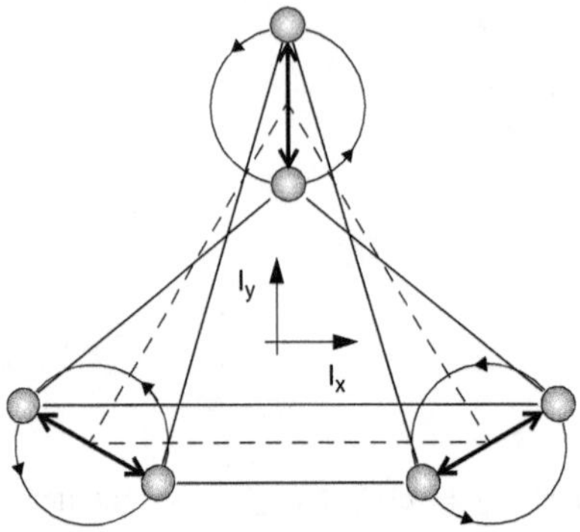

Abb. 6.12: Pseudorotation des Na_3 Moleküls als Überlagerung zweier in D_{3h} Geometrie entarteter Normalschwingungen. Die Bewegung der Na-Kerne erfolgt synchron, aber jeweils mit 120° Phasenverschiebung, auf drei Kreisen um Mittelpunkte, die den Ecken des gleichseitigen Dreiecks entsprechen.

Knickschwingungen kann daher als mögliche Schwingung des Moleküls auftreten. In Abb. 6.11a ist eine solche Kombinationsschwingung gezeigt, bei der die beiden Knickschwingungen eine Phasendifferenz von 90° haben, sodass die beiden Kerne B und der Kern A im realen Koordinatenraum kreisförmige Bewegungen um die z-Achse ausführen. Man beachte, dass eine solche Schwingung einen Drehimpuls $l\hbar$ um die z-Achse hat, während die Rotation eines starren linearen Moleküls nur Drehimpulskomponenten senkrecht zur z-Achse bewirkt. Dieser Schwingungsdrehimpuls führt zu Kopplungen zwischen Rotation und Schwingung (s. Abschn. 6.3.6), die zusätzlich zu den beim zweiatomigen Molekül in Abschn. 3.4 behandelten Kopplungen auftreten. Auch für nichtlineare Moleküle gibt es solche entarteten Schwingungen. So sind z. B. die beiden Normalschwingungen ν_3 und ebenso die ν_4 Schwingungen des nichtplanaren AB_3-Moleküls in Abb. 6.8 entartet. Eine Überlagerung solcher entarteter Schwingungen kann zu einer synchronen Bewegung aller Kerne auf nahezu kreisförmigen Bahnen um ihre Gleichgewichtslagen führen (Abb. 6.11b). Die Überlagerung zweier in D_{3h}-Symmetrie entarteter Normalschwingungen des Na_3-Moleküls ist in Abb. 6.12 illustriert. Diese Überlagerung führt bei einer Phasenverschiebung von $\varphi_i - \varphi_k = \pi/2$ zwischen den beiden Normalschwingungen zu einer kreisförmigen Bewegung der drei Kerne, die man auch als „Pseudorotation" des Moleküls bezeichnet.

6.3.4 Quantenmechanische Behandlung

Aus der Schwingungsenergie in Normalkoordinaten

$$E_v = \frac{1}{2} \sum_{i=1}^{3N-6} \dot{Q}_i^2 + \frac{1}{2} \sum_{i=1}^{3N-6} \lambda_i Q_i^2 \tag{6.77}$$

erhält man den Hamiltonoperator:

$$\hat{H}_v = -\frac{\hbar^2}{2}\sum_{i=1}^{3N-6}\frac{\partial^2}{\partial Q_i^2} + \frac{1}{2}\sum_{i=1}^{3N-6}\lambda_i Q_i^2 \,. \tag{6.78}$$

Man beachte, dass die Massen der Kerne in den massegewichteten Normalkoordinaten Q_i stecken.

Die Schrödingergleichung

$$H\psi_v = E\psi_v$$

kann wegen der Entkopplung in Normalschwingungen durch den Produktansatz

$$\psi_v = \psi_{v_1}(Q_1)\psi_{v_2}(Q_2)\ldots\psi_{v_{3N-6}}(Q_{3N-6}) \tag{6.79}$$

separiert werden in $(3N-6)$ entkoppelte Gleichungen (bzw. $(3N-5)$ für lineare Moleküle)

$$-\frac{\hbar^2}{2}\frac{\partial^2\psi_{v_i}(Q_i)}{\partial Q_i^2} + \frac{1}{2}\lambda_i Q_i^2\psi_{v_i}(Q_i) = E_i\psi_{v_i}(Q_i) \quad i = 1,\ldots,3N-6\,. \tag{6.80}$$

Die Gesamtschwingungsenergie ist

$$E_v = \sum E_i \,, \tag{6.81}$$

wobei die E_i die Eigenwerte von (6.80), d. h. die Eigenwerte des harmonischen Oszillators sind (siehe Abschn. 3.3.1).

$$E_i = h\nu_i\left(v_i + \frac{1}{2}\right) = \hbar\omega_i\left(v_i + \frac{1}{2}\right) \,. \tag{6.82}$$

Die Eigenfunktionen $\psi_{v_i}(Q_i)$ sind analog zu den Schwingungsfunktionen zweiatomiger Moleküle

$$\psi_{v_i}(Q_i) = N_{v_i}H_{v_i}(\zeta_i)\mathrm{e}^{-\zeta_i^2/2} \,, \tag{6.83}$$

mit N = Normierungsfaktor, H_{v_i} = Hermitsches Polynom und $\zeta_i = Q_i\sqrt[4]{\lambda_i/\hbar^2}$.

Man beachte: Bei entarteten Schwingungen mit dem Entartungsgrad d_i für die i-te Schwingung ist die Nullpunktsenergie entsprechend $\hbar\omega_i d_i/2$. Die Gesamtenergie E_v aller Schwingungen kann deshalb durch

$$E_v = \sum_{i=1}^{p} h\nu_i\,(v_i + d_i/2) \tag{6.84a}$$

dargestellt werden, wobei p die Zahl der Normalschwingungen mit unterschiedlichen Frequenzen ist. Genau wie bei den zweiatomigen Molekülen werden statt der Energien die Termwerte $G = E_{\text{vib}}/hc$ verwendet und man erhält damit

$$G(v_1, v_2, \ldots, v_p) = \sum_{i=1}^{p} \overline{\nu}_i \, (v_i + d_i/2) \; , \tag{6.84b}$$

wobei statt der Schwingungsfrequenzen ν_i die Schwingungskonstanten $\overline{\nu}_i = \nu_i/c$ in $[\text{cm}^{-1}]$ angegeben werden.

Es sei nochmals daran erinnert, dass die Normalkoordinate Q_i keine geometrische Koordinate eines Kernes ist, sondern eine Abkürzung für den Vektor $q_i = \{q_{i1}, q_{i2}, \ldots, q_{i3N}\}$, der die Gesamtheit aller massegewichteten Auslenkungen q_{ik} aller Kerne aus ihren Ruhelagen bei der Normalschwingung ν_i darstellt. Im Koordinatenraum der Normalkoordinaten kann jedoch jede Normalschwingung des Moleküls durch die lineare Schwingung eines Punktes beschrieben werden. Im Falle zweifach entarteter Normalschwingungen verläuft die Bewegung dieses Punktes auf einer Ellipse im Unterraum der beiden Normalkoordinaten, die zu den entarteten Schwingungen gehören.

In Abb. 6.13 ist ein schematisches Schwingungstermdiagramm eines dreiatomigen Moleküls gezeigt, um die verschiedenen Kombinationsmöglichkeiten der Normalschwingungen in (6.84) zu illustrieren.

6.3.5 Nichtharmonische Schwingungen

Das reale Potential, in dem die Kerne schwingen, wird durch die vollständige Taylorentwicklung

$$\begin{aligned} V = V_0 &+ \sum_i \left(\frac{\partial V}{\partial q_i}\right)_0 q_i + \frac{1}{2}\sum_i \sum_j \left(\frac{\partial^2 V}{\partial q_i \partial q_j}\right)_0 q_i q_j \\ &+ \frac{1}{3!}\sum_i \sum_j \sum_k \left(\frac{\partial^3 V}{\partial q_i \partial q_j \partial q_k}\right)_0 q_i q_j q_k + \ldots \end{aligned} \tag{6.85}$$

gegeben. Die Beschränkung auf den quadratischen Term ist nur für kleine Auslenkungen q_i gerechtfertigt. Für größere Schwingungsamplituden, wie sie im realen Molekül bei höherer Schwingunganregung durchaus vorkommen, kann man jedoch die Eigenwerte mit Hilfe einer Störungsrechnung bestimmen, wenn man vom harmonischen Potential V ausgeht (wobei die ersten beiden Terme null sind) und die höheren Terme der Taylorreihe als Störpotential V' ansetzt. Der Hamiltonoperator ist dann

$$\hat{H} = \hat{H}_0 + \hat{H}' \quad \text{mit} \quad \hat{H}_0 = \hat{T} + \hat{V} \quad \text{und} \quad \hat{H}' = \hat{V}' \, .$$

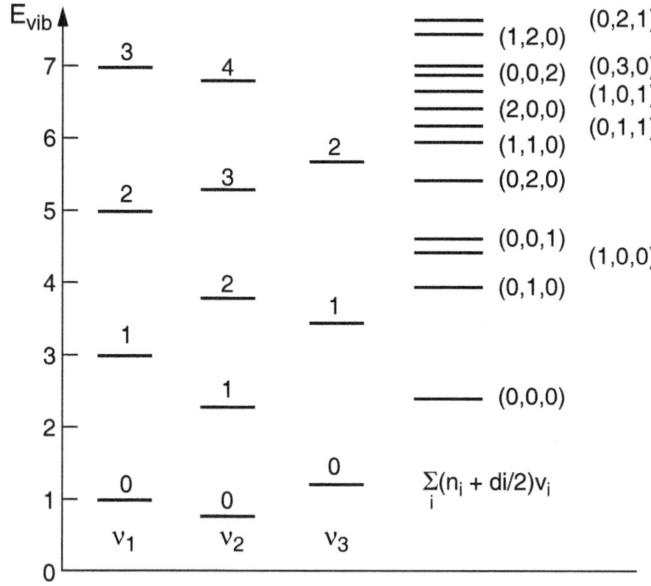

Abb. 6.13: Schematisches Schwingungsterm-Diagramm eines dreiatomigen Moleküls. Bei den Kombinationsschwingungen wird die Nullpunktsenergie der beteiligten Normalschwingungen mit berücksichtigt.

Die Eigenfunktionen ψ_v des harmonischen Oszillators in (6.83) dienen als Basis, nach der die Lösungen

$$\psi = \sum_k c_k \psi_{v_k} \tag{6.86}$$

der Schrödingergleichung, $H\psi = E\psi$, entwickelt werden.

Nach dem üblichen Verfahren der Störungsrechnung setzt man (6.86) in $H\psi = E\psi$ ein, multipliziert mit $\psi^*_{v_i}$ und integriert. Man erhält dann die Matrixelemente H_{ik}

$$H_{ik} = \int \psi^*_{v_i} \hat{H}' \psi_{v_k} \, \mathrm{d}\tau \tag{6.87}$$

des Störoperators H' gebildet mit den Wellenfunktionen des harmonischen Oszillators. Die Energiewerte des anharmonischen Oszillators E_i mit den Schwingungsquantenzahlen (v_1, v_2, v_3) lassen sich dann für nicht entartete Schwingungen durch

$$E_i^{\text{anh}} = E_i^0(v_1, v_2, v_3) + \sum_k \frac{H_{ik}^2}{E_i^0 - E_k^0} \tag{6.88}$$

ausdrücken, wobei E_i^0 die „ungestörten" Energien in harmonischer Näherung sind. Sind zwei Schwingungsniveaus in der harmonischen Näherung fast entartet (d. h.

$E_i^0 \simeq E_k^0$) so wird der Störanteil sehr groß und die Verschiebung der gestörten Niveaus E_i^{anh} bzw. E_k^{anh} wird besonders groß (die beiden Niveaus „stoßen sich ab"). Dieses Phänomen heißt *Fermi-Resonanz* und wird im Rahmen der allgemeinen Behandlung von Störungen im Kapitel 10 näher behandelt.

Da H' in (6.87) symmetrisch gegenüber allen Symmetrieoperationen des Moleküls sein muß, wird $H_{ik} = 0$, wenn ψ_{v_i} und ψ_{v_k} unterschiedliche Symmetrien haben, d. h. nur Schwingungsniveaus der gleichen Symmetrie können aufgrund der Anharmonizität des Potentials miteinander wechselwirken.

Durch das nichtharmonische Potential werden also Kopplungen zwischen den einzelnen Normalschwingungen bewirkt, d. h. jede Normalschwingung Q_i beeinflusst alle anderen Schwingungen Q_k der gleichen Symmetrie für die $H_{ik} \neq 0$.

Klassisch kann man sich diese Kopplung folgendermaßen klarmachen: Bei anharmonischem Potential können nicht mehr alle Kerne mit der gleichen Frequenz auf Geraden durch die Gleichgewichtslage schwingen, da die höheren Terme im Potential Querkräfte bewirken, die die Bahn umbiegen und auch die Frequenz für die verschiedenen Kerne unterschiedlich ändern. Es gibt also keine reinen Normalschwingungen mehr.

Die Gesamtschwingungsenergie kann für anharmonische Potentiale nicht mehr einfach als Summe von Energien der einzelnen Normalschwingungen dargestellt werden.

Man berücksichtigt diese Kopplungen summarisch durch Einführen von Kopplungskoeffizienten x_{ij} in die Termenergieformel:

$$\begin{aligned} G(v_1, v_2, \dots, v_{3N-6}) = &\sum_i \omega_i \left(v_i + \frac{d_i}{2}\right) \\ &+ \sum_i \sum_j x_{ij} \left(v_i + \frac{d_i}{2}\right)\left(v_j + \frac{d_j}{2}\right) \\ &+ \text{höhere Terme}\,. \end{aligned} \tag{6.89}$$

Durch die Anharmonizität des Potentials ändert sich der Symmetrietyp eines Schwingungszustandes $|v\rangle = \sum n_i |v_i\rangle$ nicht, da der Zusatzterm V' im Potential (6.85) totalsymmetrisch ist und daher in der Entwicklung (6.86) nur harmonische Oszillatorfunktionen der gleichen Symmetrie zu einer Normalschwingung beitragen. Die Symmetrie des Schwingungszustandes $|v\rangle$ ist daher die gleiche wie die des entsprechenden Zustandes bei harmonischem Potential.

6.3.6 Kopplungen zwischen Schwingung und Rotation

Bei den zweiatomigen Molekülen konnte die Schwingungs-Rotationswechselwirkung durch die Einführung einer effektiven Rotationskonstanten B_v (siehe (3.33)) zufriedenstellend beschrieben werden. Auch bei mehratomigen Molekülen hängen Rotationskonstanten vom jeweiligen Schwingungsniveau ab, weil durch die Schwingungen die mittleren Trägheitsmomente verändert werden. Man schreibt diese Abhängigkeit

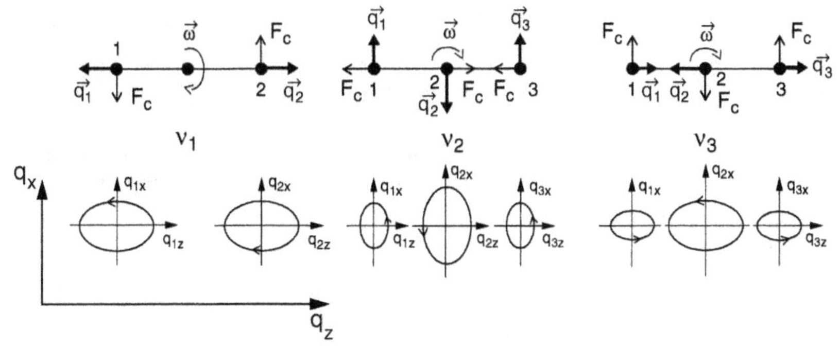

Abb. 6.14: Coriolis-Kopplung zwischen der Knickschwingung υ_2 und der asymmetrischen Streckschwingung eines linearen dreiatomigen Moleküls, das um eine Achse senkrecht zur Zeichenebene rotiert.

analog zu (3.43) als:

$$A_\upsilon = A_e - \sum_i \alpha_i^A (\upsilon_i + d_i/2) \ ;$$

$$B_\upsilon = B_e - \sum_i \alpha_i^B (\upsilon_i + d_i/2) \ ;$$

$$C_\upsilon = C_e - \sum_i \alpha_i^C (\upsilon_i + d_i/2) \ .$$

Die Corioliskraft spielt im rotierenden *zweiatomigen* Molekül nur für die Elektronenhülle eine (untergeordnete) Rolle, weil die Kernschwingung nur eindimensional in Richtung der Kernverbindungsachse erfolgt und daher wegen $\Delta \boldsymbol{r}_i \parallel \boldsymbol{v}_i$ der Coriolisterm in (6.7) null ist.

Bei den mehratomigen Molekülen mit ihren zwei- und dreidimensionalen Schwingungen ist die Situation komplexer. Außer der Veränderung der mittleren Trägheitsmomente durch die Schwingungen (schwingungsabhängige Rotationskonstanten) bewirken Corioliskräfte im rotierenden Molekül eine Kopplung zwischen verschiedenen Normalschwingungen. Außerdem können, wie wir in Abschn. 6.3.3 gesehen haben, entartete Schwingungen einen Drehimpuls $l\hbar$ haben, der mit dem Drehimpuls der Molekülrotation koppelt.

Wir wollen in diesem Abschnitt solche Kopplungen anschaulich behandeln: Wie man aus Abb. 6.14 sieht, zeigt die Corioliskraft

$$\boldsymbol{F}_\mathrm{C} = 2m\,(\boldsymbol{\omega} \times \boldsymbol{v}) \tag{6.90}$$

für einen mit der Geschwindigkeit $\boldsymbol{v}$ schwingenden Kern in die Richtung senkrecht zu $\boldsymbol{v}$. Sie bewirkt daher eine Ablenkung seiner sonst geraden Bahn zu einer gekrümmten Bahn und bewirkt, dass die Kerne im rotierenden Koordinatensystem des Moleküls, unter dem Einfluss der Gesamtkraft (Rückstellkraft + Corioliskraft) auch bei Normalschwingungen mit kleiner Amplitude nicht mehr auf einer Linie durch ihre Ruhelage schwingen, sondern elliptische Bahnen um ihre Ruhelage $q = 0$ durchlaufen. In Abb. 6.14 sind die Auslenkungen q_x und q_z der Kerne aus ihren Ruhelagen während einer Schwingungsperiode für ein lineares Molekül illustriert. Die Corioliskraft bewirkt für Kerne, die in z-Richtung schwingen, eine Auslenkung in x-Richtung und für Kerne mit v_x eine Auslenkung in z-Richtung. Dadurch entsteht eine Kopplung zwischen verschiedenen Normalschwingungen:

So wird z. B. bei der asymmetrischen Schwingung ν_3 infolge der Corioliskraft die Knickschwingung ν_2 angeregt und umgekehrt. D.h. ν_2 und ν_3 werden im rotierenden Molekül durch die Corioliskraft miteinander gekoppelt, während die symmetrische Schwingung ν_1 lediglich eine (kleine) Änderung der Rotationsgeschwindigkeit bewirkt, genau wie beim zweiatomigen Molekül, wo wir diesen Effekt durch eine effektive Rotationskonstante beschrieben haben (3.33). Welche Normalschwingungen durch die Corioliskraft miteinander koppeln, hängt von ihrer Symmetrie ab. Anders als bei der reinen Schwingungskopplung im nicht-rotierenden Molekül bewirkt die Corioliskraft eine Kopplung zwischen Schwingungsniveaus unterschiedlicher Symmetrie (siehe Kap. 8).

Da für die Rotationskonstanten im Schwingungszustand (ν_1, ν_2, ν_3) der mit den Schwingungsfunktionen gebildete Erwartungswert des Trägheitsmomentes maßgeblich ist, hängen die Rotationkonstanten, wie beim zweiatomigen Molekül, vom Schwingungszustand ab. Außerdem werden sie durch die Corioliskopplung beeinflusst.

Besondere Aufmerksamkeit erfordern Schwingungszustände, die im nichtrotierenden Molekül entartet sind. Durch die Wechselwirkung mit der Rotation spalten diese entarteten Zustände auf, wie in Abb. 6.15a am Beispiel der Knickschwingungen eines linearen Moleküls illustriert ist. Die beiden ohne Rotation entarteten Schwingungen können entweder in der yz-Ebene (oben) oder in der xz-Ebene (unten) erfolgen, während das Molekül um die x-Achse rotiert. Nun treten zwei Effekte auf:

1. Das mittlere Trägheitsmoment bezüglich der Rotationsachse ist während der Rotation für die obere Schwingung etwas kleiner als für die untere, d. h. auch die Rotationsenergie ist entsprechend unterschiedlich.

2. Im Fall (a) treten Corioliskräfte auf, die an die unsymmetrische Streckschwingung koppeln, während in (b) *keine* Corioliskräfte auftreten, da die Kernauslenkungen parallel zur Rotationsachse sind.

Deshalb spalten die beiden ohne Rotation entarteten Niveaus auf. Da jedoch im Allgemeinen die Energie der asymmetrischen Streckschwingung wesentlich größer ist als die der Knickschwingung, liegen die beiden miteinander wechselwirkenden Niveaus weit voneinander entfernt. Die Kopplung ist deshalb schwach und die Aufspaltung gering. Es gibt jedoch einen wesentlich größeren Effekt: Wenn die beiden Knickschwingungen sich mit einer Phasenverschiebung überlagern, führen die Kerne elliptische Bahnen um die Kernverbindungsachse des linearen Moleküls aus (Abb. 6.14) und es entsteht ein Schwingungsdrehimpuls l entlang der z-Achse (Abschn. 6.3.3), der sich zum Rotationsdrehimpuls N senkrecht zur z-Achse addiert. Der Gesamtdrehimpuls J steht dann nicht mehr senkrecht zur z-Achse (Abb. 6.15b).

Für ein lineares Molekül ist der Schwingungsdrehimpuls (außer dem Beitrag der Elektronenhülle) der einzige Anteil zur Komponente des Gesamtdrehimpulses in Richtung der Molekülachse. Bei einem Gesamtdrehimpuls $\boldsymbol{J}$ des Moleküls bleibt daher für die Rotationsenergie um eine Achse senkrecht zur Molekülachse nur der Anteil $B_v\left[J(J+1)-l^2\right]$ übrig.

Berücksichtigt man diesen Schwingungsdrehimpuls bei der Rotation eines schwingenden Moleküls in einem Σ-Zustand mit $\Lambda = 0$, so muss man in (3.18b) die Rotationsterme ergänzen zu

$$F(J) = B_v\left[J(J+1)-l^2\right] - D_v\left[J(J+1)-l^2\right]^2 , \qquad (6.91)$$

wobei $J = |l|, |l|+1, |l|+2, \ldots$ die Gesamtdrehimpulsquantenzahl ist. Ein rotierendes lineares Molekül in einem Knickschwingungszustand mit dem Schwingungsdrehimpuls $l\hbar$ hat also keine Rotationsniveaus mit $J < |l|$.

Nach (6.91) hängt der Termwert eines Rotations-Schwingungsniveaus von l^2 ab und wäre damit unabhängig von der Richtung von l. Hier ist die Coriolis-Kopplung noch nicht berücksichtigt. Führt man diese ein, so kommen zu (6.91) noch Kopplungsterme hinzu und man erhält nach längerer Rechnung

$$\begin{aligned} F_{v_i}^{\pm}(J, l^{\pm}) = B_v\left[J(J+1)-l^2\right] - D_v\left[J(J+1)-l^2\right]^2 \\ \pm \frac{q_i}{4}(v_i+1)J(J+1) , \end{aligned} \qquad (6.92)$$

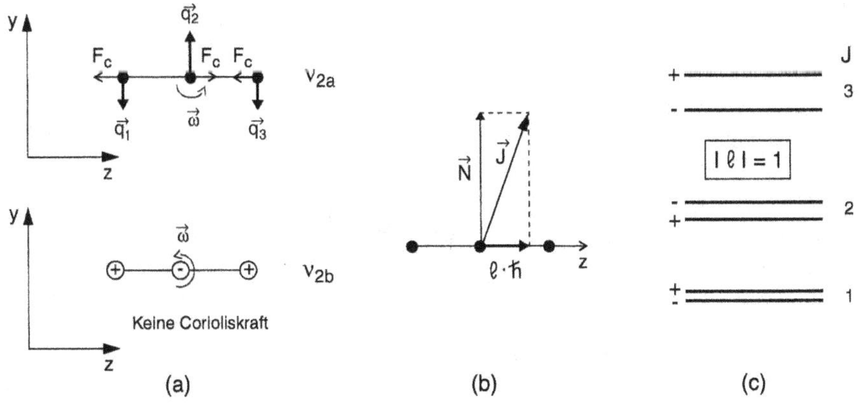

Abb. 6.15: a) Unterschiedliche Beeinflussung zweier im nichtrotierenden Molekül entarteten Knickschwingungen durch die Corioliskraft im rotierenden Molekül. b) Addition von Drehimpuls $\boldsymbol{N}$ der Molekülrotation und Schwingungsdrehimpuls $l\hbar$ zum Gesamtdrehimpuls $\boldsymbol{J}$, c) Aufhebung der Entartung der beiden l-Komponenten einer Knickschwingung eines linearen dreiatomigen Moleküls durch die Rotation des Moleküls um eine Achse senkrecht zur z-Achse für die Schwingungsdrehimpuls-Quantenzahl $l = 1$.

wobei der Parameter q_i von der Stärke der Kopplung zwischen den durch die Coriolis-Wechselwirkung miteinander koppelnden Schwingungsniveaus abhängt. Die durch die Wechselwirkung bedingte l-Aufspaltung der Niveaus mit gleichem $|l|$ wird

$$\Delta F = F^+ - F^- = (q_i/2)(v_i + 1)J(J + 1)$$

Die Größe q sinkt mit wachsendem l, sodass die Aufspaltung nur für $|l| = 1$ merkliche Werte annimmt und für $l > 1$ im Allgemeinen vernachlässigbar ist.

Für ein symmetrisches lineares Molekül AB_2 erhält man z. B. für $l = 1$:

$$q_{v_2}(l = 1) = \frac{B_e^2}{\omega_e}\left(1 + \frac{\xi_{23} 4\omega_2^2}{\omega_3^2 - \omega_2^2}\right) , \tag{6.93}$$

wobei ω_2 die Frequenz der Knickschwingung und ω_3 die der Streckschwingung ist, die durch Coriolis-Wechselwirkung (beschrieben durch den Parameter ξ_{23}) mit der Knickschwingung koppelt [6.9].

Für die Termwerte T eines Schwingungs-Rotations-Niveaus erhält man dann den Ausdruck:

$$T(v_1, v_2, v_3, J, l) = G(v_1, v_2, v_3) + F_v(J, l) , \tag{6.94}$$

wobei der Schwingungstermwert:

$$G(v_1, v_2, v_3) = \sum_i \omega_i(v_i + d_i/2) + \sum_{i,k} x_{ik}(v_i + d_i/2)(v_k + d_k/2) \tag{6.95}$$

wie im nichtrotierenden Molekül bleibt, während im Rotationstermwert

$$\begin{aligned} F_v^{\pm}(J, v) = {} & B_v\left(J(J + 1) - l^2\right) - D_v\left[J(J + 1) - l^2\right]^2 \\ & \pm \frac{q_v}{4}(v + 1)J(J + 1) \end{aligned} \tag{6.96}$$

die effektive Rotationskonstante B_v die Änderung des Trägheitsmomentes mit der Schwingungsquantenzahl angibt und damit einen Teil der Schwingungs-Rotations-Kopplung beschreibt. Der 2. Term berücksichtigt die Zentrifugalaufweitung und der 3. Term den Einfluss der Coriolis-Wechselwirkung auf die l-Aufspaltung. Die beiden l-Komponenten eines Rotations-Niveaus haben entgegengesetzte Parität. (Abb. 6.15c). Eine detailliertere Darstellung dieses Themenkreises findet man in [6.8–6.10].

7 Elektronische Zustände mehratomiger Moleküle

Während die elektronischen Energien zweiatomiger Moleküle im Rahmen der Born-Oppenheimer-Näherung durch Potentialkurven $E_p(R)$ beschrieben werden können, die nur vom Kernabstand R abhängen, braucht man für mehratomige Atome Potentialflächen in einem N-dimensionalen Raum. So hängen z. B. die Potentialflächen $E(R_1, R_2, \alpha)$ dreiatomiger nichtlinearer Moleküle von drei Parametern ab (zwei Kernabstände R_i und ein Winkel α).

7.1 Molekülorbitale

Genau wie bei zweiatomigen Molekülen muss man die Wellenfunktionen der elektronischen Zustände berechnen, um $E_p(R_1, R_2, \ldots, \alpha_1, \alpha_2, \ldots)$ aus der Schrödinger-Gleichung zu bestimmen. Wie in Abschn. 2.8 diskutiert wurde, werden als angenäherte Wellenfunktionen Ψ Linearkombinationen von Basisfunktionen ϕ_i (z. B. Gaußfunktionen oder auch Atomorbitale) gewählt:

$$\Psi = \sum_i^n c_i \phi_i \,, \tag{7.1}$$

wobei die Koeffizienten c_i mit Hilfe des Variationsverfahrens so optimiert werden, dass die Energie des Zustandes minimal wird. Diese Funktionen Ψ heißen *Molekülorbitale*. Aus n Basisfunktionen lassen sich n verschiedene, zueinander orthogonale Molekülorbitale bilden.

Wir hatten schon in Abschn. 2.8 gesehen, dass in der Linearkombination nur Basisfunktionen verwendet werden können, die zur gleichen Symmetriespezies des Moleküls gehören.

In der Sprache der Gruppentheorie (Kapitel 5) heißt dies, dass nur solche Molekülorbitale Ψ zugelassen sind, welche eine Basis für eine irreduzible Darstellung der molekularen Punktgruppe des Moleküls bilden.

Werden Atomorbitale als Basisfunktionen ϕ_i gewählt, so muss man beachten, dass jedes Atomorbital als Koordinatenursprung „seinen“ Atomkern hat. Man nennt das Molekülorbital deshalb auch mehrzentrisch oder „delokalisiert“. Um die Linearkombination (7.1) in einem einheitlichen Koordinatensystem beschreiben zu können, müssen deshalb die entsprechenden Koordinatentransformationen vorgenommen werden.

Berechnet man die Wellenfunktion Ψ_k eines elektronischen Zustandes $|k\rangle$ für viele mögliche geometrische Anordnungen der N Kerne, so ergibt die wirkliche, d. h. richtige Geometrie die minimale Energie.

$$\frac{\partial E_k^{\text{pot}}}{\partial \boldsymbol{R}_i} = 0 \,, \quad i = 1, 2, \ldots, N \,. \tag{7.2}$$

Die Berechnung der Energieflächen wird umso genauer, je mehr symmetrieangepasste Basisfunktionen verwendet werden. Dies macht die Rechnungen natürlich auch aufwendiger und zeitintensiver.

Neben diesen genauen Ab-initio-Rechnungen gibt es einfache anschaulichere Modelle, bei denen nur wenige Atomorbitale verwendet werden, wobei solche ausgesucht werden, die zur Bindung zwischen den Atomen wesentlich beitragen und deshalb auf die Valenzelektronen der an der Bindung beteiligten Atome beschränkt werden.

Obwohl diese Valenzbindungs-Methode mehr qualitative als exakte quantitative Resultate bringt, macht sie doch den Ursprung und den Charakter der chemischen Bindung deutlich [7.1]. Vor allem gibt sie in vielen Fällen einfache Erklärungen für die vorliegende Geometrie eines Moleküls. Sie gibt auch Abschätzungen der energetischen Reihenfolge der verschiedenen aus den atomaren Valenzorbitalen gebildeten Molekülorbitale.

Als eine Faustregel gilt: Je geringer die Zahl der radialen Knotenflächen der Wellenfunktion Ψ ist, desto tiefer liegt die Energie des entsprechenden Zustandes, weil dann die Elektronendichte zwischen den Atomen größer wird.

Die Symmetriebezeichnungen der Molekülorbitale richten sich nach der Symmetriegruppe des Moleküls und dem Verhalten der Wellenfunktion bei den Symmetrieoperationen dieser Gruppe. Bei linearen Molekülen der Punktgruppe $D_{\infty\text{h}}$ haben die Orbitale gerade Symmetrie, wenn die Wellenfunktion bei der Inversion am Ladungsschwerpunkt in sich übergeht und ungerade Symmetrie, wenn ihr Vorzeichen sich ändert (siehe auch die entsprechende Diskussion in Abschn. 2.4.2).

Die Parität der Orbitale ist positiv, wenn die Wellenfunktion bei der Spiegelung an einer Ebene durch die Molekülachse in sich übergeht, die Parität ist negativ, wenn sich dabei das Vorzeichen ändert.

Bei nichtlinearen Molekülen müssen die Symmetrieoperationen der entsprechenden Punktgruppe betrachtet werden. So können die Orbitale von Molekülen der Punktgruppe $C_{2\text{v}}$ die Symmetrien A_1, A_2, B_1 oder B_2 haben, je nachdem, wie sie sich bei den Symmetrieoperationen der Symmetriegruppe verhalten. Bei den Punktgruppen $C_{n\text{v}}$, $D_{n\text{h}}$, oder $D_{n\text{v}}$ mit $n > 2$ können auch entartete Orbitale der Symmetrie E vorkommen, die bei den Symmetrieoperationen in eine Linearkombination anderer Orbitale übergehen (siehe die Charaktertafeln im Anhang).

Zur Illustration sind in Abb. 7.1 einige Molekülorbitale schematisch dargestellt. In der oberen Reihe sind für lineare dreiatomige AH_2-Moleküle (A beliebiges Atom) die Orbitale der untersten Energiezustände dargestellt, die sich aus den Kombinationen

$\sigma_g^+ = 1s(H_1) + 1s(H_2) + ns(A)$ (keine Knotenebene) bzw. $\sigma_u^+ = 1s(H_1) + 1s(H_2) + np_z(A)$ (eine Knotenebene) zusammensetzen.

In der unteren Reihe sind molekulare Π-Orbitale für lineare AB_2-Moleküle gezeigt. Die Kombination $1\Pi_u = p_x(B_1) + p_x(A) + p_x(B_2)$ hat keine Knotenebene und beschreibt den tiefsten der drei Π-Zustände. Das Molekülorbital $1\Pi_g =$

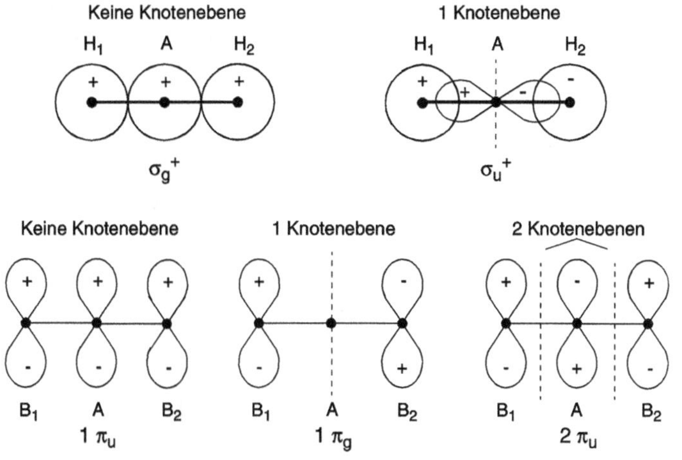

Abb. 7.1: Beispiele für Molekülorbitale. Obere Reihe: σ-Orbitale linearer AH_2-Moleküle. , untere Reihe: π-Orbitale linearer AB_2-Moleküle

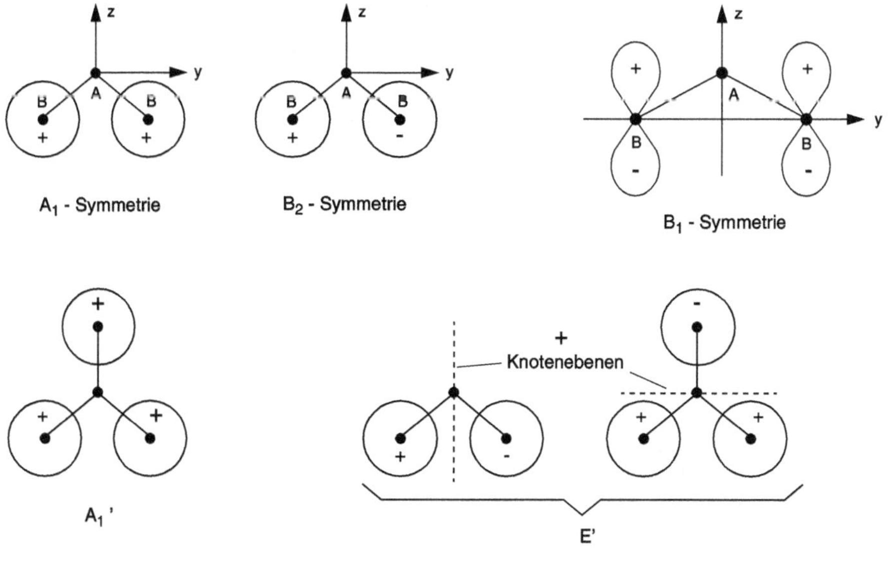

Abb. 7.2: Obere Reihe: Orbitale von Molekülen der C_{2v}-Symmetriegruppe. Untere Reihe: Nichtentartetes A_1'- Orbital und entartetes E'-Orbital von Molekülen der D_{3h} Gruppe.

$p_x(B_1) - p_x(B_2)$ hat eine Knotenebene am Ort des Atoms A, während die Kombination $2\Pi_u = p_x(B_1) - p_x(A) + p_x(B_2)$ zwei Knotenebenen hat und der entsprechende Molekülzustand daher die höchste Energie der drei Π-Orbitale aufweist.

In Abb. 7.2 werden einige Orbitale nichtlinearer Moleküle dargestellt. In der oberen Reihe sind nicht-entartete Orbitale für Moleküle der C_{2v}-Gruppe mit ihren Symmetrien aufgeführt, in der unteren Reihe Orbitale für Moleküle der Symmetrie D_{3h}.

Diese allgemeinen Prinzipien sollen nun an einigen konkreten Beispielen verdeutlicht werden. Vorher wollen wir jedoch noch das Prinzip der „Hybridisierung" diskutieren.

7.2 Hybridisierung

Auf Grund der Wechselwirkung zwischen den an der Bindung beteiligten Atome werden deren Elektronenhüllen verformt. Die 1*s*-Orbitale bleiben dann nicht mehr kugelsymmetrisch. Man kann dies näherungsweise berücksichtigen, wenn man die entsprechenden Molekülorbitale durch Linearkombinationen von *s*, *p*, *d*, ... Atomorbitalen beschreibt. Man nennt solche Funktionen auch Hybridfunktionen.

Werden nur *s*- und *p*-Orbitale verwendet, so spricht man von *s*-*p*-Hybridisierung.

Wir wollen dies am Beispiel des C-Atoms illustrieren (Abb. 7.3). Die Elektronenkonfiguration im Grundzustand des C-Atoms $(1s^2)\,(2s^2)\,(2p_x)\,(2p_y)$ zeigt, dass je ein ungepaartes Elektron im p_x und p_y Orbital sitzt. Da nur ungepaarte Elektronen zur Bindung beitragen, führt diese Konfiguration zu zwei gerichteten Bindungen in *x*- und *y*-Richtung. Wenn sich z. B. zwei H-Atome mit dem C-Atom verbinden, würden ihre 1*s*-Orbitale einen maximalen Überlapp in *x*- und *y*-Richtung haben und der Bindungswinkel wäre 90°.

Es kann nun jedoch energetisch günstiger sein, wenn außer den beiden 2*p*-Elektronen auch eines der beiden 2*s*-Elektronen an der Bindung beteiligt ist. Wenn nämlich die

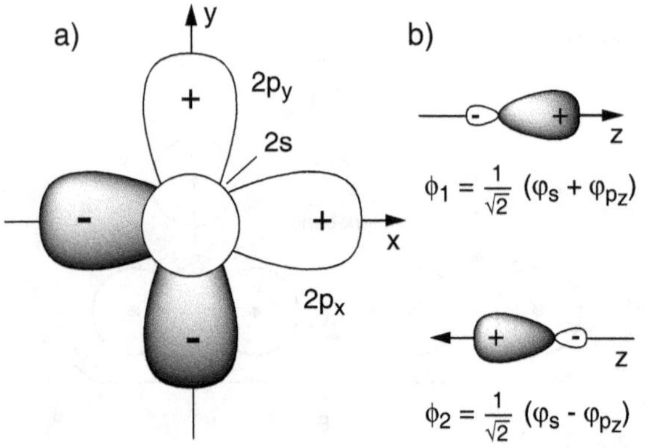

Abb. 7.3: a) Orbitale des freien C-Atoms, mit den Bindungsrichtungen der ungepaarten Elektronen in den p_x- und p_y-Atomorbitalen b) Die beiden sp_z-Hybridorbitale.

positive Energie, die man aufwenden muss, um das $2s$-Elektron in den $2p$-Zustand anzuheben, überkompensiert wird durch den zusätzlichen Gewinn an negativer Bindungsenergie, wird dies energetisch vorteilhaft und deshalb auch realisiert [2.17].

Da die beiden p_x- und p_y-Orbitale bereits mit je einem Elektron besetzt sind, kann nur die p_z-Funktion zur Hybridisierung verwendet werden.

Die beiden möglichen zueinander orthogonalen sp_z-Hybrid-Atomorbitale sind dann

$$\phi_1(s, p_z) = c_1\phi(s) + c_2\phi(p_z) \, ,$$
$$\phi_2(s, p_z) = c_3\phi(s) + c_4\phi(p_z) \, . \tag{7.3}$$

Aus der Normierungsbedingung und der Orthogonalität

$$\int |\phi_i|^2 \, d\tau = 1 \, ; \quad \int \phi_1\phi_2 \, d\tau = 0 \tag{7.4}$$

folgt durch Einsetzen von (7.3) für die Koeffizienten

$$c_1 = c_2 = c_3 = \frac{1}{\sqrt{2}} \, ; \quad c_4 = -\frac{1}{\sqrt{2}} \, ,$$

sodass wir für die beiden Hybrid-Atomorbitale erhalten:

$$\phi_1 = \frac{1}{\sqrt{2}} [\phi(s) + \phi(p_z)] \, ,$$
$$\phi_2 = \frac{1}{\sqrt{2}} [\phi(s) - \phi(p_z)] \, . \tag{7.5}$$

Setzt man für $\phi(s)$ und $\phi(p_z)$ Wasserstoff-Wellenfunktionen [2.18] ein, so sieht man, dass der normierte Winkelanteil der Hybrid-Orbitale

$$\phi_{1,2}(\vartheta) = \frac{1}{2\sqrt{2\pi}} \left[1 \pm \sqrt{3}\cos\vartheta\right] \tag{7.6}$$

wird, wenn ϑ der Winkel gegen die z-Achse ist. Dies zeigt, dass $|\phi_1|^2$ maximal wird für $\vartheta = 0°$, $|\phi_2|^2$ für $\vartheta = 180°$ (Abb. 7.3b).

Das C-Atom erhält also durch die s-p-Hybridisierung zwei zusätzliche entgegengerichtete Bindungen in $\pm z$-Richtung, beschrieben durch die Hybrid-Atomorbitale (7.5). Zusammen mit den p_x- und p_y-Orbitalen ergeben sich also vier freie Bindungen.

Für manche Verbindungen des C-Atoms mit anderen Atomen ist es energetisch günstiger, wenn das s-Elektron und die beiden p-Elektronen eine räumliche Ladungsverteilung bilden, die durch eine Linearkombination eines s-Orbitals und zweier

p-Orbitale dargestellt wird. Für eine solche sp^2-Hybridisierung können drei Molekülorbitale aus verschiedenen Linearkombinationen von $\phi(s)$, $\phi(p_x)$ und $\phi(p_y)$ gebildet werden. Analog zu den Überlegungen bei der sp-Hybridisierung erhält man die drei orthonormalen Hybridfunktionen

$$\begin{aligned}
\phi_1\left(sp^2\right) &= \frac{1}{\sqrt{3}}\phi(s) + \sqrt{\frac{2}{3}}\phi(p_x)\,, \\
\phi_2\left(sp^2\right) &= \frac{1}{\sqrt{3}}\phi(s) - \frac{1}{\sqrt{6}}\phi(p_x) + \frac{1}{\sqrt{2}}\phi(p_y)\,, \\
\phi_3\left(sp^2\right) &= \frac{1}{\sqrt{3}}\phi(s) - \frac{1}{\sqrt{6}}\phi(p_x) - \frac{1}{\sqrt{2}}\phi(p_y)\,.
\end{aligned} \tag{7.7}$$

Ihre Winkelanteile sind

$$\begin{aligned}
\phi_1(\varphi) &= \frac{1}{2\sqrt{\pi}}\left(\frac{1}{\sqrt{3}} + \sqrt{2}\cos\varphi\right)\,, \\
\phi_2(\varphi) &= \frac{1}{2\sqrt{\pi}}\left(\frac{1}{\sqrt{3}} - \frac{1}{\sqrt{2}}\cos\varphi + \sqrt{\frac{3}{2}}\sin\varphi\right)\,, \\
\phi_3(\varphi) &= \frac{1}{2\sqrt{\pi}}\left(\frac{1}{\sqrt{3}} - \frac{1}{\sqrt{2}}\cos\varphi - \sqrt{\frac{3}{2}}\sin\varphi\right)\,,
\end{aligned} \tag{7.8}$$

wobei φ der Winkel gegen die x-Achse ist (Abb. 7.4). Man sieht durch Einsetzen in (7.8), dass die drei Funktionen ihr Maximum für ϕ_1 bei $\varphi = 0$, für ϕ_2 bei $\varphi = 120°$ und für ϕ_3 bei $\varphi = 240°$ bzw. $\varphi = -120°$ annehmen.

Ein Atomorbital, das durch sp^2-Hybridisierung gebildet wird, beschreibt daher drei gerichtete Bindungen, die in einer Ebene liegen und vom Zentrum zu den Ecken eines gleichseitigen Dreiecks zeigen.

Bei manchen Molekülen, wie z. B. dem Methanmolekül CH_4, das eine Tetraedergeometrie hat, werden die Atomorbitale des C-Atoms am Besten durch eine sp^3-Hybridfunktion angenähert, d. h. das s-Orbital mischt mit allen drei p-Orbitalen.

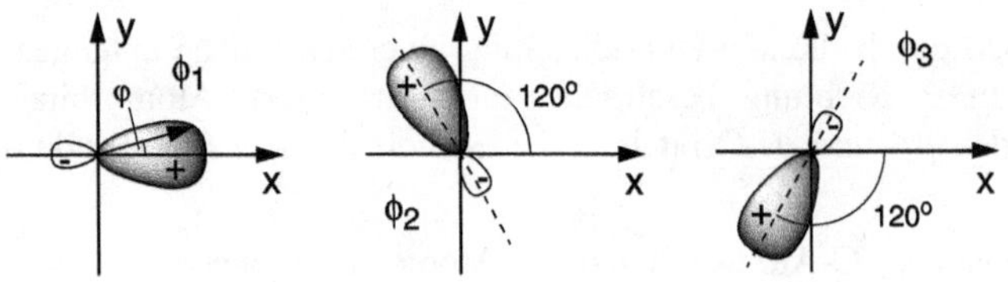

Abb. 7.4: Die Atomorbitale der sp^2-Hybridisierung.

Man erhält dann die orthonormierten Hybridfunktionen

$$\begin{aligned}
\phi_1 &= \frac{1}{2}\phi(s) + \frac{\sqrt{3}}{2}\phi(p_z)\,, \\
\phi_2 &= \frac{1}{2}\phi(s) + \sqrt{\frac{2}{3}}\phi(p_x) - \frac{1}{2\sqrt{3}}\phi(p_z)\,, \\
\phi_3 &= \frac{1}{2}\phi(s) - \frac{1}{\sqrt{6}}\phi(p_x) + \frac{1}{\sqrt{2}}\phi(p_y) - \frac{1}{2\sqrt{3}}\phi(p_z)\,, \\
\phi_4 &= \frac{1}{2}\phi(s) - \frac{1}{\sqrt{6}}\phi(p_x) - \frac{1}{\sqrt{2}}\phi(p_y) - \frac{1}{2\sqrt{3}}\phi(p_z)\,.
\end{aligned} \tag{7.9}$$

Setzt man in (7.9) die Winkelanteile der Funktionen ein, so ergeben sich für die sp^3-Hybridisierung die in Abb. 7.5 gezeigten Atomorbitale, deren Maxima in die vier Ecken eines Tetraeders zeigen, wenn der C-Atomkern im Zentrum des Tetraeders sitzt.

Außer den p-Orbitalen können bei schwereren Atomen für die Optimierung der Bindung auch d-Orbitale zum Hybridorbital beitragen. Auch sie beschreiben gerichtete Bindungen, die zu unterschiedlichen Molekülgeometrien führen. So ergibt z. B. die sp^2d-Hybridisierung vier Maxima des Hybridorbitals, die alle in einer Ebene liegen und Winkel von 90° miteinander bilden. Ein Atom, dessen Valenzorbitale durch die vier Hybridorbitale der sp^2d-Mischung beschrieben werden, kann also mit vier anderen gleichen Atomen ein Molekül mit planarer quadratischer Geometrie bilden. In Tabelle 7.1 sind einige Beispiele für Hybridorbitale zusammengefasst.

Der Grund für die Wahl von Hybridorbitalen ist die Minimierung der Gesamtenergie durch Maximierung der Bindungsenergie. Diese hängt ab vom Wert des Überlappintegrals S der an einer Bindung beteiligten Atomorbitale.

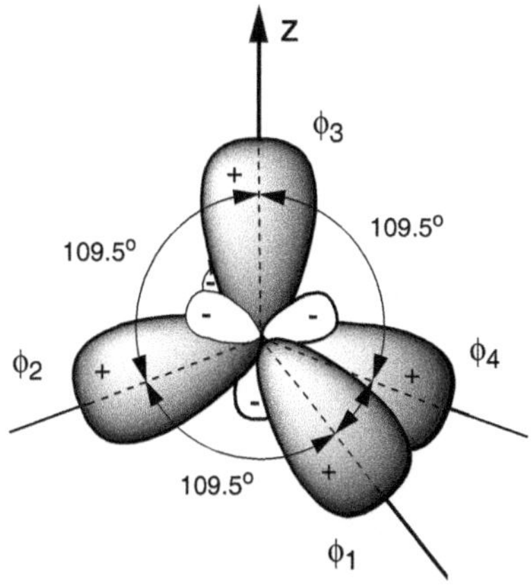

Abb. 7.5: Die Orbitale der sp^3-Hybridisierung mit ihren räumlichen Orientierungen.

Tabelle 7.1: Hybrid-Orbitale

Orbital	geometrische Anordnung	Koordinationszahl
sp, dp	linear	2
p^2, sd	gewinkelt	2
sp^2, s^2d	trigonal planar (120°)	3
p^3	trigonal pyramidal	3
sp^3	tetraedrisch	4
sp^3d	bipyramidal	5
sp^3d^2	oktaedrisch	6

Um diejenigen Wellenfunktionen zu bestimmen, die den maximalen Wert von S ergeben, machen wir statt (7.5) den flexibleren Ansatz

$$\phi = \frac{1}{\sqrt{1+\lambda^2}}\left[\phi(s) + \lambda\phi(p)\right] , \tag{7.10}$$

wobei λ ein zu optimierender Parameter im Wertebereich zwischen null und eins ist. In Abb. 7.6 ist der Wert des Überlappintegrals S zwischen den beiden Hybridorbitalen einer C−C-Bindung als Funktion des s-Anteils

$$\frac{1}{S(\phi(s))|^2 \, \mathrm{d}t} |S(\phi)|^2 \, \mathrm{d}t = \frac{1}{1+\lambda^2}$$

aufgetragen. Man sieht, dass man den größten Überlapp für die sp-Hybridorbitale mit 50% s-Anteil erhält. Der Wert von S steigt von $S = 0{,}3$ ohne Hybridisierung

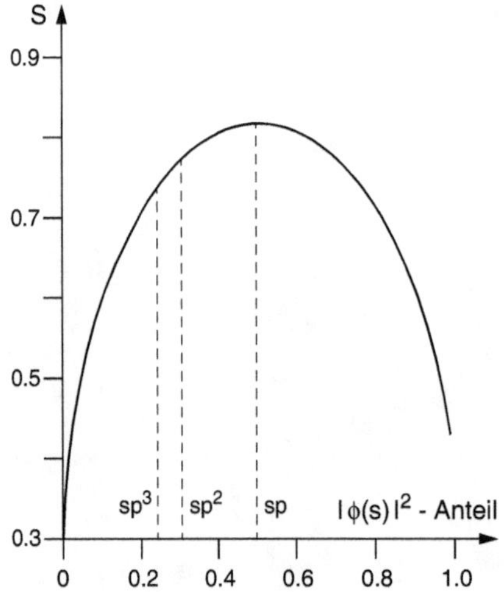

Abb. 7.6: Wert des Überlappintegrals zwischen zwei hybridisierten Atomorbitalen als Funktion des s-Anteils für die C−C-Bindung bei einem Kernabstand $R = 4/3$ Bohr.

auf $S = 0{,}85$ bei optimaler sp-Hybridisierung. Deshalb wird der Energieaufwand für die Anhebung der beiden s-Elektronen in den beiden Hybridorbitalen bei weitem überkompensiert durch die Erhöhung der Bindungsenergie, die zu einer Absenkung der Gesamtenergie führt.

Bei der Molekülbindung werden die Elektronenhüllen der Atome so verformt (d. h. umgeordnet), dass bei minimaler Gesamtenergie ein maximaler Überlapp für alle Bindungen erreicht wird. Dies legt auch die Geometrie des Moleküls im Grundzustand fest.

Man beachte: Alle Moleküle nehmen im Grundzustand die Geometrie an, bei der ihre Gesamtenergie minimal wird, d. h. die Grundzustandsgeometrie entspricht dem Minimum der Potentialfläche.

7.3 Dreiatomige Moleküle

Man kann bereits an dreiatomigen Molekülen viele der prinzipiellen Aspekte der Bildung von optimalen Molekülorbitalen lernen. Die Potentialfläche eines nichtlinearen Moleküls ABC hängt von den drei Parametern R_1(AB), R_2(BC) und dem Winkel $\alpha = \sphericalangle$ABC ab. Bei linearen dreiatomigen Molekülen, die wie die zweiatomigen zur Punktgruppe $C_{\infty \mathrm{h}}$ oder $D_{\infty \mathrm{h}}$ gehören, hängt $E(R_1, R_2)$ von den beiden Kernabständen ab. Die Potentialfläche hat eine Minimums-Rinne für $\alpha = 180°$.

Wir wollen die Konstruktion von Molekülorbitalen an einigen speziellen Molekülen illustrieren.

7.3.1 Das BeH_2-Molekül

Das Beryllium-Dihydridmolekül BeH_2 ist linear. Es gehört zur Symmetriegruppe $D_{\infty \mathrm{h}}$. Die Elektronenkonfiguration von Be ist $1s^2 2s^2$ und es gibt außerdem drei nicht besetzte $2p$-Orbitale, die energetisch dicht über den $2s$-Orbitalen liegen. Die $1s^2$-Orbitale sind eng um den Berylliumkern zentriert und tragen zur Bindung mit den H-Atomen praktisch nicht bei.

Wählt man die z-Achse als Kernverbindungsachse, so sind die $2p_x$- und $2p_y$-Orbitale orthogonal zu den beiden $1s$-Orbitalen der H-Atome (Abb. 7.7) und tragen deshalb zur Bindung nichts bei (das Überlapp-Integral ist null!).

Aus den übrigen vier Atomorbitalen (zwei $1s$ der H-Atome und $2s$ und $2p_z$ vom Be-Atom) lassen sich durch Linearkombinationen die folgenden vier Molekülorbitale bilden:

$$\Psi_1(\sigma_1) = c_1 \phi_1(\mathrm{H}_{1s}) + c_2 \phi_2(\mathrm{Be}_{2s}) + c_3 \phi_3(\mathrm{H}_{1s}) \ .$$

Aus Symmetriegründen ist $c_1 = c_3$, was hier zu 1 normiert wird. In abgekürzter Schreibweise wird dann ψ_1:

$$\Psi_1 = s_1 + \lambda_1 s + s_2 \ , \qquad \bigoplus \ \oplus \ \bigoplus \qquad (7.11)$$

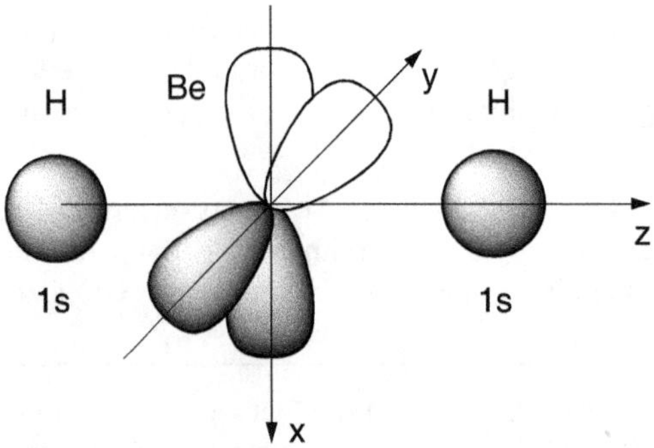

Abb. 7.7: Nichtbindende Molekülorbitale im BeH_2-Molekül.

wobei $\lambda_1 s$ der relative Anteil des Be(2s)-Orbitals ist. Das Molekülorbital hat σ_g-Symmetrie.

Das energetisch nächst höhere Molekülorbital hat eine Knotenebene am Be-Atom und heißt in der abgekürzten Schreibweise:

Knotenebene

$$\Psi_2 = s_1 + \lambda_2 p_z - s_2 \qquad \bigoplus \quad \oplus \;\vdots\; \ominus \quad \bigominus \tag{7.12}$$

Die Wellenfunktion Ψ_2 beschreibt ein σ_u-Orbital.

Das dritte Molekülorbital hat zwei Knotenebenen und heißt:

$$\Psi_3 = s_1 - \lambda_3 s + s_2 \,. \qquad \bigoplus \;\vdots\; \ominus \;\vdots\; \bigoplus \tag{7.13}$$

Die Berechnung der zugehörigen Energie ergibt, dass Ψ_3 ein antibindendes Orbital ist. Seine Energie liegt also oberhalb der Energie der atomaren Zustände, aus denen es gebildet wurde. Sie liegt sogar oberhalb der Π-Orbitale, die aus den Atomorbitalen p_x und p_y des Be-Atoms und den 1s-Atomorbitalen der H-Atome gebildet werden. Schließlich hat das energetisch höchste der vier Molekülorbitale drei Knotenebenen:

$$\Psi_4 = -s_1 + \lambda_4 p_z + s_2 \,. \qquad \bigominus \;\vdots\; \oplus \;\vdots\; \ominus \;\vdots\; \bigoplus \tag{7.14}$$

Da jedes Molekülorbital mit zwei Elektronen (mit entgegengesetztem Spin) besetzt ist, tragen also vier Valenzelektronen von Be und H in den Orbitalen $\Psi_1(\sigma_1)$ und $\Psi_2(\sigma_2)$ zur gesamten Bindung bei, je zwei für jede der beiden Bindungen im H-Be-H Molekül. Die beiden Elektronen im Be (1s)-Zustand bleiben unberücksichtigt.

In Abb. 7.8 ist das entsprechende Energiediagramm gezeigt und Abb. 7.9 illustriert die Ortsabhängigkeit der Elektronendichte im Grundzustand des BeH_2-Moleküls durch die Dichte der Punkte.

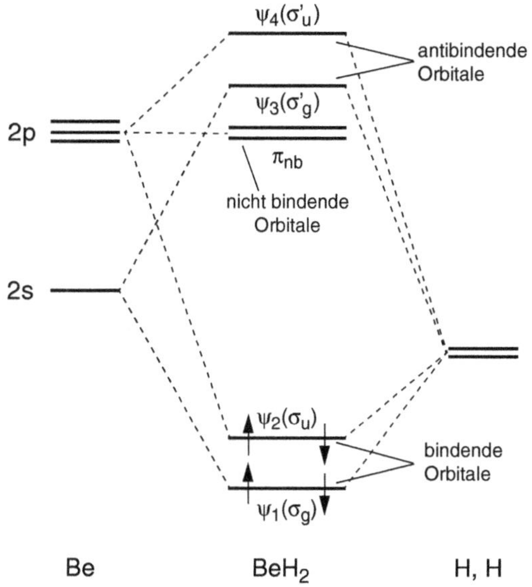

Abb. 7.8: Energieterme des BeH_2 im Vergleich zu den atomaren Energiezuständen.

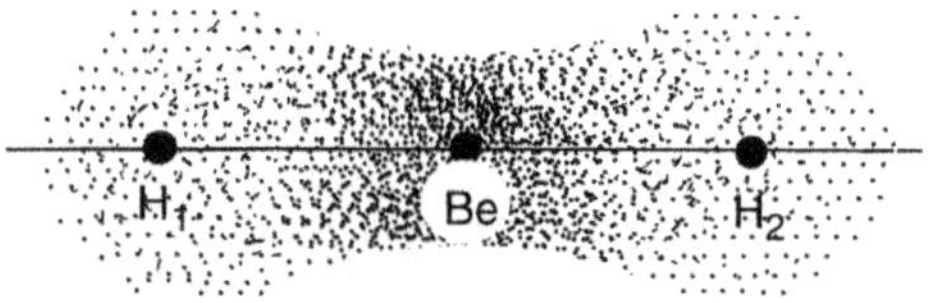

Abb. 7.9: Elektronendichteverteilung im elektrischen $^1\Sigma_g$ Grundzustand des BeH_2-Moleküls.

7.3.2 Das H_2O-Molekül

Das H_2O-Molekül soll hier als Beispiel für allgemeine AH_2-Moleküle (A = irgendein Atom) etwas ausführlicher behandelt werden. Man kann an ihm auch die Symmetrieeigenschaften der Atom- und Molekülorbitale demonstrieren. Da die gewinkelten AH_2-Moleküle zur C_{2v} Punktgruppe gehören, gibt es die Symmetriespezies A_1, A_2, B_1, B_2 (siehe Abschn. 5.5).

Zur Bestimmung der Molekülorbitale stehen die beiden $1s$ Atomorbitale der H-Atome und die vier besetzten $2s$- und $2p$-Orbitale des O-Atoms ($1s^2, 2s^2, 2p^4$) zur Verfügung. Legen wir die xy-Ebene in die Molekülebene, so hat das $2p_z$-Atomorbital keinen Überlapp mit den $1s$-Atomorbitalen der H-Atome ($S = 0$) (Abb. 7.10).

In einer ersten Näherung, in der wir den Beitrag der $2s$-Elektronen vernachlässigen, betrachten wir zuerst nur die $2p_x$- und $2p_y$-Orbitale des O-Atoms, die mit den $1s$-Orbitalen der beiden H-Atome überlappen und dadurch zu einer Bindung führen.

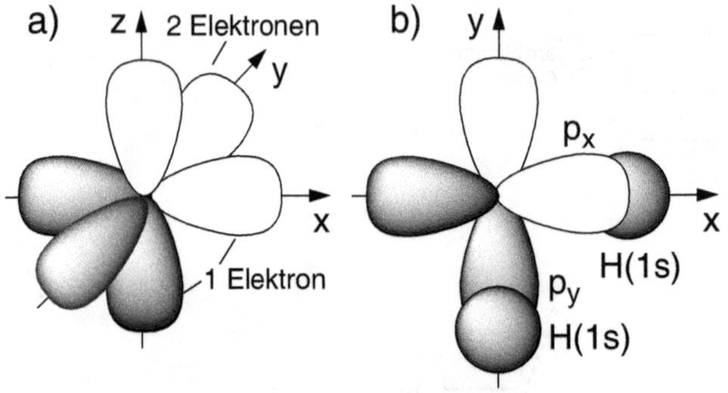

Abb. 7.10: a) Die drei $2p$-Orbitale des O-Atoms. b) Bindung zwischen den $1s$-Orbitalen der H-Atome und den $2p_x$, $2p_y$ Atomorbitalen des O-Atoms.

Wir erhalten deshalb in dieser Näherung die beiden Molekülorbitale

$$\begin{aligned} \Psi_1 &= \phi(1s) + \lambda\phi(2p_x) \;, \\ \Psi_2 &= \phi(1s) + \lambda\phi(2p_y) \;, \end{aligned} \tag{7.15}$$

die in x- bzw. y-Richtung ihre maximalen Werte annehmen. Wir erwarten deshalb für das H_2O-Molekül eine gewinkelte Struktur mit einem Bindungswinkel $\alpha = 90°$. Der experimentelle Wert ist $\alpha = 105°$. Für diese zwar kleine, aber doch signifikante Abweichung gibt es zwei Gründe:

1. Infolge der Wechselwirkung zwischen H- und O-Atom tritt eine Ladungsverschiebung auf, sodass das O-Atom leicht negativ, die H-Atome entsprechend positiv geladen sind, wie man aus dem Dipolmoment des H_2O-Moleküls schließen kann. Dadurch entsteht eine Coulomb-Abstoßung zwischen den H-Atomen. Dieser Effekt hat aber nur eine kleine Zunahme des Winkels α zur Folge.

2. Der Haupteffekt beruht auf der Hybridisierung der Orbitale des O-Atoms. Durch die oben erwähnte Ladungsverschiebung wird die Elektronenhülle des O-Atoms verformt. Das $2s$-Orbital bleibt nicht kugelsymmetrisch, sondern kann als Linearkombination

$$\phi = c_1\phi(2s) + c_2\phi(2p) \tag{7.16}$$

beschrieben werden. Diese Verformung der Elektronenhülle führt zu einer Verlagerung des Schwerpunktes der Ladungsverteilung (Abb. 7.11) und damit zu einem größeren Überlapp des Hybrid-Atomorbitals mit den $1s$-Orbitalen der H-Atome.

Die mit solchen Hybridorbitalen gebildeten Bindungen sind nicht mehr orthogonal, sondern bilden bei genauerer Berechnung aller Polarisations- und Austausch-Effekte (die hier nur näherungsweise berücksichtigt wurden) in der Tat den experimentell gefundenen Bindungswinkel (Abb. 7.12).

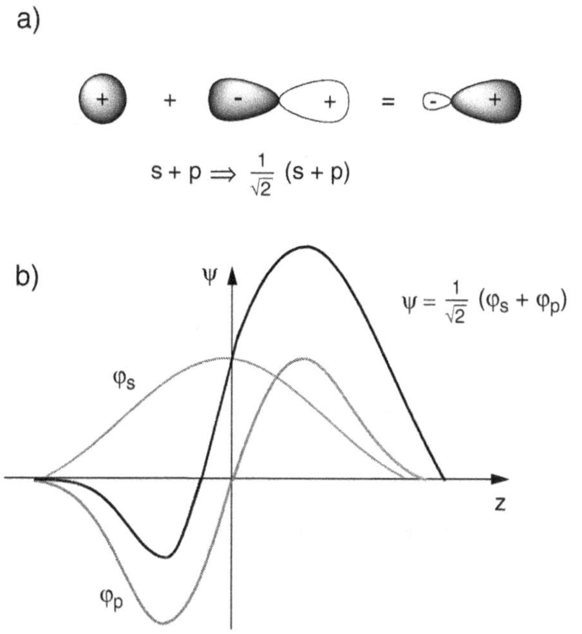

Abb. 7.11: a) Hybridorbitale des O-Atoms. b) Verschiebung der Ladungsverteilung des Hybridorbitals gegenüber dem 2*s* Orbital.

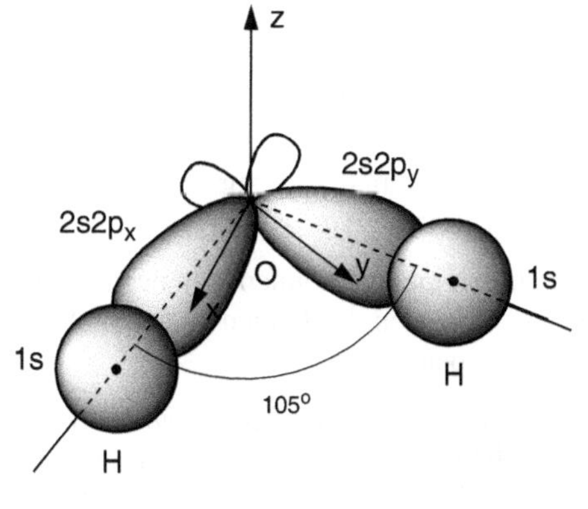

Abb. 7.12: Bindungen des H_2O-Moleküls mit hybridisierten Atomorbitalen.

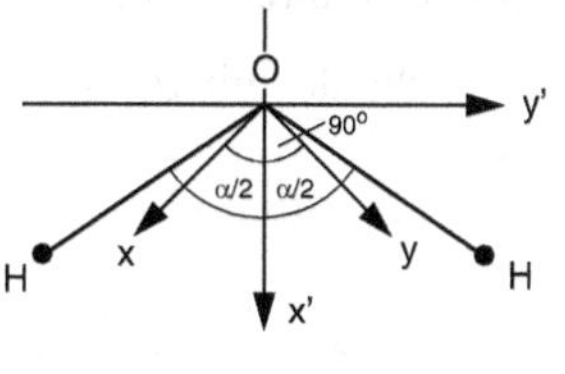

Abb. 7.13: Geometrie zur Beschreibung der Symmetrieeigenschaften der Atom- und Molekülorbitale.

In der molkülphysikalischen Literatur hat es sich eingebürgert, die Symmetriespezies der Orbitale mit kleinen Buchstaben, die der aus ihnen gebildeten Molekülzustände mit großen Buchstaben zu benennen. So ist z. B. die Elektronenkonfiguration des H_2O Moleküls im Grundzustand $(2a_1)^2\,(1b_2)^2\,(3a_1)^2\,(1b_1)^2$. Sie ergibt den elektronischen Grundzustand $X\,^1A_1$.

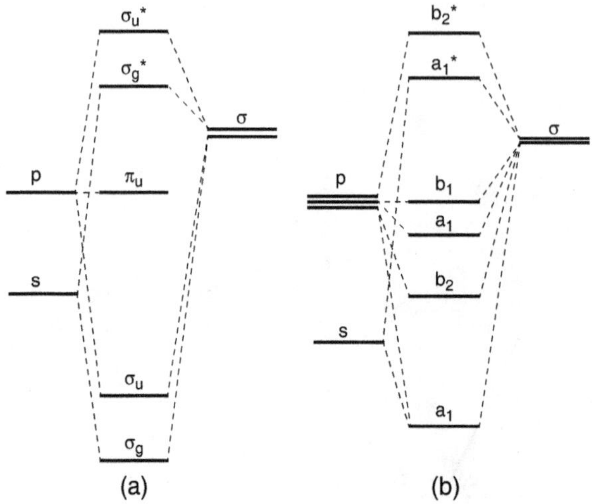

Abb. 7.14: Energiediagramm der Molekülorbitale von AH_2-Molekülen, a) für lineare b) für nichtlineare Geometrie.

Wir wollen jetzt für H_2O die Symmetrieeigenschaften der Atomorbitale bestimmen, aus denen sich die Molekülorbitale zusammensetzen. Dazu wählen wir ein Koordinatensystem $(x', y', z' = z)$, das der C_{2v}-Symmetrie des H_2O-Moleküls angepasst ist. Die x'-Achse bildet die Symmetrieachse, die $x'y'$-Ebene die Molekülebene (Abb. 7.13). Dadurch gehen z. B. die p-Orbitale über in

$$p_{x'} = \frac{1}{\sqrt{2}}(p_x + p_y) \; ; \quad p_{y'} = \frac{1}{\sqrt{2}}(p_x - p_y) \, ,$$

und man sieht durch Vergleich mit Tabelle 5.5, das $2s$ und $2p_{x'}$ zur Symmetriespezies a_1 gehören, während $2p_{y'}$ b_2 und $2p_z$ b_1-Symmetrie hat.

Um Molekülorbitale mit a_1 Symmetrie zu konstruieren, können wir deshalb das Hybridorbital $c_1\varphi(2s) + c_2\varphi(2p_{x'})$ mit den $1s$ Orbitalen der beiden H-Atome kombinieren, weil alle Atomorbitale a_1 Symmetrie haben.

Durch eine sp^3-Hybridisierung werden auch die $2p_{y'}$ und die $2p_z$ Orbitale zu bindenden Molekülorbitalen. Sie haben dann b_1 bzw. b_2 Symmetrie (Abb. 7.14b). Da insgesamt acht Elektronen an der Bindung beteiligt sind (die $1s$ Elektronen der inneren Schale des O-Atoms tragen zur Bindung praktisch nichts bei) werden die vier tiefsten Molekülorbitale mit Elektronen mit antiparallelem Spin besetzt. Es gibt dann im Grundzustand des H_2O drei bindende Molekülorbitale a_1, b_2, a_1 und ein schwach antibindendes Orbital b_1, die besetzt sind.

7.3.3 Das CO_2-Molekül

Hier können wir die Molekülorbitale aus 12 Valenzorbitalen der Atome aufbauen, nämlich den $2s$, $2p_x$, $2p_y$ und $2p_z$ Atomorbitalen für jedes der drei Atome (Abb. 7.15).

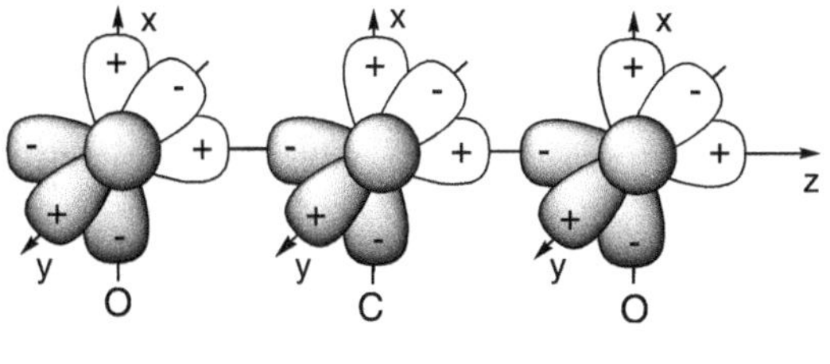

Abb. 7.15: Die 12 Atomorbitale des CO_2 -Moleküls.

Aus diesen 12 Atomorbitalen lassen sich durch geeignete Linearkombinationen von Atomorbitalen gleicher Symmetrie insgesamt 12 orthogonale Molekülorbitale konstruieren, die dann, nach steigender Energie geordnet, gemäß dem Pauliprinzip mit je zwei Elektronen mit antiparallelem Spin besetzt werden. Da CO_2 jedoch nur 16 Valenzelektronen hat, (vier vom C-Atom und je sechs von den O-Atomen), werden im Grundzustand des CO_2-Moleküls nur die acht untersten Molekülorbitale mit Elektronen besetzt. Angeregte Zustände entstehen dadurch, dass eines der Elektronen aus einem besetzten in ein höheres unbesetztes Molekülorbitale angeregt wird.

Wie im Abschn. 7.2 erläutert, kann der Überlapp zwischen den Atomorbitalen der verschiedenen an der Bindung beteiligten Atome und damit die Bindungsenergie optimiert werden durch die Bildung von Hybrid-Atomorbitalen, wobei die *sp*-Hybridisierung den größten Beitrag zur Bindungsenergie liefert, deswegen erwarten wir eine lineare Molekülgeometrie. Für ein solches lineares Molekül wählen wir, der üblichen Konvention folgend, die z-Achse als Kernverbindungsachse. Die Symmetriespezies werden hier nach den Projektionen Λ des elektronischen Drehimpulses auf die z-Achse und nach ihrer Parität geordnet (siehe Abschn. 2.4). Dann werden

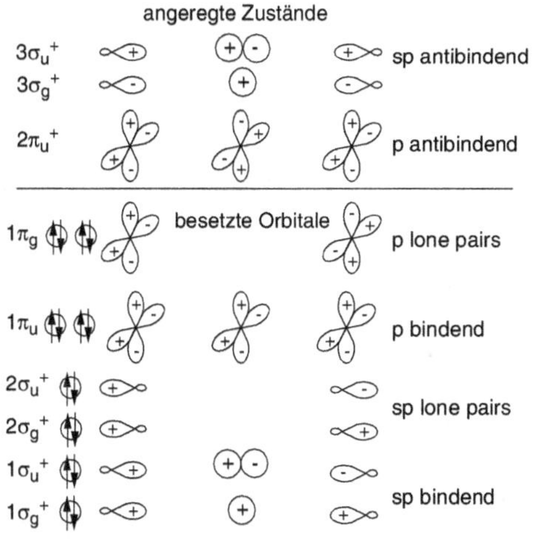

Abb. 7.16: Schematische Darstellung der Molekülorbitale des CO_2-Moleküls.

die Hybrid-Atomorbitale aus $2s$ und $2p_z$ gebildet, weil beide Σ-Symmetrie haben mit $\Lambda = 0$ oder aus p_x und p_y, die zu π-Orbitalen mit $\Lambda = 1$ führen.

In Abb. 7.16 sind die besetzten Molekülorbitale mit ihren Symmetrien schematisch dargestellt und auch die unbesetzten Orbitale, die nur in angeregten Zuständen besetzt sein können. Die Elektronen-Konfiguration des CO_2 ist daher

$$(1\sigma_g)^2(1\sigma_u)^2(2\sigma_g)^2(2\sigma_u)^2(1\pi_u)^4(1\pi_g)^4 .$$

Außer den bindenden Orbitalen $(1\sigma_g)$, $(1\sigma_u)$ und $(1\pi_u)$ gibt es nichtbindende Molekülorbitale, bei denen die beiden Elektronen nicht an der Bindung beteiligt sind und die deshalb im Englischen „lone pairs" heißen, und außerdem noch antibindende Orbitale, die zu einer Destabilisierung der Bindung führen. Die gesamte Bindungsenergie ist durch die Summe der positiven, negativen und Nullbeiträge aller besetzten Orbitale bestimmt.

7.4 AB_2-Moleküle und Walsh-Diagramme

Der Bindungswinkel dreiatomiger Moleküle AB_2 (A und B bezeichnen beliebige Atome) lässt sich bestimmen, wenn man die Abhängigkeit der Energie vom Bindungswinkel für alle besetzten Molekülorbitale berechnet. Dies ist in Abb. 7.17a gezeigt für die Gruppe der dreiatomigen Hydride AH_2 und in Abb. 7.17b für den allgemeineren Fall der AB_2-Moleküle. Rechts ist die Symmetrie der linearen Geometrie (Punktgruppe $D_{\infty h}$), links die der gewinkelten Konfiguration (C_{2v}) angegeben, wobei in beiden Fällen die von Mulliken eingeführte Konvention der Achsenwahl benutzt wird. Dies bedeutet, dass im linearen Grenzfall die z-Achse die Kernverbindungsachse ist, im gewinkelten Fall jedoch die z-Achse die Symmetrieachse wird. Man muss also in dem Korrelationsdiagramm von rechts nach links die y- und z-Achse vertauschen!

Aus solchen Walsh-Diagrammen lässt sich der Bindungswinkel eines dreiatomigen Moleküls bestimmen, der nämlich dort liegt, wo die Summe der Energien aller besetzten Molekülorbitale minimal wird. Wir wollen dies an einigen Beispielen erläutern: *Anmerkung:*Man bezeichnet häufig die Symmetriespezies der Molekülorbitale mit kleinen Buchstaben, die sich daraus ergebende Symmetrie des Molekülzustandes mit großen Buchstaben.

a) Das H_2O-Molekül hat die Elektronenkonfiguration

$$(2a_1)^2(1b_2)^2(3a_1)^2(1b_1)^2 ,$$

wobei die Orbitale gleicher Symmetrie nach steigender Energie numeriert sind. Das $(1a_1)$-Orbital ist hier weggelassen worden, da es zur Bindung nicht beiträgt. Die beiden Orbitale $(2a_1)$ und $(1b_2)$ haben gemäß Abb. 7.17a minimale Energie bei $\alpha = 180°$, das $(3a_1)$-Orbital hat sein Energieminimum bei $\alpha = 90°$, während die Energie des $(1b_1)$-Orbitals unabhängig von α ist. Das Minimum der Gesamtenergie liegt etwa bei $\alpha = 105°$.

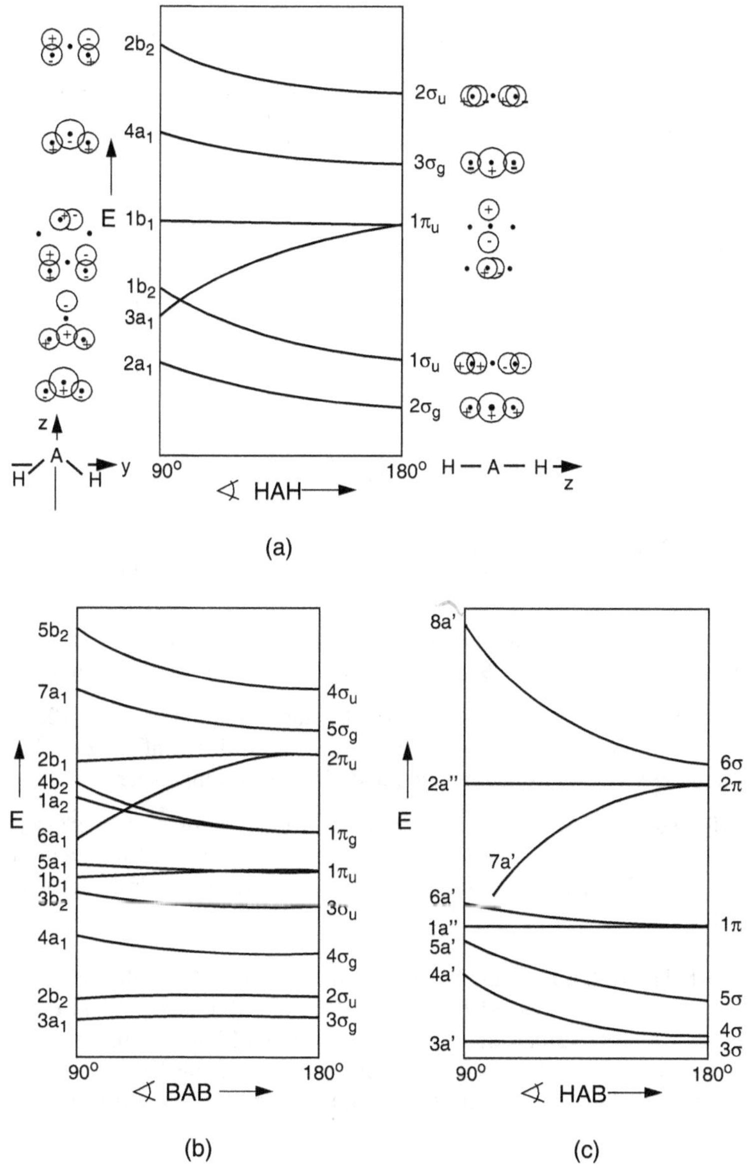

Abb. 7.17: Walsh-Diagramme: a) für AH_2-Moleküle, b) für AB_2-Moleküle, c) für HAB-Moleküle.

Wird ein Elektron aus dem $(1b_1)$-Orbital angeregt in höhere Orbitale, so sieht man, dass deren Energie nur wenig vom Winkel α abhängt, d. h. die Molekülgeometrie des H_2O wird sich bei der Anregung nur wenig ändern. So wird der

Tabelle 7.2: Orbitalaufbau der Grundzustände und der ersten angeregten Zustände einiger dreiatomiger Moleküle.

Molekül	Z_v	Orbitalaufbau	Zustand	∢ BAB
C_3	12	$(3\sigma_g)^2(2\sigma_u)^2(4\sigma_g)^2(1\pi_u)^2(3\sigma_u)^2$	$X^1\Sigma_g^+$	180°
		$(3\sigma_g)^2(2\sigma_u)^2(4\sigma_g)^2(1\pi_u)^2(3\sigma_u)^1(1\pi_g)^1$	$A^1\Pi_u$	180°
CNC	13	$(3\sigma_g)^2(2\sigma_u)^2(4\sigma_g)^2(1\pi_u)^2(3\sigma_u)^2(1\pi_g)^1$	$X^2\Pi_g$	180°
		$(3\sigma_g)^2(2\sigma_u)^2(4\sigma_g)^2(1\pi_u)^2(3\sigma_u)^1(1\pi_g)^2$	$A^2\Delta_u$	180°
			$B^2\Sigma_u$	
BO_2	15	$(3\sigma_g)^2(2\sigma_u)^2(4\sigma_g)^2(3\sigma_u)^2(1\pi_u)^4(1\pi_g)^3$	$X^2\Pi_g$	180°
		$(1\pi_u)^3(1\pi_g)^4$	$A^2\Pi_u$	
NO_2	17	$(3\sigma_g)^2(2\sigma_u)^2(4\sigma_g)^2(3\sigma_u)^2(4b_2)^2(6a_1)^1$	X^2A_1	134°
AlH_2		$(3\sigma_g)^2(2\sigma_u)^2(4\sigma_g)^2(3\sigma_u)^2(2a_1)^2(1b_2)^2(3a_1)^1$	X^2A_1	130°
		$(3\sigma_g)^2(2\sigma_u)^2(4\sigma_g)^2(3\sigma_u)^2(2a_1)^2(1b_2)^2(1b_1)^1$	$A^2\Pi_u$	180°
		$\hat{=}(2\sigma_g)^2(1\sigma_u)^2(1\pi_u)^1$		
O_3	18	$(3\sigma_g)^2(2\sigma_u)^2(4\sigma_g)^2(3\sigma_u)^2(4b_2)^2(1a_2)^2(6a_1)^2$	$\tilde{X}^1A_1$	116,8°
		$(3\sigma_g)^2(2\sigma_u)^2(4\sigma_g)^2(3\sigma_u)^2(4b_2)^2(1a_2)^2(6a_1)^2(2b_1)^1$	$\tilde{A}^1B_1$	

Bindungswinkel im angeregten $C(B_1)$-Zustand, in dem ein Elektron in den $3p$-Zustand angeregt wird, $\alpha = 106{,}9°$, also nur wenig größer als im Grundzustand.

b) Das Bor-Dihydrid-Molekül BH_2 hat die Grundzustandskonfiguration ... $(2a_1)^2(1b_2)^2(3a_1)^1$ und den Bindungswinkel $\alpha = 131°$, weil der Einfluss des $3a_1$-Elektrons den der vier Elektronen in $(2a_1)$ und $(1b_2)$ überkompensiert.

c) Das CO_2-Molekül hat 16 Valenzelektronen und die Konfiguration ... $(2\sigma_u)^2(1\pi_u)^4(1\pi_g)^4$ im $X^1\Sigma_g^+$ Grundzustand. Aus Abb. 7.17b sieht man, das die Energie minimal wird für $\alpha = 180°$, weil die Winkelabhängigkeit des Π_g-Orbitals den größten Einfluss hat.

In Abb. 7.17c ist das Walsh-Diagramm für unsymmetrische Moleküle HAB gezeigt. Beispiele sind HCO, HCN oder HNO. In Tabelle 7.2 sind die Elektronen-Konfigurationen (d. h. der Aufbau der Elektronenhülle aus Molekülorbitalen) und der daraus resultierende Grundzustand sowie der erste angeregte Zustand für einige AB_2- und A_3-Moleküle zusammengestellt, sodass man für diese Moleküle aus Abb. 7.17 den Bindungswinkel abschätzen kann.

7.5 Moleküle mit mehr als drei Atomen

Die im letzten Abschnitt beschriebene Methode des Aufbaus von Molekülorbitalen aus Basisfunktionen (Atomorbitalen) gleicher Symmetrie wird völlig analog auf Moleküle mit mehr Atomen angewendet. Bei Molekülen mit Doppelbindungen, bei denen π-Elektronen eine entscheidende Rolle spielen, treten jedoch neue Phänomene auf, die im Abschn. 7.6 diskutiert werden.

Wir wollen dies auch hier an wenigen Beispielen illustrieren.

7.5.1 Das NH_3-Molekül

Die Elektronenkonfiguration des N-Atoms ist $(1s)^2(2s)^2(2p_x)(2p_y)(2p_z)$. Die drei ungepaarten Elektronen in den drei p-Orbitalen ermöglichen drei gerichtete Bindungen mit den drei $1s$-Orbitalen des H-Atoms, deren Richtungen ohne Berücksichtigung der Hybridisierung einen Winkel von 90° gegeneinander bilden.

Genau wie beim H_2O wird auch hier der Winkel durch Wahl geeigneter Hybrid-Atomorbital auf 107,3° vergrößert (Abb. 7.18). Die geometrische Struktur des NH_3-Moleküls entspricht einer dreiseitigen Pyramide. Durch die unsymmetrische Ladungsverteilung in den Molekülorbitalen entsteht ein elektrisches Dipolmoment $\boldsymbol{P}_{\text{es}}$, dessen Betrag $5 \cdot 10^{-30}$ Cm ist und das vom N-Atom entlang der Pyramidenachse zur Mitte des Dreiecks der drei H-Atome zeigt.

Die potentielle Energie als Funktion der Höhe h des N-Atoms über der Ebene der drei H-Atome hat ein Maximum für $h = 0$ und zwei Minima für $h = \pm h_0$ (Abb. 7.19). Das N-Atom kann sich daher im Grundzustand oberhalb oder unterhalb der Ebene $h = 0$ aufhalten. Die beiden äquivalenten spiegelbildlichen Konfigurationen sind ununterscheidbar. Zur Berechnung der Schwingungswellenfunktionen und -energien muss man deshalb beide Möglichkeiten berücksichtigen. Die Schwingungswellenfunktionen werden als symmetrische, bzw. antisymmetrische Linearkombination

$$\Psi_{\text{s}} = N_1(\Phi_1 + \Phi_2) \; ; \quad \Psi_{\text{a}} = N_2(\Phi_1 - \Phi_2) \tag{7.17}$$

angesetzt, wobei Φ_i die Schwingungswellenfunktionen für den linken bzw. rechten Potentialteil unterhalb der Barriere und N_i die Normierungsfaktoren sind. Wir können das Potential in der Nähe der Minima durch Parabeln beschreiben, sodass die Φ_i harmonische Oszillatorfunktionen werden. Die entsprechenden Energieeigenwerte zu Ψ_{s} und Ψ_{a} sind etwas voneinander verschieden (Inversions-Aufspaltung).

In einem halbklassischen Modell (Abb. 7.19b) schwingt das N-Atom mit der Schwingungsperiode T_1 eine Zeitlang oberhalb der Ebene $h = 0$ um die Gleichgewichtslage $h = +h_0$, um dann nach der mittleren Zeit T_2 durch die Potentialbarriere zu tunneln und um $h = -h_0$ zu schwingen. Die Schwingungsenergie ist dann

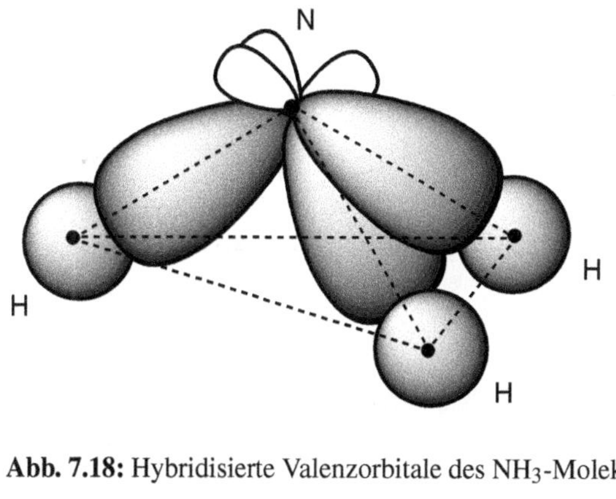

Abb. 7.18: Hybridisierte Valenzorbitale des NH_3-Moleküls.

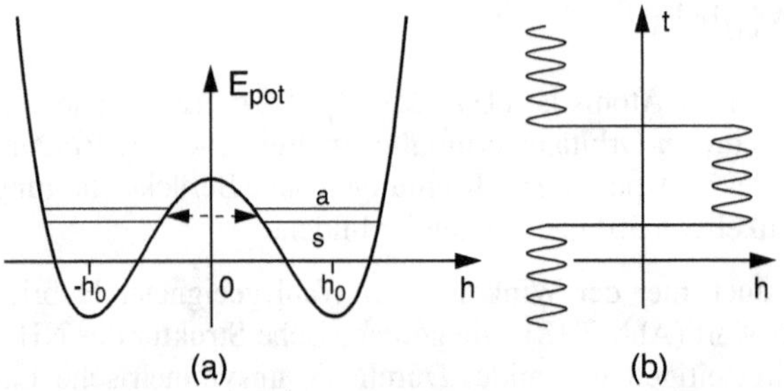

Abb. 7.19: a) Doppelminimum-Potential $E_{pot}(h)$ des NH_3-Grundzustandes mit den symmetrischen und antisymmetrischen Schwingungszuständen. b) Klassische Beschreibung der Schwingung des N-Atoms.

$E_{vib} = h\nu_{vib} = h/T_1$, während die Inversionsaufspaltung durch $\Delta E = h/T_2$ gegeben ist, wobei $T_1 \ll T_2$ gilt.

7.5.2 Formaldehyd

Als Beispiel für ein Molekül, das im Grundzustand ebene Geometrie hat (Punktgruppe C_{2v}), aber im ersten angeregten Zustand $^1\tilde{A}$ pyramidale Struktur hat, soll das H_2CO-Molekül Formaldehyd dienen (Abb. 7.20). Im angeregten Zustand liegen die beiden H-Atome oberhalb bzw. unterhalb der yz-Ebene in einer zur yz-Ebene senkrechten Ebene, welche die yz-Ebene in der gestrichelten Gerade G schneidet,

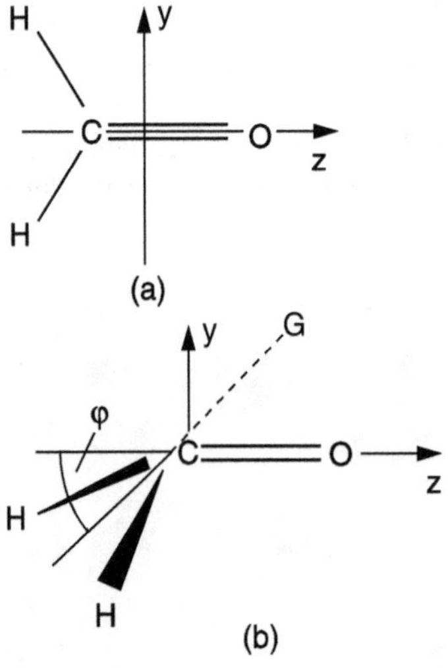

Abb. 7.20: Das Formaldehyd-Molekül: a) im Grundzustand, b) im angeregten Zustand.

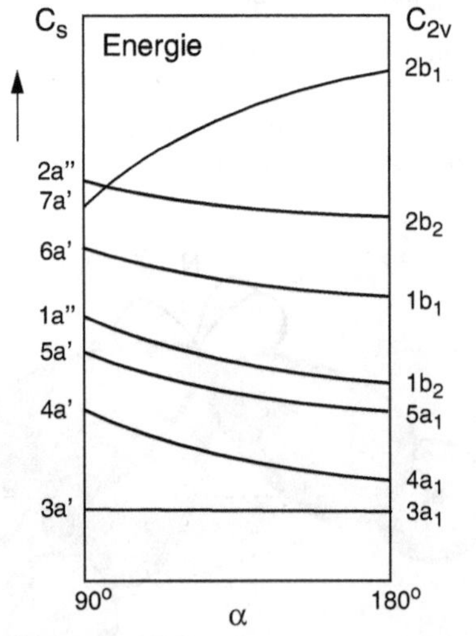

Abb. 7.21: Walsh-Diagramm und Molekülorbitale für den Grundzustand von H_2CO.

die mit der z-Achse den Winkel φ bildet. Die tiefsten Molekülorbitale sind $3A_1$, $4A_1$, $5A_1$, $1B_2$, welche alle σ-Bindungen bewirken (Abb. 7.21). Die 12 Valenzelektronen besetzen außerdem die energetisch höheren Orbitale $1B_1$ und $2B_2$. Das $1B_1$-Molekülorbital vom π-Typ trägt hauptsächlich zur Bindung zwischen C und O bei, während das $2B_1$-Orbital, gebildet aus zwei p_y-Atomorbitalen, antibindend ist. Bei der optischen Anregung in den $\tilde{A}$-Zustand wird ein Elektron vom nichtbindenden $2B_2$-Molekülorbital in das antibindende $2B_1$-Molekülorbital gebracht ($\pi^* \leftarrow n$ Übergang).Die nichtplanare C_3-Struktur ist deshalb energetisch günstiger.

Die zum $\tilde{A}$-Zustand gehörende potentielle Energie hat als Funktion der Auslenkung bei der ν_4-Schwingung zwei Minima, ähnlich wie beim NH_3. Deshalb können die beiden H-Atome durch die Barriere zwischen den beiden Minima tunneln, ähnlich wie das N-Atom im NH_3. Die Tunnelfrequenz ist hier jedoch wesentlich höher, weil die Masse der H-Atome kleiner und die Barriere flacher ist.

7.6 π-Elektronen-Systeme

In den vorhergehenden Beispielen haben wir lokalisierte Bindungen in Molekülen behandelt, d. h. die Wahrscheinlichkeitsverteilung für die Valenzelektronen, die an den Bindungen beteiligt sind, ist auf ein enges Raumgebiet zwischen den bindenden Atomen beschränkt.

Es gibt jedoch eine wichtige Klasse von Molekülen, die konjugierten und aromatischen Moleküle, bei denen delokalisierte Elektronen eine wichtige Rolle spielen. Ein Beispiel dafür ist das Butadien (Abb. 7.22), bei dem einfache mit Doppelbindungen zwischen den C-Atomen abwechseln.

Die elektrische Polarisierbarkeit solcher Moleküle ist in Richtung der C-Kette wesentlich größer als bei Molekülen mit lokalisierten Bindungen, was schon darauf hindeutet, dass delokalisierte, leicht bewegliche Elektronen vorhanden sind. Es zeigt sich, dass diese delokalisierten Elektronen aus überlappenden p-Orbitalen kommen und π-Bindungen bewirken.

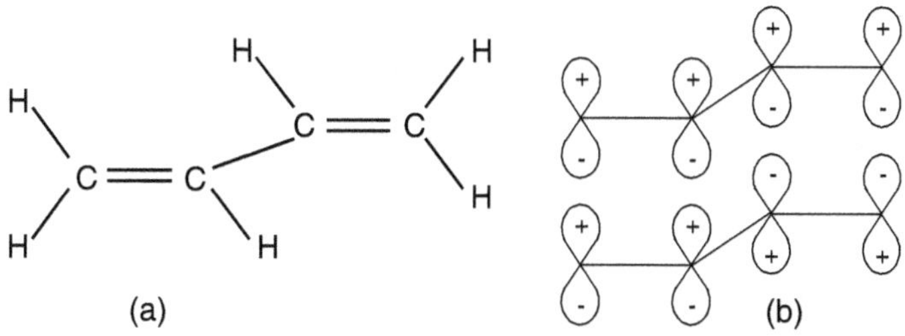

Abb. 7.22: Butadien-Molekül: a) Chemische Formel und Strukturdarstellung b) die beiden energetisch tiefsten π-Orbitale.

7.6.1 Butadien

Das Butadien-Molekül $CH_2{=}CH{-}CH{=}CH_2$ hat als Trans-Isomer eine ebene Geometrie. Die zentrale C−C-Bindung ist mit 148 pm deutlich länger als die bei den C=C-Doppelbindungen. Außer den σ-Orbitalen gibt es vier π-Orbitale, die als Linearkombinationen der vier $2p$ Kohlenstofforbitale ihre Achse senkrecht zur C=C-Achse haben und deshalb als π-Orbitale bezeichnet werden (Abb. 7.22b). Der relative Anteil der verschiedenen p Atomorbitale in den vier Molekülorbitalen

$$\Psi_\pi = \sum_{n=1}^{4} c_n \phi_n(p) \tag{7.18}$$

lässt sich mit Hilfe des Variationsprinzips (siehe Abschn. 2.5.1) bestimmen, wenn man die Determinantengleichung

$$|H_{mn} - ES_{mn}| = 0 \tag{7.19}$$

löst. Dabei werden folgende vereinfachende Annahmen gemacht:

a) Alle Integrale H_{mn} sind für $m = n$ gleich und ihr Wert sei α.

b) Die Integrale $H_{mn}\,(n \neq m)$ sind nur für benachbarte Atomorbitale von null verschieden und haben dann den Wert $\beta < 0$.

c) Alle Überlappintegrale S_{mn} sind null und $S_{mm} = 1$.

Unter diesen Annahmen erhält man die Energien

$$E_1 = \alpha + 1{,}62\beta\ ;\ E_2 = \alpha + 0{,}62\beta\ ;\ E_3 = \alpha - 0{,}62\beta\ ;$$
$$E_4 = \alpha - 1{,}62\beta \qquad (\beta < 0!)\ , \tag{7.20}$$

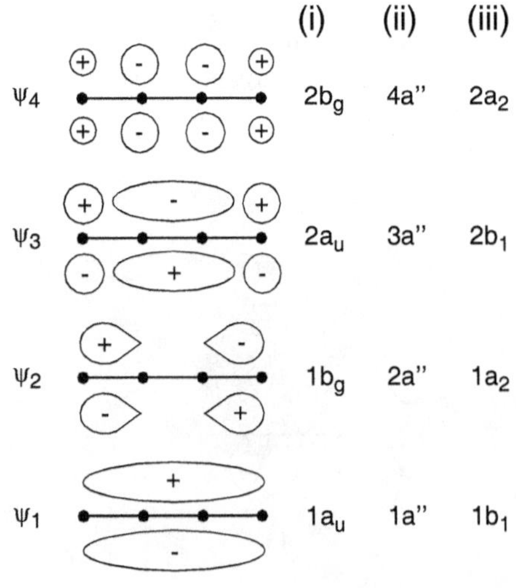

Abb. 7.23: Anschauliche Darstellung der vier π-Molekülorbitale im Butadien.

für die vier Molekülorbitale

$$\begin{aligned}
\Psi_{\pi_1} &= 0{,}37\phi_1 + 0{,}60\phi_2 + 0{,}60\phi_3 + 0{,}37\phi_4 \ , \\
\Psi_{\pi_2} &= 0{,}60\phi_1 + 0{,}37\phi_2 - 0{,}37\phi_3 - 0{,}60\phi_4 \ , \\
\Psi_{\pi_3} &= 0{,}60\phi_1 - 0{,}37\phi_2 - 0{,}37\phi_3 + 0{,}60\phi_4 \ , \\
\Psi_{\pi_4} &= 0{,}37\phi_1 - 0{,}60\phi_2 + 0{,}60\phi_3 - 0{,}37\phi_4 \ .
\end{aligned} \tag{7.21}$$

Man sieht daraus, dass für das tiefste Molekülorbital ψ_1 der größte Beitrag vom 2. und 3. C-Atom kommt.

Eine anschauliche Darstellung dieser vier Molekülorbitale ist in Abb. 7.23 gezeigt. Sie macht klar, dass für π_1 das π-Orbital völlig delokalisiert ist, d. h. die p-Elektronen sind über die ganze C-Kette verteilt.

7.6.2 Benzol

Ein großer Erfolg der Molekülorbital-Theorie war die Erklärung der Benzolstruktur, die von Kekulé bereits 1865 postuliert wurde.

Aus vielen Experimenten, insbesondere spektroskopische Untersuchungen, wurde klar, dass C_6H_6 ein planares Molekül sein musste, wobei die sechs Kohlenstoffatome ein Sechseck bilden. Der Winkel zwischen den Kohlenstoffbindungen ist deshalb 120°, was, wie im Abschn. 7.2 erläutert, auf eine sp^2-Hybridisierung hinweist. Es gibt daher lokalisierte C−C- und C−H-Bindungen vom σ-Typ an denen jeweils ein Valenzelektron des C-Atoms beteiligt ist (Abb. 7.24a). Jedes C-Atom liefert also drei Elektronen für die von ihm ausgehenden σ-Bindungen. Die insgesamt sechs übrigen Valenzelektronen der an der Hybridisierung unbeteiligten p_z-Orbitale der sechs C-Atome stehen deshalb für zusätzliche Bindungen zur Verfügung (Abb. 7.24b).

Nun gibt es aber zwei ununterscheidbare Möglichkeiten, wie zwei Elektronen mit antiparallelen Spins in benachbarten p_z-Orbitalen eine Bindung eingehen können, die in Abb. 7.24c,d dargestellt sind. Wir müssen daher, genau wie beim Butadien, für die von den sechs π-Elektronen besetzten Orbitale Linearkombinationen

$$\Psi = \sum_{i=1}^{6} c_i \phi_i \tag{7.22}$$

verwenden, wobei die ϕ_i die p_z-Orbitale der sechs Kohlenstoffatome sind.

Der wichtige Punkt ist nun, dass die Wellenfunktionen Ψ nicht mehr auf ein einzelnes C-Atom lokalisiert, sondern über den ganzen Ring ausgedehnt sind. Diese delokalisierten Elektronen tragen zur Stabilität der ebenen Anordnung bei, da ihre Aufenthaltswahrscheinlichkeit symmetrisch zur Ebene verteilt ist.

In einem einfachen Modell, das von Hückel vorgeschlagen wurde, kann man die über den ganzen C-Ring verteilten delokalisierten π-Elektronen wie Elektronen in einem Potentialkasten der Breite L behandeln, wobei L der Umfang des Sechsecks ist.

Bei Anregung der π-Elektronen (z. B. durch Absorption von Photonen) können dann höhere Energiezustände angeregt werden, die wegen der Bedingung $L = n\lambda = nh/p$

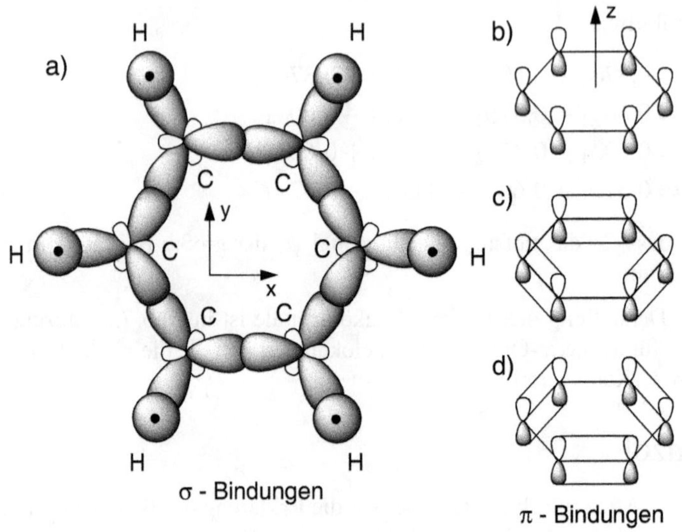

Abb. 7.24: Benzol-Molekül: a) σ-Bindungen, b) p_z-Orbitale, c) – d) Verschiedene Möglichkeiten der π-Bindungen.

und wegen $E = p^2/2m$ durch

$$E = \frac{n^2 h^2}{2 m_e L^2}$$

gegeben sind.

Für das Beispiel des Benzols, dessen C−C-Abstand 140 pm beträgt, wäre $L = 6 \cdot 140\,\text{pm} = 840\,\text{pm}$, und wir würden für den Übergang $n \to n + 1$ die Energiedifferenz

$$\Delta E = \frac{h^2(2n + 1)}{2 m_e L^2}$$

erhalten. Setzt man die Zahlenwerte ein, so ergibt sich für $n = 1$ der Wert $\Delta E = 1 \cdot 10^{-18}\,\text{J} = 6{,}5\,\text{eV}$.

Die entsprechende Absorptionswellenlänge von $\lambda \approx 200\,\text{nm}$ stimmt trotz des sehr groben Modells einigermaßen mit den experimentellen Werten ($\lambda \approx 220\,\text{nm}$) überein. Die Differenz rührt daher, dass wir die Wechselwirkung zwischen den Elektronen vernachlässigt haben.

Mehr Informationen über die Elektronenzustände größerer Moleküle findet man z. B. in [7.2–7.4].

8 Die Spektren mehratomiger Moleküle

Wegen der größeren Zahl der Freiheitsgrade ist das Energieniveauschema mehratomiger Moleküle wesentlich komplizierter als bei zweiatomigen Molekülen, wo es nur eine Schwingungsmode und eine einfache Rotationsstruktur gibt.

Entsprechend ist auch die Zahl der möglichen Übergänge zwischen verschiedenen Energieniveaus größer und die Spektren sind komplex. Oft überlappen mehrere Linien oder sogar ganze Banden und nur durch die Anwendung hochauflösender, Doppler-freier Techniken ist es auch bei größeren Molekülen, wie z. B. Benzol, Naphtalen, gelungen, die Rotationsstruktur elektronischer Übergänge völlig aufzulösen (siehe Abschn. 12.4).

Der Spektralbereich und die Struktur der Spektren hängen genau wie bei zweiatomigen Molekülen (Kap. 4) davon ab, ob sich beim Übergang zwischen zwei Niveaus nur die Rotationsquantenzahlen ändern (reine Rotationsspektren im Mikrowellenbereich) oder auch die Schwingungsquantenzahlen (Schwingungs-Rotationsspektren im Infrarot-Bereich) oder ob der Übergang zwischen verschiedenen elektronischen Zuständen stattfindet (elektronische Übergänge im sichtbaren und UV-Bereich).

In jedem Fall sind nur solche elektrischen Dipol-Übergänge möglich, bei denen wenigstens eine der drei Komponenten des Dipol-Matrixelementes

$$(D_{mk})_p = \int \Psi_m^* p \Psi_k \, \mathrm{d}\tau \; ; \qquad p = x, y, z; d\tau = d\tau_{\mathrm{el}} \mathrm{d}\tau_{\mathrm{N}}$$

von null verschieden ist. Dies bedeutet, dass der Integrand totalsymmetrisch sein muss (siehe Abschn. 8.2.2).

Neben diesen elektrischen Dipol-Übergängen kann es (wesentlich schwächere) magnetische Dipol-Übergänge oder (nochmals schwächere) elektrische Quadrupol-Übergänge geben.

8.1 Reine Rotationsspektren

Die Struktur der Rotationsspektren hängt ab von der Geometrie des Moleküls und von seiner möglichen Zentrifugalaufweitung bei der Rotation. Reine Rotationsübergänge sind nur möglich, wenn das Molekül ein permanentes Dipolmoment besitzt (siehe Abschn. 4.2.1). Wir wollen dies für verschiedene Typen erläutern.

8.1.1 Lineare Moleküle

Für lineare mehratomige Moleküle sind die Spektren ähnlich denen der zweiatomigen Moleküle. Das Molekül rotiert um eine Achse senkrecht zur Kernverbindungsachse und es gibt deshalb wie bei zweiatomigen Molekülen nur eine Rotationskonstante B_v. Die Wellenzahlen der Rotationslinien für Übergänge vom Niveau mit der Rotationsquantenzahl J zum Niveau $(J + 1)$ im gleichen Schwingungsniveau sind, analog zu (3.18)

$$\bar{\nu} = F(J+1) - F(J) = 2B_v(J+1) - 4D_v(J+1)^3 \,. \tag{8.1}$$

Zur Illustration ist in Abb. 8.1 das reine Rotationsspektrum des linearen N_2O-Moleküls gezeigt. Man kann aus den Abständen der Linien das Trägheitsmoment bestimmen und daraus entnehmen, dass N_2O ein unsymetrisches Molekül N−N−O ist, das deshalb auch ein elektrisches Dipolmoment besitzt, im Gegensatz zum linearen symmetrischen CO_2 = O−C−O.

Da lineare Moleküle mit N Atomen $(3N - 5)$ Schwingungsfreiheitsgrade haben, werden die Rotationskonstante

$$B_v = B_e - \sum_{i=1}^{3N-5} \alpha_i (v_i + d_i/2) \tag{8.2}$$

und die Zentrifugalkonstante

$$D_v = D_e + \sum_{i=1}^{3N-5} \beta_i (v_i + d_i/2) \tag{8.3}$$

in Erweiterung von (3.44) von allen $(3N-5)$ Schwingungsquantenzahlen v_i abhängen (für Knickschwingungen ist der Entartungsgrad $d_i = 2$, für alle anderen ist $d_i = 1$).

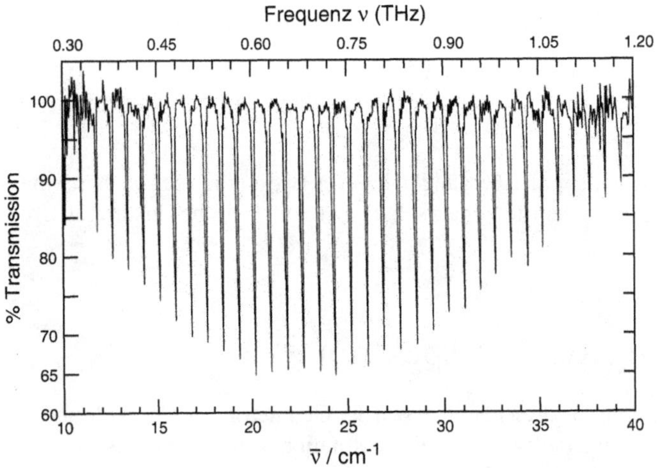

Abb. 8.1: Rotationsspektrum (Mikrowellenspektrum) des linearen Moleküls N_2O [8.1].

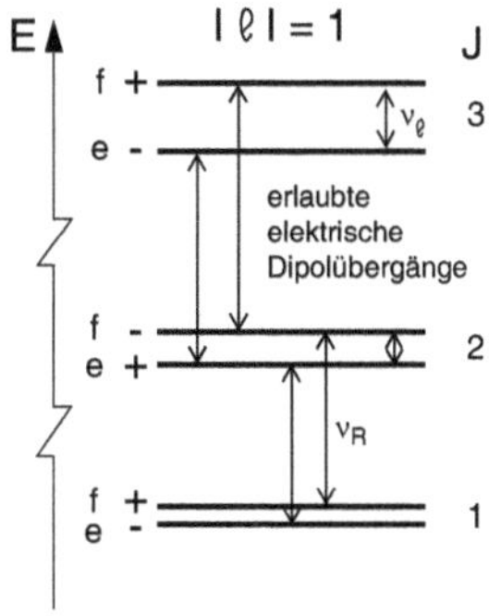

Abb. 8.2: l-Aufspaltung der Rotationsniveaus eines linearen Moleküls bei entarteten Knickschwingungen mit Schwingungsdrehimpuls $|l| = 1\,\hbar$ und erlaubte Übergänge zwischen den Komponenten.

Da die Überlagerung zweier entarteter Knickschwingungen (Abb. 6.11a) zu einer Rotation der Kerne um die Molekülachse führt, erhält das lineare Molekül in einem solchen Fall einen Schwingungsdrehimpuls $l\hbar$ in z-Richtung und die Coriolis-Wechselwirkung zwischen Rotation und Schwingungen führt zu einer l-Aufspaltung der sonst entarteteten Niveaus in je zwei l-Komponenten mit entgegengesetzter Parität. Sie werden als e- bzw. f-Komponente bezeichnet (Abb. 8.2) (siehe Abschn. 6.3.6). Gemäß (6.92) und Abb. 8.2 ist dann die Wellenzahl erlaubter elektrischer Dipolübergänge zwischen benachbarten Rotationsniveaus

$$\begin{aligned} \bar{\nu}_\mathrm{R} &= F^+_{v_i}(J+1, l^+) - F^-_{v_i}(J, l^-) \\ &= 2B_\mathrm{v}(J+1) - 4D_v\left[(J+1)^3 - l^2(J+1)\right] \\ &\quad + \frac{q_i}{2}(v_i+1)(J+1) \end{aligned} \tag{8.4}$$

und zwischen den aufgespaltenen l-Komponenten des gleichen Rotationsniveaus:

$$\bar{\nu}_l = F^+_{v_i}(J, l^+) - F^-_{v_i}(J, l^-) = \frac{q_i}{2}(v_i+1)J(J+1)\;. \tag{8.5}$$

Die Auswahlregeln für elektrische Dipol-Übergänge sind:

$$\begin{aligned} &+ \longleftrightarrow - \,; \quad + \not\leftrightarrow + \,; \quad - \not\leftrightarrow - \,; \\ & e \leftrightarrow e\,; \quad f \leftrightarrow f\,; \quad e \not\leftrightarrow f \quad \text{für } \Delta J = \pm 1\,, \\ & e \leftrightarrow f\,; \quad e \not\leftrightarrow e\,; \quad f \not\leftrightarrow f \quad \text{für } \Delta J = 0\,. \end{aligned} \tag{8.6}$$

Während die Frequenzen ν_R der Rotationsübergänge (8.4) im Mikrowellengebiet (d. h. im Gigahertz-Bereich) liegen, entsprechen die Übergänge ν_l zwischen den l-Komponenten desselben Rotationsniveaus im Allgemeinen Radiofrequenzen.

8.1.2 Symmetrische Kreisel-Moleküle

Das Dipolmoment $\boldsymbol{\mu}_L$ $(L = X, Y, Z)$ im Laborsystem (X, Y, Z)

$$\boldsymbol{\mu}_L = \mu_x \phi_{L_x} + \mu_y \phi_{L_y} + \mu_z \phi_{L_z} \tag{8.7a}$$

kann mit Hilfe der Richtungskosinus-Elemente ϕ_{L_i} $(i = x, y, z)$ durch die Komponenten μ_i im molkülfesten System beschrieben werden.

Bei symmetrischen Kreiselmolekülen muss $\boldsymbol{\mu}$ in die Richtung z der Symmetrieachse zeigen (d. h. $\mu_x = \mu_y = 0$). Das Dipolmatrixelement hängt ab von der Rotationsquantenzahl J und der Quantenzahl K der Projektion von $\boldsymbol{J}$ auf die Symmetrieachse des Moleküls. Sein Absolutquadrat

$$|D_{ik}|^2 = \left|\langle J, K|\, \boldsymbol{\mu}\, |J', K'\rangle\right|^2$$

ergibt dann [8.2] die einzigen von null verschiedenen Elemente

$$|\langle J, K|\, \boldsymbol{\mu}\, |J+1, K\rangle|^2 = \mu^2 \frac{(J+1)^2 - K^2}{(J+1)(2J+1)} \tag{8.7b}$$

$$|\langle J, K|\, \boldsymbol{\mu}\, |J, K\rangle|^2 = \mu^2 \frac{K^2}{J(J+1)} \tag{8.7c}$$

$$|\langle J, K|\, \boldsymbol{\mu}\, |J-1, K\rangle|^2 = \mu^2 \frac{J^2 - K^2}{J(2J+1)} \tag{8.7d}$$

Die Auswahlregeln für reine Rotationsübergänge heißen:

$$\Delta J = \pm 1\,; \quad \Delta K = 0\,. \tag{8.7e}$$

Setzt man die Ausdrücke für die Energieniveaus (6.28) des prolaten symmetrischen Kreisels und (6.30) für den oblaten Kreisel ein, so ergeben sich die Wellenzahlen der Rotationsübergänge in beiden Fällen zu

$$\begin{aligned} \bar{\nu} &= F_v(J+1, K) - F_v(J, K) \\ &= 2(B_v - D_{JK}K^2)(J+1) - 4D_J(J+1)^3\,. \end{aligned} \tag{8.8}$$

Man beachte: Man beachte, dass in (8.8) weder die Rotationskonstanten A_v bzw. C_v noch D_k vorkommen, d. h. aus der Messung des reinen Rotationsspektrums lassen sich diese Konstanten nicht bestimmen!

Abb. 8.3: Schematische Darstellung des Rotationsspektrums eines symmetrischen Kreisel-Moleküls [8.4].

Gemäß den Auswahlregeln (8.7) gibt es für jedes Niveau (J, K) genau einen Absorptionsübergang zum höheren Niveau $(J+1, K)$ und für $J > 0$ einen Emissionsübergang zum tieferen Niveau $(J - 1, K)$. Die Wellenzahlen der Übergänge mit verschiedenen K-Werten aber gleichem J unterscheiden sich nur wenig voneinander, weil die Konstante $D_{JK} \ll B_v$ ist. Da für den Wertebereich der Projektionsquantenzahl K gilt: $0 \leq K \leq J$, hat jeder Rotationsübergang deshalb eine Substruktur von $J + 1$ verschiedenen K-Komponenten (Abb. 8.3).

Die Intensität der jeweiligen Absorptions-Linien ist proportional zur Besetzungszahl $N(J, K)$ im absorbierenden Niveau (siehe Abschn. 8.1.4) und zum Betragsquadrat $|D_{ik}|^2$ des Dipolmatrixelementes D_ik.

8.1.3 Asymmetrische Kreisel-Moleküle

Wir hatten in Abschn. 6.2.5 gesehen, dass die Energieniveaus des asymmetrischen Kreisel-Moleküls nicht mehr in geschlossener Form, sondern nur als Reihenentwicklung dargestellt werden können. Für jeden Wert der Rotationsquantenzahl J gibt es $(2J+1)$ verschiedene Energieniveaus, die entweder durch einen Index τ, der von $-J$ bis $+J$ läuft, unterschieden werden können, oder durch Angabe der Projektionsquantenzahlen K_a, K_c, die in den Grenzfällen des prolaten bzw. oblaten symmetrischen Kreisels definiert sind. Man bezeichnet also ein Rotationsniveau entweder als J_τ oder als J_{K_a,K_c}. Es gilt: $\tau = K_a - K_c$. Die Werte von K_a, K_c können von 0 bis J laufen, wobei jedoch $K_a + K_c = J$ oder $(J + 1)$ gilt, je nach Parität des Niveaus.

Die Wellenzahl eines Überganges zwischen zwei Rotationsniveaus ist dann durch

$$\bar{\nu} = F(J + 1, K_a', K_c') - F(J, K_a'', K_c'') \tag{8.9}$$

bestimmt. Ob ein solcher Übergang wirklich stattfinden kann, hängt von den Auswahlregeln ab, die beim asymmetrische Kreisel komplizierter sind als beim symmetrischen Kreisel, wo einfach $\Delta K = 0$ galt. Sie hängen ab von der Richtung des permanenten Dipolmomentes im Molekül und davon, ob K_a und K_c gerade (even = e) oder ungerade (odd = o) Zahlen sind. Liegt das Dipolmoment in Richtung der a-Achse (kleinstes Trägheitsmoment I_a), so heißen die Übergänge A-Typ-Übergänge. Entsprechendes gilt für die Achsen b (mittleres Trägheitsmoment) und c (größtes Trägheitsmoment). Hat das Dipolmoment eine beliebige Richtung im Molekül, so gelten für seine Komponenten in a-, b- oder c-Richtung die gleichen Überlegungen.

Die Auswahlregeln hinsichtlich der Parität (e oder o), der Rotationsquantenzahl J und der Projektionsquantenzahlen K_a, K_c, für reine Rotationsübergänge in asymmetrischen Kreisel-Molekülen sind in Tabelle 8.1 zusammengefasst. Man sieht, dass sich für einen erlaubten Übergang die Parität entweder von K_a oder von K_c ändern muss. Anders als beim symmetrischen Kreisel sind auch Übergänge mit ΔK_a bzw. $\Delta K_c = \pm 1, \pm 3, \ldots$ bzw. $\pm 2, \pm 4, \ldots$ erlaubt, wobei die Intensitäten der entsprechenden Linien im Spektrum jedoch gering sind und mit der Annäherung der Molekülgeometrie an einen symmetrischen Kreisel immer kleiner werden.

Tabelle 8.1: Auswahlregeln für reine Rotations-Übergänge eines asymmetrischen Kreisel-Moleküls.e = even: o = odd

Richtung des Dipolmomentes	Auswahlregeln		
	Symmetrien bei Rotation um a-, c-Achse	$K_a', K_c' \leftrightarrow K_a'', K_c''$	$\Delta J, \Delta K_a, \Delta K_c$
a-Achse	$++ \leftrightarrow -+$	$ee \leftrightarrow eo$	und: $\Delta J = 0, \pm 1$ $\Delta K_a = 0, \pm 1, \pm 2, \ldots$ $\Delta K_c = 0, \pm 1, \pm 2, \ldots$
	$-- \leftrightarrow +-$	$oe \leftrightarrow oo$	
b-Achse	$++ \leftrightarrow --$	$ee \leftrightarrow oo$	
	$+- \leftrightarrow -+$	$oe \leftrightarrow eo$	
c-Achse	$++ \leftrightarrow +-$	$ee \leftrightarrow oe$	
	$-+ \leftrightarrow --$	$eo \leftrightarrow oo$	

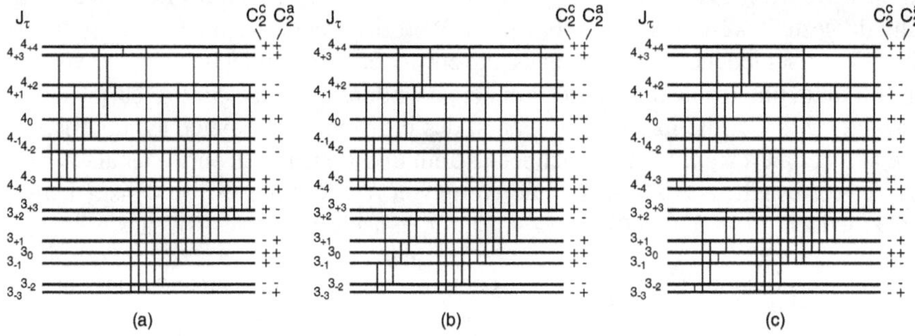

Abb. 8.4: Dipol-erlaubte Rotationsübergänge eines asymmetrischen Kreisel-Moleküls, wenn das Dipolmoment entlang a) der a-Achse b) der b-Achse und c) der c-Achse zeigt [8.4].

Wenn das Molekül ein prolater fast symmetrischer Kreisel ist, gilt die Auswahlregel: $\Delta K_a = 0, \pm 1$; für einen oblaten fast symmetrischen Kreisel $\Delta K_c = 0, \pm 1$.

Man kann die Auswahlregeln auch formulieren durch das Symmetrieverhalten der Rotationswellenfunktion bei Rotation um 180° um eine C_2-Achse, die in a-, b- oder c-Richtung liegen kann. Geht die Wellenfunktion in sich über, wird sie mit $(+)$ bezeichnet, ändert sich ihr Vorzeichen, mit $(-)$. Man gibt üblicherweise das Verhalten bei Rotation um die C_2^a und C_2^c Achse an: damit ist das Verhalten bei Rotation um die b-Achse festgelegt. Man schreibt dann die Symmetrie eines Rotationsniveaus J_{K_a,K_c} bzw. J_τ als $(++)$, $(+-)$, … (Abb. 8.4).

8.1.4 Intensitäten der Rotationsübergänge

Läuft eine elektromagnetische Welle mit der Eingangsintensität I_0 durch ein absorbierendes Medium mit dem Absorptionskoeffizienten $\alpha(\nu)$, so wird die transmittierte

Intensität I_t nach einem Absorptionsweg L

$$I_t(\nu) = I_0(\nu)\,e^{-\alpha(\nu)L} \,. \tag{8.10}$$

Für $\alpha L \ll 1$ wird damit die absorbierte Differenz

$$\Delta I(\nu) = I_0(\nu) - I_t(\nu) \approx I_0(\nu)\alpha(\nu)L \,. \tag{8.11}$$

Benutzt man die Einstein-Koeffizienten B_{ik}, so ergibt sich die Nettoabsorption als Differenz zwischen Absorption und stimulierter Emission:

$$\Delta I(\nu) = [N_i B_{ik} - N_k B_{ki}]\,\varrho(\nu) h\nu L \,, \tag{8.12}$$

mit der spektralen Energiedichte $\varrho(\nu) = I(\nu)/c$.

Integriert man über das Linienprofil $\alpha(\nu)$ mit der Halbwertsbreite $\Delta\nu$, so erhält man die gesamte Absorption aus dem absorbierenden Übergang. Dazu muss man in (8.12) die Größe $\varrho(\nu)$ ersetzen durch

$$\varrho = \int \varrho(\nu)\,d\nu \,; \qquad I = \int I(\nu)\,d\nu \approx I(\nu_0)\Delta\nu \,.$$

Im thermischen Gleichgewicht bei der Temperatur T gilt für das Verhältnis der Besetzungsdichten die Boltzmann-Beziehung

$$\frac{N_k}{N_i} = \frac{g_k}{g_i}\,e^{-\Delta E/k_B T} \quad \text{mit } \Delta E = E_k - E_i = h\nu \,. \tag{8.13}$$

Damit erhalten wir für (8.12) mit den Relationen $g_i B_{ik} = g_k B_{ki}$

$$\Delta I = \frac{I_0}{c} h\nu L B_{ik} N_i \left[1 - e^{-\Delta E/k_B T}\right] \,. \tag{8.14}$$

Für Mikrowellenübergänge ist $\Delta E \ll k_B T$, sodass (8.14) übergeht in

$$\Delta I = I_0 L N_i B_{ik} \frac{(\Delta E)^2}{c k_B T} \Longrightarrow \alpha = N_i B_{ik} \frac{(\Delta E)^2}{c k_B T} \,. \tag{8.15}$$

Wir sehen also, dass die Nettoabsorption proportional ist zur Dichte N_i der absorbierenden Moleküle und zum Quotienten $(\Delta E)^2/k_B T = (h\nu)^2/k_B T$.

Die Besetzungsdichte N_i hängt mit der gesamten Moleküldichte N über die Boltzmann-Relation

$$N_i = g_i (N/Z)\,e^{-E_i/k_B T} \approx g_i (N/Z)(1 - E_i/k_B T) \tag{8.16}$$

zusammen, wobei

$$Z = \sum_n g_n\,e^{-E_n/k_B T} \tag{8.17}$$

die Zustandssumme über alle Zustände E_n des Moleküls ist, die als Normierungsfaktor dafür sorgt, dass $\sum N_n = N$ gilt.

Benutzt man noch die Relation

$$B_{ik} = \frac{2\pi^2}{2\varepsilon_0 h^2} |D_{ik}|^2 \tag{8.18}$$

zwischen Einstein-Koeffizient und Übergangs-Matrixelement D_{ik} so erhält man schließlich für $(E_k - E_i) \ll k_\mathrm{B}T$

$$\boxed{\Delta I = I_0 L g_i \frac{N}{Z} \frac{2\pi^2 \nu^2}{3\varepsilon_0 c k_\mathrm{B} T} |D_{ik}|^2} \,. \tag{8.19}$$

Das Dipolmatrixelement D_{ik} hängt von der Symmetrie des Moleküls ab. Für lineare Moleküle liegt das Dipolmoment $\boldsymbol{\mu}$ in Richtung der Molekülachse, während es für nichtlineare symmetrische Kreisel-Moleküle in Richtung der Symmetrieachse zeigt.

Summiert man für einen Übergang mit $\Delta J = +1$ und $\Delta K = 0$ über alle M-Werte, d. h. über alle möglichen $(2J + 1)$ Orientierungen von J, so ergibt dies für symmetrische Kreiselmoleküle

$$|D_{ik}|^2 = \mu^2 \frac{(J+1)^2 - K^2}{(J+1)(2J+1)} \,. \tag{8.20}$$

Die Intensität der Rotationslinien für Übergänge $(J + 1, K) \leftarrow (J, K)$ ist dann

$$\Delta I(J, K) = \mu^2 I_0 g_i \frac{N}{Z} L \frac{2\pi^2 \nu^2}{3\varepsilon_0} \frac{(J+1)^2 - K^2}{(J+1)(2J+1)} \,, \tag{8.21}$$

wobei $g_i = g_{JK} \cdot g_\mathrm{KS}$ ist und $g_{JK} = 2(2J + 1)$ das statistische Gewicht des absorbierenden Niveaus (J, K) ohne Berücksichtigung der Kernspins ist, während g_KS das durch die möglichen Einstellungen der Kernspins bedingte statistische Gewicht darstellt.

Das statistische Gewicht $g_i JK$ hängt ab von den Quantenzahlen (J, K) und von den Kernspins der Atome im Molekül. Wir wollen uns dies jetzt etwas genauer anschauen.

8.1.5 Symmetrieeigenschaften der Rotationsniveaus

Die Symmetrieeigenschaften der Rotationsniveaus und ihre statistischen Gewichte hängen ab von der Symmetriegruppe des Moleküls, von den Quantenzahlen J und K, vom Schwingungs- und elektronischen Zustand und von den Kernspins der Atomkerne. Die Gesamtwellenfunktion

$$\Psi = \psi_\mathrm{el} \psi_\mathrm{vib} \psi_\mathrm{rot} \psi_\mathrm{KS} \tag{8.22}$$

kann als Produkt aus elektronischer, Schwingungs-, Rotations- und Kernspin-Wellenfunktion geschrieben werden. Ihre Symmetrie hängt daher von den Symmetrieeigenschaften der vier Faktoren ab.

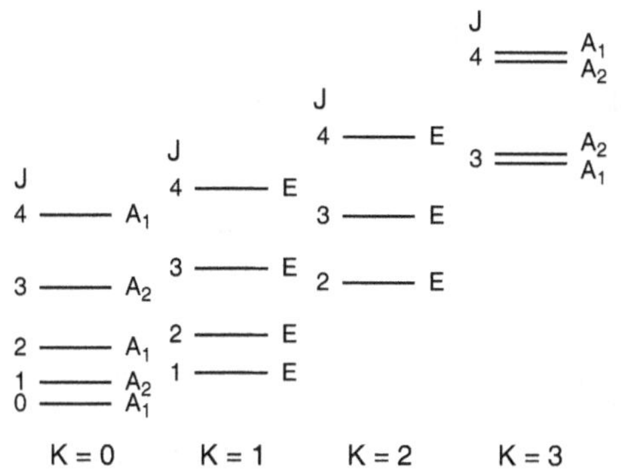

Abb. 8.5: Symmetrietypen der Rotationsniveaus von Molekülen der Symmetriegruppe D_{3h}.

Für Rotationsübergänge innerhalb desselben elektronischen und Schwingungs-Zustandes brauchen wir uns nur um die Symmetrien von ψ_{rot} und ψ_{KS} zu kümmern, weil im Matrixelement D_{ik} die Quadrate $|\psi_{\text{el}}|^2$ und $|\psi_{\text{vib}}|^2$ immer totalsymmetrisch sind.

Die Symmetriespezies von ψ_{rot} entsprechen denen der Rotationsgruppe des Moleküls. Diese ist z. B. C_3 für Moleküle der Punktgruppe C_{3v} (Beispiel NH_3) oder D_3 für D_{3h} Moleküle (Beispiel Ethan C_2H_6). Die Symmetriegruppe C_3 besitzt die Symmetriespezies A und E, während D_3 die Symmetriespezies A_1, A_2 und E besitzt (siehe Charaktertafeln im Anhang).

Die Rotationswellenfunktionen im Laborsystem

$$\psi_{\text{rot}} = \Theta_{JKM}(\theta)\, e^{iM\kappa}\, e^{\pm iK\varphi} \tag{8.23}$$

hängen von den drei Eulerwinkeln θ, κ und φ zwischen den Achsen des molekülfesten und denen des Laborsystems ab, wobei φ der Rotationswinkel um die Symmetrieachse ist. Eine Rotation um den Winkel $\varphi = 2\pi/3$ ändert ψ_{rot} nicht, wenn $K = 3m$ $(m = 0, 1, 2, 3, \ldots)$ ist. Deshalb gehören die Rotationsniveaus mit $K = 3m$ für C_{3v}-Moleküle zur Symmetriespezies A, während für alle anderen Niveaus ψ_{rot} weder in sich selbst noch in ihr Negatives übergeht, sondern in eine Linearkombination von zwei anderen Funktionen und deshalb zur Symmetriespezies E gehört (siehe Abschn. 5.5.2.

Für Moleküle der Punktgruppe D_{3h} haben die Rotationsniveaus mit $K = 0$ die Symmetrie A_1 für gerade Rotationsquantenzahlen J, A_2 für ungerade J. Für $K = 3m \neq 0$ gibt es eine K-Komponente mit A_1 und eine mit A_2-Symmetrie. Für $K = 3m \pm 1$ ist die Symmetriespezies E (Abb. 8.5).

Ähnlich kann für Moleküle anderer Symmetriegruppen die Symmetrie der Rotationsniveaus an Hand der entsprechenden Charaktertafeln bestimmt werden (siehe z. B. P. Bunker [8.3]). Die Symmetriespezies der Rotationsniveaus ist wichtig für die Bestimmung der statistischen Gewichte, wie wir im folgenden Abschnitt diskutieren wollen.

8.1.6 Statistische Gewichte und Kernspin-Statistik

Da der Rotationsdrehimpuls eines Moleküls $(2J+1)$ räumliche Einstellungen haben kann, die ohne äußeres Feld alle energetisch entartet sind, ist das statistische Gewicht $g(J.K)$ eines Rotationsniveaus (J, K) für $K = 0$: $g(J, K = 0) = 2J + 1$. Für $K \neq 0$ gibt es zwei K-Komponenten, deren Aufspaltung sehr klein ist und meistens nicht aufgelöst werden kann. Das statistische Gewicht dieser Niveaus ist dann $2(2J + 1)$.

Genau wie bei den zweiatomigen Molekülen spielt die Symmetrie der Kernspinwellenfunktion auch bei mehratomigen Molekülen eine wichtige Rolle für die Besetzung der Rotationsniveaus und damit für die Intensität der Rotationslinien. Die Gesamtwellenfunktion Ψ muss gegenüber der Vertauschung zweier identischer Kerne symmetrisch sein, wenn diese Kerne Bosonen (ganzzahliger Kernspin) sind, und antisymmetrisch für fermionische Kerne (Kernspin halbzahlig).

Bei den Symmetrieoperationen des Moleküls können mehr als ein Paar von identischen Kernen vertauscht werden. Die Zahl der möglichen Vertauschungen hängt von der Punktgruppe des Moleküls ab und von den Symmetriebedingungen der Funktion ψ. Da diese Zahl das statistische Gewicht der Kernspinfunktion bestimmt, hängt auch die Intensität der Rotationslinien und die Intensitätsalternierung bei Übergängen zwischen symmetrischen oder antisymmetrischen Rotationsniveaus von der Zahl der identischen Kerne im Molekül, vom Schwingungsniveau und von der Symmetriegruppe des Moleküls ab. So muss ein Molekül mit einer C_n-Symmetrieachse mindestens n identische Kerne haben, die bei der Drehung um einen Winkel $2\pi m/n$ miteinander vertauscht werden. Wir wollen dies an einigen Beispielen verdeutlichen:

Bei einer C_3 Symmetrieachse ist eine Drehung um den Winkel $\varphi = 120°$ äquivalent zu einer Vertauschung von zwei Kernpaaren. Wie man aus Abb. 8.6 sieht, geht bei einer solchen Drehung der Kern 1 in 2 über, 2 in 3 und 3 in 1. Dies ist äquivalent zu den Vertauschungen $2 \leftrightarrow 1$ und $3 \leftrightarrow 1$, also zwei Vertauschungen. Eine solche Drehung ist daher immer mit einer symmetrischen Kernspinfunktion verknüpft, unabhängig davon, ob die Kerne Fermionen oder Bosonen sind.

Betrachten wir als weiteres Beispiel ein nichtebenes Molekül AB_3 der Punktgruppe C_{3v}, bei dem die Kerne der Atome B den Kernspin $I = 0$ haben. Es gibt dann nur eine symmetrische Kernspinfunktion, aber keine antisymmetrische. Da die Gesamtwellenfunktion symmetrisch sein muss, sind für symmetrische Funktionen ψ_{el} und ψ_{vib} nur solche Rotationsniveaus möglich, bei denen $K = 3m$ gilt. Im Rotationsspektrum gibt es daher keine Linien, die von Niveaus mit $K = 3m \pm 1$ starten.

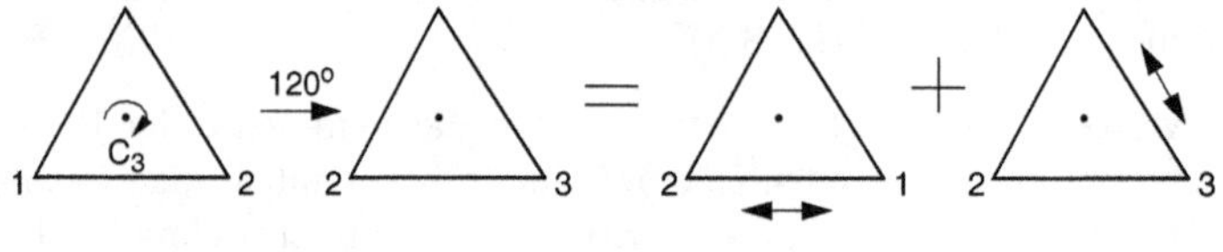

Abb. 8.6: Zur Äquivalenz der Drehung um 120° um eine C_3-Achse und der Vertauschung zweier Paare identischer Kerne.

Kerne	I	II	III	IV	V	VI	VII	VIII
1	↑	↑	↑	↓	↑	↓	↓	↓
2	↑	↑	↓	↑	↓	↓	↑	↓
3	↑	↓	↑	↑	↓	↑	↓	↓

Abb. 8.7: Die 8 möglichen Einstellungen von Kernspins 1/2 in Molekülen mit einer C_3-Achse.

Für ein ebenes Molekül sind auch Drehungen um die C_2-Achsen möglich, bei denen nur ein Paar identischer Kerne ausgetauscht wird. Sind die Kerne Bosonen, so ändert sich die Kernspinwellenfunktion dabei nicht, und deshalb sind nur A_1 Niveaus in Abb. 8.5 möglich, während für fermionische Kerne nur A_2 Rotationsniveaus erlaubt sind.

Bei Kernen mit Kernspin $I \neq 0$ hängt die Zahl möglicher Kernspinfunktionen von dem Wert von I ab.

Beim nichtplanaren NH_3 z. B. gibt es drei H-Atome mit Kernspin $I = 1/2$. Eine Rotation des Moleküls um die C_3-Achse um einen Winkel $\pi/3$ oder um $2\pi/3$ vertauscht jeweils zwei Paare von H-Kernen. Es gibt 8 Kernspinwellenfunktionen, die in Abb. 8.7 aufgeführt sind. Davon sind die Kombinationen I und VIII symmetrisch, wie man unmittelbar sieht. Aber auch die Linearkombinationen $\psi_{KS}(\text{II}) + \psi_{KS}(\text{III}) + \psi_{KS}(\text{IV})$ und $\psi_{KS}(\text{V})+\psi_{KS}(\text{VI})+\psi_{KS}(\text{VII})$ sind symmetrisch (A_1) bei einer Rotation um 120°. Die 4 übrigen Kernspinfunktionen sind linear unabhängig von den bisher aufgeführten Funktionen. Man kann aus ihnen je zwei Linearkombinationen bilden, die bei der Rotation in Linearkombinationen zweier anderer Funktionen übergehen, d. h. es gibt zwei Kernspinfunktionen der Symmetriespezies E.

Da das Produkt $\psi_{\text{rot}}\psi_{KS}$ die Symmetrie A_2 haben muss, kommen für $K = 0$ die Rotationsniveaus mit A_1 Symmetrie nicht vor. Für $K > 0$ haben die Rotationsniveaus mit A_2-Symmetrie ($A_2 \times A_1 = A_2$) das statistische Gewicht 4 (weil es 4 Kernspinfunktionen mit A_1-Symmetrie gibt), während die Rotationsniveaus mit E-Symmetrie, die zu den Kernspinwellenfunktionen mit E Symmetrie gehören ($E \times E = A_1 + A_2 + E$) das Gewicht 2 haben, weil es 2 Kernspinfunktionen mit E-Symmetrie gibt. Die statistischen Gewichte alternieren als Funktion von K für $K = 1, 2, 3, 4, 5, 6, \ldots$ im Verhältnis 1:1:2:1:1:2.

Für Kernspins $I > 1/2$ gibt es mehr Kernspinfunktionen, z. B. auch solche mit A_2-Symmetrie und deshalb können alle Rotationsniveaus mit geradem oder ungeradem J auftreten. Die statistischen Gewichte für Moleküle mit einer C_3-Symmtrieachse sind für drei identische Kerne mit dem Kernspin I

$$g_{KS} = (2I + 1)(4I^2 + 4I + 3)/3 \quad \text{für } K = 3m \;, \tag{8.24a}$$

$$g_{KS} = (2I + 1)(4I^2 + 4I)/3 \quad \text{für } K = 3m \pm 1 \;. \tag{8.24b}$$

Für Moleküle anderer Punktgruppen kann man analog vorgehen, um die statistischen Gewichte zu bestimmen. Dies erfordert oft eine etwas mühsame Analyse der möglichen Kernspinfunktionen und ihrer Symmetrie. Für eine ausführlichere Darstellung mit vielen Beispielen wird auf die Literatur [8.3] verwiesen.

8.1.7 Linienprofile der Absorptionslinien

Da die spontanen Lebensdauern der Rotationsniveaus im elektronischen Grundzustand sehr lang sind, liegt die natürliche Linienbreite der Absorptionlinien unterhalb der experimentellen Auflösungsgrenze. Auch die Dopplerbreiten sind im Mikrowellenbereich wegen der gegenüber optischen Übergängen sehr kleinen Frequenz klein und im Allgemeinen vernachlässigbar gegenüber der Druckverbreiterung. Das Linienprofil des Absorptionskoeffizienten $\alpha(\nu)$ ist dann ein Lorentzprofil

$$\alpha(\nu) = \alpha(\nu_0) \frac{(\Delta\nu/2)^2}{(\nu - \nu_0)^2 + (\Delta\nu/2)^2} , \tag{8.25}$$

wobei $\alpha(\nu_0)$ die maximale Absorption bei der Mittenfrequenz $\nu(0)$ und $\Delta\nu$ die volle Halbwertsbreite ist. Die Fläche unter dem Absorptionprofil $\alpha(\nu)$ ist ein Maß für die gesamte Absorption auf dem entsprechenden Rotationsübergang. Sie wird auch Linienstärke genannt. Die Integration von (8.25) ergibt

$$\alpha = \int \alpha(\nu)\, \mathrm{d}\nu = \Delta\nu\alpha(\nu_0)\pi/2 \quad \Rightarrow \alpha(\nu_0) = \frac{2\alpha}{\pi\Delta\nu} . \tag{8.26}$$

Damit erhält man für die Absorption auf der Linienmitte eines Rotationsüberganges $|i\rangle \to |k\rangle$ aus (8.11)und (8.19):

$$\boxed{\alpha(\nu_0) = g(J, K) g_{\mathrm{KS}} \frac{N}{Z} \frac{4\pi\nu_0^2}{3\varepsilon_0 k_{\mathrm{B}} T \Delta\nu} |D_{ik}|^2} . \tag{8.27}$$

Der Absorptionskoeffizient auf der Linienmitte ist also proportional zum Quadrat ν_0^2 der Übergangsfrequenz, aber umgekehrt proportional zur Linienbreite $\Delta\nu$ und zur Temperatur T.

8.2 Schwingungs-Rotationsübergänge

In der Näherung eines harmonischen Potentials kann der Termwert eines beliebigen Schwingungszustandes als Summe der Termwerte der angeregten Normalschwingungen mit Entartungsgrad d_i geschrieben werden:

$$G(v_k) = \sum \omega_i \, (v_i + d_i/2) . \tag{8.28}$$

Wir können also in dieser harmonischen Näherung das schwingende Molekül als eine Überlagerung harmonischer Oszillatoren ansehen, von denen jeder einzelne durch Absorption oder Emission von Strahlung Schwingungsübergänge erfährt, die genau wie die eines zweiatomigen Moleküls behandelt werden können (siehe Abschn. 4.2.4).

Tabelle 8.2: Wellenzahlen der Normalschwingungen einiger dreiatomiger Moleküle.ν_1 = symmetrische Streckschwingung: ν_2 = Biegeschwingung; ν_3 = asymmetrische Streckschwingung

Molekül	ν_1	ν_2	ν_3
CO_2	1383,3	667,3	2284,5
CS_2	658,0	396	1535,4
HCN	2096,7	713,5	3311,5
H_2O	3657,1	1594,8	3755,8
D_2O	2668,1	1178,4	2787,7
H_2S	2614,4	1182,6	2628,5
NO_2	1319,8	749,7	1616,9
SO_2	1151,7	517,8	1362,0

In Tabelle 8.2 sind die Wellenzahlen der Normalschwingungen einiger Moleküle zusammengestellt.

Im realen Molekül liegen die Schwingungsterme wegen des anharmonischen Potentials nicht mehr äquidistant, sondern die Abstände zwischen den Schwingungsniveaus werden mit wachsender Schwingungsenergie kleiner. Außerdem bewirkt das anharmonische Potential eine Kopplung zwischen verschiedenen Schwingungen, deren Termwerte dadurch verschoben werden (siehe Abschn. 6.3.5). Die Wellenfunktion höherer Schwingungsniveaus wird eine Linearkombination der Schwingungsfunktionen der miteinander koppelnden Niveaus. Dadurch werden auch Übergänge in Niveaus möglich, die ohne diese Kopplung verboten wären. Aus den obigen Gründen wird die Niveaudichte mit steigender Energie rasch größer und das Absorptionsspektrum entsprechend komplexer.

8.2.1 Auswahlregeln und Intensitäten von Schwingungsübergängen

Für ein harmonisches Potential gilt, genau wie bei zweiatomigen Molekülen, die Auswahlregel $\Delta v = 1$ für jede der Normalschwingungen. Wegen der Anharmonizität des Potentials, die hier stärker ausgeprägt ist als bei zweiatomigen Molekülen, kommen in Infrarotspektren auch Übergänge mit $\Delta v = 2, 3, 4, \ldots$ vor, wobei allerdings die Intensität dieser so genannten Oberton-Übergänge mit steigendem Δv sehr schnell schwächer wird.

Zusätzlich können auch noch Kombinationsübergänge im Spektrum erscheinen, bei denen sich die Quantenzahlen zweier oder mehrerer Normalschwingungen gleichzeitig ändern (Abb. 8.8).

Zwei Ursachen sind im Wesentlichen für das Auftreten von Obertonübergängen verantwortlich:

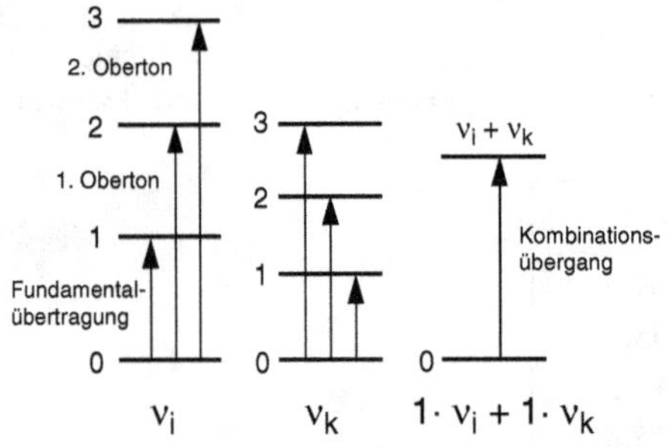

Abb. 8.8: Termschema für Fundamental-, Oberton- und Kombinations-Schwingungen.

1. Die Anharmonizität des Potentials, die bewirkt, dass im Frequenzspektrum des anharmonischen Oszillators Obertöne auftreten (Fourier-Analyse der nichtharmonischen Schwingung).
2. Durch die Abhängigkeit des Dipolmomentes von den Kernkoordinaten können Terme höherer Ordnung auftreten, die dann zu Obertonfrequenzen führen.

Zwischen welchen Schwingungsniveaus Übergänge stattfinden können, hängt von der Symmetrie der Schwingungswellenfunktionen ab. Wenn wir das Dipolmoment

$$\mu_{\mathrm{N}}(q) = \mu_{\mathrm{N}}(0) + (\mathrm{d}\mu_{\mathrm{N}}/\mathrm{d}q)_0\, q + \ldots \tag{8.29}$$

als Funktion der Auslenkungen q einer Normalschwingung in eine Taylorreihe um die Gleichgewichtskonfiguration $q = 0$ entwickeln und in das Matrixelement

$$\begin{aligned} D_{mk} &= \int \Psi_m^{\mathrm{vib}} \mu_{\mathrm{N}}(q) \Psi_k^{\mathrm{vib}} \\ &= \mu_{\mathrm{N}}(0) \int \Psi_m^{\mathrm{vib}} \Psi_k^{\mathrm{vib}}\, \mathrm{d}q + \frac{\mathrm{d}}{\mathrm{d}q} (\mu_{\mathrm{N}})_0 \int \Psi_m^{\mathrm{vib}} q \Psi_k \,\mathrm{d}q \end{aligned} \tag{8.30}$$

einsetzen, so wird, völlig analog zur Situation bei den zweiatomigen Molekülen der erste Summand null, weil die Schwingungswellenfunktionen orthogonal sind. Der zweite Term in (8.30) stellt deshalb das Matrixelement für Übergänge zwischen den Schwingungsniveaus $|m\rangle$ und $|k\rangle$ dar. Er ist nur dann von null verschieden, wenn beide Faktoren $(\mathrm{d}(\mu_{\mathrm{N}})/\mathrm{d}q)_0$ und das Integral ungleich null sind.

Normalschwingungen, bei denen sich das Dipolmoment des Moleküls ändert, tragen deshalb zur Infrarotabsorption bei und heißen „infrarot-aktiv“. In unsymmetrischen Molekülen (wie z. B. HCN) ändern alle Normalschwingungen entweder den Betrag oder die Richtung des Dipolmomentes; sie sind daher alle infrarot-aktiv. Nur in symmetrischen Molekülen (wie z. B. CO_2) kann es Normalschwingungen geben, bei denen sich das Dipolmoment nicht ändert, sie sind infrarot-inaktiv. So ist z. B. die symmetrische Streckschwingung ν_1 in CO_2 infrarot-inaktiv, weil das Dipolmoment bei dieser Schwingung null bleibt, während die Knickschwingung ν_2 und die asymmetrische Streckschwingung infrarot-aktiv sind (Abb. 8.9). Es gibt jedoch

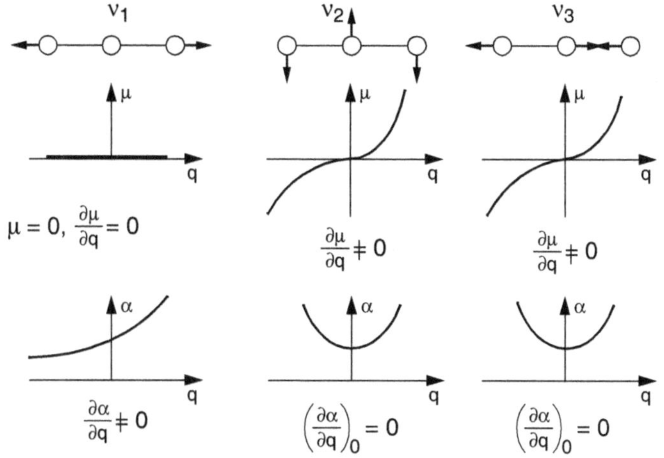

Abb. 8.9: Dipolmoment μ_N und Polarisierbarkeit α als Funktion der Normalschwingungskoordinate q beim CO_2-Molekül.

auch symmetrische Moleküle (wie z. B. H_2O), bei denen alle Normalschwingungen infrarot-aktiv sind, weil das Dipolmoment μ_N sich bei allen Normalschwingungen ändert.

Das zweite Integral in (8.30) ist für nichtentartete Schwingungsniveaus nur dann von null verschieden, wenn der Integrand totalsymmetrisch ist. Im Formalismus der Gruppentheorie (siehe Abschn. 5.5.4) muss dann bei Übergängen zwischen nichtentarteten Schwingungsniveaus für die Symmetriespezies Γ gelten:

$$\Gamma(\psi_m)\Gamma(q)\Gamma(\psi_k) = A \, , \tag{8.31}$$

wobei A die totalsymmetrische Darstellung für jede beliebige Gruppe ist.

Ist mindestens eines der beiden Schwingungsniveaus entartet, so lässt sich das Produkt (8.31) als Summe irreduziebler Darstellungen schreiben und die Bedingung, dass $D_{mk} \neq 0$ ist, reduziert sich auf die Bedingung, dass in (8.31) bei der Reduktion des Produktes in eine Summe (siehe Abschn. 5.5.4) wenigstens einer der Summanden die totalsymmetrische Darstellung A ist.

Wenn wir Absorptionsübergänge betrachten, die vom Schwingungsgrundzustand aus starten, dann ist die Schwingungswellenfunktion X_m dieses Zustandes totalsymmetrisch, ihre Symmetriespezies ist also A_1. Dann muss das Produkt $\Gamma(q)\Gamma(\kappa_k)$ ebenfalls A_1 Symmetrie haben, damit der Integrand totalsymmetrisch wird. Es können dann alle Schwingungsniveaus durch elektrische Dipolübergänge erreicht werden, welche diese Symmetrie-Bedingung erfüllen.

Das Produkt $\mathrm{d}(\mu_N)/\mathrm{d}q|_{q0} \cdot q$ hat das Symmetrieverhalten von q, da der erste Faktor eine Zahl, also ein Skalar, ist. Da die Schwingungsamplitude $q = (q_x, q_y, q_z)$ ein Vektor ist, der sich bei Symmetrieoperationen wie ein Translationsvektor verhält, können wir die Symmetriespezies der Komponenten von μ_N für die verschiedenen Symmetriegruppen aus den jeweiligen Charaktertafeln sofort entnehmen.

Wir wollen als Beispiel Moleküle der C_{2v} Gruppe betrachten. Ein Blick auf die Charaktertafel zeigt uns, dass für die z-Komponente von q, die A_1-Symmetrie hat, vom Grundzustand aus alle Schwingungsniveaus mit A_1-Symmetrie erreicht werden können, während für die x-Komponente mit B_1-Symmetrie nur Niveaus mit B_1-Symmetrie erreicht werden können, weil aus der Multiplikationstabelle (Tabelle 5.1) ersichtlich ist, dass $B_1 \times B_1 = A_1$ gilt.

Analog sieht man, dass die y-Komponente von q Übergänge in Zustände mit B_2-Symmetrie erlaubt. Die totalsymmetrische Normalschwingung v_1 und die Knickschwingung v_2 (beide haben A_1-Symmetrie) können also vom Schwingungsgrundzustand aus nur angeregt werden, wenn q eine Komponente in z-Richtung hat, während die asymmetrische Streckschwingung v_3 angeregt werden kann, wenn q eine Komponente in y-Richtung hat.

Ein weiteres Beispiel ist das gewinkelte H_2O-Molekül bei dem zwar das Dipolmoment in Richtung der C_2-Achse zeigt (Abb. 8.10), die wir definitionsgemäß als z-Achse wählen, aber μ_N ändert sich bei allen Normalschwingungen, sodass dadurch alle Normalschwingungen infrarot-aktiv sind. Bei den Schwingungen v_1 und v_2 mit A_1-Symmetrie ändert sich nur die Größe des Betrags von $\boldsymbol{\mu}_N$, bei der asymmetrischen Streckschwingung v_3 auch die Richtung von $\boldsymbol{\mu}_N$ (Abb. 8.10).

Das lineare CO_2-Molekül gehört zur Punktgruppe $D_{\infty h}$. Die symmetrische Streckschwingung ν_1, bei der die beiden O-Kerne symmetrisch zum Inversionszentrum schwingen, hat σ_g^+-Symmetrie, wie man aus der Charaktertafel sieht, weil die Schwingung bei allen Symmetrieoperationen in sich übergeht.

Die asymmetrische Streckschwingung ν_3 (Abb. 6.8b) hat σ_u^+-Symmetrie. Bei ν_1-Übergängen ist $\mathrm{d}(\mu_N)/\mathrm{d}t = 0$, d. h. es gibt keine Infrarot-Absorption. Das obere Schwingungsniveau bei ν_3-Übergängen hat σ_u^+-Symmetrie. Da auch die Auslenkung q für ν_3 σ_u^+-Symmetrie hat, ist der Integrand des 2. Terms in (8.30) totalsymmetrisch und der Übergang ist infrarot-aktiv.

Die Knickschwingung ν_2 ist zweifach entartet und hat E-Symmetrie. Der Vektor q zeigt in x- oder y-Richtung. Der Integrand hat dann die Symmetrie

$$\sigma_g^+ \otimes E_{1u} \otimes E_{1u} = \sigma_g^+ \otimes \pi_u \otimes \pi_u = \sigma_g^+ \otimes (\sigma_g^+ + \sigma_g^- + \delta_g)$$

und enthält deshalb die totalsymmetrische Darstellung. Die ν_2-Schwingung ist daher infrarot-aktiv.

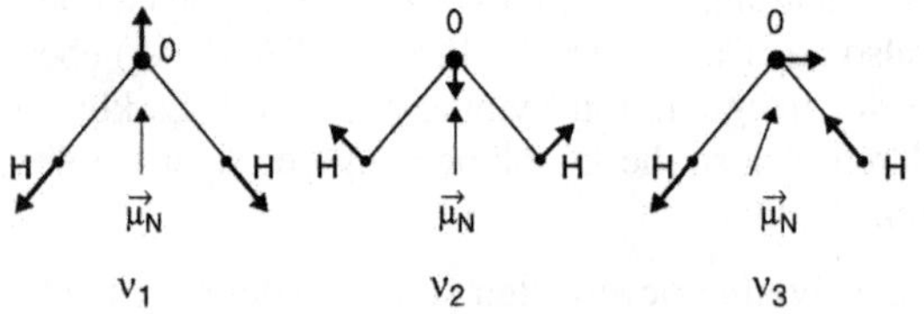

Abb. 8.10: Änderung des Betrages des Dipolmomentes $\boldsymbol{\mu}_N$ des H_2O-Moleküls bei symmetrischen Schwingungen ν_1 und ν_2 und der Richtung von μ_N bei der asymmetrischen Schwingung ν_3.

Auch wenn bei Übergängen $|k\rangle \leftarrow |0\rangle$ vom Schwingungsgrundzustand $|0\rangle$ aus das obere Schwingungsniveau entartet ist, gilt die Bedingung, dass das Produkt $\Gamma(\mu_N)\Gamma(\psi_0)\Gamma(\psi_k) = A_1$ sein muss.

Wir betrachten als Beispiel das NH_3-Molekül, das zur Punktgruppe C_{3v} gehört. Die beiden Normalschwingungen v_{3a} und v_{3b} in Abb. 6.8c sind entartet und ihre Wellenfunktion ist eine Linearkombination mit der Symmetriespezies E. Aus der Charaktertafel der C_{3v}-Gruppe sieht man, dass auch die x- und y-Komponente von μ_N E-Symmetrie haben. Das Produkt $E \times E = A_1 + A_2 + E$ enthält die totalsymmetrische Darstellung A_1 und deshalb sind die Matrixelemente für die Übergänge vom Schwingungsgrundzustand in die v_3-Niveaus für die x- und y-Komponente von μ_N erlaubt.

Die Symmetriebetrachtungen entscheiden nur darüber, ob ein Übergang $m \leftrightarrow k$ erlaubt oder verboten ist. Sie geben aber keine Auskunft über die Intensität eines erlaubten Überganges. Die absorbierte Intensität ist gegeben durch das Produkt (siehe (8.19) und (8.30))

$$\Delta I(m \leftrightarrow k) = a \cdot I_0 L g_m (N/Z)\,(\mathrm{d}\mu_N/\mathrm{d}q)_{q_e} \left| \int \psi_m^* \boldsymbol{q} \psi_k \,\mathrm{d}q \right|^2 \tag{8.32}$$

aus Besetzungsdichte $N_m = g_m N/Z$ im absorbierenden Schwingungszustand v_m (wobei hier v_m für die Gesamtheit aller Schwingungsquantenzahlen des absorbierenden Niveaus steht), dem statistischen Gewicht g_m, der Größe der Änderung $\mathrm{d}\mu_N/\mathrm{d}q$ und dem Quadrat des Übergangsmatrixelementes D_{mk}. Sie hängt also vom spezifischen Molekül und nicht nur von seiner Symmetriegruppe ab. Der Faktor $a = \frac{2\pi^2\nu^2}{3\epsilon_0 \cdot c k_B T}$ hängt von der Frequenz ν des Überganges und von der Temperatur T des absorbierenden Gases ab.

8.2.2 Fundamental-Übergänge

Wir hatten im Abschn. 6.3 gesehen, dass bei nicht zu hoher Schwingungsanregung die Energie des oberen Schwingungsniveaus als Linearkombination der Energien der beteiligten Normalschwingungen darstellbar ist (6.81). Dabei schwingen alle Kerne synchron (nicht unbedingt mit gleicher Phase), um ihre Gleichgewichtslagen. Da die Schwingungsfrequenzen von den Massen der schwingenden Kerne abhängen und von den Kraftkonstanten der rücktreibenden Kräfte $\boldsymbol{F} = -\mathrm{grad}E_p$, welche durch die Änderung der potentiellen Energie bei der Auslenkung bestimmt sind, sind diese Schwingungsfrequenzen charakteristisch für jede Molekülart. Bei Übergängen vom Schwingungsgrundzustand in angeregte Schwingungsniveaus treten sie als Absorptionsfrequenzen im Spektrum auf. Sie geben dem analytischen Spektroskopiker eindeutige Informationen über die in einer Probe enthaltenen Molekülarten. Dieser Schwingungs-Spektralbereich heißt deshalb auch *„fingerprint-region"* (Tabelle 8.2).

Schwingungsübergänge vom Grundzustand in einen angeregten Schwingungszustand werden nummeriert nach ihrer Symmetrie und innerhalb derselben Symmetrieklasse nach abnehmenden Frequenzen geordnet. Die Reihenfolge, in der die verschiedenen

Tabelle 8.3: Charakteristische Schwingungswellenzahlen für Streck- und Biegeschwingungen einer Atomgruppe in Molekülen [8.5].

Streckschwingungen		Biegeschwingungen	
Molekülgruppe	$\bar{\nu}/\mathrm{cm}^{-1}$	Molekülgruppe	$\bar{\nu}/\mathrm{cm}^{-1}$
≡C−H	3300	≡C−H	700
C=C<(H)(H)	3020	=C<(H)(H)	1100
O=C<(H)(H)	2800	−C(H)(H)(H)	1000
>C−H	2960	C≡C−C	300
−C≡C−	2050	>C<(H)(H)	1450
>C=C<	1650		
>C=O	1700		

Symmetrie-Spezies angeordnet werden, folgt der Empfehlung von Mullikan, die von Herzberg [8.4] vervollständigt wurde.

Bei einem Molekül der Symmetrie C_{2v} werden z. B. die beiden total symmetrischen a_1-Schwingungen mit v_1 und v_2 bezeichnet, die asymmetrische Streckschwingung (b_2) mit v_3. So sind die drei Schwingungen des H_2O-Moleküls v_1 (a_1-Streckschwingung) $= 3{,}657\,\mathrm{cm}^{-1}$, v_2 (a_1-Biegeschwingung) $= 1{,}595\,\mathrm{cm}^{-1}$ und v_3 (b_2-asymmetrische Streckschwingung) $= 3{,}756\,\mathrm{cm}^{-1}$.

Außer den Normal-Schwingungsmoden, bei denen alle Atome im Molekül beteiligt sind, gibt es oft so genannte „lokale Schwingungsmoden", bei denen hauptsächlich nur eine Atomgruppe im Molekül schwingt und nicht das ganze Molekül. Wenn z. B. ein leichtes Atom A an ein schweres Atom B gebunden ist, das wiederum eine schwächere Bindung an den Rest des Moleküls hat, so ist die Frequenz ν_L der lokalen Schwingung zwischen A und B fast unabhängig vom Rest des Moleküls. Das schwere Atom B wirkt wie eine feste Wand, gegen die A schwingt. Ein Beispiel für solche lokalen Schwingungsmoden ist die OH-Schwingungsfrequenz, die sich in den beiden Molekülen CH_3OH (Methanol) und CH_3CH_2OH (Ethanol) kaum unterscheidet.

Die Absorptionsfrequenzen solcher lokaler Moden sind deshalb charakteristisch für spezifische Atomgruppen innerhalb eines Moleküls. In Tabelle 8.3 sind einige Beispiele für die Schwingungswellenzahlen der lokalen Schwingungen einiger Atomgruppen in Molekülen angegeben.

Tabelle 8.4: Symmetrie-Typen angeregter Schwingungszustände in gewinkelten und linearen dreiatomigen XY_2-Molekülen.

ν_1	ν_2	ν_3	gewinkeltes XY_2 (C_{2v})	lineares YXY ($D_{\infty h}$)
0	0	0	A_1	Σ_g^+
0	1	0	A_1	Π_u
1	0	0	A_1	Σ_g^+
0	0	1	B_2	Σ_u^+
1	0	2	A_1	Σ_g^+
1	3	0	A_1	Π_u, Φ_u

8.2.3 Oberton- und Kombinationsbanden

Wegen der Anharmonizität des Potentials können auch Übergänge mit $\Delta v > 1$ auftreten (Oberton-Übergänge) oder es können mehrere Normalschwingungen gleichzeitig angeregt werden (Kombinations-Schwingungen) (Abb. 8.8). Die Symmetrie-Auswahlregeln für Oberton-Übergänge, die vom Schwingungs-Grundzustand aus starten, sind die gleichen wie bei den Fundamental-Übergängen:

Ein Oberton-Übergang ist infrarot-aktiv, wenn wenigstens eine Komponente des Dipolmomentes zur gleichen Symmetriespezies gehört wie die Schwingungsfunktion des oberen Niveaus. In Tabelle 8.4 sind als Beispiele für ein lineares und ein gewinkeltes dreiatomiges Molekül die Symmetrietypen der angeregten Schwingungszustände zusammengestellt. Man kann daraus sofort sehen, welche der Obertonübergänge infrarot-aktiv und welche Raman-aktiv (siehe Abschn. 8.4) sind.

Um einen Oberton- oder Kombinationsübergang in einer Kurzschrift anzugeben, wird die Bezeichnung für den Übergang $n(v'') \to n(v')$ von v'' zu v' Schwingungsquanten in der n-ten Normalschwingung als

$$n^{v'}_{v''} = (0, 0, \ldots, v_n^{v''}, 0) \to (0, 0, \ldots, v_n^{v'}, 0)$$

abgekürzt. Für einen Übergang von der Kombinations-Schwingung $n(v''_n) + m(v''_m)$ zu $n(v'_n) + m(v'_m)$ schreibt man

$$n^{v'_n}_{v''_n}, m^{v'_m}_{v''_m} = (0, 0, \ldots, v_n^{v''_n}, 0, v_m^{v''_m}, 0) \to (0, 0, \ldots, v_n^{v'_n}, 0, v_m^{v'_m}, 0)\,.$$

So wird z. B. der Übergang $(0, 0, 0) \to (0, 2, 0)$ mit 2_0^2, der Übergang $(0, 0, 1) \to (1, 0, 2)$ mit $1_0^1 3_1^2$ abgekürzt.

Die Messung von Oberton-Übergängen gibt wichtige Informationen über die Anharmonizität des Potentials und über die Kopplungen zwischen verschiedenen Schwingungen, die zu einer Verschiebung der Schwingungsenergien führen. Im Abschn. 6.3.5 wurde der Einfluss des anharmonischen Potentials auf die Kopplung zwischen verschiedenen Schwingungsniveaus diskutiert. Diese Kopplung wird besonders groß,

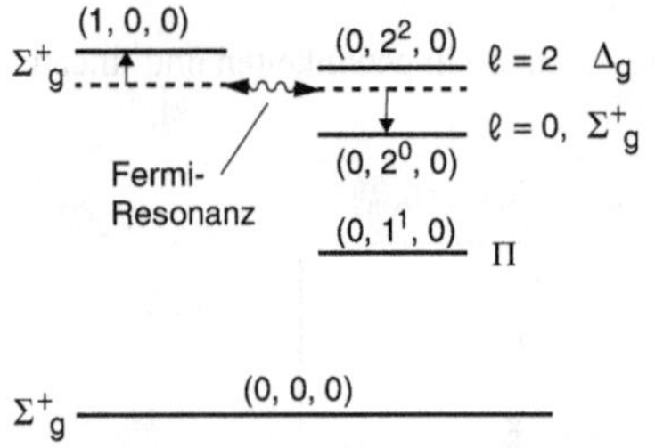

Abb. 8.11: Fermi-Resonanz zwischen den Schwingungsniveaus gleicher Symmetrie $(0, 2^0, 0)$ und $(1, 0, 0)$ im CO_2-Molekül. Die gestrichelten Geraden zeigen die Lage der ungestörten Niveaus, die sich auf Grund der Fermi-Resonanz abstoßen.

wenn die beiden Niveaus energetisch nahe beieinander liegen. Auch hier gilt eine strenge Symmetrie-Auswahlregel: *Nur Niveaus der gleichen Symmetrie können miteinander wechselwirken.*

Oft kommt es vor, dass ein Fundamental-Übergang einer Normalschwingung und ein Oberton einer anderen Normalschwingung zu angeregten Schwingungsniveaus gleicher Symmetrie führen, die fast gleiche Energien haben. In einem solchen Fall ist die Wechselwirkung besonders groß und führt zu einer erheblichen Frequenz-Verschiebung der beiden sich störenden Übergänge (*Fermi-Resonanz*). Ein Beispiel sind die beiden Schwingungszustände $(0, 2^0, 0)$ mit $1285{,}5\,\text{cm}^{-1}$ und $(1, 0, 0)$ mit $1388\,\text{cm}^{-1}$ des CO_2-Moleküls, die beide die gleiche Symmetrie haben und ohne die Störung energetisch nahe beieinander liegen (Abb. 8.11). Durch die Wechselwirkung wird das untere der beiden Niveaus nach unten, das obere nach oben verschoben (siehe auch Kap. 9).

Bei hohen Schwingungsniveaus wird die Niveaudichte größer und ein angeregtes Schwingungsniveau kann mit mehreren anderen Niveaus gleicher Symmetrie wechselwirken. Man nennt diese miteinander gekoppelten Niveaus eine Fermi-Polyade.

In manchen Molekülen haben zwei Fundamentalübergänge von Normalschwingungen verschiedener Symmetrie fast gleiche Energien. Sie können zwar nicht direkt miteinander wechselwirken, aber die Obertonschwingungen beider Schwingungsmoden können die gleiche Symmetrie haben und deshalb koppeln. Dies wurde zuerst von Darling und Dennison gefunden und heißt deshalb Darling-Dennison-Resonanz. Ein Beispiel sind die beiden Oberton-Schwingungen $2v_1$ und $2v_3$ im H_2O-Molekül bei Energien von $7201\,\text{cm}^{-1}$ bzw. $7445\,\text{cm}^{-1}$, die beide zum Symmetrietyp a_1 gehören, (obwohl v_3 b_2-Symmetrie hat), weil für $2v_3$ gilt: $b_2 \times b_2 = a_1$.

Bei genügend hoher Schwingungsanregung kann ein Molekül dissoziieren. Bei Normalschwingungen nehmen alle Atome des Moleküls an der Schwingung teil. Um das Molekül zu dissoziieren, muss aber genügend Schwingungsenergie in der Bindung zwischen den Bruchstücken lokalisiert sein. Wenn man die experimentell bestimmten Dissoziationsenergien vergleicht mit der gesamten Schwingungsenergie des Moleküls in einem Normalschwingungs-Modell, so erkennt man, dass bei sehr hohen

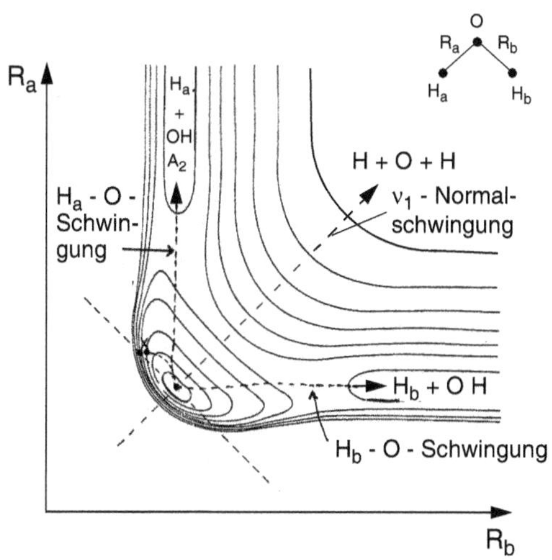

Abb. 8.12: Äquipotentiallinien-Diagramm des H_2O-Moleküls zur Illustration der Dissoziation bei der Anregung lokaler Schwingungsmoden.

Obertonschwingungen die Schwingungsenergie nicht mehr gleichmäßig über alle Atome verteilt sein kann, sondern dass die Bindungen, die bei der Dissoziation aufbrechen, mehr Energie akkumuliert haben als andere Schwingungen. Um dies zu erklären, wurde das Modell der lokalen Schwingungsmoden eingeführt (siehe Abschn. 8.2.2).

Beim H_2O-Molekül z. B. nimmt dieses Modell an, dass die Schwingungen der H-Atome gegen das O-Atom als zwei anharmonische zweiatomige Oszillatoren beschrieben werden können, die über das schwerere O-Atom schwach miteinander gekoppelt sind. Diese Kopplung führt dazu, dass die gesamte Schwingungsenergie periodisch von dem einen Oszillator auf den anderen übergeht. Ist sie bei einem Oszillator groß genug, um die O–H-Bindung zu brechen, dissoziiert das Molekül in OH + H.

Im Potentialdiagramm der Abb. 8.12 bedeutet dies, dass die Dissoziation über die tiefste Energie-Barriere abläuft.

8.2.4 Rotationsstruktur der Schwingungsbanden

Genau wie bei den zweiatomigen Molekülen besteht ein Schwingungs-Übergang aus vielen Rotationslinien, die von allen unteren besetzten Rotationsniveaus (J, K) ausgehen (bei asymmetrischen Kreisel-Molekülen von $(J, K_a K_c)$) und den Auswahlregeln $\Delta J = 0, \pm 1$, $\Delta K = 0, \pm 1, \pm 2, \ldots$ folgen, wobei die im Abschn. 8.2.2 behandelten Symmetrie-Auswahlregeln gelten.

Für lineare Moleküle gibt es bei Schwingungsübergängen $\Sigma \to \Sigma$ nur Rotationslinien mit $\Delta J = \pm 1$ (Abb. 8.13), während bei Übergängen $\Sigma \leftrightarrow \Pi$ zusätzlich auch Rotationslinien mit $\Delta J = 0$ auftreten, weil hier der Schwingungsdrehimpuls für die

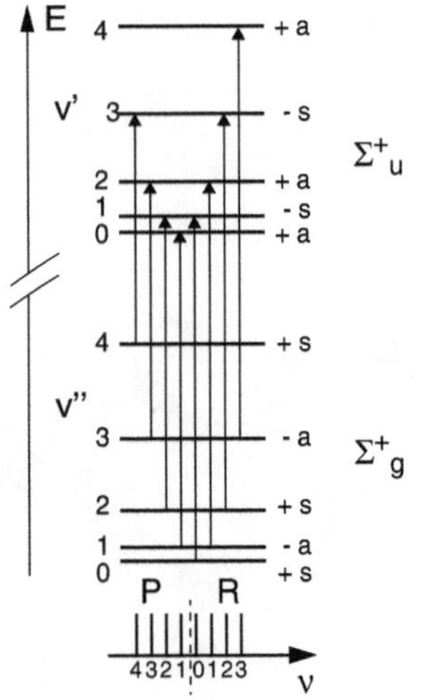

Abb. 8.13: Rotationsstruktur einer Schwingungsbande bei einem Übergang zwischen Σ_g und Σ_u-Schwingungszuständen eines linearen Moleküls.

Erhaltung des gesamten Drehimpulses (Photon plus Molekül) bei der Absorption sorgt.

Bei symmetrischen Kreisel-Molekülen treten P-, Q- und R-Zweige in der Schwingungsbande auf, sowohl bei parallelen ($\Delta K = 0$) als auch bei senkrechten ($\Delta K = \pm 1$) Banden, außer bei Übergängen von $K = 0 \to K = 0$, wo der Q-Zweig mit $\Delta J = 0$ fehlt. Jede Schwingungsbande besteht daher aus zwei bzw. drei K-Subbanden. Die Wellenzahlen der Rotationslinien sind durch die Differenz der Rotationstermwerte (6.28) und der Schwingungstermwerte (6.84b) gegeben. Man erhält z. B. für senkrechte Banden mit $\Delta K = \pm 1$:

$$\begin{aligned}\nu(\Delta K = \pm 1) &= \nu_0 + F'_{v'}(J', K \pm 1) - F''_{v''}(J'', K) \\ &= \nu_0 + B'_v J'(J'+1) - B''_v J''(J''+1) + (A' - B') \\ &\quad \pm 2(A' - B')K + \left[(A' - A'') - (B' - B'')\right] K^2 \,,\end{aligned} \tag{8.33}$$

wobei ν_0 den Bandenursprung angibt.

Bei Übergängen in Schwingungsniveaus mit E-Symmetrie (zweifach entartet) werden alle Rotationsniveaus mit $K > 0$ wegen der Coriolis-Wechselwirkung im rotierenden Molekül in zwei Komponenten aufgespalten (siehe Abschn. 6.3.6) und deshalb spalten auch die Rotations-Übergänge in zwei Komponenten auf (l-Verdopplung).

Tabelle 8.5: Auswahlregeln bei Schwingungs-Rotationsübergängen von asymmetrischen Kreisel-Molekülen.e = even, o = odd

	Auswahlregeln für asymmetrischen Kreisel		Bandentyp im symmetrischen Kreisel	
Übergang	$K'_a, K'_c \leftrightarrow K''_a, K''_c$	$\Delta K, \Delta J$	prolat	oblat
Typ A	$ee \leftrightarrow eo$ $eo \leftrightarrow oo$	$\Delta K_a = 0, \pm 2, \pm 4$ $\Delta K_c = 1, \pm 3, \ldots$ $\Delta J = 0, \pm 1$	$\parallel$ $\Delta K_a = 0$	$\perp$ $\Delta K_c = \pm 1$
Typ B	$ee \leftrightarrow oo$ $oe \leftrightarrow eo$	$\Delta K_a = \pm 1, \pm 3, \ldots$ $\Delta K_c = \pm 1, \pm 3, \ldots$ $\Delta J = 0, \pm 1$	$\perp$ $\Delta K_a = \pm 1$	$\perp$ $\Delta K_c = \pm 1$
Typ C	$ee \leftrightarrow oe$ $eo \leftrightarrow oo$	$\Delta K_a = \pm 1, \pm 3, \ldots$ $\Delta K_c = 0, \pm 2, \ldots$ $\Delta J = 0, \pm 1$	$\perp$ $\Delta K_a = \pm 1$	$\parallel$ $\Delta K_c = 0$

Wir erhalten dann aus (6.96) für die Wellenzahlen statt (8.33):

$$\begin{aligned} \nu(\Delta K = \pm 1) = \nu_0 &+ B'_v \left[J'(J'+1) - l^2\right] \\ &- B''_v J''(J''+1) \pm (q'_v/4)(v'+1)J'(J'+1) \\ &+ (A' + B') \pm 2(A' - B')K \\ &+ \left[(A' - A'') - (B' - B'')\right] K^2 \, . \end{aligned} \tag{8.34}$$

Für asymmetrische Kreisel-Moleküle gelten für die Quantenzahlen J, K_a und K_c bei Schwingungs-Rotations-Übergängen die gleichen Symmetrie-Auswahlregeln wie für reine Rotations-Übergänge in Tabelle 8.1. Sie hängen ab von der Orientierung des Dipolmomentes im Molekül. In Tabelle 8.5 sind die Beziehungen zwischen den A-, B- und C-Übergängen und den parallelen bzw. senkrechten Übergängen in den Grenzfällen des prolaten und oblaten symmetrischen Kreisels zusammengestellt. In Abb. 8.14 ist zur Illustration eines Oberton-Schwingungs-Rotations-Spektrums ein Ausschnitt aus dem hochaufgelösten Obertonspektrum der Bande $(22^0 3) \leftarrow (000)$ des CS_2-Moleküls gezeigt.

8.3 Elektronische Übergänge

Ein elektronischer Übergang besteht aus einem Bandensystem, d. h. aus der Vielzahl aller erlaubten Übergänge von den besetzten Schwingungs-Rotations-Niveaus (v'', J'', K'') im unteren elektronischen Zustand in die Niveaus (v', J', K') im oberen elektronischen Zustand. Die Intensität der einzelnen Linien hängt vom zugehörigen Matrixelement ab, das hier, analog zu Übergängen bei zweiatomigen Molekülen nur

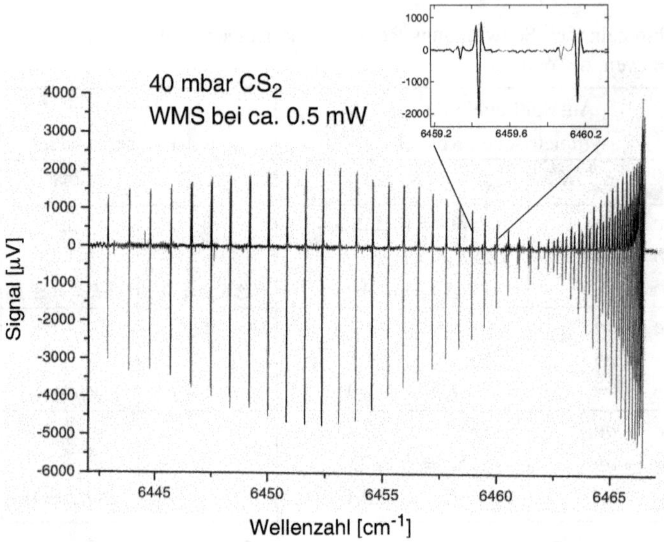

Abb. 8.14: Ausschnitt aus dem hochaufgelösten Obertonspektrum der Bande $(22^03) \leftarrow (000)$ des CS_2-Moleküls,das mit einem frequenzmodulierten Diodenlaser aufgenommen wurde [8.6].

vom ersten Summanden in (4.28), also vom elektronischen Teil des Dipolmomentes bestimmt wird, weil im Rahmen der Born-Oppenheimer-Näherung der zweite Summand wegen der Orthogonalität der elektronischen Wellenfunktionen null ist.

Bei mehratomigen Molekülen mit N Atomen umfasst die Integration über $\mathrm{d}\tau_\mathrm{N}$ alle $3N$ Kernkoordinaten.

Das elektronische Dipolmatrixelement

$$\boldsymbol{D}_\mathrm{e} = \int \psi_\mathrm{el}'^* \boldsymbol{\mu}_\mathrm{el} \psi_\mathrm{el}'' \,\mathrm{d}\tau_\mathrm{el} \tag{8.35}$$

hängt im Allgemeinen von der Kernkonfiguration ab und ändert sich bei einer Molekülschwingung von seinem Wert $D_\mathrm{e}(q_\mathrm{e})$ bei der Gleichgewichtskonfiguration q_e zu

$$D_\mathrm{el}(q) = D_\mathrm{el}\,(q_\mathrm{e}) + \sum_k \left(\frac{\partial D_\mathrm{el}}{\partial Q_k}\right)_0 Q_k + \ldots \tag{8.36}$$

bei einer Auslenkung $Q_k = q_k - q_{\mathrm{e}k}$ der k-ten Normalschwingung, wobei q abkürzend für alle Kernkoordinaten steht. Setzt man die Taylorentwicklung (8.36) in das Matrixelement

$$\boldsymbol{D}_{\mathrm{e}v} = \int \psi_\mathrm{el}'^* \chi_m'(v') \boldsymbol{\mu}_\mathrm{el} \psi_\mathrm{el}'' \chi_k''(v'') \,\mathrm{d}\tau_\mathrm{el}\,\mathrm{d}\tau_\mathrm{N} \tag{8.37}$$

mit $\chi = \psi_{\text{vib}} \cdot \psi_{\text{rot}}$ ein, so erhält man analog zu den Schwingungsübergängen in Abschn. 8.2

$$\begin{aligned} \boldsymbol{D}_{\mathrm{e}v} &= D_{\mathrm{el}}(q_{\mathrm{e}}) \int \psi'^{*}_{\text{vib}} \psi''_{\text{vib}} \, \mathrm{d}\tau_{\mathrm{N}} \\ &+ \sum_k \left(\frac{\partial D_{\mathrm{el}}}{\partial Q_k} \right)_0 \int \Psi'^{*}_v Q_k \Psi''_v \, \mathrm{d}\tau_{\mathrm{N}} + \ldots \,, \end{aligned} \tag{8.38}$$

nur dass hier das elektronische Dipolmoment $\boldsymbol{\mu}_{\mathrm{el}}$ statt des Kerndipolmomentes $\boldsymbol{\mu}_{\mathrm{N}}$ steht. Für einen elektronisch erlaubten Übergang ist $D_{\mathrm{el}}(q_{\mathrm{e}}) \neq 0$ und dann stellt im Allgemeinen der 1. Term in (8.37) den größten Beitrag zu $D_{\mathrm{e}v}$. Für elektronisch verbotene Übergänge (d. h. das Produkt $\psi'^{*}_{\mathrm{el}} \mu_{\mathrm{el}} \psi''_{\mathrm{el}}$ enthält nicht die totalsymmetrische Darstellung) ist $D_{\mathrm{el}}(q_{\mathrm{e}}) = 0$ und der 2. Term, d. h. die Summe in (8.38) gibt den einzigen Anteil zur Übergangswahrscheinlichkeit.

Da die verschiedenen Schwingungsniveaus unterschiedliche Symmetrien haben können und die Übergangswahrscheinlichkeit von diesen Symmetrien abhängt, ist es zweckmäßig, die Summe in (8.38) aufzuteilen in eine Teilsumme über symmetrische und eine über nichtsymmetrische Schwingungen:

$$\begin{aligned} \sum_k &= \sum_s \left(\frac{\partial D_{\mathrm{el}}}{\partial Q_s} \right)_0 \int \Psi'^{*}_v Q_s \Psi''_v \, \mathrm{d}\tau_{\mathrm{N}} \\ &+ \sum_a \left(\frac{\partial D_{\mathrm{el}}}{\partial Q_a} \right)_0 \int \Psi'^{*}_v Q_a \Psi''_v \, \mathrm{d}\tau_{\mathrm{N}} \,. \end{aligned} \tag{8.39}$$

Für elektronisch verbotene Übergänge ist nicht nur $D_{\mathrm{el}}(q_{\mathrm{e}}) = 0$, sondern auch $(\partial D_{\mathrm{el}}/\partial Q_s)_0 = 0$, weil auch hier der Integrand unsymmetrisch ist. Dann ist die 2. Summe in (8.39) verantwortlich für die Übergangswahrscheinlichkeit. Dies bedeutet, dass der Übergang nur möglich wird durch die Abhängigkeit des elektronischen Übergangs-Dipolmomentes von den Kernkoordinaten.

Im quantenmechanischen Modell wird dies beschrieben durch eine Kopplung zwischen elektronischen und Schwingungszuständen gleicher Symmetrie. Eine solche Kopplung stellt eine Verletzung der Born-Oppenheimer-Näherung dar, weil man die Wellenfunktion $\Psi_{\mathrm{e}v}$ nicht mehr als Produkt $\psi_{\mathrm{el}} \psi_{\mathrm{vib}}$ schreiben kann. Da solche gekoppelten Zustände ein Mischung aus elektronischem und Schwingungs-Anteil sind, nennt man sie vibronische Zustände $|\Psi_{\mathrm{e}v}\rangle$. Ihre Symmetriespezies können immer als Produkte geschrieben werden, auch wenn die BO-Näherung nicht mehr gültig ist.

Ein elektronischer Übergang $|\Psi'_{\mathrm{e}v}\rangle \to |\Psi''_{\mathrm{e}v}\rangle$ ist nur dann erlaubt, wenn das Produkt der Symmetriespezies

$$\begin{aligned} \Gamma(\Psi'_{\mathrm{e}v}) \times \Gamma(\Psi''_{\mathrm{e}v}) &= \Gamma(\psi'_{\mathrm{e}}) \times \Gamma(\psi'_v) \times \Gamma(\psi''_{\mathrm{e}}) \times \Gamma(\psi''_v) \\ &\in \Gamma(T_x),\, \Gamma(T_y) \text{ oder } \Gamma(T_z) \end{aligned} \tag{8.40}$$

gleich dem einer Translation T_x,T_y oder T_z entspricht, weil das Dipolmoment ein Vektor $\boldsymbol{\mu} = (\mu_x, \mu_y, \mu_z)$ ist und das Produkt der Darstellungen $\Gamma(T_i) \times \Gamma(\mu_i)$, $i = x, y, z$ zur Symmetriespezies A gehört.

Wir wollen diese Überlegungen an zwei Beispielen in Abb. 8.15 verdeutlichen:

Im SO_2-Molekül (Symmetriegruppe C_{2v}) ist der Übergang ① vom elektronischen Grundzustand A_1 in den elektronisch angeregten Zustand A_2 verboten (Abb. 8.15a), da keine der Komponenten des Dipolmomentes A_2-Symmetrie besitzt. Der Übergang ② vom Schwingungsgrundzustand mit a_1-Symmetrie im A_1-Zustand in ein Schwingungsniveau v' mit b_1-Symmetrie im elektronischen A_2-Zustand ist jedoch erlaubt, wenn die Kopplung zwischen elektronischer und Schwingungs-Wellenfunktion genügend stark ist. Dann hat die Wellenfunktion Ψ_{ev} die Symmetrie B_2 und das Matrixelement hat für μ_y die Symmetrie A_1. Die Übergangswahrscheinlichkeit kommt dann von der zweiten Summe in (8.39). Ebenso ist der Übergang ③ von einem angeregten b_1-Schwingungsniveau im elektronischen Grundzustand in ein a_1-Schwingungsniveau im A_2-Zustand erlaubt. Ein solcher Übergang heißt auch heiße Bande, weil die Besetzung des angeregten b_2-Schwingungsniveaus mit zunehmender Temperatur T ansteigt und deshalb die Intensität dieser Bande mit T zunimmt.

Ein zweites Beispiel (Abb. 8.15b) betrifft einen elektronischen Übergang $A_1 \rightarrow B_2$, der für die y-Komponente des Dipolmomentes (Symmetrie b_2) erlaubt ist, wenn das obere Schwingungsniveau die Symmetrie a_1 hat. Übergänge in Schwingungsniveaus mit b_2-Symmetrie sind dagegen nur für die z-Komponente des Dipolmomentes erlaubt.

Auch eine Kopplung zwischen zwei elektronischen Zuständen führt zu einer Mischung der Wellenfunktionen und kann dadurch neue Übergänge möglich machen. So kann z. B. in Abb. 8.15c ein elektronischer Zustand mit B_2-Symmetrie an einen vibronischen Zustand $A_2^e \times b_1^v = B_2^{ev}$ ankoppeln und damit den Übergang vom A_1-Zustand für die y-Komponente des Dipolsmomentes ermöglichen.

Für die Rotationsstruktur einer Bande gelten die gleichen Auswahlregeln, wie bei Schwingungs-Rotations-Übergängen. Die Rotationskonstanten unterscheiden sich allerdings in den beiden elektronischen Zuständen im Allgemeinen stärker als in zwei Schwingungsniveaus desselben elektronischen Zustandes, sodass die relativen Positionen der Linien innerhalb einer Bande für die beiden Fälle durchaus verschieden sein können.

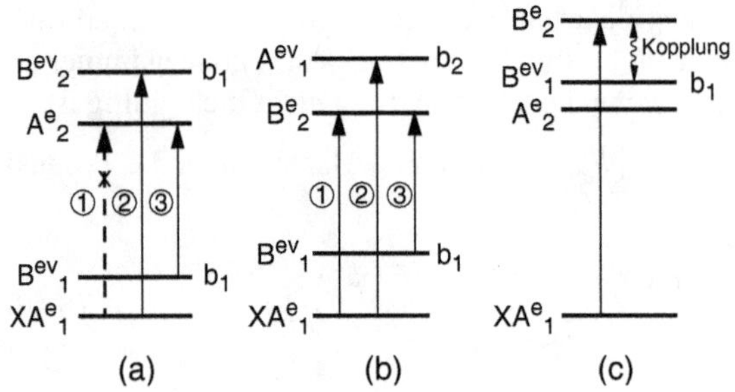

Abb. 8.15: Elektronische Übergänge, die durch Kopplung zwischen elektronischen und Schwingungs-Wellenfunktionen ermöglicht werden.

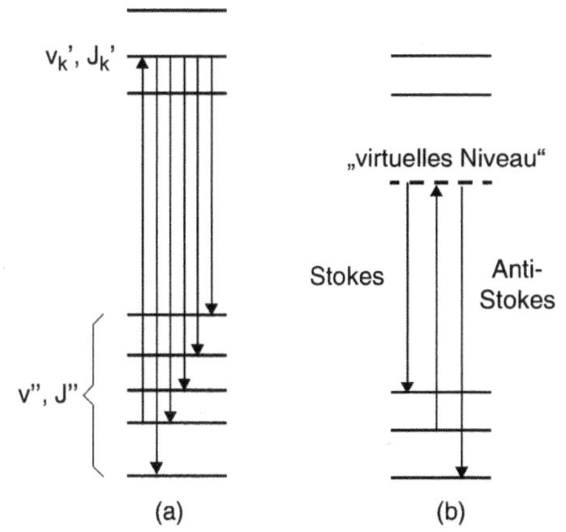

Abb. 8.16: Termschema für Fluoreszenz-Übergänge aus einem selektiv angeregten Niveau im oberen elektronischen Zustand (a) und Raman-Übergänge, die gegen die nichtresonante Anregungslinie zu kleineren Wellenzahlen (Stokes-Linien) oder zu größeren Wellenzahlen (Anti-Stokes-Linien) verschoben sind (b).

8.4 Fluoreszenz- und Raman-Spektren

Ein Absorptionsspektrum besteht aus allen erlaubten Übergängen von tieferen thermisch besetzten Niveaus zu allen erreichbaren oberen Niveaus. Die Vielzahl seiner Linien hängt deshalb von der Zahl der besetzten unteren Niveaus, d. h. von der Temperatur ab. Eine Erniedrigung der Temperatur kann deshalb ein Absorptionsspektrum drastisch vereinfachen (siehe Abschn. 12.4).

Ein Emissionsspektrum tritt nur auf, wenn energetisch angeregte Niveaus besetzt sind, z. B. durch Elektronenstoß in Gasentladungen, durch optische Anregung oder bei sehr hohen Temperaturen (z. B. in Sternatmosphären). Oft gelingt es experimentell, dass nur wenige oder im Idealfall nur ein einziges oberes Niveau selektiv angeregt werden kann. In einem solchen Fall wird das Emissionsspektrum (auch Fluoreszenzspektrum genannt) relativ einfach. Es besteht aus allen erlaubten Emissionsübergängen aus diesem einem angeregten Niveau in tiefere Niveaus (Abb. 8.16a)

Um den Unterschied zu demonstrieren, ist in Abb. 8.17 das Dopplerlimitierte Absorptionsspektrum des NO_2-Moleküls bei einer Temperatur von 300 K verglichen mit dem Fluoreszenzspektrum eines einzigen selektiv angeregten Schwingungs-Rotations-Niveaus im elektronisch angeregten $^2B_2$-Zustand. Während im Absorptionsspektrum die Liniendichte so groß ist, dass selbst bei hoher Auflösung noch Linien überlappen, können im Fluoreszenzspektrum, das aus allen erlaubten Schwingungsbanden besteht, alle Linien getrennt werden. Dies liegt daran, dass wegen der Auswahlregel für die Rotationsquantenzahl J nur Übergänge mit $\Delta J = 0, \pm 1$ auftreten, sodass jede Bande nur aus 3 Linien, einem P-, Q- und einem R-Übergang, besteht, wobei in Abb. 8.17b die Q-Linien nicht zu sehen sind, weil sie wesentlich schwächer sind als die P- und R-Linien.

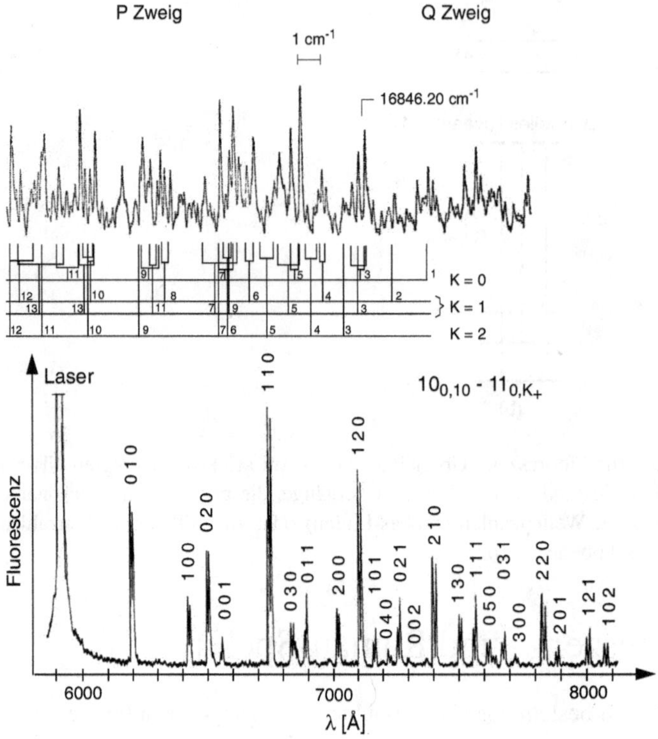

Abb. 8.17: Vergleich zwischen einem hochaufgelösten Absorptions-Spektrum des NO_2-Moleküls und einem auf dem Absorptions-Übergang $10_{0,10} \leftarrow 11_{0,K^+}$ mit einem Laser angeregten Fluoreszenz-Spektrum.

Während bei den optisch angeregten Fluoreszenzspektren die anregende Strahlung resonant mit einem Molekül-Übergang sein muss, braucht dies bei den Ramanspektren nicht der Fall zu sein (Abb. 8.16b). Die Differenz der Wellenzahlen von anregender Strahlung und Ramanlinien ist gleich der Differenz der Termwerte zwischen den Schwingungs-Rotations-Niveaus im elektronischen Grundzustand. Ansonsten sieht das Ramanspektrum dem Fluoreszenzspektrum sehr ähnlich. Die Raman-Linien sind jedoch wesentlich schwächer als die Fluoreszenzlinien. Nur beim Resonanz-Ramaneffekt sind die Intensitäten von Fluoreszenzlinien und Ramanlinien vergleichbar. Trotzdem besteht ein wesentlicher Unterschied: Die Fluoreszenz wird spontan nach einer Verzögerungszeit, die der spontanen Lebensdauer des angeregten Niveaus entspricht, ausgesandt, während die Ramanstrahlung eine inelastische Streuung der einfallenden Photonen ist und praktisch ohne Verzögerung gestreut wird.

Die Behandlung des Ramaneffektes für mehratomige Moleküle geschieht analog zu der bei zweiatomigen Molekülen (siehe Abschn. 4.4.2). Wegen der Vielzahl der Schwingungs-Rotations-Niveaus ist das Ramanspektrum mehratomiger Moleküle im Allgemeinen jedoch komplexer und zeigt mehr Linien als bei zweiatomigen Molekülen. In Abb. 8.18 ist das Rotations-Raman-Spektrum des C_2N_2-Moleküls gezeigt,

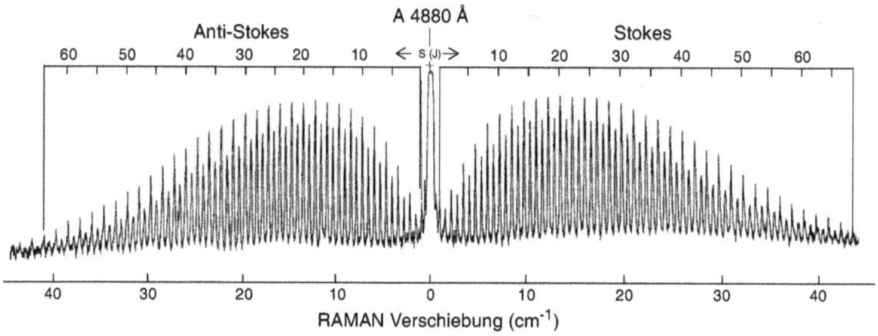

Abb. 8.18: Beispiel eines Rotations-Raman-Spektrums des linearen Moleküls C_2N_2 bei Anregung mit einem Argonlaser bei $\lambda = 488$ nm, bei dem die Ramanlinien um die Energiedifferenzen $F(J+2) - F(J)$ gegen die Anregungslinie verschoben sind [8.7].

das mit der 488 nm Linie eines Argonlasers angeregt wurde. Man sieht hier schön die Intensitätsalternierung zwischen geraden und ungeraden Rotationsquantenzahlen auf Grund der Kernspin-Statistik (siehe Abschn. 8.1.6).

Man kann die Position der Ramanlinien mit Hilfe eines klassischen Modells berechnen. Unter dem Einfluss der einfallenden Lichtwelle $\boldsymbol{E} = \boldsymbol{E}_0 \cos \omega t$ wird im Molekül ein Dipolmoment

$$\boldsymbol{\mu}_{\text{ind}} = \tilde{\alpha} \boldsymbol{E} \tag{8.41a}$$

induziert, wobei $\tilde{\alpha}$ die Polarisierbarkeit ist, die in mehratomigen Molekülen durch einen Tensor dargestellt werden kann, weil die Auslenkung der Ladungen im Molekül von der Richtung von $\boldsymbol{E}$ im Molekülsystem abhängt. Gleichung (8.41a) heißt in Komponentenschreibweise

$$\begin{aligned} \mu_x &= \alpha_{xx} E_x + \alpha_{xy} E_y + \alpha_{xz} E_z \ , \\ \mu_y &= \alpha_{yx} E_x + \alpha_{yy} E_y + \alpha_{yz} E_z \ , \\ \mu_z &= \alpha_{zx} E_x + \alpha_{zy} E_y + \alpha_{zz} E_z \ . \end{aligned} \tag{8.41b}$$

Die Polarisierbarkeit hängt im Allgemeinen von der Auslenkung $q - q_\text{e}$ der Kerne im Molekül ab. Entwickeln wir die Polarisierbarkeit $\tilde{\alpha}(q)$ bei einer beliebigen Kernkonfiguration in eine Taylorreihe um die Gleichgewichtslage $q = q_\text{e}$ so ergibt dies, völlig analog zur Entwicklung des Dipolmomentes:

$$\tilde{\alpha}_{ij}(q) = \tilde{\alpha}_{ij}(0) + \sum_{n=1}^{m} \left(\frac{\partial \alpha_{ij}}{\partial q_n} \right)_0 Q_n + \ldots \ , \tag{8.42}$$

wobei $m = 3N - 6$ (bzw. $3N - 5$ bei linearen Molekülen) die Zahl der Normalschwingungen $Q_n = Q_{n0} \cos(\omega_n t)$ eines Moleküls mit N Atomen ist. Setzt man (8.42) in (8.41a) ein, so erhält man

$$\begin{aligned} \boldsymbol{\mu}_{\text{ind}} = \tilde{\alpha}_{ij}(0) E_0 \cos(\omega t) + \frac{1}{2} \sum_{n=1}^{m} \left(\frac{\partial \alpha_{ij}}{\partial q_n} \right)_0 Q_{n0} E_0 \\ \times [\cos(\omega - \omega_n)t + \cos(\omega + \omega_n)t] \ . \end{aligned} \tag{8.43}$$

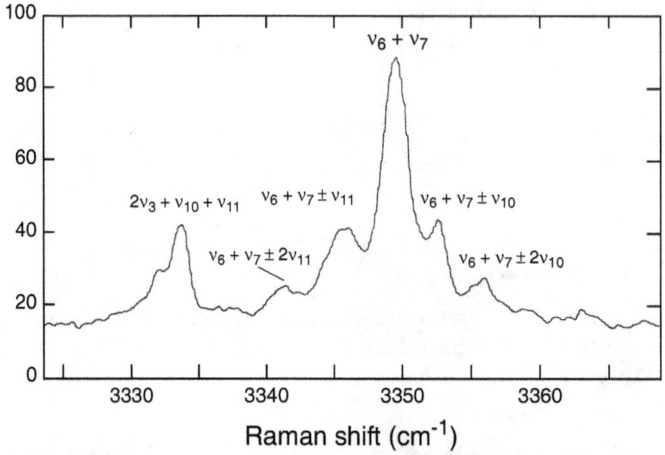

Abb. 8.19: Stokes-Raman-Spektrum der Oberton-Schwingungen von Allen (C_3H_4) [8.8].

Der erste Term beschreibt die elastische Rayleigh-Streuung, der zweite die inelastische Stokes-Raman-Streuung und der dritte die Anti-Stokes-Streuung. Nach dieser Betrachtung sollte es für jede Normalschwingung, bei der sich die Polarisierbarkeit ändert, eine Stokes-Bande und, wenn die Anregung von einem angeregten Schwingungsniveau aus startet, auch eine Anti-Stokes Bande geben. Berücksichtigt man die Anharmonizität des Potentials, so enthalten die Schwingungen q_n außer der Fundamentalfrequenz ω_n auch noch Obertöne und Kombinations-Schwingungen, die sich dann im Raman-Spektrum als zusätzliche Linien bemerkbar machen.

Wie man aus Abb. 8.9 sieht, geben Infrarot- und Raman-Spektren komplementäre Informationen. So kann man z. B. beim CO_2-Molekül die Normalschwingungsfrequenz ν_1 nur aus dem Ramanspektrum erhalten, weil hier $\partial\mu/\partial q_1 = 0$ ist aber $\partial\alpha/\partial q_1 \neq 0$, während dies bei ν_2 und ν_3 gerade umgekehrt ist. Bei vielen Molekülen gibt es jedoch auch Normalschwingungen, die sowohl infrarot- als auch Raman-aktiv sind.

Die Intensitäten der Ramanlinien, die von den Komponenten des Polarisierbarkeits-Tensors abhängen, lassen sich nur mit Hilfe der Quantentheorie berechnen. Da der Tensor symmetrisch ist, gibt es insgesamt 6 verschiedene Komponenten α_{ik}. Ein Raman-Übergang ist erlaubt, wenn wenigstens eines der 6 Matrixelemente

$$D_{mn}^{\text{Raman}} = \int \psi_m^* \alpha_{ik} \psi_n \, \mathrm{d}\tau$$

von null verschieden ist. Die Wellenfunktionen ψ_m und ψ_n sind die Schwingungswellenfunktionen von Ausgangs- bzw. Endniveau des Raman-Überganges. Die Matrixelemente mit $m = n$ geben die elastische Rayleigh-Streuung an. Genau wie bei den Auswahlregeln für elektrische Dipol-Übergänge müssen die Matrixelemente für die Raman-Übergänge die totalsymmetrische Darstellung enthalten.

Auch für die Rotationsquantenzahlen gelten entsprechende Auswahlregeln. Da die Raman-Streuung ein Zweiphotonen-Übergang ist, kann die Rotationsquantenzahl sich auch um 2 ändern. Es gilt $\Delta J = 0, \pm 1, \pm 2$, mit der Einschränkung, dass $(J' + J'') \geq 2$ sein muss. Der Drehimpuls von anregendem und gestreutem Photon kann gleichsinnig oder entgegengesetzt sein. Werden Knickschwingungen angeregt, so trägt auch der Schwingungs-Drehimpuls zur Drehimpulsbilanz bei.

Bei Verwendung von Lasern als Pumpquellen lassen sich sogar Oberton-Schwingungen im Raman-Spektrum nachweisen (Abb. 8.19), obwohl die Übergangswahrscheinlichkeit um Größenordnungen kleiner ist als für Fundamentalschwingungen.

Die Raman-Spektroskopie mit ihren modernen Varianten der CARS (Coherent Anti-Stokes-Raman-Spectroscopy, siehe Abschn. 12.4.11) hat entscheidende Beiträge zur Aufklärung der Schwingungs-Rotations-Struktur in den elektronischen Grundzuständen mehratomiger Moleküle geleistet [8.9, 8.10].

9 Zusammenbruch der Born-Oppenheimer-Näherung, Störungen in Molekülspektren

Die experimentell beobachteten Molekülspektren zeigen häufig Abweichungen von den aus den bisherigen Überlegungen zu erwartenden Spektren. Man sagt, dass bestimmte Linien in diesen Spektren „gestört“ sind. Auch die gemessenen Lebensdauern angeregter Zustände sind häufig kürzer oder länger, als dies aus den Übergangswahrscheinlichkeiten folgt, die man aus experimentell bestimmten, integrierten Absorptionsquerschnitten erhält. Im Falle der kürzeren Lebensdauern muss es außer dem spontanen strahlenden Zerfall angeregter Niveaus noch andere Deaktivierungskanäle geben, die man „strahlungslose Übergänge“ nennt. Für längere Lebensdauern muss es Mechanismen geben, welche die strahlende Übergangswahrscheinlichkeit vermindern.

Alle diese Störungen werden durch Kopplungen zwischen dem angeregten Niveau und einem oder mehreren verschiedenen anderen Niveaus bewirkt. In diesem Kapitel wollen wir uns mit den wichtigsten solcher Störungen befassen.

9.1 Was ist eine Störung?

Wir hatten im Abschn. 3.6.2 gesehen, dass man die Energiezustände zweiatomiger Moleküle durch ein relativ einfaches und schnell konvergierendes Polynom in den Schwingungs- und Rotations-Quantenzahlen v und J anpassen kann, dessen Koeffizienten die „Molekülkonstanten“ sind. Diese Dunham-Entwicklung beschreibt in stenographischer Form die Molekülstruktur in einem vorgegebenen elektronischen Zustand durch einen Satz von Konstanten, ohne dass dafür ein bestimmtes Molekülmodell angenommen werden muss. Mit Hilfe dieser Molekülkonstanten lässt sich zwar die große Mehrzahl der verschiedenen möglichen Energieterme eines Moleküls berechnen, aber sie geben eigentlich keine physikalische Einsicht in die Ursachen für mögliche Abweichungen einiger Niveaus.

Eine Voraussetzung dieser Dunham-Entwicklung ist die Annahme, dass man für jeden elektronischen Zustand eine eindeutig bestimmbare potentielle Energie $E_{\mathrm{pot}}(R)$ als Funktion des Kernabstandes angeben kann, welche die Schwingungs- und Rotations-Niveaus dieses Zustandes festlegt, d. h. es wird die Gültigkeit der Born-Oppenheimer-

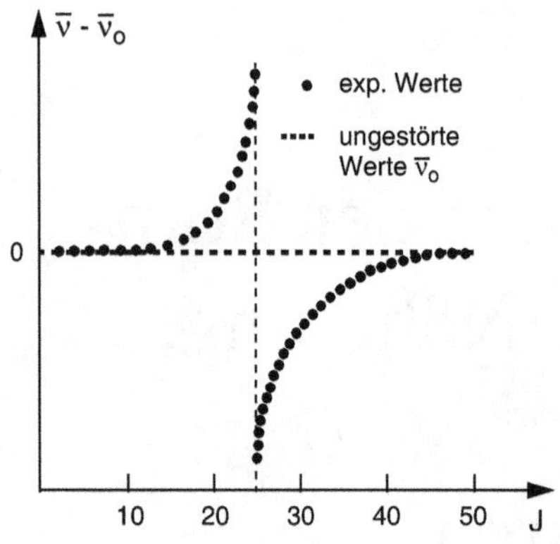

Abb. 9.1: Störung der Rotationsniveaus im 4 $^1\Delta_g$-Zustand des Li_2-Moleküls.

Näherung angenommen, bei der die Gesamtwellenfunktion als Produkt aus elektronischem, Schwingungs- und Rotations-Anteil geschrieben werden kann (siehe Abschn. 2.1). Das heißt, dass die Gesamtenergie eines Zustandes sich additiv zusammensetzt aus der elektronischen, der Schwingungs- und der Rotationsenergie.

Wenn die experimentell bestimmten Energien von Zuständen und damit auch die Positionen von Linien oder die Intensitäten von Übergängen mehr oder weniger stark von den so berechneten Werten abweichen (Abb. 9.1), liegen Störungen vor. Sie beruhen auf Kopplungen zwischen den elektronischen Wellenfunktionen und den Kernwellenfunktionen oder zwischen verschiedenen elektronischen Zuständen und sind besonders stark, wenn sich zwei Potentialkurven nahe kommen oder sich sogar kreuzen. Solche Kopplungen verursachen einen Zusammenbruch der Born-Oppenheimer-Näherung, weil sie bewirken, dass die Gesamtwellenfunktion nicht mehr als Produkt $\psi_{el}\psi_{vib}\psi_{rot}$ darstellbar ist. Dies trifft vor allem auf angeregte elektronische Zustände zu, weil hier der energetische Abstand zwischen verschiedenen Zuständen kleiner und die Zahl der Kopplungsmöglichkeiten größer ist.

Ein weiterer Grund für Abweichungen von der BO-Näherung sind Kopplungen zwischen dem elektronischen Bahndrehimpuls und den Elektronenspins (Spin-Bahn-Kopplung), die z. B. zur Mischung von Singulett- und Triplett-Zuständen führen, oder den Kernspins, welche die Hyperfeinstruktur in den Spektren bewirken. Diese durch Spins verursachten Kopplungen lassen sich streng nur durch eine relativistische Rechnung erfassen. Sie sind in der nichtrelativistischen Schrödingergleichung nicht enthalten. Sie können aber durch ein Vektormodell qualitativ erfasst werden.

Nun können nicht beliebige Zustände miteinander wechselwirken, weil es, ähnlich wie bei Absorptions- oder Emissions-Übergängen, bestimmte Auswahlregeln gibt, die hier kurz zusammengestellt werden sollen:

1. Der Gesamtdrehimpuls des Moleküls muss in beiden der miteinander koppelnden Zustände gleich sein.

2. Nur Zustände gleicher Parität können miteinander wechselwirken, d. h. $+ \not\leftrightarrow -, + \leftrightarrow +, - \leftrightarrow -$.

3. Bei homonuklearen zweiatomigen Molekülen müssen beide Zustände gleiche Symmetrie haben, d. h. g $\not\leftrightarrow$ u, g $\leftrightarrow$ g, u $\leftrightarrow$ u.

Diese drei Auswahlregeln gelten streng. **Man beachte**, dass diese Auswahlregeln sich von denen bei optischen Dipol-Übergängen unterscheiden!

Wenn die Projektionsquantenzahl Λ des elektronischen Bahndrehimpulses in linearen Molekülen wohldefiniert ist (siehe unten), dürfen sich die beiden störenden Zustände nur um $\Delta\Lambda = 0$ oder ± 1 unterscheiden.

Störungen mit $\Delta\Lambda = 0$ heißen homogen, solche mit $\Delta\Lambda = \pm 1$ heterogen. Heterogene Störungen können nur im rotierenden Molekül vorkommen, da der Gesamtdrehimpuls nur erhalten bleiben kann, wenn die Änderung von Λ kompensiert werden kann durch eine entgegengesetzte Änderung des Rotationsdrehimpulses.

Die Größe der Störungen hängt ab vom Koppelmatrixelement und vom Überlapp der Schwingungswellenfunktionen der beiden koppelnden Zustände. Sie sind deshalb besonders groß an Stellen, an denen sich die Potentialkurven der sich störenden Zustände kreuzen, weil hier der Überlapp der Schwingungsfunktionen der beiden sich störenden elektronischen Zustände maximal wird.

In mehratomigen Molekülen sind die Kopplungsmöglichkeiten wegen der größeren Mannigfaltigkeit elektronischer Zustände und der Vielzahl von Schwingungsmoden und Rotationsniveaus wesentlich größer als in zweiatomigen Molekülen. So können z. B. verschiedene energetisch benachbarte Schwingungsniveaus innerhalb desselben elektronischen Zustandes oder auch in verschiedenen elektronischen Zuständen miteinander koppeln. Deshalb spielen Störungen in mehratomigen Molekülen eine wesentlich größere Rolle als in zweiatomigen.

Auch hier gibt es Symmetrie-Auswahlregeln, die man durch die Symmetriespezies des betreffenden Moleküls ausdrücken kann (siehe Kap. 5):

Schreibt man die Symmetrie eines Zustandes als Produkt $\Gamma_{ev} = \Gamma_e \times \Gamma_v$, so muss dieses Produkt in beiden Zuständen gleich sein, auch wenn sich die beiden Faktoren unterscheiden dürfen.

So können z. B. in einem C_{2v}-Molekül nur Schwingungen vom Symmetrietyp $\Gamma_v = a_1$ oder b_2 vorkommen. Für mögliche Störungen zwischen elektronischen Zuständen vom Symmetrietyp Γ_e gilt deshalb die Auswahlregel $A_1 \leftrightarrow B_2$ oder $A_2 \leftrightarrow B_1$, weil dann für mindestens eine Normalschwingung die Gesamtsymmetrie $\Gamma_{ev} = A_1 \times b_2 = B_2 \times a_1$ für beide wechselwirkenden Zustände die gleiche ist.

Außer den homogenen Störungen können heterogene Störungen im rotierenden Molekül oder bei Anregung von Knickschwingungen mit Schwingungsdrehimpuls auftreten, die durch Corioliswechselwirkung verursacht werden [9.1].

9.1.1 Quantitative Behandlung von Störungen

Wir wollen im Folgenden an Hand einiger Beispiele Störungen in den Spektren zwei- und mehr-atomiger Moleküle diskutieren und Möglichkeiten der „Entstörung“ behandeln. Das übliche Verfahren beruht darauf, dass man den Gesamt-Hamiltonoperator

$$\hat{H} = \hat{H}_0 + \hat{H}'$$

aufspaltet in einen ungestörten Teil $\hat{H}_0$ und in einen Störanteil $\hat{H}'$ (Abschn. 2.1.2). Die Wahl einer solchen Aufteilung hängt vom gewählten Modell für das ungestörte System ab. Im Allgemeinen geht man von der BO-Näherung für das ungestörte System aus, d. h. die Basisfunktionen von $\hat{H}_0$ sind die Produktfunktionen (2.16)

$$\Psi_{ni}^{(0)} = \Phi_n^{\text{el}}(\boldsymbol{r})\chi_{ni}(\boldsymbol{R}) \quad \text{mit } \chi = \psi_{\text{vib}}\psi_{\text{rot}} \tag{9.1}$$

der BO-Näherung, wobei die Φ_{el} die elektronischen Wellenfunktionen des starren Moleküls sind und die Matrix $\langle \Psi_n^{(0)} | \hat{H}_0 | \Psi_k^{(0)} \rangle$ diagonal ist.

Der Hamilton-Operator ist die Summe

$$\hat{H} = \hat{H}_{\text{e}} + \hat{T}_{\text{vib}} + \hat{T}_{\text{rot}} = \hat{H}_0 + \hat{H}' \tag{9.2}$$

von elektronischem, Schwingungs- und Rotations-Anteil. Welcher dieser drei Anteile als $\hat{H}_0$ und welcher als $\hat{H}'$ gewählt wird, hängt von dem spezifischen Problem ab (siehe unten).

Setzt man in die Schrödinger-Gleichung

$$\hat{H}\Psi_i = E_i \Psi_i \tag{9.3}$$

für die Wellenfunktion Ψ_i eines gestörten Niveaus $|i\rangle$ die Linearkombination

$$\Psi_i = \sum_{j=1}^{n} c_{ij} \Psi_j^{(0)} \tag{9.4}$$

ein, wobei die $\Psi_j^{(0)}$ die ungestörten Basisfunktionen der miteinander wechselwirkenden Zustände sind, so ergibt sich

$$\sum_{j=1}^{n} c_{ij} \left(\hat{H}_0 + \hat{H}' - E_i \right) \Psi_j^{(0)} = 0\,. \tag{9.5}$$

Multiplikation von links mit $\Psi_k^{(0)}$ und Integration ergibt wegen der Orthogonalität der Basisfunktionen $\Psi_j^{(0)}$

$$\sum c_{ij} \left[(E_j^0 - E_i)\delta_{jk} + H_{kj} \right] = 0\,, \tag{9.6}$$

wobei E_j^0 die Energie des ungestörten Zustandes $|\Psi_j^{(0)}\rangle$ ist und

$$H_{kj} = \langle \Psi_k^{=}0 | \hat{H}' | \Psi_j^0 \rangle \tag{9.7}$$

das Störmatrixelement, das die Wechselwirkungsenergie zwischen den Zuständen $|k\rangle$ und $|j\rangle$ angibt. Die homogene Gleichung (9.5) hat nur dann eine nichttriviale Lösung für die gesuchten Koeffizienten c_{ij}, wenn die Determinante

$$\left| \left(E_j^0 - E_i \right) \delta_{jk} + H'_{kj} \right| = 0 \; ; \quad \text{für } i, j = 1, 2, \ldots, n \tag{9.8}$$

null wird. Die Lösungen dieser Gleichung ergeben dann die Energien E_i der gestörten Zustände, die von den Energien der ungestörten Zustände, vom Abstand $E_j^0 - E_k^0$ und von der Größe der Wechselwirkungselemente H_{kj} abhängen.

Die Integrale

$$H_{kj} = \langle \Psi_k^0 | \hat{H} | \Psi_j^0 \rangle \tag{9.9}$$

können in Form einer Matrix angeordnet werden. Während die Diagonalglieder

$$H_{kk} = \langle \Psi_k^0 | \hat{H} | \Psi_k^0 \rangle = E_k^0 \tag{9.10}$$

die Energien der ungestörten Zustände angeben, stellen die Nichtdiagonalterme die Wechselwirkungsenergie zwischen den verschiedenen Zuständen $|j\rangle$ und $|k\rangle$ dar, die von der Art der gegenseitigen Kopplung abhängt. Diese Kopplung ist für H_0 null und wird deshalb nur durch den Störoperator H' beschrieben, da gilt:

$$H_{kj} = \langle \Psi_k^0 | H_0 + H' | \Psi_j^0 \rangle = E_k^0 \delta_{kj} + \langle \Psi_k | H' | \Psi_j \rangle (1 - \delta_{kj}) \, . \tag{9.11}$$

Die Diagonalisierung der Matrix H_{kj} ergibt die Bedingung (9.8) für die Energien der gestörten Niveaus.

Die Aufteilung in $\hat{H}_0$ und $\hat{H}'$ ist in gewisser Weise willkürlich. Sie hängt ab von der Wahl der Basisfunktionen Ψ_0. Es ist günstig, den ungestörten Hamiltonoperator so zu wählen, dass er bereits den größten Teil der Wechselwirkung enthält. Obwohl das Endresultat einer Störungsrechnung unabhängig von der gewählten Basis ist, kann der notwendige Rechenaufwand doch erheblich reduziert werden bei geeigneter Wahl der Basis.

9.1.2 Adiabatische und diabatische Basis

Die Schrödinger-Gleichung (2.6) für ein Molekül mit starrem Kerngerüst

$$\hat{H}_e \Phi_j = E_j^0 \Phi_j$$

ergibt elektronische Lösungsfunktionen, die für den elektronischen Teil $\hat{H}_0 = \hat{H}_{el}$ des Hamilton-Operators zu Diagonal-Elementen in der Matrix (9.9) führen und für die die Nichtdiagonalterme null sind. Die adiabatischen Potentialkurven sind dann durch

$$E_j^0(R) = \langle \Phi_j | \hat{H}_e | \Phi_j \rangle \tag{9.12}$$

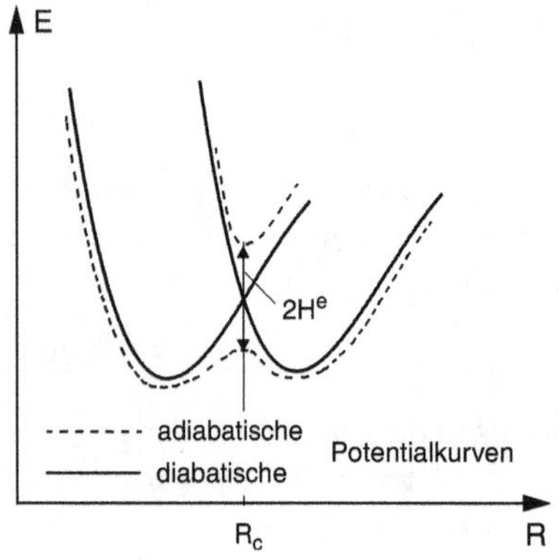

Abb. 9.2: Diabatische sich kreuzende Potentialkurven und adiabatische Kurven mit vermiedener Kreuzung.

gegeben. Die Abweichungen von der adiabatischen Näherung werden durch die Anteile $\hat{H}' = \hat{T}_k = \hat{T}_{\text{vib}} + \hat{T}_{\text{rot}}$ im vollständigen Hamilton-Operator bewirkt.

Die Nichtdiagonalterme des Störoperators $H' = T_k(R)$ beschreiben nichtadiabatische Störungen, d. h. verschiedene elektronische Zustände werden gekoppelt und die Bewegung der Kerne verläuft nicht mehr nur auf der vorgegebenen Potentialkurve (bzw. Potentialfläche bei mehratomigen Molekülen) (siehe Abschn. 2.2). Die Nichtdiagonalterme von $\hat{T}_{\text{rot}}$ beschreiben die durch die Rotation des Moleküls verursachten Störungen, die im nichtrotierenden Molekül also null wären.

Wenn man die Störungen, die durch die in der BO-Näherung vernachlässigten Terme verursacht werden, quantitativ beschreiben will, kann man von zwei verschiedenen BO-Darstellungen ausgehen: Geht man von nicht-kreuzenden adiabatischen Molekülpotentialen aus (adiabatische Darstellung), so wird

$$\langle \Phi_j | \hat{H}_{\text{e}} | \Phi_k \rangle = E_j^0(R)\delta_{jk} \tag{9.13}$$

diagonal und der Operator $\hat{T}_{\text{vib}} + \hat{T}_{\text{rot}}$ ist für die Störungen verantwortlich. Die entsprechenden Potentialkurven sind aber oft kompliziert und können z. B. ein Doppelminimum haben. Will man dies vermeiden, so kann man diabatische Potentialkurven wählen, die sich kreuzen können (Abb. 9.2). Man erhält sie, indem man nicht die exakten, sondern angenäherte elektronische Wellenfunktionen $\Phi_{\text{el}}^{\text{ag}}$ verwendet. Dann ist

$$\left\langle \Phi_j^{\text{ag}} \middle| \hat{H}_{\text{e}} \middle| \Phi_k^{\text{ag}} \right\rangle \neq 0 \quad \text{für } j \neq k \,, \tag{9.14}$$

d. h. es gibt auch Nichtdiagonalglieder von $\hat{H}_{\text{el}}$, welche elektrostatische Störungen beschreiben. Welche dieser beiden Modelle man am besten verwendet, hängt davon ab, welche der verschiedenen Kopplungen dominant ist und welche nur geringeren Einfluss auf die Energieterme haben.

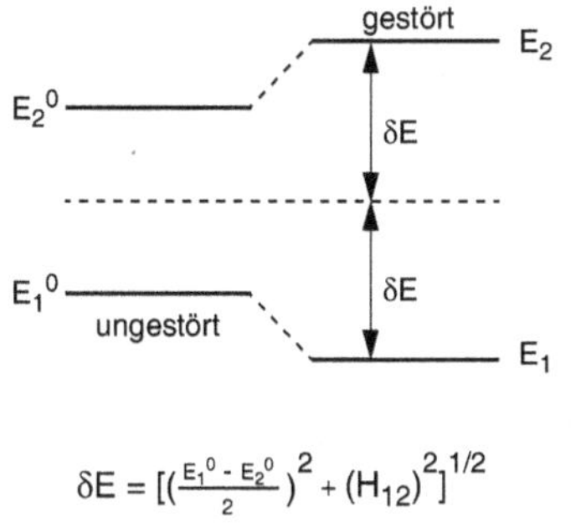

Abb. 9.3: Abstoßung zweier miteinander wechselwirkender Niveaus.

9.1.3 Störungen zwischen zwei Niveaus

Am Beispiel zweier sich störender Niveaus soll die quantitative Behandlung der Störung und das Entstörungsverfahren illustriert werden. Die Energiematrix in der Basis der ungestörten Wellenfunktionen $\Psi_1^{(0)}$, $\Psi_2^{(0)}$ für die beiden koppelnden Zustände ist

$$\begin{pmatrix} H_{11} & H_{12} \\ H_{21} & H_{22} \end{pmatrix} = \begin{pmatrix} E_1^0 & H_{12} \\ H_{21} & E_2^0 \end{pmatrix} \quad \text{mit } H_{12} = H_{21} \, , \tag{9.15}$$

wobei die Diagonalglieder die Energien der ungestörten Niveaus und die Nichtdiagonalglieder die Wechselwirkungsenergie angeben. Um die Energien der gestörten Niveaus zu erhalten, muss die Matrix diagonalisiert werden. Dies ergibt für die Energien E_1, E_2 der gestörten Niveaus (d. h. die Messwerte im Spektrum)

$$E_{1,2} = \frac{E_1^0 + E_2^0}{2} \pm \sqrt{\left(\frac{E_1^0 - E_2^0}{2}\right)^2 + H_{12}^2} \, . \tag{9.16a}$$

Man sieht also, dass die Energien der gestörten Niveaus symmetrisch verschoben werden, ihr Abstand wird größer (Abb. 9.3) Um die Verschiebungen quantitativ zu bestimmen, muss der entsprechende Ausdruck für den Störoperator $\hat{H}'$ bekannt sein, aus dem dann die Nichtdiagonalglieder $H_{12} = H_{21}$ bei Kenntnis der ungestörten Wellenfunktionen berechnet werden können.

Auflösung der beiden Gleichungen nach den Energien E_1^0, E_2^0 der ungestörten Niveaus ergibt dann die zu (9.16a) analogen Gleichungen

$$E_{1,2}^0 = \frac{E_1 + E_2}{2} \pm \sqrt{\left(\frac{E_1 - E_2}{2}\right)^2 - H_{12}^2} \, . \tag{9.16b}$$

Wenn H_{12} bekannt ist, lassen sich aus den gemessenen Energien $E_{1,2}$ der gestörten Niveaus die Energien E_1^0 und E_2^0 der ungestörten Niveaus berechnen, d. h. die Energien, die gemessen würden, wenn keine Störung vorhanden wäre.

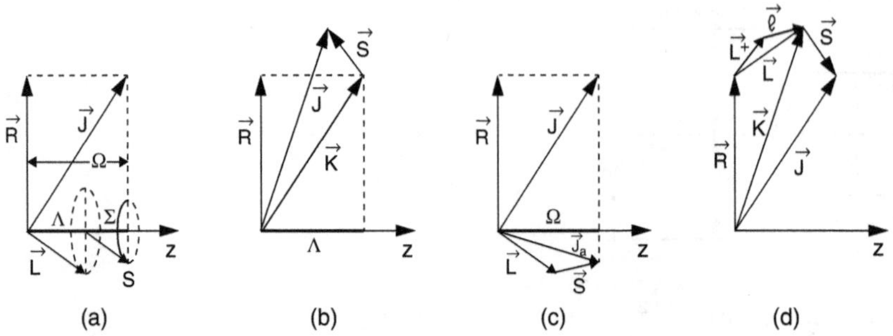

Abb. 9.4: Vektor-Modell für die verschiedenen Hund'schen Kopplungsfälle.

9.2 Die Hund'schen Kopplungsfälle

Die Größe der Störungen hängt ab von der Art der Störung. Sie kann klassifiziert werden durch die Stärke der verschiedenen Kopplungen zwischen den beteiligten Drehimpulsen. Diese spielen auch für die Auswahlregeln eine Rolle, neben den Symmetrien der beteiligten Zustände.

Um die verschiedenen möglichen Kopplungen ihrer Stärke nach zu ordnen und die Wahl geeigneter Basisfunktionen zu erleichtern, wurden von Hund für lineare Moleküle verschiedene Kopplungsmöglichkeiten an Hand eines Vektormodells diskutiert [9.2]. In der quantenmechanischen Darstellung werden diese verschiedenen Kopplungsfälle durch eine entsprechende Wahl der Basisfunktionen und der Unterscheidung zwischen „guten", d. h. wohldefinierten Quantenzahlen und „schlechten" nicht mehr sinnvoll zu definierenden Quantenzahlen charakterisiert.

Beim *Hund'schen Kopplungsfall a)* (Abb. 9.4a) ist die Wechselwirkung zwischen dem elektronischen Spin $\boldsymbol{S}$ und dem durch die Präzession des elektronischen Drehimpulses $\boldsymbol{L}$ um die Kernverbindungsachse des linearen Moleküls bewirkten Magnetfeld größer als die direkte Kopplung zwischen $\boldsymbol{L}$ und $\boldsymbol{S}$. Die Vektoren $\boldsymbol{L}$ und $\boldsymbol{S}$ präzedieren im Vektormodell unabhängig voneinander um die Kernverbindungsachse, die in die z-Achse gelegt wird.

Definierte Quantenzahlen sind die Projektions-Quantenzahlen Λ und Σ und ihre Summe $\Omega = \Lambda + \Sigma$ (siehe Abschn. 2.4.2). Der Gesamtdrehimpuls $\boldsymbol{J}$ setzt sich zusammen aus dem zur Molekülachse senkrechten Rotationsdrehimpuls $\boldsymbol{R}$ und den Projektionen Λ und Σ.

$$\begin{aligned} \boldsymbol{J} &= \boldsymbol{R} + (\Lambda + \Sigma)\hat{\mathbf{z}} \\ &= \boldsymbol{R} + \Omega\hat{\mathbf{z}} \quad \text{mit } \Omega = \Lambda + \Sigma \text{ und } \hat{\mathbf{z}} = \text{Einheitsvektor} \,. \end{aligned} \tag{9.17}$$

Die Gesamtheit aller guten Quantenzahlen ist $(n, J, S, \Lambda, \Sigma, \Omega)$, wobei n für alle anderen Quantenzahlen des elektronischen und Schwingungszustandes steht und z. B. auch die energetische Nummerierung des elektronischen Zustandes angibt.

Die Basisfunktionen sind dann in abgekürzter Form: $|n J S \Omega \Lambda \Sigma\rangle$.

Als ungestörter Hamilton-Operator wird $\hat{H}_0 = \hat{H}_{\text{el}} + \hat{B}\boldsymbol{J}^2$ gewählt.

Beim *Hund'schen Fall b)* ist die Kopplung des elektronischen Bahndrehimpulses $\boldsymbol{L}$ an die Molekülachse stärker als die Kopplung mit $\boldsymbol{S}$ (Abb. 9.4b). Dies trifft zu auf Moleküle mit kleiner Spin-Bahn-Kopplung. Deshalb setzen sich die Projektion $\Lambda\hat{z}$ von $\boldsymbol{L}$ und der Vektor $\boldsymbol{R}$ zu einem Drehimpuls $\boldsymbol{K}$ zusammen, der dann mit $\boldsymbol{S}$ koppelt, um den Gesamtdrehimpuls $\boldsymbol{J}$ zu bilden. Wohldefiniert sind daher die Vektorsummen

$$\boldsymbol{K} = \Lambda\hat{z} + \boldsymbol{R} \quad \text{und}\ \boldsymbol{J} = \boldsymbol{K} + \boldsymbol{S}\,. \tag{9.18}$$

Als ungestörter Hamilton-Operator wird jetzt

$$\hat{H}_0 = \hat{H}_{\text{el}} + \hat{B}\boldsymbol{K}^2 \tag{9.19}$$

gewählt.

Beim *Hund'schen Fall c)* ist die Spin-Bahn-Kopplung stärker als die Kopplung von $\boldsymbol{L}$ an die Molekülachse (Abb. 9.4c). Dies ist der Fall bei Molekülen mit schweren Atomen, d. h. großer Kernladung Ze. Deshalb koppeln hier $\boldsymbol{L}$ und $\boldsymbol{S}$ zum gesamten elektronischen Drehimpuls $\boldsymbol{J}_{\text{el}} = \boldsymbol{L} + \boldsymbol{S}$, dessen Projektion auf die Molekülachse $\Omega\hbar$ ist. Zusammen mit dem Rotationsdrehimpuls $\boldsymbol{R}$ des Moleküls wird dann der Gesamtdrehimpuls

$$\boldsymbol{J} = \Omega\hbar\hat{z} + \boldsymbol{R}\,; \qquad \boldsymbol{L}\cdot\boldsymbol{S} \gg \boldsymbol{L}\cdot\boldsymbol{A}\,. \tag{9.20}$$

wobei $\boldsymbol{A}$ ein Vektor in Richtung der Molekülachse $\hat{z}$ ist. Als ungestörter Teil des Hamilton-Operators wird

$$H_0 = H_{\text{el}} + H_{\text{so}} + B\boldsymbol{J}^2 \tag{9.21}$$

gewählt, und die Basisfunktionen sind $|nJ\Omega\rangle$.

Die Projektionsquantenzahlen Λ und Σ sind nicht mehr definiert, d. h. dies sind keine guten Quantenzahlen mehr.

Schließlich gibt es noch den selteneren Fall d) (Abb. 9.4d), der z. B. für molekulare Rydbergzustände zutrifft. Hier ist die Kopplung des elektronischen Drehimpulses $\boldsymbol{l}$ des Rydberg-Elektrons an die molekulare Achse schwächer als an die Rotationsachse $\boldsymbol{R}$. Die Drehimpulse $\boldsymbol{l}$ des Rydberg-Elektrons und $\boldsymbol{L}^+$ der Elektronenhülle des Ions koppeln zu $\boldsymbol{L} = \boldsymbol{l} + \boldsymbol{L}^+$ und $\boldsymbol{L}$ koppelt mit dem Rotationsdrehimpuls $\boldsymbol{R}$ zu $\boldsymbol{K} = \boldsymbol{L} + \boldsymbol{R}$. Die Projektion von $\boldsymbol{K}$ auf die Rotationsachse heißt N, die von $\boldsymbol{K} - \boldsymbol{l} = \boldsymbol{L}^+ + \boldsymbol{R}$ heißt N^+. Der Elektronenspin $\boldsymbol{S}$ koppelt an $\boldsymbol{K}$, um den Gesamtdrehimpuls $\boldsymbol{J} = \boldsymbol{K} + \boldsymbol{S}$ zu bilden. Hier gilt: $\boldsymbol{L}\cdot\boldsymbol{A} \gg \boldsymbol{L}\cdot\boldsymbol{S}$ und $\boldsymbol{S}\cdot\boldsymbol{K} \gg \boldsymbol{S}\cdot\boldsymbol{A}$,

.

Als ungestörter Hamilton-Operator wird

$$\hat{H}_0 = \hat{H}_{\text{el}} + \hat{B}N^{+2} - \hat{B}\left(J^+l^- + J^-l^+\right) \tag{9.22}$$

gewählt, wobei $J^{\pm} = J_x \pm \mathrm{i}J_y$ und $l^{\pm} = l_x \pm \mathrm{i}l_y$.

Die Basisfunktionen sind $|nJSNN^+\rangle$.

9.3 Diskussion der verschiedenen Störungen

Die verschiedenen möglichen Kopplungen zwischen Molekülzuständen werden durch die entsprechenden Störoperatoren H' beschrieben. Die Wahl der geeigneten Basis hängt von der Art der Störung ab.

Wir wollen in diesem Abschnitt folgende Störungen behandeln:

1. Elektrostatische Wechselwirkungen
2. Spin-Bahn-Kopplungen
3. Rotations-Störungen
4. Vibronische Kopplungen
5. Renner-Teller-Effekt
6. Jahn-Teller-Effekt
7. Prädissoziation
8. Autoionisation
9. Strahlungslose Übergänge

Während die Mechanismen 1 – 3 und 7 – 9 sowohl bei zwei- als auch bei mehratomigen Molekülen auftreten, kommen die Prozesse 4 – 6 nur in mehratomigen Molekülen vor.

Wir wollen uns jetzt die verschiedenen oben aufgeführten Störungen etwas näher ansehen. Zuerst sollen Störungen in zweiatomigen Molekülen behandelt werden, bevor wir dann den komplizierten Fall mehratomiger Moleküle diskutieren. In allen Fällen können nur Niveaus mit gleichem Gesamtdrehimpuls J miteinander wechselwirken, weil ja ohne äußere Einwirkungen der Gesamtdrehimpuls erhalten bleiben muss.

Man teilt den Hamilton-Operator

$$H = H_{\mathrm{ev}} + H_{\mathrm{r}}$$

auf in einen Teil H_{ev}, der auf die elektronischen und die Schwingungsfunktionen wirkt und einen Rotationsanteil H_{r}, der vom Gesamtdrehimpuls abhängt und auch Koordinaten enthält, die in H_{ev} vorkommen. Der Operator H_{ev} beschreibt das nichtrotierende Molekül, und $H_{\mathrm{ev}} + H_{\mathrm{r}}$ das rotierende Molekül. H_{ev} selbst kann dann wieder in einen Operator H_0 des ungestörten Systems und einen Störanteil H' aufgespalten werden (siehe nächsten Abschnitt).

9.3.1 Elektrostatische Wechselwirkung

Elektrostatische Wechselwirkungen können nur zwischen elektronischen Zuständen gleicher Symmetrie und gleicher Multiplizität, d. h. gleichen Quantenzahlen Λ, Σ und S auftreten (Abb. 9.5). Die Behandlung dieser Störung hängt ab von der Wahl der Basisfunktionen. Wählt man die *adiabatischen elektronischen Basisfunktionen* der BO-Näherung, die für ein starres (d. h. nicht schwingendes) Molekül die Lösungsfunktionen der Schrödinger-Gleichung (2.6)

$$H_e \Phi_j = E_j^0 \Phi_j$$

sind, und teilt man den Hamilton-Operator H auf in

$$\hat{H} = \hat{H}_0 + H' \quad \text{mit } \hat{H}_0 = \hat{H}_e \quad \text{und } H' = \hat{T}_k = \hat{H}_{vib} + \hat{H}_{rot} \,,$$

so geben die Diagonalglieder der Matrix $\langle \Phi_j | \hat{H} | \Phi_k \rangle$

$$\left\langle \Phi_j \middle| \hat{H} \middle| \Phi_j \right\rangle = E_j(R) \tag{9.23}$$

die adiabatischen Potentialkurven $E_j(R)$ für den Zustand $|j\rangle$ an (siehe Abschn. 2.2). Die Kopplung zwischen verschiedenen elektronischen Zuständen wird dann durch den Störoperator T_K bewirkt, d. h. die Nichtdiagonalglieder

$$\left\langle \Phi_j \middle| \hat{H} \middle| \Phi_k \right\rangle = \left\langle \Phi_j \middle| \hat{T}_K \middle| \Phi_k \right\rangle \quad \text{für } j \neq k \tag{9.24}$$

geben die durch die Bewegung der Kerne bewirkte Wechselwirkungsenergie zwischen verschiedenen elektronischen Zuständen an. Die Berücksichtigung der Störterme besagt anschaulich, dass die Form der Potentialkurve verformt wird. Sie kann dann z. B. nicht mehr durch ein Morse-Potential angenähert werden, sondern kann unter Umständen sogar zwei Minima haben. Diese Verformung der Potentialkurve ist besonders gravierend bei den Werten R_c des Kernabstandes, bei dem die sich störenden Potentiale besonders nahe kommen. Beide Potentialkurven werden so verformt,

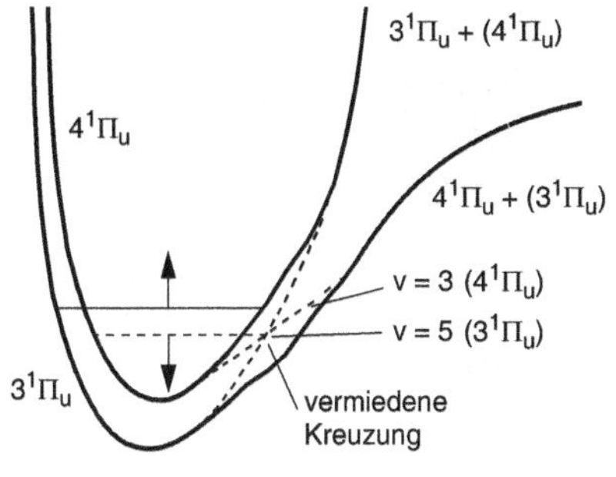

Abb. 9.5: Elektrostatische Wechselwirkung zwischen den elektronischen Zuständen 3 $^1\Pi_u$ und 4 $^1\Pi_u$ des Li_2-Moleküls, die zu einer Verformung der Potentialkurven bei einer vermiedenen Kreuzung und damit auch zu einer Verschiebung der Schwingungsniveaus in beiden Zuständen führt.

dass sich Kurven von Zuständen gleicher Symmetrie nicht kreuzen. Man spricht dann von einer vermiedenen Kreuzung (Abb. 9.2).

Will man diese etwas komplizierteren Potentialkurven vermeiden, so kann man *diabatische Basisfunktionen* wählen. Dies sind Funktionen, welche die Gleichung (9.15) nicht mehr exakt erfüllen, dafür aber den durch T_K bewirkten Störterm möglichst klein machen. Die Kopplung zwischen zwei Zuständen wird bei Wahl einer diabatischen Basis Φ^d durch H_{el} und bei einer adiabatischen Basis Φ^a durch T_K beschrieben. Der Wechselwirkungsterm für $j \neq k$

$$\langle n_1, \Lambda, \Sigma, S|\, \hat{H}\, |n_2, \Lambda, \Sigma, S\rangle = \langle \Phi_j|\, \hat{H}_e |\Phi_k\rangle + \langle \Phi_j|\, \hat{T}_K |\Phi_k\rangle \tag{9.25}$$

enthält also bei diabatischen Basisfunktionen Φ^d nur den ersten Summanden in (9.25) und bei einer adiabatischen Basis Φ^a nur den zweiten Term.

Die experimentellen Werte für die Energien der gestörten Niveaus können dann in beiden Modellen durch Diagonalisierung der entsprechenden Matrix

$$\begin{pmatrix} H_{jj} & H_{jk} \\ H_{jk} & H_{kk} \end{pmatrix} \quad \text{mit } H_{jk} = \langle n_j, \Lambda, \Sigma, S|\, \hat{H} |n_k, \Lambda, \Sigma, S\rangle \tag{9.26}$$

erhalten werden. Im Fall einer diabatischen Basis können die Potentialkurven $E_p(R)$ kreuzen. Bei einer adiabatischen Basis erhält man eine vermiedene Kreuzung. In der Umgebung dieser vermiedenen Kreuzung ändert sich der Charakter der elektronischen Wellenfunktion stark mit dem Kernabstand R. Dies kommt daher, dass sie als Linearkombination der elektronischen Wellenfunktionen der beiden wechselwirkenden Zustände gebildet wird. Die Anteile der beiden Funktionen ändert sich besonders stark in der Umgebung der vermiedenen Kreuzung, weil sich hier die beiden Potentialkurven besonders nahe kommen.

Die Wechselwirkung zwischen zwei Schwingungszuständen v_1 und v_2 in zwei verschiedenen elektronischen Zuständen wird bei einer diabatischen Basis durch

$$\begin{aligned} H^d_{1,v_1,2,v_2} &= \langle \Phi^d_1 \chi^d_v 1|\, \hat{H}_e\, |\Phi^d_2 \chi^d_v 2\rangle = H_e \langle v^d_1 | v^d_2\rangle \quad \text{mit} \\ H_e &= \langle \Phi^d_1|\, \hat{H}_e\, |\Phi^d_2\rangle \quad \text{und } \langle v^d_1 | v^d_2\rangle = \int \chi^*_{v_1}(R)\chi_{v_2}(R)\, dR \end{aligned} \tag{9.27}$$

beschrieben. Der elektronische Teil H^e des Matrixelementes wird oft als unabhängig von R angenommen. Will man die schwache Abhängigkeit berücksichtigen, so kann man die R-Zentroid-Näherung verwenden (siehe Abschn. 4.2.6) und nimmt den Wert

$$\begin{aligned} H^e(R_c) &= \frac{\langle v_1|H^e|v_2\rangle}{\langle v_1|v_2\rangle} \\ &\text{bei einem Kernabstand } R_c = \frac{\langle v_1|R|v_2\rangle}{\langle v_1|v_2\rangle} \end{aligned} \tag{9.28}$$

als optimalen Mittelwert an.

Bei einer adiabatischen Basis wird diese Wechselwirkung beschrieben durch

$$H^{ad}_{1,v_1,2,v_2} = \langle \Phi^{ad}_1 \chi^{ad}_1|\, \hat{T}_K\, |\Phi^{ad}_2 \chi^{ad}_2\rangle \quad \text{weil } \langle \Phi^{ad}_1|\, H_e\, |\Phi^{ad}_2\rangle = 0\,. \tag{9.29}$$

Die gestörten adiabatischen Potentialkurven erhält man durch Diagonalisierung der Matrix

$$\begin{pmatrix} H_{1,v_1,1,v_1} & H_{1,v_1,2,v_2} \\ H_{2,v_2,1,v_1} & H_{2,v_2,2,v_2} \end{pmatrix} \tag{9.30}$$

für feste, möglichst gleichmäßig verteilte Werte von R.

Verwendet man diabatische Basisfunktionen, so sind die Nichtdiagonalglieder (9.26) die diabatischen Koppelelemente. Die Diagonalisierung der Matrix (9.30) ergibt dann die Bestimmungsgleichung

$$\begin{vmatrix} E_1^{\mathrm{d}}(R) - E & H_{12}^{\mathrm{d}}(R) \\ H_{12}^{\mathrm{d}}(R) & E_2^{\mathrm{d}} - E \end{vmatrix} = 0 \tag{9.31}$$

für die gestörten diabatischen Potentialkurven $E^{\mathrm{d}}(R)$, wobei die Matrixelemente Integrale über die Elektronenkoordinaten bei jeweils festen Kernabständen R_i sind.

9.3.2 Spin-Bahn-Kopplung

Der Hamilton-Operator für die Kopplung zwischen dem Spin s_i des i-ten Elektrons und seinem Bahndrehimpuls $\boldsymbol{l}_i$, bezogen auf den Kern K mit der effektiven Kernladung Z_{eff} ist für zweiatomige Moleküle, genau wie bei Atomen durch

$$\hat{H}^{s,l} = \sum_i \hat{a}_i \boldsymbol{l}_i \boldsymbol{s}_i \quad \text{mit } a_i \boldsymbol{l}_i = \sum_{k=1}^{2} \frac{\alpha^2}{2} \frac{Z_k^{\mathrm{eff}}}{r_{ik}^2} \boldsymbol{l}_{ik} \tag{9.32}$$

gegeben, wobei $\alpha = 1/137$ die Feinstrukturkonstante ist, und r_{ik} der Abstand zwischen Elektron i und Kern k. Es sei nochmals daran erinnert, dass man die auf die beiden Kerne bezogenen Koordinaten eines Elektrons durch eine Koordinatentransformation auf einen gemeinsamen Koordinatenursprung beziehen kann, sodass man ein einheitliches Koordinatensystem hat [9.3].

Die Spin-Bahn-Kopplung bewirkt nicht nur eine Wechselwirkung zwischen Zuständen mit verschiedenen Werten von Λ und Σ, sondern führt auch zur Aufspaltung der Energieterme eines Zustandes $n\Lambda S$ in Feinstruktur-Komponenten, die gleiche Werte von Λ haben, aber sich in der Spin-Projektionsquantenzahl Σ und damit auch in Ω unterscheiden.

Die Spin-Bahn-Wechselwirkung innerhalb eines Zustandes mit gleichen Quantenzahlen Λ, die zur Feinstruktur-Aufspaltung in Komponenten mit verschiedenen Werten von $\Omega = \Lambda + \Sigma$ führt, kann man in der vereinfachten Form

$$\hat{H}^{S,L} = A\boldsymbol{L}\boldsymbol{S} \quad \text{mit } \boldsymbol{L} = \sum \boldsymbol{l}_i \quad \text{und } \boldsymbol{S} = \sum s_i \tag{9.33}$$

schreiben. Man wählt dann Basisfunktionen für den Hund'schen Kopplungsfall a) weil für diesen Fall Λ und Σ gute Quantenzahlen sind.

Die Diagonalelemente

$$\langle \Lambda, \Sigma, S, \Omega, v | \hat{H}^{LS} | \Lambda, \Sigma, S, \Omega, v \rangle = A\Lambda\Sigma \tag{9.34}$$

geben die Energien dieser Komponenten an. Man sieht aus (9.34), dass die Feinstruktur-Komponenten eines Multipletts gleiche Energieabstände $A\Lambda$ haben, wenn die Spin-Bahn-Kopplung (9.33) die einzige Wechselwirkung ist (Abb. 2.18). Häufig kommen zusätzlich Kopplungen höherer Ordnung ($s_i l_j$ oder $s_i s_j$) hinzu, sodass dann die Energieabstände der Multiplett-Komponenten nicht mehr konstant sind.

Die Auswahlregeln für die Matrixelemente

$$\left\langle n_i, \Lambda_i, S_i, \Omega_i, v_i \middle| \hat{H}^{s,l} \middle| n_j, \Lambda_j, S_j, \Omega_j, v_j \right\rangle \tag{9.35}$$

der Spin-Bahn-Kopplung sind:

$$\begin{aligned} &\Delta J = 0\,; \quad \Delta S = 0, \pm 1\,; \quad \Delta\Omega = 0\,; \\ &\Delta\Lambda = \Delta\Sigma = 0 \quad \text{oder}\ \Delta\Lambda = -\Delta\Sigma = \pm 1\,. \end{aligned} \tag{9.36}$$

Generell gilt, dass nur Rotationsniveaus mit gleicher Gesamtdrehimpulsquantenzahl J durch Spin-Bahn-Wechselwirkung miteinander koppeln können (Abb. 9.6). Wenn die beiden wechselwirkenden Zustände zur selben Elektronen-Konfiguration gehören (siehe Abschn. 2.7.1), gilt: $\Delta\Lambda = \Delta\Sigma = 0$; wenn die beiden Zustände sich in einem Spin-Orbital unterscheiden, gilt: $\Delta\Lambda = -\Delta\Sigma = \pm 1$. Für homonukleare Moleküle gilt außerdem: g $\leftrightarrow$ u.

Neben der Wechselwirkung (9.35) kann eine, im Allgemeinen wesentlich schwächere Kopplung zwischen dem Spin s_i des i-ten Elektrons und dem Bahndrehimpuls l_j eines anderen Elektrons auftreten. Dadurch können Kopplungen zwischen Zuständen möglich werden, die durch die Auswahlregeln des Einelektronen-Operators eigentlich verboten wären.

Auch die Spin-Bahn-Kopplung zwischen zwei verschiedenen Zuständen führt zu einer Verschiebung spezieller Feinstruktur-Komponenten. Da diese Kopplung durch

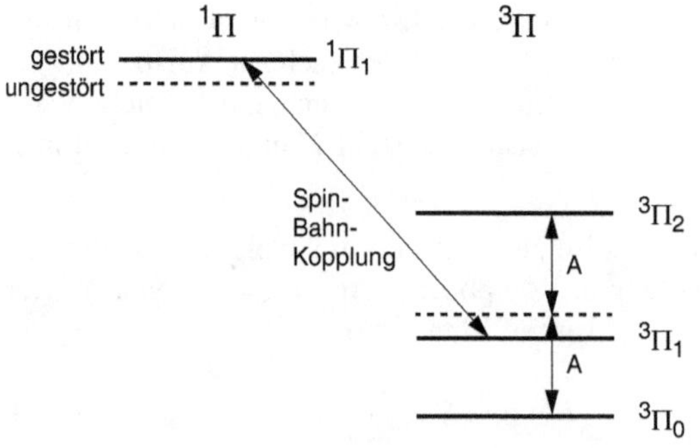

Abb. 9.6: Spin-Bahn-Kopplung zwischen einem $^1\Pi$-Zustand und einem $^3\Pi$-Zustand mit der Auswahlregel $\Delta\Lambda = 0$; $\Delta S = 1$; $\Delta\Sigma = \Delta\Omega = 0$.

die Auswahlregel $\Delta\Omega = 0$ bestimmt wird, können nur Komponenten mit gleichem Ω miteinander wechselwirken. Dies wird in Abb. 9.6 am Beispiel einer Spin-Bahn-Kopplung zwischen einem $^1\Pi$-Zustand und einem $^3\Pi$-Zustand illustriert. Hier wird nur die Komponente mit $\Omega = 1$ gestört, die beiden anderen Komponenten bleiben unbeeinflusst.

Bei *mehratomigen linearen* Molekülen sind die Verhältnisse völlig analog zu denen bei zweiatomigen. Bei nichtlinearen Molekülen kann keine Präzession des Bahndrehimpulses stattfinden, weil das Potential nicht zylindersymmetrisch ist. Die Spin-Bahn-Kopplung ist deshalb im Allgemeinen klein. Die Diagonalterme (9.34) geben dann bei schwacher Spin-Bahn-Kopplung die Feinstrukturaufspaltung der Rotationsniveaus im jeweiligen Schwingungs-Zustand an, die dann klein gegen den Energieabstand zwischen den Rotationsniveaus ist.

Die Gesamtwellenfunktion lässt sich für diesen Fall schreiben als Produkt

$$\Psi = \Psi(R, r)\chi(s) \tag{9.37}$$

aus räumlicher Wellenfunktion und Spinfunktion (siehe Abschn. 2.8.1).

Bei starker Spin-Bahn-Kopplung gilt bei linearen Molekülen der Hund'sche Kopplungsfall c), d. h. die Quantenzahlen Λ und Σ sind nicht mehr definiert, sondern nur noch ihre Summe Ω.

9.3.3 Rotationsstörungen

Alle Störungen, die mit der Kopplung von Drehimpulsen zusammenhängen, wie z. B. die im vorigen Abschnitt behandelte Spin-Bahn-Kopplung, können aus dem Hamiltonoperator für Drehimpulse hergeleitet werden. Der Rotations-Hamiltonoperator für ein zweiatomiges Molekül mit der Kernverbindungsachse als z-Achse und dem Rotationsdrehimpuls $\boldsymbol{R}$ senkrecht zur z-Achse heißt:

$$\begin{aligned} H_\mathrm{r} &= B\left(R_x^2 + R_y^2\right) \\ &= B\left[(J_x - L_x - S_x)^2 + (J_y - L_y - S_y)^2\right] , \end{aligned} \tag{9.38}$$

weil der Gesamtdrehimpuls $\boldsymbol{J} = \boldsymbol{L} + \boldsymbol{S} + \boldsymbol{R}$ ist.

Gleichung (9.38) kann umgeformt werden in

$$\begin{aligned} H_\mathrm{r} &= B(J^2 - J_z^2) + B(L^2 - L_z^2) + B(S^2 - S_z^2) \\ &\quad + B(L_+S_- + L_-S_+) - B(J_+L_- + J_-L_+) \\ &\quad - B(J_+S_- + J_-S_+) , \end{aligned} \tag{9.39}$$

wobei $J_\pm = J_x \pm \mathrm{i}J_y$; $L_\pm = L_x \pm \mathrm{i}L_y$; $S_\pm = S_x \pm \mathrm{i}S_y$ ist [9.4].

Die erste Zeile in (9.39) gibt die Energien der ungestörten Rotationsniveaus an. Der erste Term in der 1. Zeile von (9.39) kann umgeschrieben werden in

$$H_\mathrm{r}^0 = B\left[J(J+1) - \Omega^2\right] , \tag{9.40}$$

was mit den Rotations-Termwerten in (3.21) übereinstimmt, wenn man die Zentrifugalaufweitung und den Elektronenspin weglässt.

Die nächsten Terme

$$B\left(L^2 - L_z^2\right) + B\left(S_2 - S_z^2\right) = B\left(L^2 + S^2\right) - B\left(\Lambda^2 + \Sigma^2\right) \qquad (9.41)$$

werden im Allgemeinen zur Energie des elektronischen Zustandes $|n, \Lambda, \Sigma, \Omega\rangle$ geschlagen, weil sie nicht von dem spezifischen Schwingungs-Rotationsniveaus abhängen.

Die zweite Zeile in (9.39) beschreibt die Störungen der Rotationsniveaus. Der erste Term gibt die Spin-Bahn-Kopplung an, die zu einer homogenen Störung zwischen zwei elektronischen Zuständen mit $\Delta\Omega = 0$ führt (siehe vorigen Abschnitt).

Der zweite Term beschreibt die Wechselwirkung zwischen den Rotationsniveaus zweier elektronischer Zustände, die sich in Λ unterscheiden und die zur Λ-Verdopplung der Rotationsniveaus führt. Dies ist eine heterogene Störung mit $\Delta\Omega = \pm 1$ und tritt deshalb nur im rotierenden Molekül auf.

Durch die Rotation des Moleküls bleibt Λ keine perfekte Quantenzahl mehr, weil die Rotation zu einer Kopplung zwischen Zuständen mit $\Delta\Lambda = \pm 1$ führt. Dadurch werden die Termwerte der Roationsniveaus beider wechselwirkender Zustände etwas verschoben. Man kann dies durch eine effektive Rotationskonstante

$$B_v^{\text{eff}} = B_v + \delta_v \qquad (9.42)$$

ausdrücken. In elektronischen Zuständen mit $\Lambda > 0$ werden die Rotationsniveaus, die ohne diese Kopplung zweifach entartet sind, in zwei Komponenten aufgespalten. Die beiden Λ-Komponenten (in der Literatur c und d genannt) haben unterschiedliche Symmetrien. Durch die Wechselwirkung mit dem koppelnden Zustand wird wegen der Symmetrie-Auswahlregel nur eine der beiden Komponenten verschoben. Die dadurch bewirkte Aufspaltung (Λ-Verdopplung) ist

$$\Delta\nu = qJ(J+1) \qquad (9.43)$$

mit der Λ-Verdopplungskonstanten

$$q_v = B_v^c - B_v^d\,. \qquad (9.44)$$

Haben die beiden wechselwirkenden Zustände die gleiche Drehimpulsquantenzahl l für das Valenzelektron beim Übergang $R \to \infty$ (wie z. B. die beiden Zustände $A\,^1\Sigma_\mathrm{u}$ und $B\,^1\Pi_\mathrm{u}$ der Alkali-Dimere, die beide in denselben atomaren p-Zustand dissoziieren), so lässt sich q_v durch die Rotationskonstante B_v des Π-Zustandes und den energetischen Abstand $\Delta\bar{\nu}$ zwischen Σ und Π-Zustand ausdrücken. Es gilt:

$$q_v = \frac{2B_v^2 l(l+1)}{\Delta\bar{\nu}(\Pi\Sigma)}\,. \qquad (9.45)$$

Die Konstante q ist im Allgemeinen klein gegen B, sodass die Λ-Verdopplung ein kleiner Effekt ist, der aber, vor allem bei großen Rotationsquantenzahlen, durchaus merklich wird.

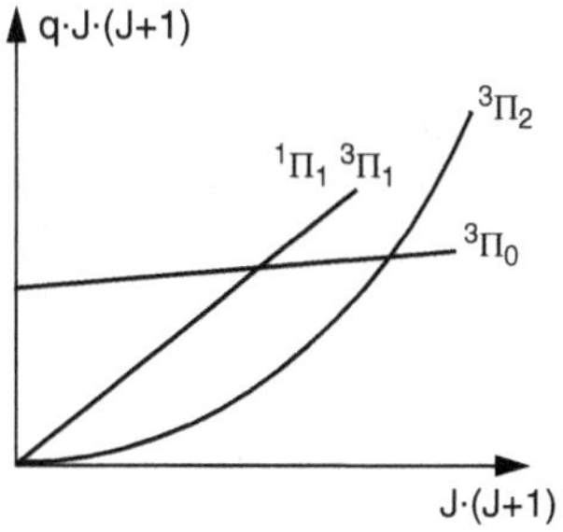

Abb. 9.7: J-Abhängigkeit der Λ-Verdopplung für die Zustände $^1\Pi$, $^3\Pi_0$, $^3\Pi_1$ und $^3\Pi_2$.

In Multiplett-Zuständen ist die Λ-Aufspaltung für die verschiedenen Feinstrukturkomponenten unterschiedlich. So ist sie z. B. für die $^3\Pi_0$-Komponente fast unabhängig von J, für die $^3\Pi_1$-Komponente ähnlich der in einem $^1\Pi$-Zustand und für die $^3\Pi_2$-Komponente klein, aber proportional zu $J^2(J+1)^2$ (Abb. 9.7).

Der dritte Term in der 2. Zeile von (9.39) beschreibt die Spin-Rotations-Kopplung, bei der der Elektronenspin im Magnetfeld, das durch die Rotation des Kerngerüstes entsteht, verschiedene Einstellungen haben kann, die zu etwas unterschiedlichen Energien führen. Auch dies ist eine heterogene Störung mit $\Delta\Lambda = 0$; $\Delta\Sigma = \Delta\Omega = \pm 1$.

Die Termwerte der durch die Spin-Rotations-Wechselwirkung aufgespaltenen Komponenten eines Rotationsniveaus mit Quantenzahl $J = N + S$ sind z. B. für einen Spin $S = 1/2$:

$$\begin{aligned} F_1(N) &= B_v N(N+1) + \frac{1}{2}\gamma N \,, \\ F_2(N) &= B_v N(N+1) - \frac{1}{2}\gamma(N+1) \,. \end{aligned} \tag{9.46}$$

Die Konstante γ heißt Spin-Rotations-Kopplungskonstante. Die Aufspaltung der Terme ist im Allgemeinen sehr klein und kann nur bei hoher spektraler Auflösung gemessen werden. In einem $^3\Sigma$-Zustand kommt zusätzlich noch die magnetische Wechselwirkung zwischen den Spinmomenten der beiden ungepaarten Elektronen hinzu, sodass hier die Termwerte für $\lambda \ll B_v$

$$\begin{aligned} F_1(N) &= B_v N(N+1) \frac{2\lambda(N+1)}{2N+3} \\ F_2(N) &= B_v N(N+1) \,, \\ F_3(N) &= B_v N(N+1) - \frac{2\lambda N}{2N-1} - \gamma N \end{aligned} \tag{9.47}$$

die zusätzlichen Terme mit der Spin-Spin-Kopplungskonstanten λ enthalten. Misst man die im Allgemeinen sehr kleinen Aufspaltungen für mehrere Rotations-Niveaus (d. h. verschiedene Werte von N) im selben Schwingungszustand, so kann man die Konstanten B_v, λ und γ bestimmen.

9.3.4 Vibronische Kopplung

Bei genügend niedriger Schwingungsenergie kann das Schwingungsverhalten eines mehratomigen Moleküls als Überlagerung von Normalschwingungen beschrieben werden (siehe Kap. 6). Bei einer Normalschwingung schwingen alle Atome des Moleküls synchron, d. h. sie schwingen alle zur selben Zeit durch ihre Gleichgewichtslage. Die verschiedenen Normalschwingungen koppeln nicht miteinander. Die Normalmoden behalten ihre Identität und die Atome speichern ihre Schwingungsenergie in einer solchen Mode solange, bis sie durch Strahlung oder durch Stöße mit anderen Molekülen abgegeben wird. Die gesamte Schwingungsenergie ist die Summe aller Normalschwingungsenergien. Das Potential, in dem die Schwingung geschieht, kann durch ein harmonisches Potential angenähert werden.

Bei höherer Schwingungsanregung macht sich die Anharmonizität des Potentials bemerkbar, die zu einer Kopplung zwischen den Normalschwingungen führt. Wird diese Kopplung genügend stark, so verlieren die Normalmoden ihre Identität. Die Schwingungsenergie wird in einer kurzen Zeit von der ursprünglich angeregten Mode auf andere Schwingungsmoden übertragen. Sie verteilt sich dann statistisch auf alle Moden, die energetisch erreichbar sind. (Dieser Prozess heißt in der englischsprachigen Literatur IVR = internal vibrational redistribution.) Seine Beschreibung hängt von der Dichte der Schwingungsniveaus bei der Anregungsenergie und vom Überlapp der Schwingungswellenfunktionen der miteinander koppelnden Niveaus ab [9.5].

Diese IVR Prozesse laufen im Allgemeinen auf einer Pikosekunden-Zeitskala ab. Regt man z. B. selektiv ein energetisch hochliegendes Schwingungsniveau einer Dissoziationkoordinate an, so kann sich die Energie so schnell umverteilen, dass die Dissoziation verhindert wird, obwohl die Energie in der ursprünglich angeregten Schwingungsmode durchaus groß genug für die Dissoziation gewesen wäre. Die Wellenfunktion des gestörten primär angeregten Zustandes $|k\rangle$ kann als Linearkombination

$$\Psi_k = a_k \Phi_k + \sum a_{i\Phi} \Phi_i \quad \text{mit} \quad a_k^2 + \sum a_{i\Phi}^2 = 1$$

aller N koppelnden Eigenzustande der N Schwingungsmoden geschrieben werden. Sind die störenden Zustände $|i\rangle$ vom Grundzustand durch Absorptionsübergänge nicht erreichbar, (Dunkelzustände), so wird die Intensität der Absorptionslinie

$$I \propto |a_k|^2$$

nur durch den „hellen“ Zustand bestimmt. Die Intensität wird also kleiner als für einen ungestörten Zustand, weil $a_k < 1$ ist. Man sagt, dass die Oszillatorenstärke des Absorptionsüberganges durch die Kopplung an die Dunkelzustände „verdünnt“ wurde. Die Lebensdauer des angeregten Zustandes wird länger, weil er mit Zuständen sehr langer Lebensdauer mischt.

Bei größeren Molekülen geht man zur Erklärung der IVR von folgendem vereinfachten Modell aus: Das primär angeregte Niveau in einem angeregten elektronischen Zustand koppelt an mehrere Schwingungsniveaus eines tieferen elektronischen Zustandes, deren Niveaudichte deshalb größer ist als die im angeregten elektronischen Zustand (Abb. 9.8). Man unterscheidet nun drei Fälle [9.6]:

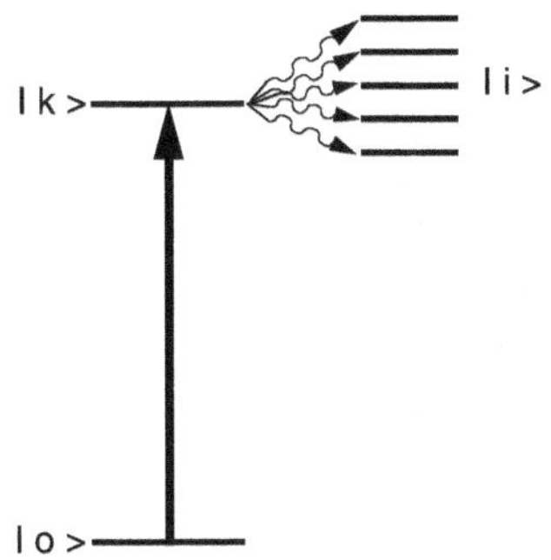

Abb. 9.8: Zur vibronischen Kopplung und IVR-Prozessen.

1. Den Bereich kleiner Niveaudichte, wo der mittlere Abstand zwischen den Schwingungsniveaus groß ist gegen die Energiebreite der Niveaus. In einem solchen Fall können sich die Niveaus durch ihre Wechselwirkung zwar beeinflussen, aber bei einer schmalbandigen Anregung mit kontinuierlichen Lasern sind die Absorptionslinien getrennt und man erhält stationäre angeregte Niveaus für jeden selektiv angeregten Übergang zu den koppelnden Niveaus.

2. Im Übergangsbereich mittlerer Niveaudichten wird der mittlere Abstand der störenden Schwingungsniveaus vergleichbar mit der Linienbreite der Absorptionsübergänge. Jetzt sind selbst bei Anregung mit einem schmalbandigen Laser nicht mehr alle Linien völlig aufgelöst und man regt manchmal mehrere Niveaus gleichzeitig an. Im Falle der Anregung mit gepulsten Lasern werden alle Niveaus, die innerhalb der Bandbreite des Lasers erreichbar sind, kohärent angeregt und die überlagerte Fluoreszenz dieser Niveaus zeigt Quantenschwebungen wegen der Interferenz zwischen der Emission der verschiedenen Niveaus.

3. Wenn die Niveaudichte groß wird gegen die Linienbreite der Anregung, regt man keine einzelnen Niveaus, sondern viele Niveaus gleichzeitig an. Das Absorptionsspektrum erscheint auch bei hoher Auflösung quasikontinuierlich.

Der IVR Prozess kann auch bei hochangeregten Schwingungszuständen im elektronischen Grundzustand auftreten, wenn die Niveaudichte genügend hoch ist. Dies lässt sich durch dopplerfreie Obertonspektroskopie (siehe Kap. 12) messen.

Die vibronische Kopplung wird durch die im Abschn. 9.1 aufgeführten Auswahlregeln eingeschränkt. So können z. B. innerhalb desselben elektronischen Zustandes nur Schwingungsniveaus gleicher Symmetrie miteinander wechselwirken. In einem dreiatomigen Molekül der Symmetrie C_{2v}, bei dem nur Schwingungen mit a_1 oder b_2-Symmetrie vorkommen, können deshalb die Obertonschwingungen $3v_1$ und $2v_3$ miteinander koppeln, weil beide a_1-Symmetrie haben. Schwingungsniveaus aus verschiedenen elektronischen Zuständen können koppeln, wenn die vibronische Symmetrie $\Gamma_{ev} = \Gamma_e \times \Gamma_v$ beider Zustände gleich ist.

9.3.5 Renner-Teller-Kopplung

Eine spezielle Art der vibronischen Kopplung tritt bei linearen Molekülen auf. Wenn in der linearen Konfiguration der elektronische Zustand entartet ist, kann er bei einer Biegeschwingung in zwei Potentialkurven $E^+(\varphi)$ und $E^-(\varphi)$ aufspalten, wobei φ der Knickwinkel der Biegeschwingung ist (Abb. 9.9). Solche entarteten elektronischen Zustände mit zylindrischer Symmetrie haben einen elektronischen Drehimpuls, in Richtung der Molekülachse, bei der die Elektronen um diese Achse präzedieren. Beschreibt man das ungestörte Potential durch die quartische Funktion

$$E^0(\varphi) = a\varphi^2 + b\varphi^4 \tag{9.48}$$

und die Differenz der beiden Renner-Teller-Komponenten durch

$$E^+(\varphi) - E^-(\varphi) = \alpha\varphi^2 + \beta\varphi^4 , \tag{9.49}$$

dann hat die untere Potentialkurve ein Minimum bei einem Winkel $\varphi = \pm\sqrt{\frac{1}{2}\frac{a-\alpha}{b-\beta}}$ mit $|\varphi| > 0$, (Abb. 9.9). Die elektronische Energie wird also durch die Knickschwingung verändert.

Durch die Kopplung zwischen der Bahnbewegung der Elektronen und der Kernbewegung werden die vibronischen Niveaus in beiden Potentialkurven beeinflusst. Auch die Rotationskonstante ändert sich durch die Kopplung. Die daraus resultierende Verschiebung der Niveaus hängt ab von der Größe der Aufspaltung, die durch den Renner Parameter $\varepsilon = \alpha/2a$ quantifiziert wird, und vom Schwingungsdrehimpuls der Knickschwingung.

Der Renner-Teller Effekt stellt daher einen Spezialfall der vibronischen Kopplung dar, bei dem Schwingungsniveaus durch die Elektronenbewegung beeinflusst werden [9.7]. Die Born-Oppenheimer-Näherung versagt hier und die aus der Kopplung von Elektronen- und Kern-Bewegung resultierenden Niveaus heißen „vibronische Niveaus“.

Für ein lineares Molekül in einem Σ, Π oder Δ-Zustand hat der elektronische Bahndrehimpuls die Quantenzahlen $\Lambda = 0, 1$ bzw. 2. Wird nun eine Knickschwingung

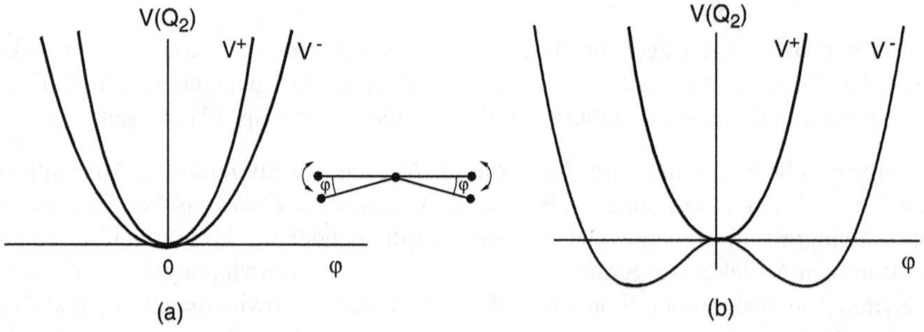

Abb. 9.9: Mögliche Aufspaltungen der Potentialkurven beim Renner-Teller-Effekt a) für $\alpha < 2a$; b) für $\alpha > 2a$.

angeregt, gibt es zusätzlich einen Schwingungsdrehimpuls mit der Projektionsquantenzahl $l = 0, 1, 2, \ldots$.

Der resultierende vibronische Drehimpuls um die Molekülachse ist dann $K\hbar$ mit der Quantenzahl

$$K = |\pm\Lambda \pm l| \ .$$

Die Quantenzahl K entspricht der Rotationsquantenzahl K_a in einem gewinkelten dreiatomigen fast prolaten, symmetrischen Kreiselmolekül.

Für $K = 0$ erhält man die Schwingungstermwerte

$$G(v_2) = \omega_2(1 \pm \varepsilon)^{1/2}(v_2 + 1) \ . \tag{9.50}$$

Für $K \neq 0$ und $v_2 = K - 1$ ergibt sich

$$G(v_2, K) = \omega_2 \left[v_2 + 1 - \frac{1}{8}\varepsilon^2 K(K+1) \right] \ . \tag{9.51}$$

Man kann die Renner-Teller-Kopplung auch ansehen als eine Corioliswechselwirkung zwischen dem elektronischen Drehimpuls und dem Schwingungsdrehimpuls, die proportional ist zum Produkt $K\Lambda$ aus den Projektionen von elektronischem und Schwingungsdrehimpuls auf die Achse des linearen Moleküls.

Durch die Renner-Teller-Kopplung wird jedes Schwingungsniveau aufgespalten in mehrere Unterniveaus. So wird z. B. in einem elektronischen Π-Zustand mit $\Lambda = \pm 1$

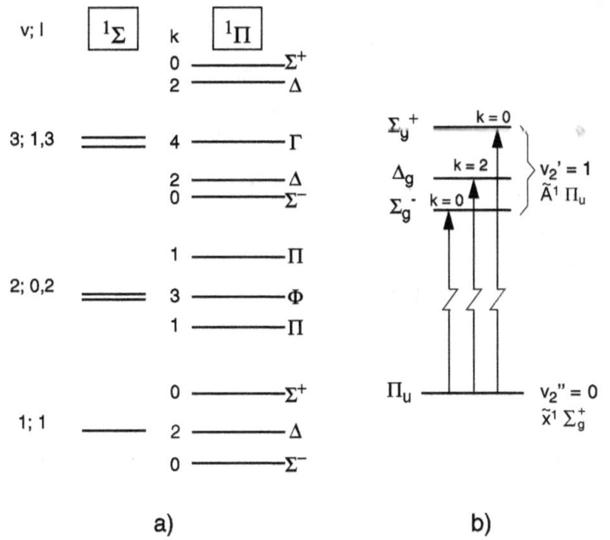

Abb. 9.10: a) Aufspaltung der vibronischen Zustände in einem elektronischen Π-Zustand verglichen mit der l-Aufspaltung in einem $^1\Sigma$-Zustand. b) Qualitative Aufspaltung eines elektronischen Überganges $A^1\Pi_u \leftarrow X^1\Sigma_g^+$.

ein Knickschwingungsniveau mit $v_2 = 1$, $l = \pm 1$ in die vier Niveaus mit den Quantenzahlen $K = |+1+1| = 2$; $K = |-1-1| = 2$; $K = |1-1| = 0$ und $K = |-1+1| = 0$ aufgespalten, wobei die ersten beiden Niveaus entartet sind. Man kann den Symmetrietyp der vibronischen Niveaus durch Multiplikation der elektronischen und Schwingungs-Symmetrietypen erhalten (siehe Abschn. 5.5.4). Für unser obiges Beispiel ist die Symmetrie des elektronischen Π-Zustandes $\Gamma_\text{e} = \Pi_\text{u}$ und die des Schwingungszustandes ebenfalls $\Gamma_\text{v} = \Pi_\text{u}$, sodass die vibronische Symmetrie

$$\Gamma_\text{ev} = \Pi_\text{u} \times \Pi_\text{u} = \Sigma_\text{g}^+ + \Sigma_\text{g}^- + \Delta_\text{g} . \tag{9.52}$$

Die beiden Σ-Zustände entsprechen den Niveaus mit $K = 0$, während der entartete Δ-Zustand zu den Niveaus mit $K = 2$ gehört (Abb. 9.10).

9.3.6 Jahn-Teller-Effekt

Wenn ein nichtlineares Molekül entartete elektronische Zustände (z.B. vom Symmetrietyp E oder T hat), dann führt jede Schwingung, die das Molekül in eine Geometrie mit niedrigerer Symmetrie bringt, zur Aufspaltung der Potentialfläche in zwei Zweige. Der entartete Zustand ist also nicht stabil und der Gleichgewichtszustand niedrigster Energie liegt bei dieser Geometrie niedrigerer Symmetrie. Man nennt diese spontane Symmetriebrechung nach ihren Entdeckern Jahn-Teller-Effekt [9.8]. Er ist das Analogon des bei linearen Molekülen auftretenden Renner-Teller-Effektes. Genau wie dieser wird der Jahn-Teller-Effekt durch die Kopplung zwischen Schwingungen und elektronischer Bewegung bewirkt und ist deshalb ein weiteres Beispiel für den Zusammenbruch der Born-Oppenheimer-Näherung. Wir wollen diesen Effekt am Beispiel des Li_3-Moleküls erläutern.

Aus Symmetriegründen würde man eigentlich erwarten, dass Li_3 die Geometrie eines gleichseitigen Dreiecks haben sollte, also zur Punktgruppe $D_{3\text{h}}$ gehören sollte. In dieser Geometrie sind der elektronische Grundzustand und auch einige angeregte elektronische Zustände zweifach entartet, ihr Symmetrietyp ist E. Infolge des Jahn-Teller-Effektes bringt eine Linearkombination von ν_2 und ν_3 Schwingungen (Knickschwingung und asymmetrische Streckschwingung, deren Frequenzen in der $D_{3\text{h}}$-Konfiguration entartet sind) das Molekül in eine gleichschenklige Geometrie vom $C_{2\text{v}}$-Symmetrietyp. In Abb. 9.11 sind die beiden Potentialzweige $E^\pm(Q_2, Q_3)$ als Funktion der beiden Normalschwingungskoordinaten $Q_2 = Q_x + \mathrm{i}Q_y$, $Q_3 = Q_x - \mathrm{i}Q_y$ in dreidimensionaler Darstellung für den linearen Jahn-Teller Effekt illustriert. Die Flächen sind rotationssymmetrisch um die Achse $Q_2 = Q_3 = 0$.

Werden höhere Glieder in der Entwicklung des Potentials nach den Normalkoordinaten berücksichtigt, (quadratischer Jahn-Teller-Effekt), so treten in der Rinne des tieferen Potentials in Abb. 9.11 drei Minima M_i und drei Sattelpunkte S_i (siehe Abschn. 5.5.4) auf, die zu einer Geometrie mit dem Dreieckswinkel $\alpha < 60°$ bzw. $\alpha > 60°$ gehören. In Abb. 9.12 ist ein Höhenliniendiagramm der unteren Jahn-Teller-Potentialfläche gezeigt und in Abb. 9.11b ein Schnitt durch diese Fläche.

Bei genügend kleiner Schwingungsenergie wird das Molekül in der Geometrie mit der tiefsten Energie bleiben. Mit zunehmender Schwingungsenergie kann es aber durch die Potentialbarrieren tunneln und damit seine Geometrie periodisch von $\alpha < 60°$

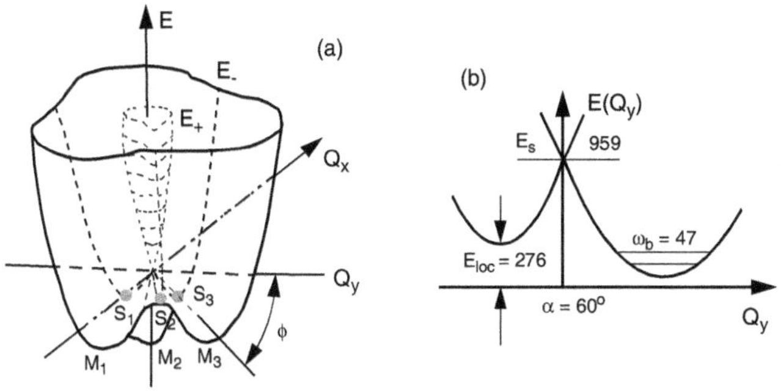

Abb. 9.11: a) Dreidimensionale Darstellung der beiden Jahn-Teller-Potentialflächen für den quadratischen Jahn-Teller-Effekt. b) Schnitt durch die untere Potentialfläche beim Li_3-Molekül als Funktion des Apex-Winkels mit Minimum, Sattelpunkt und konischer Durchschneidung.

zu $\alpha > 60°$ ändern. In der Darstellung der Abb. 9.12 durchläuft das Molekül dabei die gestrichelte Kurve, wobei es durch die Potentialbarrieren tunneln kann. Diese Tunnelbewegung führt, analog zum Fall beim NH_3-Molekül (siehe Abschn. 7.5.1) zu einer Aufspaltung der Energieniveaus, die mit zunehmender Schwingungsenergie stark anwächst (Abb. 9.13b).

Diese periodische Bewegung wird auch Pseudorotation genannt, weil sie darstellbar ist als eine synchrone Rotation aller drei Kerne um die Eckpunkte des gleichseitigen Dreiecks der entarteten nichtstabilen Konfiguration (Abb. 9.13a). Wird die Schwingungsenergie größer als die Barrierenhöhe, so tritt eine freie Pseudorotation ein. Das Molekül wird dann im zeitlichen Mittel wieder ein gleichseitiges Dreieck. Es hat dann bei Messungen, die länger dauern als eine Pseudorotationsperiode, wieder D_{3h}-Geometrie.

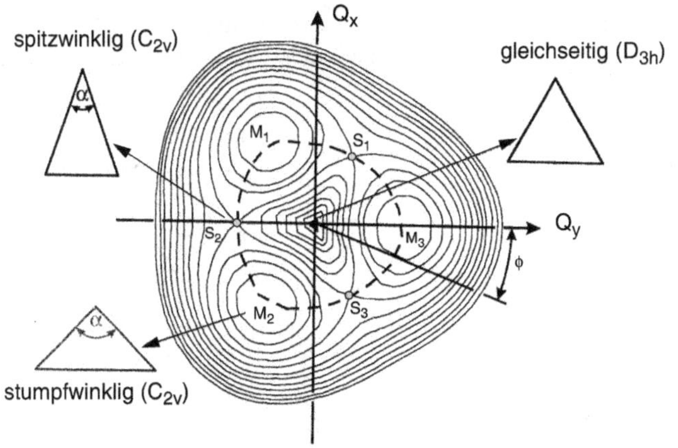

Abb. 9.12: Höhenlinienbild der unteren Potentialfläche für den quadratischen Jahn-Teller-Effekt beim Li_3-Molekül [9.9].

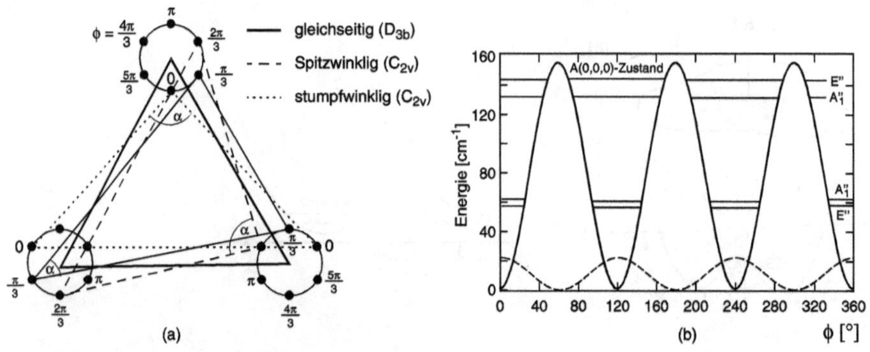

Abb. 9.13: a) Pseudo-Rotation b) Tunnelaufspaltung als Funktion der Schwingungsenergie in den Jahn-Teller aktiven Schwingungsmoden $\nu_2 + \nu_3$.

Die Pseudo-Rotation ist ein Beispiel für die Moleküldynamik, bei der sich die Geometrie eines Moleküls massiv ändert, anders als bei Schwingungen mit kleiner Amplitude um die Gleichgewichtslage, bei denen die Geometrie sich nicht stark von der Gleichgewichtsgeometrie unterscheidet.

9.3.7 Prädissoziation

Der durch Absorption eines Photons angeregte Zustand kann durch Kopplung an kontinuierliche Molekülzustände oberhalb der Disszationsenergie zerfallen. Die Zerfallsrate hängt ab von der Stärke der Kopplung. Wir können zwei Fälle unterscheiden:

a) Prädissoziation durch Rotation (Abb. 9.14a)

b) Prädisszation eines gebundenen Zustandes durch Kopplung an einen repulsiven elektronischen Zustand (Abb. 9.14b)

Im Fall a) hat die Potentialkurve eines rotierenden zweiatomigen Moleküls eine Potentialbarriere (siehe Kap. 3). Zustände unterhalb des Maximums der Barriere

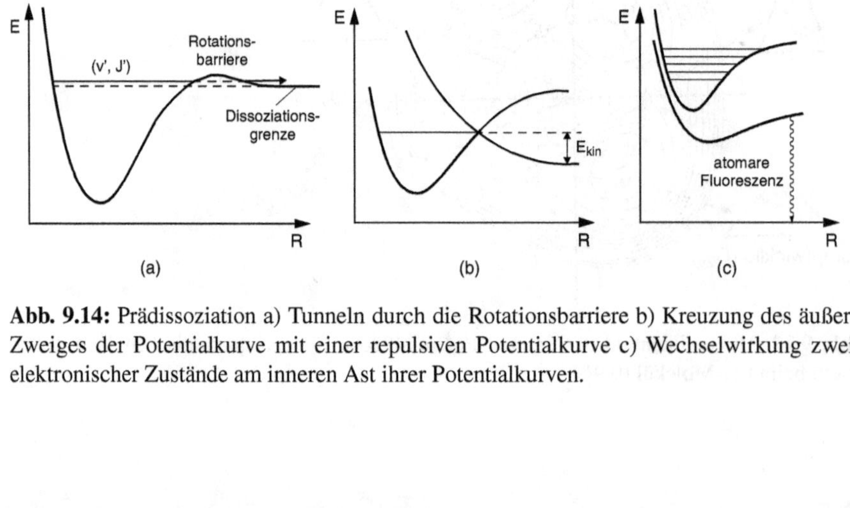

Abb. 9.14: Prädissoziation a) Tunneln durch die Rotationsbarriere b) Kreuzung des äußeren Zweiges der Potentialkurve mit einer repulsiven Potentialkurve c) Wechselwirkung zweier elektronischer Zustände am inneren Ast ihrer Potentialkurven.

aber oberhalb der Dissoziationsenergie können durch Tunnelprozesse zerfallen. Die Zerfallsrate hängt exponentiell ab von der Breite der Barriere und vom Energieabstand unterhalb des Maximums und variiert im Bereich zwischen Dissoziationsenergie und Barrieremaximum um viele Größenordnungen. Dies lässt sich messen durch die entsprechende Verbreiterung der Absorptionslinien.

Die Prädissoziationsrate für den Fall b) hängt ab vom Überlapp der Schwingungswellenfunktionen der beiden koppelnden Zustände, wobei für den repulsiven Zustand die Wellenfunktion der dissoziierenden Kerne durch eine Airy-Funktion beschrieben werden kann. Dieser Überlapp ist maximal an Stellen, wo sich die beiden Potentialkurven kreuzen. Deshalb findet man scharfe Maxima der Prädissoziationsrate in der Umgebung dieser Kreuzungspunkte. Der Überlapp kann aber auch im inneren Teil der Potentialkurven geschehen, wo beide Potentialkurven repulsiv sind. Hier gibt es im Allgemeinen keinen Kreuzungspunkt, sondern der energetische Abstand zwischen den beiden Potentialkurven ändert sich nicht stark über einen weiten Energiebereich (Abb. 9.14c). Man findet dann kein scharfes Maximum der Linienverbreiterung durch Prädissoziation, sondern die Linienbreite der Absorptionslinien wächst mit steigender Energie langsam an, bis man in die Nähe der Dissoziationsgrenze des angeregten Zustandes kommt, wo dann direkte Dissoziation einsetzt.

Die Prädissoziation kann entweder durch die Verbreiterung der Absorptionslinien nachgewiesen werden oder durch die Verkürzung der Lebensdauer des angeregten Zustandes [9.10]. Will man wissen, in welche atomaren Zustände der angeregte Molekülzustand dissoziiert, so kann die atomare Fluoreszenz gemessen werden, wenn die Dissoziation in einen angeregten Atomzustand führt (Abb. 9.14c) [9.11].

Die Wechselwirkung zwischen den beiden Zuständen wird häufig durch Spin-Bahn-Kopplung bewirkt. Dies bedeutet z. B., dass ein angeregter $^1\Sigma$-Zustand mit $\Omega = 0$ durch Spin-Bahn-Kopplung mit einem $^3\Pi$-Zustand prädissoziieren kann, wenn die Energie des angeregten Niveaus oberhalb der Dissoziationsgrenze des tieferen Triplettzustandes liegt. Weil jedoch die Projektion $\Omega\hbar$ des elektronischen Gesamtdrehimpulses bei der Prädissoziation erhalten bleiben muss ($\Delta\Omega = 0$), kann nur die Komponente $^3\Pi_0$ mit $\Omega = 0$ zur Prädissoziation beitragen.

9.3.8 Autoionisation

Wenn ein molekularer gebundener Zustand des neutralen Moleküls energetisch oberhalb von Zuständen des molekularen Ions liegt, kann er durch Kopplung mit dem letzteren von selbst in den Ionenzustand übergehen. Dieser Prozess heißt Autoionisation.

Während atomare Zustände nur autoionisieren können, wenn wenigstens zwei Elektronen in einem angeregten Zustand sind, deren Gesamtenergie dann oberhalb der Ionisationsenergie liegen muss, kann bei Molekülen auch bei Anregung nur eines Elektrons die Summe aus elektronischer Energie und kinetischer Energie der Schwingung oder Rotation bereits die Ionisierungsenergie überschreiten. Dieser Fall tritt z. B. auf, wenn ein Elektron in einen Rydbergzustand des neutralen Moleküls angeregt wird (Abb. 9.15). Da das Rydberg-Elektron seine größte Aufenthaltswahrscheinlichkeit weit weg vom Rumpf der restlichen Elektronen hat, trägt es zur Molekülbindung

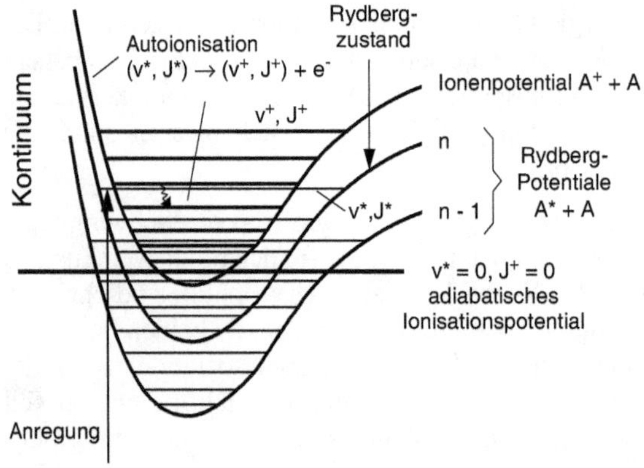

Abb. 9.15: Autoionisation molekularer Rydberg-Zustände [9.12].

praktisch nichts mehr bei, d. h. die Potentialkurven aller Rydberg-Zustände verlaufen parallel, nur gegeneinander verschoben um die Differenz der Anregungsenergien des Rydberg-Elektrons in den verschiedenen Rydberg-Zuständen mit der Hauptquantenzahl n. Wenn bei der Autoionisation ein Teil der Schwingungsenergie des Rydberg-Zustandes auf das Elektron übertragen werden soll, muss die Schwingungsenergie im Ion kleiner sein als im neutralen Molekül. Es muss dann der Schwingungsenergieübertrag ΔE_{vib} mindestens gleich dem Energieabstand

$$\Delta E = IP - R_y/(n-\delta)^2 \tag{9.53}$$

des Rydberg-Zustandes von der Ionisierungsenergie sein, wobei δ der Quantendefekt ist, der die Abweichung des realen Potentials für das Rydberg-Elektron vom Coulomb-Potential beschreibt.

Bei hohen Hauptquantenzahlen n genügt bereits eine Änderung der Schwingungsquantenzahl $\Delta v = v^* - v^+ = 1$, während bei tieferen Rydberg-Zuständen größere Schwingungsenergiedifferenzen nötig sind. Bei sehr hohen Hauptquantenzahlen n kann Autoionisation auch allein durch Übertragung von Rotationsenergie erfolgen, d. h. die Rotationsquantenzahl J ist im Ion kleiner als im neutralen Molekül. Da der Gesamtdrehimpuls erhalten bleibt, muss das Rydberg-Elektron bei seiner Ionisation Drehimpuls aufnehmen.

Die Kopplung zwischen dem neutralen Zustand $|v^*\rangle$ und dem ionischen Zustand $|v^+\rangle$ mit fast gleichen Potentialkurven hängt wie bei allen in den vorigen Abschnitten diskutierten Störungen vom Überlapp der Schwingungs-Wellenfunktionen ab. Da diese Kopplung zwischen Elektronen- und Kernbewegung einen Zusammenbruch der Born-Oppenheimer-Näherung bedeutet und viel schwächer ist als die elektrostatische Kopplung zwischen den Elektronen, ist die Autoionisationsrate bei Molekülen im Allgemeinen wesentlich kleiner als bei Atomen, die nur autoionisieren können infolge eines Energieübertrages zwischen den beiden angeregten Elektronen. Während typische Lebensdauern autoionisierender atomarer Zustände im Bereich $10^{-10} - 10^{-13}$ s liegen, reichen sie bei molekularen autoionisierenden Zuständen von $10^{-6} - 10^{-10}$ s [9.13].

Die Linienform der Absorptionsübergänge in autoionisierende Zustände hat ein asymmetrisches Profil, das man *Fano-Profil* nennt. Es kommt zustande durch einen Interferenzeffekt zwischen zwei ununterscheidbaren Übergängen: Der Anregung des Rydberg-Zustandes und die direkte Photoionisation bei der gleichen Energie (Abb. 9.16). Die Gesamtwahrscheinlichkeit W_{ik} der Anregung des gekoppelten Systems $|k\rangle$ Rydberg-Zustand/kontinuierlicher Zustand ist gleich dem Quadrat der Summe beider Anregungs-Amplituden. Sie kann durch den Absorptionsquerschnitt

$$\sigma_a \propto W_{ik} = |D_1 + D_2|^2 \quad \text{mit } D_1 = \langle k|\, D\,|i\rangle \quad \text{und } D_2 = \langle E|\, D\,|i\rangle \tag{9.54}$$

beschrieben werden.

Wenn die Anregungsenergie kontinuierlich durchgestimmt wird, verändert sich die Phase bei der Anregung ins Kontinuum kaum, bei der Anregung des Rydbergzustandes aber stark, da man hier über eine Resonanz abstimmt.

Diese Phasenverschiebung zwischen D_1 und D_2 ändert die Anregungswahrscheinlichkeit und führt zu dem in Abb. 9.16b gezeigten typischen Fano-Profil für den Absorptionsquerschnitt

$$\sigma_a = \sigma_d + \sigma_i \frac{(q+\varepsilon)^2}{1+\varepsilon^2}\,, \tag{9.55}$$

wobei σ_d der Absorptionsquerschnitt für Übergänge in Kontinua, die nicht mit dem Rydbergzustand R wechselwirken, σ_i für Übergänge in das mit R koppelnde Kontinuum ist,

$$\varepsilon = (E - E_r)/\Gamma \tag{9.56}$$

ist der Abstand von der Resonanzenergie in Einheiten der Halbwertsbreite Γ des Überganges in den Rydberg-Zustand. Der dimensionslose Fano-Parameter

$$q = D_1^2/(D_2 D_{12}) \tag{9.57}$$

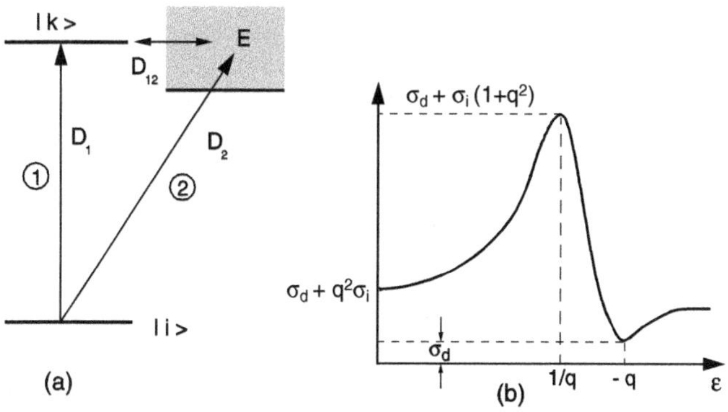

Abb. 9.16: a) Zwei nicht unterscheidbare Möglichkeiten, einen Energiezustand E oberhalb der Ionisationsenergie durch Absorption eines Photons zu erreichen. b) Fano-Profil.

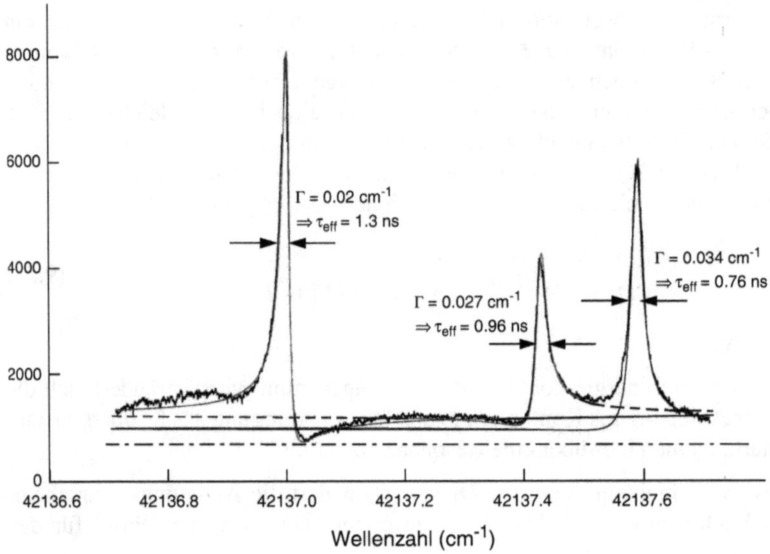

Abb. 9.17: Gemessene Fano-Profile von Absorptionslinien bei der Dopplerfreien Spektroskopie von Rydberg-Zuständen des Li_2-Moleküls [9.14].

gibt das Verhältnis der Übergangswahrscheinlichkeit in den Rydberg-Zustand zum Produkt aus Übergangsamplitude in das Kontinuum und Kopplungskoeffizient zwischen Rydbergzustand und Kontinuum an.

Für $\varepsilon = -q$ hat das Fano-Profil ein Minimum $\sigma(\varepsilon = -q) = \sigma_\mathrm{d}$. Das Maximum des Absorptionsprofils $\sigma_\mathrm{a}^{\max} = \sigma_\mathrm{d} + \sigma_\mathrm{i}(q^2 + 1)$ liegt bei $\varepsilon = 1/q$.

Aus der Messung der Linienbreite Γ des Fano-Profils lässt sich die Lebensdauer des autoionisierenden Zustandes bestimmen, aus dem Parameter q die Stärke der Kopplung an das Kontinuum.

In Abb. 9.17 sind gemessene Fano-Profile gezeigt, die bei der Anregung autoionisierender Rydberg-Zustände des Li_2-Moleküls beobachtet wurden [9.14]. Man sieht daraus, dass die durch Autoionisation begrenzten Lebensdauer von etwa 10^{-9} s wesentlich kürzer sind als die Strahlungslebensdauern, die im Mikrosekundenbereich liegen. Der Zerfall dieser Rydberg-Zustände erfolgt daher fast ausschließlich durch Autoionisation.

9.4 Strahlungslose Übergänge

Ein angeregtes Niveau eines freien Moleküls kann nicht nur durch Emission von Photonen zerfallen, sondern auch durch eine Reihe nichtstrahlender Prozesse, wie z. B. Prädissoziation, Autoionisation oder Energietransfer in andere Niveaus in energetisch tieferen elektronischen Zuständen, aber mit gleicher Gesamtenergie wie das ursprünglich angeregte Niveau. Die elektronische Energie wird bei diesem Prozess teilweise in Schwingungsenergie umgewandelt. In der Literatur wird insbesondere dieser letzte Prozess als „strahlungsloser Übergang“ bezeichnet. Er tritt vor allem bei mehratomigen Molekülen auf und seine Wahrscheinlichkeit steigt mit der Zustandsdichte der Schwingungsniveaus stark an.

Die Kopplung zwischen Anfangs- und Endzustand, welche die Wahrscheinlichkeit dieses Überganges bestimmt, kann z. B. durch Spin-Bahn-Wechselwirkung, durch vibronische Kopplung, durch den Renner-Teller-Effekt in linearen Molekülen oder durch elektrostatische Wechselwirkung bedingt sein.

Wir wollen solche strahlungslosen Übergänge an einigen Beispielen verdeutlichen:

In größeren aromatischen Molekülen, wie z. B. Farbstoffmolekülen, wird nach Anregung höherer Singulett-Zustände S_1, S_2, S_3 immer nur Fluoreszenz aus dem S_1-Zustand beobachtet, nie aus den höheren Singulettzuständen. Es muss also einen schnellen strahlungslosen Prozess geben, der die höheren Zustände so schnell in hohe Schwingungsniveaus von S_1 überführt, dass die wesentlich langsameren strahlenden Zerfälle unterdrückt werden (Abb. 9.18).

Die effektive Lebensdauer dieser angeregten Zustände

$$\tau_{\mathrm{eff}} = \frac{1}{k_{\mathrm{s}} + k_{\mathrm{ns}}} \tag{9.58}$$

ist durch die Summe von strahlender und nichtstrahlender Zerfallsrate k_{s} und k_{ns} gegeben. Die Quantenausbeute des angeregten Zustandes

$$\Phi_q = \frac{k_{\mathrm{s}}}{k_{\mathrm{s}} + k_{\mathrm{ns}}} \tag{9.59}$$

beschreibt den relativen Anteil des strahlenden Zerfalls an der Gesamtdeaktivierungsrate. Die beiden Größen Φ_q und τ_{eff} können experimentell bestimmt werden, sodass

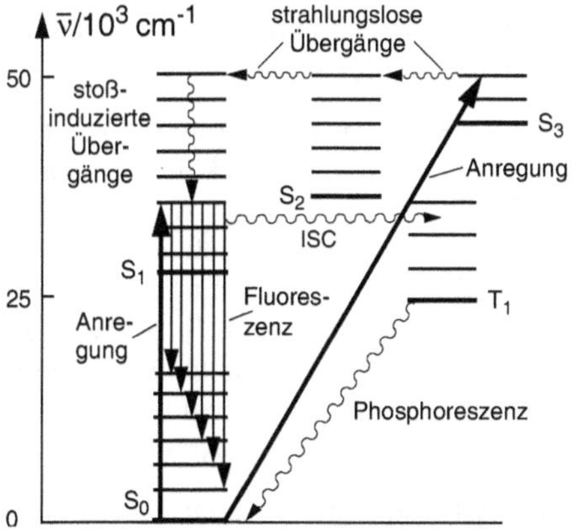

Abb. 9.18: Schematische Darstellung strahlungsloser Übergänge.

man daraus die strahlende Lebensdauer und die strahlungslose Rate gemäß

$$\tau_s = \frac{1}{k_s} = \frac{\tau_{eff}}{\Phi_q} \; ; \quad k_{ns} = \frac{1-\Phi_q}{\tau_{eff}} \; ; \quad k_s = \frac{\Phi_q}{\tau_{eff}} \tag{9.60}$$

erhalten kann. Solche strahlungslosen Übergänge zwischen verschiedenen Singulettzuständen werden in der englischsprachigen Literatur auch „internal conversion = IC" genannt [9.15].

Der S_1-Zustand selbst ist energetisch weit vom Grundzustand entfernt, sodass seine strahlungslose Deaktivierung wesentlich unwahrscheinlicher ist. Er kann aber durch Wechselwirkung mit dem ersten angeregten Triplettzustand in diesen übergehen (intersystem crossing ISC). Der Triplettzustand kann dann wieder durch Emission von Photonen, allerdings mit wesentlich längerer Lebensdauer, in den S_0 Grundzustand übergehen. Diese schwache Fluoreszenz auf dem eigentlich verbotenen $T_1 - S_0$ Übergang heißt auch *Phosphoreszenz*.

Es zeigt sich, dass mit zunehmender Schwingungsenergie im S_1-Zustand die Wahrscheinlichkeit für strahlungslose Übergange $S_1 - S_0$ zunimmt, trotz des großen Energieabstandes $E(S_1) - E(S_0)$. Dies hängt damit zusammen, dass mit zunehmender Schwingungsenergie sowohl die Zustandsdichte als auch der Überlapp zwischen den Schwingungswellenfunktionen der miteinander wechselwirkenden Zustände stark ansteigt. Die Rate R_{ns} für strahlungslose Übergänge kann nämlich ausgedrückt werden durch das Produkt

$$R_{ns} = \left| \langle \Phi_i^{el} | \, H' \, | \Phi_k^{el} \rangle \, \langle \chi_i \chi_k \rangle \right|^2 \varrho(E) \,, \tag{9.61}$$

wobei $\langle \Phi_i^{el} | H' | \Phi_k^{el} \rangle$ der elektronische Teil des Matrixelementes für die Kopplung zwischen den beiden elektronischen Zuständen ist, H' der Störoperator, der die Art der Kopplung beschreibt, $\langle \chi_i \chi_k \rangle$ das Überlapp-Integral der Schwingungswellenfunktionen, dessen Quadrat der Franck-Condon-Faktor ist, und $\varrho(E)$ die Zustandsdichte im Endzustand bei der Energie E [9.16].

Höhere Schwingungszustände im S_1-Zustand haben wegen ihrer größeren Wahrscheinlichkeit für strahlungslose Übergänge eine kleinere effektive Lebensdauer, die Absorptionslinien der Übergänge in diese Zustände werden breiter.

Man kann das Zeitverhalten solcher strahlungsloser Übergänge gut an einigen einfachen Systemen studieren. Ein Beispiel sind Van-der-Waals-Moleküle I_2A, bestehend aus einem Jodmolekül I_2 und einem Edelgasatom A (siehe Kap. 10). Die schwache Van-der-Waals-Bindung führt zu niedrigen Schwingungsfrequenzen bei der Schwingung des Edelgasatoms gegen das Molekül I_2. Wird nun eine interne Schwingung des I_2-Moleküls angeregt, die eine wesentlich höhere Energie hat als die Van-der-Waals-Schwingung, so kann durch Kopplung der I_2-Schwingung an die Van-der-Waals-Schwingung ein so hohes Schwingungsniveau angeregt werden, dass die Van-der-Waals-Bindung aufbricht und das Molekül dissoziiert (Abb. 9.19).

Dies lässt sich am besten verfolgen, wenn ein Schwingungsniveau $(v'J')$ des I_2 im elektronisch angeregten Zustand des I_2A-Clusters angeregt wird, das durch Fluoreszenz in den elektronischen Grundzustand übergehen kann. Die Energien der

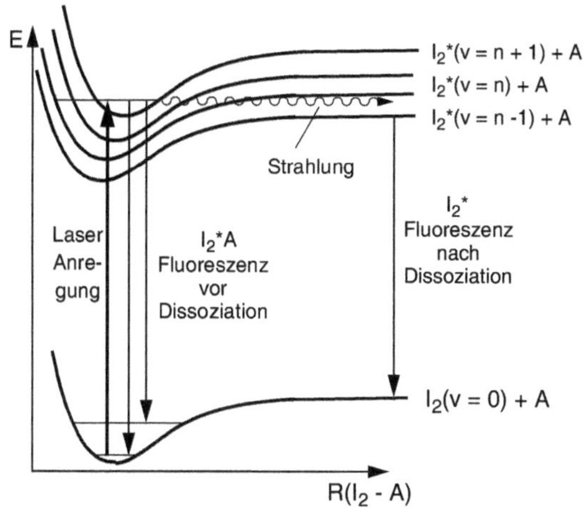

Abb. 9.19: Vibronische Kopplung mit Prädissoziation bei den Van-der-Waals-Molekülen I_2Ar.

Niveaus im I_2A-Molekül sind energetisch etwas verschoben gegenüber denen im I_2-Molekül, sodass man gut unterscheiden kann, ob man den I_2A-Cluster anregt oder das I_2-Molekül. Der strahlungslose Übergang durch Kopplung an die Van-der-Waals-Schwingung ist wesentlich schneller als die spontane Lebensdauer des angeregten Niveaus, d. h. die Fluoreszenz wird im wesentlichen vom dissoziierten I_2-Molekül emittiert [9.17].

Aus der Linienbreite der Anregungslinie des I_2A-Clusters lässt sich die Lebensdauer des angeregten Niveaus bestimmen, die hauptsächlich durch die schnelle Dissoziation bestimmt ist. Die Messung der Wellenlängen der Fluoreszenz aus dem angeregten Endzustand ($v' - \Delta v'$, $J' - \Delta J'$) des dissoziierten I_2-Moleküls gibt eindeutige Informationen über das obere emittierende Niveau, sodass man daraus den Energieübertrag auf die Van der Waals-Bindung bestimmen kann.

10 Moleküle in äußeren Feldern

Moleküle mit *magnetischen Momenten* erfahren in einem äußeren Magnetfeld auf Grund des Zeeman-Effektes eine Aufspaltung und Verschiebung ihrer Energieniveaus, deren Messung Aufschluss über die Ursachen der magnetischen Momente und über die mit ihnen verknüpften Drehimpulse geben kann. Magnetische Momente können durch den Spin ungepaarter Elektronen, durch den elektronischen Bahndrehimpuls oder auch durch die Kernspins bewirkt werden. Auch durch die Molekülrotation kann ein magnetisches Moment erzeugt werden, das aber klein ist gegen die permanenten Momente des ruhenden Moleküls. Die Größe des resultierenden Momentes hängt von der Kopplung der verschiedenen Drehimpulse im Molekül ab, die wiederum durch die Kopplung zwischen verschiedenen Zuständen beeinflusst wird (siehe Kap. 9). Deshalb gibt die Messung magnetischer Momente zusätzliche Möglichkeiten zur genauen Untersuchung der in Kap. 9 behandelten Störungen.

Analog dazu erfahren Moleküle mit permanenten oder induzierten *elektrischen Momenten* in elektrischen Feldern auf Grund des Stark-Effektes eine Aufspaltung und Verschiebung ihrer Energieniveaus, welche Informationen über die Elektronenverteilung und die elektrische Polarisierbarkeit der Elektronenhülle liefert.

Diese magnetischen oder elektrischen Eigenschaften von Molekülen werden in vielen diagnostischen Verfahren ausgenutzt. Beispiele sind die Elektronenspin-Resonanz-Spektroskopie, die Kernresonanz-Tomographie, die in der Medizin eine sehr wichtige Rolle spielt, sowie die Lasermagnetische Resonanz- oder die Stark-Spektroskopie (siehe Kap. 12).

Wir wollen uns in diesem Kapitel mit den magnetischen und elektrischen Eigenschaften von Molekülen befassen, um zu sehen, welche Informationen man aus Messungen der Zeeman- oder Stark-Effekte erhalten kann.

Die magnetischen Momente μ_m werden in der Einheit [A m^2] angegeben und ihre Größe wird oft mit der des Bohrschen Magnetons $\mu_\mathrm{B} = 9{,}27 \cdot 10^{-24}$ A m^2 verglichen.

Die elektrischen Momente μ_el werden in As m angegeben. Häufig wird die Einheit 1 Debye = $3{,}34 \cdot 10^{-30}$ As m verwendet.

Beispiele

Das NO-Molekül hat im $^2\Pi_{3/2}$ Grundzustand ein permanentes magnetisches Moment $\mu_\mathrm{m} = 1{,}7 \cdot 10^{-23}$ A m^2 = $1{,}83\,\mu_\mathrm{B}$ und ein permanentes elektrisches Dipolmoment $\mu_\mathrm{el} = 0{,}153$ D.

Das elektrische Dipolmoment des HCl-Moleküls ist $\mu_\mathrm{el} = 3{,}44 \cdot 10^{-30}$ As m = 1,09 D, während sein magnetisches Dipolmoment μ_m = A m^2 = $1{,}8\,\mu_\mathrm{B}$ ist.

10.1 Diamagnetische und paramagnetische Moleküle

Moleküle mit permanenten magnetischen Momenten heißen *paramagnetisch.*

Die meisten homonuklearen zweiatomigen Moleküle haben jedoch in ihren elektronischen Grundzuständen weder ein magnetisches Spin-Moment, weil sich bei einer geraden Elektronenzahl die Spins der Elektronen paarweise kompensieren, noch ein Bahnmoment, weil die Grundzustände meistens Σ-Zustände mit $L = 0$ sind (siehe Abschn. 2.4.2). Ausnahmen sind Moleküle mit einem Elektronenspin $S \neq 0$ (wie z. B. O_2 oder alle Radikale mit einem ungepaarten Elektron) oder heteronukleare Moleküle mit $L \neq 0$ oder $S \neq 0$ (wie NO).

Auch bei nichtlinearen mehratomigen Molekülen kann die Elektronenhülle keinen Bahndrehimpuls haben und auch der Gesamtelektronenspin ist im Grundzustand im Allgemeinen null. Solche Moleküle ohne permanentes magnetisches Moment heißen *diamagnetisch.*

In einem äußeren Magnetfeld erhalten diamagnetische Moleküle jedoch ein induziertes magnetisches Moment

$$\boldsymbol{\mu}_{\mathrm{m}}^{\mathrm{ind}} = -\beta \boldsymbol{B} \tag{10.1}$$

dessen Größe von der Feldstärke $\boldsymbol{B}$ und von der magnetischen Polarisierbarkeit β abhängt und dessen Richtung entgegengesetzt zum äußeren Feld ist. Bei im Labor erreichbaren magnetischen Feldstärken sind die induzierten Momente jedoch wesentlich kleiner als die Momente der paramagnetischen Moleküle.

In Tabelle 10.1 sind die magnetischen Polarisierbarkeiten β und die magnetischen Suszeptibilitäten χ für einige Moleküle angegeben. Daraus erkennt man, dass z. B. beim H_2-Molekül das induzierte magnetische Moment bei einer Feldstärke von $B = 1\,\mathrm{Tesla}$ um 6 Größenordnungen kleiner ist als das Bohrsche Magneton $\mu_B = 9{,}3 \cdot 10^{-24}\,\mathrm{A\,m^2}$. **Die induzierten Momente sind also sehr klein gegen permanente Momente paramagnetischer Moleküle.**

Die magnetische Polarisierbarkeit β ist in nicht-kugelsymmetrischen Molekülen anisotrop. Das induzierte Moment hängt deshalb von der Richtung des äußeren Feldes

Tabelle 10.1: Magnetische Suszeptibilität χ, magnetische Polarisierbarkeit β für diamagnetische Moleküle und permanentes magnetisches Moment für einige paramagnetische Moleküle.

Diamagnetische Moleküle	$\chi \cdot 10^{-6}$	β [$\mathrm{A\,m^4/Vs}$]	Paramagnetische Moleküle	p_m [$\mathrm{A\,m^2}$]	$\chi \cdot 10^{-6}$
H_2	− 0,002	$-2{,}4 \cdot 10^{-30}$	NO	$1{,}7 \cdot 10^{-23}$	0,78
H_2O	− 9,0	$-4{,}5 \cdot 10^{-27}$	O_2	$2{,}58 \cdot 10^{-23}$	1,8
NaCl	−13,9	$-6{,}9 \cdot 10^{-27}$			

gegen eine ausgezeichnete Richtung im Molekül ab [10.1]. In zweiatomigen Molekülen z. B. unterscheidet sich $\beta_{\parallel}$ parallel zur Richtung der Molekülachse von $\beta_{\perp}$ senkrecht zur Achse. Die größten induzierten Momente erhält man, wenn das äußere Magnetfeld senkrecht zu Richtung der größten Elektronenbeweglichkeit im Molekül steht, weil das induzierte magnetische Moment durch einen Strom senkrecht zum Magnetfeld entsteht. So ist z. B. in einem ebenen Molekül wie Benzol, in dem sich die Elektronen infolge der π-Bindungen in der Ebene entlang des Benzolringes frei bewegen können, das induzierte Moment maximal, wenn das Magnetfeld senkrecht zur Ebene zeigt.

Alle Moleküle mit ungepaarten Elektronen oder mit einem nichtverschwindenden elektronischen Bahnmoment besitzen ein permanentes magnetisches Dipolmoment und sind deshalb paramagnetisch.

Bei freien paramagnetischen Molekülen sind jedoch die Richtungen der magnetischen Momente ohne äußeres Feld durch die thermische Bewegung statistisch verteilt. Mit wachsender Feldstärke wird die Ausrichtung immer besser, mit steigender Temperatur schlechter. Erst wenn die magnetische Energie

$$W_{\text{magn}} = -\boldsymbol{\mu}_{\text{m}} \cdot \boldsymbol{B} \tag{10.2}$$

groß wird gegen die thermische Energie kT, erreicht man eine fast vollständige Ausrichtung in Feldrichtung. Die makroskopische Magnetisierung M von N Molekülen pro Volumeneinheit bei einem äußeren Feld $B = B_z$ in z-Richtung ist dann durch die Vektorsumme aller molekularen Momente

$$M = \sum \boldsymbol{\mu}_{\text{m}} = N\boldsymbol{\mu}_{\text{m}}^* = N\eta\boldsymbol{\mu}_{\text{m}} \tag{10.3}$$

gegeben, wobei $\boldsymbol{\mu}_{\text{m}}^*$ der effektive Bruchteil des magnetischen Momentes ist, der zur Magnetisierung beiträgt und

$$\eta = \frac{\mu_{\text{m}}^*}{\mu_{\text{m}}} = \frac{1}{3}\frac{|\boldsymbol{\mu}_{\text{m}}||\boldsymbol{B}|}{kT} \tag{10.4}$$

der Ausrichtungsgrad, der durch das Verhältnis von potentieller Energie der magnetischen Dipole im Feld B zur thermischen Energie kT bestimmt ist. (Da die Richtung der Dipole ohne Feld isotrop im Raum verteilt ist, trägt im Mittel nur $1/3$ aller N Moleküle zur maximalen potentiellen Energie $\mu_{\text{m}}B$ bei.)

Setzt man (10.4) in (10.3) ein, so ergibt sich:

$$\boldsymbol{M} = N\frac{\mu_{\text{m}}^2}{3kT}\boldsymbol{B} = \frac{\chi}{\mu_0}\boldsymbol{B} \tag{10.5}$$

mit der Induktionskonstante $\mu_0 = 4\pi \cdot 10^{-7}\,\text{Vs/(Am)}$ und der dimensionslosen magnetischen Suszeptibilität

$$\chi = \frac{1}{3}\frac{N\mu_{\text{m}}^2}{kT}\,. \tag{10.6}$$

10.2 Zeeman-Effekt in linearen Molekülen

Das magnetische Moment eines linearen paramagnetischen Moleküls in einem Zustand mit elektronischem Bahndrehimpuls L und Spin S der Elektronenhülle hängt von der Drehimpulskopplung, d. h. von dem zutreffenden Hund'schen Kopplungsfall ab.

Im Kopplungsfall a) präzedieren L und S um die Molekülachse und haben im molekülfesten System die Projektionen Λ und Σ (vergleiche Abschn. 9.2). Das entsprechende magnetische Moment in Richtung der Molekülachse ist dann

$$\mu_\Omega = (\Lambda + 2\Sigma)\mu_B \,, \tag{10.7}$$

wobei berücksichtigt wurde, dass das gyromagnetische Verhältnis für den Spin doppelt so groß ist wie für den Bahndrehimpuls.

Beispiele

In einem $^1\Pi$-Zustand ist $\mu_m = 1\,\mu_B$. In einem $^3\Sigma$-Zustand ist $\mu_m = 2\,\mu_B$, in einem $^2\Pi_{3/2}$ ist $\mu_m = 2\,\mu_B$, aber in einem $^2\Pi_{1/2}$ Zustand, in dem M_L und μ_S entgegengesetzte Richtungen haben, ist $\mu_m = 0$.

Wenn das Molekül rotiert, präzediert die Molekülachse um die ohne äußeres Feld raumfeste Drehimpulsachse $\boldsymbol{J}$, sodass im zeitlichen Mittel nur das magnetische Moment

$$\langle \mu_J \rangle = \mu_\Omega \cos(z, J) = (\Lambda + 2\Sigma)\mu_B \frac{\Lambda + \Sigma}{\sqrt{J(J+1)}} \tag{10.8}$$

in Richtung von $\boldsymbol{J}$ übrig bleibt. In einem äußeren Magnetfeld bleibt $\boldsymbol{\mu}_J$ nicht raumfest, sondern präzediert um die Feldrichtung von $\boldsymbol{B}$ (Abb. 10.1). Im zeitlichen Mittel bleibt nur die Komponente

$$\mu_{\text{eff}} = \langle \mu_J \rangle \cos(\boldsymbol{J}, \boldsymbol{B}) = \frac{(\Lambda + 2\Sigma)(\Lambda + \Sigma)M}{J(J+1)} \mu_B \tag{10.9}$$

als effektives magnetisches Moment eines rotierenden Moleküls in einem Magnetfeld erhalten, wobei $M\hbar$ die Projektion von $\boldsymbol{J}$ auf die Feldrichtung $\boldsymbol{B}$ ist. Man beachte die starke Abhängigkeit des effektiven magnetischen Momentes von J!

Die Energie eines Zeeman Niveaus ist dann

$$E(J, B) = E_0 + \boldsymbol{\mu}_{\text{eff}} \cdot \boldsymbol{B} \,. \tag{10.10}$$

Mit wachsender Rotationsquantenzahl J sinkt die Zeeman-Aufspaltung der Rotationsniveaus schnell ab. Die Gesamtaufspaltung

$$\begin{aligned} \Delta E &= E(B, M = J) - E(B, M = -J) \\ &= 2\mu_B \frac{(\Lambda + 2\Sigma)(\Lambda + \Sigma)}{J+1} B \end{aligned} \tag{10.11}$$

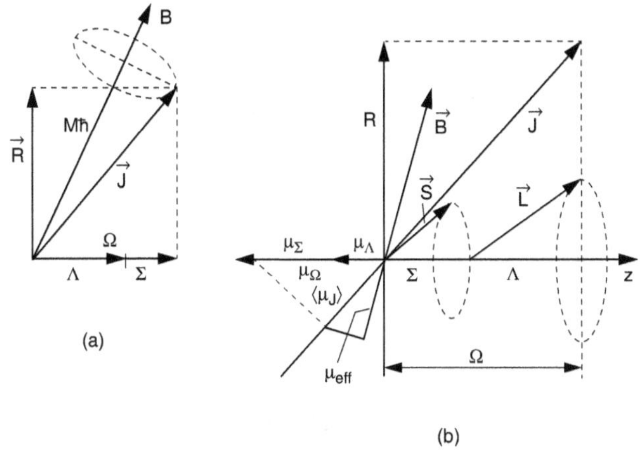

Abb. 10.1: Drehimpuls-Kopplung (a) und Kopplung der magnetischen Momente (b) an ein äußeres Magnetfeld im Hund'schen Kopplungsfall a).

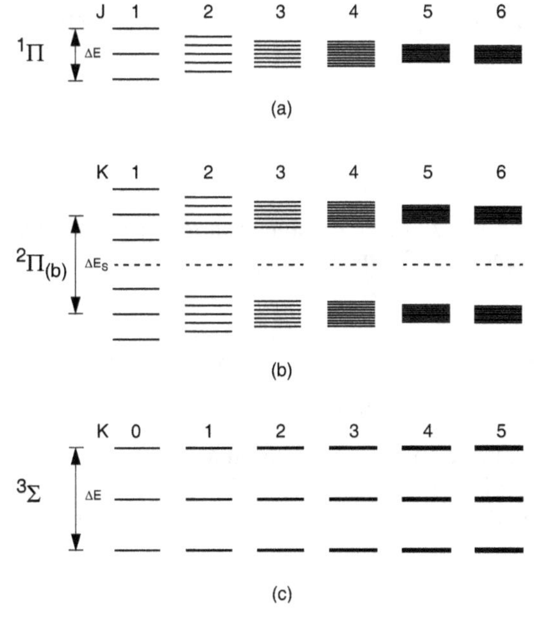

Abb. 10.2: Zeeman-Aufspaltung von Rotationsniveaus. (a) Für einen $^1\Pi$-Zustand (Hundscher Fall (a)) (b) Für einen $^2\Pi$-Zustand (Hundscher Fall (b)) (c) Für einen $^3\Sigma$-Zustand [10.2].

nimmt mit $(J+1)^{-1}$ ab (Abb. 10.2a).

Im Hund'schen Kopplungsfall b) bleibt der elektronische Bahndrehimpuls $\boldsymbol{L}$ an die Molekülachse gekoppelt, aber der Elektronenspin $\boldsymbol{S}$ koppelt an die Rotationsachse (Abb. 10.3). Die zeitlich gemittelte Projektion des magnetischen Momentes auf die

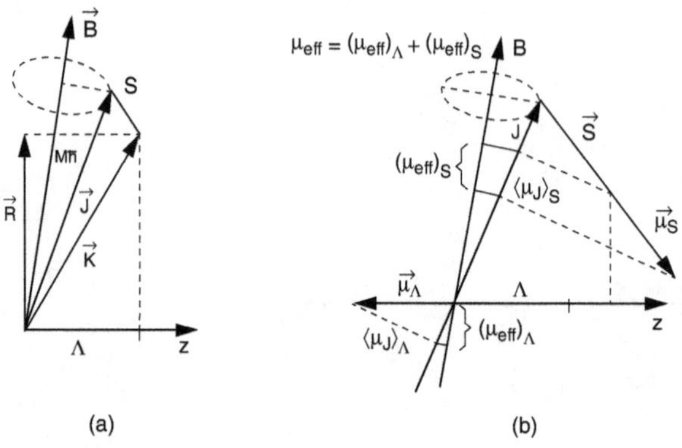

Abb. 10.3: Kopplungen von Drehimpulsen und magnetischen Momenten im Hund'schen Kopplungsfall b).

Richtung des Gesamtdrehimpulses setzt sich dann aus den beiden Anteilen

$$\mu_L = \Lambda\mu_B \quad \text{und} \quad \mu_S = 2\,(S(S+1))^{1/2}\,\mu_B \tag{10.12}$$

zusammen. Die Projektion auf die Richtung von J ist dann

$$\langle\mu_J\rangle = \Lambda\mu_B\cos(z,K)\cos(K,J) + 2\sqrt{S(S+1)}\mu_B\cos(S,J)\,. \tag{10.13}$$

Im äußeren Magnetfeld präzediert wieder $\boldsymbol{J}$ um die Richtung von $\boldsymbol{B}$ und wir erhalten das zeitlich gemittelte effektive magnetische Moment

$$\mu_{\text{eff}} = \left[\frac{\Lambda^2\cos(K,J)}{\sqrt{K(K+1)}} + 2\sqrt{S(S+1)}\cos(S,J)\right]\frac{M}{\sqrt{J(J+1)}}\mu_B \tag{10.14}$$

weil $\cos(z,K) = \Lambda/(K(K+1))^{1/2}$ und $\cos(J,B) = M/(J(J+1))^{1/2}$.

Wegen der $2S+1$ möglichen Einstellungen des Spins relativ zu K erhält man $2S+1$ verschiedene Werte von $\cos(S,J)$. Man erhält also $2S+1$ Gruppen von Zeeman-Komponenten bei der jede Gruppe $(2J+1)$ äquidistante Zeeman-Niveaus enthält mit den Energien

$$E = E_0 + \mu_{\text{eff}}B\,,$$

deren Abstand mit zunehmendem J schnell kleiner wird (Abb. 10.2b).

Für große Werte von K wird der erste Term in (10.14) klein gegen den zweiten Term, sodass dann die Gesamtaufspaltung

$$\begin{aligned}\Delta E = \mu_{\text{eff}}(M) - \mu_{\text{eff}}(-M) &\approx 2(S(S+1))^{1/2}\frac{2J+1}{\sqrt{J(J+1)}}\mu_B B\\ &\approx 4(S(S+1))^{1/2}\mu_B B\end{aligned}$$

im Wesentlichen nur noch von S abhängt und unabhängig von J wird (Abb. 10.2b).

Wenn das Magnetfeld stark genug ist, sodass die Kopplung von μ an das Magnetfeld stärker ist als die Kopplung der magnetischen Momente miteinander (d. h. die Zeeman-Aufspaltung wird größer als die Multiplett-Aufspaltung), koppeln S und K unabhängig voneinander an B (Paschen-Back-Effekt) und es gilt:

$$\mu_{\text{eff}} = \frac{\Lambda^2 \mu_{\text{B}}}{\sqrt{K(K+1)}} \cos(K, B) + 2\sqrt{S(S+1)}\mu_{\text{B}} \cos(S, B) , \quad (10.15)$$

wegen $\cos(K, B) = M_K/\sqrt{K(K+1)}$ und $\cos(S, B) = M_S/\sqrt{S(S+1)}$ geht (10.15) über in:

$$\mu_{\text{eff}} = \frac{\Lambda^2 M_K}{K(K+1)} \mu_{\text{B}} + 2M_S\mu_{\text{B}} . \quad (10.16)$$

Der erste Term entspricht dem Term (10.9) wenn wir $\Sigma = 0$ setzen und $J = K$. Mit wachsender Quantenzahl K sinkt der Beitrag des ersten Terms schnell und es bleibt nur die Aufspaltung in die Spinkomponenten wesentlich. Für Σ-Zustände mit $\Lambda = 0$ verschwindet der erste Term. Da die Kopplung von $\boldsymbol{S}$ an $\boldsymbol{J}$ schon bei kleinen Feldern schwächer ist als die Kopplung von $\boldsymbol{S}$ an $\boldsymbol{B}$, liegt hier schon bei relativ kleinen Feldstärken der Paschen-Back-Effekt vor (Abb. 10.4). Dies ist z. B. bei dem $^3\Sigma$-Zustand der Fall (Abb. 10.2c), wo die Rotation der Moleküle nur noch eine kleine Aufspaltung der drei Spinkomponenten bewirkt, deren Abstand unabhängig von $\boldsymbol{J}$ ist.

Bei einem elektronischen Übergang von einem unteren Zustand mit Zeeman-Aufspaltung zu einem oberen Zustand ohne magnetisches Moment (z. B. $^1\Sigma \leftarrow {}^1\Pi$) entspricht die Aufspaltung der Linien im Wesentlichen der des unteren Niveaus. Die Auswahlregeln sind $\Delta M = 0, \pm 1$. Die Polarisation der Linien kann Komponenten parallel oder senkrecht zum Magnetfeld enthalten. Da in linearen Molekülen das Übergangsmoment für Q-Übergänge senkrecht zur Molekülachse, für P- und

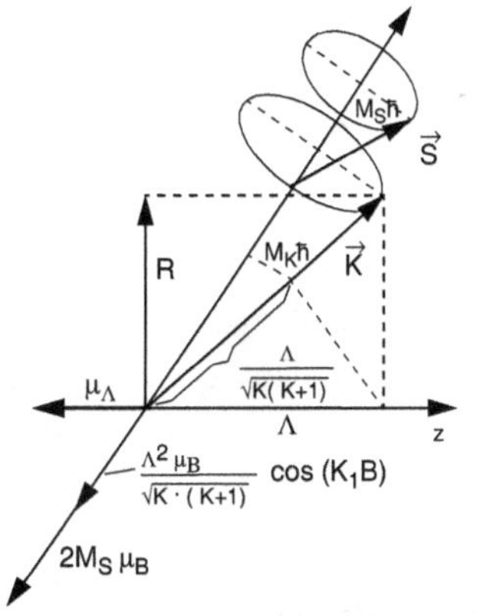

Abb. 10.4: Getrennte Präzession von K und S beim Paschen-Back-Effekt.

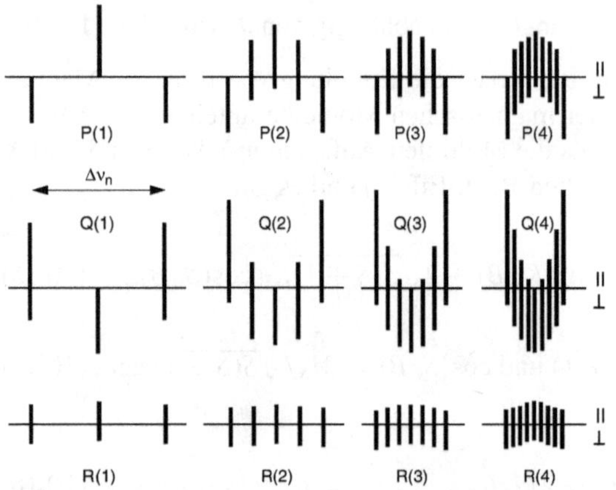

Abb. 10.5: Zeeman-Aufspaltungen der ersten Rotationslinien eines $^1\Sigma \leftarrow {}^1\Pi$-Überganges mit Kennzeichnung der Polarisation der Übergänge. Der Anteil oberhalb der horizontalen Linie ist parallel zum Feld, der unterhalb ist senkrecht zum Feld polarisiert [10.2].

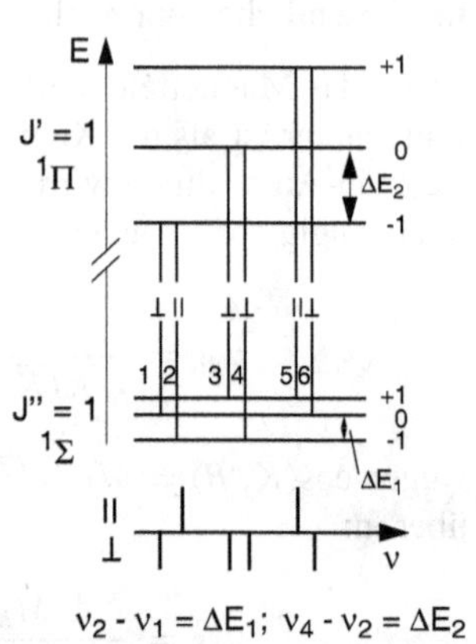

Abb. 10.6: Absorptionübergänge zwischen zwei Niveaus, die beide eine unterschiedliche Zeeman-Aufspaltung haben am Beispiel der $Q(1)$ Linie eines $^1\Pi \leftarrow {}^1\Sigma$-Überganges.

R-Linien in Richtung der Molekülachse liegt, sind die Polarisationsverhältnisse für die Übergänge mit unterschiedlichem ΔJ verschieden (Abb. 10.5). Zeigen beide Zustände eine verschiedene Zeeman-Aufspaltung, so lassen sich aus der Frequenzdifferenz der Übergänge mit $\Delta M = 0, \pm 1$ die beiden Aufspaltungen getrennt bestimmen (Abb. 10.6).

Diamagnetische nichtrotierende Moleküle haben kein permanentes magnetisches Moment. Durch die Molekülrotation kann jedoch selbst in einem $^1\Sigma$-Zustand infolge der Kopplung des Grundzustandes mit angeregten elektronischen Zuständen durch die Rotation (siehe Abschn. 9.3.3) ein sehr kleines magnetisches Moment

$$\mu_J = g_J \mu_k J \tag{10.17a}$$

entstehen, wobei $\mu_k = (e/2m_p)\hbar$ das Kernmagneton ist und der g-Faktor der Molekülrotation von der Größenordnung eins ist. Das Kernmagneton ist um den Faktor $(m_e/m_p) = 1/1836$ kleiner als das Bohrsche Magneton [10.3].

Anschaulich kann man sich die Entstehung dieses Momentes folgendermaßen vorstellen:

Wenn in einem zweiatomigen homonuklearen Molekül mit dem Rotationsdrehimpuls J nur die Kerne mit der Ladung Ze, der Massenzahl A und dem Abstand R mit der Frequenz ν rotieren würden, ergäbe dies nach der klassischen Elektrodynamik ein magnetisches Moment $\mu_m = \mu_J$:

$$\mu_J = IF = 2Ze\nu\pi(R/2)^2 \,. \tag{10.17b}$$

Da der klassische Drehimpuls J des Systems der beiden Kerne mit der reduzierten Masse $m_1m_2/(m_1+m_2) = \frac{1}{2}m_k$; $|\boldsymbol{J}| = \frac{1}{2}m_k R v = \frac{1}{2}m_k R^2\omega = \pi m_k R^2 \nu$ ist, erhält man

$$\boldsymbol{\mu}_{\mathrm{J}} = \frac{Ze}{2m_{\mathrm{k}}}\boldsymbol{J} = \frac{Ze}{2Am_{\mathrm{p}}}\boldsymbol{J} \tag{10.17c}$$

mit A = Massenzahl. Mit dem Kernmagneton $\mu_{\mathrm{k}} = \frac{e}{2m_{\mathrm{p}}}\hbar$ ergibt dies

$$|\boldsymbol{\mu}_J| = \frac{Z}{A}\mu_{\mathrm{k}}\boldsymbol{J}/\hbar\,. \tag{10.17d}$$

Da die negativ geladene Elektronenhülle mit dem Kerngerüst rotiert, entsteht ein entgegengerichtetes magnetisches Moment. Weil aber die Elektronenladung über einen Abstandsbereich verteilt ist, kann dies das magnetische Moment der rotierenden Kerne nur teilweise kompensieren und es bleibt ein zum Drehimpuls J proportionaler Anteil übrig.

Die Energie der Zeeman-Komponenten ist dann

$$E(B) = E_0 - \boldsymbol{\mu}_J \cdot \boldsymbol{B} = E_0 - g_J\mu_{\mathrm{k}}M_JB\,, \tag{10.18}$$

wobei E_0 die Energie für $B = 0$ ist und M_J die Quantenzahl der Projektion von J auf die Feldrichtung. Jedes Niveau spaltet daher auf in $2J + 1$ äquidistante Zeeman-Komponenten.

Der Abstand $\Delta E = g_J\mu_k B$ zwischen zwei benachbarten Zeeman-Komponenten ist unabhängig von J (Abb. 10.7).

Mikrowellenübergänge zwischen den Zeeman-Komponenten zweier benachbarter Rotationsniveaus müssen die Auswahlregeln $\Delta J = 1$; $\Delta M = 0$ (linear polarisierte Welle mit dem E-Vektor parallel zum Magnetfeld B) oder $\Delta J = 1$; $\Delta M = \pm 1$ für zirkular polarisierte Übergänge erfüllen.

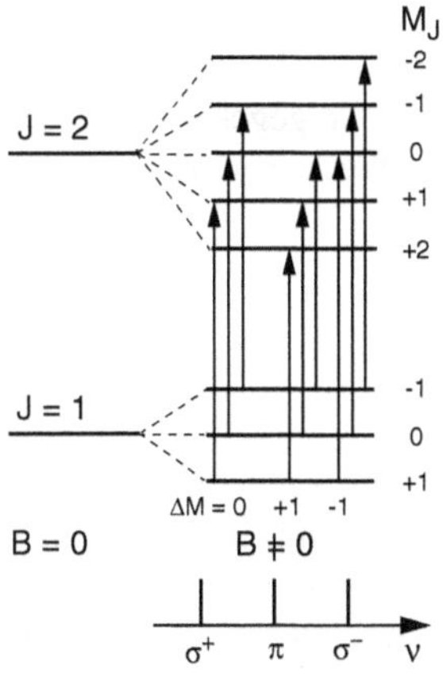

Abb. 10.7: Zeeman-Aufspaltung eines diamagnetischen Moleküls im $^1\Sigma$-Zustand ohne Hyperfeinstruktur.

Bei nichtrotierenden diamagnetischen Molekülen (z. B. im Festkörper) bleiben nur die induzierten magnetischen Momente $\mu_{\text{ind}} = \tilde{\beta} B$ übrig. Dabei muss man beachten, dass die magnetische Polarisierbarkeit $\tilde{\beta}$ im Allgemeinen anisotrop ist, d. h. $\tilde{\beta}$ ist ein Tensor. Das induzierte magnetische Moment hängt deshalb von der Orientierung des Moleküls im Magnetfeld ab. Da die induzierten Momente aber bei technisch realisierbaren Magnetfeldern sehr klein sind gegen die permanenten Momente paramagnetischer Moleküle, spielen sie nur in festen Körpern, in denen die Dichte der Moleküle groß ist, ein Rolle.

Haben auch die Kerne einen Spin und damit ein magnetisches Kernmoment, so tritt wegen der Wechselwirkung zwischen den magnetischen Momenten der Kerne und denen der Elektronenhülle eine Hyperfeinstruktur auf. Für Moleküle mit einem resultierenden Elektronenspin liefert die Fermi-Kontakt-Wechselwirkung zwischen Elektronen- und Kernspin den Hauptbeitrag, wenn die Elektronendichte an den Orten der Kerne nicht null ist. Die Wechselwirkungsenergie ist dann für Kernspins I_k des k-ten Kernes und Elektronenspins $S(i)$ des i-ten Elektrons durch

$$E_{\text{HFS}} = A_{\text{c}} \sum_k \sum_i \boldsymbol{I}(k)\boldsymbol{S}(i)\delta\left(\boldsymbol{r}_i - \boldsymbol{r}_k\right) \tag{10.19}$$

gegeben. Die Konstante

$$A_{\text{c}} = \frac{8\pi}{3} g_{\text{e}}\mu_{\text{B}} g_{\text{k}}\mu_{\text{k}} \tag{10.20}$$

heißt *Fermi-Kontakt-Konstante*. Führt man die Gesamtspins

$$\boldsymbol{S} = \sum \boldsymbol{s}_i \quad \text{und} \quad \boldsymbol{I} = \sum \boldsymbol{I}_k \quad \text{und} \quad \boldsymbol{G} = \boldsymbol{S} + \boldsymbol{I}$$

so wird der Gesamtdrehimpuls durch die Vektorsumme

$$\boldsymbol{F} = \boldsymbol{G} + \boldsymbol{R} = \boldsymbol{S} + \boldsymbol{I} + \boldsymbol{R}$$

aus Elektronenspin $\boldsymbol{S}$, Kernspin $\boldsymbol{I}$ und Rotationsdrehimpuls $\boldsymbol{R}$ gegeben. Für eine isotrope Elektronenspindichte kann man dann die Hyperfein-Wechselwirkung wegen $\boldsymbol{I} \cdot \boldsymbol{S} = (1/2)(G^2 - I^2 - S^2)$ schreiben als

$$E_{\text{HFS}} = \frac{A_{\text{c}}}{2}\left[G(G+1) - I(I+1) - S(S+1)\right] . \tag{10.21}$$

In einem äußeren Magnetfeld spalten die Hyperfein-Komponenten auf. Das Aufspaltungsbild der Niveaus hängt davon ab, ob die Hyperfein-Aufspaltung kleiner oder größer als die Zeeman-Aufspaltung ist (Abb. 10.2). Bei genügend schwachen Magnetfeldern ist sie groß gegen die Zeeman-Aufspaltung und die internen Drehimpulskopplungen bleiben erhalten. Jedes Hyperfein-Niveau spaltet auf in $(2F + 1)$ äquidistante Zeeman-Komponenten (Abb. 10.8a).

Bei stärkeren Magnetfeldern wird die Kopplung zwischen Kern- und Elektronen-Spin schwächer als die Kopplung an das Magnetfeld. Dann koppeln Elektronenspin

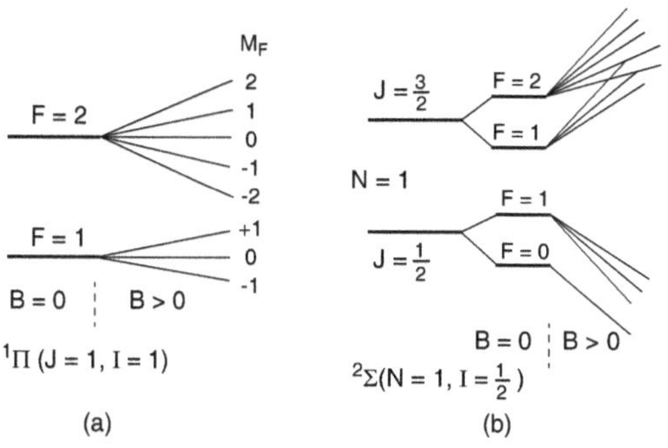

Abb. 10.8: Zeeman-Aufspaltung von Hyperfein-Komponenten. (a) wenn die Zeeman-Aufspaltung klein gegen die HFS-Aufspaltung ist, (b) wenn sie größer als die HFS-Aufspaltung ist.

und Kernspin getrennt an das Magnetfeld. Da das magnetische Moment des Elektronenspins um drei Größenordnungen größer ist als das des Kernspins, wird die Zeeman-Aufspaltung in die $2S + 1$ Komponenten M_s des Elektronenspins erfolgen und jede dieser Komponenten zeigt dann eine Substruktur auf Grund der wesentlich kleineren Zeeman-Aufspaltung in $2I + 1$ Komponenten (Abb. 10.8b).

Im Übergangsbereich zwischen diesen beiden Grenzfällen ist die Struktur der Zeeman-Niveaus komplizierter.

10.3 Beeinflussung der Spin-Bahn-Kopplung durch ein äußeres Magnetfeld

Während ein Singulett-Zustand in einem nichtlinearen Molekül von einem äußeren Magnetfeld B (abgesehen von eventuellen geringen Kernspin-Effekten) nicht beeinflusst wird, spalten die Terme eines Triplettzustandes auf und erfahren eine zu B proportionale Zeeman-Verschiebung. Wenn nun zwei Rotationsniveaus mit gleichem J in einem Singulett- und einem Triplett-Zustand infolge der Spin-Bahn-Kopplung miteinander wechselwirken, so ändert sich im Magnetfeld der energetische Abstand zwischen den beiden Niveaus (Abb. 10.9) und damit auch der Stärke der Störung, d. h. der Mischungsgrad der beiden Zustände.

Dies lässt sich am Beispiel des CS_2-Moleküls illustrieren. Hier wird vom $^1\Sigma$-Grundzustand des linearen Moleküls aus ein Rotationsniveau im gewinkelten angeregten $^1B_2$-Zustand optisch angeregt (Abb. 10.10). Dieser Zustand wird gestört durch Spin-Bahn-Kopplung mit einem $^3A_2$-Zustand. Ohne Magnetfeld ($B = 0$) wird nur der Singulett-Zustand angeregt, weil der Übergang in den Triplett-Zustand verboten ist. Mit zunehmendem Magnetfeld wird die Kopplung zwischen den beiden Zuständen stärker, d. h. der Triplett-Zustand erhält eine wachsende Beimischung des Singulett-Zustandes, welche die Übergangswahrscheinlichkeit erhöht. Man sieht aus Abb. 10.11, dass die Intensität der aufgespaltenen Zeeman-Komponenten des

Triplett-Zustandes mit wachsendem B stärker wird und dass diese Komponenten zum Singulett-Übergang hin verschoben werden. Auch der Singulett-Zustand erhält natürlich eine Beimischung von Triplett-Eigenfunktionen und damit eine Zeeman-Aufspaltung [10.6].

Aus der magnetfeldabhängigen Aufspaltung und Verschiebung der beiden Zeeman-Strukturen lassen sich das magnetische Moment des Triplett-Zustandes und die Stärke der Spin-Bahn-Kopplung ermitteln.

Oberhalb einer Anregungsenergie E_c wird in Abb. 10.10 das Maximum der Potentialkurve $E_p(\alpha)$ des $^1B_2$ ($^1\Delta_u$) Zustandes, das bei der linearen Geometrie mit $\alpha = 180°$ liegt (der Zustand ist in dieser linearen Geometrie ein $^1\Delta_u$-Zustand mit $\Lambda = 2$) überschritten. Dann kann sich bei Knickschwingungen über die Potentialbarriere hinweg ein elektronisches Bahnmoment ausbilden, das bei der gewinkelten Struktur unterdrückt wird. Dies führt zu einer Zunahme des gesamten magnetischen Momentes und damit zu einer Vergrößerung der Zeeman-Aufspaltung, was auch durch die Messungen bestätigt wird.

Weil der Triplettzustand eine wesentlich größere spontane Lebensdauer hat als der Singulettzustand, kann durch die Mischung der beiden Zustände die Lebensdauer des Singulettzustandes verlängert und die des Triplettzustandes verkürzt werden. Da das Magnetfeld die Kopplung beider Zustände verstärkt, wird mit steigender Magnetfeldstärke die Lebensdauer τ des Triplettzustandes sinken und die des Singulettzustandes steigen (Abb. 10.12). Die Messung der Abhängigkeit $\tau(B)$ ergibt eine sehr genaue Bestimmung der Mischungskoeffizienten der Wellenfunktionen beider gekoppelten Zustände.

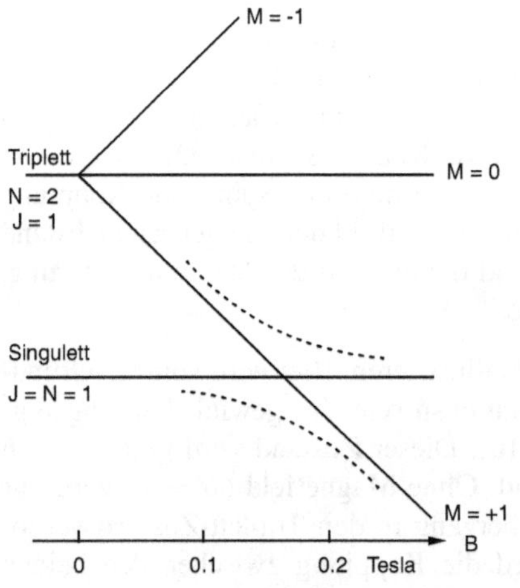

Abb. 10.9: Zeeman-Aufspaltung zweier durch Spin-Bahn-Kopplung wechselwirkender Rotationsniveaus in einem Singulett- und einem Triplett-Zustand.

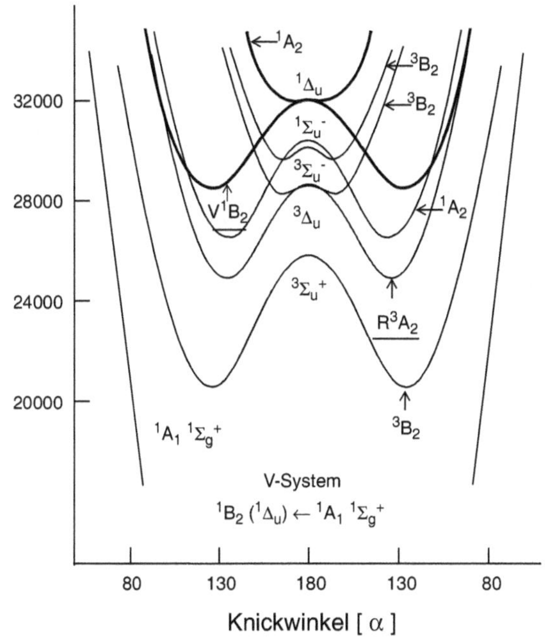

Abb. 10.10: Ausschnitt aus dem Potentialkurvenschema des CS_2-Moleküls.

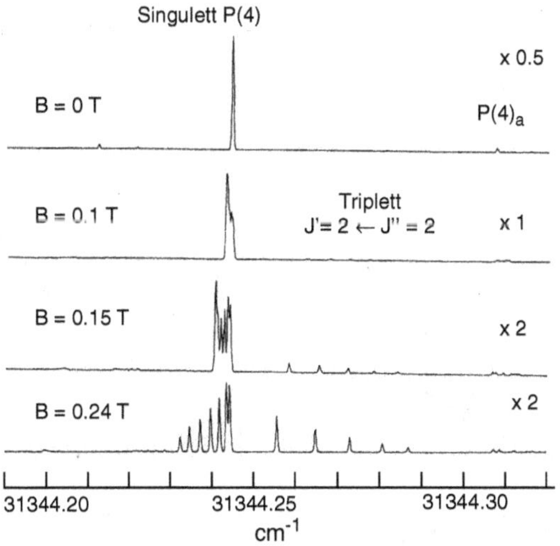

Abb. 10.11: Zeeman-Aufspaltung von Absorptionslinien des CS_2-Moleküls, die vom Grundzustand in durch Spin-Bahn-Kopplung wechselwirkende Rotationsniveaus der Zustände $^1B_2$ und $^3B_2$ führen, bei verschiedenen Magnetfeldstärken [10.4].

Man sieht hieraus, dass man aus der Messung der Zeeman-Aufspaltung sehr detaillierte Informationen über das angeregte Molekül, seine Potentialfläche und die Kopplung zwischen verschiedenen Zuständen erhält.

10.4 Moleküle in elektrischen Feldern, Stark-Effekt

Moleküle besitzen ein elektrisches Dipolmoment, wenn die Ladungsschwerpunkte der positiven Ladung des Kerngerüstes nicht mit dem der negativen Ladungsverteilung in der Elektronenhülle zusammenfällt. In Tabelle 10.2 sind die Dipolmomente einiger polarer Moleküle aufgelistet. Analog zum Zeeman-Effekt in Magnetfeldern zeigen Moleküle mit elektrischen Dipolmomenten in elektrischen Feldern eine Aufspaltung und Verschiebung ihrer Energieniveaus [10.7].

Alle Moleküle mit einem Inversionszentrum (siehe Abschn. 5.1) können aus Symmetriegründen kein permanentes elektrisches Dipolmoment besitzen. Sie heißen *unpolar*. Beispiele sind alle homonuklearen zweiatomigen Moleküle wie H_2, N_2, O_2, oder mehratomige Moleküle wie CH_4 und CCl_4.

In einem äußeren elektrischen Feld $\mathcal{E}$ werden jedoch sowohl in polaren als auch in unpolaren Molekülen induzierte Momente

$$\mu_{\text{ind}}^{\text{el}} = -\alpha\mathcal{E} \tag{10.22}$$

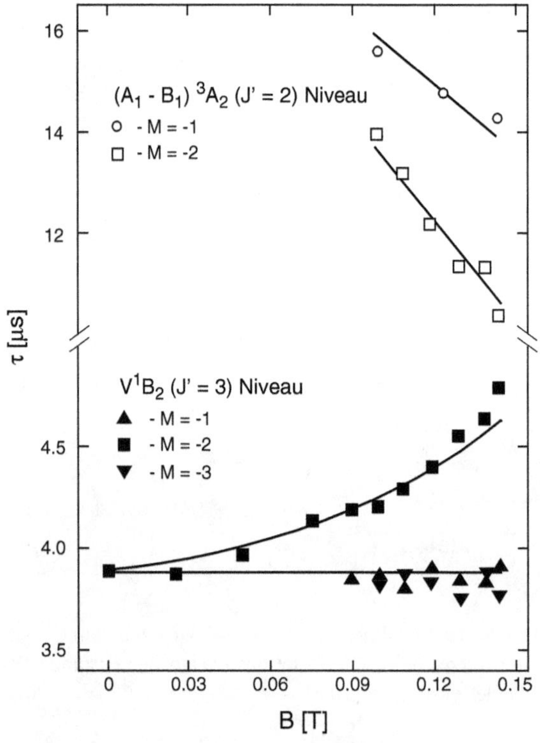

Abb. 10.12: Lebensdauern der Singulett- und Triplettniveaus als Funktion der Magnetfeldstärke [10.5].

erzeugt. Die elektrische Polarisierbarkeit α ist ein Maß für die Verschiebbarkeit der negativ geladenen Elektronenhülle gegen das positive Kerngerüst. Bei polaren Molekülen ist das gesamte Dipolmoment die Vektorsumme aus permanentem und induziertem Moment. Genau wie die magnetische Polarisierbarkeit β ist auch α ein Tensor, da das induzierte Moment von der Richtung der elektrischen Feldstärke E gegen die Molekülachse abhängt. So ist z. B. die Polarisierbarkeit von CO in Richtung der Molekülachse dreimal größer als senkrecht dazu.

Die Energie eines elektrischen Dipolmomentes im elektrischen Feld ist:

$$E = -\boldsymbol{\mu}^{\text{el}}\mathcal{E} \,, \tag{10.23}$$

sodass bei induzierten Dipolmomenten die Energie im elektrischen Feld

$$E = \alpha\,|\mathcal{E}|^2 \tag{10.24}$$

proportional zu $\mathcal{E}^2$ anwächst.

In einem polaren Molekül mit Zylindersymmetrie zeigt das permanente elektrische Dipolmoment in Richtung der Symmetrieachse. Bei der Rotation des Moleküls mitteln sich alle Komponenten senkrecht zur Rotationsachse zu null weg und es bleibt im zeitlichen Mittel nur die Komponente

$$\langle \mu_J^{\text{el}} \rangle = |\mu| \cos(J, z) = \frac{\mu K}{\sqrt{J(J+1)}}$$

in Richtung der Rotationsachse $\boldsymbol{J}$, wobei K die Komponente von $\boldsymbol{J}$ in Richtung der Molekülachse ist (Abb. 10.13).

In einem elektrischen Feld präzediert $\boldsymbol{J}$ um die Feldrichtung, sodass nur die Komponente

$$\mu_{\text{eff}}^{\text{el}} = \langle \mu_J^{\text{el}} \rangle \cos(\boldsymbol{J}, \boldsymbol{\mathcal{E}}) = \frac{KM}{J(J+1)} \mu^{\text{el}} \tag{10.25}$$

Tabelle 10.2: Permanente elektrische Dipolmomente in 10^{-30} As m (1 Debye $= 3{,}336 \cdot 10^{-30}$ As m)

Zweiatomige Moleküle	μ_e $[10^{-30}\,\text{As m}]$	Mehratomige Moleküle	μ_e $[10^{-30}\,\text{As m}]$
CO	0,37	C_6H_6	0,0
BF	1,67	N_2O	0,54
HF	6,00	NO_2	1,05
AgCl	19,0	H_2S	3,24
NaCl	30,0	H_2O	6,18
BaS	35,4	$C_2H_2O_2$	16,01

übrig bleibt. Gemäss (10.23) ist dann die Stark-Verschiebung 1. Ordnung (d. h. die zusätzliche Energie eines Niveaus durch das elektrische Feld

$$E^{(1)} = -\frac{KM\mathcal{E}\mu^{\mathrm{el}}}{J(J+1)} . \tag{10.26}$$

Für ein lineares Molekül in einem $^1\Sigma$-Zustand, d. h. $\Lambda = 0$ und $S = 0$, steht der Gesamtdrehimpuls senkrecht auf der Symmetrieachse des Moleküls, d. h. seine Projektionsquantenzahl ist $K = 0$ und damit ist auch $E^{(1)} = 0$. Solche Molekülzustände zeigen daher keinen Stark-Effekt erster Ordnung!

Es gibt jedoch einen Effekt zweiter Ordnung, wie man folgendermaßen sieht: Die Energie des Dipols im elektrischen Feld hängt von seiner Orientierung ab. Zeigt er in Richtung des elektrischen Feldes, so ist gemäß (10.23) seine Energie um den Betrag $2\mu\mathcal{E}$ niedriger als in der entgegengesetzten Richtung. Deshalb wird das Molekül nicht mehr gleichmäßig um die Achse senkrecht zum Dipolmoment rotieren, sondern einen größeren Bruchteil seiner Zeit in der Richtung mit der höheren Energie verbringen, weil es hier langsamer rotiert. Dieser Bruchteil ist durch das Verhältnis

$$V \propto \frac{\boldsymbol{\mu} \cdot \boldsymbol{\mathcal{E}}}{E_{\mathrm{r}}} \tag{10.27}$$

von elektrostatischer Energie und Rotationsenergie $E_{\mathrm{r}} = hcBJ(J+1)$ gegeben. Die Energieverschiebung der Molekülniveaus im elektrischen Feld ist dann bei Molekülen mit permanentem Dipolmoment

$$\Delta E \propto \frac{|\mu\mathcal{E}|^2}{hcBJ(J+1)} . \tag{10.28}$$

Dieser Anteil ist proportional zum Quadrat der elektrischen Feldstärke und zum Quadrat des Dipolmomentes (Stark-Effekt zweiter Ordnung) und immer positiv. Die Stark-Verschiebung hängt daher nur vom Betrag der Projektionsquantenzahl M ab, nicht von ihrem Vorzeichen (Abb. 10.14).

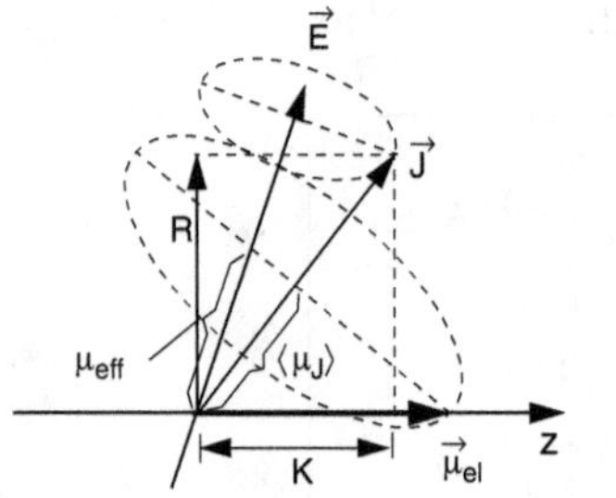

Abb. 10.13: Zur Herleitung des effektiven elektrischen Dipolmomentes in einem äußeren elektrischen Feld.

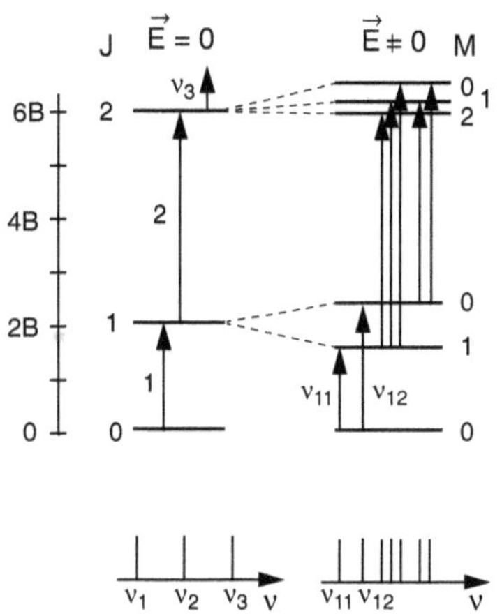

Abb. 10.14: Stark-Aufspaltung zweiter Ordnung von Rotationsniveaus in Zuständen mit $K = 0$.

Die quantenmechanische Behandlung in einer Störungsrechnung zweiter Ordnung ergibt statt (10.28) den Ausdruck [10.1]

$$E_{JM}^{(2)} = E_0 + \frac{\mu^2 \mathcal{E}^2}{2hcB_\mathrm{v}} \frac{J(J+1) - 3M^2}{J(J+1)(2J-1)(2J+3)} \,. \tag{10.29}$$

Jeder Zustand spaltet in $(J + 1)$ Stark-Komponenten auf, weil M von $-J$ bis $+J$ läuft und M^2 $J + 1$ verschiedene Werte annehmen kann.

Für Molekülzustände mit $K \neq 0$ (dies trifft z. B. zu für lineare Moleküle mit elektronischem Drehimpuls L wo $K = \Lambda$ ist oder auf gewinkelte symmetrische Kreisel-Moleküle), tritt der Stark-Effekt erster Ordnung auf. Natürlich gibt es auch hier die Beeinflussung der Rotation durch das elektrische Feld, die, wie oben erläutert, zum Stark-Effekt zweiter Ordnung führt.

Alle Molekülzustände mit $K \neq 0$ zeigen deshalb sowohl eine Stark-Verschiebung erster als auch zweiter Ordnung, wobei der Effekt zweiter Ordnung im Allgemeinen kleiner als der erster Ordnung ist. Die quantenmechanischen Rechnung, die hier nicht hergeleitet werden soll, ergibt für die Energie einer Stark-Komponente (J, K, M) eines symmetrischen Kreiselmoleküls den Ausdruck [10.1]

$$E(\mathcal{E}) = E_0 - \frac{\mu K M_J \mathcal{E}}{J(J+1)} + \frac{\mu^2 \mathcal{E}^2}{2hB} \left[\frac{\left(J^2 - K^2\right)\left(J^2 - M_J^2\right)}{J^3(2J-1)(2J+1)} - \frac{\left[(J+1)^2 - K^2\right]\left[(J+1)^2 - M_J^2\right]}{(J+1)^3(2J+1)(2J+3)} \right] , \tag{10.30}$$

wobei E_0 die Energie bei $\mathcal{E} = 0$ angibt, der nächste Term den Stark-Effekt erster und der letzte Term den Effekt zweiter Ordnung angibt.

Bei asymmetrischen Kreisel-Molekülen ist die K-Entartung aufgehoben (siehe Abschn. 6.2.3). Sie zeigen deshalb nur einen Stark-Effekt zweiter Ordnung. Die Berechnung der Energie der Stark-Komponenten ist hier aber nicht mehr in geschlossener Form, sondern nur noch numerisch möglich.

11 Van-der-Waals-Moleküle und Cluster

In den letzten Jahren hat die Untersuchung von schwach gebundenen Molekülen, deren Zusammenhalt nicht durch eine chemische Bindung bewirkt wird, sondern hauptsächlich auf der Van-der-Waals-Bindung beruht, große Fortschritte gemacht. Eine solche Van-der-Waals-Bindung spielt die dominante Rolle bei Verbindungen zwischen Atomen mit abgeschlossenen Elektronenschalen, weil hier keine Valenzelektronen für eine chemische Bindung zur Verfügung stehen. Beispiele für Van-der-Waals-Moleküle (Abb. 11.1) sind Edelgas-Dimere wie He_2, Ne_2, Ar_2, Kr_2 oder Xe_2, Halogen-Edelgas-Verbindungen wie XeCl oder ArF, Metallatom-Edelgasatom Moleküle wie NaAr, sowie Verbindungen von Dipol-Molekülen mit Edelgasatomen wie Ar – CO oder Ar – HF. Es gibt aber auch größere Van-der-Waals-Moleküle wie Ammoniak-Dimere $(NH_3)_2$, Benzol-Dimere $(C_6H_6)_2$ oder die Verbindungen organischer Moleküle mit Edelgasatomen, wie z. B. $(C_6H_6)Ar$.

Wie im Abschn. 3.7.2 diskutiert wurde, entsteht die Van-der-Waals-Bindung durch die Wechselwirkung zwischen zwei induzierten Dipolmomenten neutraler Atome bzw. Molekülgruppen (Abb. 3.21). Sie ist also eine Dispersions-Wechselwirkung, die wesentlich schwächer ist als die chemische Bindung und auch schwächer als die Wasserstoffbrücken-Bindung. Das Charakteristikum der Van-der-Waals-Bindung ist ein Potential mit flachem Minimum, in das nur wenige Schwingungsniveaus passen (Abb. 11.2). Die Rückstellkräfte sind schwach, sodass die Schwingungsenergie klein ist. Die Bindung kann relativ leicht durch Schwingungsanregung aufgebrochen werden und viele Van-der-Waals-Moleküle sind deshalb nur bei genügend tiefen Temperaturen stabil. So hat das He_2-Molekül eine Potentialtopftiefe von 1 meV. Das tiefste Schwingungsniveau $v = 0$ liegt wegen der Nullpunktenergie aber bereits

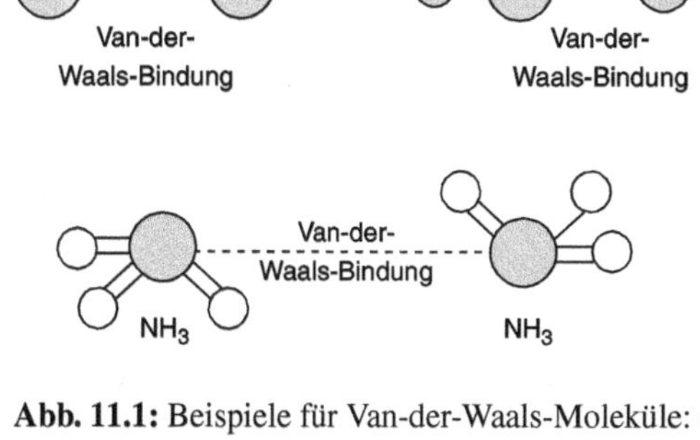

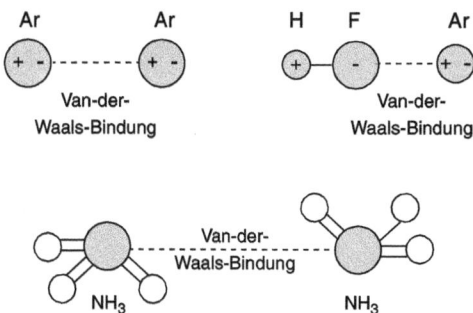

Abb. 11.1: Beispiele für Van-der-Waals-Moleküle: a) Ar_2 b) HF – Ar c) $(NH_3)_2$.

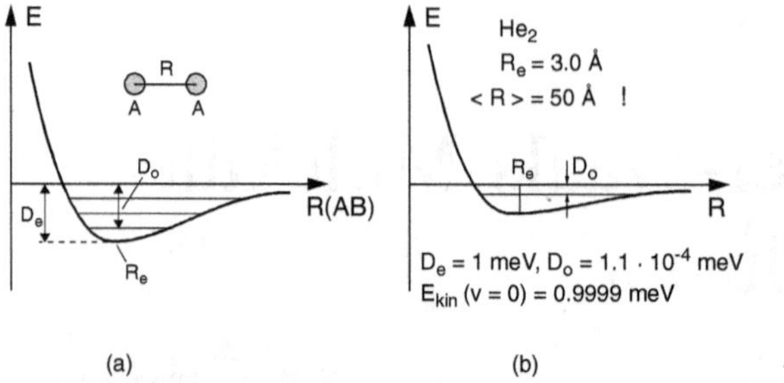

Abb. 11.2: a) Typisches Potential einer Van-der-Waals-Bindung mit nur wenigen Schwingungsniveaus, b) Potentialkurve des He_2-Dimers.

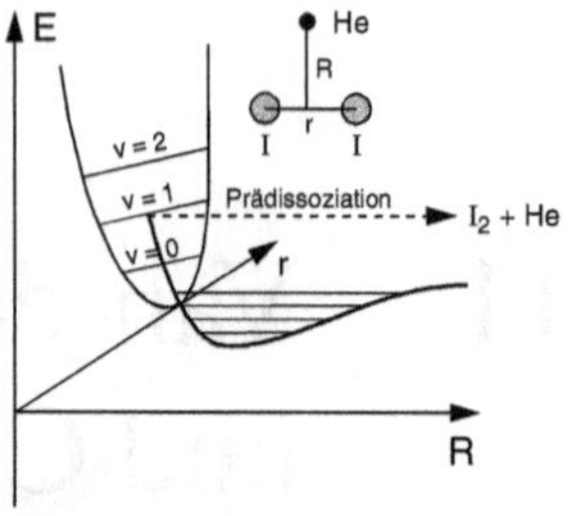

Abb. 11.3: Prädissoziation eines Van-der-Waals-Moleküls M-A durch Schwingungsanregung von M am Beispiel des I_2He Komplexes.

bei $E_{\text{vib}}(v = 0) = 0{,}9999\,\text{meV}$, sodass zur Dissoziation eine Energie von 10^{-7} eV ausreicht.

Bei größeren Van-der-Waals-Molekülen kann die Schwingungsanregung in einem stärker gebundenen Teil des Moleküls durch Schwingungskopplung auf die schwächere Van-der-Waals-Bindung übertragen werden und dadurch zur Dissoziation des Moleküls führen. Ein Beispiel ist das Van-der-Waals-Molekül I_2He (Abb. 11.3), bei dem eine Anregung in das $v = 1$ Schwingungsniveaus der I_2-Schwingung durch Kopplung an die Van-der-Waals-Bindung zur Dissoziation führt [11.2]. Die Untersuchung von Van-der-Waals-Molekülen und ihrer Dissoziationskanäle gibt in solchen Fällen Aufschluss über die Stärke der Kopplungen zwischen den verschiedenen Schwingungsmoden mehratomiger Moleküle.

In mancher Hinsicht verwandt mit Van-der-Waals-Molekülen sind bestimmte Arten von Clustern. Dies sind je nach Clustertyp, mehr oder weniger stark gebundene Systeme aus N Atomen oder Molekülen. Die Zahl N kann dabei von 3 bis zu vielen tausend reichen. Die schwach gebundenen Van-der-Waals-Cluster bestehen aus Edelgasatomen oder allgemein aus Atomen mit abgeschlossenen Elektronenschalen (Abb. 11.4a), während Metallcluster aus Metallatomen stärker gebunden sind und Silizium- oder Kohlenstoff-Cluster wie z. B. C_{60} (Abb. 11.4b) wegen ihrer starken kovalenten Bindungen sehr stabil sind.

Cluster bilden eine Übergangsform von einzelnen isolierten Molekülen bzw. Van-der-Waals-Komplexen zu Flüssigkeitströpfchen oder festen Mikropartikeln. Es ist daher sehr interessant zu untersuchen, wie die verschiedenen Eigenschaften wie Bindungsenergie, Schmelztemperatur, Ionisationsenergie oder die geometrische Anordnung der Atome mit wachsender Zahl N in die makroskopischen Eigenschaften fester oder flüssiger Körper übergehen.

Da in letzter Zeit viele verschiedene experimentelle Techniken zur Erzeugung und Untersuchung von Clustern entwickelt wurden, und auch die theoretischen Methoden zur numerischen Berechnung von Clustern sehr an Genauigkeit zugenommen haben,

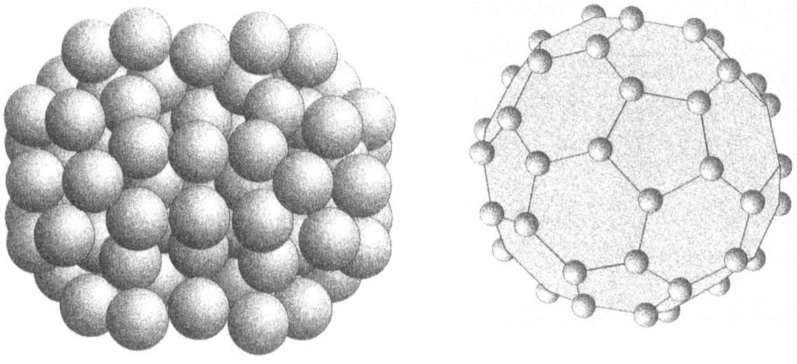

Abb. 11.4: a) Edelgas-Cluster Ar_{105} b) C_{60}-Cluster (Fulleren).

ist die Zahl der Publikationen über Cluster lawinenartig angestiegen [11.2–11.5] und die Clusterphysik bildet inzwischen einen etablierten Zweig der Molekülphysik.

11.1 Van-der-Waals-Moleküle

Um eine Vorstellung von der Bindungsenergie von Van-der-Waals-Molekülen zu erhalten, sind in Tabelle 11.1 einige Beispiele zusammengestellt und verglichen mit der Bindungsenergie des CO-Moleküls, die durch eine chemische Valenzbindung bestimmt wird. Man sieht, dass die Bindungsenergie der Van-der-Waals-Moleküle etwa um zwei Größenordnungen kleiner ist als die der chemischen Bindung. Die Abstände R zwischen den Atomen bzw. Molekülgruppen, die durch eine Van-der-Waals-Bindung zusammengehalten werden, sind wesentlich größer.

Die schwächste Bindung hat das He_2-Dimer, bei dem die Potentialtopftiefe $D_B = 1\,\mathrm{meV}$ gerade ausreicht, um das tiefste Schwingungsniveau mit einer Nullpunkts-Energie von 0,9999 meV zu binden. Die Bindungsenergie ist deshalb nur $D_0 =$

Tabelle 11.1: Vergleich der Bindungsenergien für die Van-der-Waals-Bindung, die Wasserstoffbrücken-Bindung und die Valenzbindung.

Molekül	Bindungsart	D_e/cm^{-1}	D_e/eV	$R_e/\mathrm{Å}$
He_2	Van-der-	7,6	$9 \cdot 10^{-4}$	3,0
Ne_2	Waals-	30	$3{,}6 \cdot 10^{-3}$	3,1
ArCO	Bindung	110	$1{,}4 \cdot 10^{-2}$	3,3
$(NH_3)_2$	Van-der-Waals- & Wasserstoffbrücken-	1000	0,12	3,4
$(H_2O)_2$	Wasserstoffbrücken-Bindung	1900	0,24	3,0
CO	Valenzbindung	90 500	11,2	1,1

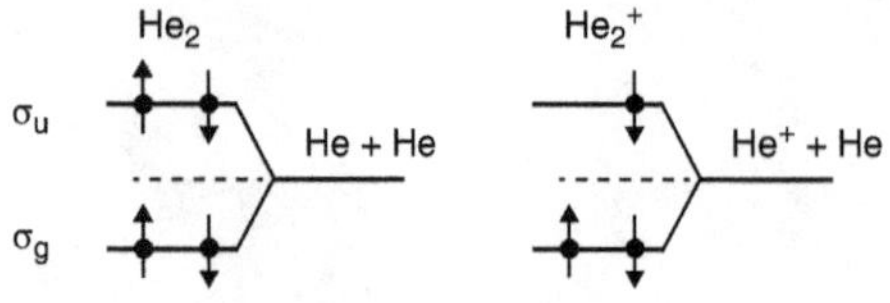

Abb. 11.5: Molekül-Orbital Modell des He_2.

$1{,}1 \cdot 10^{-7}$ eV und der mittlere Abstand zwischen zwei He-Atomen ist $\langle R \rangle = 50$ Å! [11.6].

Im Molekülorbital-Modell (Abb. 11.5) können wir die 4 Elektronen des He_2 auf die beiden σ_g und σ_u Orbitale verteilen, wobei die Bindung des He_2 durch die beiden σ_g Elektronen fast kompensiert wird durch die beiden antibindenden σ_u Elektronen. Entfernt man nun ein σ_u Elektron durch Anregung oder Ionisation, so überwiegt der bindende Anteil der σ_g Elektronen. Deshalb ist He_2^+ mit 2,5 eV um mehr als drei Größenordnungen stärker gebunden als das neutrale He_2.

Van-der-Waals-Moleküle können deshalb auch in elektronisch angeregten Zuständen eine wesentlich größere Bindungsenergie haben als im Grundzustand. Als Beispiel ist in Abb. 11.6 das Potentialkurvendiagramm für das NaKr Molekül gezeigt, das

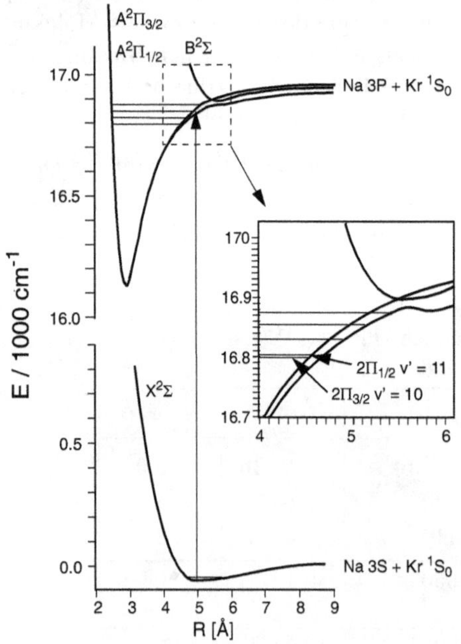

Abb. 11.6: Adiabatische Potentialkurven für den Grundzustand $X\,^2\Sigma$ und den angeregten Zustand $A\,^2\Pi$ des NaKr-Van-der-Waals-Moleküls [11.7].

im $X^2\Sigma$-Grundzustand nur eine Bindungsenergie von $70\,\mathrm{cm}^{-1} = 8{,}8\,\mathrm{meV}$ hat, im angeregten $A^2\Pi_{1/2}$ Zustand dagegen $790\,\mathrm{cm}^{-1} = 99\,\mathrm{meV}$ [11.7].

Ist ein Edelgasatom durch Van-der-Waals-Wechselwirkung an ein zweiatomiges Molekül gebunden (Abb. 11.7), so hängt das Van-der-Waals-Potential ab von den Abständen R und r und vom Winkel Θ gegen die Molekülachse.

Besonders intensiv wurde das Van-der-Waals-Molekül CO−Ar untersucht [11.8]. Hier ist die Kopplung zwischen Ar und CO um mehrere Größenordnungen schwächer als die zwischen C und O. Die Linien im Infrarot-Absorptionsspektrum sind deshalb nur wenig verschoben gegenüber denen des CO-Moleküls. Aus den Linienpositionen vieler Rotationsübergänge in den verschiedenen Schwingungsbanden lassen sich die Rotations- und Schwingungs-Konstanten des CO−Ar-Moleküls bestimmen und damit seine Potentialfläche (Abb. 11.8) und sein Geometrie (Abb. 11.7). Im Schwingungsgrundzustand ergibt sich ein Potentialminimum bei einem Abstand $R(\mathrm{CO{-}Ar}) = 3{,}3\,\text{Å}$ und einem Winkel Θ von 90°. Die Potentialtiefe beträgt etwa $D_\mathrm{e} = 130\,\mathrm{cm}^{-1}$. Die Bindungsenergie der CO−Ar-Bindung ist dann $D_0 = D_\mathrm{e} - E_\mathrm{vib}(v = 0)$, d. h. gleich der Potentialtopftiefe vermindert um die Nullpunktsenergie im tiefsten Schwingungszustand. Es gibt ein zweites Potential-Minimum bei einer linearen Geometrie, das man aber nur in angeregten Schwin-

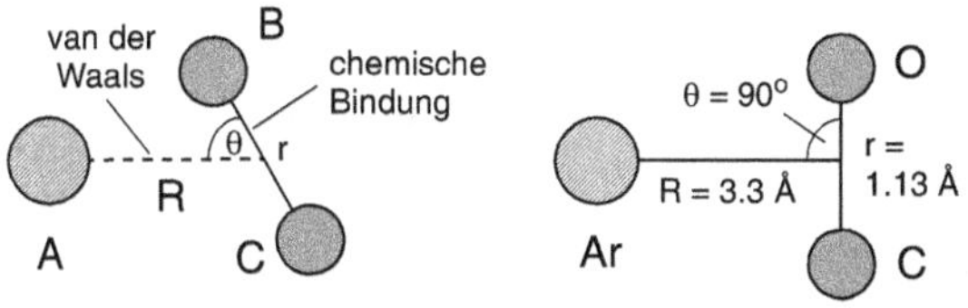

Abb. 11.7: a) Schematische Darstellung eines Van-der-Waals-Komplexes aus einem Atom A und einem zweiatomigen Molekül BC, b) CO−Ar im Schwingungsgrundzustand.

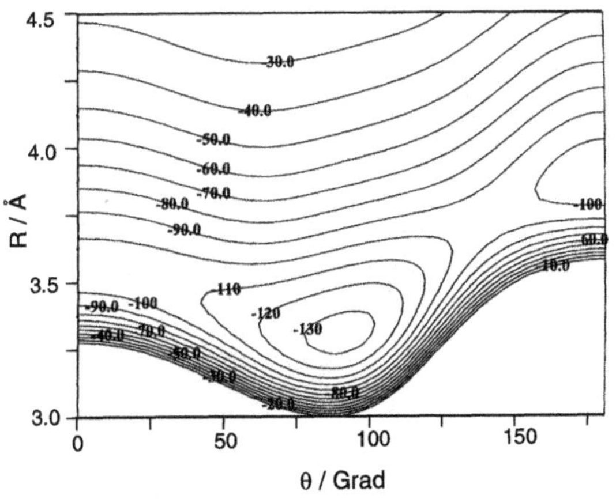

Abb. 11.8: Höhenliniendarstellung der Potentialfläche des CO−Ar im Schwingungsgrundzustand, angegeben in cm^{-1} [11.8].

gungszuständen erreichen kann, weil es durch eine Potentialbarriere vom tiefsten Minimum bei 90° getrennt ist.

Regt man den ersten Schwingungszustand $v = 1$ im CO an, so liegt dessen Energie weit über der Dissoziationsenergie der Van-der-Waals-Bindung. Dieser Zustand prädissoziiert daher durch Kopplung an die Van-der-Waals-Schwingungsmode, bei der CO gegen Ar schwingt (Abb. 11.7). Aus der gemessenen schmalen Linienbreite lässt sich ableiten, dass für CO−Ar die Kopplung sehr schwach ist und man deshalb trotz Prädissoziation noch scharfe Absorptionslinien erhält. Bei genügend hoher spektraler Auflösung lässt sich aus der Linienbreite die strahlungslose Lebensdauer des angeregten Niveaus bestimmen und damit die Stärke der Kopplung zwischen der C − O-Schwingung und der Van-der-Waals-Schwingung. In Abb. 11.9 ist für einige Van-der-Waals-Komplexe die gemessene Linienbreite gegen die Potentialtopftiefe der Van-der-Waals-Bindung aufgetragen. Man sieht, dass die Kopplung zwischen der „intramolekularen" Schwingung und der „intermolekularen" Van-der-Waals-Schwingung umso stärker wird, je tiefer der Potentialtopf der Van-der-Waals Bindung ist [11.9].

Van-der-Waals-Moleküle haben wegen der schwachen Bindung oft nichtstarre Geometrien, d. h. sie können bei Überschreiten flacher Potentialbarrieren oder durch Tunneln die Geometrie ihres Kerngerüstes periodisch ändern. Es gibt dann mehrere Isomere mit etwas verschiedenen Grundzustandsenergien, die den verschiedenen Minima in der Potentialfläche entsprechen. So kann z. B. im $(NH_3)_2$-Dimer durch Schwingungsanregung eine Rotation der beiden NH_3-Moleküle gegeneinander um die Achse der Van-der-Waals-Bindung induziert werden.

Da das Potential der Van-der-Waals-Bindung sehr flach ist, sind die Rückstellkräfte bei Änderung dieser Bindung sehr klein. Die Schwingungsamplituden sind deshalb groß und die Schwingungsfrequenzen klein. Wegen des großen Kernabstandes sind

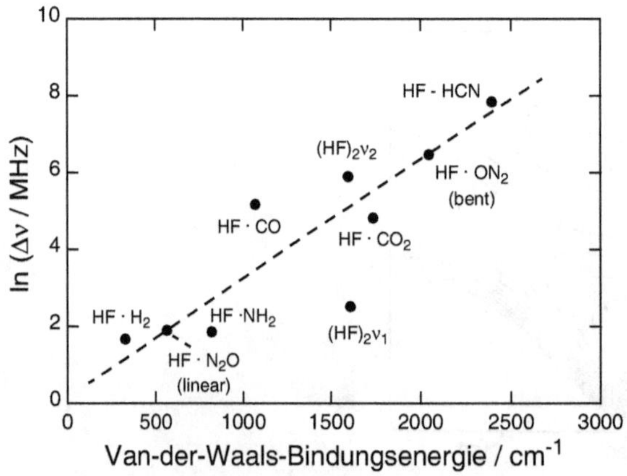

Abb. 11.9: Gemessene Linienbreiten von Absorptionsübergängen in prädissoziierende Niveaus einiger Van-der-Waals-Komplexe als Funktion der Potentialtopftiefe der Van-der-Waals-Bindung [11.9].

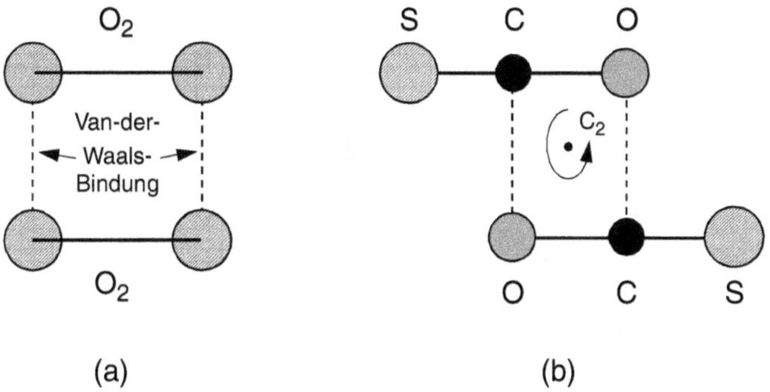

Abb. 11.10: a) Struktur des $(O_2)_2$ Dimers im Grundzustand, b) Struktur des $(OCS)_2$-Dimers.

die Trägheitsmomente groß und die Rotationskonstanten sehr klein. Man braucht daher eine hohe spektrale Auflösung und tiefe Temperaturen, um die eng benachbarten Rotationslinien aufzulösen und nur wenige Niveaus thermisch besetzt zu haben.

Es war lange Zeit nicht klar, ob das $(O_2)_2$-Dimer des Sauerstoffmoleküls eine lineare, gewinkelte oder eine Rechteckgeometrie hat. Erst kürzlich ergaben rotationsaufgelöste Spektren von $(O_2)_2$-Dimeren, dass die Rechteckgeometrie in Abb. 11.10 die größte Bindungsenergie hat [11.10]. Bei Schwingungsanregung kann das Dimer in eine andere Geometrie übergehen. Das $(OCS)_2$-Dimer hat eine Trapezgeometrie mit D_{2h} Symmetrie, bei der die beiden linearen OCS Moleküle antiparallel zueinander stehen und so gegeneinander verschoben sind, dass die Schwerpunkte der beiden Moleküle auf entgegengesetzten Seiten der C_2-Achse liegen (Abb. 11.10b).

11.2 Cluster

Wenn wir untersuchen wollen, wie und warum die verschiedenen Eigenschaften von Clustern mit wachsender Zahl N der Cluster-Bausteine (Atome oder Moleküle) in die charakteristischen Merkmale von Mikrokristallen bzw. Flüssigkeitströpfchen übergehen, und bei welcher Größe von N dies geschieht, müssen wir uns zuerst die Unterschiede zwischen Clustern und fester bzw. flüssiger Materie klarmachen.

Da manche Eigenschaften durch Oberflächeneffekte verursacht werden, soll zuerst als wesentlicher Parameter der Bruchteil N_s/N der Oberflächenatome eines Clusters bestimmt werden. Bei genügend großem N kann der Cluster als eine Kugel mit Radius R angesehen werden, der aus N kugelförmigen Atomen mit dem Radius r besteht. Es gilt dann für eine dichteste Kugelpackung mit dem Füllfaktor $f_v = N(4\pi/3)r^3/(4\pi/3)R^3 = 0{,}74$

$$N\frac{4}{3}\pi r^3 = 0{,}74\frac{4}{3}\pi R^3 \Rightarrow N = 0{,}74(R/r)^3 \,. \tag{11.1}$$

Für die als Kugelfläche gemittelte Oberfläche S des Clusters, auf der N_s Atome mit der Querschnittsfläche πr^2 sitzen, ergibt sich dann bei einem Bedeckungsfaktor $f_s = \frac{N_s \pi r^2}{4\pi R^2} \approx 0{,}78$

$$N_s \pi r^2 = 0{,}78 \cdot 4\pi R^2 \Rightarrow N_s = 4 \cdot 0{,}78 (R/r)^2 \,. \tag{11.2}$$

Division von (11.2) durch (11.1) liefert:

$$\frac{N_s}{N} \approx 4 \left(\frac{r}{R}\right) \propto N^{-1/3} \,. \tag{11.3}$$

Während bei kleinen Clustern die Zahl der Oberflächenatome N_s einen großen Bruchteil aller N Atome darstellt, nimmt das Verhältnis N_s/N mit wachsendem N proportional zu $N^{-1/3}$ ab (Tabelle 11.2).

Oberhalb einer kritischen Zahl $N > N_c$ hat sich eine feste Geometrie ausgebildet und der Cluster kann bei genügend tiefer Temperatur durch Hinzufügen neuer Atome seine prinzipielle Struktur nicht mehr ändern.

Wird die Temperatur erhöht, gibt es auch bei Clustern Phasenübergänge vom festen in den flüssigen Zustand. Allerdings hängt die „Schmelztemperatur" von der Clustergröße ab und erreicht erst bei sehr großen Clustern den Wert von ausgedehnten festen Körpern (Abb. 11.11). Auch dieser Effekt hängt mit dem Verhältnis N_s/N zusammen, weil mit sinkenden Werten von N_s/N d. h. steigendem Clusterradius R die Oberflächenspannung abnimmt und damit der Binnendruck im Cluster.

Man kann die Cluster in verschiedene Kategorien einteilen: Zuerst einmal lassen sie sich nach der Art ihrer Bausteine als atomare oder molekulare Cluster unterscheiden. Ein zweites Merkmal ist ihre Größe, d. h. die Zahl N ihrer Atome bzw. Moleküle. Die folgende grobe Einteilung dient nur als ungefähres Unterscheidungsmerkmal:

a) Mikrocluster mit $N = 2$ bis $\approx 10 - 13$. Alle Atome sind Oberflächenatome und die Eigenschaften dieser Cluster lassen sich in vielen Fällen, vor allem bei Nichtmetall-Clustern, durch Molekülmodelle beschreiben.

Tabelle 11.2: Verhältnis N_s/N und Radius R eines kugelförmigen Clusters aus gleichen Atomen mit Radius $r = 2{,}2$ Å.

N	R/Å	N_s/N
10	–	1
10^2	10,3	0,8
10^3	22	0,4
10^4	48	0,23
10^5	100	0,08
10^{10}	4800	$2{,}3 \cdot 10^{-3}$
10^{20}	10^7	10^{-6}

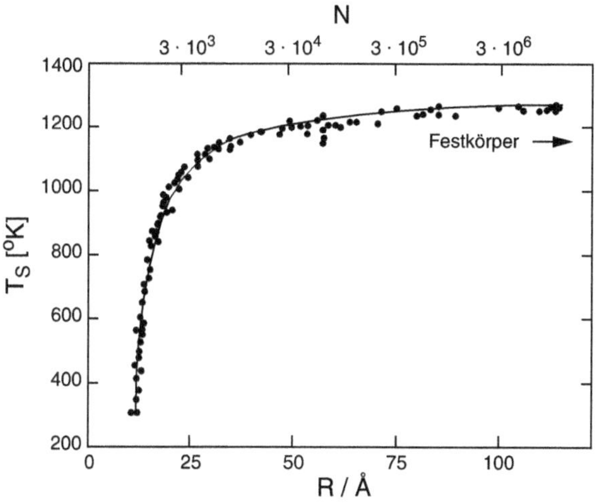

Abb. 11.11: Schmelztemperatur von Goldclustern $(Au)_N$ als Funktion von N [11.11].

b) Kleine Cluster mit $N = 10 - 13$ bis etwa $N = 100$. Hier gibt es viele Isomere und die Molekülmodelle sind nicht mehr adäquat.

c) Große Cluster mit $N = 100$ bis $N = 1000$. Hier beobachtet man für einige Cluster-Eigenschaften bereits den Übergang zu den Eigenschaften von Festkörpern.

d) Kleine Tröpfchen oder Mikrokristalle mit $N > 10^3$. Viele, aber nicht alle Eigenschaften von Flüssigkeiten oder Festkörpern sind bereits ausgeprägt.

Nimmt man die Art der Bindungen der Atome innerhalb des Clusters als Unterscheidungsmerkmale, so kann man die Cluster einteilen in

a) Metall-Cluster mit metallischer Bindung wie Alkali-Cluster. Quecksilber-Cluster oder Gold-Cluster.

b) Van-der-Waals-Cluster wie z. B. Edelgas-Cluster.

c) Cluster mit Wasserstoffbrücken-Bindung wie z. B. Wasser-Cluster oder NH_3-Cluster, die eine spezielle Untergruppe der molekularen Cluster bilden.

d) Molekulare Cluster wie z. B. $(SiO)_N$ oder $(CO)_N$.

e) Cluster mit kovalenten Bindungen wie $(Si)_N$, C_N.

Diese Unterscheidung ist allerdings nicht immer eindeutig. Oft tritt beim gleichen Clustertyp mit zunehmender Clustergröße ein Übergang von einer Bindungsart zu einer anderen auf. So zeigen z. B. $(Hg)_N$ Cluster für kleine N eine Van-der-Waals-Bindung, die für große N immer mehr in eine metallische Bindung übergeht.

Eine interessante Frage ist, wie die Schmelztemperatur und der Verlauf des Phasenüberganges fest–flüssig von der Clustergröße abhängt (Abb. 11.11). Bei manchen

Clustern kann man bei fester Temperatur aber wachsendem N einen Übergang von der festen in die flüssige Phase beobachten.

Wir wollen nun einige Clustertypen etwas detaillierter besprechen.

11.2.1 Alkali-Cluster

Alkali-Cluster können als die Prototypen metallischer Cluster angesehen werden. Jedes Atom hat ein Valenzelektron. Mit zunehmender Clustergröße können diese Valenzelektronen nicht mehr den einzelnen Atomen zugeordnet werden, sondern bilden ein „Elektronengas", das in das Volumen des Clusters eingesperrt ist. Dieses Volumen ist im so genannten „Jellium-Modell" gleichmäßig mit der positiven Ladung der Atomrümpfe und der negativen Ladung der Elektronen angefüllt. Wir haben also das in der Quantenmechanik wohlbekannte Problem der energetischen Anordnung von Fermionen in einem dreidimensionalen kugelsymmetrischen Potentialtopf. Es gibt diskrete Energieniveaus, die bei Beachtung des Pauliprinzips nur von einer bestimmten Maximalzahl von Elektronen besetzt werden können. Diese Zahl hängt wie beim Waserstoffatom von der Hauptquantenzahl n und von den möglichen Drehimpulszuständen der Elektronen ab. Ordnet man die Elektronen nach steigender Energie an, so erhält man analog zum Aufbau der Elektronenhülle der Atome eine Schalenstruktur. Zustände mit gleichem n aber verschiedenen Werten der Drehimpulsquantenzahl l haben nahe benachbarte Energien. Alle Elektronen in solchen Zuständen mit gleichem n bilden eine Schale.

Misst man die Häufigkeitsverteilung von $\mathrm{Na_N}$-Clustern als Funktion von N (Abb. 11.12) so findet man Maxima bei den Werten $N = 2, 8, 20, 40, 58, \ldots$. Dies entspricht gerade den Elektronen-Besetzungszahlen der Niveaus in einem dreidimensionalen leicht anharmonischen Potential (Abb. 11.13). Nach diesem Modell

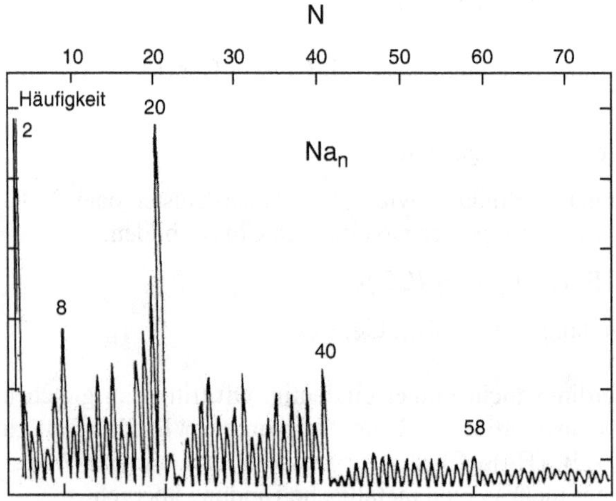

Abb. 11.12: Häufigkeitsverteilung der $\mathrm{(Na)_N}$-Cluster, gemessen nach Elektronenstoß-Ionisation als $\mathrm{(Na)_N^+}$ Verteilung im Massenspektrometer.

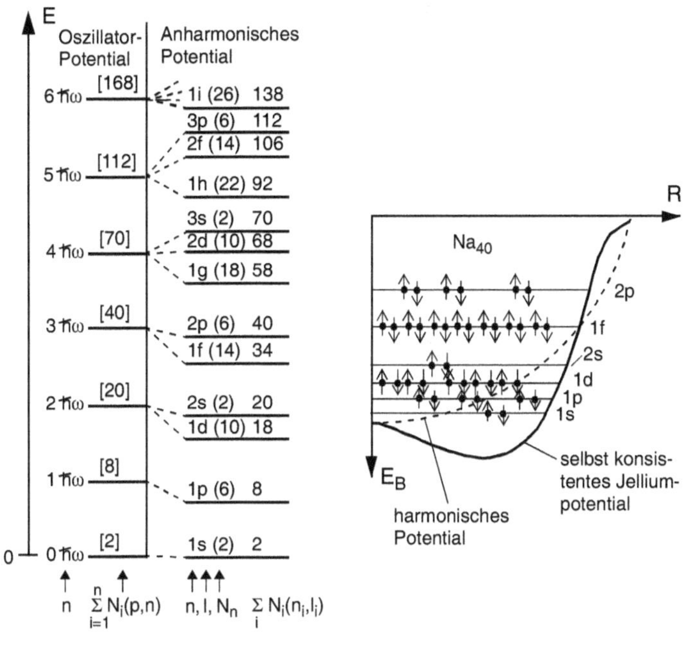

Abb. 11.13: Energieniveaus und ihre Elektronenbesetzungszahlen in einem harmonischen und einem schwach anharmonischen dreidimensionalen Potentialtopf, der, basierend auf dem Jellium-Modell, durch selbstkonsistente Iteration gewonnen wurde.

ist für metallische Cluster nicht so sehr die geometrische Anordnung der Atome für die Stabilität der Cluster verantwortlich, sondern die Elektronenanordnung. Cluster mit vollbesetzten Elektronenschalen zeigen die größte Stabilität.

Auch die gemessenen Dissoziations- und Ionisierungsenergien von Alkali-Clustern (Abb. 11.14) zeigen diese Schalenstruktur. Für große N streben die Ionisierungsenergien gegen die Austrittsarbeit der Elektronen aus festem Natrium.

Sehr detaillierte Untersuchungen wurden an den kleinen Alkali-Clustern Li_3 und Na_3 durchgeführt, bei denen mit Hilfe Doppler-freier Spektroskopie (siehe Abschn. 12.4) die Rotationsstruktur und sogar die Hyperfeinstruktur aufgelöst werden konnte [11.12]. Man würde erwarten, dass die Struktur dieser Trimere aus Symmetriegründen ein gleichseitiges Dreieck mit D_{3h} Symmetrie sein sollte. Es zeigt sich jedoch, dass bei dieser Konfiguration eine symmetriebedingte Entartung zweier elektronischer Zustände auftritt. Infolge des Jahn-Teller-Effekts (siehe Abschn. 9.3.6) führt jedoch jede Schwingung mit niedrigerer Symmetrie (z. B. die asymmetrische Streckschwingung oder die Knickschwingung) zu einer Aufspaltung der elektronischen Potentialfläche in zwei Flächen, wobei die tiefere dieser beiden Flächen ein Minimum bei einem Winkel von etwa 70° hat, das tiefer liegt als die Energie bei der D_{3h}-Konfiguration [11.13]. In Abb. 9.12 ist ein Höhenliniendiagramm für den Grundzustand von Na_3 gezeigt als Funktion der Auslenkungen Q_x und Q_y aus der D_{3h}-Konfiguration und Abb. 9.11 zeigt einen Schnitt durch ein solches Diagramm.

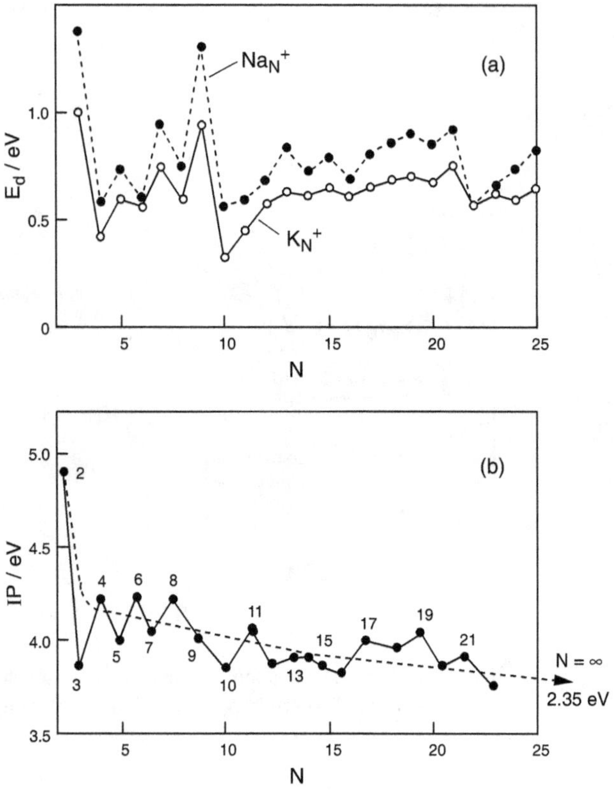

Abb. 11.14: a) Dissoziations-Energien $D_e(N)$ von $(Na)_N$ und K_N Clustern. b) Ionisationsenergien von $(Na)_N$-Clustern [11.14].

Die Potentialflächen erhält man daraus in erster Näherung durch Rotation der Kurven um die z-Achse. Der Schnittpunkt der Kurven entspricht dann der konischen Durchschneidung der Potentialflächen, bei der die Entartung auftritt.

Die Kombination Q_x bzw. Q_y der beiden Schwingungen v_2 und v_3 führt zu einer periodischen Bewegung der Kerne auf der geschlossenen gestrichelten Kurve in Abb. 9.11, die Pseudorotation heißt, weil man sie darstellen kann als synchrone Rotation aller drei Kerne um die drei Ecken des gleichseitigen Dreiecks in der D_{3h}-Konfiguration (Abb. 6.12). Dabei geht die Struktur des Na_3-Moleküls periodisch von einem stumpfwinkligen Dreieck in ein spitzwinkliges Dreieck über [11.15]. Bei diesen beiden Konfigurationen hat die Potentialfläche Minima, die durch eine Potentialbarriere voneinander getrennt sind. Ist die kinetische Energie der Schwingungsbewegung kleiner als die Barrierenhöhe, so kann das System durch die Barriere tunneln. Die Frequenz der Pseudorotation ist beim Na_3 im Schwingungsgrundzustand sehr klein (etwa 1 MHz), steigt aber mit größer werdender Schwingungsenergie sehr schnell an und übersteigt den Abstand der Rotationslinien des Moleküls, wenn die Barrierenhöhe erreicht ist. Beim Li_3 ist die Barrierenhöhe kleiner, die Schwingungsenergie aber wegen der kleineren Massen größer, sodass selbst im Schwingungsgrundzustand die Pseudorotationsfrequenz wesentlich größer als die eigentliche Rotationsfrequenz des Moleküls ist [11.16].

Man sieht aus diesem Beispiel, dass auch bereits kleine Alkali-Cluster trotz der gegenüber der Van-der-Waals-Bindung doch starken metallischen Bindung nicht unbedingt mehr eine starre Geometrie haben, sondern dass die Schwingungen wegen ihrer großen Amplituden die Geometrie ändern können. Dies ist anders als bei stabilen Molekülen, wo die Schwingungen um feste Gleichgewichtslagen erfolgen mit einer Schwingungsamplitude, die klein ist gegen die Kernabstände.

11.2.2 Edelgas-Cluster

Edelgas-Cluster sind typische Vertreter der Van-der-Waals-Cluster (Abb. 11.4a). Wegen ihrer kleinen Bindungsenergie sind sie nur bei tiefen Temperaturen stabil. Der Aufbau von festen Edelgas-Kristallen wird durch die dichteste Kugelpackung der fcc-Struktur bestimmt. Wie durch Elektronenbeugungsexperimente nachgewiesen wurde, wird jedoch bei kleineren Clustern für $N < 1000$ eine andere Struktur, nämlich die Ikosaeder-Struktur bevorzugt, weil sie energetisch günstiger ist. Diese Struktur hat eine fünfzählige Symmetrieachse, die im Festkörper nicht vorkommen kann und führt zu einem kugelförmigen Aufbau der Cluster mit einer Schalenstruktur. Für bestimmte „magische Zahlen“ N_m bei denen jeweils eine Schale aufgefüllt ist, haben die Cluster die größte Stabilität. Bei Xenon-Clustern (Abb. 11.15) sind dies die Zahlen $N_m = 13, 55, 147, 309, \ldots$. Die Massenverteilung von Xenon-Clusterionen in Abb. 11.16 hat bei diesen magischen Zahlen ausgeprägte Maxima.

Anders als bei den Metall-Clustern spielt hier also nicht die Besetzung der Elektronenniveaus, sondern die geometrische Schalenanordung der Atome die entscheidende Rolle für die Stabilität der Cluster. Dies ist auch verständlich, weil die Ionisationsenergie der Edelgasatome sehr hoch ist und deshalb die Elektronen bei ihren jeweiligen Atomen bleiben und kein freies Elektronengas bilden wie bei den Metallclustern. Größere Cluster aus ^{4}He zeigen bei entsprechend tiefen Temperaturen Superfluidität [11.19].

11.2.3 Wasser-Cluster

Die Untersuchung von Clustern $(H_2O)_N$ aus Wasser-Molekülen ist von besonderem Interesse, weil sie zum Verständnis der Bildung und Verdunstung von Wassertröpfchen in unserer Atmosphäre beiträgt und die anomale Absorption und Streuung von Sonnenlicht durch Wassertröpfchen einer Klärung näher bringt. Sehr genaue Ab-initio-Rechnungen haben die in Abb. 11.17 gezeigten Strukturen einiger kleiner Wasser-Cluster ergeben, die auch mit experimentellen Ergebnissen im Einklang sind. Für $N = 3; 4; 5$ bilden die O-Atome ein ebenes Gerüst, bei dem nur die H-Atome aus der Ebene herausragen (Abb. 11.17b). Es zeigt sich, dass der Zusammenhalt der H_2O-Moleküle im Wesentlichen durch Wasserstoffbrücken-Bindungen erfolgt. Die Potentialfläche zeigt viele Minima bei verschiedenen Geometrien, die nur durch flache Barrieren voneinander getrennt sind, durch die das System leicht tunneln kann. So können z. B. die H-Atome bei Schwingungen die Molekülebene durchtunneln und dadurch andere Isomere bilden. Die Wasser-Cluster zeigen deshalb keine starre Struktur, sondern schon bei relativ tiefen Temperaturen ein dynamisches Verhalten, das häufigen Strukturänderungen (Isomerisationen) entspricht. Wenn die Tunnelzeit kürzer als die Messzeit ist, misst man als zeitliches Mittel eine ebene Struktur.

Eine detaillierte Untersuchung solcher Cluster-Strukturen als Funktion von N kann Potentialmodelle testen und eröffnet neue Möglichkeiten, die bisher nur teilweise verstandene Struktur von flüssigem Wasser genauer zu bestimmen.

So zeigt sich z. B. aus Raman-Spektren, die mit hoher räumlicher und spektraler Auflösung gemessen wurden, dass der relative Anteil von Monomeren, Dimeren und Multimeren von der Oberfläche von flüssigem Wasser zum Inneren hin sich stark verändert. Dies erklärt z. B. die große Oberflächenspannung von Wasser.

11.2.4 Cluster mit kovalenter Bindung

Bausteine für Cluster mit kovalenter Bindung sind die vierwertigen Elemente der 4. Spalte im Periodensystem, wie C, Si, Ge. Während in Kristallen die kovalente Bindung die Struktur bestimmt, führen die Atome an der Oberfläche eines Clusters zu nicht abgesättigten Bindungen (dangling bonds), an die sich beim Aufbau eines Clusters neue Atome anlagern können, deren Lage auf der Oberfläche die Struktur bestimmt, sodass bei Zufügen eines weiteren Atoms die Struktur sich ändern kann. Startet man beim Aufbau von Clustern mit Tetraeder Struktur bei $N = 4$, entwickelt

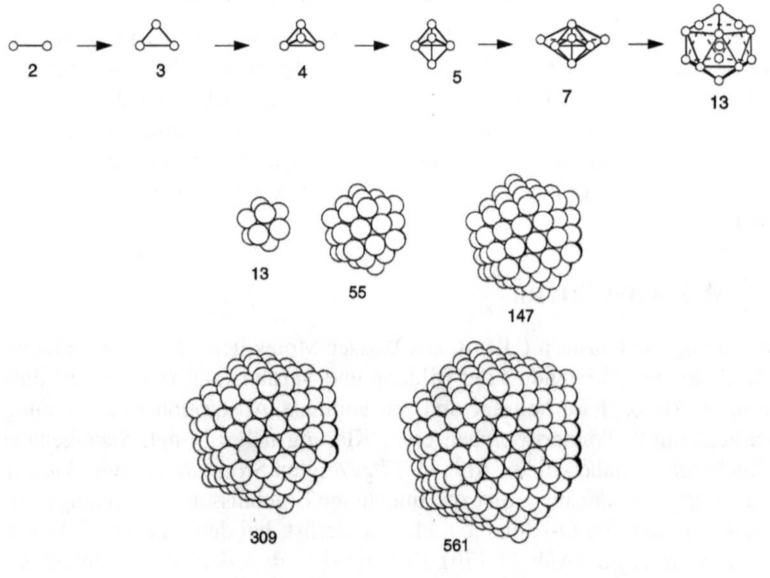

Abb. 11.15: Geometrische Struktur von Edelgasclustern als Funktion von N. Bei den magischen Zahlen $N = 13, 55, 147, 309, \ldots$. hat die Bindungsenergie für die Isokaeder-Struktur Maxima [11.17].

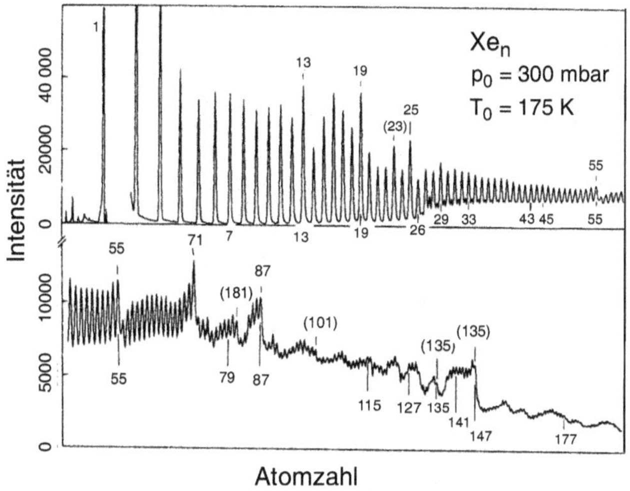

Abb. 11.16: Häufigkeitsverteilung im Massenspektrum von $(Xe)_N^+$-Clusterionen [11.18].

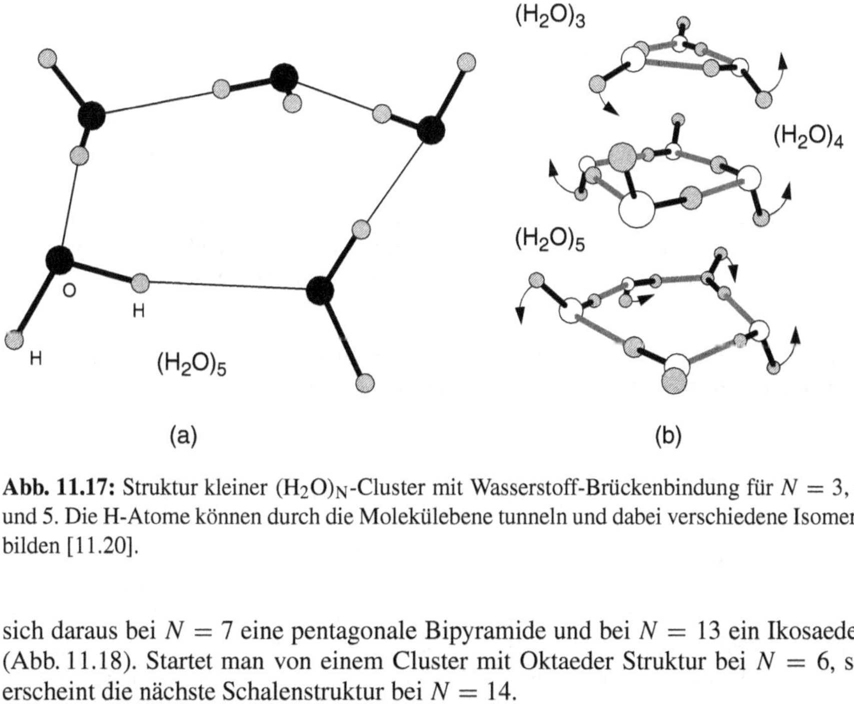

Abb. 11.17: Struktur kleiner $(H_2O)_N$-Cluster mit Wasserstoff-Brückenbindung für $N = 3, 4$ und 5. Die H-Atome können durch die Molekülebene tunneln und dabei verschiedene Isomere bilden [11.20].

sich daraus bei $N = 7$ eine pentagonale Bipyramide und bei $N = 13$ ein Ikosaeder (Abb. 11.18). Startet man von einem Cluster mit Oktaeder Struktur bei $N = 6$, so erscheint die nächste Schalenstruktur bei $N = 14$.

Kohlenstoff-Cluster C_N bilden für $N < 6$ lineare Strukturen, während für $N > 6$ Ringstrukturen energetisch günstiger werden. Große Beachtung hat die Entdeckung sehr stabiler Cluster bei $N = 60$ und $N = 70$ gefunden, die eine Käfigstruktur in Form eines Fussballs haben (Abb. 11.4b). Die C-Atome bilden Ringe aus 5 und 6 Atomen, welche alle auf der Oberfläche sitzen. Im Inneren ist das Gebilde leer.Der

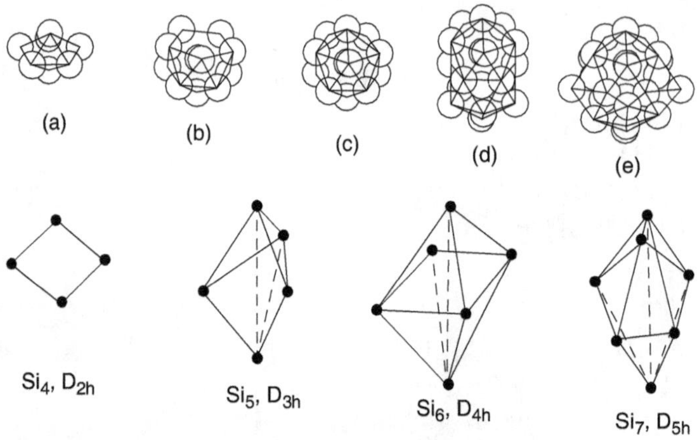

Abb. 11.18: *Obere Reihe*: Der pentagonale Aufbau von Ge-Clustern a) pentagonale Bipyramide für $N = 7$; b) für $N = 12$ sind zusätzliche Atome angelagert symmetrisch zur fünfzähligen Achse von a); c) Icosaeder für $N = 13$; d) Doppelikosaeder für $N = 19$; e) $N = 24$ Cluster mit D_{5h} Symmetrie und teilweise gefüllter zweiter Schale. *Untere Reihe*: Struktur kleiner Silizium Cluster [11.21].

Durchmesser des „Fußballs" ist 0,7 nm. Für die Entdeckung und Charakterisierung von C_{60}, erhielten *R. Curl, H.W. Kroto* und *W. Smalley* 1996 den Nobelpreis für Chemie [11.22]. Wegen ihrer an architektonische Bauten des amerikanischen Architekten Buckminster Fuller erinnernden Strukturen werden diese Kohlenstoff-Cluster auch Fullerene genannt. Der Japaner *Eijii Osawa* hatte solche Strukturen bereits 1970 auf Grund theoretischer Modelle vorhergesagt. Seine Arbeit wurde aber kaum beachtet, weril sie in Japanisch veröffentlicht wurde. Inzwischen sind weitere C_N-Strukturen in Form von kleinen Röhrchen gefunden worden [11.23].

Diese größeren Kohlenstoffcluster können als Fallen für kleine Atome oder Moleküle dienen und haben deshalb sehr großes Interesse gefunden [11.24].

11.3 Herstellung von Clustern

Es gibt verschiedene Verfahren zur Herstellung von Clustern. Eine viel benutzte Methode verwendet Clustererzeugung in kalten Molekularstrahlen (Siehe Kap. 12): Wenn Edelgasatome aus einem Behälter mit hohem Edelgasdruck durch eine enge Düse ins Vakuum strömen, tritt eine schnelle adiabatische Abkühlung ein, bei der die kinetische Energie der Atome im Behälter fast vollständig umgewandelt wird in gerichtete Strömungsenergie $\frac{1}{2}mu^2$ der Atome mit Masse m, die mit der Strömungsgeschwindigkeit u ins Vakuum fliegen. Die Relativgeschwindigkeit der Atome wird sehr klein, d. h. alle Atome fliegen nach der Expansion fast mit der gleichen Geschwindigkeit. Dadurch können sich zwei Atome zu einem Dimer vereinigen, wenn die geringe kinetische Energie der Relativbewegung durch einen dritten Stoßpartner abgeführt wird (Abb. 11.19). Dieses Dimer kann erneut mit einem weiteren Atom

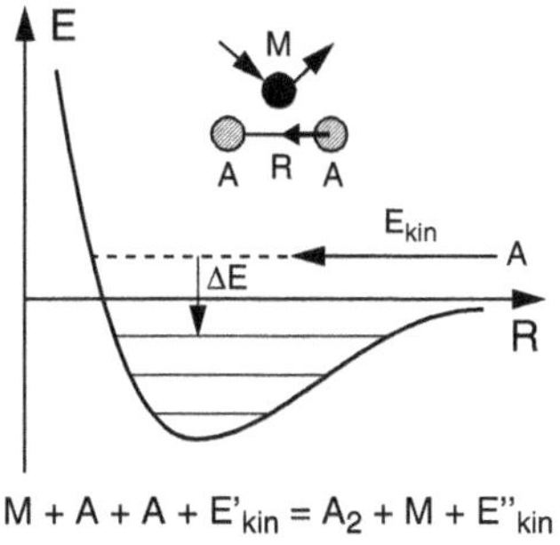

Abb. 11.19: Rekombination zweier Atome mit der Relativenergie E_{kin} zu einem Molekül, wobei E_{kin} durch einen dritten Stoßpartner abgeführt werden muss.

rekombinieren und ein Trimer bilden, das wieder stoßen kann, usw. Dieser Prozess der Rekombination kann fortgesetzt werden, solange genügend Stöße vorkommen, d. h. solange der Druck genügend groß ist. Man kann deshalb durch Wahl von Druck und Düsendurchmesser die Clusterbildungsrate optimieren.

Um Metall-Cluster zu erzeugen, wird in den Behälter außer dem Edelgas etwas von dem zu untersuchenden Metall eingeführt und der Behälter geheizt, sodass ein Gemisch aus einigen Prozent Metalldampf und dem Edelgas aus der Düse austritt. Die Edelgasatome wirken als die Stoßpartner, die bei der Rekombination der Metallatome deren Relativenergie abführen. Man kann auf diese Weise Metall-Cluster mit Atomzahlen von $N = 2$ bis zu vielen Tausend erzeugen. Der Nachweis der Cluster geschieht nach Ionisation durch Laser oder Elektronenstoss in einem Massenspektrometer [11.28].

Ein anderes Verfahren benutzt übersättigten Metalldampf in einer Edelgasatmosphäre. Wird die Temperatur dieses Dampfgemisches erniedrigt, so tritt Kondensation ein und Cluster mit einer von den Versuchsbedingungen abhängigen Größenverteilung entstehen [11.29]. Zur Erzeugung von Clustern aus Elementen mit hoher Verdampfungstemperatur hat sich ein Verfahren bewährt, bei dem die Atome A durch Laser-Beschuss eines festen Stoffes verdampft werden und mit einem Edelgas bei niedrigem Druck vermischt werden. Das Edelgas-Atomdampf-Gemisch expandiert durch eine enge Düse ins Vakuum und kühlt dabei adiabatisch ab. Daduch treten Kondensationsprozesse auf und es bilden sich Cluster A_N, deren Größenverteilung von den Versuchsbedingungen (Druck, Temperatur und Düsenform) abhängt [11.30].

12 Experimentelle Techniken in der Molekülphysik

In den letzten Jahren sind eine Reihe von experimentellen Techniken zur Untersuchung von Molekülen ganz neu entwickelt worden und bestehende Techniken wurden zum Teil durch neue Methoden oder Geräte verbessert und erweitert. Dazu gehören die Fourier-Spektroskopie, die Laser-Spektroskopie mit hoher spektraler oder auch zeitlicher Auflösung, die Spektroskopie mit Synchrotron-Strahlung, die Elektronenspin-Resonanzspektroskopie, die Elektronen- und Ionen-Spektroskopie und auch Kombinationen verschiedener Techniken wie z. B. die Kombination von Massenspektroskopie und Molekularstrahltechnik mit laserspektroskopischen Methoden. Die Anwendungen solcher Methoden auf die Untersuchung von Molekülen hat unsere Kenntnis über ihre Struktur und Dynamik ganz wesentlich erweitert.

Man kann diese Techniken in drei große Kategorien einteilen:

1. *Spektroskopische Verfahren:*

a) Strahlungsspektroskopie
Hier wird die Absorption oder Emission elektromagnetischer Strahlung durch Moleküle in den verschiedenen Spektralbereichen untersucht. Dabei gibt die Messung der Frequenzen der Absorptions- oder Emissions-Linien Informationen über die Energie der Molekülzustände (Kap. 4 und 8). Die Intensität der Linien ist ein Maß für die Übergangswahrscheinlichkeit und ihre Messung erlaubt die Prüfung theoretisch berechneter Wellenfunktionen der Molekülzustände, zwischen denen der Übergang erfolgt. Die Linienbreiten erlauben die Bestimmung der Lebensdauern der Zustände. Die Aufspaltung der Linien in äußeren Feldern gibt Informationen über elektrische oder magnetische Momente eines Moleküls und damit über die Kopplung der verschiedenen Drehimpulse (siehe Kap. 10).

b) Teilchenspektroskopie
Energie und Impuls der bei der Ionisation von Molekülen entstehenden Elektronen können mit Hilfe von Elektronenspektrometern gemessen werden. Dies gibt Informationen über Energiezustände von Elektronen in inneren Schalen der das Molekül bildenden Atome, über Korrelationseffekte zwischen den Elektronen der Hülle, über molekulare Rydberg-Zustände und über die Energieniveaus der Ionen.

2. *Messungen von integralen und differentiellen Streuquerschnitten beim Stoß zwischen Atomen oder Molekülen.*
   Solche Messungen erlauben die Bestimmung von Wechselwirkungspotentialen zwischen den Stoßpartnern. In Kombination mit laserspektroskopischen Techniken lassen sich einzelne Zustände der Stoßpartner selektieren, sodass die Abhängigkeit der Wechselwirkungsenergie vom inneren Zustand der Stoßpartner ermittelt werden kann. Messungen inelastischer und reaktiver Stoßprozesse erlauben die Untersuchung von Energietransferprozessen und können detaillierte Informationen über die Primärprozesse bei chemischen Reaktionen geben.

3. *Messungen makroskopischer Phänomene, die von den Moleküleigenschaften abhängen.*
   Beispiele sind die Transportphänomene Diffusion (Transport von Masse), Wärmeleitung (Transport von Energie) und Viskosität (Transport von Impuls) in molekularen Gasen, die von den Wechselwirkungen zwischen den Molekülen abhängen.

   Ein anderes Beispiel sind die Relationen zwischen thermodynamischen Größen (Druck p, Volumen V und Temperatur T) einer abgeschlossenen makroskopischen Menge eines atomaren oder molekularen Gases, die von der Art der Moleküle und den intermolekularen Potentialen abhängen.

Während die Kategorien 1) und 2) Wechselwirkungen zwischen einzelnen Atomen oder Molekülen messen, also mikroskopische Sonden darstellen, ergeben die Experimente der Kategorie 3) Mittelwerte über eine sehr große Zahl von Molekülen.

Oft ergänzen sich verschiedene Methoden in ihren Aussagen über die Molekülstruktur. So ergeben Streumessungen bei thermischen Energien den langreichweitigen Teil des Wechselwirkungs-Potentials zwischen den Stoßpartnern (siehe Abschn. 3.7), während aus den durch spektroskopische Verfahren gewonnenen Energien der gebundenen Molekülniveaus der Potentialverlauf bei kleinen Kernabständen gewonnen werden kann (siehe Abschn. 3.6)

Wir wollen in diesem letzten Kapitel die wichtigsten dieser Techniken vorstellen und erläutern, wie die in den vorigen Kapiteln dargelegten Erkenntnisse durch das Zusammenwirken von Theorie und Experimenten gewonnen wurden.

12.1 Mikrowellen-Spektroskopie

In der Mikrowellenspektroskopie werden molekulare Übergänge mit Wellenlängen λ zwischen 0,03 cm und 1 m (dies entspricht einem Wellenzahlbereich $30\,\text{cm}^{-1} > \bar{\nu} > 0{,}01\,\text{cm}^{-1}$, oder einem Frequenzbereich $10^{12}\,\text{Hz} > \nu > 5 \cdot 10^{8}\,\text{Hz}$) untersucht. In diesem Spektralbereich liegen die Rotationsübergänge von Molekülen mit Wellenzahlen

$$\bar{\nu} = 2B_{\text{v}}(J+1) + \ldots \quad \text{mit } J = J'' \tag{12.1}$$

oder Übergänge zwischen Hyperfeinniveaus oder zwischen eng benachbarten Schwingungs-Rotations-Niveaus verschiedener miteinander wechselwirkender elektronischer Zustände.

Beispiele

Der Rotationsübergang $J' = 1 \leftarrow J'' = J = 0$ im Grundzustand des CO-Moleküls mit $B_e = 1{,}93\,\text{cm}^{-1}$ liegt bei $\bar{\nu} = 3{,}8\,\text{cm}^{-1} \Rightarrow \nu = 114\,\text{GHz}$. Der tiefste Übergang $J' = 3/2 \leftarrow J = 1/2$ im Grundzustand $^2\Sigma$ von BeH mit $B_e = 10{,}308\,\text{cm}^{-1}$ liegt bei $\bar{\nu} = 30{,}924\,\text{cm}^{-1} \Rightarrow \nu = 927\,\text{GHz}$, der nächst höhere Übergang $J' = 5/2 \leftarrow J = 3/2$ bereits bei $\nu = 1{,}5\,\text{THz}$, während im PbS-Molekül wegen der kleinen Rotationskonstante $B_e = 0{,}106\,\text{cm}^{-1}$ die Freqenz des Überganges $J' = 1 \leftarrow J = 0$ nur bei $\nu = 6{,}36\,\text{GHz}$ liegt.

In Abb. 12.1 ist schematisch der Aufbau für die Messung der Absorption von Mikrowellen in einem molekularen Gas gezeigt. Mikrowellen, deren Frequenz in einem bestimmten Bereich kontinuierlich durchgestimmt werden kann, werden durch spezielle Mikrowellengeneratoren (Klystrons oder Carzinotrons) erzeugt, durch Wellenleiter in Form von geeignet dimensionierten metallischen Hohlleitern geführt und durch die molekulare Probe geschickt. Die transmittierte Intensität I_t wird von einem Detektor (Bolometer oder Halbleiter-Detektor) gemessen und mit der eingestrahlten Intensität I_0 verglichen.

Wie im Abschn. 8.1 gezeigt wurde, ist bei Raumtemperatur die thermische Besetzung von unterem und oberem Niveau eines Mikrowellenüberganges fast gleich und die Absorption einer Mikrowelle ist daher nur wenig größer als die stimulierte Emission, (Abb. 12.2) sodass der Nettoabsorptionskoeffizient

$$\begin{aligned}\alpha(\nu) &= (N_1 - (g_1/g_2)N_2)\,\sigma(\nu) \approx N_1(\Delta E/kT)\sigma(\nu)\\ &= N_1(h\nu/kT)\sigma(\nu) \text{ mit } h\cdot\nu \ll kT\end{aligned} \tag{12.2}$$

wegen der kleinen Besetzungsdifferenz und dem kleinen Absorptionsquerschnitt im Allgemeinen sehr klein ist. Man muss deshalb lange Absorptionswege realisieren

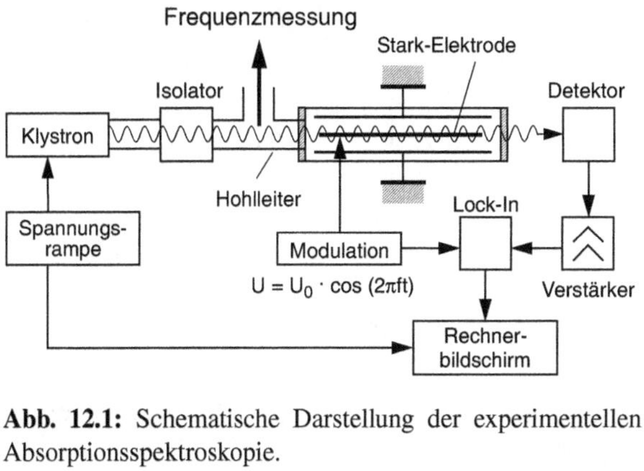

Abb. 12.1: Schematische Darstellung der experimentellen Anordnung zur Mikrowellen-Absorptionsspektroskopie.

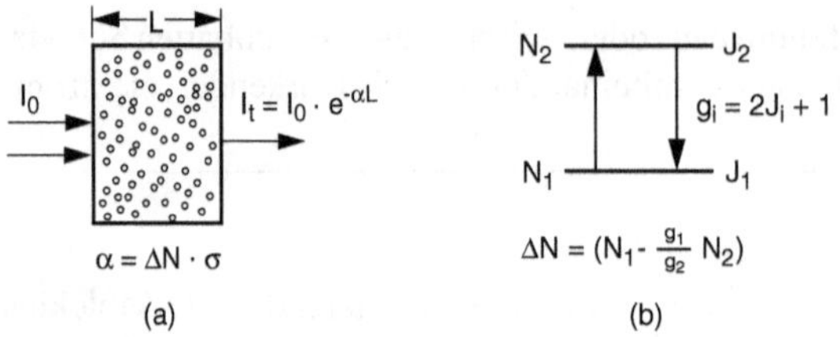

Abb. 12.2: Absorption einer elektromagnetischen Welle (a) transmittierte Intensität (b) Niveauschema.

und Methoden entwickeln, wie man die trotz großer Absorptionslänge L immer noch sehr kleine Differenz

$$\Delta I = I_0 - I_t = I_0\left(1 - e^{-\alpha L}\right) \approx I_0 \alpha L \approx I_0 L N_1 (\Delta E/kT)\sigma \qquad (12.3)$$

messen kann, die für $\Delta E \ll kT$ oft klein gegen die Intensitätsschwankungen von I_0 sind.

Eine häufig benutzte Methode basiert auf der Frequenzmodulation

$$\nu = \nu_m (1 + a\cos(2\pi f t)) \qquad (12.4)$$

der Mikrowellenfrequenz ν, d. h. die Frequenz der einfallenden Intensität

$$I(t) = A\cos^2[2\pi\nu_m (1 + a\cos(2\pi f t))\, t] \qquad (12.5)$$

ist mit der Frequenz f um die Mittenfrequenz ν_m moduliert. Der Frequenzhub $a\nu_m$ wird im Allgemeinen klein gegen die Linienbreite der Absorptionslinien gewählt. Die Mikrowellenfrequenz wird gemessen durch schnelle Frequenzzähler oder bei sehr hohen Frequenzen durch Überlagerung der Mikrowelle mit einer Welle bekannter Frequenz, wobei die Differenzfrequenz dann im Messbereich von Frequenzzählern liegt. Um eine möglichst große Frequenzgenauigkeit zu erhalten, wird die Frequenz mit Hilfe von quarzstabilen Oszillatoren und entsprechenden elektronischen Regelkreisen auf einem Sollwert auf der Mitte der Absorptionslinie gehalten und mit einem Frequenzstandard verglichen, sodass man absolute Frequenzen bestimmen kann.

Wird die modulierte Mikrowellenfrequenz kontinuierlich über die Absorptionslinie durchgestimmt, so wird der Absorptionskoeffizient $\alpha(\nu)$ und daher auch die gemessene transmittierte Intensität entsprechend moduliert (Abb. 12.3).

Entwickelt man I_t in eine Taylor-Reihe um die Mittenfrequenz ν_m, so ergibt dies

$$I_t(\nu) = I_t(\nu_m) + \sum_n \frac{\alpha^n}{n!}\left(\frac{d^n I_t}{d\nu^n}\right)_{\nu_m} \nu_m^n \cos^n(2\pi f t)\,. \qquad (12.6)$$

Verwendet man einen phasenempfindlichen Detektor (Lock-in), der nur das Signal auf der Frequenz f nachweist, so erhält man für die Differenz $\Delta I_t(\nu) = I_t(\nu) - I_t(\nu_m)$

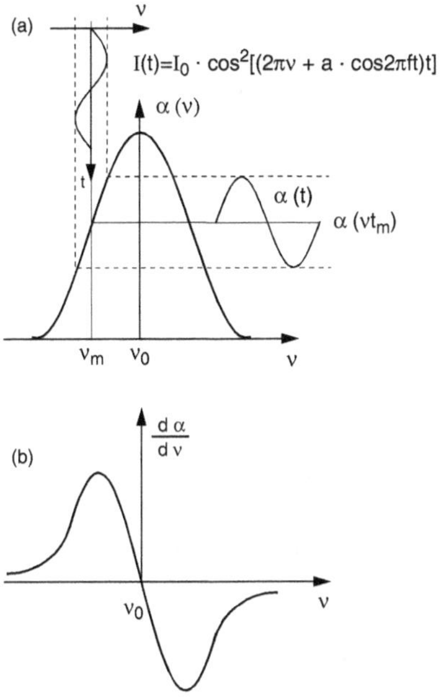

Abb. 12.3: Absorption einer frequenzmodulierten Welle.

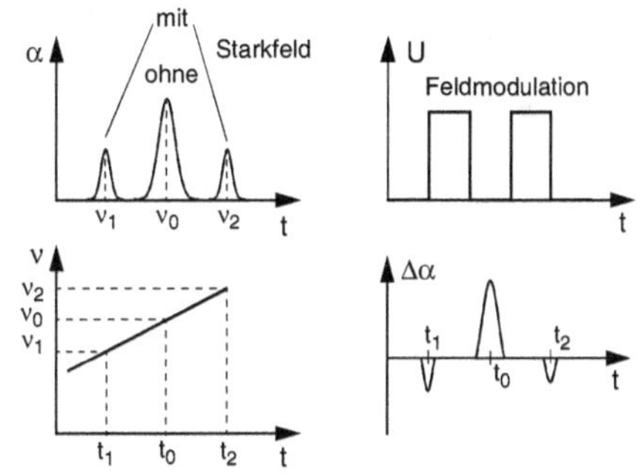

Abb. 12.4: Erklärung der beobachteten Signale bei der Stark-Modulation.

den Ausdruck

$$\Delta I_t(\nu) = \alpha \nu_m \left(\frac{dI_t}{d\nu} \right)_{\nu_m} \cos(2\pi f t) \ , \tag{12.7}$$

der proportional zur ersten Ableitung ($dI_t/d\nu$) bei der Frequenz ν_m ist. Wegen (12.3) ist dies auch proportional zur ersten Ableitung des Absorptionskoeffizienten $\alpha(\nu)$, die bei der Mittenfrequenz einer Linie durch null geht.

Diese Nachweistechnik hat den Vorteil, dass nur Intensitätsschwankungen auf dieser Frequenz als störendes Untergrundrauschen vom Detektor gemessen werden, alle anderen Frequenzanteile des Rauschens werden unterdrückt. Man legt die Modulationsfrequenz f in einen Bereich, in dem das störende Rauschen minimal wird.

Anstatt die Mikrowellenfrequenz zu modulieren, kann man auch die Absorptionsfrequenz der Moleküle modulieren. Dies kann z. B. dadurch erreicht werden, dass man die absorbierenden Moleküle in ein moduliertes elektrisches Feld bringt. Dieses wird erzeugt durch eine auf dem Potential $U = U_0 \cos(2\pi f t)$ liegende Metallplatte in der Mitte der Absorptionszelle und den beiden auf Erdpotential liegenden Wänden der Zelle (Abb. 12.1). Um eine genügend große Stark-Verschiebung zu erreichen, werden Spannungen bis zu 20 kV verwendet. Infolge der Stark-Verschiebung (Abschn. 10.4) werden die Absorptionslinien periodisch verschoben und aufgespalten. Die Aufspaltung in die Stark-Komponenten dient gleichzeitig zur Identifizierung der Rotationsquantenzahl J und erlaubt deshalb eine leichtere Identifizierung des Absorptionsspektrums (Abb. 12.4). Detaillierte Darstellungen der experimentellen Techniken der Mikrowellenspektroskopie und ihre Bedeutung für die Molekülphysik findet man in [12.1–12.3].

12.2 Infrarot- und Fourier-Spektroskopie

Die Infrarot-Spektroskopie umfasst den Spektralbereich zwischen $0{,}75\,\mu\text{m} < \lambda < 100\,\mu\text{m}$, in dem die Schwingungs-Rotations-Übergänge der Moleküle liegen (siehe Abschn. 8.2). Man kann die Absorptionsspektren in diesem Bereich auf zwei verschiedene Arten messen:

a) Man verwendet eine monochromatische durchstimmbare Strahlungsquelle (Halbleiterlaser oder Differenzfrequenz-Laser oder optische parametrische Oszillatoren). Dann hat man analoge Verhältnisse wie bei der Mikrowellenspektroskopie.
b) Man verwendet eine breitbandige Strahlungsquelle (ein glühender Stift (Nernst Stift) oder eine Quecksilber-Hochdrucklampe), die eine kontinuierliche thermische Strahlung aussendet deren Maximum von der Temperatur der Quelle abhängt und z. B. bei $T = 2000\,\text{K}$ bei $\lambda = 1{,}5\,\mu\text{m}$ liegt. Hier braucht man jedoch einen Monochromator, um die Strahlung spektral zu zerlegen.

Im Fall a) hängt die spektrale Auflösung von der Linienbreite der Strahlungsquelle ab. Ist diese kleiner als die Linienbreite der Absorptionslinien, so bestimmt die letztere die Auflösung.

Im Fall b) wird die spektrale Auflösung meistens durch das Auflösungsvermögen des verwendeten Monochromators begrenzt. Nur bei Messungen mit Interferometern, (z. B. bei der Fourier-Spektroskopie) erreicht man die Linienbreiten der Absorptionslinien.

In Abb. 12.5 sind zwei Messanordnungen für die Fälle a) und b) miteinander verglichen. Im Fall a) der durchstimmbaren monochromatischen Strahlungsquelle braucht man keinen Monochromator. Man kann wegen der guten Strahlbündelung von Laser-Strahlungsquellen Vielfachreflexionszellen verwenden und damit die Absorptionslänge erhöhen. Wird der Laserstrahl vor der Absorptionszelle durch einen Strahlteiler in zwei gleiche Anteile aufgeteilt, von denen einer durch die Absorptionszelle läuft, der andere auf einen Referenzdetektor fällt, so lässt sich durch Differenz- und Quotientenbildung der beiden Signale

$$\frac{I_0 - I_t}{I_0} = 1 - e^{-\alpha L} \approx \alpha L \tag{12.8}$$

der Absorptionskoeffizient $\alpha(\nu)$ bestimmen, wobei Schwankungen der Strahlungsquelle weitgehend eliminiert werden. Ist die Linienbreite des Lasers kleiner als die spektrale Breite der Absorptionslinien, so lässt sich deren Linienprofil messen.

In Abb. 12.5b ist für den Fall b) ein typisches Infrarot-Spektrometer schematisch dargestellt. Auch hier wird ein Strahlteiler verwendet, der als segmentierter Spiegel

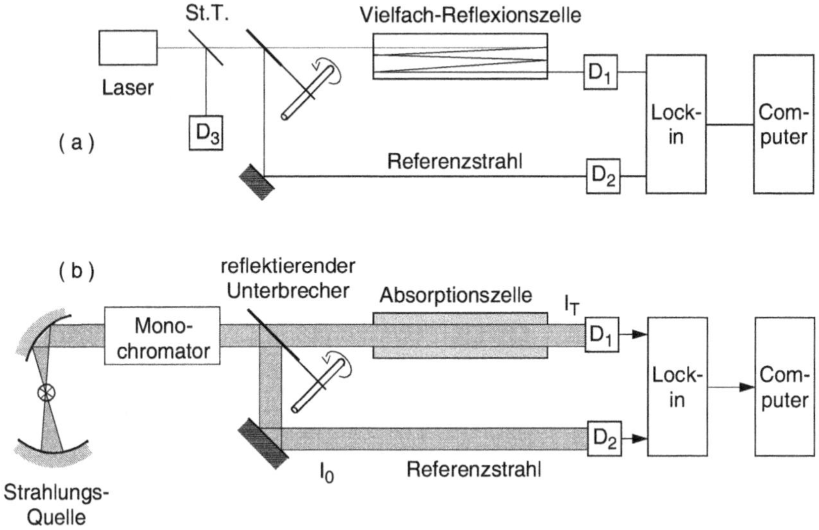

Abb. 12.5: Vergleich der Absorptionsspektroskopie mit einem durchstimmbaren Laser (a) und mit einer thermischen Strahlungsquelle (b).

ausgebildet ist und abwechselnd den Referenzstrahl und den durch die Absorptionszelle transmitierten Strahl auf den Detektor lenkt, sodass wieder die Differenz $I_0 - I_t$ mit einem auf die Strahlteilerfrequenz abgestimmten Lock-in-Detektor gemessen werden kann.

Die Signale werden mit Hilfe eines Computers ausgewertet und die Spektren werden dann entweder ausgedruckt oder elektronisch weiter verarbeitet.

Eine neue Technik, welche die klassische Infrarot-Spektroskopie immer mehr verdrängt, ist die Fourier-Spektroskopie [12.4, 12.5]. Sie hat gegenüber der klassischen Absorptions-Spektroskopie neben ihrer höheren spektralen Auflösung eine Reihe weiterer Vorteile, die wir weiter unten diskutieren wollen. Sie braucht zur Darstellung der Spektren einen schnellen Computer. Dies hat früher den hohen Preis eines Fourierspektrometers bestimmt. Seit es schnelle und billige PCs mit implementierten Fouriertransformations-Routinen gibt, ist der Preis stark gefallen und inzwischen gibt es in den meisten Infrarot-Spektroskopie-Labors Fourier-Spektrometer.

Das Prinzip eines Fourier-Spektrometers basiert auf einer Zweistrahlinterferenz in einem modifizierten Michelson-Interferometer (Abb. 12.6). Die einfallende Strahlung einer spektral kontinuierlichen Strahlungsquelle wird durch einen Strahlteiler *St* in zwei Teilstrahlen aufgeteilt, die zu den beiden Spiegeln M_1 und M_2 geschickt werden. Dort werden sie reflektiert und am Strahlteiler wieder überlagert. In der Beobachtungsebenen B hängt die Intensität vom Wegunterschied Δs der beiden Teilstrahlen ab. Wird der Spiegel M_2 kontinuierlich mit der Geschwindigkeit v in eine Richtung bewegt, so ändert sich dieser Wegunterschied $\Delta s = \Delta s_0 + 2vt$ dauernd und damit die Überlagerungsintensität am Detektor. Wählt man den Zeitnullpunkt $t = 0$

so, dass $\Delta s_0(0) = 0$ ist, so ist $\Delta s = 2vt$, d. h. der Wegunterschied ist eine lineare Funktion der Zeit.

Wir wollen uns das Prinzip zuerst an der Messung einer monochromatischen einfallenden Welle mit der Intensität $I = I_0 \cos(\omega t - kz)$ klarmachen (Abb. 12.7a). Wenn die beiden interferierenden Teilwellen die Amplituden A_1 und $A_2 = A_1$ haben $(A_1^2 + A_2^2 = I_0)$, dann ist die über eine Periode der Welle gemittelte Intensität am Detektor

$$I_D = [A_1 \cos(\omega t + \varphi_1) + A_2 \cos(\omega t + \varphi_2)]^2$$
$$\langle I_D \rangle = \frac{1}{2} I_0 \, [1 + \cos(\varphi_1 - \varphi_2)] \quad \text{mit } \varphi_1 - \varphi_2 = 2\pi \Delta s/\lambda \, . \tag{12.9}$$

Da die Wegdifferenz $\Delta s = 2vt$ proportional zur Zeit anwächst, wird wegen

$$2\pi \Delta s/\lambda = 2(\omega v/c)t$$

das Signal $S(t) \propto \langle I_D(t) \rangle$ am Detektor eine periodische Funktion der Zeit mit der Periodenfrequenz $\Omega = 2(v/c)\omega$. Die Frequenz ω der einfallenden Welle wird also umgesetzt in die viel kleinere Frequenz $\Omega = 2(v/c)\omega$ und kann daher elektronisch gemessen werden.

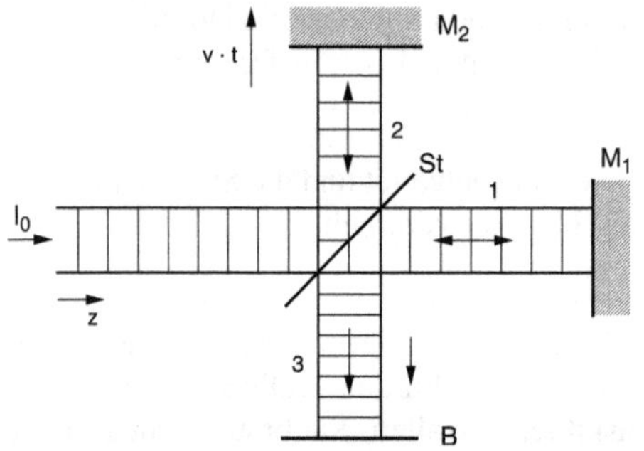

Abb. 12.6: Prinzip des Michelson-Interferometers.

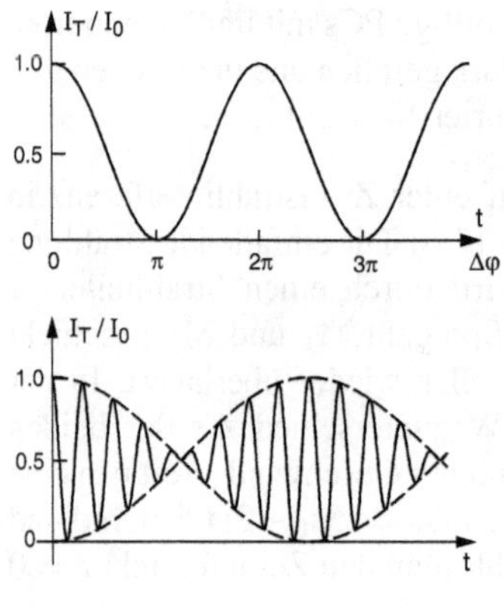

Abb. 12.7: Interferogramm (a) einer monochromatischen Welle (b) einer Welle mit zwei Frequenzen.

Beispiel

$v = 5\,\text{cm/s};\ \omega = 10^{14}\,\text{s}^{-1} \Rightarrow \Omega = 33{,}2 \cdot 10^{3}\,\text{s}^{-1}$.

Werden zwei Teilwellen mit den Frequenzen ω_1 und ω_2 durch das Michelson-Interferometer geschickt, so entsteht in der Detektorebene die Überlagerungsintensität

$$\begin{aligned} I_\text{D} = {} & A_1^2\,[\cos(\omega_1 t + \varphi_1) + \cos(\omega_1 t + \varphi_2)]^2 \\ & + A_2^2\,[\cos(\omega_2 t + \varphi_3) + \cos(\omega_2 t + \varphi_4)]^2\ . \end{aligned}$$

Mit $A_1^2 = A_2^2 = \frac{1}{2} I_0$ wird dies:

$$\begin{aligned} I_\text{D} = {} & \frac{I_{01}}{2}\big[\cos^2(\omega_1 t + \varphi_1) + \cos^2(\omega_1 t + \varphi_2) \\ & + \cos(2\omega_1 t + \varphi_1 + \varphi_2) + \cos(\varphi_1 - \varphi_2)\big] \\ & + \frac{I_{02}}{2}\big[\cos^2(\omega_2 t + \varphi_3) + \cos^2(\omega_2 t + \varphi_4) \\ & + \cos(2\omega_2 t + \varphi_3 + \varphi_4) + \cos(\varphi_3 - \varphi_4)\big]\ . \end{aligned} \tag{12.10}$$

Der Detektor mittelt über die schnellen Oszillationen mit den Frequenzen ω_1 und ω_2, sodass die mittlere Intensität als Funktion der Zeit beim Durchfahren des Spiegels M_2 wegen $\varphi_1 - \varphi_2 = 2\omega v t/c$

$$\begin{aligned} \langle I_\text{D} \rangle & = \frac{1}{2} I_{10}\,[1 + \cos(2\omega_1 v t/c)] + \frac{1}{2} I_{20}\,[1 + \cos(2\omega_2 v t/c)] \\ & = I_0\,[1 + \cos(\Omega_1 - \Omega_2)t \cdot \cos(\Omega_1 + \Omega_2)t] \\ & \quad \text{mit } I_{10} = I_{20} = I_0 \text{ und } \Omega = \omega v/c \end{aligned} \tag{12.11}$$

wird. Dies ist ein Schwebungssignal mit der mittleren Frequenz $\Omega_\text{m} = (v/c)(\omega_1 + \omega_2)$ und der Schwebungsfrequenz $\Omega_\text{s} = (v/c)(\omega_1 - \omega_2)$ (Abb. 12.7b). Aus diesem Schwebungssignal lassen sich die beiden Frequenzen der Eingangswelle

$$\omega_1 = \frac{1}{2}\frac{c}{v}\,(\Omega_\text{m} + \Omega_\text{s})\ ; \quad \omega_2 = \frac{1}{2}\frac{c}{v}\,(\Omega_\text{m} - \Omega_\text{s}) \tag{12.12}$$

bestimmen, wenn die Spiegelverschiebung so groß ist, dass wenigstens eine ganze Schwebungsperiode gemessen werden kann.

In beiden Fällen ist das gemessene Signal $S(t)$ die Fouriertransformierte der Eingangsintensität $I(\omega)$. Es gilt nämlich mit $\Delta s = \delta = 2vt$

$$S(\delta) = \int_{-\infty}^{+\infty} I(\omega) \cos(w/c)\delta \,\mathrm{d}\omega\ . \tag{12.13}$$

Wenn die einfallende Welle nur eine Frequenz ω_0 enthält, ist $I(\omega) = I_0 \cos \omega_0 t$ und man erhält für $I(t)$ (12.9). Wenn die einfallende Welle ein Spektrum mit vielen verschiedenen Frequenzen enthält, so sieht die Überlagerungsintensität $I(t)$ in der Beobachtungsebene komplizierter aus. Aber auch dann gilt (12.13). Die Auflösung nach $I(\omega)$ ergibt:

$$I(\omega) = \int_{-\infty}^{+\infty} S(\delta) \cos(2\omega(v/c)t) \, d\delta \,. \tag{12.14}$$

Die Fouriertransformation der gemessenen Zeitfunktion $S(\delta) \propto I(t)$ ergibt also das Spektrum der Eingangsintensität $I(\omega)$.

Wenn jetzt eine spektral kontinuierliche Strahlung durch eine Absorptionszelle läuft, dann fehlen in der transmittierten Intensität Anteile bei den Absorptionsfrequenzen. Die transmittierte Intensität kann dann dargestellt werden als

$$I_t = I_0 - I_a(\omega) \,,$$

wobei wir annehmen, dass das Spektrum I_0 der Strahlungsquelle über den Spektralbereich der Absorptionslinien konstant ist. Da die Fouriertransformierte einer Konstanten wieder eine Konstante ergibt, gelten dieselben Überlegungen für $I_a(\omega)$ wie für ein Emissionsspektrum $I_e(\omega)$.

Bei der mathematischen Fouriertransformation sind die Grenzen von $t = -\infty$ bis $+\infty$. Im Experiment wird jedoch nur über eine begrenzte Zeitspanne T gemessen. Dies kann man bei der Fouriertransformation berücksichtigen, wenn man eine Zeitfensterfunktion $g(t)$ einführt, sodass das Integral in (12.14) modifiziert wird zu

$$I(\omega) = \int_{-\infty}^{+\infty} g(t) S(\delta) \cos(2\omega(v/c)t) \, d\delta \,, \tag{12.15}$$

wobei $g(t) = 1$ für $0 > t > T$ und sonst null ist. Bei einer solchen rechteckigen Zeitfensterfunktion entstehen jedoch bei der Fouriertransformation des gemessenen Spektrums für jede Linie Seitenmaxima, die sich benachbarten Linien überlagern können. Dies ist völlig analog zur Beugung von Licht an einem Rechteckspalt. Um diese störenden Artefakte zu vermeiden, führt man eine Apodisierungsfunktion ein. Die Zeitfensterfunktion $g(t)$ ist nicht mehr eine Rechteckfunktion, sondern hat z. B. ein Gaußprofil

$$g(t) = e^{-(t-t_0)^2/\Delta t^2} \,. \tag{12.16}$$

Bei der Cosinus-Fouriertransformation muss der Zeitnullpunkt, bei dem der Wegunterschied $\Delta s = 0$ ist, genau bekannt sein. Dies wird erreicht, indem das Interferogramm einer Breitbandstrahlungsquelle simultan mit aufgenommen wird (Abb. 12.8). Wegen der großen spektralen Bandbreite ist die Kohärenzlänge dieser Quelle sehr klein und nur für $\Delta s = 0$ erhält man eine enge Interferenzstruktur. Um eine sehr gleichmäßige Weg-Zeit-Funktion $\Delta s(t)$ zu erhalten, wird simultan das Interferogramm eines frequenzstabilen He-Ne-Lasers aufgenommen, das die Form von Abb. 12.7a hat. Der Wegabstand zwischen zwei Maxima ist genau $\Delta s = \lambda/2$, sodass der Computer bei der Fouriertransformation genaue Weg- und Zeitmarken erhält.

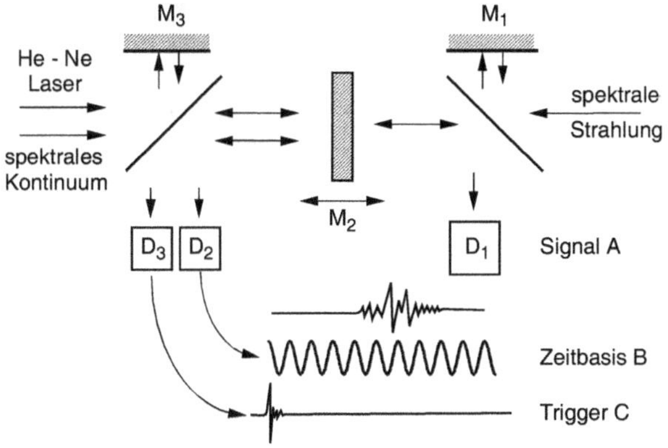

Abb. 12.8: Schematischer Aufbau eines Fourier-Spektrometers.

Die Vorteile der Fourier-Spektroskopie lassen sich folgendermaßen zusammenfassen:

a) Es wird immer gleichzeitig der ganze Spektralbereich gemessen, der durch das Interferometer durchgelassen und vom Detektor erfasst wird, während bei der klassischen und Laser-Infrarot-Spektroskopie jedesmal nur ein schmales Intervall $\Delta\nu$ gemessen wird, das der Linienbreite des Lasers oder dem vom Monochromator aufgelösten Intervall entspricht. Ist der gesamte Spektralbereich $\nu_1 - \nu_2$, so wird dieser in $Z = (\nu_1 - \nu_2)/\Delta\nu$ Schritten durchfahren. Bei gleicher Messzeit für das gesamte Spektrum wird jedes Spektralintervall bei der Fourier-Spektroskopie also Z mal länger gemessen, d. h. das Signal-zu-Rausch-Verhältnis ist hier um den Faktor $Z^{1/2}$ besser.

b) Die spektrale Auflosung $\delta\nu$ kann durch die Wahl des maximalen Wegunterschieds Δs, d. h. durch die Fahrstrecke des bewegten Spiegels, eingestellt werden. Es gilt $\delta\nu = c/(2\pi\Delta s)$.

Beispiel

Bei einer maximalen Wegdifferenz $\Delta s = 0{,}3$ m erhält man eine Frequenzauflösung von $\delta\nu = 150$ MHz. Bei einer Frequenz von $\nu = 10^{14}$ Hz bedeutet dies ein relatives Auflösungsvermögen $\nu/\Delta\nu = 6{,}3 \cdot 10^5$. Für $\delta s = 2$ m erhält man $\nu/\delta\nu = 4{,}2 \cdot 10^6$.

In Abb. 12.9 wird zur Illustration das Fourier-Spektrum eines Oberton-Schwingungs-Überganges im Chloroform-Molekül gezeigt, bei dem die einzelnen Rotationslinien aufgelöst sind.

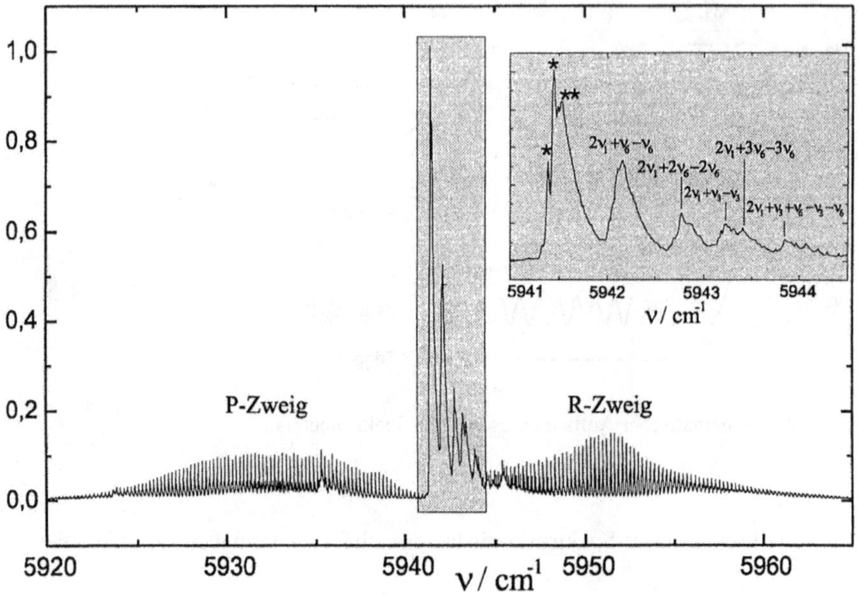

Abb. 12.9: Ausschnitt aus dem Fourierspektrum des Oberton-Übergangs $2\nu_1$ von $CHCl_3$ [12.6].

12.3 Klassische Spektroskopie im sichtbaren und ultravioletten Bereich

Die meisten elektronischen Übergänge von Molekülen liegen im sichtbaren oder UV-Bereich. Deshalb gibt die Spektroskopie in diesem Wellenlängenbereich Aufschlüsse über angeregte elektronische Zustände. In Kombination mit Techniken hoher Zeitauflösung erlauben spektroskopische Methoden Untersuchungen der Dynamik angeregter Moleküle, d. h. schneller Relaxationsprozesse angeregter Zustände oder das Studium von Energietransfer-Prozessen nach optischer Anregung. Ein weites Anwendungsgebiet solcher Experimente ist die Photochemie, bei der die Initiierung chemischer Prozesse durch Absorption von Photonen untersucht wird.

Wir wollen in diesem Abschnitt einen kurzen Überblick über die Geräte und experimentellen Techniken der klassischen Molekülspektroskopie in diesem Spektralbereich geben. Für detailliertere Darstellungen spezieller Aspekte wird auf die jeweils angegebene Literatur verwiesen.

Als Lichtquellen wurden lange Zeit Hochdruck-Gasentladungslampen oder Wolframbandlampen als kontinuierliche thermische Strahlungsquellen bei $T = 1200 - 2000$ K verwendet. Für zeitaufgelöste Messungen dienten gepulste Blitzlampen oder Funkenentladungen als Quellen kurzer Strahlungspulse. Durch den Bau neuer Synchrotron-Strahlungsquellen stehen jetzt intensive Pulse mit hoher Repetitionsrate zur Verfügung, deren Spektrum vom nahen Infrarot bis weit in das Vakuum-Ultraviolett und

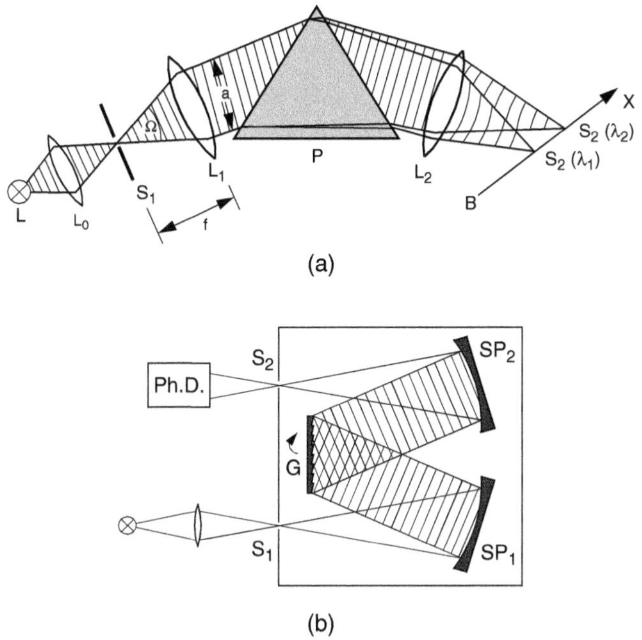

Abb. 12.10: (a) Prismenspektrograph, (b) Gitterspektrograph.

Röntgengebiet reichen. Der überwiegende Anteil aller spektroskopischen Experimente benutzt jedoch inzwischen Laser in ihren verschiedenen Ausführungsformen (siehe nächster Abschnitt).

Bei Strahlungsquellen mit einem breiten Emissionsspektrum muss die Strahlung spektral zerlegt werden. Dies geschieht überwiegend mit Hilfe von Prismen- oder Gitter-Spektrographen (Abb. 12.10). Zwei Spektrallinien gelten als noch aufgelöst, wenn ihr Frequenzabstand mindestens gleich ihrer vollen Halbwertsbreite ist (Abb. 12.11). Die erreichbare minimale Linienbreite ist entweder vom Auflösungsvermögen der verwendeten Apparatur begrenzt oder von der inherenten Breite der Absorptionslinien, die durch die Dopplerbreite oder durch Druckverbreiterung bedingt ist (siehe Abschn. 4.3).

Das spektrale Auflösungsvermögen

$$\left|\frac{\lambda}{\Delta\lambda}\right| = \left|\frac{\nu}{\Delta\nu}\right| \tag{12.17}$$

eines Spektrometers kann man sich wie folgt überlegen:

Die durch das Spektrometer laufende Strahlung, die zwei Spektrallinien mit den Wellenlängen λ und $\lambda + \Delta\lambda$ enthalten möge, wird im dispergierenden Element des Spektrometers um die Winkel Θ bzw. $\Theta + \Delta\Theta$ abgelenkt (Abb. 12.12). Wird das parallele Strahlenbündel durch die Linse L_2 oder einen Hohlspiegel mit der Brenn-

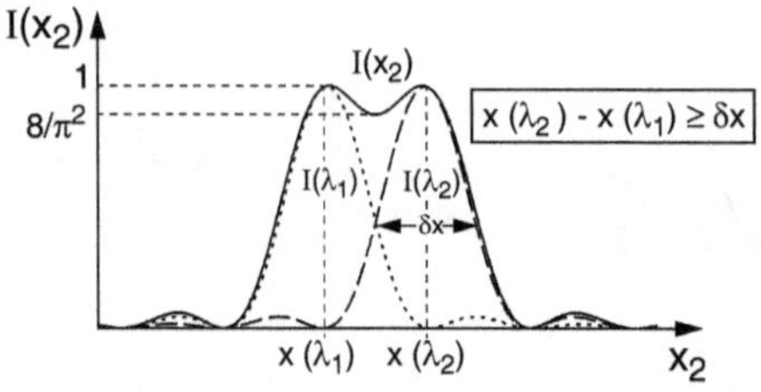

Abb. 12.11: Zur Definition der Auflösung von zwei Spektrallinien.

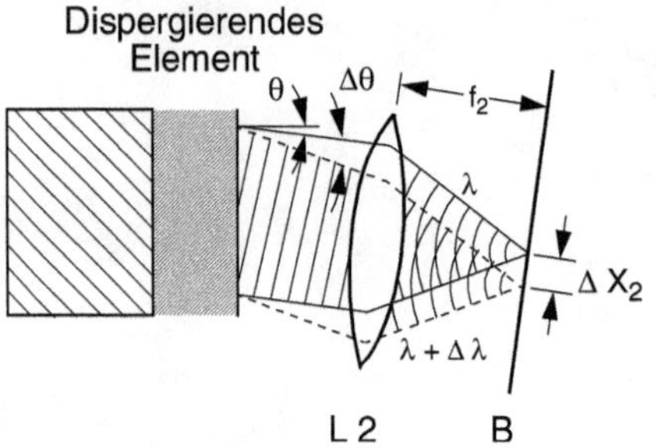

Abb. 12.12: Winkeldispersion eines Spektrometers.

weite f_2 auf die Beobachtungsebene fokussiert, so ist der Abstand der Bilder $S(\lambda)$ der beiden Spektrallinien

$$\Delta x_2 = f_2 \frac{d\Theta}{d\lambda} \Delta\lambda = \frac{dx}{d\lambda} \Delta\lambda \, . \tag{12.18}$$

Bei einer Eintrittsspaltbreite δx_1, einer Brennweite f_1 der Kollimationslinse und f_2 der Abbildungslinse L_2 wird die Breite des Spaltbildes in der Beobachtungsebene

$$\delta x_2 = (f_2/f_1)\delta x_1 \, . \tag{12.19}$$

In diesem Fall wird das Auflösungsvermögen wegen der Forderung $\Delta x_2 \geq \delta x_2$

$$\frac{\lambda}{\Delta\lambda} = \frac{\lambda}{\Delta x_2} \frac{dx}{d\lambda} \leq \frac{f_1}{f_2} \frac{\lambda}{\delta x_1} \frac{dx}{d\lambda} \, . \tag{12.20}$$

Im Prinzip kann man daher das Auflösungsvermögen erhöhen durch Verringerung der Eintrittsspaltbreite δx_1. Dies geht jedoch nur bis zu einer durch die Beugung bedingten Grenze. Selbst bei einem unendlich schmalen Spalt wird das Spaltbild infolge der Beugung durch die Begrenzungen des Strahlenganges im Spektrometer, (z. B. durch die Größe des Prismas oder des Gitters) eine Beugungsfigur mit der Fußpunktsbreite

$$\delta x_2 = 2 f_2 \lambda / a \tag{12.21}$$

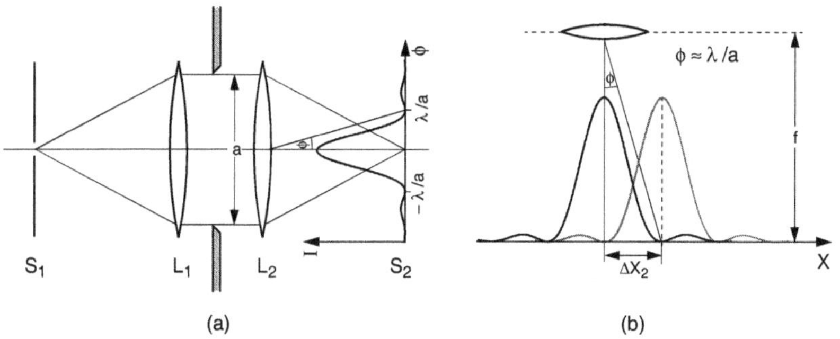

Abb. 12.13: Beugungsstruktur des Bildes eines engen Eintrittsspaltes infolge der Beugung an der begrenzenden Apertur der Breite a im Spektrometer.

des zentralen Beugungsmaximums (Abb. 12.13), wobei a die Größe der begrenzenden Apertur (z. B. die Breite des Gitters) ist. Zwei Spektrallinien gelten als gerade noch aufgelöst, wenn das zentrale Beugungsmaximum der einen in das erste Beugungsminimum der anderen Linie fällt. Dann ist ihr Abstand in der Beobachtungsebene

$$\Delta x_2 = f_2 \lambda / a \,. \tag{12.22}$$

Nun muss der Eingangsspalt eine endliche Breite haben, weil sonst keine Strahlung durchgelassen würde. Die für das Auflösungsvermögen und die transmittierte Leistung optimale Eingangsspaltbreite $\delta x_1 = (f_1/f_2)\Delta x_2 = f_1\lambda/a$ ist dann erreicht, wenn die Breite δx_2 des Spaltbildes gleich dem Abstand Δx_2 ist. Dann wird der minimale Abstand der Spaltbilder $(2f_2)\lambda/a$.

Die obere Grenze für das spektrale Auflösungsvermögen wird damit

$$\frac{\lambda}{\Delta\lambda} \le \frac{a}{2f_2}\frac{\mathrm{d}x}{\mathrm{d}\lambda} = \frac{a}{2}\frac{\mathrm{d}\Theta}{\mathrm{d}\lambda} \,. \tag{12.23}$$

Beim Prismenspektrographen ist bei einem 60° Prisma mit der Kantenlänge L bei symmetrischem Strahlengang (Abb. 12.14) die Winkeldispersion

$$\frac{\mathrm{d}\Theta}{\mathrm{d}\lambda} = \frac{1}{\sqrt{1-(n/2)^2}}\frac{\mathrm{d}n}{\mathrm{d}\lambda} \tag{12.24}$$

und damit das spektrale Auflösungsvermögen

$$\frac{\lambda}{\Delta\lambda} \le \frac{a/2}{\sqrt{1-(n/2)^2}}\frac{\mathrm{d}n}{\mathrm{d}\lambda} \approx 0{,}76\, a\frac{\mathrm{d}n}{\mathrm{d}\lambda} \,. \tag{12.25}$$

Die spektrale Dispersion $\mathrm{d}n/\mathrm{d}\lambda$ hängt ab vom verwendeten Prismenmaterial und von der Wellenlänge λ.

Das spektrale Auflösungsvermögen eines Prismenspektrographen ist bei genügend engem Eintrittsspalt durch die Größe des Prismas und die Dispersion des Prismenmaterials bestimmt.

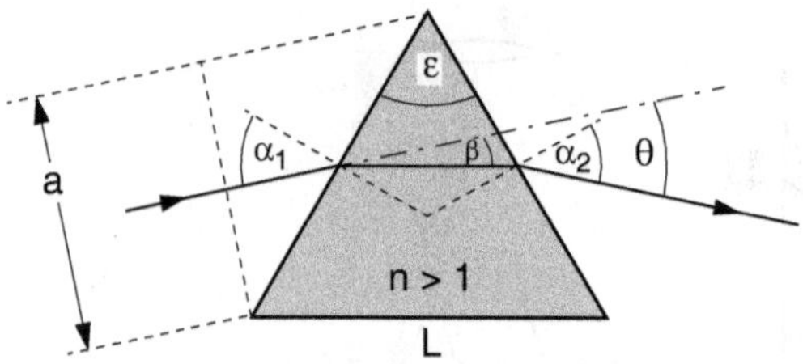

Abb. 12.14: Symmetrischer Strahlengang bei der Brechung an den Prismenflächen.

Beispiel

Für ein 60° Prisma aus synthetischem Quartz mit $L = 10\,\text{cm}$ wird $a = L/\sqrt{3}$. Bei $\lambda = 300\,\text{nm}$ ist der Brechungsindex $n = 1{,}52$ und $\mathrm{d}n/\mathrm{d}\lambda = 1400\,\text{cm}^{-1}$. Das spektrale Auflösungsvermögen ist dann $\lambda/\Delta\lambda = 6200$. Bei $\lambda = 300\,\text{nm}$ können dann noch zwei Spektrallinien getrennt werden, die einen Mindestabstand von $\Delta\lambda = 0{,}05\,\text{nm}$ haben.

Beim Gitterspektrographen kann die Winkeldispersion aus der Gittergleichung

$$d(\sin\alpha \pm \sin\beta) = m\lambda\;; \quad m = 1, 2, 3, \ldots \tag{12.26}$$

erhalten werden (Abb. 12.15), wobei d der Abstand zwischen zwei Gitterfurchen ist, α der Einfallswinkel und β der Beugungswinkel. Wenn die Richtung des reflektierten Strahls auf derselben Seite der Gitternormale liegt wie die des einfallenden Strahls, gilt das $+$-zeichen, sonst das $-$-Zeichen. Die Winkeldispersion ist dann

$$\frac{\mathrm{d}\beta}{\mathrm{d}\lambda} = \frac{1}{\mathrm{d}\lambda/\mathrm{d}\beta} = \frac{m}{d\cos\beta} = \frac{1}{\lambda}\frac{\sin\alpha \pm \sin\beta}{\cos\beta}\,. \tag{12.27}$$

Die halbe Fußpunktsbreite $\delta\beta$ des zentralen Beugungsmaximums beim Bild des Eintrittsspaltes ist durch die Zahl N der miteinander interferierenden Teilstrahlen,

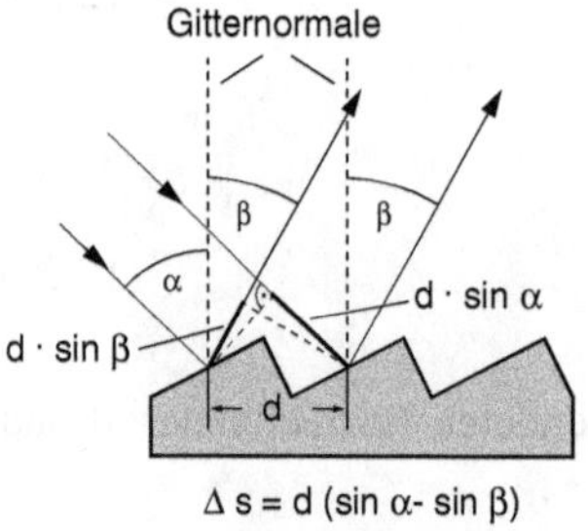

Abb. 12.15: Interferenz bei der Reflexion an einem Beugungsgitter. Zur Herleitung der Gittergleichung

d. h. durch die Zahl der beleuchteten Gitterfurchen gegeben. Es gilt:

$$\delta\beta = \frac{\lambda}{Nd} = \frac{\lambda}{D} \, . \tag{12.28}$$

Sie ist also so groß wie bei der Beugung an einem Spalt der Breite $D = Nd$.

Damit erhalten wir aus (12.27) für das spektrale Auflösungsvermögen

$$\frac{\lambda}{\Delta\lambda} \leq \frac{Nd(\sin\alpha + \sin\beta)}{\lambda} = mN \, . \tag{12.29}$$

Beispiele

$N = 10^5$, $m = 1 \Rightarrow \lambda/\Delta\lambda = 10^5$. Bei einer Wellenlänge von 500 nm lassen sich zwei Spektrallinien noch trennen, wenn ihr Abstand mindestens $\Delta\lambda = 0{,}005$ nm beträgt. In der Praxis muss jedoch die endliche Spaltbreite mit berücksichtigt werden. Mit $\alpha = \beta = 30°$ erhält man aus (12.27) eine Winkeldispersion $\mathrm{d}\beta/\mathrm{d}\lambda = 2{,}3 \cdot 10^{-3}$ rad/nm. Bei einer Brennweite von 1 m ergibt dies eine lineare Dispersion von 2,3 mm/nm. Bei einer Spaltbreite von 0,02 mm entspricht die Breite des Spaltbildes einem Spektralintervall von $\Delta\lambda = 0{,}01$ nm, sodass die tatsächliche Auflösung bei etwa 0,015 nm liegt.

Man sieht aber bereits aus diesem Beispiel, dass das Auflösungsvermögen von Gitterspektrographen wesentlich größer ist als das von Prismenspektrographen [12.7].

Der experimentelle Aufbau der klassischen Absorptions-Spektroskopie molekularer Gase unterscheidet sich für den sichtbaren oder UV-Bereich nicht wesentlich von dem in Abb. 12.5 gezeigten. Um eine möglichst hohe spektrale Auflösung zu erzielen, wurden in einigen Labors große Gitterspektrographen mit einer Brennweite von bis zu 10 m aufgebaut, wobei das Spektrometer ein eigener abgeschlossener Raum ist, in dem Gitter und Spiegel auf Betonblöcken montiert sind und die Spektren auf einer langen gekrümmten Photoplatte aufgenommen werden. Die Krümmung ist so berechnet, dass auch über einen großen Spektralbereich die Photoplatte immer in der Fokalfläche des abbildenden Spiegels steht. Die so aufgezeichneten Spektren müssen dann mit einem Mikrodensitometer vermessen und analysiert werden.

Im Vakuum-UV-Bereich sinkt das Reflexionsvermögen metallischer Oberflächen und es ist deshalb zweckmäßig, statt eines ebenen Gitters und zweier sphärischer Spiegel ein abbildendes gekrümmtes Gitter zu verwenden (Rowland-Gitter). Abbildung 12.16 zeigt eine typische Anordnung mit einem solchen Rowland-Gitter zur Absorptionsspektroskopie molekularer Gase im Vakuum-UV. Bei geeigneter Krümmung liegen Gitter, Eintritts- und Austrittsspalt auf einem Kreis (Rowland-Kreis). Das gesamte Spektrometer muss evakuiert sein, weil sonst die VUV-Strahlung von der Luft absorbiert würde [12.8].

Als besonders intensive Strahlungsquelle dient heutzutage die Synchrotronstrahlung. Die im Synchrotron auf einer Kreisbahn laufenden Elektronen hoher Energie emittieren Bremsstrahlung, die im Wesentlichen in der Bahnebene der Elektronen liegt

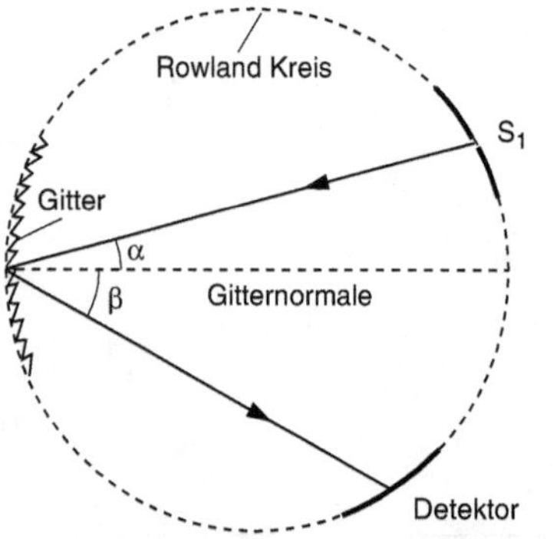

Abb. 12.16: Rowland-Spektrograph mit gekrümmtem Gitter zur spektralen Analyse von VUV-Strahlung.

und eng in Richtung der Tangente an die Elektronenbahn gebündelt ist. Die Strahlung ist in der Bahnebene linear polarisiert, für Richtungen schräg zur Bahnebene zirkular polarisiert (Abb. 12.17). Ihre spektrale Verteilung hängt von der Energie der Elektronen und vom Krümmungsradius ihrer Bahn ab (Abb. 12.18) und reicht vom Röntgengebiet bis in den sichtbaren Bereich. Es gibt inzwischen spezielle Elektronenspeicherringe (z. B. BESSY in Berlin) die ausschließlich zur Erzeugung von

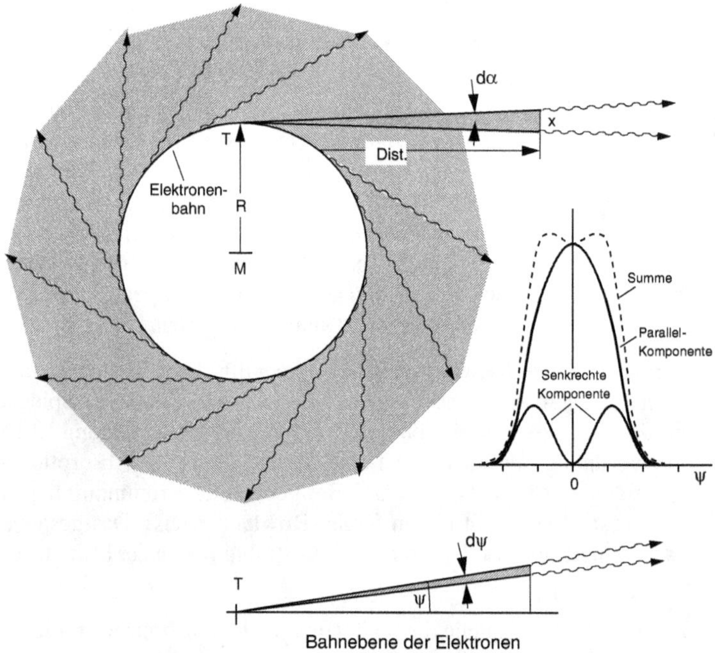

Abb. 12.17: Richtungscharakteristik und Polarisation der Synchrotronstrahlung.

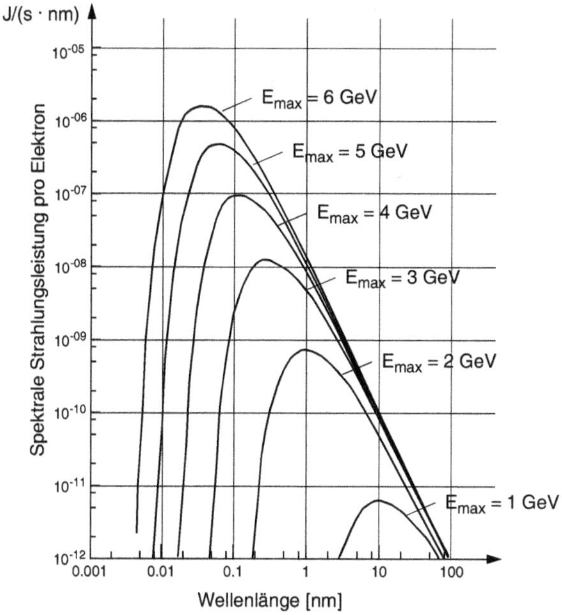

Abb. 12.18: Spektrale Verteilung der Synchrotronstrahlung für verschiedene Energien der Elektronen bei einem Krümmungsradius von 31,7 m [12.9].

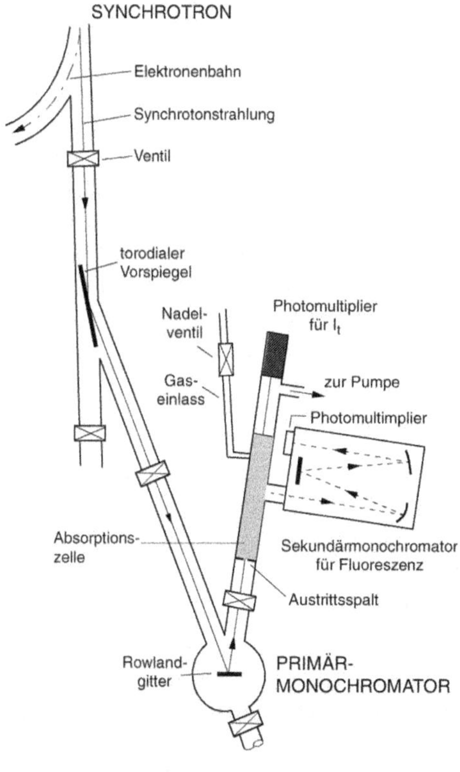

Abb. 12.19: Experimentelle Anordnung zur Vakuum-UV-Spektroskopie mit spektral zerlegter Synchrotronstrahlung. Der torodiale Vorspiegel lenkt die Synchrotron-Strahlung auf das Rowland-Gitter, das sie dann auf den Eintritsspalt der Absorptionszelle fokussiert. Die Absorption kann entweder durch die Schwächung der transmittierten Strahlung nachgewiesen werden oder durch die von den angeregten Molekülen ausgesandte Fluoreszenz.

Synchrotronstrahlung gebaut wurden. Sie enthalten in der Elektronenbahn magnetische Feldsysteme, in denen die Elektronen periodisch stark abgelenkt und damit beschleunigt werden („Undulators“ und „Wigglers“). Dadurch wird die Intensität der Synchrotronstrahlung um etwa 2 Größenordnungen erhöht. Die durch tangentiale Strahlrohre austretende Strahlung wird durch einen toriodalen Spiegel kollimiert und auf den Eintrittsspalt des Rowland-Spektrographen fokussiert (Abb. 12.19). Hinter dem Spektrographen steht die Absorptionszelle, und die transmittierte Intensität wird mit UV-empfindlichen Detektoren gemessen (z. B. mit einem offenen Photomultiplier, bei dem die Strahlung aus der ersten Metalldynode Photoelektronen auslöst, die dann durch ein elektrisches Feld auf eine Reihe von Metalldynoden beschleunigt werden und dort pro auftreffendes Elektron jedesmal etwa 4 – 8 Sekundärelektronen auslösen.

Man kann entweder die Schwächung der transmittierten Strahlung durch die absorbierenden Moleküle messen (Absorptionsspektrum) oder die von den angeregten Molekülen ausgesandte Fluoreszenz als Monitor verwenden (Anregungsspektroskopie).

Eine weitere Möglichkeit, intensive VUV-Strahlungsquellen zu realisieren, ist die Erzeugung extrem heißer Mikroplasmen durch fokussierte Strahlung gepulster Laser. Die Vorteile dieser Methode sind der wesentlich kleinere Platz für die Apparatur, die in einem normalen Laserlabor Platz findet und der geringere Preis. Der Nachteil ist die kleinere Repititionsrate.

12.4 Laserspektroskopie

Die Einführung von Lasern in die Spektroskopie hat eine Revolution in der Molekülphysik hervorgebracht. Die im Vergleich zu klassischen Strahlungsquellen wesentlich größere spektrale Intensität, die schmale Linienbreite von Einmodenlasern, die gute Strahlkollimierung und vor allem die Erzeugung ultrakurzer Lichtpulse haben eine große Zahl neuer Techniken ermöglicht, welche sowohl hinsichtlich der Nachweisempfindlichkeit geringer Molekülkonzentrationen als auch der spektralen Auflösung und der Messung extrem kurzer Zeiten experimentelle Begrenzungen der klassischen Spektroskopie überwinden konnten. In diesem Abschnitt wollen wir uns mit den wichtigsten dieser Techniken befassen [12.10].

12.4.1 Laser-Absorptionsspektroskopie

In Abb. 12.5 wurde bereits ein Vergleich zwischen der Absorptionsspektroskopie mit Lasern und mit kontinuierlichen Strahlungsquellen dargestellt.

Außer der guten Kollimierbarkeit von Laserstrahlen, die einen langen Absorptionsweg in einer Vielfachreflexionszelle möglich machen, ist die schmale Linienbreite von durchstimmbaren Einmodenlasern wichtig für die Erhöhung der Empfindlichkeit. Dies sieht man wie folgt:

Wenn $\Delta\omega_a$ die Breite einer Absorptionslinie ist und $\Delta\omega$ die spektrale Auflösung der Apparatur, die im Falle der Laserspektroskopie durch die Linienbreite $\Delta\omega_L$ des

Lasers bestimmt wird, so wird die gemessene relative Absorption

$$\frac{I_0 - I_t}{I_0} = \frac{L \int\limits_{\omega_0-\Delta\omega_a}^{\omega_0+\Delta\omega_a} I_0(\omega)\alpha(\omega)\,\mathrm{d}\omega}{\int\limits_{\omega_0-\Delta\omega}^{\omega_0+\Delta\omega} I_0(\omega)\,\mathrm{d}\omega}$$

$$\approx \begin{cases} \alpha(\omega_0)L & \text{für } \Delta\omega \ll \Delta\omega_a\,, \\ \bar{\alpha}L\dfrac{\Delta\omega_a}{\Delta\omega} & \text{für } \Delta\omega > \Delta\omega_a\,, \end{cases} \tag{12.30}$$

wobei $\bar{\alpha}$ der über das Intervall $2\Delta\omega$ gemittelte Absorptionskoeffizient ist. Man sieht daraus, dass bei gleicher Absorptionslänge die relative Absorption für $\Delta\omega > \Delta\omega_a$ um den Faktor $\Delta\omega_a/\Delta\omega$ kleiner wird als für $\Delta\omega < \Delta\omega_a$.

Beispiel

Wenn die kleinste noch messbare Absorption $\alpha L = 10^{-5}$ ist, dann lässt sich bei einer Absorptionslänge von 1 m für $\Delta\omega \ll \Delta\omega_a$ noch ein Absorptionskoeffizient $\alpha = 10^{-7}\,\text{cm}^{-1}$ nachweisen, während für $\Delta\omega = 50\,\Delta\omega_a$ die Grenze bei $\alpha = 5 \cdot 10^{-6}\,\text{cm}^{-1}$ liegt.

Genau wie bei der Mikrowellenspektroskopie kann die Empfindlichkeit gesteigert werden durch Modulationsverfahren. Als Beispiel sollen zwei solcher Verfahren vorgestellt werden. Beim ersten wird der Laserstrahl durch eine Pockels-Zelle geschickt, an die eine hochfrequente elektrische Spannung gelegt wird, die den Brechungsindex des Kristalls periodisch moduliert (Abb. 12.20a). Die transmittierte Laserwelle erleidet dadurch eine Phasenmodulation, was zu einer Frequenzmodulation führt, da die Frequenz die zeitliche Ableitung der Phase ist.

Diese Frequenzmodulation führt zu Seitenbändern im Frequenzspektrum der transmittierten Laserwelle (Abb. 12.20b). Wird die transmittierte Intensität mit einem phasenempfindlichen Detektor gemessen, der auf die Modulationsfrequenz f abgestimmt ist, so wird am Ausgang des Lock-in kein Signal erscheinen, solange keiner der beiden Seitenbänder von den Molekülen in der Absorptionszelle absorbiert wird, weil die Phase der beiden Seitenbänder um 180° gegeneinander versetzt ist und der Detektor deshalb zwei gleich große Signale mit entgegengesetzter Amplitude empfängt. Alle Schwankungen der Laserintensität werden durch diese Differenzbildung im detektierten Signal eliminiert. Fällt jedoch beim Durchstimmen der Laserfrequenz ω eines der Seitenbänder mit einer Absorptionslinie zusammen, so wird dieses Seitenband geschwächt und die Balance gestört. Der Detektor zeigt ein Signal an. Dieses Signal $S(\omega)$ hat (wie eine genauere Rechnung zeigt) in etwa die Form der zweiten Ableitung $\mathrm{d}^2\alpha/\mathrm{d}\omega^2$ des Absorptionskoeffizienten [12.11].

Das optimale Signal erhält man, wenn die Modulationsfrequenz gleich der Linienbreite der Absorptionslinien ist, die bei nicht zu hohen Drücken durch die Doppler-Breite bestimmt wird und im sichtbaren oder nahen infraroten Spektralbereich Werte

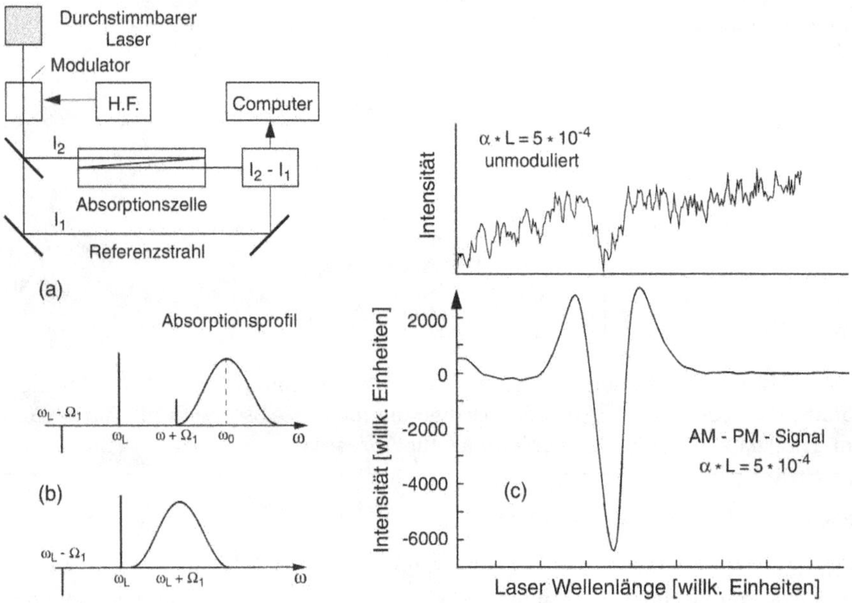

Abb. 12.20: Laser-Absorptionsspektroskopie mit frequenzmodulierter Strahlung (a) experimentelle Anordnung (b) Prinzip der Modulationsspektroskopie (c) Rotationslinie des Oberton-Überganges $(1, 2, 1) \leftarrow (0, 0, 0)$ im H_2O-Molekül mit und ohne Modulation gemessen.

um 1 GHz hat. Eine solch hohe Frequenz kann der Lock-in Detektor nicht ohne weiteres verarbeiten. Deshalb wird die Amplitude der Hochfrequenz, welche die Pockels-Zelle steuert, mit einer niedrigeren Frequenz moduliert (Zwei-Ton-Modulation) und das Signal dann auf dieser niedrigeren Frequenz nachgewiesen. Ein anderes Verfahren benutzt am Ausgang des schnellen Detektors einen Frequenzmischer, wobei die Signalfrequenz mit einer auf den Mischer gegebenen Referenzfrequenz überlagert wird und am Ausgang des Mischers die Differenzfrequenz detektiert wird.

Die Verbesserung des Verhältnisses von Signal-zu-Rauschen um etwa zwei Größenordnungen wird durch Abb. 12.20c illustriert. Hier wird eine Rotationslinie im Oberton-Schwingungs-Übergang $(1, 2, 1) \leftarrow (0, 0, 0)$ des H_2O-Moleküls gezeigt ohne und mit Modulation bei sonst gleichen Verhältnissen. Man erreicht mit diesem Verfahren Nachweisgrenzen der relativen Absorption von $\alpha L = 10^{-6}$ [12.12].

Bei einem anderen Verfahren wird die Wellenlänge des Lasers moduliert, indem einer der Spiegel des Laserresonators auf einen Piezokristall geklebt wird, sodass er bei Anlegen einer Wechselspannung an den Piezo periodisch bewegt werden kann und damit die Resonatorlänge entsprechend moduliert wird. In Abb. 12.21 wird der Effekt dieser Modulation auf die Signalform illustriert für den Fall, dass die Mittenfrequenz mit der Mitte der Absorptionslinie zusammenfällt. Die Signalform hängt ab vom Modulationshub. Die größte Signalamplitude erhält man, wenn der Wellenlängenhub etwa gleich der doppelten Linienbreite ist. Diese Methode hat den Vorteil, dass man keine Pockels-Zelle und keine hohen Modulationsfrequenzen braucht, die hier wegen

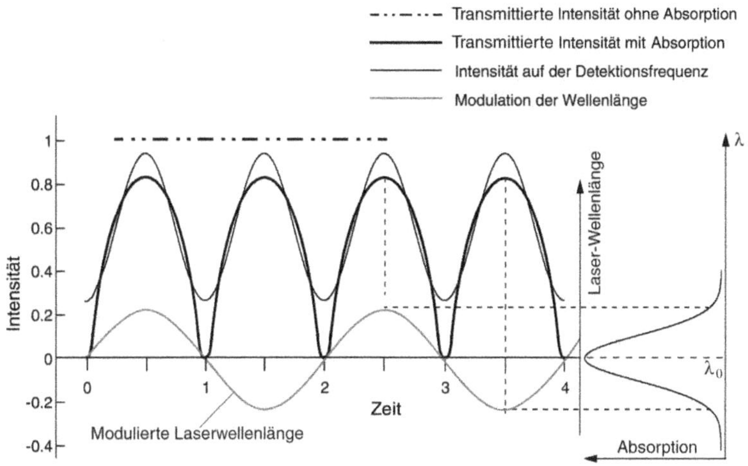

Abb. 12.21: Prinzip der Wellenlängen-Modulation.

der bewegten Masse des Spiegels auf kleine Werte von maximal 100 Hz beschränkt sind.

Man kann die Nachweisempfindlichkeit weiter steigern durch Verwendung einer Vielfach-Reflexionszelle und durch Differenz und Quotientenbildung zwischen einem Referenzstrahl und dem durch die Absorptionszelle geschickten Strahl. Der gesamte experimentelle Aufbau in Abb. 12.22 verwendet noch weitere Teilstrahlen des Lasers, die zur Wellenlängeneichung durch die Absorptionszelle eines Referenzgases

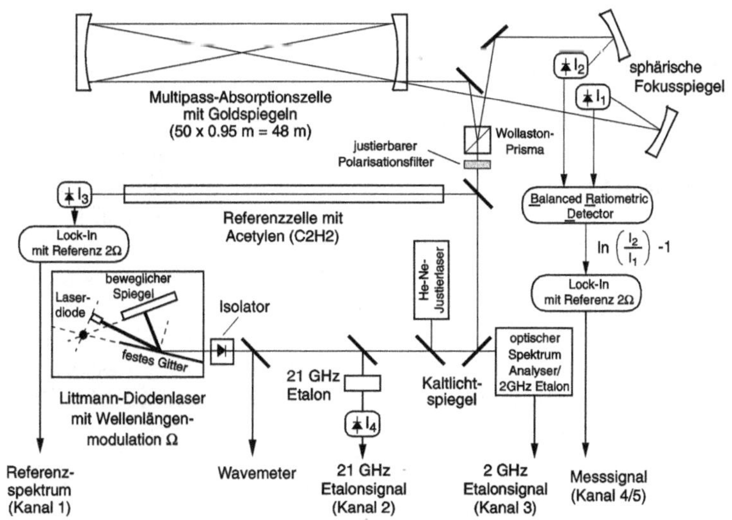

Abb. 12.22: Vollständiger apparativer Aufbau für die Modulationsspektroskopie [12.13].

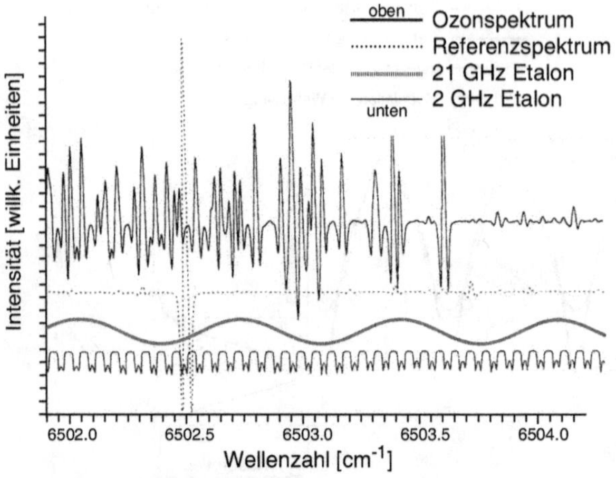

Abb. 12.23: Ausschnitt aus dem Obertonspektrum des O_3-Moleküls, gemessen mit der Wellenlängenmodulation [12.14].

geschickt werden und außerdem durch thermisch stabile Fabry-Perot Interferometer, deren Transmissionmaxima in gleichmäßigen Abständen Frequenzmarken erzeugen, die zur Korrektur einer ungleichmäßigen Frequenzdurchstimmung des Lasers gebraucht werden. Als Beispiel einer mit dieser Apparatur durchgeführten Messung ist in Abb. 12.23 ein Ausschnitt aus dem Obertonspektrum von gasförmigem Ozon gezeigt, in einem Spektralbereich um 6500 cm^{-1}, in dem der Absorptionskoeffizient sehr klein ist. Durch Absorption eines Laserphotons werden die Ozon-Moleküle in hohe Schwingungsniveaus dicht unterhalb der Dissoziationsgrenze des elektronischen Grundzustandes angeregt.

12.4.2 Spektroskopie im Laserresonator

Stellt man die absorbierende Probe in den Laserresonator, so wird die Laserintensität infolge der dadurch auftretenden Verluste verringert. Bei einem durchstimmbaren Einmodenlaser in einem Resonator mit zwei Spiegeln mit dem Reflexionsvermögen $R_1 = 1$ und $R_2 < 1$ läuft jedes Laserphoton im Mittel $1/(1 - R_2)$ mal hin und zurück durch den Resonator, sodass die gesamte Weglänge $L_{\text{eff}} = L/(1 - R_2)$ durch die Absorptionszelle der Länge L um den Faktor $(1 - R_2)^{-1}$ verlängert wird. Für $R_2 = 0{,}99$ ist dieser Faktor bereits 100. Die Änderung der Laserintensität durch die Absorptionsverluste wird besonders groß, wenn der Laser dicht oberhalb der Oszillationsschwelle betrieben wird. Dann misst man beim Durchstimmen des Lasers große Änderungen der Ausgangsleistung des Lasers, jedesmal wenn die Laserwellenlänge mit einer Absorptionslinie zusammenfällt. Man kann entweder die Änderung der Laserleistung oder die von den angeregten Molekülen in der Absorptionszelle emittierte Fluoreszenz messen (Abb. 12.24).

Die Empfindlichkeitssteigerung wird aber noch wesentlich größer, wenn man einen Vielmodenlaser verwendet, dessen spektral breite Ausgangsstrahlung durch einen

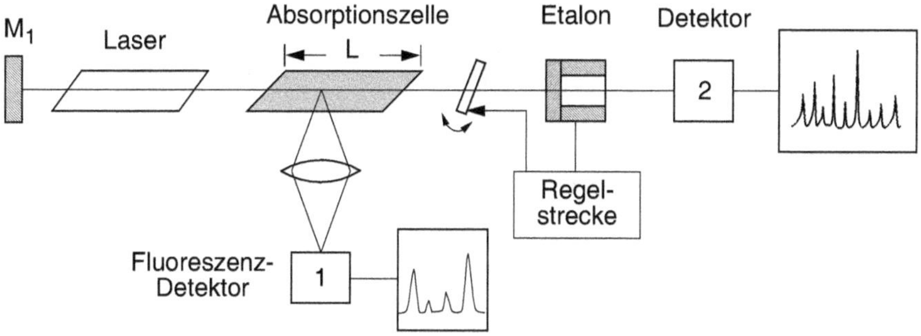

Abb. 12.24: Spektroskopie im Laser-Resonator.

Monochromator geschickt und dann spektral aufgelöst detektiert wird. Der Grund für diese große Empfindlichkeit sind Kopplungen der Lasermoden durch das aktive homogen verbreiterte Lasermedium auf Grund der Sättigung der Verstärkung durch induzierte Emission. Jede Lasermode verringert die Verstärkung nicht nur auf ihrer eigenen Frequenz, sondern auch für die Nachbarmoden. Wird durch das absorbierende Medium eine Lasermode geschwächt, so verringert diese im aktiven Medium den Verstärkungsfaktor weniger stark als ohne Absorption. Davon profitieren die Nachbarmoden, die dann stärker anwachsen und dadurch die Verstärkung für die geschwächte Mode verringern. Diese wird immer schwächer und kann sogar völlig unterdrückt werden. Im detektierten Laserspektrum sinkt dann bei der Wellenlänge der Absorptionslinie auch bei sehr schwacher Absorption die Laserintensität erheblich. Man erreicht dadurch eine sehr hohe Empfindlichkeit beim Nachweis schwacher Absorptionen. Man drückt dies häufig durch eine effektive Absorptionslänge L_{eff} aus, die mehrere hundert Kilometer betragen kann [12.15].

12.4.3 Absorptionsmessungen mit Hilfe der Abklingzeit eines Resonators

In den letzten Jahren wurde eine sehr empfindliche Methode entwickelt, bei der, ähnlich wie bei der Spektroskopie im Laserresonator, die absorbierende Probe in einen externen Resonator hoher Güte gesetzt wird. Hier wird aber ein gepulster Laser verwendet und die Absorption wird über die Änderung der Abklingzeit der im Resonator gespeicherten Strahlungsleistung gemessen (Abb. 12.25).

Nach Ende des in den Resonator eingekoppelten Laserpulses klingt im leeren Resonator die Leistung exponentiell ab

$$P(t) = P_0 \,\mathrm{e}^{-t/\tau_1} \tag{12.31}$$

mit der Abklingzeit τ_1

$$\tau_1 = \frac{-2L}{c\ln(R^2)} \approx \frac{T_{\mathrm{r}}}{2(1-R)}\,, \tag{12.32}$$

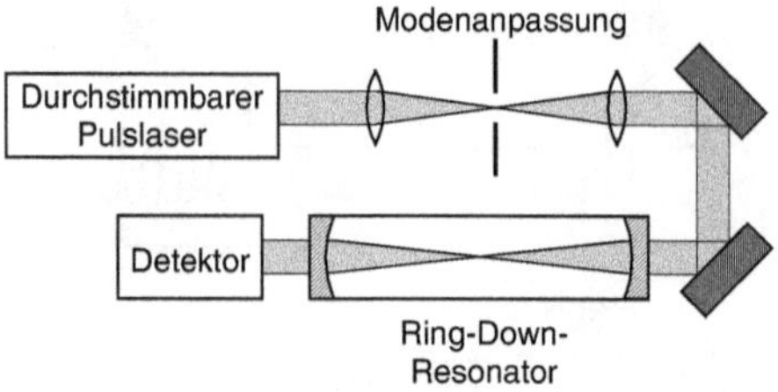

Abb. 12.25: Absorptionsmessung über die Abklingzeit eines Resonators.

wobei $T_r = 2L/c$ die Umlaufzeit im Resonator mit dem Spiegelabstand L ist und $R \approx 1$ das Reflexionsvermögen der beiden Resonatorspiegel.

Hat der Auskoppelspiegel mit der Absorption A und der Reflexion R das Transmissionsvermögen $T = 1 - R - A$, so misst der Detektor das zeitaufgelöste Signal $S(t) = TP(t)$.

Wird jetzt eine Probe von absorbierenden Molekülen in den Resonator gebracht, so verringert sich die Abklingzeit wegen der zusätzlichen Verluste auf

$$\tau_2 = \frac{T_r}{2(1 - R + \alpha L)} . \tag{12.33}$$

Aus (12.32) und (12.33) erhält man

$$\frac{1}{\tau_2} - \frac{1}{\tau_1} = \frac{2\alpha L}{T_r} \longrightarrow \alpha = \left[\frac{2}{c}\left(\frac{1}{\tau_2} - \frac{1}{\tau_1}\right)\right] . \tag{12.34}$$

Aus der Differenz $\frac{1}{\tau_2} - \frac{1}{\tau_1}$ der beiden gemessenen Abklingzeiten lässt sich also der Absorptionskoeffizient $\alpha = \sigma N_i$ bestimmen und bei Kenntnis der Dichte N_i der Moleküle im absorbierenden Zustand $|i\rangle$ auch der Absorptionsquerschnitt σ [12.16]. Für die Genauigkeit und Empfindlichkeit der Methode ist ein Resonator hoher Güte wesentlich, d. h. das Reflexionsvermögen der Resonator-Spiegel muss sehr hoch sein.

Beispiel

Angenommen, eine Probe mit dem Absorptionskoeffizient $\alpha = 10^-7cm^-1$ soll noch quantitativ nachgewiesen werden. Bei einer Länge der Absorptionszelle $L = 1m$ wird $\alpha L = 10^-5$. Bei einem Reflexionsvermögen von $R = 0,99$ wird mit $T_r = \frac{2L}{c} = 6,7 \cdot 10^-9s$ die Abklingzeit ohne Absorptionszelle $\tau_1 = 3,35 \cdot 10^-7s$, während sie mit Absorptionszelle $\tau_2 = 3,348 \cdot 10^-7s$ wird. Der relative Unterschied der beiden Abklingzeiten ist also kleiner als 10^-4 und man müsste die Abklingzeiten mit einer Genauigkeit von 10^-5 messen können, um die Konzentration der Probe mit einer Genauigkeit von 10% bestimmen zu können. Mit $R = 0.9995$ wird $\tau_1 = 6,7 \cdot 10^-6s$ und $\tau - 2 = 6,38 \cdot 10^-6s$. Die relative Differenz ist nun 4, 8%, also um einen Faktor 480 größer.

Man kann die Empfindlichkeit der Methode weiter steigern durch ein *Heterodyn-Verfahren.* Hier wird der einfallende Laserstrahl durch einen Strahlteiler vor der

Absorptionszelle aufgespalten, und einer der Teilstrahlen wird durch eine photoakustische Zelle frequenzverschoben. Nach der Absorptionszelle werden beide Strahlen wieder überlagert und das Signal auf der Differenzfrequenz gemessen [12.16]a.

12.4.4 Ionisations-Spektroskopie

Die Ionisations-Spektroskopie ist die empfindlichste Nachweismethode. Allerdings braucht man hier zwei Laser: Einen durchstimmbaren Laser (z. B. einen Farbstoff-Laser oder einen Halbleiter-Laser), dessen Wellenlänge über das interessierende Spektralgebiet durchgestimmt wird. Jedes mal wenn die Wellenlänge mit einem Absorptions-Übergang der zu untersuchenden Moleküle übereinstimmt, wird die Besetzungszahl im oberen Niveau dieses Überganges erhöht. Ein zweiter Laser kann nun die angeregten Moleküle ionisieren, wenn die Photonenenergie $h\nu_2$ größer ist als die Ionisationsenergie des angeregten Niveaus (Abb. 12.26). Die Ionen können dann durch ein elektrisches Feld auf die Kathode eines Ionen-Multiplieres abgezogen werden, wo sie eine Elektronenlawine erzeugen, die zu einem Spannungspuls am Ausgang des Multipliers führt. Man kann auf die Weise jedes gebildete Ion nachweisen. Wenn die Ionisationsrate des angeregten Niveaus viel größer ist als seine Relaxationsrate in tiefere Zustände, so kann man dann auch jedes absorbierte Photon des ersten Lasers nachweisen. Das Ionensignal

$$S_I = n_a \frac{P_{kI}}{P_k I + R_k} \delta = N_i n_L \sigma_{ik} \Delta x \frac{P_{kI}}{P_{kI} + R_k} \delta \qquad (12.35)$$

Dabei sind n_a die Zahl der pro s absorbierten Photonen, P_{kI} die Ionisationsrate des Niveaus $|k>$, R_k die Relaxationsrate von $|k>$, δ die Sammelwahrscheinlichkeit der gebildeten Ionen, N_i die Zahl der absorbierenden Moleküle pro Volumen, n_L die Zahl der einfallenden Laserphotonen $h\nu_1$ pro cm^2 und σ_{ik} der Absorptionsquerschnitt. Man sieht daraus, dass für $P_k i \gg R_k$ und $\delta = 1$ die Zahl der detektierten Ionen gleich der Zahl der absorbierten Laserphotonen des 1. Lasers ist. D. h. man kann jedes einzelne absorbierte Photon nachweisen.

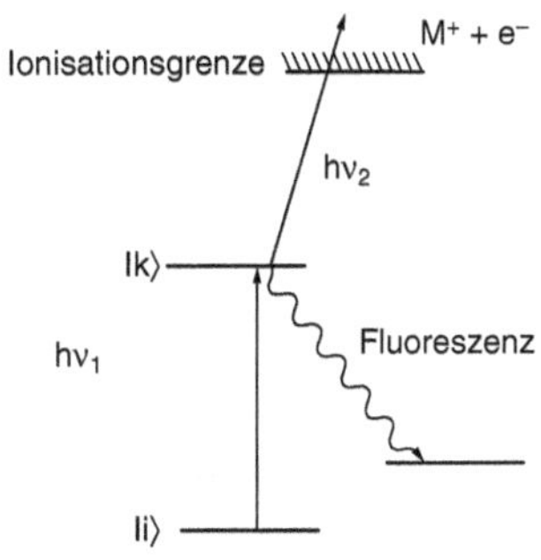

Abb. 12.26: Termschema für die resonante Zweistufen-Ionisation.

12.4.5 Photo-akustische Spektroskopie

Wird in die Absorptionszelle außer den absorbierenden Molekülen noch ein Edelgas als Stoßpartner gebracht, so können die durch Absorption von Laserphotonen angeregten Moleküle ihre Anregungsenergie durch Stöße mit den Edelgasatomen abgeben und in Translationsenergie der Stoßpartner umwandeln. Dadurch steigt die Temperatur des Gases und bei konstanter Dichte der Druck. Wird die anregende Laserstrahlung periodisch unterbrochen (Abb. 12.27), so entstehen in der Absorptionszelle periodische Druckschwankungen. Bei geeigneter Wahl der Unterbrecherfrequenz können so resonante stehende akustische Wellen in der Absorptionszelle angeregt werden, die von einem empfindlichen Mikrophon gemessen werden. Man wählt solche stehenden Schallwellen aus, bei denen das Mikrophon sich an einer Stelle maximaler Druckschwankung befindet. Wird die Laserwellenlänge kontinuierlich durchgestimmt, so erhält man bei jeder Absorptionslinie ein akustisches Signal. Weil hier die absorbierten Photonen durch ein akustisches Signal nachgewiesen werden, wird die Methode photo-akustische Spektroskopie genannt.

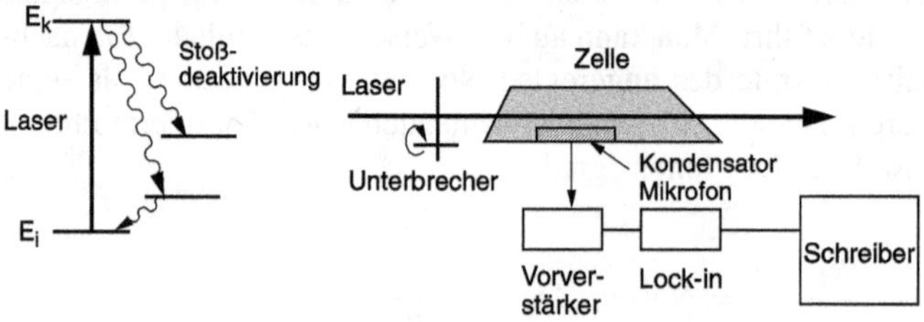

Abb. 12.27: Photo-akustische Spektroskopie.

Man kann die Empfindlichkeit der Methode weiter steigern, wenn man die akustische Zelle in einen optischen Resonator oder eine Vielfachreflexionszelle setzt (Abb. 12.28). Auf diese Weise lassen sich Absorptionskoeffizienten $\alpha < 10^{-9}\,\text{cm}^{-1}$ noch messen [12.17].

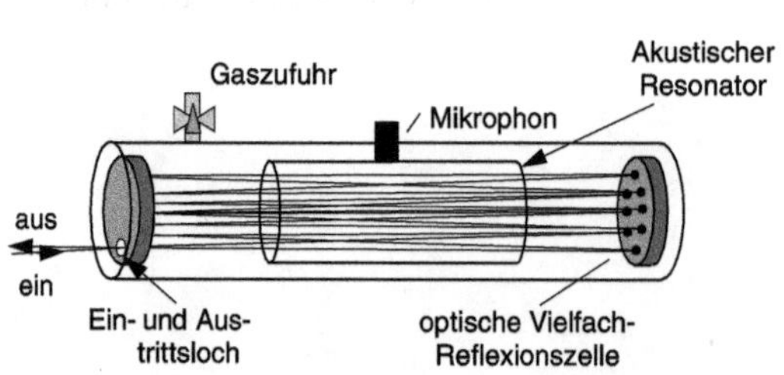

Abb. 12.28: Akustische Resonanzzelle innerhalb einer optischen Vielfachreflexions-Zelle.

12.4.6 Lasermagnetische Resonanz-Spektroskopie

Wie schon bei der Mikrowellenspektroskopie diskutiert wurde, können auch bei der Laserspektroskopie anstelle der Wellenlängenverschiebung der Strahlungsquelle

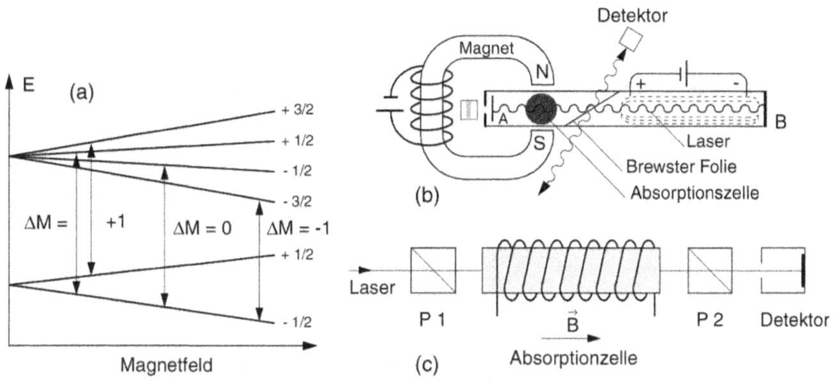

Abb. 12.29: Laser-Magnetische Resonanzspektroskopie (a) Termschema; (b) Probe im Laserresonator (c) Ausnutzung des Faraday-Effektes in einem longitudinalen Magnetfeld.

die Absorptionslinien der Moleküle durch ein magnetisches oder elektrisches Feld verschoben werden (Abb. 12.29a) und über die Frequenz eines Festfrequenzlasers durchgestimmt werden. Dies hat, vor allem im Infrarotbereich den Vorteil, dass man gut entwickelte und leistungsstarke Moleküllaser, wie den CO-Laser oder den CO_2-Laser verwenden kann, die auf mehreren hundert Linien oszillieren, von denen man durch ein Beugungsgitter im Laserresonator jeweils eine gewünschte Linie auswählen kann.

Da die Zeeman-Verschiebung von Molekülen in $^1\Sigma$-Zuständen sehr klein ist (siehe Abschn. 10.2) wird diese Methode hauptsächlich auf die Spektroskopie von Radikalen angewandt, wo durch den Spin des unabgesättigten Elektrons ein großes magnetisches Moment vorhanden ist [12.18].

Auch hier lassen sich verschiedene weiter oben diskutierte Techniken kombinieren, wie z. B. die Platzierung der Moleküle im Laser-Resonator oder Modulationsverfahren, wobei die Magnetfeldstärke moduliert wird. Zwei Beispiele sind in Abb. 12.29 gezeigt. In Abb. 12.29b befindet sich die Probe im Laser-Resonator, wobei das Lasermedium durch eine strahlungsdurchlässige Scheibe vom absorbierenden Medium getrennt ist. Der Magnet wird durchgestimmt, und die an der Trennscheibe reflektierte Laserstrahlung wird gemessen. Ein anderes Verfahren nutzt die Drehung der Polarisationsebene des Lichtes in einem longitudinalen Magnetfeld aus (Faraday-Effekt). Der Detektor hinter einem Polarisationsanalysator misst nur solche Übergänge, die durch das Magnetfeld beeinflusst werden (Abb. 12.29c).

12.4.7 Laser-induzierte Fluoreszenz

Bisher haben wir Verfahren vorgestellt, bei denen entweder die Laserwellenlänge über die Absorptionslinien durchgestimmt wurde oder die Absorptionslinien über die Laserwellenlänge. Bei der Laser-induzierten Fluoreszenz wird der Laser auf einen Absorptionsübergang $(v_k, J_k) \leftarrow (v_i, J_i)$ eingestellt und dort stabil gehalten. Die von den angeregten Molekülen im definierten Zustand (v_k, J_k) emittierte Fluo-

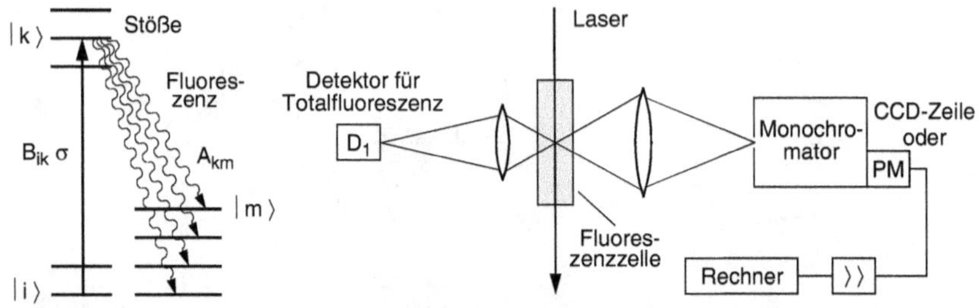

Abb. 12.30: Laser-induzierte Fluoreszenz.

reszenz wird entweder total oder spektral aufgelöst gemessen (Abb. 12.30). Wenn nur ein einziges Niveau selektiv angeregt wurde, ist das Fluoreszenzspektrum relativ einfach und leicht zu analysieren. Die Fluoreszenzübergänge gehen zu allen Schwingungs-Rotationsniveaus in einem tieferen elektronischen Zustand, für die der Übergang erlaubt ist. Bei zweiatomigen Molekülen sind dies pro Schwingungsübergang maximal drei Rotationslinien mit $\Delta J = 0, \pm 1$. Bei $(\Sigma - \Sigma)$-Übergängen sind nur P- und R-Linien mit $\Delta J = \pm 1$ erlaubt. Die Messung der Wellenlängen dieser Übergänge ergibt die Termwerte der Schwingungs-Rotations-Niveaus im unteren elektronischen Zustand relativ zum absorbierenden Ausgangsniveau. Die relativen Intensitäten der Fluoreszenzbanden ergeben die Franck-Condon-Faktoren. In Abb. 12.31 ist zu Illustration das Fluoreszenzspektrum des Cs_2-Moleküls gezeigt, das von einem Farbstofflaser in den $D^1\Sigma(v' = 23,\ J' = 82)$-Zustand angeregt wurde.

Die Methode der LIF ist sehr empfindlich, wie man sich an folgendem Zahlenbeispiel klar machen kann:

Bei einer Dichte N_i von absorbierenden Molekülen pro cm^3 im absorbierenden Zustand $|i\rangle$, und einem Fluss von n_L Laserphotonen pro sec und cm^2 bei der Absorptionsfrequenz werden pro sec auf der Strecke Δx

$$n_\mathrm{a} = N_i n_\mathrm{L} \sigma_{ik} \Delta x \tag{12.36}$$

Photonen absorbiert, wobei σ_{ik} der Absorptionsquerschnitt auf dem Übergang $|k\rangle \leftarrow |i\rangle$ ist. Die Zahl der pro sec emittierten Fluoreszenzphotonen ist dann

$$n_\mathrm{Fl} = N_k A_k = n_\mathrm{a} \eta_k \ , \tag{12.37}$$

wenn A_k der Einsteinkoeffizient der spontanen Emission und $\eta_k = A_k/(A_k + R_k)$ die Quantenausbeute des oberen Niveaus ist, das eventuell auch durch andere strahlungslose Prozesse R_k deaktiviert werden kann.

Von diesen Fluoreszenzphotonen kann nur der Bruchteil δ durch Linsen oder Spiegel gesammelt und auf die Kathode eines Photomultiplieres abgebildet werden. Hat dieser die Quenteneffizienz η_Ph so erhält man

$$n_\mathrm{PhE} = n_\mathrm{Fl} \delta \eta_\mathrm{Ph} = N_i n_\mathrm{L} \sigma_{ik} \Delta x \eta_k \eta_\mathrm{Ph} \delta \tag{12.38}$$

Photoelektronen pro sec. Moderne gekühlte Photomultiplier haben eine Quantenausbeute $\eta_\mathrm{Ph} = 0{,}2$ und einen Dunkelstrom von weniger als 10 Elektronen pro

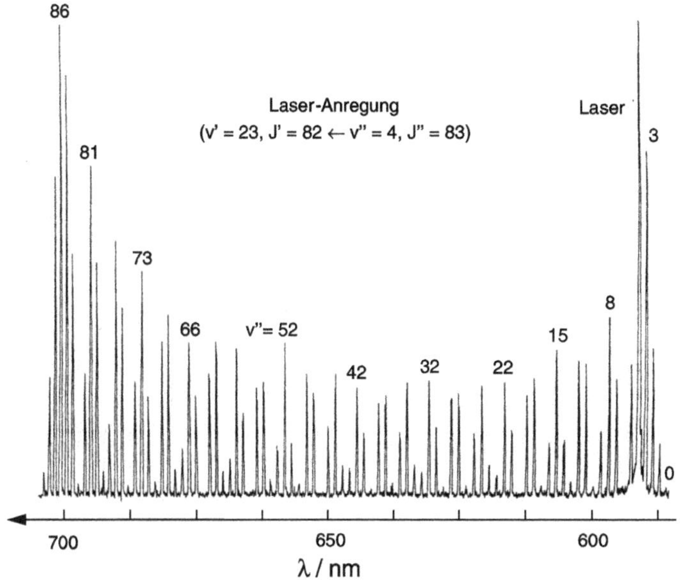

Abb. 12.31: Laserinduziertes Fluoreszenzspektrum des Cs_2-Moleküls bei Anregung mit einem Farbstofflaser bei $\lambda = 591{,}7$ nm. Jede der Schwingungsbanden besteht aus zwei Rotationslinien, die hier nicht aufgelöst sind [12.19].

sec. Bei 100 Photoelektronen pro sec hat man also bereits ein Signal-zu-Rausch-Verhältnis $S/R > 10$. Um dies zu erreichen, müssen bei einer Sammelwahrscheinlichkeit $\delta = 0{,}1$ und einer Quantenausbeute $\eta_k \approx 1$ des angeregten Molekülzustandes gemäß (12.37) mindestens 10^3 Laserphotonen pro sec absorbiert werden. Einer Laserleistung von 300 mW entspricht bei $\lambda = 500$ nm ein Photonenfluss $n_L = 10^{18}$ Photonen pro sec. Eine Absorption von 10^3 Photonen pro sec bedeutet also eine relative Absorption $(I_0 - I_t)/I_0 = 10^{-15}$!! Dies ist eine Steigerung der Empfindlichkeit gegenüber den Absorptionsverfahren um den Faktor $10^8 - 10^{10}$!

12.4.8 Laserspektroskopie in Molekularstrahlen

Die Kombination von Molekularstrahltechnik und Laserspektroskopie hat eine Fülle interessanter Möglichkeiten für die hochauflösende Molekülspektroskopie gebracht. Der erste Aspekt betrifft die Reduktion der Dopplerbreite in kollimierten Molekülstrahlen. Die Moleküle treten aus einem Reservoir durch ein enges Loch A ins Vakuum aus (Abb. 12.32). Durch eine Blende B im Abstand d von A werden nur solche Moleküle durchgelassen, für deren Geschwindigkeitskomponenten v_x gilt:

$$v_x < v_z \tan\vartheta = v_z b/(2d) , \qquad (12.39)$$

wenn wir die z-Achse als Strahlrichtung wählen. Wenn jetzt ein Laserstrahl in x-Richtung den kollimierten Molekülstrahl durchläuft, so haben die Moleküle nur

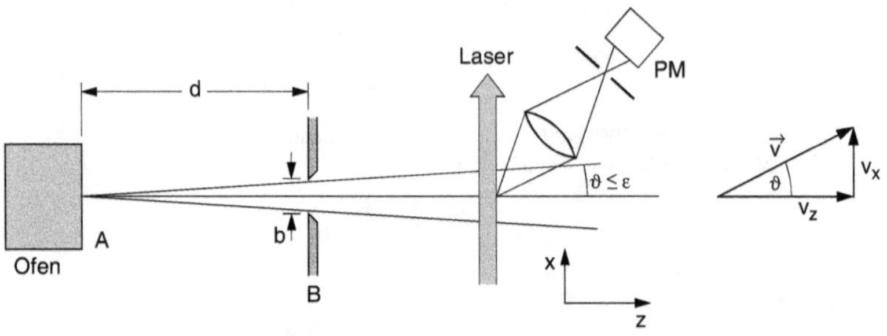

Abb. 12.32: Laserspektroskopie in einem kollimierten Molekülstrahl.

kleine Geschwindigkeitskomponenten in Laserstrahlrichtung, d. h. die Dopplerbreite der Absorptionslinien ist um den Faktor $\tan\vartheta \ll 1$ gegenüber der Absorption in einer Gaszelle reduziert.

Beispiel

Mit den Zahlenwerten $b = 1\,\text{mm}$ und $d = 100\,\text{mm}$ wird $\tan\vartheta = 5 \cdot 10^{-3}$, d. h. die Dopplerbreite wird bei $\lambda = 500\,\text{nm}$ von ihrem typischen Wert von 1 GHz auf 50 MHz reduziert. Damit wird natürlich auch die spektrale Auflösung um diesen Faktor besser.

Der zweite Aspekt der Spektroskopie in Molekularstrahlen betrifft die Abkühlung der Moleküle in Überschallstrahlen. Wenn ein Gas vom Druck p_0 im Reservoir durch die Düse A ins Vakuum expandiert, tritt eine adiabatische Abkühlung ein, weil die Expansion so schnell vonstatten geht, dass kaum ein Wärmeaustausch mit der Umgebung stattfinden kann. Die Energie $E = E_{\text{kin}} + E_{\text{pot}}$ des Gases im Reservoir bei der Temperatur T_0 und dem Druck p_0 wird in gerichtete Strömungsenergie $1/2mu^2$ der Gasmoleküle umgewandelt. Dabei bleibt die Enthalpie erhalten. Es gilt also

$$\frac{f}{2}kT_0 + p_0V = \frac{1}{2}mu^2 + (E_{\text{trans}} + E_{\text{rot}} + E_{\text{vib}}) \ , \tag{12.40}$$

wobei f die Zahl der Freiheitsgrade der Moleküle angibt und der erste Term in der Klammer auf der rechten Seite die relative kinetische Energie der Moleküle in einem System, das sich mit der Geschwindigkeit u bewegt. Er ist sehr klein gegen $1/2mu^2$. Das bedeutet: Die „Translations-Temperatur“ der Moleküle, gemessen im System, das sich mit der Strömungsgeschwindigkeit u bewegt, ist sehr klein [12.20].

Man kann sich diese Abkühlung in einem einfachen molekularen Bild verdeutlichen (Abb. 12.33): Die schnellen Moleküle stoßen mit den vor ihnen laufenden langsamen Molekülen. Bei einem zentralen Stoß gleichen sich dadurch die Geschwindigkeiten an, bis die Relativgeschwindigkeit so klein wird, dass keine Stöße mehr vorkommen. Bei nichtzentralen Stößen werden beide Stoßpartner aus der Strahlrichtung abgelenkt und können die Blende B nicht mehr durchlaufen. Da auch inelastische Stöße vorkommen, bei denen die Schwingungs-Rotationsenergie der Moleküle in Translationsenergie umgewandelt wird, kühlen auch die inneren Freiheitsgrade der

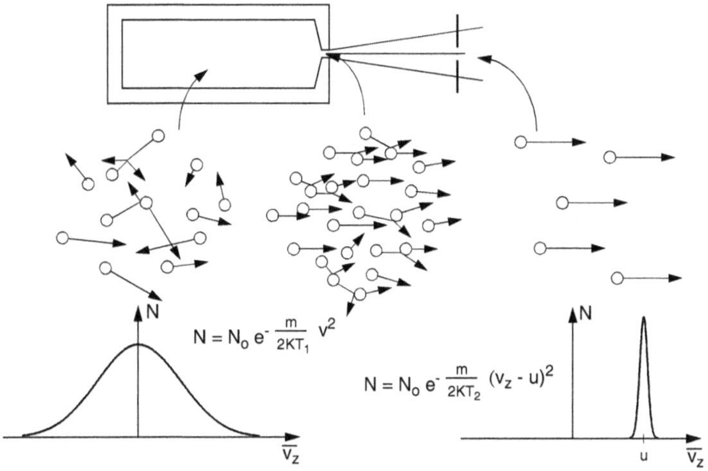

Abb. 12.33: Verringerung der Relativgeschwindigkeiten bei der adiabatischen Expansion eines Überschallstrahls [12.20].

Moleküle ab. Die Abkühlung ist umso größer, je höher der Druck p_0 im Reservoir ist. Man mischt deshalb dem Molekülgas ein Edelgas bei, das als inerter Stoßpartner dient, um die innere Energie der Moleküle abzuführen.

Da die Stoßquerschnitte für den Rotations-Translations-Energietransfer kleiner sind als die elastischen Stoßquerschnitte und die für Schwingungs-Translations-Übertrag noch mal kleiner, hat man bei dieser adiabatischen Expansion kein thermodynamisches Gleichgewicht zwischen den einzelnen Freiheitsgraden. Man beschreibt das System deshalb durch verschiedene Temperaturen T_{trans}, T_{rot}, und T_{vib}. Typische Werte, die man z. B. bei der Expansion von Natriumdampf in Argon bei einem Gesamtdruck p_0 im Reservoir von 3 Bar durch eine Düse mit 50 μm Durchmesser erhält, sind: $T_{\text{trans}} = 1 - 5$ K; $T_{\text{rot}} = 10$ K; $T_{\text{vib}} = 50$ K. Man kann bei optimierten Bedingungen von Druck und Düsendurchmesser aber wesentlich tiefere Temperaturen erreichen. So wurden z. B. bei einem Helium Überschallstrahl Translationstemperaturen von 30 mK realisiert.

Die große Bedeutung der Abkühlung für die Molekülspektroskopie liegt nun darin, dass die Besetzungsverteilung der Moleküle auf die tiefsten Schwingungs-Rotations-Niveaus komprimiert wird. Da im Absorptionsspektrum nur Übergänge von thermisch besetzten Niveaus vorkommen, wird das Spektrum wesentlich einfacher und linienärmer. Die Überlappung von heißen Banden wird praktisch eliminiert, weil höhere Schwingungszustände und auch die Rotationsniveaus mit großem J nicht mehr besetzt sind. Wegen der zusätzlichen Reduktion der Dopplerbreite kann auch bei Spektren großer Moleküle häufig die Rotationsstruktur vollständig aufgelöst werden, während bei Raumtemperatur die Linien völlig überlappen. Zur Illustration ist in Abb. 12.34 ein Ausschnitt aus dem Spektrum des NO_2-Moleküls in einer Zelle bei Zimmertemperatur, wo die Rotationstruktur nicht auflösbar ist, verglichen mit dem gleichen Spektrum im kalten Molekülstrahl, in dem außer der Rotationsstruktur sogar

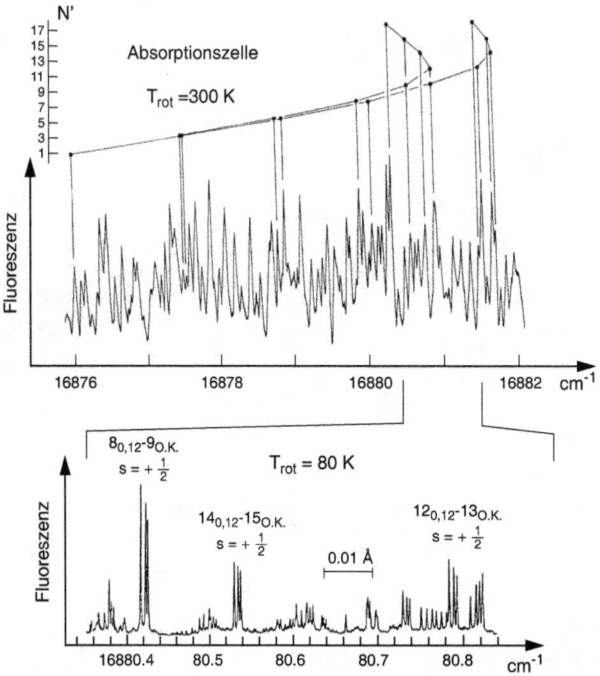

Abb. 12.34: Ausschnitt aus dem Spektrum des NO_2-Moleküls (a) in einer Zelle bei $T = 300$ K, (b) Eingezeichneter Teilausschnitt in einem kollimierten Molekülstrahl bei $T_{rot} = 50$ K [12.21].

die Hyperfeinstruktur der Rotationslinien, verursacht durch den Kernspin $I = 1$ des Stickstoffs, aufgelöst werden kann.

12.4.9 Opto-Thermische Spektroskopie in Molekularstrahlen

Als ein Beispiel einer sehr empfindlichen Nachweistechnik für die Anregung von langlebigen molekularen Zuständen in Molekularstrahlen sei die opto-thermische Spektroskopie vorgestellt [12.22]. Ihr Prinzip ist in Abb. 12.35 gezeigt. Der kollimierte Molekülstrahl wird senkrecht von einem Laserstrahl gekreuzt. Durch zwei Spiegel oder Umkehrprismen lassen sich viele Durchkreuzungen erreichen, sodass die gesamte Absorptionsstrecke verlängert wird. Noch besser ist es, wenn man den Kreuzungspunkt in die Mitte eines optischen Resonators hoher Güte stellt, in dem die Laserintensität um einen Faktor 100 – 500 erhöht werden kann.

Die angeregten Moleküle treffen auf ein gekühltes Bolometer, das aus einem dotierten Halbleitermaterial besteht. Hier bleiben sie auf der kalten Oberfläche stecken und geben ihre Anregungsenergie ab, wenn ihre Lebensdauer größer ist als ihre Flugzeit zum Bolometer. Die dabei auf das bei $T = 1{,}5$ K betriebene Bolometer übertragene Energie führt zu einer kleinen Temperaturerhöhung ΔT und damit zu einer Ernied-

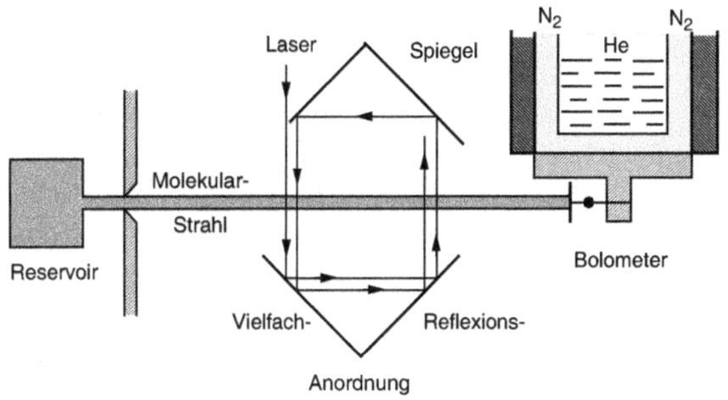

Abb. 12.35: Prinzip der opto-thermischen Spektroskopie im Molekülstrahl.

rigung $\Delta R = (\mathrm{d}R/\mathrm{d}T)\Delta T$ des elektrischen Widerstandes R. Schickt man einen kleinen Strom I (etwa 1 mA) durch das Bolometer, so erhält man durch die Anregung der Moleküle mit einem periodisch unterbrochenen Laser eine Spannungsänderung $\Delta U = I\Delta R$ auf der Unterbrecherfrequenz, die hinter einem gekühlten Vorverstärker mit einem Lock-in gemessen wird. Wenn die Laserwellenlänge über den interessierenden Spektralbereich durchgestimmt wird, erhält man ein opto-thermisches Spektrum, weil die optische Energie in eine Temperaturerhöhung umgewandelt wird.

Die Empfindlichkeit hängt von der Größe $\mathrm{d}R/\mathrm{d}T$ ab und erreicht bei $T = 1{,}5$ K und der Wahl eines geeigneten Bolometermaterials Nachweisgrenzen von 10^{-14} W auf

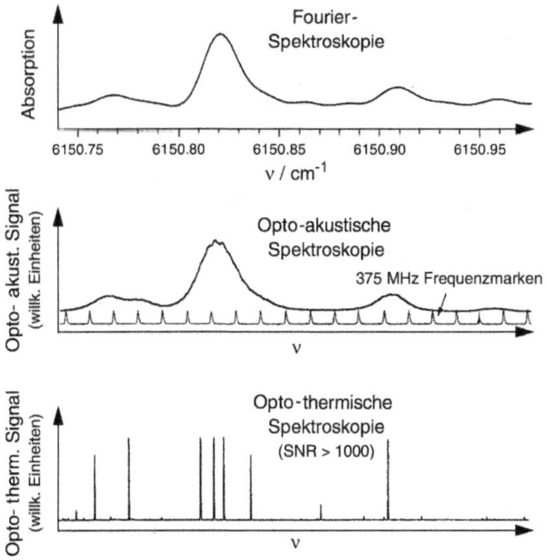

Abb. 12.36: Vergleich desselben Ausschnittes im Spektrum des C_2H_4-Moleküls, aufgenommen mit Hilfe der (a) Fourier-Spektroskopie (b) Opto-akustischen Spektroskopie (c) opto-thermischen Spektroskopie [12.6].

das Bolometer einfallender Leistung. Die Vorteile dieser Technik sind außer ihrer großen Empfindlichkeit die durch die Kollimation des Molekülstrahls erreichte Reduktion der Dopplerbreite. In Abb. 12.36 ist zum Vergleich der gleiche Ausschnitt aus dem Obertonspektrum des C_2H_4-Spektrums bei 1,6 μm [12.26] gezeigt, gemessen mit Hilfe der Fourierspektroskopie, der opto-akustischen Spektroskopie, beide in einer Zelle und der opto-thermischen Spektroskopie im Molekülstrahl. Man sieht, dass außer der wesentlich höheren Auflösung auch das Signal-Rausch-Verhältnis besser ist.

12.4.10 Fourier-Spektroskopie mit optischem Frequenzkamm

In den letzten Jahren ist eine sehr empfindliche Methode der Absorptionsspektroskopie entwickelt worden, welche die Vorzüge der Fourier-Spektroskopie mit den speziellen Eigenschaften eines optischen Frequenzkamms als Lichtquelle verbindet. Der optische Frequenzkamm besteht aus sehr vielen diskreten äquidistanten Frequenzen innerhalb des Spektralprofils eines breitbandigen Femtosekunden-Lasers. Diese Frequenzen entsprechen den Frequenzen der Moden des Laser-Resonators. Ihr Frequenzabstand ist gleich der Folgefrequenz der Femtosekundenpulse. Um das Spektralprofil breiter zu machen, werden die Femtosekundenpulse durch eine spezielle optische Fiber geschickt, in der auf Grund der hohen Intensität nichtlineare Effekte auftreten, die zu einer Selbstphasenmodulation führen, bei der neue Frequenzen generiert werden. Verwendet man einen solchen Frequenzkamm als Lichtquelle in einem Fourier-Spektrometer. so kann man auf mehr als 1500 Frequenzintervallen gleichzeitig messen und erzielt damit eine hohe Empfindlichkeit [12.23]. Werden die Femtosekunden-Laserpulse durch eine Absorptionszelle geschickt, so wird die tranmittierte Intensität auf allen Frequenzen, die mit Absorptionslinien zusammenfallen, geschwächt. Die Überlagerungsfrequenz zweier benachbarter Frequenzen des Frequenzkamms liegt bei etwa $100 MHz$ und kann direkt gemessen werden. Dadurch werden die optischen Absorptionsfrequenzen in das Radiofrequenzgebiet transferiert. Eine noch höhere Empfindlichkeit lässt sich erreichen, wenn die Probe in einen Überhöhungsresonator gesetzt wird, der so justiert wird, dass seine Moden genau mit den Frequenzen des Frequenzkamms übereinstimmen [12.24]. Dies ist analog zur Spektroskopie im Laser-Resonator (Abschn. 12.4.2), hat aber den Vorteil, dass alle Frequenzen der Strahlungsquelle überhöht werden, im Gegensatz zur Verwendung einer Strahlungsquelle mit Breitband-Kontinuum. wo aus dem Kontinuum nur die schmalen Bereiche um die Resonatormoden-Frequenzen überhöht werden. Zur Illustration ist in Abb. 12.37 das Oberton-Spektrum des Azethylen gezeigt, das in nur 10 μs aufgenommen wurde. Mit diesem Verfahren lassen sich Absorptionskoeffizienten bis herunter zu $10^{-10}\,\mathrm{cm^{-1}Hz^{-1/2}}$ noch messen. Will man Zwei-Photonen-Absorption mit Fourier-Spektroskopie und optischem Frequenzkamm realisieren, so muß man die Mitte des Frequenzkamms mit der Frequenz ν_m auf die halbe Übergangsfrequenz des Zweiphotonen-Überganges einstellen. Dann tragen alle Frequenzpaare $\nu_{\text{m-n}} + \nu_{\text{m+n}} (n = 1, 2, 3, 4 ...)$ zum Zweiphotonenübergang bei, also insgesamt mehrere Millionen Paare. Dies erhöht das Zweiphotonensignal beträchtlich. Eine interessante Erweiterung der Frequenzkamm-Spektroskopie bietet die Verwendung zweier

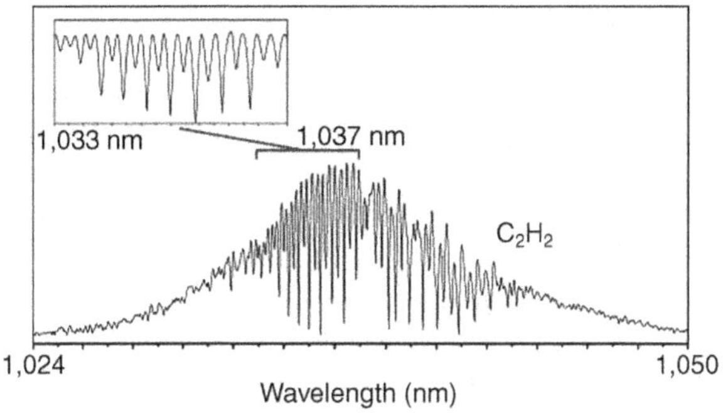

Abb. 12.37: Absorptionsspektrum eines Oberton-Überganges $\nu_1 + \nu_5$ in Azethylen, gemessen innerhalb von 10 µs mit Hilfe der Frequenzkamm-Fourier-Spektroskopie [12.24].

Frequenzkämme mit etwas unterschiedlichen Repetitionsraten $f_{\text{rep1}} = f_{\text{rep2}} + \delta$ der Femtosekundenpulse. Wenn f_n die optische Frequenz des n-ten Zinken im Frequenzkamm ist, dann wird die Differenzfrequenz $f_{n1} - f_{n2} = (f_{o1} + f_{\text{rep1}}) - (f_{02} + f_{\text{rep2}}) = (f_{o1} - f_{02}) + n(f_{\text{rep1}} - f_{\text{rep2})} = / f_{01} - f_{02}) + n\delta$ Einer der Frequenzkämme wird nun durch eine absorbierende Gaszelle innerhalb eines Überhöhungsresonators geschickt. Die absorbierten Zinken des Kamms haben hinter der Probe eine geringere Intensität. Überlagert man nun beide Frequenzkämme durch einen Strahlteiler hinter der Probe (Abb. 12.38), so bilden die dabei entstehenden Differenzfrequenzen wieder einen Frequenzkamm, diesmal aber nicht im optischen, sondern im Radiofrequenzbereich. Da bei der Überlagerung jede Mode des ersten Frequenzkamms mit jeder Mode des zweiten Kamms eine spezifische Differenzfrequenz entsteht, enthält das vom Detektor gemessene Signal mehrere Millionen Frequenzen im Radiofrequenzbereich, deren Fourier-Analyse dann das Absorptionsspektrum der molekularen Probe ergibt [12.25].

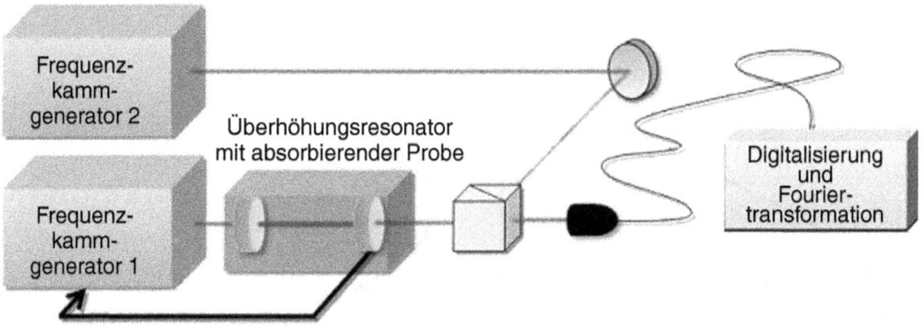

Abb. 12.38: Schematische Darstellung des experimentellen Aufbaus für die Frequenzkamm-Fourier-Spektroskopie [12.24]. Überlagerung der Ausgangspulse zweier optischer Frequenzkämme mit etwas unterschiedlichen Pulsfolgefrequenzen.

12.4.11 Doppler-freie nichtlineare Laserspektroskopie

Auch bei molekularen Gasen in einer Zelle lässt sich die Dopplerbreite der Absorptionslinien „überlisten“, wenn man spezielle Techniken der nichtlinearen Spektroskopie anwendet. Hier wird die Reduktion einer Geschwindigkeitskomponente nicht durch geometrische Blenden erreicht, sondern durch die nichtlineare Wechselwirkung der Moleküle mit zwei Laserstrahlen.

Wenn die Laserintensität I so groß wird, dass die Entleerung des absorbierenden Zustandes $|i\rangle$ stärker wird als seine Wiederbesetzung durch Relaxationsprozesse, sinkt die Besetzungszahl N_i von dem ungesättigten Wert $N_i(0)$ auf

$$N_i(I) = N_i(0) - aI \,. \tag{12.41}$$

Die Absorptionsrate auf dem Übergang $|k\rangle \leftarrow |i\rangle$ wird dann mit dem Einsteinkoeffizienten B_{ik} und der Relation $I = \varrho c$ zu (siehe Abschn. 4.1)

$$-\frac{\mathrm{d}N_i}{\mathrm{d}t} = +\frac{\mathrm{d}N_k}{\mathrm{d}t} = N_i(I)\varrho B_{ik} = \left(N_i(0)I - aI^2\right) B_{ik}/c \,. \tag{12.42}$$

Sie hängt also in nichtlinearer Weise von der Intensität I ab. Man kann dies experimentell nachweisen, wenn man die Fluoreszenz vom oberen Zustand als Funktion der anregenden Intensität I_L misst (Abb. 12.39).

Wenn nun ein monochromatischer Laserstrahl in z-Richtung durch eine Zelle mit absorbierenden Molekülen mit einem Doppler-verbreiterten Absorptionsprofil läuft, so kann von allen Molekülen im Zustand $|i\rangle$ nur der kleine Bruchteil mit Geschwindigkeitskomponenten

$$v_z = (\omega_\mathrm{L} - \omega_0)/k \pm \gamma/k \tag{12.43}$$

innerhalb der homogenen Linienbreite γ um die Absorptionsfrequenz ω_0 die Laserstrahlung absorbieren, wobei $k = 2\pi/k$ die Wellenzahl der Laserwelle ist. Wenn der Druck in der Zelle genügend klein ist, entspricht die homogene Linienbreite der natürlichen Linienbreite, die im sichtbaren Spektralbereich etwa um 2 Größenordnungen kleiner ist als die Dopplerbreite. Dies bedeutet, dass nur etwa 1% aller Moleküle im Zustand $|i\rangle$ zur Absorption beitragen. Wegen der Sättigung des Überganges

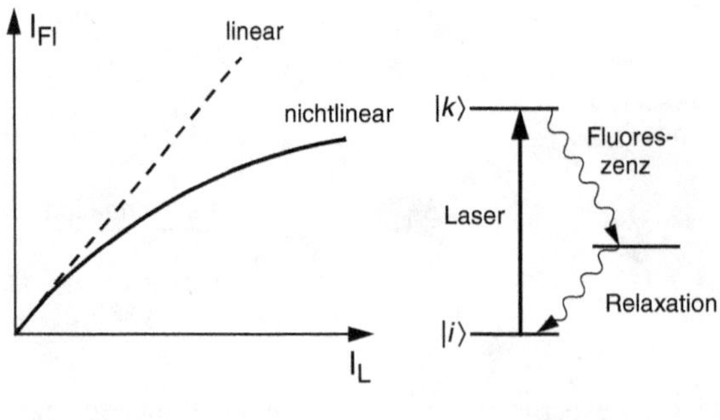

Abb. 12.39: Nichtlineare Absorption, nachgewiesen über die Fluoreszenzintensität $I_\mathrm{Fl}(I_\mathrm{L})$ als Funktion der Laserintensität I_L.

$|i\rangle \rightarrow |k\rangle$ durch den monochromatischen Laser wird ein Loch bei der Frequenz ω_L des Lasers, d. h. bei der Geschwindigkeitskomponente (12.43) in der Besetzungsverteilung $N_i(v_z)$ erzeugt, dessen Breite durch die homogene Breite bestimmt ist und im Geschwindigkeitsintervall die Breite

$$\delta v_z = 2\gamma/k \tag{12.44}$$

hat (Abb. 12.40). Dieses Loch lässt sich aber nur nachweisen, wenn man einen zweiten Laserstrahl in entgegengesetzter Richtung durch die Zelle schickt. Dies wird in der Sättigungsspektroskopie ausgenutzt, wo der Laserstrahl in einen starken Pumpstrahl und einen schwächeren Nachweisstrahl aufgespalten wird (Abb. 12.41). Wenn $\omega_L \neq \omega_0$ ist, werden die beiden Laserstrahlen wegen der entgegengesetzten Doppler-Verschiebungen von zwei verschiedenen Geschwindigkeitsklassen der Moleküle absorbiert (Abb. 12.40b), nämlich von

$$v_{z1} = +(\omega_L - \omega_0 \pm \gamma)/k \quad \text{und} \quad v_{z2} = -(\omega_L - \omega_0 \pm \gamma)/k\,. \tag{12.45}$$

Wenn aber $\omega_L = \omega_0$ ist, fallen die beiden Klassen zusammen und beide Laserstrahlen werden von denselben Molekülen im Geschwindigkeitsintervall $v_z = 0 \pm \gamma/k$ absorbiert.

Da jetzt die Intensität $I = I_1 + I_2$ für diese Moleküle höher ist, wird die Sättigung größer und damit die Besetzungsdichte $N_i(v_z = 0)$ kleiner, d. h. in der Mitte der Dopplerverbreiterten Absorptionslinie $\alpha(\omega)$ erscheint eine Einbuchtung, die man als

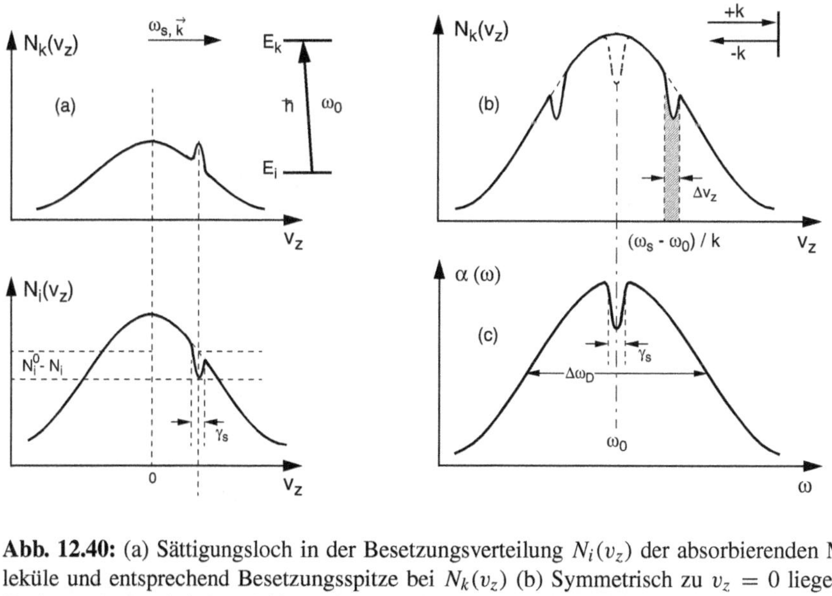

Abb. 12.40: (a) Sättigungsloch in der Besetzungsverteilung $N_i(v_z)$ der absorbierenden Moleküle und entsprechend Besetzungsspitze bei $N_k(v_z)$ (b) Symmetrisch zu $v_z = 0$ liegende Sättigungslöcher bei der Wechselwirkung mit einer stehenden Lichtwelle (c) Lamb-Dip im Doppler-verbreiterten Absorptionsprofil $\alpha(\omega)$.

Lamb-Dip bezeichnet nach Willis Lamb, der den Effekt als erster theoretisch gedeutet hat (Abb. 12.40c).

Diesen *Lamb-Dip* kann man nachweisen entweder durch die verminderte Absorption des Probenstrahls oder durch die verringerte vom Probenstrahl induzierte Fluoreszenz (Abb. 12.41). Hat man zwei Übergänge im Molekül, deren Doppler-Profile sich überlappen (Abb. 12.41b), so lassen sich die wesentlich schmaleren Lamp-Dips durchaus spektral trennen. Wird der Pumpstrahl periodisch unterbrochen, so misst ein Lock-in die Differenz von ungesättigtem minus gesättigtem Spektrum, d. h. der Doppler-Untergrund wird eliminiert (Abb. 12.41b unten).

Wenn man die Absorptionszelle in den Laserresonator setzt, zeigt die Laserintensität beim Durchstimmen der Wellenlänge eine scharfe Spitze an der Stelle des Lamb-Dips, weil hier die Absorption geringer und deshalb die Verluste für den Laser kleiner sind. In Abb. 12.42 links ist zur Illustration das Sättigungsspektrum einer Rotationslinie im elektronischen Übergang $^3\Pi_{0u} \leftarrow X\,^1\Sigma_g$ des Jodmoleküls I_2 gezeigt, in dem die 15 Hyperfeinkomponenten sichtbar sind, die bei einer Doppler-limitierten Spektroskopie nicht aufgelöst werden können. Die Linien zeigen ein Dispersionsprofil, weil die Frequenz des Lasers moduliert wurde und deshalb die 1. Ableitung $dI/d\omega$ gemessen wurde (siehe Abschn. 12.4.1).

Eine noch empfindlichere Methode der Doppler-freien Spektroskopie ist die Polarisations-Spektroskopie. Ihr Prinzip ist in Abb. 12.43 dargestellt.

Wie bei der Sättigungsspektroskopie wird der Laserstrahl aufgeteilt in einen Abfragestrahl und einen Pumpstrahl. Der durch den Polarisator P_1 linear polarisierte Abfragestrahl wird durch die Absorptionszelle geschickt und läuft dann durch einen zweiten Polarisator P_2, dessen Durchlassrichtung senkrecht zu der von P_1 steht. Die

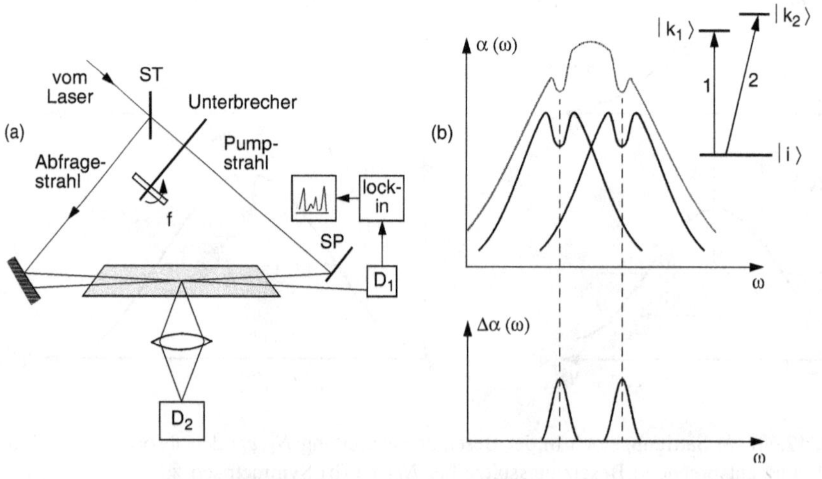

Abb. 12.41: (a) Experimenteller Aufbau bei der Sättigungsspektroskopie (b) schematische Darstellung der Auflösung zweier eng benachbarter Übergänge.

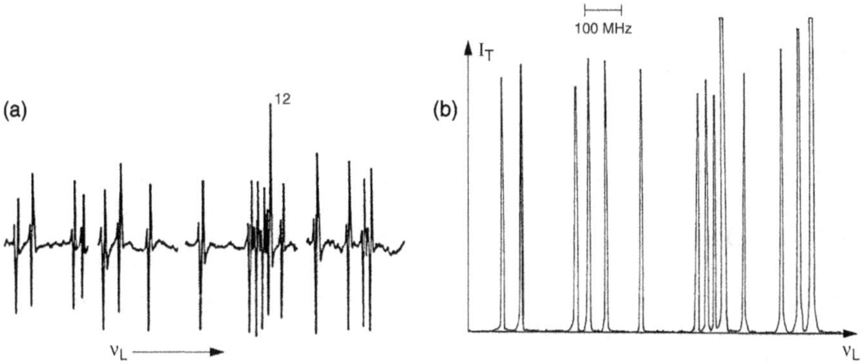

Abb. 12.42: Spektral aufgelöste Hyperfeinkomponenten der Rotationslinie im Übergang $B\,^1\Pi \leftarrow X\,^1\Sigma$ im Jodmolekül I_2 (a) mit Hilfe der Sättigungsspektroskopie (b) mit der Polarisationsspektroskopie aufgenommen.

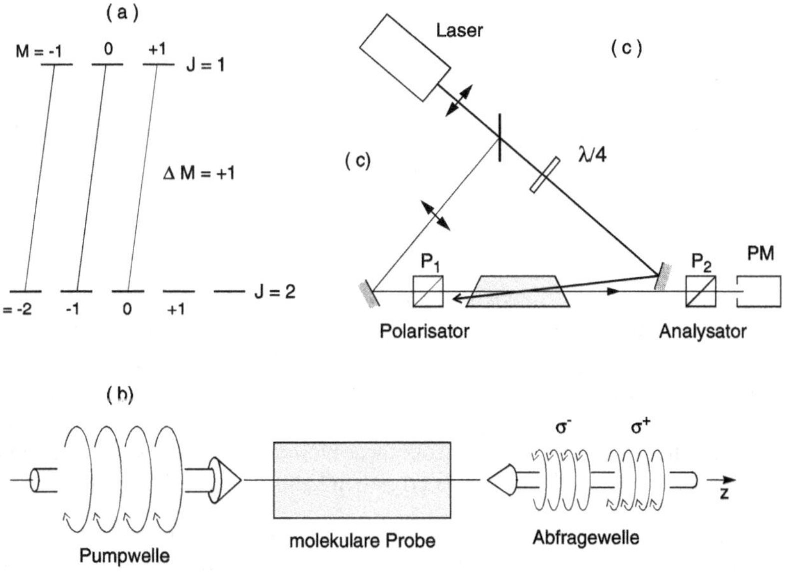

Abb. 12.43: Prinzip der Polarisationsspektroskopie.

Intensität des transmittierten Strahles wird so um das Auslöschvermögen der beiden gekreuzten Polarisatoren (etwa $10^{-5} - 10^{-7}$, je nach Güte der Polarisationskristalle) vermindert. Die transmittierte Intensität wird vom Photomultiplier PM gemessen.

Die Pumpwelle wird durch ein $\lambda/4$-Plättchen zirkular polarisiert und läuft antiparallel zur Abfragewelle durch die Absorptionszelle. Sie kann im Molekül Übergänge mit $\Delta M = \pm 1$ induzieren, wobei M die Projektion des Rotationsdrehimpulses J auf die Richtung der Pumpwelle ist. Wie man aus Abb. 12.43a sieht, wird infolge optischen Pumpens die sonst gleichmäßige Besetzungsverteilung der M-Niveaus verändert. Die Moleküle werden orientiert. Ihr Drehimpuls J zeigt nicht mehr statistisch verteilt in alle Richtungen, sondern vorzugsweise in Richtung der Pumpwelle (bei σ^+-Polarisation) oder entgegengesetzt dazu (bei σ^--Polarisation). Wenn beim Durchstimmen der Laserfrequenz ω_L die Mittenfrequenz einer molekularen Absorptionslinie erreicht wird, können Pumpstrahl und Abfragestrahl von denselben Molekülen absorbiert werden. Da diese Moleküle orientiert sind, bewirken sie eine Drehung der Polarisationsebene der linear polarisierten Abfragewelle, sodass sich die von P_2 durchgelassene Intensität erhöht. Dies ist analog zum Faraday Effekt, wo die Orientierung der Moleküle durch ein äußeres Magnetfeld bewirkt wird. In unserem Fall wird die Orientierung durch die Pumpwelle erzeugt und zwar selektiv, d. h. nur für Moleküle, welche die Pumpwelle absorbieren können.

Das detektierte Signal $S(\omega_L)$ ist genau wie bei der Sättigungsspektroskopie Dopplerfrei. Die Empfindlichkeit der Polarisationsspektroskopie ist jedoch wesentlich größer, weil hier wegen der gekreuzten Polarisatoren der Untergrund ohne Pumpwelle praktisch null ist, sodass das Rauschen des Untergrundes (im Wesentlichen durch Schwankungen der Laserintensität bedingt) fast vollständig eliminiert ist, während bei der Sättigungsspektroskopie die durch die Pumpwelle bewirkte Änderung der transmittierten Intensität I_t des Abfragelasers klein ist gegen I_t und deshalb das detektierte Signal nur wenig größer ist als der Untergrund. In Abb. 12.42b ist als Beispiel das Polarisationsspektrum des I_2-Moleküls für die gleiche Rotationslinie gezeigt wie das Sättigungsspektrum der Abb. 12.42a.

12.4.12 Mehrphotonenspektroskopie

Durch die erreichbare große Intensität konnte bei der Verwendung von Lasern zum ersten Mal die bereits vorher von Maria Göppert-Mayer [12.27] theoretisch behandelte Mehrphotonenabsorption (siehe Abschn. 4.4) in Molekülen auch experimentell nachgewiesen werden [12.28]. Die meisten Experimente wurden bisher mit gepulsten Lasern durchgeführt, weil hier eine hohe Spitzenleistung zur Verfügung steht und man Mehrphotonenübergänge bereits trotz ihrer kleinen Übergangswahrscheinlichkeit ohne Fokussierung des Laserstrahls erreichen kann.

Wesentlich größere Absorptionsquerschnitte ergeben sich, wenn wenigstens eines der Photonen resonant ist mit einem molekularen Übergang. Bei einer Zweiphotonenabsorption, bei der beide Photonen resonant sind, entspricht dies dann einer stufenweise Anregung von zwei Einphotonenübergängen.

Der Nachweis der Mehrphotonenabsorption geschieht entweder durch die Fluoreszenz aus einem der angeregten Zustände oder, wenn Zustände oberhalb der Ionisierungsgrenze erreicht werden, durch den Nachweis der Ionen oder der Photoelektronen. Die Ionenausbeute wird wieder maximal, wenn Resonanz vorliegt. Dieses Verfahren der resonanten Mehrphotonenionisation (REMPI) hat sich als sehr nützlich zur Anregung von hochliegenden Rydbergzuständen (die dann durch ein elektrisches Feld ionisiert werden können) erwiesen oder zur Untersuchung der Zustände molekularer Ionen (Abb. 12.44). In Kombination mit Photoelektronenspektroskopie gibt es sehr genaue Informationen über solche Zustände.

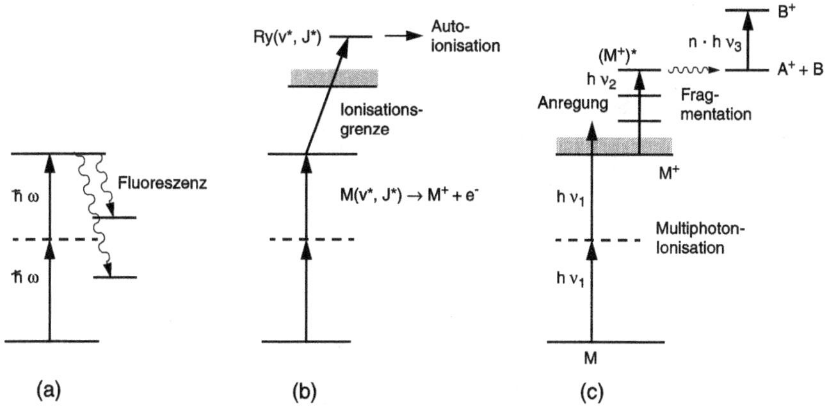

Abb. 12.44: Mehrphotonenspektroskopie (a) Nachweis durch LIF, (b) durch Ionisation (c) Multiphotonenanregung mit Ionisation und Fragmentierung der Ionen.

Mit schmalbandigen kontinuierlichen Lasern lässt sich Doppler-freie Zweiphotonen-Spektroskopie realisieren, wenn die beiden absorbierten Photonen in entgegengesetzten Richtungen durch die Absorptionszelle laufen. Wenn das Molekül sich mit der Geschwindigkeitskomponente v_z bewegt, ist die Dopplerverschiebung für die beiden absorbierten Photonen entgegengesetzt und hebt sich daher auf. Wenn der Zweiphotonen-Übergang vom Zustand $|i\rangle$ zum Zustand $|f\rangle$ geht, gilt

$$E_f - E_i = \hbar(\omega_L + kv_z) + \hbar(\omega_L - kv_z) = 2\hbar\omega_L \,, \tag{12.46}$$

sodass die Geschwindigkeit der Moleküle herausfällt. Dies bedeutet, dass alle Moleküle im Zustand $|i\rangle$, unabhängig von ihrer Geschwindigkeit, zur Zweiphotonenabsorption beitragen, im Gegensatz zur Sättigungsspektroskopie, wo nur Moleküle aus einem engen Geschwindigkeitsbereich um $v_z = 0$ zum Signal beitragen. Dies kompensiert zum Teil die gegenüber der Einphotonen-Absorption erheblich kleinere Übergangswahrscheinlichkeit für Zweiphotonen-Übergänge. In Abb. 12.45 ist eine Anordnung zur Messung der Doppler-freien Zweiphotonenabsorption gezeigt und in

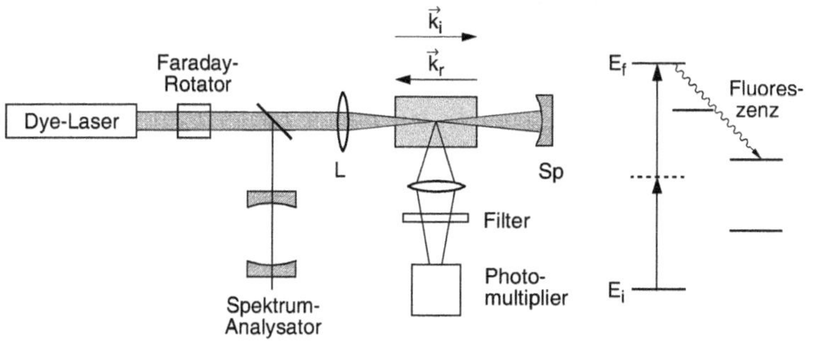

Abb. 12.45: Experimenteller Aufbau zur Doppler-freien Zweiphotonenspektroskopie.

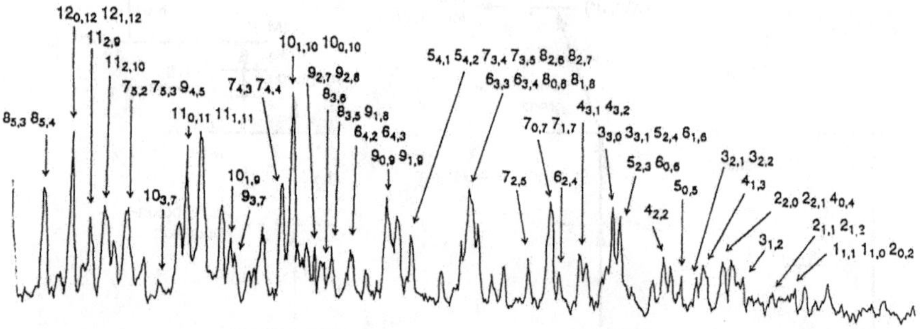

Abb. 12.46: Ausschnitt aus dem Doppler-freien rotationsaufgelösten Zweiphotonenspektrum des Naphtalenmoleküls [12.29].

Abb. 12.46 ein mit dieser Methode erhaltenes Spektrum des Naphtalenmoleküls, in dem die Rotationsstruktur aufgelöst werden konnte.

12.4.13 Doppelresonanz-Techniken

Trotz der hohen spektralen Auflösung können oft in Spektren mit dicht benachbarten Linien nicht alle Linien vollständig aufgelöst werden. Außerdem ist die Analyse, vor allem von gestörten Spektren häufig nicht einfach oder sogar unmöglich. Hier hilft eine Technik, bei der zwei elektromagnetische Wellen gleichzeitig mit den Molekülen wechselwirken und resonant sind mit zwei Übergängen, die ein gemeinsames Niveau teilen (Abb. 12.47). Bei dieser Doppelresonanz kann entweder das untere Niveau das gemeinsame Niveau sein (V-Typ Doppelresonanz) oder das obere (Λ-Typ) – oder es kann eine stufenweise Anregung mit gemeinsamem Zwischenniveau erfolgen. Die beiden Wellen können in ganz verschiedenen Spektralbereichen liegen. So gibt es z. B. Optische-Radiofrequenz-Doppelresonanz, Optische-Mikrowellen-, Optische-optische- oder Infrarot-ultraviolett-Doppelresonanz.

Durch eine solche Doppelresonanz wird ein Spektrum ganz wesentlich vereinfacht, wie wir am Beispiel der optisch-optischen Doppelresonanz erläutern wollen. Wenn die Pumpwelle auf einem Übergang $|1\rangle \rightarrow |2\rangle$ gehalten wird, so wird die Beset-

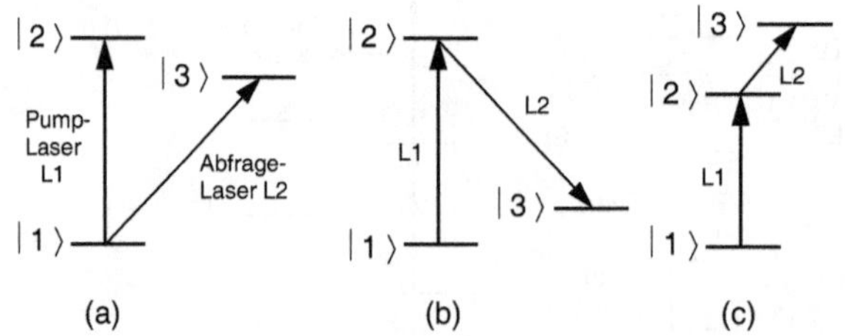

Abb. 12.47: Verschiedene Doppelresonanz-Schemata; (a) V-Typ (b) Λ-Typ (c) Stufenweise Anregung.

zung N_1 infolge der Sättigung abnehmen und N_2 zunehmen. Wird die Intensität des Pumplasers periodisch unterbrochen, so werden auch die Besetzungsdichten N_1 und N_2 mit entgegengesetzter Phase moduliert: Wenn der Laser aus ist, nimmt N_1 zu und N_2 ab. Wenn jetzt die Abfragewelle durch das Spektrum durchgestimmt wird, so ist ihre Absorption genau dann mit der Unterbrecherfrequenz der Pumpwelle moduliert, wenn ihre Wellenlänge mit einem Übergang von $|1\rangle$ oder von $|2\rangle$ aus übereinstimmt. Wird diese Absorption (entweder durch die transmitierte Intensität oder durch die induzierte Fluoreszenz) mit einem Lock-in auf der Unterbrecherfrequenz nachgewiesen, so tauchen in diesem Spektrum nur Linien auf, die zu Übergängen von den beiden modulierten Niveaus gehören. Der springende Punkt ist, dass ein einzelnes Niveau markiert wird, sodass das Absorptionsspektrum der Abfragewelle nicht mehr aus den vielen Übergängen von allen thermisch besetzten Niveaus aus besteht, sondern nur noch die Übergänge detektiert werden, die von dem markierten Niveau aus starten.

Ein zweites Beispiel betrifft die Infrarot-Mikrowellen-Doppelresonanz. Wir hatten im Abschn. 12.1 gesehen, dass einer der Gründe für die schwache Absorption einer Mikrowelle durch ein Molekülgas bei Zimmertemperatur die fast gleiche Besetzung von unterem und oberem Niveau des Mikrowellenüberganges $|1\rangle \rightarrow |3\rangle$ ist. Pumpt man jetzt mit einem Infrarotlaser auf einem Übergang $|1\rangle \rightarrow |2\rangle$, der das untere Niveau mit dem Mikrowellenübergang teilt, und Moleküle in höhere Schwingungsniveaus $|2\rangle$ bringt (Abb. 12.48a), so wird die Besetzungsdichte N_1 stark vermindert und N_2 entsprechend erhöht, sodass nun beim Mikrowellenübergang die stimulierte Emission die Absorption deutlich übersteigt. Wenn der Infrarot-Laser an ist, erhält man deshalb ein größeres Mikrowellensignal mit umgekehrtem Vorzeichen, als wenn er aus ist.

Da durch optisches Pumpen mit einem Laser einzelne Niveaus in angeregten Zuständen selektiv besetzt werden, kann man mit Hilfe solcher Doppelresonanzverfahren Mikrowellenspektroskopie in angeregten Zuständen realisieren, die thermisch nicht besetzt sind (Abb. 12.47b).

Die Doppelresonanz vom Λ-Typ, bei der durch den zweiten Laser eine stimulierte Emission vom oberen, durch den Pumplaser besetzten Niveau $|2\rangle$ in tiefere

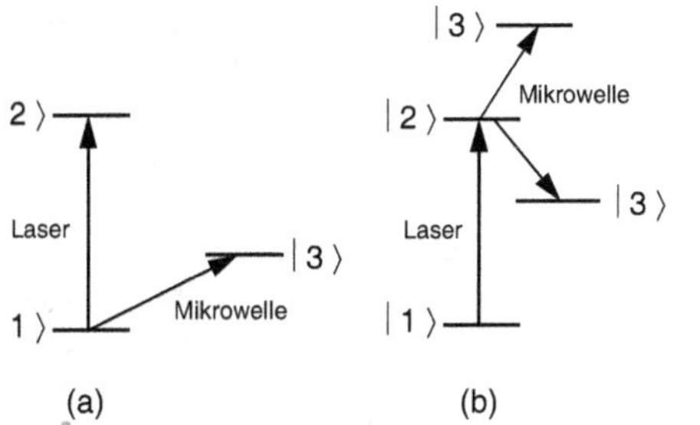

Abb. 12.48: Infrarot-Mikrowellen-Doppelresonanz (a) generelles Schema mit gemeinsamem unterem Niveau; (b) Mikrowellenspektroskopie in angeregten Zuständen nach Infrarotanregung.

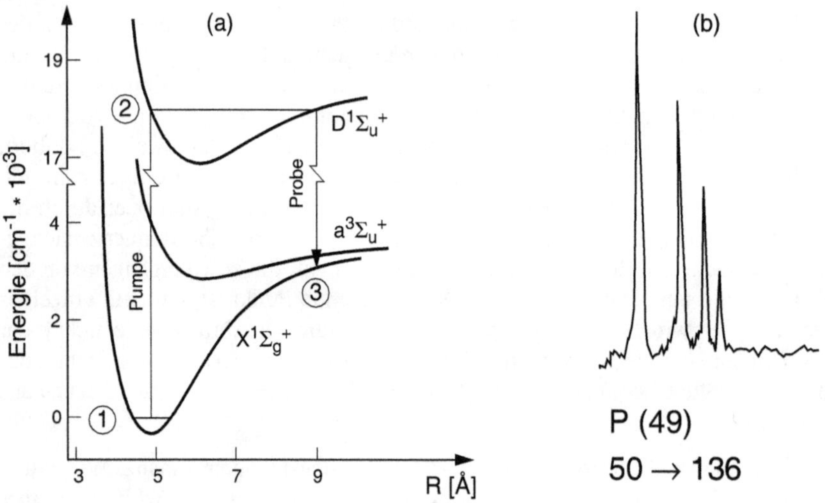

Abb. 12.49: Komponenten des durch stimulierte Emission erhaltenen Rotationsüberganges im Cs_2-Molekül (a) Termschema (b) gemessenes Spektrum [12.30].

Niveaus $|3\rangle$ erfolgt, erlaubt die Messung hochliegender Schwingungszustände im elektronischen Grundzustand. Wenn diese Niveaus dicht unterhalb der Dissoziationsgrenze liegen, lassen sich Kopplungen verschiedener elektronischer Zustände untersuchen, die in die gleichen atomaren Zustände dissoziieren. Als Beispiel ist in Abb. 12.49 ein Ausschnitt aus dem Λ-Typ Doppelresonanz-Spektrum im Cs_2-Molekül gezeigt, bei dem durch den Pumplaser ein hohes Schwingungsniveau $v' = 50$ im $D^1\Sigma$-Zustand angeregt wird und durch stimulierte Emission mit einem zweiten durchstimmbaren Laser Übergänge in Schwingungsniveaus $v'' > 130$ im $X^1\Sigma_g$-Zustand erreicht werden [12.30]. Dieser wechselwirkt bei großen Kernabständen durch eine Kernspin-Elektronenspin-Kopplung mit dem $^3\Sigma_u$-Zustand, weil die Energiedifferenz zwischen den beiden Zuständen kleiner wird als die Hyperfeinaufspaltung in den atomaren Zuständen, in die das Molekül dissoziiert. Es gibt dann für diese gekoppelten Zustände drei etwas verschiedene Dissoziationsenergien, je nachdem, in welche der atomaren Hyperfein-Komponenten der molekulare Zustand dissoziiert. Durch die Mischung von Singulett und Triplett-Zuständen erhält man dann vier Komponenten in der stimulierten Emission statt einer einzigen Rotationslinie, die sich ohne diese Kopplung ergäbe.

Ein weiterer interessanter Effekt bei der Λ-Typ-Doppelresonanz ist die Einengung der Linienbreite unter die natürliche Linienbreite eines der beiden Übergänge, wenn die beiden Laserstrahlen kollinear verlaufen. Man kann zeigen [12.31], dass in diesem Fall die Linienbreite des Doppelresonanzsignals nur durch die Summe der Breiten der beiden unteren Niveaus gegeben ist und dass die Breite des oberen Niveaus nicht eingeht. Wenn die unteren Niveaus Schwingungs-Rotations-Niveaus im elektronischen Grundzustand sind, ist ihre Lebensdauer sehr lang gegen die des oberen Niveaus, sodass man extrem scharfe Linien im Doppelresonanzspektrum erhält.

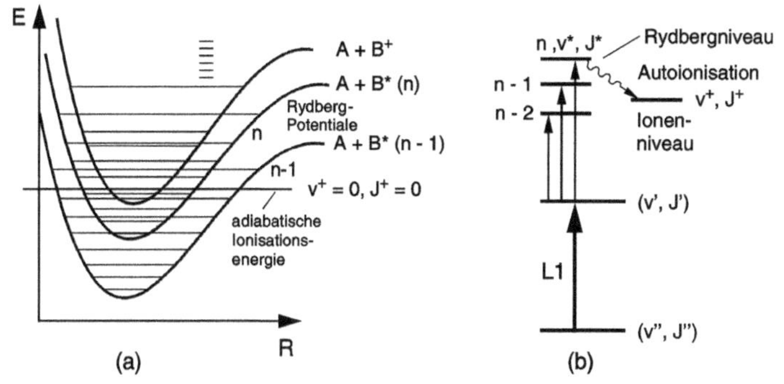

Abb. 12.50: Messung molekularer Rydberg-Zustände. (a) Niveauschema (b) Ausschnitt aus dem Rydberg-Spektrum des Ag_2-Moleküls, in dem die zu den verschiedenen Schwingungsniveaus konvergierenden Serien bezeichnet sind.

Die stufenweise Anregung erlaubt die Messung hochliegender molekularer Zustände selbst mit sichtbaren Lasern. Ein Beispiel ist die detaillierte Untersuchung molekularer Rydbergzustände $R(n, v, J)$, deren Energie außer von der Hauptquantenzahl n auch vom Schwingungszustand v und Rotationszustand J abhängt (Abb. 12.50). Die Messung von Rydbergserien mit $v = 0$ für viele Hauptquantenzahlen n ermöglicht eine sehr genaue Extrapolation gegen die Ionisationsgrenze bei $n = \infty$. Auf diese Weise wurden für eine Reihe von Molekülen genaue Ionisationsenergien bestimmt. Da für $v > 0$ die Rydbergserien gegen angeregte Schwingungsniveaus des Molekülions konvergieren, lassen sich durch die Messung mehrerer Rydbergserien mit unterschiedlichen Werten von v die Schwingungsniveaus des Ions bestimmen.

12.4.14 Kohärente Anti-Stokes-Raman-Spektroskopie

Die kohärente Anti-Stokes-Raman-Spektroskopie CARS (= coherent anti-Stokes Raman spectroscopy) verwendet zwei Laser, deren Frequenzen $\omega_1 = \omega_L$ und $\omega_2 = \omega_S$ sich um die Frequenz ω_v einer Raman-aktiven Schwingungsmode unterscheiden. Durch den induzierten Raman-Effekt wird das Schwingungsniveau $\langle v|$ so stark besetzt, dass durch die Laserwelle mit ω_1 ein weiterer Ramanprozess, startend vom Niveau v aus, stattfindet, der zu einer Emission der Anti-Stokes-Welle führt (Abb. 12.51c), wodurch das Molekül wieder in seinen Ausgangszustand gebracht wird. Die Anti-Stokes-Welle wird in eine definierte Richtung ausgestrahlt, die durch die Impulserhaltung $2\boldsymbol{k}_1 = \boldsymbol{k}_2 + \boldsymbol{k}_a$ festgelegt ist (Abb. 12.51a,b). Dieser nichtlineare CARS-Prozess wird auch als Vierwellen-Mischung bezeichnet, weil an ihm 4 Wellen beteiligt sind.

Der Vorteil der CARS-Technik gegenüber der spontanen Raman-Streuung ist die wesentlich größere Intensität der kohärenten Anti-Stokes-Strahlung sowie ihre gute räumliche Bündelung, die es erlaubt, den Detektor weit weg von der Probe zu stellen, sodass störende spontane Untergrundstrahlung eliminiert werden kann.

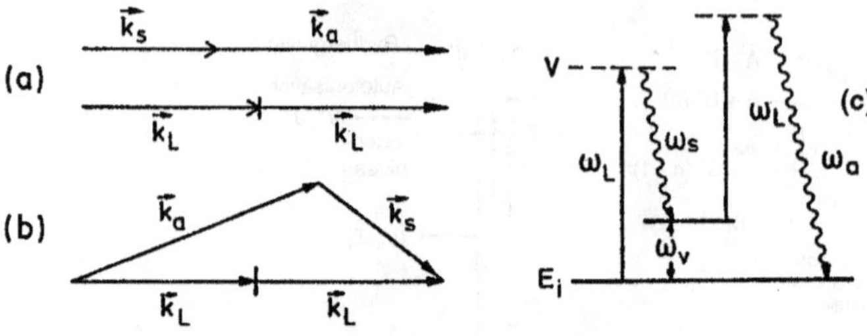

Abb. 12.51: Termschema des CARS Prozesses (c) und Impulserhaltung für kollineare (a) und nicht kollineare (b) Einstrahlung.

Man kann als Pumpquellen kontinuierliche oder gepulste Laser verwenden. Der Vorteil gepulster Laser ist ihre größere Spitzenleistung und das damit verbundene bessere Signal-zu-Rausch-Verhältnis. Deshalb wird CARS mit gepulsten Lasern z. B. zum Nachweis geringer molekularer Konzentrationen in Flammengasen eingesetzt, wo die große Entfernung des Detektors die kontinuierliche thermische Strahlung der heißen Flamme effektiv durch geometrische Ausblendung unterdrücken kann.

Der Vorteil der schmalbandigen kontinuierlichen Laser ist die größere spektrale Auflösung. So kann man z. B. rotations-aufgelöste CARS-Spektren auch von größeren Molekülen erhalten.

Es gibt inzwischen viele experimentelle Varianten dieser interessanten spektroskopischen Technik wie resonante CARS oder Box-CARS. Für nähere Details wird auf die Spezialliteratur verwiesen [12.32, 12.33].

12.4.15 Zeitaufgelöste Laserspektroskopie

Während durch die stationäre Spektroskopie die *Struktur* der Moleküle bestimmt werden kann, bringt die zeitaufgelöste Spektroskopie Informationen über *dynamische* Prozesse in Molekülen, z. B. über die Lebensdauern angeregter Zustände, über intramolekulare Energietransfer-Prozesse oder über Energieübertragung beim Stoß von Molekülen. Viele dieser Prozesse laufen auf kurzen Zeitskalen ab, die von Mikrosekunden bis hinunter zu Femtosekunden reichen. Hier hat die Laserspektroskopie durch die Entwicklung ultrakurzer Pulse ganz neue Möglichkeiten eröffnet. Wir wollen dies in diesem Abschnitt nur kurz an einigen Beispielen illustrieren. Für eine detailliertere Darstellung wird auf die Spezialliteratur [12.31–12.33] verwiesen.

a) Messung von Lebensdauern

Wird ein Molekülniveau $|k\rangle$ zur Zeit $t = 0$ durch Absorption eines Photons oder durch Elektronenstoß angeregt, so klingt seine Besetzungsdichte

$$N_k(t) = N_k(0)\,\mathrm{e}^{-(t/\tau)} \tag{12.47}$$

exponentiell ab. Nach der mittleren Lebensdauer τ ist $N(\tau) = N(0)/\mathrm{e}$. Dies lässt sich entweder durch die zeitaufgelöste Messung der Fluoreszenzintensität

$$I(t) = A_k N_k(t) \tag{12.48}$$

nachweisen, wobei A_k der Einsteinkoeffizient der spontanen Emission ist (siehe Abschn. 4.1) oder durch die Abnahme der Absorption auf Übergängen vom Zustand $|k\rangle$ in höhere Zustände.

Als anregende Strahlungsquellen werden heute überwiegend gepulste oder modengekoppelte Laser verwendet. Entweder kann die abklingende Fluoreszenz mit einem schnellen Detektor gemessen und die Abklingkurve unmittelbar auf einem Oszillographen sichtbar gemacht werden, oder das Detektorsignal wird auf einen Vielkanalanalysator gegeben, bei dem das Signal für vorbestimmte Zeitfenster t_n bis $t_n + \Delta t$ gemessen und über das Zeitintervall Δt aufintegriert wird (Abb. 12.52a).

Bei kleinen Fluoreszenzintensitäten hat sich ein zeitaufgelöstes Einphotonen-Koinzidenzverfahren bewährt, das folgendermaßen funktioniert:

Die Anregung der Moleküle geschieht durch kurze Pulse eines modengekoppelten Lasers mit einer konstanten Repetitionsrate f und einer Pulsenergie, die so klein gewählt wird, dass die Anregungswahrscheinlichkeit pro Puls klein gegen eins ist. Pro Anregungspuls wird dann höchstens ein Fluoreszenzphoton emittiert. Der anregende Laserpuls startet eine linear ansteigende Spannungsrampe $U(t) = at$ und der vom Fluoreszenzphoton erzeugte Spannungspuls stoppt sie bei einer Spannung at_n, die proportional zur Verzögerungszeit t_n des Photons ist. Die so gewonnenen Spannungen $U(t_n)$ werden für viele Anregungspulse gemessen und in einem Vielkanalanalysa-

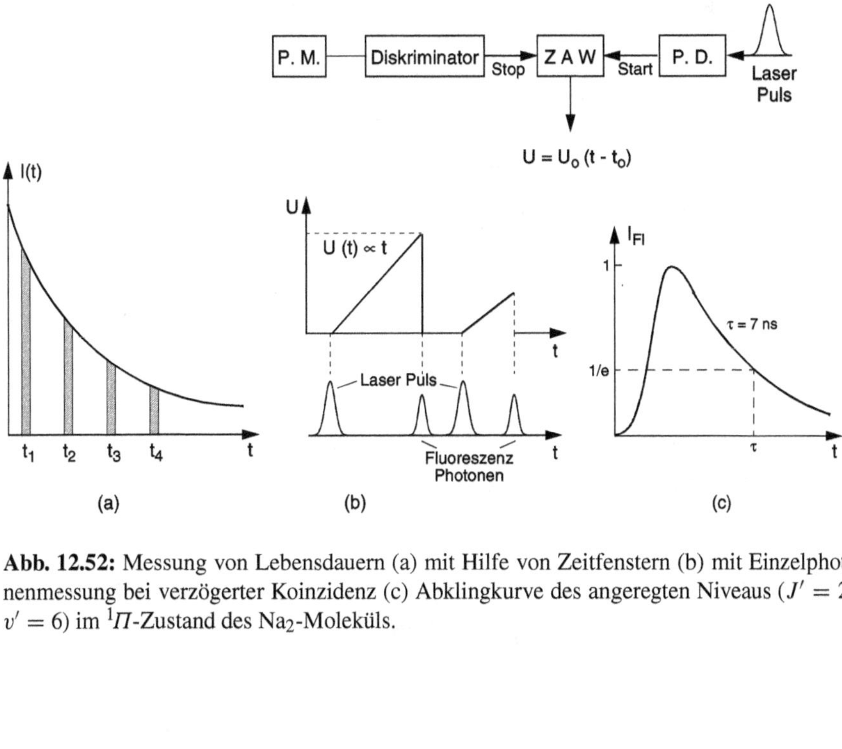

Abb. 12.52: Messung von Lebensdauern (a) mit Hilfe von Zeitfenstern (b) mit Einzelphotonenmessung bei verzögerter Koinzidenz (c) Abklingkurve des angeregten Niveaus ($J' = 27$, $v' = 6$) im $^1\Pi$-Zustand des Na_2-Moleküls.

tor oder in einem Computer gespeichert und die pro Zeitintervall $t_n + \Delta t$ gemessenen Photonen addiert. Die Wahrscheinlichkeit W_n, dass ein Photon die Verzögerungszeit t_n hat, ist proportional zur Fluoreszenzintensität $I(0)\,e^{-t/\tau}$. Die Häufigkeitsverteilung $N(t_n)$ der gemessenen Fluoreszenzphotonen ergibt daher die Abklingkurve, aus der die mittlere Lebensdauer τ bestimmt werden kann. In Abb. 12.52b ist das Prinzipschema der Messapparatur dargestellt und in Abb. 12.52c ist eine mit dieser Anordnung gemessene typische Abklingkurve gezeigt.

Die beiden bisher diskutierten Verfahren können bis zu Abklingzeiten von etwa 100 ps verwendet werden. Bei noch kürzeren Zeiten ist die zeitliche Auflösung der elektronischen Komponenten im Nachweis nicht hoch genug. Für Zeitauflösungen bis zu einer Pikosekunde kann die Streak-Kamera verwendet werden (Abb. 12.53). Diese ist im Prinzip eine Kombination von Photodetektor und schnellem Oszillographen. Der Photonenpuls, dessen Zeitprofil bestimmt werden soll, trifft auf die Photokathode der Streak-Kamera und löst dort Photoelektronen aus. Diese laufen durch einen Plattenkondensator, an dessen Platten eine schnelle Spannungsrampe gelegt wird. Dadurch werden die Elektronen, je nach der Zeit, bei der sie den Kondensator durchlaufen, verschieden stark abgelenkt und auf dem Schirm des Bildverstärkers wird die y-Achse zu einer Zeitachse. Wird der Photonenpuls vor der Streak-Kamera durch einen Spektrographen geschickt, der die verschiedenen Wellenlängenanteile in y-Richtung dispergiert, so kann man auf dem Schirm des Bildverstärkters den Zeitverlauf $I(\lambda, t)$ für die verschiedenen Wellenlängen ablesen.

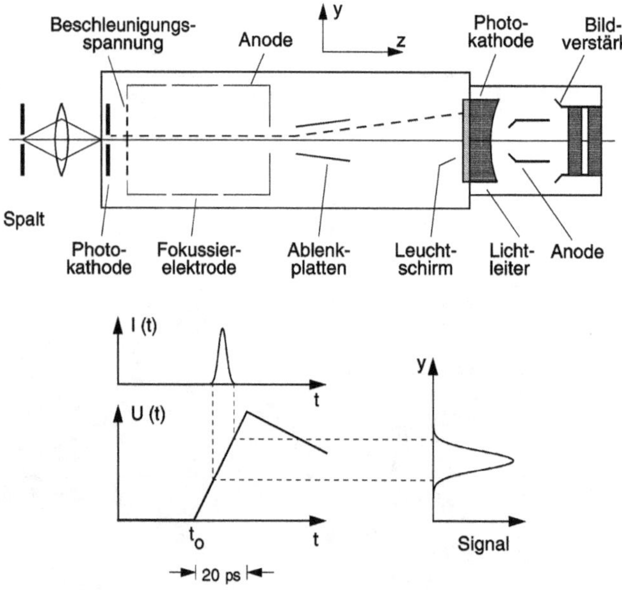

Abb. 12.53: Prinzip der Streak-Kamera und der Zusammenhang zwischen dem Zeitprofil $I(t)$ des einfallenden Laserpulses und dem am Ausgang erscheinenden Signal $S(y)$.

b) Korrelationsverfahren

Im Femtosekundenbereich versagt auch die Streak-Kamera. Hier müssen Korrelationsverfahren eingesetzt werden, um eine entsprechende Zeitauflösung zu erreichen. Die kürzesten Laserpulse, die bisher erreicht wurden, liegen bei 4 fs. Durch nichtlineare Wechselwirkung intensiver Femtosekundenpulse in Edelgasen lassen sich hohe Oberwellen im Vakuum-Ultravioletten oder sogar im Röntgenbereich erzeugen, deren Pulsbreiten bis unter 100 as reichen können (1 as $= 10^{-18}$ s) [12.37]. Mit diesen ultrakurzen Pulsen lässt sich die Dynamik der Elektronenhülle bei Anregungsprozessen oder bei der Dissoziation von Molekülen zeitlich aufgelöst verfolgen.

Um solche ultrakurzen Laserpulse zuverlässig messen zu können, wird die Anordnung in Abb. 12.54 verwendet. Der Laserpuls wird durch einen Strahlteiler in zwei Anteile aufgespalten, von denen einer eine feste Wegstrecke durchläuft, der andere eine variable. Wenn beide Teilpulse wieder überlagert werden, haben sie eine variable Zeitverzögerung τ gegen einander. Die Gesamtintensität ist dann $I(t) = I_1(t) + I_2(t + \tau)$. Wenn der Detektor eine Zeitkonstante T hat, die lang gegen die Pulsdauer ist, wird er über $I(t)$ integrieren und die gesamte auf ihn fallende Energie messen, die unabhängig von τ ist, solange $\tau < T$ ist. Er gibt deshalb keine Informationen über das Zeitprofil des Laserpulses bei der optischen Frequenz ω.

Wenn jedoch der rekombinierte Laserstrahl auf einen nichtlinearen optischen Kristall fällt, in dem durch Phasenanpassung die optische Oberwelle bei der Frequenz 2ω erzeugt wird, so ist die Intensität auf der Oberwelle

$$\begin{aligned} I(2\omega) \propto (I(\omega))^2 &= (I_1(t) + I_2(t+\tau))^2 \\ &= I_1^2 + I_2^2 + 2I_1(t)I_2(t+\tau) \ . \end{aligned} \tag{12.49}$$

Während die ersten beiden Terme auf der rechten Seite unabhängig von der Verzögerungszeit τ sind, hat der letzte Term ein von τ abhängiges Zeitprofil, das der Faltung der beiden identischen Pulsprofile $I_1(t)$ und $I_2(t)$ entspricht. Misst man das Detektorsignal als Funktion der Verzögerungszeit τ, so erhält man durch eine Entfaltung das ursprüngliche Pulsprofil. Man führt hier die Zeitmessung auf eine Längenmessung

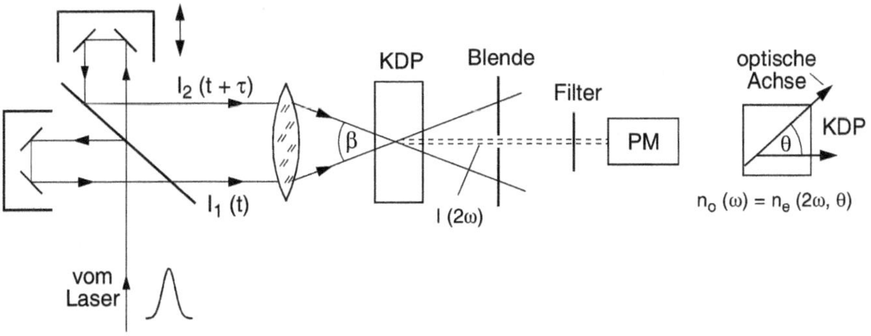

Abb. 12.54: Messung des Zeitprofils eines Femtosekundenpulses mit Hilfe der Korrelationstechnik.

$\Delta s = c\tau$ zurück. Meistens wird das Retroreflexionsprisma, das die Verzögerungsstrecke verändert, durch eine sehr genaue Mikrometerschraube bewegt, die durch einen Schrittmotor angetrieben wird [12.35].

c) Pump-Abfrage-Technik

Schnelle Prozesse in Molekülen werden mit Hilfe der Pump-Abfrage-Technik gemessen. Hier wird ein Teil des Laserpulses durch die molekulare Probe geschickt, wo Photonen aus dem Puls absorbiert werden und einen Teil der Moleküle in einen angeregten Zustand bringen. Die zeitliche Entwicklung dieses angeregten Zustandes wird durch einen Abfragepuls mit variabler Zeitverzögerung gegen den Pumppuls abgetastet. Entweder kann die durch den Abfragepuls induzierte Fluoreszenz gemessen werden oder die Ionen oder Elektronen, die bei der Ionisation des angeregten Zustandes durch Ein- oder Mehrphotonen-Übergänge entstehen. Man erhält dann, ähnlich wie bei den Lebensdauer-Messungen, Abklingkurven, aus denen der Zerfall des angeregten Zustandes ermittelt werden kann.

Oft führt die Anregung auch zur Dissoziation des Moleküls oder (bei Mehrphotonen-Anregung) des Molekülions. Die Fragmente lassen sich mit Hilfe eines Massenspektrometers identifizieren. Misst man das Signal auf einer Fragment-Masse als Funktion der Verzögerungszeit des Abfragepulses, so lassen sich die verschiedenen Zerfallskanäle des angeregten Molekülzustandes und ihre relativen Wahrscheinlichkeiten bestimmen. Als Beispiel sei die Fragmentierung von $Fe(CO)_5$ erwähnt [12.38]. Vom ursprünglich angeregten Zustand läuft das System „bergab“ auf der Potentialfläche bis zu einer konischen Durchschneidung mit der Potentialfläche eines anderen Molekülzustandes. Dies bedeutet, dass ein Teil der elektronischen Energie umgewandelt wird in Schwingungsenergie des Moleküls. Auf diesem Wege über die Potentialfläche wird das Molekül durch den Abfragepuls ionisiert. Die Art der Fragmentierung hängt davon ab, von welchem Punkt der Potentialfläche aus die Ionisierung erfolgt, also von der Zeitverzögerung des Abfragepulses.

12.4.16 Femto-Chemie

Ein alter Wunschtraum der Photochemiker war es, durch Anregung von Molekülen durch Licht chemische Reaktionen zu beeinflussen oder sogar gezielt zu steuern. Nach Einführung von Lasern als Anregungsquelle schien dieses Ziel erreichbar zu sein. Könnte man gezielt und selektiv eine Molekülbindung (d. h. eine lokale Schwingungsmode) anregen, die zur Dissoziation des Moleküls in die entsprechenden Fragmente führt, so würde durch die Wahl der geeigneten Wellenlänge des anregenden Lasers die gewünschte Reaktion beeinflussbar. Viele Versuche in dieser Richtung waren allerdings anfangs erfolglos. Dies hat folgenden Grund:

Um chemische Reaktionen merklich zu beeinflussen, müssen hohe Schwingungsniveaus im elektronischen Grundzustand oder in elektronisch angeregten Zuständen durch die anregende Strahlungsquelle besetzt werden. Diese Niveaus zeigen in der Regel jedoch starke Kopplungen an andere Niveaus, bedingt durch die Anharmonizität des Potentials bei höheren Energien und durch die stark zunehmende Niveaudichte. Durch diese Kopplungen verteilt sich die anfangs selektive Besetzung eines oder weniger Niveaus, in denen die gesamte Anregungsenergie konzentriert war, auf viele Niveaus, bevor die gewünschte Reaktion eintritt. Die anfangs selektive Anregung bewirkt dann nicht viel mehr als eine thermische Anregung durch Erhöhung der Temperatur, die ja auch die Reaktionswahrscheinlichkeit für alle Reaktionen mit einer Reaktionsbarriere erhöht.

Die Anregung muss deshalb so schnell erfolgen, dass die Reaktion eintreten kann, *bevor* die Umverteilung der Energie auf viele Freiheitsgrade geschieht. Da diese Umverteilung im Pikosekundenbereich erfolgt, müssen Femtosekundenlaser verwendet werden. Für die Photochemie mit Femtosekundenlasern hat sich die Bezeichnung Femto-Chemie eingebürgert [12.39, 12.40].

Mit Hilfe der Pump-Abfragepuls-Technik lassen sich nun schnelle molekulare Reaktionen in Echtzeit verfolgen. Ein Beispiel ist die Dissoziation eines Moleküls nach Anregung mit einem Femtosekundenlaser (Abb. 12.55). Der Abfrageimpuls induziert Übergänge zwischen den Potentialkurven des mit der Geschwindigkeit $v(R)$ beim Kernabstand R dissoziierenden Moleküls. Zu jeder Zeitverzögerung τ gehört eine bestimmte Wellenlänge λ, des Abfrageimpulses, die auf die Energiedifferenz $E_2(R) - E_1(R) = hc/\lambda$ mit $R = \int v \, dt$ passt. Misst man die vom Abfragelaser induzierte Fluoreszenz des atomaren Zustandes, in den der angeregte molekulare Zustand dissoziiert, als Funktion der Verzögerungszeit τ, so lassen sich die Geschwindigkeit $v(R)$ der dissoziierenden Bruchstücke und damit die Differenz der Steigungen der beiden Potentialkurven bestimmen.

Ein interessantes Musterbeispiel für die Anwendung von Femtosekundenlasern zur Steuerung chemischer Reaktionen ist die Anregung von Na_2-Molekülen (Abb. 12.56).

Ein Femtosekundenlaserpuls mit der zeitlichen Pulsbreite Δt regt vom Schwingungsniveau $v'' = 0$ im elektronischen Grundzustand $X\,^1\Sigma_g$ wegen seines breiten Frequenzspektrums $\Delta\nu = h/\Delta t$ eine kohärente Überlagerung mehrerer Schwingungsniveaus im $A\,^1\Sigma_u$ Zustand an. Diese Überlagerung bildet ein Wellenpaket, das mit der mittle-

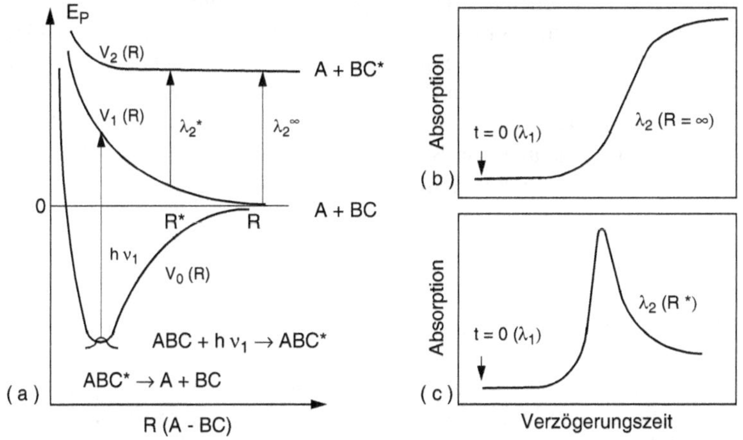

Abb. 12.55: Direkte Beobachtung der Dissoziation eines Moleküls mit Hilfe der Pump-Abfrage-Technik [12.39].

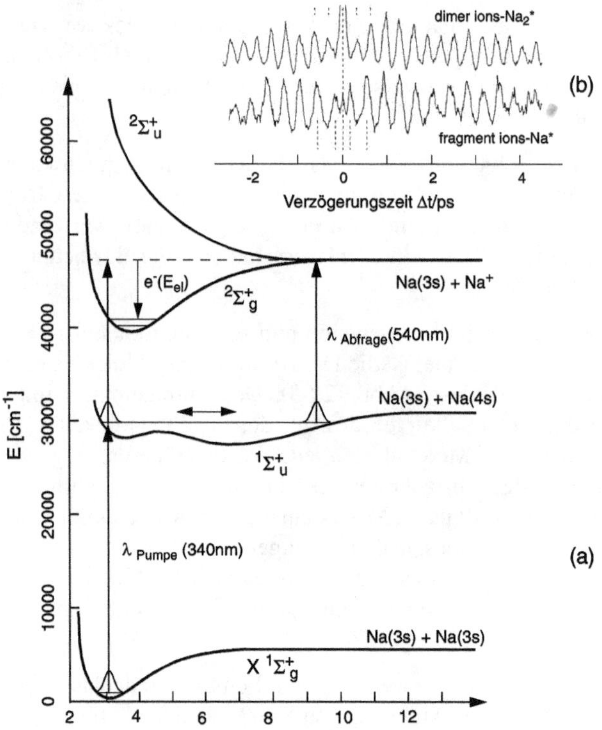

Abb. 12.56: Anwendung der Pump-Abfragetechnik auf die Ionisation des Na_2-Moleküls: (a) Termschema; (b) Ionensignale $N(Na_2^+)$ und $N(Na^+)$ als Funktion der Verzögerungszeit τ [12.41].

ren Schwingungsperiode zwischen den Umkehrpunkten hin- und her oszilliert. Der zweite um die Zeit τ verzögerte Abfragepuls regt das Molekül weiter an. Durch eine Zweiphotonenionisation kann das Molekül ionisiert werden. Je nachdem, ob diese Anregung vom inneren oder vom äußeren Umkehrpunkt im $A\,^1\Sigma$-Zustand aus erfolgt, erreicht man Zustände im Na_2^+-Zustand oder man erzeugt Na^+-Na-Fragmente. Misst man das Verhältnis der Ausbeuten von Na_2^+/Na^+ als Funktion der Verzögerungszeit gegen den ersten Puls, so erhält man die in Abb. 12.56b gezeigte oszillatorische Kurve. Durch Wahl der geeigneten Verzögerungszeit lässt sich die Ausbeute von atomaren oder molekularen Ionen steuern.

12.4.17 Kohärente Kontrolle

Außer der wählbaren Zeitverzögerung zwischen Anregungs- und Abfragepuls kann man auch die Phasenverteilung im Anregungspuls zur Kontrolle der Phase der molekularen Wellenfunktion im angeregten Zustand ausnutzen. Bei mehratomigen Molekülen bestimmt die Phase dieser Wellenfunktion die zeitliche Verteilung der Wellenfunktion auf der angeregten Potentialfläche und damit die innerhalb eines Zeitinter-

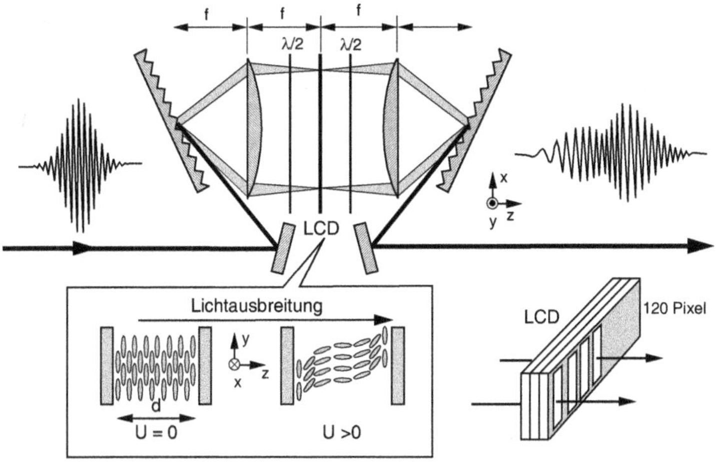

Abb. 12.57: Aufbau zur Optimierung von Femtosekundenpulsen.

valls nach der Anregung erreichbaren Zerfallskanäle. Dieses Verfahren der Beeinflussung des angeregten Moleküls durch die Phasenverteilung $\varphi(\lambda)$ im Anregungspuls heißt kohärente Kontrolle. Das Prinzip ist in Abb. 12.57 dargestellt.

Die einzelnen Spektralkomponenten des Femtosekundenpulses mit der Spektralbreite $\Delta\lambda$ werden durch ein optisches Beugungsgitter räumlich getrennt und durchlaufen eine Flüssigkristall-Maske (LCD = liquid crystal display) mit vielen elektrisch voneinander isolierten Pixeln. Legt man eine elektrische Spannung an diese Pixel, so ändert sich der Brechungsindex und damit die Phase der entsprechenden Spektralkomponente der transmittierten Welle.

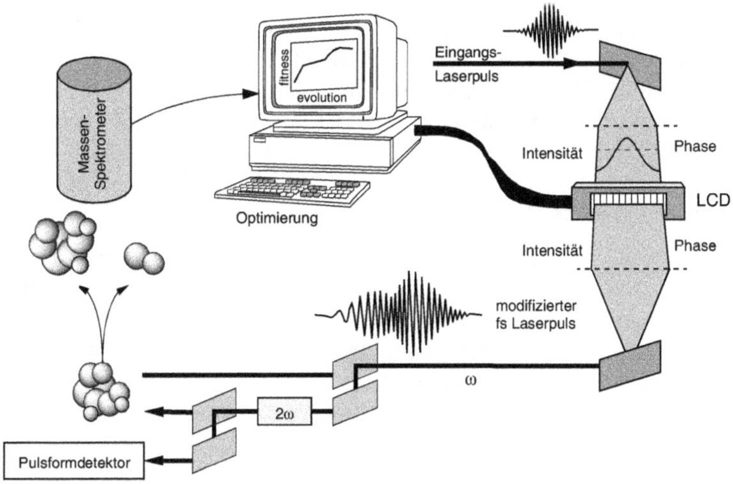

Abb. 12.58: Lernalgorithmus zur Optimierung der kohärenten Kontrolle chemischer Reaktionen [12.42].

Durch ein zweites Gitter werden die Spektralkomponenten wieder räumlich zusammengeführt. Die Phasenverschiebung der einzelnen Komponenten beeinflusst das Zeitprofil des Gesamtpulses. Es zeigt sich nun, dass die verschiedenen Dissoziationskanäle, in die der angeregte Zustand zerfallen kann, von diesem Zeitprofil abhängen. Obwohl dieser Zusammenhang bisher nicht im Detail verstanden ist, kann man durch einen Lernalgorithmus die Pulsform so verändern, dass die gewünschten Zerfallsprodukte optimiert werden (Abb. 12.58). Dies wurde von einigen Forschungsgruppen an verschiedenen Beispielen demonstriert an mittelgroßen [12.43] und sogar an sehr großen biologischen Molekülen [12.44]. Für das genaue Verständnis dieser Prozesse müssen aufwändige Rechnungen durchgeführt werden, welche die Potentialflächen, die zeitabhängige Wellenfunktion (Wellenpaket) des angeregten nichtstationären Zustandes und ihre zeitliche Entwicklung bestimmen können.

12.5 Photoelektronen-Spektroskopie

Die Photoelektronen-Spektroskopie und ihre neueren Varianten haben sich zu einem sehr nützlichen Werkzeug der Molekülphysik entwickelt. Durch eine Lichtquelle mit der Wellenlänge λ, werden Moleküle ionisiert und die kinetische Energie E_{el} der dabei erzeugten Photelektronen wird mit Hilfe eines Energieanalysators gemessen. Wenn das Elektron aus einem Zustand mit der Ionisierungsenergie E_{I} stammt, gilt die Energiegleichung

$$E_{\text{el}} = h\nu - E_{\text{I}} \quad \text{mit } \nu = c/\lambda \,. \tag{12.50}$$

Man kann also aus der gemessenen Elektronenenergie E_{el} die Energie des Molekülorbitals bestimmen, aus dem das Photoelektron stammt. Da die Ionisierungsenergie der meisten Moleküle in der Größenordnung von 10 eV liegt, muss die Photonenenergie diese Grenzenergie übersteigen, d. h. ihre Wellenlänge muss unterhalb von 120 nm liegen. Als Lichtquelle wird häufig eine Helium-Entladungslampe verwendet, bei der die He-Linie bei $\lambda = 58{,}4$ nm ($E = 21{,}2$ eV) im Vakuum-Ultravioletten Bereich (VUV) zur Ionisierung verwendet wird. Man nennt eine solche Anordnung daher auch UPS (Ultraviolett-Photoelektronen-Spektrometer). Die Anregung der Helium-Resonanzlinie kann durch eine Gasentladung oder durch Mikrowellen-Entladungen erfolgen. Bei größeren Strömen in der Gasentladung können genügend Helium-Ionen erzeugt werden, sodass die Resonanzlinie von He^+ bei $\lambda = 30{,}4$ nm ($E = 40{,}8$ eV) intensiv genug wird, um als Strahlungsquelle ausgenutzt zu werden.

In den letzten Jahren werden jedoch immer häufiger VUV-Laser wegen ihrer größeren Intensität bevorzugt. Oft wird die Ionisationsgrenze eines Moleküls durch Mehrphotonenübergänge überschritten, wobei die Photonen für die stufenweise Anregung aus dem gleichen Laser oder aus verschiedenen Lasern stammen können. Dies wird vor allem bei der Erzeugung von Photoelektronen geringer Energie ausgenutzt, wo die Messung der Elektronenenergie die Bestimmung von Energieniveaus molekularer Ionen gestattet (siehe weiter unten).

Von besonderem Interesse ist die Photoelektronen-Spektroskopie innerer Elektronen-Schalen, weil bei diesen tief liegenden Molekülorbitalen die Korrelationsenergie infolge der Wechselwirkung der Elektronen untereinander einen entscheidenden Einfluss auf die Gesamtenergie des Orbitals hat. Man kann dann diese Korrelationsenergie bestimmen, wenn man die experimentellen Ergebnisse mit Rechnungen vergleicht, bei denen die Korrelation nicht berücksichtigt wurden. Für die Spektroskopie innerer Schalen braucht man Photonenquellen im Röntgengebiet (in der englischen Literatur als X-rays bezeichnet). Die Spektroskopie in diesem Spektralbereich heißt deshalb XPS (X-ray photolectron spectroscopy). Als Strahlungsquellen können die charakteristischen Linien von Röntgenröhren benutzt werden. Allerdings wird heute überwiegend die Synchrotronstrahlung verwendet, die durch einen Primär-Monochromator spektral zerlegt wird (siehe Abschn. 12.3).

Viele der im Kap. 7 diskutierten Erkenntnisse über Molekülorbitale stammen aus Ergebnissen der Photoelektronen-Spektroskopie. Sie bietet eine zusätzliche und komplementäre Informationsquelle zur Absorptions- und Emissions-Spektroskopie und wird deshalb in vielen Labors der Molekülphysik verwendet [12.45, 12.46].

12.5.1 Experimentelle Anordnungen

In Abb. 12.59 ist schematisch eine typische Anordnung für die Photoelektronen-Spektroskopie gezeigt. Als Energieanalysator kann z. B. ein ebener Kondensator mit Plattenabstand d verwendet werden (Abb. 12.60a), bei dem die Elektronen durch

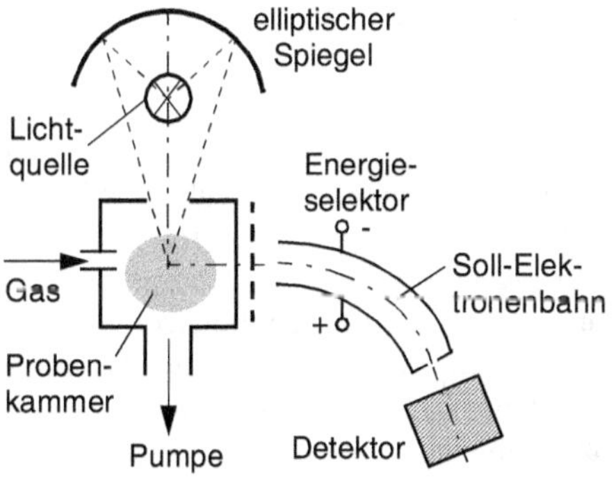

Abb. 12.59: Schematische Anordnung zur Photoelektronen-Spektroskopie.

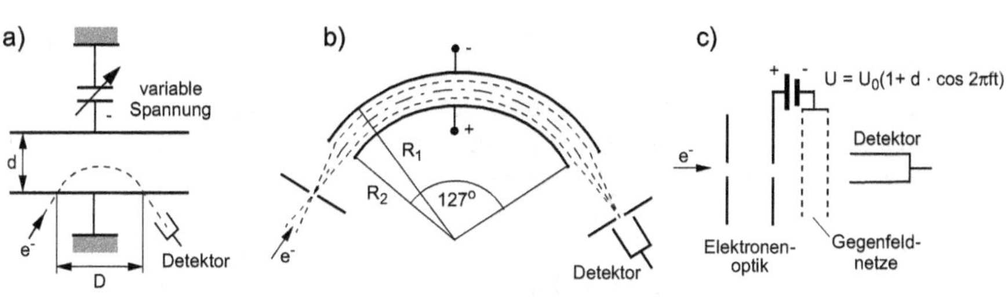

Abb. 12.60: Mögliche Realisierungen zur Energieselektion der Photoelektronen (a) ebener Kondensator (b) Zylinderkondensator (c) Gegenfeldmethode.

einen Eintrittsspalt schräg in den Kondensator unter einem Winkel α gegen die Kondensatorplatten eintreten, im homogenen elektrischen Feld eine Parabelbahn durchlaufen und bei der richtigen Energie

$$E_{\text{el}} = DeU/(2d \sin 2\alpha) \tag{12.51}$$

den Austrittsspalt im Abstand D vom Eintrittsspalt erreichen. Günstiger ist es, einen Zylinderkondensator zu verwenden (Abb. 12.60b), bei dem eine Fokussierung der Elektronen erfolgt und daher größere durchgelassene Intensitäten erreicht werden. Er besteht aus zwei Zylinderkreissegmenten mit einem Öffnungswinkel von 127° ($\pi/\sqrt{2}$). Bei dieser Anordnung werden bei einer Spannung U zwischen den Kondensatorplatten alle von einer punktförmigen Quelle in einen vom Kondensator akzeptierten Raumwinkel emittierten Elektronen der Energie

$$E_{\text{el}} = eU/\left(2\ln(R_2/R_1)\right) \tag{12.52}$$

auf einen Austrittsspalt fokussiert. Der Detektor empfangt dann nur Elektronen dieser Energie, die man durch Variation der Kondensatorspannung wählen kann.

Statt des Zylinderkondensators werden oft Kugelkondensatoren (Kugelflächen mit den Radien R_1 und R_2) eingesetzt, weil diese einen größeren Öffnungswinkel des eintretenden Elektronenstrahls akzeptieren und damit ein höheres Detektorsignal ermöglichen. Die durchgelassenen Elektronen haben die Energie

$$E_{\text{el}} = eUR_1R_2/\left(R_1^2 - R_2^2\right) . \tag{12.53}$$

Statt der elektrostatischen Kondensatoren wird häufig eine Gegenfeldmethode verwendet, bei der die Photoelektronen ein elektrisches Gegenfeld durchlaufen und nur den Detektor erreichen, wenn ihre Energie größer als eine Grenzenergie E_{g} ist (Abb. 12.60c). Das Gegenfeld wird durch leitende ebene Drahtnetze realisiert, die auf der Spannung $-U$ liegen. Wenn die Photoelektronenquelle auf der Spannung $U = 0$ liegt, wird die Grenzenergie dann $E_{\text{g}} = eU$. Wird die Spannung $U = U_0(1 + a\cos(2\pi ft))$ mit der Frequenz f um einen Mittelwert U_0 moduliert, so registriert ein Lock-in Detektor auf der Frequenz f nur Elektronen aus dem Energieintervall $\Delta E_{\text{el}} = 2aeU_0$ um die Energie eU_0 herum.

Die Energieauflösung eines Photoelektronenspektrometers hängt ab von der Spektralbreite der Strahlungsquelle, von der Energieauflösung des Energieselektors und eventuell auch von der kinetischen Energie der Moleküle, weil deren Geschwindigkeit auf Grund des Dopplereffekts zu einer Energieverschiebung der Photoelektronen führt. Bei Verwendung der He-Resonanzlinie ist die Spektralbreite der Strahlung sehr schmal, sodass hier die anderen Begrenzungen für die Energieauflösung wirksam werden. Man kann heute Elektronenspektrometer mit einer Energieauflösung von unter 5 meV konstruieren. Allerdings müssen dann alle externen Magnetfelder, wie z. B. das Erdmagnetfeld, sorgfaltig abgeschirmt werden, weil diese insbesondere bei langsamen Elektronen eine Ablenkung bewirken und damit Elektronen der falschen Energie selektiert werden.

12.5.2 Photoionisationsprozesse

Bei der Ionisation eines Moleküls M durch Photonen können folgende Prozesse erfolgen:

$$\begin{aligned} &\text{a)} \quad M(E_i) + h\nu = M^+(E_k) + e(E_{el}) \\ &\text{b)} \quad M(E_i) + h\nu = M^{++}(E_n) + e_1(E_{el}^{(1)}) + e_2(E_{el}^{(2)}) \\ &\text{c)} \quad M^+(E_i) + h\nu = M^{++}(E_n) + e(E_{el}) \end{aligned} \tag{12.54}$$

Im Fall a) wird ein Molekül M im Grundzustand E_i durch das Photon ionisiert und ein Molekülion im Zustand E_k (dies kann der Ionengrundzustand oder ein angeregter Zustand sein) wird erzeugt. Das Photoelektron mit der kinetischen Energie E_{el} wird nachgewiesen. Ist das Elektron ein Valenzelektron, so stammt es aus dem obersten besetzten Molekülorbital (HOMO = highest occupied molecular orbital). Ist E_k der Grundzustand des Ions, so gibt die Differenz

$$\Delta E = h\nu - E_{el}$$

die Ionisierungsenergie des Moleküls. Im Elektronenspektrum werden jedoch auch kleinere Elektronenenergien beobachtet, wenn das Ion in einem angeregten Zustand zurückbleibt.

Ist die Photonenenergie groß genug, kann Zweifachionisation auftreten (Prozess b). Die durch den Prozess a) erzeugten Ionen können auch durch Absorption eines zweiten Photons weiter ionisiert werden (stufenweise Ionisation). Dieser Prozess wird umso wahrscheinlicher, je größer die Photonenintensität ist. Deshalb spielt er bei der Photoelektronenspektroskopie mit leistungsstarken Lasern eine nicht zu vernachlässigende Rolle. In Abb. 12.61 ist die Besetzung der Molekülorbitale bei den

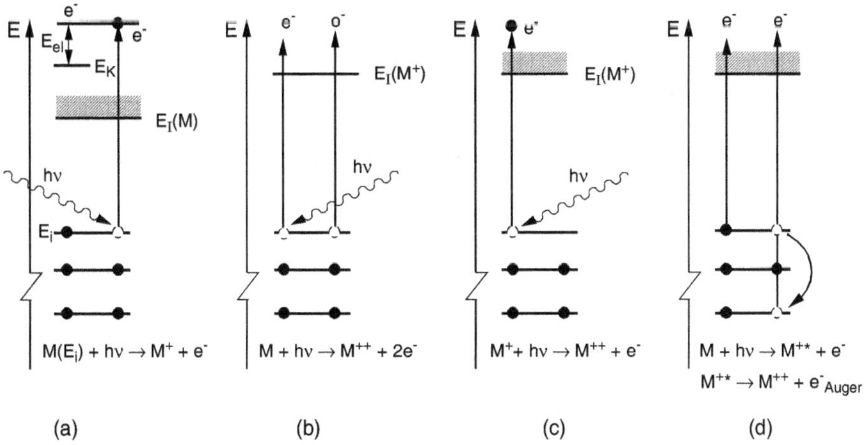

Abb. 12.61: Besetzung der Molekülorbitale bei den verschiedenen Photionisations-Prozessen (a) Ionisation eines Valenzelektrons (b) Doppelionisation (c) Weitere Ionisation eines Molekülions (d) Innerschalen-Ionisation mit nachfolgender Auger-Elektron-Emission.

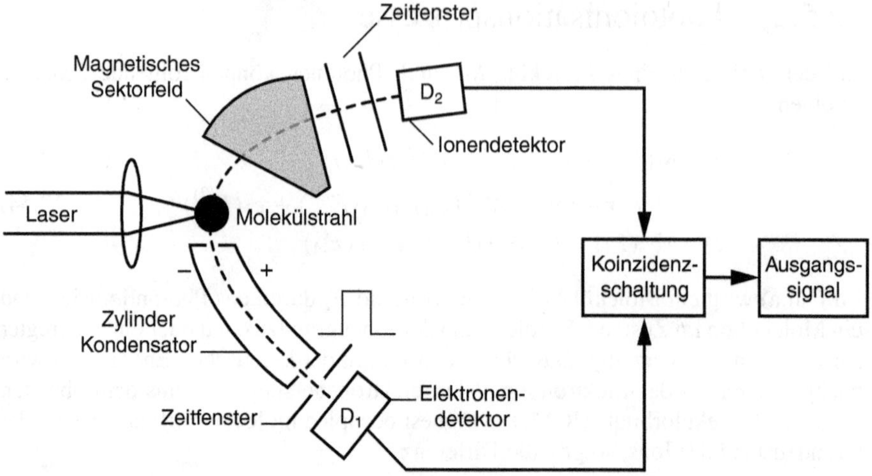

Abb. 12.62: Apparatur zur Koinzidenzmessung von Elektronen und Ionen bei der Photoionisation von Molekülen.

verschiedenen Prozessen schematisch dargestellt. Eine vollständige Information über den Photo-Ionisationsprozess erhält man durch Koinzidenzmessungen (Abb. 12.62). Hier werden die Moleküle in einem kollimierten Molekularstrahl durch einen Laser ionisiert. Die Ionen werden nach Durchlaufen eines magnetischen Sektorfeldes energieselektiert nachgewiesen (siehe Abschn. 12.6.1), während das Energiespektrum der Elektronen durch einen elektrischen Zylinderkondensator bestimmt wird. Eine Koinzidenzschaltung sorgt dafür, dass jedes Elektron seinem zugehörigen Ion zugeordnet wird. Wenn man den ganzen Elektronen-Nachweis um eine Achse durch den Kreuzungspunkit des Laserstrahls mit dem Molekülstrahl drehen kann, lässt sich gleichzeitig die Winkelverteilung der Photoelektronen messen.

12.5.3 ZEKE-Spektroskopie

In den letzten Jahren ist eine Variante der Photelektronenspektroskopie entwickelt worden, bei der nur Photoelektronen mit sehr kleinen Energie $E_{\text{el}} \approx 0$ bei der Ionisation von Molekülen in einem kollimierten Molekülstrahl durch einen Laser nachgewiesen werden, und die deshalb ZEKE-Spektroskopie (zero kinetic energy) genannt wird [12.47, 12.48].

Wenn die Wellenlänge des ionisierenden Lasers kontinuierlich durchgestimmt wird, werden diese Elektronen genau dann erzeugt, wenn das Grundzustandsniveau des Ions oder angeregte Schwingungsniveaus im elektronischen Grundzustand erreicht werden. Die entstehenden Photoelektronen werden erst aus dem Erzeugungsgebiet (Kreuzungsvolumen von Molekularstrahl und Laserstrahl) nach einer Zeitspanne Δt durch ein elektrisches Feld abgezogen, wenn alle schnelleren Elektronen dieses Gebiet bereits verlassen haben. Dadurch wird selektiv der Photoionisationskanal, bei dem das Molkülion in einem definierten Zustand ist, nachgewiesen. Man braucht keinen Energieselektor für die Photoelektronen. Bei Verwendung schmalbandiger Laser ist die Energieauflösung wesentlich höher als bei der konventionellen Photoelektronenspektroskopie und nur durch die Geschwindigkeitsverteilung der Moleküle im Strahl limitiert.

Beispiel

Elektronen mit einer Energie von 0,1 meV haben eine Geschwindigkeit von $v = 5{,}8 \cdot 10^3\ \mathrm{m/s}$. Sie verlassen das Ionisierungsgebiet mit typischen Dimensionen von $1\ \mathrm{mm}^3$ daher innerhalb einer Zeit von etwa 200 ns. Wartet man also eine Zeit von 1 µs nach der Ionisation durch einen Laser mit einer Pulsbreite von 10 ns, so haben alle Elektronen mit Energien $E_{\mathrm{el}} > 10^{-5}$ eV das Abziehvolumen verlassen und werden nicht mehr nachgewiesen

Der Vorteil der ZEKE Spektroskopie ist aber nicht nur die Einsparung eines Energieselektors und die wesentlich höhere Energieauflösung, die es gestattet, Schwingungs- und manchmal auch Rotationsniveaus der Molekülionen aufzulösen, sondern auch die größere Nachweiswahrscheinlichkeit. Dies liegt daran, dass die Photoelektronen, die nach der Ionisation in alle Raumrichtungen fliegen, wegen ihrer geringen Energie alle vom elektrischen Abziehfeld in Richtung auf den Detektor umgelenkt und deshalb nachgewiesen werden.

In Abb. 12.63 ist als Beispiel das ZEKE Spektrum von NO gezeigt, das die erzielbare Energieauflösung demonstriert.

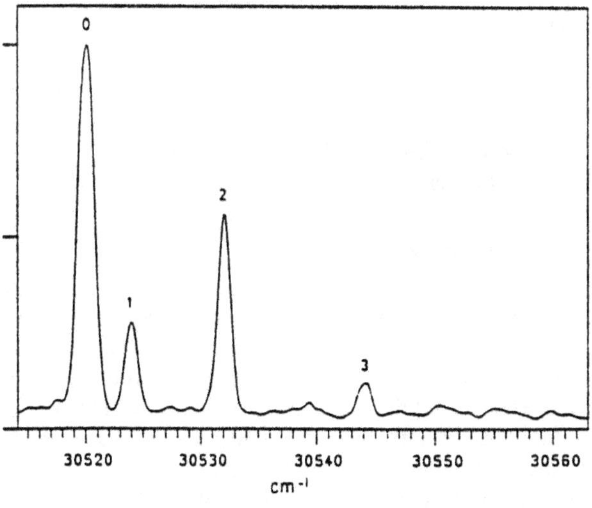

Abb. 12.63: ZEKE Spektrum von NO. Die Abszisse gibt die Wellenzahl des ionisierenden Lasers an. Die Peaks entsprechen den Anregungen aus unterschiedlichen Rotationsniveaus $J = 0 \ldots 3$ des Grundzustandes [12.49].

Das elektrische Abziehfeld kann leider auch Elektronen aus sehr hohen langlebigen Rydbergzuständen des neutralen Moleküls feldionisieren, und täuscht daher eine geringere Ionisierungsenergie vor. Man muss deshalb diese Feldelektronen von den eigentlichen Photoelektronen trennen können. Ein möglicher Weg ist, das man zuerst bei der Zeit t_1 nach der Ionisation ein sehr schwaches Abziehfeld anlegt, das dann nach der Zeit t_2 erhöht wird. Man erhält dann im Elektronensignal ein Stufe bei t_2, die den zusätzlichen Anteil von Elektronen aus der Feldionisation anzeigt.

12.5.4 Winkelverteilung der Photoelektronen

Wegen der Drehimpulserhaltung muss der Gesamtdrehimpuls auf beiden Seiten der Gl. (12.54) gleich sein. Der Drehimpuls des ionisierenden Photons ist null für linear polarisiertes Licht und $\pm 1\hbar$ für zirkular polarisiertes Licht. Die Photoelektronen können auch einen Drehimpuls haben, der ihre Winkelverteilung bestimmt. Bei sehr geringen Elektronenenergien, wie sie z. B. bei der ZEKE-Spektroskopie vorkommen, ist der Drehimpuls der Photoelektronen null und ihre Winkelverteilung ist isotrop. Im Allgemeinen können die Photoelektronen jedoch Drehimpuls $0, 1h, 2h, 3h, \ldots$ haben. Die Elektronenwellenfunktion ist dann eine Überlagerung von s, p, d, ... Anteilen. Da für Elektronen in hohen Zuständen (z. B. Rydbergzuständen) selbst in Molekülen die Drehimpulsquantenzahl l gut definiert ist, gilt bei einem Übergang vom Rydbergniveau in ein Schwingungs-Rotationsniveau des Ions bei der Absorption des Photons für elektrische Dipolübergänge die Auswahlregel $\Delta l = \pm 1$ für die Drehimpulsquantenzahl l. Wenn der Anfangszustand ein s-Zustand ist muss der Endzustand ein p-Zustand sein und das Photoelektron muss wegen der Drehimpulserhaltung ein p-Elektron sein. Dessen Winkelverteilung ist durch die Kugelflächenfunktion Y_{10} gegeben und die Intensitätsverteilung der Photoelektronen als Funktion des Winkels Θ zwischen Einfallsrichtung des Photons und Beobachtungsrichtung des Photoelektrons ist gegeben durch

$$I(\Theta) \propto Y_{10}^2 = \frac{3}{4\pi} \cos^2 \Theta \,. \tag{12.55}$$

Ganz allgemein lässt sich die Winkelverteilung der Photoelektronen mit beliebigem Drehimpuls für unpolarisiertes Licht beschreiben durch den Ausdruck [12.50]

$$I(\Theta) = \frac{\sigma}{4\pi} \left[1 + \frac{\beta}{2} \left(\frac{3}{2} \sin^2 \Theta - 1 \right) \right] \,. \tag{12.56}$$

Der Photoionisationsquerschnitt σ und der Anisotropieparameter β hängen vom Anfangs- und Endzustand des Photonen-induzierten Überganges im Molekül ab und von der Polarisation des Photons. Er beschreibt summarisch den Einfluss der verschiedenen Drehimpulse der Photoelektronen auf die Winkelverteilung. Man kann aus der gemessenen Anisotropie auf die bei der Photionisation beteiligten Molekülzustände schließen. Außer der Energiemessung der Photoelektronen gibt die Bestimmung ihrer Winkelverteilung eine wesentliche Information über die molekularen Zustände, aus denen das Photoelektron stammt.

Man sieht aus (12.56), dass bei einem „magischen" Beobachtungswinkel von $\Theta = 54{,}7°$ wegen $\sin^2 54{,}7° = 2/3$ die Winkelverteilung isotrop wird.

12.5.5 Röntgen-Photoelektronen-Spektroskopie XPS

Die Elektronen in inneren Schalen sind im Allgemeinen um „ihr“ Atom im Molekül lokalisiert. Die Wechselwirkung mit den anderen Molekülelektronen führt jedoch zu einer Energieverschiebung eines inneren Molekülniveaus gegenüber dem äquivalenten Niveau im freien Atom. Diese Verschiebung (chemical shift) ist im Allgemeinen sehr klein, sie lässt sich aber mit Hilfe der XPS sehr genau bestimmen. Zur Illustration ist in Abb. 12.64 das XPS Spektrum des Überganges vom $1s$-Niveau der Kohlenstoffatome gezeigt, die im Methylfluorazetat-Molekül verschiedene Umgebungsatome haben und daher eine etwas unterschiedliche Verschiebung erfahren. Als Anregungslinie wurde die K_α Linie von Al verwendet.

Um solche Verschiebungen zu berechnen, muss man das Potential am Ort des Elektrons im Anfangszustand bestimmen, das von der Wechselwirkung dieses Elektrons mit allen Ladungen in seiner Umgebung abhängt. Ist r_{ik} der Abstand des betrachteten Elektrons e_i zur Ladung q_k, dann ist seine potentielle Energie

$$E_{\mathrm{pot}}^{(i)} = -\sum_{k=1}^{p} \frac{q_k e}{4\pi\varepsilon_0 r_{ik}} = -\left(\sum_k \frac{q_k e}{4\pi\varepsilon_0 r_{ik}}\right)_{\mathrm{A}} - \left(\sum_j \frac{q_j e}{4\pi\varepsilon_0 r_{ij}}\right)_{\mathrm{N}} . \tag{12.57a}$$

Diese Energie hängt nicht nur von der Elektronenverteilung im eigenen Atom ab (erste Summe), sondern auch von der Ladungsverteilung in den Nachbaratomen (zweite Summe). Wird jetzt ein Elektron aus einer inneren Schale des Atoms A durch Photoabsorption entfernt, so ändert sich die Elektronenverteilung im Atom A und infolge der Wechselwirkung mit den Nachbaratomen N auch deren Ladungsverteilung, so-

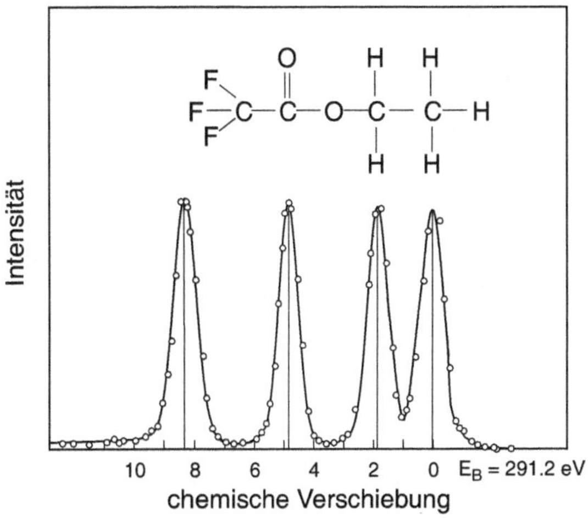

Abb. 12.64: XPS Spektrum für Übergänge vom $1s$-Niveau des C-Atoms [12.51].

dass die potentielle Energie im Endzustand

$$E_{\text{pot}}^{(f)} = -\left(\sum_{k=1}^{p-1} \frac{q_k e}{4\pi\varepsilon_0 r_{ik}^*}\right)_{\text{A}^+} - \left(\sum_j \frac{q_j e}{4\pi\varepsilon_0 r_{ij}^*}\right)_{\text{N}} \tag{12.57b}$$

wird.

Die chemische Verschiebung wird dann

$$\Delta E = \frac{e}{4\pi\varepsilon_0}\left(\sum_j \frac{q_j}{r_{ij}^*} - \sum_j \frac{q_j}{r_{ij}}\right) , \tag{12.57c}$$

wobei r_{ij}^* die durch den Photoabsorptionsprozess veränderten Abstände der Nachbarladungen angibt.

Wenn durch den XPS-Photoionisationsprozess ein Loch in einer inneren Schale entsteht, kann ein Elektron aus einer höheren Schale dieses Loch füllen und die dabei gewonnene Energie auf ein anderes Valenzelektron übertragen, das dann das Molekül verlassen kann (Auger-Prozess, Abb. 12.61d). Man erhält dann im Photoelektronenspektrum außer der normalen Linie bei der Energie

$$E_{\text{el}} = h\nu - E_{\text{B}}(1s) \tag{12.58}$$

eine zweite Linie für das Augerelektron aus dem Zustand $|n\rangle$ mit der Energie

$$E_{\text{aug}} = E_{\text{B}}(1s) - E_{\text{B}}(n) , \tag{12.59}$$

sodass man zusätzliche Information über die Energie der Zustände $|n\rangle$ bekommt. Besonders detaillierte Informationen erhält man durch Koinzidenzmessungen mit Energieselektion von Photoelektronen und den zugehörigen Molekülionen. Eine typische Apparatur ist in Abb. 12.65 gezeigt. Die durch Photoionisation mit einem Laser in einem Molekülstrahl erzeugten Ionen werden durch ein magnetisches Sektorfeld nach Massen selektiert und von einem Ionendetektor nachgewiesen. Die Photoelektronen werden in einem elektrischen Zylinderfeld nach Energien selektiert und von einem Elektronendetektor gemessen. Die Ausgangssignale der beiden Detektoren werden in einer Koinzidenzschaltung verarbeitet, die nur dann eine Signal abgibt, wenn die beiden Eingangssignale innerhalb eines vorgegebenen Zeitintervalls ankommen. Dadurch ist man sicher, dass die gemessenen Phnotoelektronen wirklich zu den detektierten Molekülionen gehören. Die Energie der Photoelektronen ist $E_{\text{kin}} = h\nu - E_{\text{ion}} - E_I$. Dabei ist $h\nu$ die Photonenenergie, E_{ion} die Ionisationsenergie des Moleküls und E_I die Anregungsenergie des Molekülions. Aus Energie und Intensitätsmessungen erhält man dadurch Informationen, mit welcher Wahrscheinlichkeit ein bestimmter Zustand des Molekülions angeregt wurde.

12.5.6 Photo-Detachment Spektroskopie

Die Photodetachment Spektroskopie kann man als Photoelektronen-Spektroskopie negativer Ionen bezeichnen Hier werden negative Ionen erzeugt, die dann mit einem

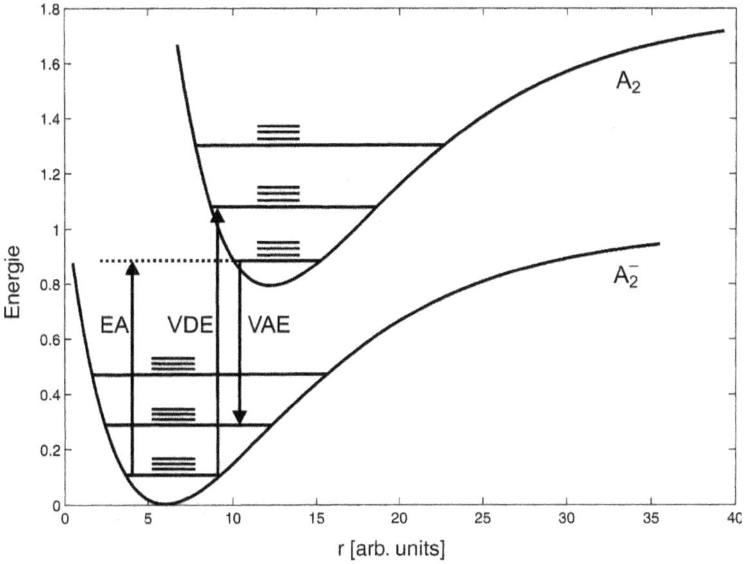

Abb. 12.65: Termschema für Photodetachment eines negativen Ions A_2^-. EA = Elektronenaffinität. VDE = Vertikale Detachment-Energie, VAE = vertikale Attachment-Energie [12.52].

Laser bestrahlt werden und dabei durch Photoionisation ihr zusätzliches Elektron verlieren. sodass neutrale Moleküle entstehen. In Abb. 12.65 sind Potentialkurven und Schwingungs-Roatationsniveaus schematisch für ein negatives Molekül-Ion A_2^- und das neutrale Molekül A_2 gezeigt, um die Begriffe *Elektronen-Affinität, Detachment- und Attachment-Energien* zu verdeutlichen Man misst entweder die Rate der erzeugten Photoelektronen als Funktion ihrer kinetischen Energie bei eine festen Laserwellenlänge, oder man stellt den Elektronendetektor auf eine feste Energie ein und variiert die Laserwellenlänge. Die Ionen können in einem Molekülstrahl spektroskopiert werden oder in einer magnetischen Flasche gespeichert werden, sodass mehr Zeit für ihre Untersuchung zur Verfügung steht. Man gewinnt aus solchen spetroskopischen Untersuchungen eine Menge an Informationen, wie z. B. über die Bindungsenergie des zusätzlichen Elektrons, über die Molekülgrößen negativer Molekül-Ionen, über Energiezustände unterhalb und oberhalb der Ionisationsenergie, über die Wechselwirkung zwischen den äußeren Elektronen, welche die Bindungsenergie beeinflusst, und über Einflüsse von Elektronen-und Kernspins. Da das zusätzliche Elektron im allgemeinen eine kleine Bindungsnenergie hat, können sichtbare oder Infrarot-Laser verwendet werden, während die Photoionisations-Spektroskopie neutraler Moleküle meistens VUV- Laser verlangt. Energiezustände des negativen Ions oberhalb der Detachment-Energie führen zu Resonanzen im Wirkungsquerschnitt und damit zu Maxima in der Photoelektronenrate. Eine interessante Frage ist, ob es auch doppelt-negativ geladene stabile Moleküle gibt. In der Tat sind solche gefunden worden. Beispiele sind: B_2^{--},C_2^{--} oder SO_4^{--} . Die tiefste gemessene Elektronenenergie gibt die Elektronenaffinität EA an (Abb. 12.65). Um die Energieauflösung zu erhöhen, kann man auch hier die ZEKE-Methode anwenden (siehe Abschn. 12.5.3) In

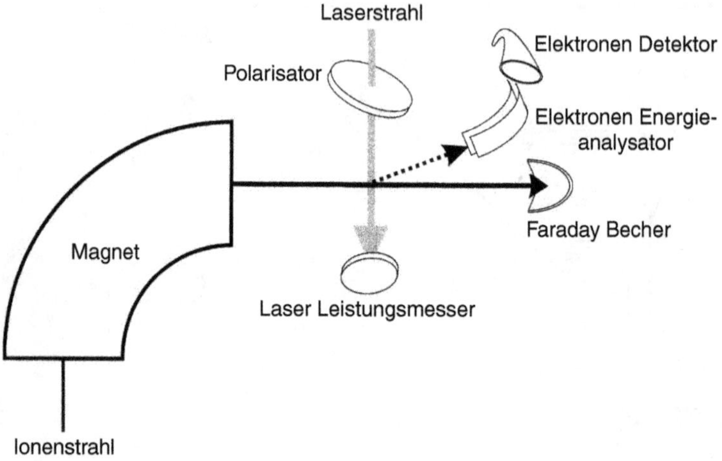

Abb. 12.66: Experimentelle Anordnung für das Photodetachment von Molekülionen.

(Abb. 12.66) ist eine typische experimentelle Anordnung gezeigt. Die negativen Ionen werden in einer Ionenquelle erzeugt und in einem Sektormagneten nach Massen selektiert. Die Ionen mit ausgewählter Masse werden dann senkrecht zum Ionenstrahl mit einem schmalbandigen Laser bestrahlt und die dabei erzeugten Elektronen energieselektiv nachgewiesen. Die Zahl der übrig gebliebenen negativen Ionen wird in einem Faraday-Detektor gemessen.

12.6 Massenspektroskopie

Die Massenspektroskopie untersucht, in welche geladenen Fragmente ein Molekül zerfällt, wenn es durch Elektronenstoß oder durch Photonenabsorption in einen dissoziativen Zustand angeregt wurde. Durch die Kombination mit laserspektroskopischen Techniken sind in den letzten Jahren ganz grundlegende Kenntnisse über hochangeregte Zustände von neutralen Molekülen oder molekularen Ionen gewonnen worden.

Außerdem können durch den Einsatz von Massenspektrometern bei der Spektroskopie von Gasgemischen (z. B. in Clusterstrahlen) die Spektren der einzelnen Komponenten selektiv gemessen werden und beim Vorhandensein mehrerer Isotopomere einer Molekülsorte kann die Isotopieverschiebung bestimmt werden. Diese ist sehr hilfreich zur Ermittlung der Schwingungs- und Rotationsquantenzahlen eines angeregten Niveaus, weil die Isotopieverschiebung von beiden Quantenzahlen abhängt (siehe Abschn. 3.5.4).

Ein Masssenspektrometer besteht aus einer Ionenquelle, einer Anordnung, welcher die Ionen entweder räumlich oder zeitlich trennt und einem Detektor. Wir wollen hier nur kurz die vier wichtigsten Typen vorstellen.

12.6.1 Magnetische Massenspektrometer

Ein zur Flugrichtung transversales Magnetfeld lenkt Ionen mit der Masse m, der Ladung q und der Geschwindigkeit $\boldsymbol{v}$ auf Grund der Lorentzkraft $\boldsymbol{F} = q(\boldsymbol{v} \times \boldsymbol{B})$ entsprechend ihrem Impuls $m\boldsymbol{v}$ ab. Wenn das homogene Magnetfeld auf einen Kreissektor mit Öffnungswinkel 2φ beschränkt ist, werden Ionen, die von einem Spalt S_1 ausgehen, in den Spalt S_2 abgebildet (Abb. 12.67). Dies lässt sich wie folgt einsehen: Wir betrachten das halbe Sektorfeld mit dem Sektorwinkel φ. Ionen, die in einem Parallelbündel der Breite b senkrecht in das Magnetfeld eintreten, werden im Magnetfeld auf Kreisbögen mit dem Radius

$$R = mv/(qB) \tag{12.60}$$

abgelenkt, weil die Zentripetalkraft mv^2/R gleich der Lorentzkraft mvB sein muss. Nach Verlassen des Feldes fliegen sie auf einer geraden Bahn weiter. Bei richtiger Wahl der Magnetfeldstärke ist der Mittelpunkt der Kreisbahn für den Mittenstrahl S der Sektormittelpunkt M_0 und die Ionen werden um den Sektorwinkel φ abgelenkt. Der Mittelpunkt M_1 für Ionen auf der Bahn 1 ist dann um $b/2$ gegen M_0 versetzt. Diese Ionen durchlaufen eine größere Strecke im Magnetfeld und werden deshalb um den größeren Winkel $\varphi + \alpha$ abgelenkt und verlassen das Magnetfeld im Punkte A_1 in einer Richtung α gegen die Normale der Austrittsebene. Entsprechend werden Ionen auf der Bahn 2 um den kleineren Winkel $\varphi - \alpha$ abgelenkt. Alle Bahnen schneiden sich im Brennpunkt F im Abstand

$$g_0 = \frac{\overline{A_0A_1}}{\tan\alpha} = \frac{\overline{M_0A_1} - \overline{M_0A_0}}{\tan\alpha} \tag{12.61}$$

vom Punkte A_0. Wegen $\overline{M_0A_0} = R$ folgt aus dem Sinussatz für das Dreieck $M_1A_1M_0$

$$M_0A_1 = R\frac{\sin(\varphi+\alpha)}{\sin\varphi} \ . \tag{12.62}$$

Daraus folgt

$$\overline{A_0A_1} = R\left(\frac{\sin(\varphi+\alpha)}{\sin\varphi} - 1\right) .$$

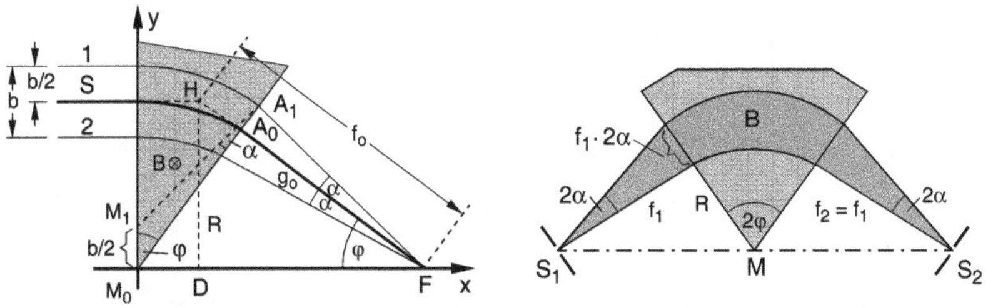

Abb. 12.67: Zum Prinzip des Massenspektrometers mit magnetischem Sektorfeld.

Für genügend kleine Winkel α ist $\cos\alpha \approx 1$ und $\sin\alpha \approx \tan\alpha$, sodass gilt:

$$g_0 = \frac{\overline{\mathrm{A_0A_1}}}{\sin\alpha} = R\,\mathrm{cotan}\,\varphi\,. \tag{12.63}$$

Definieren wir als Brennweite der magnetischen Zylinderlinse die Entfernung $f_0 = \overline{\mathrm{HF}}$, dann ergibt sich wegen $\overline{\mathrm{HD}} = R$ und $\overline{\mathrm{HF}} = R/\sin\varphi$

$$f_0 = R/\sin\varphi\,. \tag{12.64}$$

Fügt man jetzt die andere linke Hälfte des Sektorfeldes hinzu, so folgt aus Symmetriegründen die rechte Darstellung in Abb. 12.67.

Die Ionen erhalten durch eine Beschleunigungsspannung vor dem Spalt S_1 die kinetische Energie

$$(m/2)v^2 = qU\,,$$

also die Geschwindigkeit $v = (2qU/m)^{1/2}$, sodass mit $R = mv/(qB)$ die Brennweite

$$f_0 = \frac{mv}{aB\sin\varphi} = \frac{1}{B\sin\varphi}\sqrt{\frac{2mU}{q}} \tag{12.65}$$

wird. Ändert man die Magnetfeldstärke B, so werden gemäß (12.65) Ionen mit anderer Masse auf den Austrittsspalt abgebildet [12.54].

12.6.2 Quadrupol-Massenspektrometer

In einem Quadrupol-Masssenspektrometer, das aus 4 parallelen, elektrisch leitenden, runden Stäben mit dem Abstand $2r_0$ besteht (Abb. 12.68), werden die Ionen durch *elektrische* Felder selektiert. Die in y-Richtung fliegenden Ionen erfahren ein hyperbolisches elektrisches Potential

$$\Phi(x,z) = \frac{\Phi_0}{2r_0^2}\left(x^2 - z^2\right)\,, \tag{12.66}$$

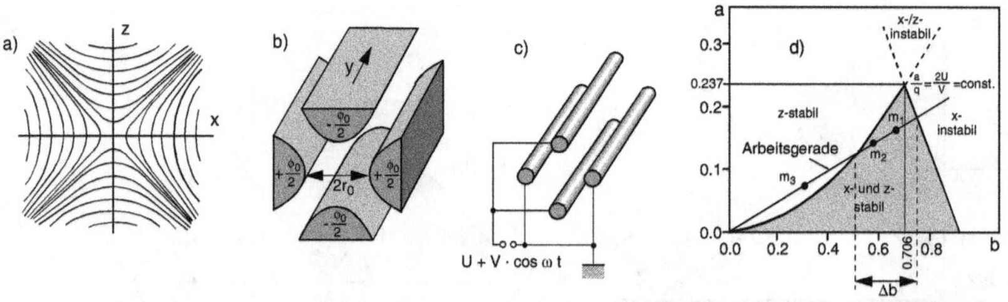

Abb. 12.68: Quadrupol-Massenspektrometer. (a) hyperbolisches Potential $\Phi(x,z)$, (b) optimale Anordnung der Elektroden (c) Reale Ausführung mit 4 Stäben (d) Stabilitätsdiagramm.

mit $\Phi_0 = U + V\cos\omega t$, das durch eine Überlagerung eines statischen Potentials U und einem Hochfrequenzanteil $V\cos\omega t$ besteht. Während die y-Komponente der Ionengeschwindigkeit konstant ist, oszillieren die x- und die z-Komponente. Die Bewegungsgleichungen für diese beiden Richtungen lauten:

$$\ddot{x} + \frac{q}{mr_0^2}(U + V\cos\omega t)x = 0\,,$$
$$\ddot{z} - \frac{q}{mr_0^2}(U + V\cos\omega t)z = 0\,. \tag{12.67}$$

Diese Differentialgleichungen haben nur für bestimmte Wertebereiche der Parameter

$$a = \frac{4qU}{mr_0^2\omega^2} \quad \text{und} \quad b = \frac{2qV}{mr_0^2\omega^2} \tag{12.68}$$

stabile Lösungen, d. h. die Schwingungsamplituden in x- und z-Richtung bleiben endlich, während sie für andere Wertebereiche unendlich werden. Je nach Wahl der Potentiale U und V können Ionen mit bestimmten Massen den Detektor hinter dem Quadrupolstäben erreichen, während die Ionen mit anderen Massen so stark abgelenkt werden, dass sie auf die Stäbe fliegen und damit verloren gehen. Wie in Abb. 12.68d gezeigt wird, kann der Massenbereich der durchgelassenen Ionen durch Wahl der Parameter a und b eng oder breit eingestellt werden. Deshalb ist das Quadrupol-Massenspektrometer, das von W. Paul 1953 entwickelt wurde, ein sehr vielseitiges Instrument mit einstellbarer Massenauflösung, das außerdem wesentlich kleiner und leichter ist als das magnetische Spektrometer [12.55].

12.6.3 Flugzeit-Massenspektrometer

Im Flugzeit-Spektrometer wird die massenabhängige Flugzeit von Ionen gleicher Energie $(m/2)v^2$ zur zeitlichen Massentrennung ausgenutzt. Das Prinzip ist in Abb. 12.69 dargestellt. Zur Zeit $t = 0$ werden Ionen in einem engen Raumbereich (z. B. dem Kreuzungsvolumen von Laserstrahl und Molekülstrahl) durch gepulste

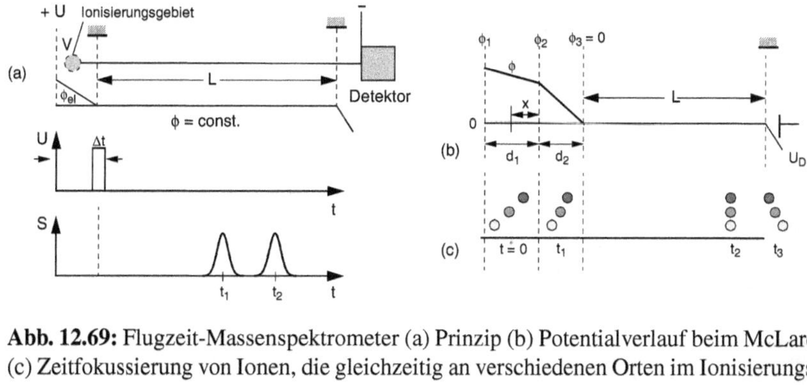

Abb. 12.69: Flugzeit-Massenspektrometer (a) Prinzip (b) Potentialverlauf beim McLaren-Typ (c) Zeitfokussierung von Ionen, die gleichzeitig an verschiedenen Orten im Ionisierungsgebiet erzeugt werden.

Ionisation (z. B. mit einem gepulsten Laser) erzeugt. Sie werden dann durch eine Spannung U auf die Geschwindigkeit $v = (2qU/m)^{1/2}$ beschleunigt und durchlaufen dann mit konstanter Geschwindigkeit eine feldfreie Strecke der Länge L, hinter der sie mit einem Ionendetektor (Channeltron oder Kanalplattenverstärker) nachgewiesen werden.

Weil Ionen, die an verschiedenen Orten im Ionisierungsgebiet, und damit bei verschiedenen Potentialen, gebildet wurden, verschiedene Geschwindigkeiten haben, ist die Flugzeit für Ionen derselben Masse um einen Mittelwert verteilt. Um die Zeitauflösung, und damit auch die Massenauflösung zu verbessern, schlugen McLaren und Mitarbeiter eine Modifikation der Feldverteilung vor (Abb. 12.69b), bei der die Ionen in zwei Stufen beschleunigt werden [12.56]. Die beiden elektrischen Felder werden, abhängig von der Länge der feldfreien Laufstrecke, so eingestellt, dass alle Ionen gleicher Masse, unabhängig von ihrem Entstehungsort, zur gleichen Zeit am Detektor ankommen.

Man kann das Massenauflösungsvermögen des Flugzeitspektrometers weiter verbessern, wenn die Ionen am Ende der Laufstrecke durch ein elektrisches Gegenfeld reflektiert werden. Schnelle Ionen dringen weiter in das Gegenfeld ein und müssen deshalb größere Wege zurücklegen. Ein solches Reflektron hat ein Massenauflösungsvermögen von mehreren Tausend [12.57].

12.6.4 Ionen-Zyklotron-Resonanz-Massenspektrometer

Diese Massenspektrometer erreichen im Vergleich zu den anderen Spektrometern die genaueste Massenbestimmung und das höchste Massenauflösungsvermögen ($\frac{m}{\Delta m} = 10^8$). Ihr Grundprinzip ist in Abb. 12.70 dargestellt [12.58]. Die Ionen werden in einer Vakuumkammer bei sehr niedrigem Hintergrunddruck ($p \leq 10^{-6}$ Pa in einer *Penning-Ionenfalle* eingefangen. Die Falle besteht aus einem um die z-Achse rotationssymmetrischen elektrischen Feld, dem ein homogenes magnetisches Feld in

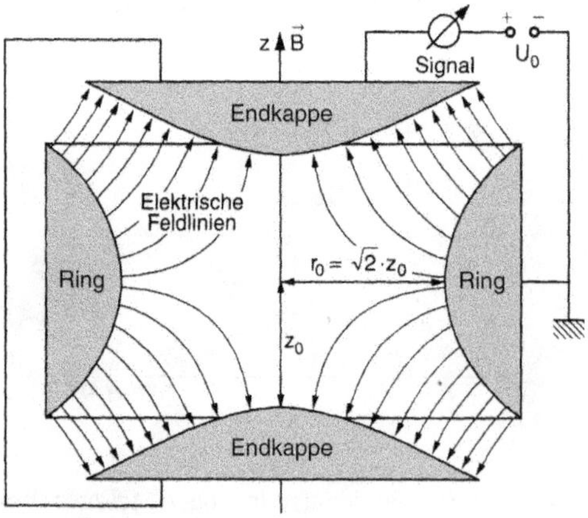

Abb. 12.70: Zyklotron-Resonanz-Massenspektrometer (Penningfalle).

z-Richtung überlagert ist. Das Magnetfeld stabilisiert die Ionen mit der Masse m und der Ladung q in allen Richtungen senkrecht zur z-Achse, aber nicht in z-Richtung. Ohne elektrisches Feld wären die Ionenbahnen bei einer Anfangsgeschwindigkeit $\boldsymbol{v} = (v_x, v_y, 0)$ Kreise in der x-y-Ebene mit dem Radius $R = \frac{mv}{qB}$. Die Umlauffrequenz $\omega_c = \frac{qB}{m}$ heißt *Zyklotronfrequenz*. Aus ihrer Messung lässt sich die Masse m bestimmen. Dazu müssen aber die Ionen durch ein zusätzliches elektrisches Feld auch in z-Richtung stabilisiert werden. Das elektrische Feld wird durch hyperbolisch geformte Elektroden erzeugt, die aus zwei Hyperbolkappen und einem Ring bestehen. Um die positiv geladenen Ionen in z-Richtung zu stabilisieren, muss eine positive Gleichspannung U_0 an den Kappen gegenüber dem geerdeten Ring angelegt werden. Das elektrische Potential ist

$$\Phi = \frac{U_0}{2d^2}\left(z^2 - \frac{r^2}{2}\right) \quad \text{mit } d^2 = \frac{1}{2}\left(z_0^2 + \frac{r_0^2}{2}\right) \tag{12.69}$$

Ohne Magnetfeld würden die Ionen wegen der rücktreibenden Kraft in z-Richtung harmonische Schwingungen in $\pm z$-Richtung ausführen mit der Frequenz $\omega_z = \sqrt{\frac{qU_0}{md^2}}$, wären aber in r-Richtung nicht stabilisiert. Durch die Überlagerung von elektrischem und magnetischem Feld werden die Ionen in allen Richtungen stabilisiert, folgen aber komplizierten Bahnen. Ihre Bewegung kann zerlegt werden in eine Zyklotronbewegung (Kreis um die z-Richtung), in eine Bewegung, bei der der Mittelpunkt dieses Kreises Oszillationen in z-Richtung ausführt und dabei eine langsame Drift auf einer Kreisbahn in der x-y-Ebene zeigt (*Magnetronbewegung* (Abb. 12.71)). Diese Bewegungsanteile haben drei verschiedene Frequenzen

$$\omega_z = \sqrt{\frac{qU_o}{md^2}} \quad \omega_\pm = \frac{1}{2}\left(\omega_c \pm \sqrt{\omega_c^2 - 2\omega_z^2}\right) \quad \omega_c = \frac{qB}{m} \tag{12.70}$$

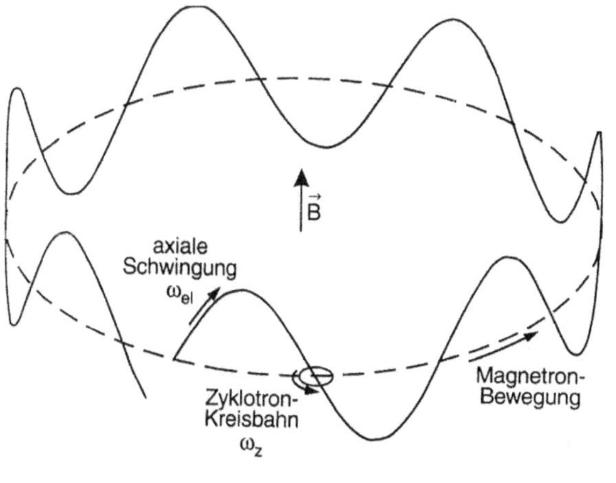

Abb. 12.71: Zerlegung der Bahnbewegung des Ions in Zyklotronbewegungen, die axiale Schwingung und die Drift des Kreismittelpunktes um die Magnetfeldrichtung.

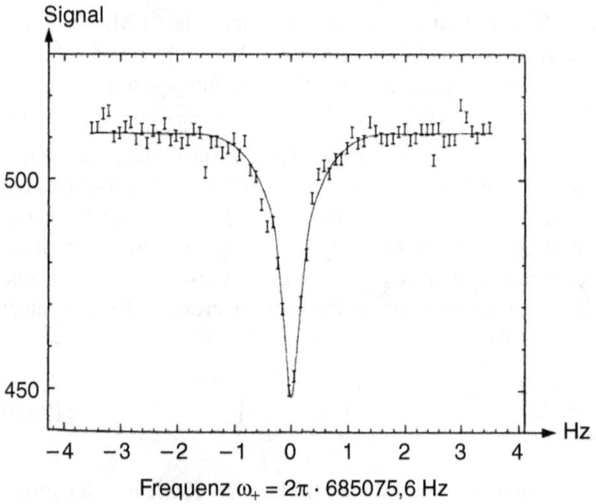

Abb. 12.72: Beispiel für das Massenauflösungsvermögen des Zyklotron-Massenfilters. Gezeigt ist die Breite der Resonanzfrequenz ω_+ für das ^{133}Cs-Ion [12.59].

Die Ionenbewegung induziert in den Polkappen-Elektroden eine elektrische Wechselspannung $U(t)$, die zum Nachweis dieser Bewegung dient. Ihre Fourier-Transformation ergibt die drei Frequenzen und damit die Ionenmasse bei Kenntnis der elektrischen Spannung U_0 oder der Magnetfeldstärke B. Die gemessenen Resonanz-Signale haben eine Halbwertsbreite von unter einem Hertz bei einer Frequenz von einigen MHz (Abb. 12.72). Ihre Mittenfrequenz kann mit einer Genauigkeit von etwa 10mHz bestimmt werden.

Weitere Informationen über Massenspektrometer und die Kombination von Lasern und Massenspektrometrie findet man in [12.59].

12.7 Radiofrequenz-Spektroskopie

Von *Isidor Rabi* wurde 1929 [12.61] eine experimentelle Methode entwickelt, mit der Fein- und Hyperfeinaufspaltungen in Molekülen mit magnetischen oder elektrischen Dipolmomenten, die Größe dieser Dipolmomente und die entsprechenden Zeeman- oder Stark-Aufspaltungen mit großer Präzision gemesen werden können. Das Verfahren ist in Abb. 12.73a illustriert. Die Moleküle fliegen aus ihrem Reservoir (bei Substanzen mit niedrigem Dampfdruck ist dies ein geheizter Ofen) durch ein kleines Loch oder eine Düse ins Vakuum. Dort werden sie durch eine Blende kollimiert und auf Grund ihres magnetischen Momentes in einem inhomogenen Magnetfeld A abgelenkt. In einem zweiten, gleich großen, aber entgegengerichteten Magnetfeld B werden sie dann wieder zuückgelenkt und erreichen einen Detektor hinter einer Blende.

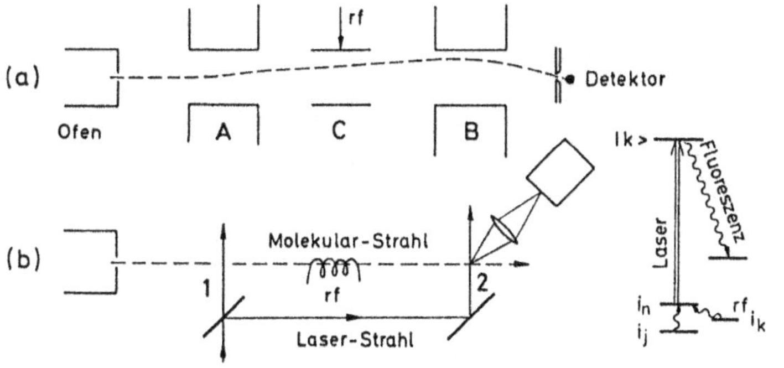

Abb. 12.73: Prinzip der Radiofrequenz-Spektroskopie a) Rabi-Methode mit Ablenkungsmagneten A und B; b) neuere Laser-Version.

Zwischen den beiden statischen Magnetfeldern werden die Moleküle nun in einem Hochfrequenzfeld C mit einer variablen Hochfrequenz bestrahlt. Wenn diese Frequenz einem erlaubten Übergang zwischen zwei Niveaus $|i_k\rangle$ und $|i_n\rangle$ des Moleküls entspricht, werden die Besetzungszahlen beider Niveaus geändert . Wenn das Dipolmoment des Moleküls in den beiden Zuständen verschieden ist, ändert sich die Ablenkung im Magnetfeld B und die Moleküle erreichen nicht mehr den Detektor.

Man misst nun die Abnahme des Detektorsignals als Funktion der Radiofrequenz. Das Maximum der Abnahme liegt bei der Resonanzfrequenz f_0. Im Allgemeinen sind beide Niveaus im elektronischen Grundzustand des Moleküls, sodass ihre Lebensdauer sehr groß ist. Die Linienbreite der Signale ist deshalb sehr schmal und oft nur durch die Durchflugzeit der Moleküle durch das Radiofrequenzfeld gegeben. Die Flugzeit-Linienbreite kann erniedrigt werden durch Verwendung einer längeren Durchflugzeit durch das Hochfrequenzfeld oder durch eine von N. Ramsey entwickelte Methode, bei der die Radiofrequenz gleichzeitig in zwei weit getrennte Gebiete eingestrahlt wird [12.62]. Dadurch erreicht man sehr schmale Linienbreiten und man kann die Resonanzfrequenz mit großer Genauigkeit messen.

Ersetzt man die beiden Magnetfelder A und B durch elektrische Felder, so lassen sich entsprechend elektrische Dipolmomente und ihre Abhängigkeit vom Zustand des Moleküls messen [12.63].

Die Messgenauigkeit wird im wesentlichen durch das erreichte Signal-zu-Rausch-Verhältnis limitiert. Da die beiden Niveaus einen sehr kleinen Energieabstand haben ($\Delta E = hf \ll k_B T$), sind beide Niveaus im thermischen Gleichgewicht bei Zimmertemperatur fast gleich besetzt. Deshalb ist die Nettoabsorption der Radiofrequenz sehr klein und damit auch die Änderung der Besetzungszahlen, d. h. die Änderung des magnetischen Momentes. Man kann durch Verwendung eines kalten Überschallstrahls (siehe Abschn. 12.4.7) die Temperatur auf wenige Kelvin erniedrigen und damit die Besetzungsdifferenz erhöhen.

Wesentlich effektiver ist jedoch eine Laser-Version der Rabi-Methode: Die beiden Magnete A und B werden durch zwei Teilstrahlen eines Lasers ersetzt, die den Molekularstrahl senkrecht kreuzen (Abb. 12.73b). Wird die Laserwellenlänge auf einen optischen Übergang $|i_n\rangle \to |k\rangle$ des Moleküls abgestimmt, so kann selbst bei geringer Laserleistung der Übergang gesättigt werden, d. h. die Besetzung von $|i_n\rangle$ wird dann praktisch null. Dies erhöht drastisch die Übergangsrate der Radiofrequenz. Die Besetzungszahl der am zweiten Kreuzungspunkt B ankommenden Moleküle kann dann durch die Absorption des zweiten Laserstrahls über die laserinduzierte Fluoreszenz am Ort B gemessen werden [12.64].

Dieses Verfahren hat nicht nur eine wesentlich höhere Nachweisempfindlichkeit, sondern hat den weiteren Vorteil, dass auch rf-Übergänge in Molekülen ohne magnetisches oder elektrisches Moment gemessen werden können.

Inzwischen gibt es eine große Zahl von Molekülen, die mit dieser Methode untersucht wurden [12.65]. Insbesondere konnten bei Van-der-Waals-Molekülen Schwingungsübergänge der schwachen Van-der-Waals-Bindung oder Rotationsübergänge größerer Van-der-Waals-Komplexe gemessen werden, die wegen der großem Masse des Komplexes und der großen Bindungslänge sehr kleine Rotationskonstanten haben, sodass die Übergänge in den Radiofrequenz- oder Mikrowellen-Bereich fallen [12.66].

Wenn man mit dem Laser Zustände anregt, deren Lebensdauer größer als die Flugzeit vom Anregungsort bis zum Detektor ist, so lassen sich auch Radiofrequenzübergänge in diesen angeregten Zuständen messen. Man kann das Verfahren auch als optische-Radiofrequenz-Doppelresonanz-Spektroskopie bezeichnen, da die resonante Wechselwirkung des Moleküls mit dem Laser- und dem Radiofrequenzfeld ausgenutzt wird.

12.8 Magnetische Kernresonanz-Spektroskopie

Die magnetische Kernresonanz-Spektroskopie (oft auch NMR = nuclear magnetic resonance genannt) hat sich zu einer sehr leistungsfähigen Methode für die Aufklärung der Struktur grösserer Moleküle, welche Atomkerne mit Kernspins enthalten, entwickelt. Ihr Grundprinzip lässt sich wie folgt beschreiben:

Wird die zu untersuchende Molekülprobe in ein Magnetfeld B gebracht, so kann sich der Kernspin $\boldsymbol{I}$ relativ zur Magnetfeldrichtung so orientieren, dass seine Projektion auf diese Richtung $M_I h$ wird, wobei die magnetische Orientierungsquantenzahl M_I alle $2I + 1$ ganz- oder halbzahligen Werte von $-I$ bis $+I$ annehmen kann. Deshalb spalten die Hyperfein-Niveaus auf in die Zeeman Komponenten mit den Energien

$$E(M, B) = -\boldsymbol{\mu}_\mathrm{N} \cdot \boldsymbol{B} = -g_I \mu_\mathrm{K} M_I B = -\gamma \hbar M_I B \ ,$$

wobei g_I der vom jeweiligen Kern abhängige Lande-Faktor ist, $\mu_\mathrm{K} = 5{,}05 \cdot 10^{-27}\ \mathrm{Am}^2$ das Kernmagneton und $\gamma = \mu_\mathrm{N}/I = g_I \mu_\mathrm{K}/\hbar$ das gyromagnetische Verhältnis.

Für das Proton ist die Kernspinquantenzahl $I = 1/2$ und es gibt zwei Zeeman-Niveaus mit $M_I = \pm 1/2$ (Abb. 12.74). Strahlt man nun eine Hochfrequenzwelle mit der passenden Frequenz

$$\nu_\mathrm{HF} = (\gamma/2\pi) B$$

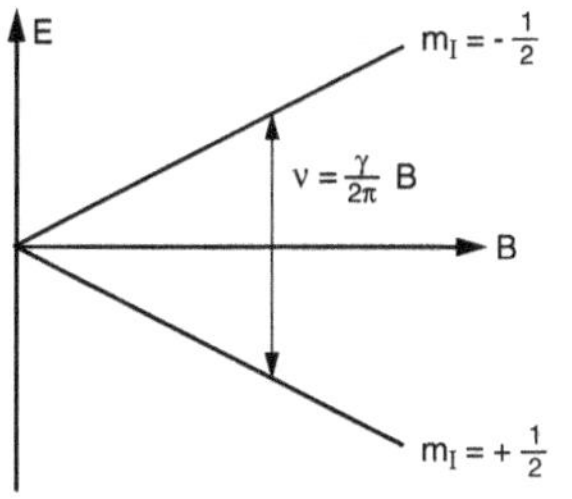

Abb. 12.74: Zeeman-Aufspaltung des Protonenspins $I = 1/2$ im Magnetfeld B.

auf die Probe, so klappt der Protonenspin um, d. h. es wird ein Übergang von einem in das andere Zeeman-Niveau induziert.

Beispiel

Für einen Wasserstoffkern ist $I = 1/2$, $\mu_N = 2{,}79\,\mu_K$, woraus $\gamma = 1{,}55 \cdot 10^8\,\mathrm{m^2\,V^{-1}s^{-2}}$ folgt. Für die Resonanzfrequenz erhält man dann bei einem Magnetfeld von 1 Tesla $=$ $1\,\mathrm{Vs\,m^{-2}} = 10^4$ Gauss: $\nu = 24{,}7\,\mathrm{MHz}$.

Der entscheidende Punkt ist nun, dass das Magnetfeld B am Ort des Kernspins nicht nur von einem äusseren Magnetfeld B_0 abhängt, sondern dass auch die umgebenden Atome und Kerne auf Grund ihrer permanenten oder induzierten magnetischen Momente einen (wenn auch kleinen) Beitrag zu B leisten. Deshalb hängt auch die Aufspaltung ein wenig von der Lage des betrachteten Kerns im Molekül ab. Bei einem Molekül mit mehreren Protonen, die verschiedene atomare Umgebungen haben, gibt es dann nicht nur einen einzigen Übergang, sondern mehrere Komponenten, deren Frequenzabstand den Unterschied der Magnetfelder der umgebenden Atome am Ort des betrachteten Kernes widerspiegelt. Da diese zusätzlichen Magnetfelder von den magnetischen Momenten der Atome (einschließlich ihrer Kerne) und von ihrem Abstand zum Probenkern abhängen, lässt sich aus der Grösse der Verschiebungen der Abstand der Atome bestimmen, wenn man die magnetischen Momente aus anderen Untersuchungen kennt. Dies liefert einen wesentlichen Beitrag zur Strukturbestimmung des Moleküls.

Die Resonanzfrequenz eines Protons i, an dessen Ort im Molekül die umgebenden Atome das äußere Magnetfeld B_0 um den Betrag $\sigma_i B_0$ abschirmen bzw. verstärken, ist durch

$$\nu_i = (\gamma B_0/2\pi)(1 - \sigma_i)$$

gegeben, wobei die Abschirmkonstante σ_i sowohl positive als auch negative Werte haben kann, je nachdem, ob das äussere Magnetfeld durch die umgebenden Atome verkleinert oder vergrößert wird. Sind die umgebenden Atome diamagnetisch, so besitzen sie im äußeren Feld nur ein induziertes Dipolmoment, welches dem äußeren Feld entgegengerichtet ist und daher das Magnetfeld am Ort des Probenkerns verkleinert. Da das induzierte Moment proportional zur Feldstärke ist, wird auch die Frequenzverschiebung proportioanl zum äußeren Feld. Die Abschirmkonstante σ ist dann positiv. Bei Atomen mit permanenten magnetischen Momenten werden die Dipole in Feldrichtung orientiert und verstärken das Magnetfeld. Ist das Magnetfeld stark genug, um alle Momente völlig auszurichten, so wird diese positive Verschiebung unabhängig vom äußeren Feld.

Haben die umgebenden Atome Kerne mit einem Kernspin und damit auch einem magnetischen Kernmoment, so tritt zusätzlich eine Wechselwirkung zwischen den Kernmomenten auf, die zu einer Feinstruktur der Resonanzlinien führt.

Als Beispiel ist in Abb. 12.75 das NMR-Spektrum der Protonen im Alkohol-Molekül CH_3CH_2OH gezeigt. Es besteht aus einem Triplett der drei Protonen der CH_3-Gruppe, einem Dublett der CH_2-Gruppe und einer Einzellinie vom Proton der OH-Gruppe. Man sieht an der Abzisse, dass die Frequenzänderung zwischen den Multipletts nur wenige ppm (parts per million $= 10^{-6}$) beträgt. Die Feinstrukturaufspaltung auf Grund der Kernspin-Kernspin-Wechselwirkung ist noch wesentlich kleiner und kann nur mit Apparaten grosser spektraler Auflösung sichtbar gemacht werden. Bei einer Resonanzfrequenz von 100 Mhz (bei $B_0 = 4$ Tesla) ist die chemische Verschiebung nur wenige hundert Hertz und die Feinstruktur nur einige Hertz. Deshalb muss das Magnetfeld B_0 auf besser als 10^{-6} stabil gehalten werden. Dies erreicht man durch spezielle Stabilisierungstechniken, bei denen die Resonanzfrequenz einer Referenzprobe gleichzeitig gemessen wird, und das Magnetfeld auf die Mitte dieser Resonanz stabilisiert wird. Als Eichsubstanz wird meistens TMS = Tetramethylsilan $(CH_3)_4Si$ verwendet und die chemische Verschiebung der Resonanzlinien wird gegen die Resonanz von TMS gemessen (Abb. 12.75).

In Abb. 12.76 ist das Messprinzip illustriert. Die Probe wird in das stabile statische Magnetfeld B_0 gebracht, das im allgemeinen durch gekühlte Elektromagnete mit Eisenkern oder durch supraleitende Spulen erzeugt wird. Die Radiofrequenz wird über eine Spule in die Probe eingekoppelt und eine zweite Detektionsspule empfängt auf Grund der Induktion zwischen den beiden Spulen das Messsignal.

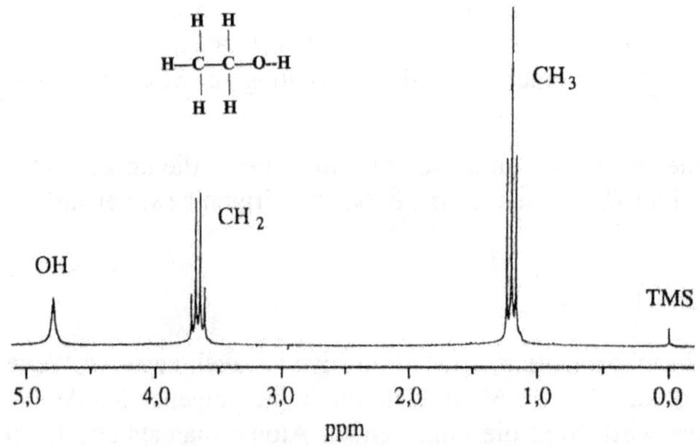

Abb. 12.75: NMR-Spektrum der Protonen im Alkohol-Molekül mit der Multiplett-Aufspaltung durch die Kernspin-Kernspin-Wechselwirkung [12.70].

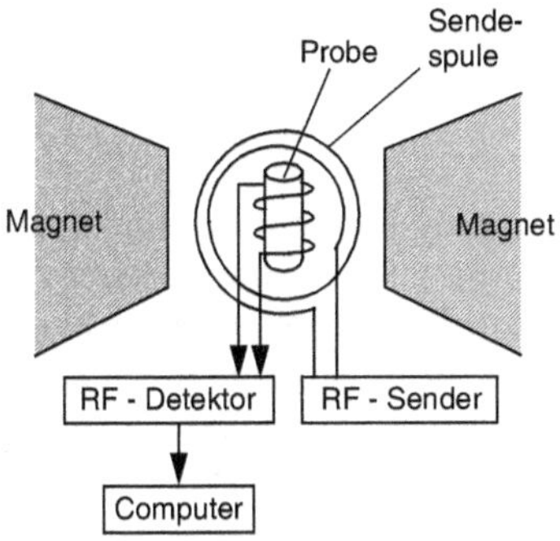

Abb. 12.76: Prinzipaufbau einer NMR-Apparatur.

Man kann entweder die Radiofrequenz über die Resonanzen durchstimmen oder bei fester Radiofrequenz das Magnetfeld durchfahren. Dies wird durch Zusatzspulen erreicht, die sehr kleine kontrollierte Änderungen von B erlauben.

Die chemische Verschiebung der Protonenresonanz und auch die Kernspin-Wechselwirkung haben für bestimmte Atomgruppen, die H-Atome enthalten (z. B. CH_3, $CHCl_3$, OH, C_6H_6), einen definierten Wert, sodass man aus der gemessenen Verschiebung auf die entsprechende Atomgruppe, in der das Probenproton eingebaut ist, schließen kann.

Außer Protonen können auch andere Kerne mit magnetischen Momenten, d. h. $I \neq 0$ als Sonden verwendet werden. Beispiele sind die Isotope ^{13}C, ^{14}N und ^{15}N oder ^{31}P. Die Messung der verschiedenen chemischen Verschiebungen dieser Sondenkerne hilft bei der Strukturaufklärung auch komplizierter Molekülgeometrien [12.67, 12.68]. Außer einer Frequenzverschiebung bewirken die benachbarten Kernspins auch eine Änderung der Relaxationszeit der ausgerichteten Spins. Es zeigt sich, dass die Messung dieser Änderung sehr empfindlich und genau gemessen werden kann. Die Kombination von Frequenzänderung und Abklingzeitänderung hat das NMR-Verfahren um etwa eine Größenordnung genauer gemacht.

12.9 Elektronenspin-Resonanz

Die Elektronenspin-Resonanz-Spektroskopie *(ESR)*wird zur Untersuchung von molekularen Zuständen mit einem Elektronenspin $S \neq 0$ eingesetzt. Die meisten Moleküle haben zwar im Grundzustand $S = 0$, aber alle paramagnetischen Moleküle, wie z. B. O_2 und alle Radikale, d. h. Molekülen mit einem oder mehreren ungepaarten Elektronen) haben auch im Grundzustand einen Elektronenspin $s \neq 0$ und sind damit der ESR-Spektroskopie zugänglich. Das Prinzip der ESR-Spektroskopie basiert, analog zur Kernspin-Resonanz, auf der Messung von Resonanzfrequenzen beim Übergang zwischen Zeeman-Niveaus für Moleküle in einem äußeren Magnetfeld $\boldsymbol{B}$.

Die Energie einer Zeeman-Komponente ist

$$E = E_{0\_}\boldsymbol{mu}_S \cdot \boldsymbol{B} = g_e \mu_B M_J B \tag{12.71}$$

wobei E_0 die Energie für $B = 0$ ist, $\boldsymbol{\mu}_S$ das magnetische Moment des Elektrons, $g_e = 2{,}002$ der Landé-Faktor, μ_B das Bohr'sche Magneton und m_J die Quantenzahl der Projektion von $\boldsymbol{J}$ auf die Magnetfeldrichtung sind. Bei mehreren ungepaarten Elektronen mit der Gesamtspin-Quantenzahl S muss man $g_e\mu_B$ durch das magnetische Moment $\mu_S = \sqrt{S(S+1)}g_e\mu_B$ ersetzen. Ein magnetischer Dipol-Übergang Übergang zwischen zwei Zeeman-Komponenten hat dann die Frequenz

$$\nu = g_e \mu_B m_J B \,. \tag{12.72}$$

Anders als bei der NMR skaliert hier die Zeeman-Aufspaltung nicht mit dem Kernmagneton, sondern mit dem 1836 mal größeren Bohr'schen Magneton, das durch das ungepaarte Elektron bewirkt wird. Man erreicht deshalb bei vergleichbaren Magnetfeldern von $0,1 - 1 Tesla$ Übergangsfrequenzen im Mikrowellengebiet bei einigen GHz [12.69]. Die auch hier bei Molekülen mit Kernspins vorhandene Hyperfeinstruktur, die im wesentlichen durch die Wechselwirkung zwischen Elektronen- und Kernspin verursacht wird, führt zu einer Multiplett-Aufspaltung der Übergänge zwischen zwei Zeeman-Komponenten M_S des Elektronenspins (Abb. 12.77). Die Energie einer solchen Komponente ist z. B. für ein Radikal mit dem Elektronenspin S und zwei Kernspins I_1 und I_2

$$E = E_0 - \boldsymbol{\mu}_S \cdot \boldsymbol{B} - \boldsymbol{\mu}_K \cdot \boldsymbol{B} + a_1 \boldsymbol{S} \cdot \boldsymbol{I}_1 + a_2 \boldsymbol{S} \cdot \boldsymbol{I}_2 \,,$$

wobei E_0 die Energie des Niveaus ohne magnetische Wechselwirkung ist. Weil $\mu_K \ll \mu_S$ gilt, kann der zweite Term im allgemeinen vernachlässigt werden. In

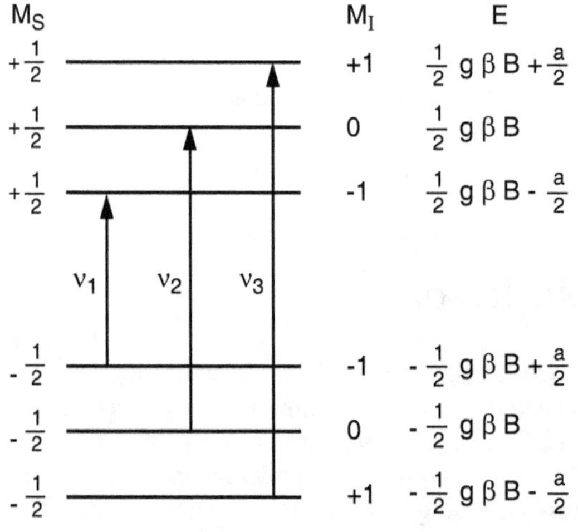

Abb. 12.77: Übergänge zwischen den Hyperfeinkomponenten der beiden Zeeman-Niveaus des Elektronenspins $S = 1/2$.

Abb. 12.77 sind die Übergänge zwischen den Hyperfeinkomponenten der beiden Zeeman-Niveaus des Elektronenspins eingezeichnet für den Fall eines Radikals mit nur einem Kernspin $I = 1$. Genau wie bei der NMR werden die Energieniveaus und damit auch die Übergangsfrequenz durch die Umgebung des untersuchten Moleküls beeinflusst, weil deren molekularen magnetischen Momente zum Magnetfeld am Ort des Elektronenspins beitragen.

In einem Radikal mit mehreren Kernspins sieht das ESR-Spektrum komplizierter aus. So besteht z. B. das Spektrum bei zwei Protonen aus vier Linien (Abb. 12.78a): Der Elektronenspin-Übergang spaltet durch die Wechselwirkung des Elektronenspins mit dem Kernspin eines Protons auf in zwei Komponenten. Jeder dieser Komponenten spaltet durch die Wechselwirkung mit dem zweiten Kernspin wieder auf in zwei Komponenten.

Hat man zwei äquivalente Protonen (d. h. zwei Protonen an äquivalenten Stellen im Radikal, die die gleiche Verschiebung bewirken), so fallen zwei Komponenten zusammen und die entsprechende Linie im Spektrum hat die doppelte Intensität. Entsprechendes gilt für mehr als zwei äquivalente Kernspins (Abb. 12.78b).

Die ESR-Spektroskopie benutzt die Intensitäten und die Verschiebungen der verschiedenen Komponenten, um die räumliche Verteilung des ungepaarten Elektrons (d. h. seine Wellenfunktion) im Molekül zu bestimmen. Ein Beispiel ist die Untersuchung des Na_3-Radikals in einer kalten Edelgasmatrix [12.71]. Aus dem gemessenen ESR-Spektrum konnte geschlossen werden, dass das ungepaarte Elektron sich nicht mit gleicher Wahrscheinlichkeit auf alle drei Na-Atome verteilt, sondern an einem der drei Atome eine deutlich verringerte Aufenthaltswahrscheinlichkeit besitzt. In Abb. 12.79 ist eine schematische Darstellung einer ESR-Apparatur gezeigt. Das statische Magnetfeld kann durch Zusatzspulen moduliert werden, damit die Empfind-

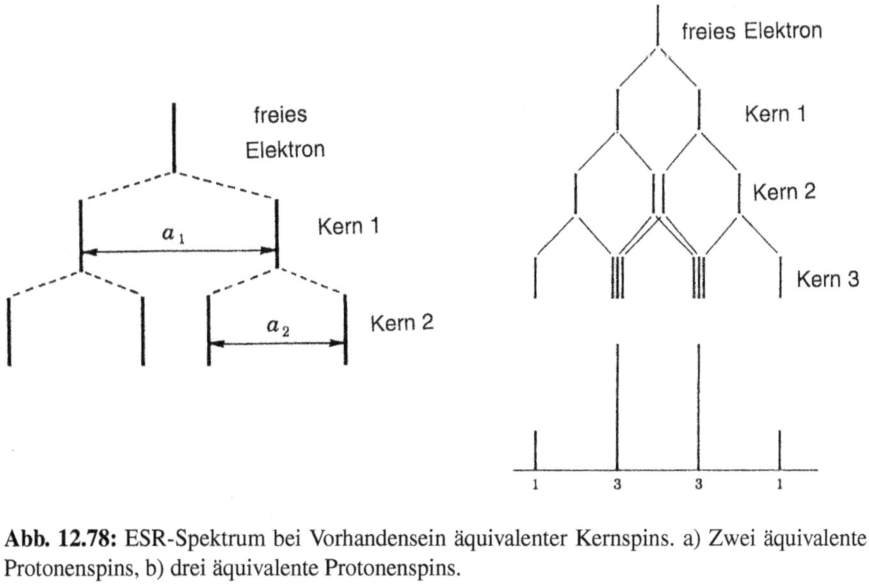

Abb. 12.78: ESR-Spektrum bei Vorhandensein äquivalenter Kernspins. a) Zwei äquivalente Protonenspins, b) drei äquivalente Protonenspins.

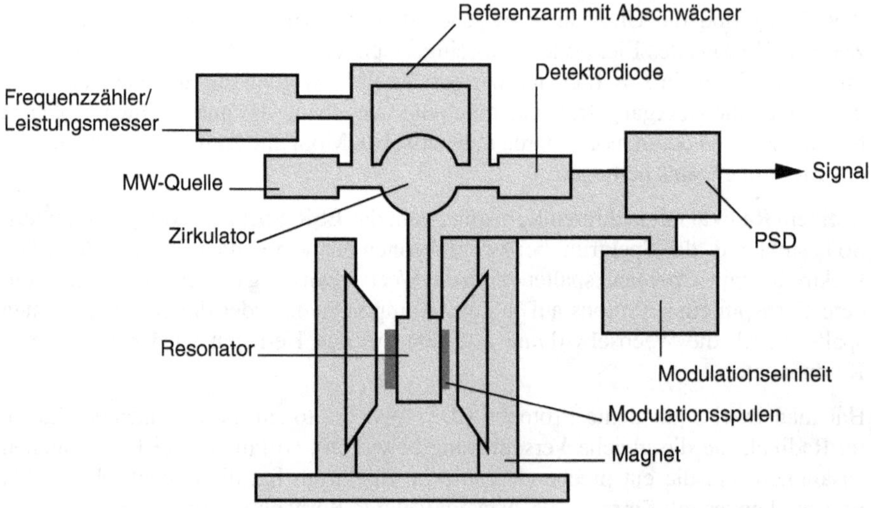

Abb. 12.79: Apparatur zur Elektronenspin-Resonanzspektroskopie. [physnet.uni-hamburg]

lichkeit durch Messung der 1. Ableitung der Absorptionsprofile und Verwendung eines phasenempfindlichen Detektors PSD gesteigert werden kann. Um über ein Absorptionsprofil durchzustimmen, wird im allgemeinen das Magnetfeld variiert, damit man mit einer festen Mikrowellenfrequenz arbeiten kann, die an den Resonator angepasst ist.

Ein weites Anwendungsgebiet der ESR ist die Untersuchung von Triplett-Zuständen in angeregten Kohlenwasserstoffen. Hier lässt sich die räumliche Verteilung der Elektronen in diesen Zuständen bestimmen und damit die Form der delokalisierten Orbitale.

Bisher haben wir nur über die stationäre NMR- oder ESR-Spektroskopie gesprochen. Man kann jedoch, analog zur Laserspektroskopie (Abschn. 12.4) den Übergang zwischen den Zeeman-Komponenten mit einem kurzen elektromagnetischen Puls anregen und mit einem zeitlich verzögerten Abfragepuls die zeitliche Entwicklung der Besetzung eines Zeeman-Niveaus verfolgen, die durch Spin-Relaxation verringert wird. Dies gibt sehr genaue Informationen über die Wechselwirkung des Kernspins, bzw. des Elektronenspins mit seiner Umgebung.

Für weitergehende Informationen wird auf die Literatur verwiesen [12.72].

12.10 Schlussbemerkung

Wir haben uns bei den Untersuchungsmethoden der Molekülphysik im Wesentlichen auf die spektroskopischen Verfahren beschränkt, weil sie die Hauptinformationsquelle für die Aufklärung der Struktur und Dynamik von Molekülen ist. Dabei ist der Problemkreis molekularer Stoßprozesse, der in vielen Labors bearbeitet wird, aus

Platzgründen zu kurz gekommen. Allerdings gibt es über diese Thematik bereits eine Reihe guter Lehrbücher, auf die hingewiesen wird [12.73].

Ebenso wurde die Untersuchung chemischer Reaktionen nur kurz gestreift, obwohl die detaillierte Klärung der Elementarprozesse bei solchen Reaktionen eine direkte Anwendung der Molekülphysik auf ein für die Chemie wichtiges Gebiet darstellen [12.74].

Von besonderem Interesse ist die Anwendung der Erkenntnisse der Molekülphysik auf biophysikalische Fragen [12.75], die dann allerdings den Rahmen dieses Buches sprengen. So ist z. B. die Frage nach der Art der Wechselwirkung, welche die DNA entfaltet, zur Zeit noch ungeklärt. Auch die Methode der Röntgenstrukturanalyse von zu Kristallen eingefrorenen Biomolekülen, welche vor 50 Jahren zur Aufklärung der Doppelspiralstruktur der DNA führte, konnte hier nicht behandelt werden, weil sie Kenntnisse über molekulare Festkörper voraussetzt [12.76].

Die in diesem Buch diskutierten Grundlagen der Molekülphysik können aber dem Leser hoffentlich helfen, auch in solche weiterführenden Gebiete einzusteigen.

Anhang: Charaktertafeln einiger Symmetriegruppen

C_{2v}	E	C_2	$\sigma_v(xz)$	$\sigma_v'(yz)$		
A_1	1	1	1	1	z	x^2, y^2, z^2
A_2	1	1	−1	−1	R_z	xy
B_1	1	−1	1	−1	x, R_y	xz
B_2	1	−1	−1	1	y, R_x	yz

C_{3v}	E	$2C_3$	$3\sigma_v$		
A_1	1	1	1	z	$x^2 + y^2, z^2$
A_2	1	1	−1	R_z	
E	2	−1	0	$(x, y)(R_x, R_y)$	$(x^2 - y^2, xy)(xz, yz)$

C_{2h}	E	C_2	i	σ_h		
A_g	1	1	1	1	R_z	x^2, y^2, z^2, xy
B_g	1	−1	1	−1	R_x, R_y	xz, yz
A_u	1	1	−1	−1	z	
B_u	1	−1	−1	1	x, y	

C_{3h}	E	C_3	C_3^2	σ_h	S_3	S_3^5		$\varepsilon = \exp(2\pi i/3)$
A'	1	1	1	1	1	1	R_z	$x^2 + y^2, z^2$
E'	$\left\{\begin{matrix}1\\1\end{matrix}\right.$	$\begin{matrix}\varepsilon\\\varepsilon^*\end{matrix}$	$\begin{matrix}\varepsilon^*\\\varepsilon\end{matrix}$	$\begin{matrix}1\\1\end{matrix}$	$\begin{matrix}\varepsilon\\\varepsilon^*\end{matrix}$	$\left.\begin{matrix}\varepsilon^*\\\varepsilon\end{matrix}\right\}$	(x, y)	$(x^2 - y^2, xy)$
A''	1	1	1	−1	−1	−1	z	
E''	$\left\{\begin{matrix}1\\1\end{matrix}\right.$	$\begin{matrix}\varepsilon\\\varepsilon^*\end{matrix}$	$\begin{matrix}\varepsilon^*\\\varepsilon\end{matrix}$	$\begin{matrix}-1\\-1\end{matrix}$	$\begin{matrix}-\varepsilon\\-\varepsilon^*\end{matrix}$	$\left.\begin{matrix}-\varepsilon^*\\-\varepsilon\end{matrix}\right\}$	(R_x, R_y)	(xz, yz)

$C_{\infty v}$	E	$2C_\infty^\Phi$	$\dots$	$\infty\sigma_v$		
$A_1 \equiv \Sigma^+$	1	1	$\dots$	1	z	x^2+y^2, z^2
$A_2 \equiv \Sigma^-$	1	1	$\dots$	-1	R_z	
$E_1 \equiv \Pi$	2	$2\cos\Phi$	$\dots$	0	$(x, y); (R_x, R_y)$	(xz, yz)
$E_2 \equiv \Delta$	2	$2\cos 2\Phi$	$\dots$	0		(x^2-y^2, xy)
$E_3 \equiv \Phi$	2	$2\cos 3\Phi$	$\dots$	0		
$\dots$	$\dots$	$\dots$	$\dots$	$\dots$		

D_{2h}	E	$C_2(z)$	$C_2(y)$	$C_2(x)$	i	$\sigma(xy)$	$\sigma(xz)$	$\sigma(yz)$		
A_g	1	1	1	1	1	1	1	1		x^2, y^2, z^2
B_{1g}	1	1	-1	-1	1	1	-1	-1	R_z	xy
B_{2g}	1	-1	1	-1	1	-1	1	-1	R_y	xz
B_{3g}	1	-1	-1	1	1	-1	-1	1	R_x	yz
A_u	1	1	1	1	-1	-1	-1	-1		
B_{1u}	1	1	-1	-1	-1	-1	1	1	z	
B_{2u}	1	-1	1	-1	-1	1	-1	1	y	
B_{3u}	1	-1	-1	1	-1	1	1	-1	x	

D_{3h}	E	$2C_3$	$3C_2$	σ_h	$2S_3$	$3\sigma_v$		
A_1'	1	1	1	1	1	1		x^2+y^2, z^2
A_2'	1	1	-1	1	1	-1	R_z	
E'	2	-1	0	2	-1	0	(x, y)	(x^2-y^2, xy)
A_1''	1	1	1	-1	-1	-1		
A_2''	1	1	-1	-1	-1	1	z	
E''	2	-1	0	-2	1	0	(R_x, R_y)	(xz, yz)

$D_{\infty h}$	E	$2C_\infty^\Phi$	$\dots$	$\infty\sigma_v$	i	$2S_\infty^\Phi$	$\dots$	∞C_2		
Σ_g^+	1	1	$\dots$	1	1	1	$\dots$	1		x^2+y^2, z^2
Σ_g^-	1	1	$\dots$	-1	1	1	$\dots$	-1	R_z	
Π_g	2	$2\cos\Phi$	$\dots$	0	2	$-2\cos\Phi$	$\dots$	0	(R_x, R_y)	(xz, yz)
Δ_g	2	$2\cos 2\Phi$	$\dots$	0	2	$2\cos 2\Phi$	$\dots$	0		(x^2-y^2, xy)
$\dots$	$\dots$	$\dots$	$\dots$	$\dots$	$\dots$	$\dots$	$\dots$	$\dots$		
Σ_u^+	1	1	$\dots$	1	-1	-1	$\dots$	-1	z	
Σ_u^-	1	1	$\dots$	-1	-1	-1	$\dots$	1		
Π_u	2	$2\cos\Phi$	$\dots$	0	-2	$2\cos\Phi$	$\dots$	0	(x, y)	
Δ_u	2	$2\cos 2\Phi$	$\dots$	0	-2	$-2\cos 2\Phi$	$\dots$	0		
$\dots$	$\dots$	$\dots$	$\dots$	$\dots$	$\dots$	$\dots$	$\dots$	$\dots$		

D_{2d}	E	$2S_4$	C_2	$2C_2'$	$2\sigma_d$		
A_1	1	1	1	1	1		x^2+y^2, z^2
A_2	1	1	1	−1	−1	R_z	
B_1	1	−1	1	1	−1		x^2-y^2
B_2	1	−1	1	−1	1	z	xy
E	2	0	−2	0	0	$(x, y); (R_x, R_y)$	(xz, yz)

D_{6d}	E	$2S_{12}$	$2C_6$	$2S_4$	$2C_3$	$2S_{12}^5$	C_2	$6C_2'$	$6\sigma_d$		
A_1	1	1	1	1	1	1	1	1	1		x^2+y^2, z^2
A_2	1	1	1	1	1	1	1	−1	−1	R_z	
B_1	1	−1	1	−1	1	−1	1	1	−1		
B_2	1	−1	1	−1	1	−1	1	−1	1	z	
E_1	2	$\sqrt{3}$	1	0	−1	$-\sqrt{3}$	−2	0	0	(x, y)	
E_2	2	1	−1	−2	−1	1	2	0	0		(x^2-y^2, xy)
E_3	2	0	−2	0	2	0	−2	0	0		
E_4	2	−1	−1	2	−1	−1	2	0	0		
E_5	2	$-\sqrt{3}$	1	0	−1	$\sqrt{3}$	−2	0	0	(R_x, R_y)	(xz, yz)

S_4	E	S_4	C_2	S_4^3		
A	1	1	1	1	R_z	x^2+y^2, z^2
B	1	−1	1	−1	z	x^2-y^2, xy
E	$\begin{cases}1\\1\end{cases}$	$\begin{matrix}i\\-i\end{matrix}$	$\begin{matrix}-1\\-1\end{matrix}$	$\left.\begin{matrix}-i\\i\end{matrix}\right\}$	$(x, y); (R_x, R_y)$	(xz, yz)

O_h	E	$8C_3$	$6C_2$	$6C_4$	$3C_2$ $(=C_4^2)$	i	$6S_4$	$8S_6$	$3\sigma_h$	$6\sigma_d$		
A_{1g}	1	1	1	1	1	1	1	1	1	1		$x^2+y^2+z^2$
A_{2g}	1	1	−1	−1	1	1	−1	1	1	−1		
E_g	2	−1	0	0	2	2	0	−1	2	0		$(2z^2-x^2-y^2, x^2-y^2)$
T_{1g}	3	0	−1	1	−1	3	1	0	−1	−1	(R_x, R_y, R_z)	
T_{2g}	3	0	1	−1	−1	3	−1	0	−1	1		(xy, xz, yz)
A_{1u}	1	1	1	1	1	−1	−1	−1	−1	−1		
A_{2u}	1	1	−1	−1	1	−1	1	−1	−1	1		
E_u	2	−1	0	0	2	−2	0	1	−2	0		
T_{1u}	3	0	−1	1	−1	−3	−1	0	1	1	(x, y, z)	
T_{2u}	3	0	1	−1	−1	−3	1	0	1	−1		

Literatur

Lehrbücher über Molekülphysik

1. G. Herzberg: Molecular Spectra and Molecular Structure. Vol. 1–3 (van Nostrand, New York 1964–1966)

2. J.M. Hollas: Modern Spectroscopy. 2nd edition (John Willey & Sons, Chichester 1992)

3. H. Haken, H.Ch. Wolf: Molekülphysik und Quantenmechanik. 4.Auflage (Springer, Berlin, Heidelberg 2003)

4. C.N. Banwell, A.M. McCash: Molekülspektroskopie (Oldenbourg, München 1999)

5. F. Engelke: Aufbau der Moleküle. 3. Auflage (Teubner Studienbücher Chemie 1996)

6. J.D. Graybell: Molecular Spectroscopy (McGraw Hill, New York 1988)

7. J.L. McHale: Molecular Spectroscopy (Prentice Hall, Upper Sadelle River, N.J. 1999)

8. J.M. Brown: Molecular Spectroscopy (Oxford Univ. Press, Oxford 1998)

9. S. Svanberg: Atomic and Molecular Spectroscopy (Springer, Heidelberg, 3rd edition 2000)

10. K.H. Hellwege: Einführung in die Physik der Molekeln. 2. Auflage (Springer, Berlin, Heidelberg 1990)

11. L.A. Gribov, W.J. Orville-Thomas: Theory and Methods of Calculation of Molecular Spectra (John Wiley & Sons, Chichester 1988)

12. P.W. Atkins, R.S. Friedman: Molecular Quantum Mechanics (Oxford Univ. Press, Oxford 1996)

Zu Kapitel 1

1.1. S. Neufeldt: Chronologie Chemie 1800–1970 (Verlag Chemie, Weinheim 1977)

1.2. R. McCormach, L. Pyenson (eds.): Historical Studies in the Physical Science (John Hopkins University Press Ltd, London 1970–2003)

1.3. St.F. Mason: Geschichte der Naturwissenschaft (A. Kröner Verlag, Stuttgart 1974);
G. Bugge: Das Buch der großen Chemiker Bd. I und II (Verlag Chemie, Weinheim 1965)

1.4. A.J. Ihde: The Development of Modern Chemistry (Harper & Row, New York 1964);
E. Farber: The Evolution of Chemistry (Ronald Press Company, New York 1969)

1.5. R.J.E. Clausius: Über die Art der Bewegung, welche wir Wärme nennen. Annalen der Physik **100**, 353 (1857);
W. Demtröder: Experimentalphysik Bd. 1. 3. Auflage (Springer, Berlin, Heidelberg 2002)

1.6. C.N. Banwell, E.M. McCash: Molekül-Spektroskopie (Oldenbourg, München 1999)

1.7. D. Brewster: Observations on the Lines of the Solar Spectrum and on those produced by the Earth's Atmosphere, and by Action of Nitrous Acid Gas. Trans. Roy. Soc. (Edinburgh) **12**, 519 (1834)

1.8. G.R. Kirchhoff, R.W. Bunsen: Chemische Analyse durch Spektralbeobachtungen (Ostwalds Klassiker No. 72, Leipzig 1895);
H. Schimank: Robert Wilhelm Bunsen. Physikal. Blätter **5**, 489 (1949)

1.9. G.W. Stroke: Ruling, Testing and Use of Optical Gratings for High Resolution Spectroscopy. Progress in Optics Vol. II, 1–72 (North Holland Publ. Comp., Amsterdam 1963)

1.10. J. Mehra, A. Rechenberg: The Historical Development of Quantum Theory Vol. 1–5 (Springer, Berlin Heidelberg 1982);
P.O. Löwin (ed.): Quantum Theory of Atoms, Molecules and Solids. A Tribute to C.J. Slater (Academic Press, New York 1966)

1.11. E. Schrödinger: Quantisierung als Eigenwertproblem. Ann. Physik **79**, 489 (1926);
W. Heisenberg: Zur Quantentheorie der Linienstruktur und der anomalen Zeeman-Effekte. Z. Physik **8**, 273 (1922)

1.12. F. Lütgemeier: Zur Quantentheorie des drei- und mehratomigen Moleküls. Z. Physik **38**, 251 (1926)

1.13. I. Tamm: Zur Quantenmechanik des Rotators. Z. Physik **37**, 685 (1926)

1.14. L. Stryer: Biochemie (Spektrum Akad. Verlag, Heidelberg 1995);
A. Ehrenberg, R. Riegler, A. Gräsblund, L. Nielsen (eds.): Structure, Dynamics and Functions of Biomolecules (Springer Series in Biophysics, Vol. 1, Heidelberg 1987)

1.15. D.H. Rouvray: Molekül-Topologie und chemische Eigenschaften. Spektrum der Wissenschaft Nov. 1986, S. 92ff. (Springer, Heidelberg)

1.16. J.P. Maier: Mass Spectrometry and Spectroscopy of Ions and Radicals. In: Encyclopedia of Spectroscopy and Spectrometry (Academic Press, New York 1999)

1.17. M. Havenith: Infrared Spectroscopy of Molecular Clusters. Springer Tracts in Modern Physics Vol. **176** (Springer, Berlin, Heidelberg 2002)

1.18. H. Haberland (ed.): Clusters of Atoms and Molecules (Springer, Berlin, Heidelberg 1994)

Zu Kapitel 2

2.1. C.J.H. Schutte: The Wavemechanics of Atoms, Molecules and Ions (Arnold, London 1968)

2.2. P.W. Atkins, R.S. Friedmann: Molecular Quantum Mechanics, 3rd edition (Oxford University Press, Oxford 1997)

2.3. M. Weissbluth: Atoms and Molecules (Academic Press, New York 1978)

2.4. H. Haken, H.Ch. Wolf: Molekülphysik und Quantenchemie. 4. Auflage (Springer, Berlin, Heidelberg 2003)

2.5. C. Cohen-Tannoudji, J. Dupont-Roc, G. Grynberg: Atom-Photon-Interactions (John Wiley & Sons, New York 1992);
Eine Zusammenstellung von Artikeln über relativistische Quantenchemie findet man in: P. Pyykkö: Lecture Notes in Chemistry, Vol. 60 (Springer, Berlin 1993)

2.6. M. Born, R. Oppenheimer: Zur Ouantentheorie der Molekeln. Annalen der Physik **84**, 457 (1927)

2.7. M. Born, K. Huang: Dynamical Theory of Crystal Lattices, S. 166ff. (Clarendon Press, Oxford 1968)

2.8. P.R. Bunker: On the Breakdown of the Born-Oppenheimer Approximation for a Diatomic Molecule. J. Mol. Spectrosc. **42**, 478 (1972)

2.9. R.G. Wooley, B.T. Sutcliffe: Molecular Structure and the Born-Oppenheimer Approximation. Chem. Phys. Lett. **45**, 393 (1977);
W. Kolos, L. Wolniewicz: Nonadiabatic Theory for Diatomic Molecules and its Application to the Hydrogen Molecule. Rev. Mod. Phys. **35**, 473 (1963);
Referenzen zu Arbeiten über adiabatische und nichtadiabatische Theorie findet man in: W. Kutzelnigg: Mol. Phys. **90**, 909 (1997)

2.10. H. Lefebvre-Brion, R.W. Field: Perturbations in the Spectra of Diatomic Molecules (Academic Press, New York 1987)

2.11. W. Weizel: Lehrbuch der Theoretischen Physik Bd. 2 (Springer, Berlin, Heidelberg 1958)

2.12. M. Kotani, K. Ohno, K. Kayama: Quantum Mechanics of Electronic Structure of Simple Molecules. Handbuch der Physik Vol. XXXVII/2 (Springer, Berlin, Heidelberg 1961)

2.13. R.N. Zare: Angular Momentum: Understanding Spatial Effects in Chemistry and Physics (Wiley, New York 1988)

2.14. G.W. King: Spectroscopy and Molecular Structure (Holt, Reinhart and Winston, New York 1964)

2.15. W. Kutzelnigg, J.D. Morgan III: Hund's rules. Z. Physik **D36**, 197 (1996); W. Kauzmann: Quantum Chemistry (Academic Press, New York 1957)

2.16. A.G. Gaydon: Dissociation Energies and Spectra of Diatomic Molecules (Chapman and Hall, London 1968)

2.17. W. Kutzelnigg: Einführung in die theoretische Chemie Bd. 1+2. 2. Auflage (Verlag Chemie, Weinheim 1994)

2.18. W. Demtröder: Experimentalphysik 3. 2. Auflage (Springer, Berlin, Heidelberg 2000) S. 149

2.19. A.C. Hurley: Introduction to the Electron Theory of Small Molecules (Academic Press, London 1976)

2.20. P. Jensen: Computational Molecular Spectroscopy (Wiley, VCH, Weinheim 2000)

2.21. J. Ladik: Quantenchemie (Ferdinand Enke Verlag, Stuttgart 1973)

2.22. W. Kolos, L. Wolniewicz: Potential-Energy Curves for the $X\,^1\Sigma_g^+$, $b\,^3\Sigma_u^+$ and $C\,^1\Pi_u$-States of the Hydrogen Molecule. J. Chem. Phys. **43**, 2429 (1965)

2.23. H. Friedrich: Theoretische Atomphysik (Springer, Berlin, Heidelberg 1994)

2.24. W. Heitler, F. London: Wechselwirkung neutraler Atome und homöopolare Bindung nach der Quantenmechanik. Z. Physik **44**, 455 (1927)

2.25. H.M. James, A.S. Coolidge: The ground state of the Hydrogen Molecule. J. Chem. Phys. **1**, 825 (1933)

2.26. C.C.J. Roothan: Self-Consistent Field Theory for Open Shells of Electronic Systems. Rev. Mod. Phys. **32**, 179 (1960); W. Kolos, L. Wolniewicz: Rev. Mod. Phys. **35**, 473 (1963)

2.27. W.J. Hehre, L. Radom, P.v.R. Schleyer, J.A. Pople: Ab-initio Molecular Orbital Theory (John Wiley, New York 1986)

2.28. D.R. Yarkony: Modern Electronic Stucture Theory (World Scientific, Singapore 1995)

2.29. D.R. Hartree: The Calculation of Atomic Structures (Wiley Interscience, New York 1957)

2.30. W. Kutzelnigg: In: Localization and Delocalization in Quantum Chemistry, ed. by O. Chalvet et al. (D. Reidel, Dordrecht Holland 1975)

2.31. A.C. Hurley: Electron Correlation in Small Molecules (Academic Press, New York 1976);
W. Kutzelnigg, P. v. Herigonte: Electron Correlation at the Dawn of the 21st Century. Adv. Quantum Chem. **36**, 185 (1999)

2.32. H.F. Schaefer: Quantum Chemistry: The Development of Ab-initio Methods in Molecular Electronic Structure Theory (Clarendon Press, Oxford 1984)

2.33. A. Hinchliffe: Computational Quantum Chemistry (Wiley, Chichester 1989)

2.34. J.P. Lowe: Quantum Chemistry, 2nd edition (Academic Press, New York 1993)

2.35. I.N. Levine: Quantum Chemistry, 5th edition (Prentice Hall, 1999);
S.R. Langhoff (ed.): Quantum Mechanical Structure Calculations with Chemical Accuracy (Kluwer, Dordrecht 1995)

Zu Kapitel 3

3.1. W. Demtröder: Experimentalphysik 3. 2. Auflage (Springer, Berlin, Heidelberg 2000) S. 113ff

3.2. J.W. Flemming, J. Chamberlain: Infrared Physics **14**, 277 (1974)

3.3. W. Gordy, R.L. Cook: Microwave Molecular Spectra (John Wiley & Sons, New York 1970);
J.M. Brown, A. Carrington: Rotational Spectroscopy of Diatomic Molecules (Cambridge Univ. Press, Cambridge 2003)

3.4. P.M. Morse: Diatomic Molecules According to the Wave Mechanics: Vibrational Levels. Phys. Rev. **34**, 57 (1929)

3.5. E.M. Greenawalt, A.S. Dickison: On the Use of Morse Eigenfunctions for the Variational Calculations of Bound States of Diatomic Molecules. J. Mol. Spectrosc. **30**, 427 (1969)

3.6. S. Flügge: Practical Quantum Mechanics (Springer, Heidelberg 1971)

3.7. D. Truhlar: Oscillators with Quartic Anharmonicity. Approximate Energy Levels. J. Mol. Spectrosc. **30**, 427 (1969);
S. Flügge, H. Marschall: Rechenmethoden der Quantentheorie. 6.Auflage (Springer, Berlin, Heidelberg 1999)

3.8. C.L. Pekeris: The Rotation-Vibration Coupling in Diatomic Molecules. Phys. Rev. **45**, 98 (1934);
H.H. Nielsen: The Vibration Rotation Energies of Molecules. Rev. Mod. Phys. **23**, 90 (1951); Encyclop. Phys. **37**, 173 (1959);
D.L. Albritton, A.L. Schmeltekopf, R.N. Zare: An Introduction to the least squares fitting of spectroscopic data. In: K.N. Rao (ed.): Molecular Spectroscopy, Modern Research (Academic Press, New York 1976)

3.9. J.L. Dunham: The Energy Levels of a Rotating Vibrator. Phys. Rev. **41**, 721 (1932)

3.10. W.C. Stwalley: Mass-reduced Quantum Numbers, Application to the Isotopic Mercury Hydrides. J. Chem. Phys. **63**, 3062 (1975);
A.D. Buckingham, W. Urland: Isotope Effects on Molecular Properties. Chemical Reviews **75**, 113 (1975)

3.11. J.A. Coxon: The Calculation of Potential Energy Curves of Diatomic Molecules: Application to Halogen Molecules. J. Quant. Spectroc. Rad. Transfer **11**, 443 (1971)

3.12. M. Defranceschi, J. Delhalle: Numerical Determination of the Electronic Structure of Atoms, Diatomics and Polyatomic Molecules. NATO ASI Series C (Kluwer Academic Publishers, 1989)

3.13. N. Spiess: Theoretische Untersuchung von elektronisch angeregten Zuständen der Moleküle Li_2 und Cs_2. Dissertation, FB Chemie, Univ. Kaiserslautern (1990)

3.14. a) G. Wentzel: Eine Verallgemeinerung der Quantenbedingungen für die Zwecke der Wellenmechanik. Z. Physik **38**, 518 (1926);
b) H.A. Kramers: Wellenmechanik und halbzahlige Quantisierung. Z. Physik **39**, 828 (1926);
c) L. Brioullin: J. de Physique **7**, 353 (1926)

3.15. E. Merzbacher: Quantum Mechanics (Wiley & Sons, New York 1970)

3.16. S. Flügge, H. Marschall: Rechenmethoden der Quantentheorie. 6. Auflage (Springer, Berlin, Heidelberg, New York 1999)

3.17. C.H. Townes, A.L. Schawlow: Microwave Spectroscopy (Dover Publ., New York 1975)

3.18. J. Finlan, G. Simons: Capabilities and Limitations of an Analytical Potential Expansion for Diatomic Molecules. J. Mol. Spectrosc. **57**, 1 (1975)

3.19. A.J. Thakkar: A New Generalized Expansion for the Potential Energy Curves of Diatomic Molecules. J. Chem. Phys. **62**, 1693 (1975)

3.20. R. Rydberg: Graphische Darstellung einiger bandenspektroskopischer Ergebnisse. Z. Physik **73**, 376 (1931)

3.21. O. Klein: Zur Berechnung von Potentialkurven für zweiatomige Moleküle mit Hilfe von Spektraltermen. Z. Physik **76**, 226 (1932)

3.22. A.L.G. Rees: The Calculation of Potential Energy Curves from Band Spectroscopic Data. Proc. Soc. London **59**, 998 (1947)

3.23. siehe z. B.: Joos/Richter: Höhere Mathematik für den Praktiker (Verlag Harri Deutsch, Thun, Frankfurt/M. 1978)

3.24. A.S. Dickinson: A New Method for Evaluating Rydberg-Klein-Rees Integrals. J. Mol. Spectrosc. **44**, 183 (1972)

3.25. H. Fleming, K.N. Rao: A Simple Numerical Evaluation of the RKR Integrals. J. Mol. Spectrosc. **44**, 189 (1972)

3.26. J.A. Coxon: The Calculation of Potential Energy Curves of Diatomic Molecules: Application to Halogen Molecules. J. Quant. Spectroc. Rad. Transfer **11**, 443 (1971)

3.27. D.L. Albritton, W.J. Harrop, A.L. Schmeltekopf, R.N. Zare: Calculation of Centrifugal Distortion Constants for Diatomic Molecules from RKR-Potentials. J. Mol. Spectrosc. (1972)

3.28. W.M. Kosman, J. Hinze: Inverse Perturbation Analysis: Improving the Accuracy of Potential Energy Curves. J. Mol. Spectrosc. **56**, 93 (1975)

3.29. C.R. Vidal, H. Scheingraber: Determination of Diatomic Molecular Constants Using an Inverted Perturbation Approach. J. Mol. Spectrosc. **65**, 46 (1977)

3.30. M.M. Hessel, C.R. Vidal: The $B\,^1\Pi_u$-$X\,^1\Sigma_g^+$ Band System of the $^7Li_2$ Molecules. J. Chem. Phys. **70**, 4439 (1979)

3.31. M. Raab, G. Höning, W. Demtröder, C.R. Vidal: High Resolution Laser Spectroscopy of Cs_2: II. Doppler-free Polarization Spectroscopy of the $C\,^1\Pi_u \leftarrow X\,^1\Sigma_g^+$ System. J. Chem. Phys. **76**, 4370 (1982)

3.32. Modified Fig. 6 in [3.29]

3.33. J.O. Hirschfelder (ed.): Intermolecular Forces (Wiley & Sons, New York 1967)

3.34. J.O. Hirschfelder, Ch.F. Curtis, R.B. Byrd: Molecular Theory of Gases and Liquids (Wiley & Sons, New York 1954)

3.35. J. Goodishman: Diatomic Interaction Potential Theory, Vol. I+II (Academic Press, New York 1973)

Zu Kapitel 4

4.1. a) C. Cohen-Tannoudji, B. Diu, F. Laloe: Quantum Mechanics Vol. II (Wiley International, New York 1977);
b) C. Cohen-Tannoudji, J. Dupout-Roche, G. Grynberg: Atom-Photon-Interactions (Wiley, New York 1992)

4.2. A.S. Dawydow: Quantenmechanik. 7. Auflage (VEB Deutscher Verlag der Wissenschaften, Berlin 1987)

4.3. S. Brand, H.D. Dahnen: Physik, Bd. 2: Elektrodynamik (Springer Hochschultext 1980)

4.4. H. Kato: Energy Levels and Line Intensities of Diatomic Molecules. Bulletin of the Chem. Soc. Japan Vol. **66**, 3203 (1993)

4.5. J.M. Hollas: High Resolution Spectroscopy, 2nd edition (John Wiley & Sons, Chichester 1998)

4.6. a) E.V. Condon: Nuclear motions associated with electronic transitions in diatomic molecules. Phys. Rev. **32**, 858 (1928);
b) St.E. Schwarz: The Franck–Condon Principle and the Duration of Electronic Transitions. J. Chem. Education **50**, 608 (1973)

4.7. J. Tellinghuisen: $E \to B$ Structured Continuum in I_2. Phys. Rev. Lett. **34**, 1137 (1975)

4.8. D. Eisel, D. Zevgolis, W. Demtröder: Sub-Doppler Laser Spectroscopy of the NaK Molecule. J. Chem. Phys. **71**, 2005 (1979)

4.9. V. Weisskopf: Zur Theorie der Kopplungsbreite und der Stoßdämpfung. Z. Physik **75**, 287 (1932)

4.10. G. Traving: Über die Theorie der Druckverbreiterung von Spektrallinien (Braun, Karlsruhe 1960)

4.11. M. Göppert-Mayer: Über Elementarakte mit zwei Quantensprüngen. Ann. Physik **9**, 273 (1931)

4.12. W. Kaiser, C.G. Garret: Two-Photon Excitation in LLCA F_2:Eu^{2+}. Phys. Rev. Lett. **7**, 229 (1961)

4.13. S.H. Lin (ed.): Advances in Multiphoton Processes and Spectroscopy (World Scientific, Singapore 1985–1992)

4.14. B. Schrader: Infrared and Raman Spectroscopy (Wiley VCH, Weinheim 1993)

4.15. Ph. Bunker: Molecular Symmetry and Spectroscopy. 2nd edition (NRC-Research, Ottawa 1998)

Zu Kapitel 5

5.1. J.M. Hollas: Die Symmetrie von Molekülen (De Gruyter, Berlin 1975)

5.2. D.S. Schonland: Molecular Symmetry (Van Nostrand Reinhold Comp., London 1971)

5.3. Ph.R. Bunker: Molecular Symmetry and Spectroscopy (NRC-Research, Ottawa 1998)

5.4. I.P. Lorentz: Gruppentheorie und Molekülsymmetrie (Attemptor Verlag, Tübingen 1992)

5.5. K. Mathiak, P. Stingl: Gruppentheorie für Chemiker, Physiko-Chemiker und Mineralogen (Vieweg, Braunschweig 1968)

5.6. R.L. Carter: Molecular Symmetry and Group Theory (John Wiley & Sons, New York 1997)

Zu Kapitel 6

6.1. H.C. Allen, P.C. Cross: Molecular Vib-Rotors (Wiley Interscience, New York 1963)

6.2. B.T. Sutcliffe: The Eckart Hamiltonian for Molecules. A Critical Exposition. In: R.G. Woolley (ed.): Quantum Dynamics of Molecules (Plenum Press, New York 1980)

6.3. siehe z. B.: F. Kuypers: Klassische Mechanik. 3. Auflage (Verlag Chemie, Weinheim 1990) oder: F. Scheck: Mechanik (Springer, Berlin, Heidelberg 1988)

6.4. W. Gordy, R.L. Cook: Microwave Molecular Spectroscopy (Interscience Publisher, Wiley, New York 1970)

6.5. H.W. Kroto: Molecular Rotation Spectra (J. Wiley & Sons, London 1975)

6.6. J.E. Wollrab: Rotational Spectra and Molecular Structure (Academic Press, New York 1979)

6.7. G.O. Sorensen: A New Approach to the Hamiltonian of Nonrigid Molecules. Topics in Current Chemistry **82** (Springer, Heidelberg 1979);
J. Pesonen, L. Halonen: Recent Advances in the Theory of Vibration-Rotation Hamiltonians. Adv. Chem. Phys. **125**, 269 (2003)

6.8. E.B. Wilson, Jr., J.C. Decius, P.L. Cross: Molecular Vibrations (McGraw Hill, New York 1954)

6.9. L.A. Woodward: Introduction to the Theory of Molecular Vibrations and Vibrational Spectroscopy (Oxford Univ. Press, Oxford 1972)

6.10. G. Duxburry: Infrared Vibration-Rotation Spectroscopy (John Wiley & Sons, New York 2000)

Zu Kapitel 7

7.1. J.K. Burdett: Chemical Bonds, A Dialog (J. Wiley & Sons, Chichester 1997)

7.2. J.M. Hollas: High Resolution Spectroscopy, 2nd edition (John Wiley & Sons, Chichester 1998)

7.3. G. Herzberg: Molecular Spectra and Molecular Structure III: Electronic Spectra and Electronic Structure of Polyatomic Molecules (Van Nostrand Reinhold, New York 1966)

7.4. St. Wilson (ed.): Handbook of Molecular Physics and Quantum Chemistry (John Wiley & Sons, 2003)

Zu Kapitel 8

8.1. G.W. Chantry: Modern Aspects of Microwave Spectroscopy (Academic Press, New York 1979)

8.2. W. Gordy, R.L. Cook: Microwave Molecular Spectra. 3rd edition (John Wiley & Sons, New York 1984)

8.3. Ph. Bunker: Molecular Symmetry and Spectroscopy. 2nd edition (NRC-Research Press, Ottawa 1998)

8.4. G. Herzberg: Molecular Spectra and Molecular Structure Vol. II: Infrared and Raman Spectra (van Nostrand Reinhold, 1950);
R.S. Mulliken: Report on Notation for Spectra of Diatomic Molecules. Phys. Rev. **36**, 611 (1930)

8.5. J.M. Hollas: Modern Spectroscopy. 3rd edition (John Wiley & Sons, New York 1998)

8.6. H. Wenz: Laserabsorptionsspektroskopie im nahen Infrarot mit höchster Empfindlichkeit. Dissertation, FB Physik, Universität Kaiserslautern 2001

8.7. A. Weber: High-resolution rotational raman spectra of gases, in: Advances in Infrared and Raman Spectroscopy, Vol. 9, ed. by R.J.H. Clark, R.E. Hester (Heyden, London 1982) Chapter 3

8.8. W. Knippers, K. van Helvoort, S. Stolte: The Allene Raman Spectrum from 250 to 6200 cm^{-1} Stokes Shift. Chem. Phys. **105**, 27 (1986)

8.9. B. Schrader: Infrared and Raman Spectroscopy (Wiley VCH, Weinheim 1993)

8.10. M.J. Pelletier (ed.): Analytical Applications of Raman Spectroscopy (Academic Press, New York 1994)

Zu Kapitel 9

9.1. H. Lefebvre, R.W. Field: Perturbations in the Spectra of Diatomic Molecules (Academic Press, New York 1986)

9.2. C.H. Townes, A.L. Schawlow: Microwave Spectroscopy (Dover Publ., New York 1975) S. 177ff.

9.3. W.G. Richards: Spin-Orbit Coupling in Molecules (Oxford Science Publ., Clarendon Press, Oxford 1981)

9.4. J.T. Hougen: The Calculation of Rotational Energy Levels and Rotational Line Intensities in Diatomic Molecules. National Bureau of Standards Monographs 115 (Washington 1970)

9.5. G. Fischer, H. Fischer: Vibronic Coupling Theoretical Chemistry, A Series of Monographs, Vol. 9 (Academic Press, New York 1997)

9.6. M. Bixon, J. Jortner: Intramolecular Radiationless Transitions. J. Chem. Phys. **48**, 715 (1968)

9.7. Ch. Jungen, A.J. Merer: The Renner-Teller-Effect. In: Spectroscopy, Modern Research. Vol. II, ed. by K.N. Rao (Academic Press, New York 1976)

9.8. I.B. Bersurker: Modern Aspects of the Jahn-Teller Effect: Theory and Application to Molecular Problems. Chem. Rev. **101**, 1067 (2001)

9.9. M. Keil, H.G. Krämer, A. Kudell, M.A. Baig, J. Zhu, W. Demtröder, W. Meyer: Rovibrational Structures of the Pseudorotating Trimer $^{21}Li_3$. J. Chem. Phys. **113**, 7414 (2000)

9.10. A.G. Gaydon: Dissociation Energies (Chapman & Hall, London 1968)

9.11. Sh. Kasahara, Y. Hasui, K. Otsuka, M. Baba, W. Demtröder, H. Kato: High Resolution Laser Spectroscopy of the Cs_2 $C\,^1\Pi_u$-State: Perturbation and Predissociation. J. Chem. Phys. **106**, 4869 (1997)

9.12. D. Eisel: Dissertation, Univ. Kaiserslautern (1983);
M. Schwarz, R. Duchowicz, W. Demtröder, Ch. Jungen: Autoionizing Rydberg States of Li_2: Analysis of Electronic-Rotational Interactions. J. Chem. Phys. **89**, 5460 (1988)

9.13. A. Temkin (ed.): Autoionization: Recent Developments (Plenum Press, New York 1985)

9.14. M.A. Baig, F. Bylicki, M. Keil, J. Zhu, W. Demtröder: The different line shapes in Doppler-free spectroscopy of molecular Rydberg transitions. Spectral Line Shapes 11, AIP Conf. Proc. Vol. 559 (New York 2001) S. 275

9.15. Ch.H. Greene: Interaction between Electronic and Vibrational Motions. Comments At Mol. Phys. **23**, 209 (1989);
H. Köppel, W. Domoke, L.S. Cederbaum: Multimode Molecular Dynamics beyond the B.O.-Approximation. Adv. Chem. Phys. **57**, 59 (1984)

9.16. D.J. Nesbitt, R.W. Field: Vibrational Energy Flow in Highly Excited Molecules: Role of Intermolecular Vibrational Redistribution. J. Phys. Chemistry **100**, 12 735 (1996);
M. Quack: Spectra and Dynamics of Coupled Vibrations in Polyatomic Molecules. Ann. Rev. Phys. Chem. **41**, 839 (1990)

9.17. K.E. Johnson, L. Wharton, D.H. Levy: The photodissoziation lifetime of the Van der Waals molecule I_2He. J. Chem. Phys. **69**, 2719 (1978)

Zu Kapitel 10

10.1. W. Weltner: Magnetic Atoms and Molecules (Dover Publ., New York 1983)

10.2. G. Herzberg: Molecular Spectra and Molecular Structure Vol. I (van Nostrand Reinholt, New York 1950)

10.3. S.D. Rosner, T.D. Gaily, R.A. Holt: Measurement of the zero-field hyperfinestructure of a single vibration-rotation level of Na_2 by a laserfluorescence molecular beam resonance. Phys. Rev. Lett **35**, 785 (1975)

10.4. A. Habib, R. Görgen, G. Brasen, R. Lange, W. Demtröder: Sub-Doppler Laser Spectroscopy of the $^1B_2(^1\Delta_u)$-State of CS_2. J. Chem. Phys. **101**, 2752 (1994)

10.5. Th. Weyh, W. Demtröder: Lifetime Measurements of Selectively Excited Rovibrational Levels of the $V\,^1B_2$-State of CS_2. J. Chem. Phys. **104**, 6938 (1996)

10.6. A. Habib: Dissertation, FB Physik, Universität Kaiserslautern (1995)

10.7. N. Ryde: Atoms and Molecules in Electric Fields (Almquist & Wiksel Int., Stockholm 1976)

Zu Kapitel 11

11.1. N. Halberstadt, K.C. Janda (eds.): Dynamics of Polyatomic Van der Waals Complexes, S. 517ff. (Plenum Press, New York 1990)

11.2. H. Haberland (ed.): Clusters of Atoms and Molecules (Springer, Berlin Heidelberg 1994)

11.3. J. Jellinek (ed.): Theory of Atomic and Molecular Clusters with a Look at Experiments (Springer, Berlin, Heidelberg 1999)

11.4. S. Sugano, Y. Nishina, S. Ohnishi: Microclusters (Springer, Berlin, Heidelberg 1998);
G. Benedek, T.P. Martin, G. Pacchioni (eds.): Elemental and Molecular Clusters (Springer, Berlin, Heidelberg 1988)

11.5. W.A. de Heer: The Physics of Simple Metal Clusters. Rev. Mod. Phys. **65**, 611 (1993)

11.6. R.E. Grisente, W. Schöllkopf, J.P. Toennies, G.C. Hegerfeldt, T. Köhler, M. Stoll: Determination of the Bond Length and Binding Energy of the Helium Dimer. Phys. Rev. Lett. **85**, 2284 (2000);
J.P. Toennies: Die faszinierenden Quanteneigenschaften von Helium und ihre Anwendungen. Physik Journal **1**, 49 (2002)

11.7. E. Zanger, V. Schmatloch, D. Zimmermann: Laserspectroscopic Investigations of the Van der Waals Molecule $NaKr^{84}$. J. Chem. Phys. **88**, 5396 (1988)

11.8. M. Havenith: Infrared Spectroscopy of Molecular Clusters (Springer, Berlin, Heidelberg 2002)

11.9. D.J. Nesbitt: High Resolution Infrared Spectroscopy of Weakly Bound Molecular Complexes. Chem. Rev. **88**, 843 (1988);
J.M. Hutson: Intermolecular Forces and the Spectroscopy of Van der Waals Molecules. Ann. Rev. Phys. Chem. **41**, 123 (1990)

11.10. L. Biennier et al.: Structure and Rovibrational Analysis of the $O_2(^1\Delta_g)]_2 \leftarrow [O_2(^3\Sigma_g^-)]_2$ Transition of the O_2-Dimer. J. Chem. Phys. **112**, 6309 (2000)

11.11. Ph. Buffat, J.P. Borel: Size effect on the melting temperature of gold clusters. Phys. Rev. A **13**, 2287 (1976)

11.12. W. Meyer, M. Keil, A. Kudell, M.A. Baig, J. Zhu, W. Demtröder: The Hyperfine Structure in the Electronic $A^2E'' \leftarrow X^2E'$ System of the Pseudorotating Lithium Trimer. J. Chem. Phys. **115**, 2590 (2001)

11.13. H.A. Eckel, J.M. Gress, J. Biele, W. Demtröder: Sub-Doppler Optical Double-Resonance Spectroscopy and Rotational Analysis of Na_3. J. Chem. Phys. **98**, 135 (1993)

11.14. C. Brechignac et al.: Alkali-metal clusters as prototypes of metal clusters. J. Chem. Soc. Farad. Trans. **86**, 2525 (1990)

11.15. H. von Busch, Vas Dev, H.-A. Eckel, S. Kasahara, J. Wang, W. Demtröder: Unanbigious proof for Berry's Phase in the Sodium Trimer. Phys. Rev. Lett. **81**, 4584 (1998)

11.16. M. Keil, H.-G. Krämer, A. Kudell, M.A. Baig, J. Zhu, W. Demtröder: Rovibrational Structures of the Pseudorotating Lithium Trimer $^{21}Li_3$. J. Chem. Phys. **133**, 7414 (2000)

11.17. M.R. Hoare: Adv. Chem. Phys. **40**, 49 (1979)

11.18. O. Echt, K. Sattler, E. Recknagel: Magic Numbers for Sphere Packings: Experimental Verification in Free Xenon Clusters. Phys. Rev. Lett. **47**, 1121 (1981)

11.19. M. Hartmann, F. Mielke, J.P. Toennies, A.E. Vilesov, G. Benedek: Direct Spectroscopic Observations of Elementary Excitations in Superfluid He Droplets. Phys. Rev. Lett. **76**, 4560 (1996)

11.20. K. Liu, J.D. Cruzan, R.-J. Saykally: Water Clusters. Science **271**, 929 (1996)

11.21. J.C. Phillips: Chemical bounding, kinetics and the approach to equilibrium structure of simple metallic, molecular and network microclusters. Chem. Rev. **86**, 619 (1988)

11.22. H.W. Kroto, J.R. Heath, S.C. O'Brian, R.F. Curland, R.E. Smalley: C_{60}: Buckminster Fullerene. Nature **318**, 162 (1985)

11.23. E.E.B. Campbell: Carbon Clusters. In: H: Haberland (ed.): Clusters of Atoms and Molecules (Springer, Berlin, Heidelberg 1994)

11.24. R.L. Johnston: Atomic and Molecular Clusters (Taylor & Francis, London 2002)

11.25. O.F. Hagena: Condensation in free jets. Z. Physik **D4**, 291 (1987)

11.26. K. Sattler: Clusters of atoms. Phys. Scr. **T13**, 93 (1986)

11.27. J.B. Hopkins, P.R. Langridge-Smith, M.D. Morse, R.E. Smalley: Supersonic Metal Cluster Beams of Refractory Metals: Spectral Investigation of Ultracold Mo_2. J. Chem. Phys. **78**, 1627 (1983)

11.28. H. Haberland (Ed.): Clusters of Atoms and Molecules, I + II (Springer, Berlin Heidelberg, 1994)

11.29. R.L. Johnston: Atomic and Molecular Clusters (CRC-Press, Boca Raton, 2002)

11.30. Y.L. Ping: Atomic and Molecular Cluster Research (Nova Science Publ. Hauppauge, New York, 2007)

Zu Kapitel 12

12.1. D.J.E. Ingram: Hochfrequenz- und Mikrowellen-Spektroskopie (Franzis, München 1978)

12.2. A.L. Schawlow, Ch.H. Tonnes: Microwave Spectroscopy (Dover Publ., New York 1975)

12.3. R. Varma, L.W. Hrubesh: Chemical Analysis by Microwave Rotational Spectroscopy (John Wiley, New York 1979)

12.4. P. Griffiths, J.A. de Haseth: Fourier-Transform Infrared Spectroscopy (Wiley, New York 1986)

12.5. J. Kauppinen, J. Partanen: Fourier Transforms in Spectroscopy (Wiley, New York 2001)

12.6. Th. Platz: Dissertation, FB Physik, Universität Kaiserslautern 1998

12.7. E. Popov, E.G. Loewen: Diffraction Gratings and Applications (Dekker, New York 1997)

12.8. [12.9], S. 85ff.

12.9. Ch. Kunz: Synchrotron Radiation: Techniques and Applications (Springer, Berlin, Heidelberg 1979)

12.10. W. Demtröder: Laser Spectroscopy. 3rd edition (Springer, Berlin, Heidelberg 2003)

12.11. D.G. Cameron, D.J. Moffat: A generalized approach to derivative spectroscopy. Appl. Spectrosc. **41**, 539 (1987)

12.12. R. Grosskloß, P. Kersten, W. Demtröder: Sensitive amplitude and phase modulated absorption spectroscopy with a continuously tunable diode laser. Appl. Phys. B **58**, 137 (1994)

12.13. H. Wenz: Dissertation, FB Physik, Universität Kaiserslautern 2001

12.14. H. Wenz, W. Demtröder, J.M. Flaud: Highly sensitive absorption spectroscopy of the ozone molecule around 1,5 μm. J. Mol. Spectrosc. **209**, 267 (2001)

12.15. A. Campargue, F. Stoeckel, M. Chenevier: High sensitivity intercavity laser spectroscopy: Applications to the study of overtone transitions in the visible range. Spectrochimica Acta Rev. **13**, 69 (1990)

12.16. P. Zalicki, R.N. Zare: Cavity ringdown spectroscopy for quantitative absorption measurements. J. Chem. Phys. **102**, 2708 (1995);
J.J. Scherer, J.B. Paul, C.P. Collier, A. O'Keefe, R.J. Saykally: Cavity ringdown laser absorption spectroscopy: History, development and application to pulsed molecular beams. Chem. Rev. **97**, 25 (1997)

12.17. V.Z. Gusev, A.A. Karabutov: Laser Optoacoustics (Springer, Berlin, Heidelberg 1997);
A.C. Tam: Photo-acoustic spectroscopy and other applications. In: Ultrasensitive Laser Spectroscopy, ed. by D.S. Kliger (Academic, New York 1983) S. 1–108

12.18. K.M. Evenson, R.J. Saykally, D.A. Jennings, R.E. Curl, J.M. Brown: Far infrared laser magnetic resonance. In: Chemical and Biochemical Applications of Lasers, ed. by C.B. Moore (Academic, New York 1980) Chap. V;
W. Urban, W. Herrmann: Zeeman modulation spectroscopy with spin-flip Raman laser. Appl. Phys. **17**, 325 (1978)

12.19. H. Weickenmeier: Dissertation, FB Physik, Universität Kaiserslautern 1983; H. Weickenmeier, V. Diemer, M. Wahl, M. Raab, W. Demtröder, W. Müller: J. Chem. Phys. **82**, 5354 (1985)

12.20. W. Demtröder, H.J. Foth: Molekülspektroskopie in kalten Düsenstrahlen. Phys. Blätter **43**, 7 (1987)

12.21. H.J. Foth, H.J. Vedder, W. Demtröder: Sub-Doppler laser spectroscopy of NO_2 in the $\lambda = 292 - 5$ nm region. J. Mol. Spectrosc. **121**, 167 (1987)

12.22. G. Scoles: Atomic and Molecular Beam Methods, Vol. I + II (Oxford Univ. Press, Oxford 1992)

12.23. Ch. Gohle, B. Stein, A. Schließer, Th. Udem, T.W. Hänsch: Frequency Comb Vernier Spectroscopy for Broadband, High-Resolution, High-Sensitivity Absorption and Dispersion Spectra. Phys. Rev. Lett. **99**, 263902 (2007)

12.24. B. Bernhardt et al.: Cavity Enhancement Dual Comb Spectroscopy. Nature Photonics **4**, 55 (Jan. 2010)

12.25. B. Bernhardt et al.: Mid Infrared Dual Comb Spectroscopy. Appl. Phys. B **100**, 3 (2010)

12.26. Th. Platz, W. Demtröder: Sub-Doppler optothermal overtone spectroscopy of ethylene and dichloroethylene. Chem. Phys. Lett. **294**, 397 (1998)

12.27. M. Göppert-Mayer: Über Elementarakte mit zwei Quantensprüngen. Ann. Physik **9**, 273 (1931)

12.28. W. Kaiser, C.G. Garret: Two-photon excitation in LLCA F_2:Eu^{2+}. Phys. Rev. Lett. **11**, 414 (1963)

12.29. M.H. Kabir et al.: Doppler-free high resolution laser spectroscopies of the naphtalen molecule. Chem. Phys. **283**, 237 (2002)

12.30. H. Weickenmeier, V. Diemer, W. Demtröder, M. Broyer: Hyperfine interaction between the singlet and triplet ground states of Cs_2. Chem. Phys. Lett. **124**, 470 (1986)

12.31. V.S. Letokhov, V.P. Chebotayev: Nonlinear Laser Spectroscopy, (Series in Opt. Science, Vol. 4, Springer, Berlin, Heidelberg 1977)

12.32. G. Marowski, V.V. Smirnov (eds.): Coherent Raman Spectroscopy, (Proceedings Phys. Vol. 63, Springer, Berlin, Heidelberg 1992)

12.33. W. Kiefer: Nonlinear Raman Spectroscopy. In: Encyclopedia of Spectroscopy and Spectrosmetry (Academic, New York 2000) S. 1609

12.34. J. Herrmann, B. Wilhelmi: Laser für ultrakurze Lichtpulse (Physik-Verlag, Weinheim 1984)

12.35. J.C. Diels, W. Rudolph: Ultrashort Laser Pulse Phenomena (Academic Press, San Diego 1996)

12.36. C. Rulliere (ed.): Femtosecond Laser Pulses (Springer, Berlin, Heidelberg 1998)

12.37. T. Brabec, F. Krausz: Intense few cycle laser fields: Frontiers of nonlinear optics. Rev. Mod. Phys. **77**, 545 (2000)

12.38. S.A. Trushin, W. Fuss, K.L. Kompa, W.E. Schmid: Femtosecond Dynamics of $Fe(CO)_5$ photodissociation at 267 nm studied by transient ionization. J. Phys. Chem. A **104**, 1997 (2000)

12.39. A.H. Zewail: Femtochemistry (World Scientific, Singapore 1994)

12.40. J. Manz, L. Wöste (eds.): Femtosecond Chemistry, Vol. I + II (VCH, Weinheim 1995)

12.41. T. Baumert, M. Grosser, R. Thalweiser, G, Gerber: Femtosecond time-resolved molecular multiphoton ionisation: The Na_2 system. Phys. Rev. Lett. **67**, 3753 (1991)

12.42. T. Brixner, N.H. Damrauer, G. Gerber: Femtosecond Quantum Control, Adv. in At., Mol. Opt. Phys., Vol. 46, S. 1–56 (Academic Press, New York 2001)

12.43. T. Brixner, G. Gerber: Quantum Control of Gas Phase and Liquid Phase Femtochemistry. Chem. Phys. Chem. **4**, 418 (2003)

12.44. W. Wohlleben, T. Buckup, J.L. Herek, R.J. Cogdell, M. Motzkus: Multichannel carotenoid deactivation in photosynthetic light harvesting. Biophys. J. (July 2003)

12.45. D.W. Turner: Molecular Photoelectron Spectroscopy (John Wiley & Sons, New York 1970)

12.46. J.F. Moulder: Handbook of X-Ray Photoelectron Spectroscopy (Physical Electronics Publ. 1995)

12.47. K. Müller-Dethlefs, E.W. Schlag: High-resolution ZEKE photoelectron spectroscopy of molecular systems. Ann. Rev. Phys. Chem. **42**, 109 (1991)

12.48. E.W. Schlag: ZEKE-Spectroscopy (Cambridge Univ. Press, Cambridge 1998)

12.49. M. Sander, L.A. Chewter, K. Müller-Dethlefs, E.W. Schlag: High-resolution zero-kinetic-energy photoelectron spectroscopy of nitric oxide. Phys. Rev. A **36**, 4543 (1987)

12.50. St. Hüfner: Photoelectron Spectroscopy. 3rd edition (Springer, Berlin, Heidelberg 2003)

12.51. V. Gelius, E. Basiliev, S. Svenson, T. Bergmark, K. Siegbahn: J. Electron. Spectrosc. **2**, 405 (1974)

12.52. P. Anderson: Laser Photo Detachment of Negative Ions. PhD thesis, University of Gothenburg (2009)

12.53. Ch. Niu Ng (ed.): Photoionization and Photo Detachment. Advanced Series in Phys. Chemistry, Vol. 10 (World Scientific, Singapore, 2000)

12.54. H. Budzikiewics: Massenspektrometrie. 4. Auflage (Verlag Chemie, Weinheim 2005)

12.55. W. Paul: Elektromagnetische Käfige für geladene und neutrale Teilchen. Phys. Blätter **46**, 227 (1990)

12.56. W.C. Wiley, I.H. McLaren: Time-of-flight mass spectrometer with improved resolution. Rev. Sci. Instrum. **26**, 1150 (1955)

12.57. E.W. Schlag (ed.): Time-of-flight mass spectrometry and its applications (Elsevier, Amsterdam 1994)

12.58. E. Schröder: Massenspektrometrie (Springer, Berlin, Heidelberg 1991);
E. de Hoffmann, V. Stroobant: Mass Spectrometry, Principles and Applications (Wiley Interscience, New York, 2007)

12.59. D.M. Lubmann: Lasers and Mass Spectrometry (Oxford Univ. Press, Oxford 1990)

12.60. G. Bollen, R.B. Moore, G. Savard, H. Stoltzenberg: The accuracy of heavy-ion mass measurements using time of flight-ion cyclotron resonance in a Penning trap. J. Appl. Phys. B **68**, 4355 (1990)

12.61. I.I. Rabi: Zur Methode der Ablenkung von Molekularstrahlen. Z. Physik **54**, 190 (1929)

12.62. N.F. Ramsey: Molecular Beams. 2nd edition (Clarendon Press, Oxford 1989)

12.63. J.C. Zorn, T. C: English: Molecular beam electric resonance spectroscopy. Adv. At. Mol. Phys. **9**, 243 (1973)

12.64. K. Bergmann: State selection via optical methods. In: Atomic and Molecular Beam Methods, ed. by G. Scoles (Oxford Univ. Press, Oxford 1988)

12.65. N.F. Ramsey: Spectroscopy with Coherent Radiation (World Scientific, Singapore 1997)

12.66. D.D. Nelson, G.T. Fraser, K.I. Peterson, K. Zhao, W. Klemperer: The microwave spectrum of K=O states of Ar-NH_3. J. Chem. Phys. **85**, 5512 (1986);
J. Demaison: Molecules and Radicals, Vol. 24: Molecular Constants mostly from Microwave, Molecular Beam and Sub-Doppler Laser Spectroscopy (Springer, Berlin, Heidelberg 1999)

12.67. J. Sanders, B.K. Hunter: Modern NMR spectroscopy – A Guide for Chemists (Oxford Univ. Press, Oxford 2002)

12.68. D. Canet: NMR-Konzepte und Methoden (Springer, Berlin, Heidelberg 1994); E.D. Becker: High Resolution NMR: Theory and Chemical Applications (Academic Press, New York 1980)

12.69. A. Carrington, A.D. McLachlan: Introduction to Magnetic Resonance (Chapman and Hall, London 1979)

12.70. W. Gordy: Theory and Applications of Electron Spin Resonance (Wiley, New York 1980)

12.71. D.M. Lindsay, D.R. Herschbach, A.L. Kwiram: Spin population in alkali trimer molecules. Mol. Phys. **39**, 529 (1980)

12.72. H. Friebolin: Ein- und zwei-dimensionale NMR-Spektroskopie. 3. Auflage (Wiley VCH, Weinheim 1999)

12.73. E.W. McDaniel: Atomic Collisions (John Wiley & Sons, Chichester 1989); N. Andersen, K. Bartschat: Polarization, Alignment and Orientation in Atomic Collisions (Springer, Berlin, Heidelberg 2001)

12.74. R.D. Levine, R.B. Bernstein: Molekulare Reaktionsdynamik (Teubner Taschenbücher, Stuttgart 1991)

12.75. M. Daune: Molekulare Biophysik (Vieweg, Braunschweig 1997); L. Styrer: Biochemie. 4. Auflage (Spektrum Akad. Verlag, Heidelberg 1995)

12.76. H. Neurath, R.L. Hill (eds.): The Proteins. 3. Auflage (Academic Press, New York 1977)

Index

www.ingramcontent.com/pod-product-compliance
Lightning Source LLC
Chambersburg PA
CBHW072008230326
41598CB00082B/6837
* 9 7 8 3 4 8 6 7 0 6 7 8 9 *